山东省专升本考试指导用书

计算机文化基础

考点解析与强化训练

山科院专升本考试研究中心 组编

鲁燃 主编

山东教育出版社

图书在版编目（CIP）数据

计算机文化基础．考点解析与强化训练 / 鲁燃主编．
—济南：山东教育出版社，2019.3
山东省专升本考试指导用书
ISBN 978-7-5701-0600-4

Ⅰ．①计… Ⅱ．①鲁… Ⅲ．①电子计算机—成人高等教育—升学参考资料 Ⅳ．①TP3

中国版本图书馆CIP数据核字（2019）第030684号

SHANDONGSHENG ZHUANSHENGBEN KAOSHI ZHIDAO YONGSHU
JISUANJI WENHUA JICHU

山东省专升本考试指导用书

计算机文化基础 鲁 燃/主编

主管单位：山东出版传媒股份有限公司
出版发行：山东教育出版社
地址：济南市纬一路321号 邮编：250001
电话：（0531）82092660 网址：www.sjs.com.cn
印　　刷：济南万方盛景印刷有限公司
版　　次：2019年3月第1版
印　　次：2019年3月第1次印刷
开　　本：787毫米×1092毫米 1/16
印　　张：53
印　　数：1-4000
字　　数：952千
定　　价：118.00元

（如印装质量有问题，请与印刷厂联系调换）印厂电话：0531-88985701

总序

Total order

随着社会主义市场经济体制的建立，经济的发展对应用型人才的需求越来越大。大力发展职业技术教育是实施科教兴国战略，提高劳动者素质，促进经济发展、社会进步以及劳动就业的重要途径。而选拔高职高专毕业生进入本科高等学校继续学习是高等职业技术教育发展的重要标志。

近年来，参加专升本统考的应届高职高专毕业生越来越多。根据教育部规定，专升本统考是应届专科学生升入全日制本科的统一考试。专升本为广大专科学生提供了一个升入本科院校进行全日制深造并提升第一学历的途径。

专升本考试因其科目的特殊性和题型的多样性，综合难度较大，选择一套高质量的指导用书可以使考生多一分成功的把握。为了让学生在备考专升本时有一套权威性强、科学性强、实用性强的专业书籍，山科院专升本考试研究中心特推出《山东省专升本考试指导用书》。

本丛书严格按照改革后最新考试大纲编写，覆盖了所有考点，内容翔实，语言简练，重点突出。从命题角度入手，结合专升本各学科特点与命题特征，着重剖析命题要点，精讲考点与核心知识点，使考生在专升本复习过程中可以循序渐进、系统理解、全面把握，从而抓纲举目、以点带面。

本丛书试题全面丰富，考试重难点突出，解析简练专业。考生能通过学习准确把握专升本考试中的知识点，并能有效改善知识结构，扩展思维空间，提升复习效率，从而突破专升本复习瓶颈，提高应试能力和技巧。

本丛书兼具教学与考试指导用书的性质，既可以作为教材使用，亦可以作为应届毕业生参加全省专升本考试的复习用书。

山科院专升本考试研究中心

2019年2月

前言

Preface

根据教育部规定，专升本统考是应届专科学生升入全日制本科的统一考试。专升本为广大专科学生提供了一个升入本科院校进行全日制深造并提升第一学历的途径。专升本考试因其科目的特殊性和题型的多样性，综合难度较大，选择一套高质量的指导用书可以使考生多一分成功的把握。为了让学生在备考专升本时有一套权威性强、科学性强、实用性强的专业书籍，中科教育旗下品牌山科院专升本教育特推出《山东省专升本考试指导用书》，包括英语、计算机、高等数学三个学科共九册。

计算机学科指导用书由鲁燃教授主编。鲁燃教授是山东专升本计算机界权威，山科院专升本考试研究院院长，知名授课专家。鲁燃教授有多年教学实践经验，是官方指定教材《计算机文化基础实验教程》主编。本书是由鲁燃教授根据多年的教学实践经验及对历年专升本考试的研究，在深刻把握山东省教育厅最新考试要求的基础上编写而成的。

本书精解考试大纲，解读重点考点，并采用即学即练的学习形式，注重考生在计算机学习过程中发现问题、分析问题、归纳问题、解决问题能力的培养。本书首先针对专升本计算机考试的重点及难点进行说明，引导考生明确学习目标，然后通过经典试题解析，对不同类型的考题进行详尽讲解，深入剖析，并总结出多种有效的解题方法和技巧，使考生有效查漏补缺，提高做题能力及学习效率。

衷心祝愿广大专升本考生能够认真学习本书，灵活运用解题方法，掌握专升本中计算机考试的考点，提升自己的计算机运用能力，从而考取理想的成绩。

编者

2019年2月

Contents 目录

第一部分
计算机基础知识

计算机基础知识的主要考点

数据和信息、信息社会、信息技术、计算机文化的内涵等基本知识，计算机的概念、起源、发展、特点、类型、应用及其发展趋势。

有关进制的相关概念及二、八、十、十六进制之间的相互转换，数值、字符（西文、汉字）在计算机中的表示，数据的表示和存储单位（位、字节、字）。

计算机硬件系统的组成和功能：CPU、存储器（ROM、RAM）以及常用的输入输出设备的功能。计算机软件系统的组成：系统软件和应用软件、程序设计语言（机器语言、汇编语言、高级语言）及语言处理程序的概念。微型计算机硬件配置及常见硬件设备。

知识点1 数据、信息和信息技术

一、考试内容及解析

1. 信息与数据

信息是在自然界、人类社会和人类思维活动中普遍存在的一切物质和事物的属性。

数据，是指存储在某种媒体上可以加以鉴别的符号资料，包括文字、字母、数字、图形、图像、音频、视频等。

信息与数据的区别与联系：数据是信息的具体表现形式，是信息的载体，而信息是对数据进行加工得到的结果，它可以影响到人们的行为、决策，或对客观事物的认知。

同一个信息可以用不同形式的数据表示，信息可以消除人们对事物认识的不确定性。

> **解析：**考生要了解有关概念，重点理解信息与数据之间的关系。

2. 信息技术

信息技术是指人们获取、存储、传递、处理、开发和利用信息资源的相关技术。在现代信息处理技术中，传感技术、计算机技术、通信技术和网络技术为主导技术，其中计算机起关键作用。

计算机就是一种信息处理机。使用计算机处理信息时，必须将要处理的信息转换成计算机能识别的符号。计算机对信息的处理包括信息输入、加工处理和结果输出三个过程。

信息、物质和能源是信息社会的三大资源。

解析：考生仅做了解即可。

3. 计算机文化

所谓计算机文化，就是以计算机为核心，集网络文化、信息文化、多媒体文化为一体，并对社会生活和人类行为产生广泛、深远影响的新型文化。

计算机文化是人类文化发展的四个里程碑之一（前三个里程碑分别为：语言的产生、文字的使用与印刷术的发明）。

计算机文化的真正内涵是具有计算机信息处理能力。

解析：考生仅做了解即可。

二、考试内容巩固

1. 下面关于信息技术的叙述，正确的是（　　）。

A. 信息技术就是计算机技术　　B. 信息技术就是通信技术

C. 信息技术就是传感技术　　D. 信息技术是可以扩展人类信息功能的技术

2. 信息的符号就是数据，所以数据是信息的具体表示形式，信息是数据的（　　）。

A. 数据类型　　B. 数据表示范围　　C. 逻辑意义　　D. 编码形式

3. 信息的符号化就是数据（　　）。

A. 正确　　B. 错误

知识点 2 计算机的基本常识

一、考试内容及解析

1. 计算机的起源

ENIAC是第一台真正意义上的电子计算机，于1946年2月在美国宾夕法尼亚大学诞生。

它采用十进制进行计算，每秒可完成5000次加法运算。ENIAC没有采用二进制，没有键盘、鼠标，也没有使用存储器，也就是说，第一台计算机并没有采用冯·诺依曼体系结构。

EDSAC是第一台采用冯·诺依曼体系结构的计算机，于1949年投入运行。

EDVAC是第一台现代意义上的通用计算机，于1951年开始运行。它首次使用二进制进行计算，由运算器、控制器、存储器、输入设备、输出设备等五个基本部分组成。

解析：考生应重点掌握ENIAC的诞生时间、地点及其特点等知识。

2. 计算机的发展

根据计算机采用的主要元器件的不同，电子计算机的发展分为四代。

表1-1 计算机的发展阶段

年代	名称	元件	语言	应用
第一代 1946 ~ 1956	电子管计算机	电子管	机器语言 汇编语言	科学计算
第二代 1956 ~ 1964	晶体管计算机	晶体管	高级程序设计语言	数据处理
第三代 1964 ~ 1971	集成电路计算机	中小规模集成电路	操作系统和会话式语言	广泛应用到各个领域
第四代 1971 ~	大规模、超大规模集成电路计算机	大规模、超大规模集成电路	面向对象的高级语言	网络时代

解析：考生要重点领会计算机发展四个时代的命名依据。

3. 与计算机发展有关的科学家

在计算机的发展过程中，许多科学家做出了卓越贡献，具体如表1–2所示。

表1–2 与计算机发展相关的科学家及其贡献

科学家	主要贡献
美国数学家香农	信息的创始人
美国数学家维纳	控制论的创始人

续表

科学家	主要贡献
英国数学家布尔	提出了符号逻辑的思想
英国数学家巴贝奇	提出了几乎完整的计算机设计方案，被称为“计算机之父”
美籍匈牙利数学家冯·诺依曼	提出了存储程序和程序控制的原理
英国数学家图灵	是计算机逻辑的奠基者，提出了“图灵机”“图灵测试”等重要概念，被誉为“人工智能之父”
法国数学家帕斯卡	发明了机械计算机

4. 计算机的特点

运算速度快，计算精确高，存储容量大，具有逻辑判断能力，能实现工作自动化，通用性强。

解析：考生要重点领会：计算机的存储性是计算机区别于其他计算工具的重要特征，也正是计算机的存储性使得计算机具备了自动性和通用性。

5. 计算机的分类

根据不同的标准，可以将计算机分为不同的类别。

表1–3　计算机的分类

划分标准	种　类
根据处理的对象划分	模拟计算机、数字计算机和混合计算机
根据用途划分	专用计算机和通用计算机
根据规模划分	巨型机、大型机、小型机、微型机和工作站

解析：考生要重点领会：计算机的规模是指计算机的运算速度、处理能力、存储容量、计算精度等综合性能指标，不是指计算机的体积。

6. 计算机的应用

（1）科学计算：是指科学和工程中的数值计算，属于计算机的早期应用领域，比如气象预报、密码解译等。

（2）信息管理：是指非数值形式的数据处理，是目前计算机应用最广泛的领域，比如办公自动化、事务处理、情报检索、企业管理等。

（3）过程控制：又称实时控制，指用计算机及时采集检测数据，按最佳值迅速地对控制对象进行自动控制或自动调节。

（4）计算机辅助系统：指计算机辅助人们进行设计、加工、计划和学习等工作，比如计算机辅助设计CAD、计算机辅助制造CAM、计算机辅助教育CBE、计算机辅助教学CAI、计算机辅助教学管理CMI、计算机辅助测试CAT、计算机集成制造系统CIMS等。

（5）人工智能：简称AI，指计算机执行人类智能的有关功能，比如模拟识别、物形分析、自然语言的生成和理解、博弈、定理自动证明、自动程序设计、专家系统、学习系统和智能机器人等。

（6）计算机网络与通信：利用通讯技术，将不同地理位置的计算机互联，实现世界范围内的信息资源共享，并能交互式地交流信息。

（7）多媒体技术应用和嵌入式系统。

解析：考生应能根据题目中给出的具体应用案例，判断属于哪种计算机应用领域。

7. 计算机的发展趋势

（1）巨型化：指不断研制速度更快、存储量更大和功能更强大的巨型计算机。巨型计算机的研制水平是衡量一个国家科学技术和工业发展水平的重要标志。

（2）微型化：指利用微电子技术和超大规模集成电路技术，把计算机的体积进一步缩小，价格进一步降低。

（3）网络化：指将计算机与相关设备互联，实现高效通信与资源全面共享。

（4）智能化：指使计算机具有模拟人的感觉和思维过程的能力。

解析：考生应理解计算机的发展趋势，了解物联网、云计算、大数据等新的发展趋势。

二、考试内容巩固

1. 1946年诞生的世界上公认的第一台电子计算机是（　　）。

A. UNIVC-1　　B. EDVAC　　C. ENIAC　　D. IBM650

2. 第二代电子计算机所采用的电子元件是（　　）。

A. 继电器　　B. 晶体管　　C. 电子管　　D. 集成电路

3. 美国1946年发明的第一台电子计算机采用的是十进制（　　）。

A. 正确　　B. 错误

4. 计算机按性能可以分为巨型计算机、大型计算机、小型计算机、微型计算机和（　　）。

A. 服务器　　B. 掌中设备　　C. 工作站　　D. 笔记本

5. 从计算机的用途上看，我们家里使用的普通计算机都是专用计算机。（　　）

A. 正确　　B. 错误

6. 计算机的发展阶段通常是按计算机所采用的（　　）来划分的。

A. 内存容量　　B. 物理器件　　C. 程序设计语言　　D. 操作系统

7. 当前计算机正朝两极方向发展，即（　　）。

A. 专用机和通用机　　B. 微型化和巨型化

C. 模拟机和数字机　　D. 个人机和工作站

8. 电子计算机最早的应用领域是（　　）。

A. 信息处理　　B. 科学计算　　C. 过程控制　　D. 人工智能

9. CAI是计算机的应用领域之一，其含义是（　　）。

A. 计算机辅助制造　　B. 计算机辅助测试

C. 计算机辅助设计　　D. 计算机辅助教学

10. “计算机辅助制造”的英文缩写是（　　）。

知识点 3 进制及进制之间的相互转换

一、考试内容及解析

1. 进制的有关概念

数码：一组用来表示某种数制的符号。

基数：数制所使用的数码个数。

位权：数码在不同位置上的权值。

解析：考生要重点理解位权的概念，只有真正理解了位权，才能轻松地完成各种进制的运算以及进制之间的转换。

2. 常见的几种进制

常见的进制包括二机制、八进制、十进制及十六进制，各自的特点如表1–4所示。

表1–4　常见进制的特点

	二进制	八进制	十进制	十六进制
数码	0,1	0 ~ 7	0 ~ 9	0 ~ 9,A,B,C,D,E,F
基数	2	8	10	16
位权	位权是基数的整数次幂，小数点左边第一位为基数的零次幂，向左幂次逐位加一，向右幂次逐位减一			
运算规则	逢二进一	逢八进一	逢十进一	逢十六进一

解析：考生要掌握以上常用进制的特点，并总结出R进制的数码为0到R–1，基数为R，运算规则为逢R进一。

3. 进制的表示方法

（1）括号加下标法，如（11010100）$_2$、（138.5）$_{10}$、（347.6）$_8$、（A8B.C）$_{16}$。

（2）大写字母后缀法，二进制数B，八进制数O，十进制数D，十六进制数H，如11010100B、138.5D、347.6O、A8B.CH。

解析：考生要记住常用进制的后缀字母。

4. 不同进制数间的相互转换

（1）R进制转换为十进制

按权展开。

（2）十进制转换为R进制

整数部分：除R取余，倒序排列；小数部分：乘R取整，正序排列；最后合并整数、小数部分即可。

（3）二进制和八进制相互转换

二进制转换为八进制：以小数点为左右起点，3位分组（不足3位分别在高位或低位补0），分别转换成对应的八进制数字，全部连接起来即可。

八进制转换成二进制：将每1位八进制数转换成相应的3位二进制数，依次连接起来即可。

二进制与八进制之间的对应关系如表1–5所示。

表1–5　二进制与八进制之间的对应关系

二进制	八进制	二进制	八进制
000	0	100	4
001	1	101	5
010	2	110	6
011	3	111	7

（4）二进制和十六进制相互转换

二进制转换为十六进制：以小数点为左右起点，4位分组（不足4位分别在高位或低位补0），分别转换成对应的十六进制数字，全部连接起来即可。

十六进制转换成二进制：将每1位十六进制数转换成相应的4位二进制数，依次连接起来即可。

二进制与十六进制之间的对应关系如表1–6所示。

表1–6　二进制与十六进制之间的对应关系

二进制	十六进制	二进制	十六进制
0000	0	1000	8
0001	1	1001	9
0010	2	1010	A
0011	3	1011	B
0100	4	1100	C
0101	5	1101	D
0110	6	1110	E
0111	7	1111	F

解析：考生要记住二、八、十及十六进制之间的转换方法并能灵活运用，该部分为必考内容。

5. 二进制基本运算

（1）算术运算

加：0+0=0，0+1=1，1+0=1，1+1=0（进位为1）

减：0–0=0，0–1=1（借位为1），1–0=1，1–1=0

乘：$0\times0=0$，$0\times1=0$，$1\times0=0$，$1\times1=1$

除：0/1=0，1/1=1（0不能作除数）

（2）逻辑运算（与、或、非、异或）

AND：$0\wedge0=0$，$0\wedge1=0$，$1\wedge0=0$，$1\wedge1=1$

OR：$0\vee0=0$，$0\vee1=1$，$1\vee0=1$，$1\vee1=1$

NOT：~1=0，~0=1

XOR：$0\oplus0=0$，$0\oplus1=1$，$1\ominus0=1$，$1\oplus1=0$

解析： 考生要掌握二进制的基本运算规则，重点理解逻辑运算的规则及结果。

二、考试内容巩固

1. 计算机内部采用的数制是（　　）。

A. 十进制　　B. 二进制　　C. 八进制　　D. 十六进制

2. 不属于现代计算机中采用二进制原因的是（　　）。

A. 适合逻辑运算　　B. 物理上容易实现且简单可靠

C. 运算规则简单　　D. 只有0、1两个符号，容易书写

3. 下列叙述正确的是（　　）。

A. 十进制数可用10个数码，从1至10

B. 一般在数字后面加大写字母B表示十进制数

C. 二进制数只有1和2两个数码

D. 在计算机内部所有数据都是用二进制编码形式表示的

4. 在数制中，数码在不同位置的权值称为位权。（　　）

A. 正确　　B. 错误

5. 人们通常用十六进制而不用二进制书写计算机中的数，是因为（　　）。

A. 十六进制的书写比二进制方便

B. 十六进制的运算规则比二进制简单

C. 十六进制数表达的范围比二进制大

D. 计算机内部采用的是十六进制

6. 下列四组数依次为二进制、八进制和十六进制，不符合要求的是（　　）。

A. 11，78，19　　B. 10，77，1A

C. 12，80，FF　　D. 11，77，1B

7. 下列各种进位计数制中，最小的数是（　　）。

A. $(1100101)_2$　　B. $(146)_8$　　C. $(100)_{10}$　　D. $(64)_{16}$

8. 十六进制数AC转换成二进制数是（　　）。

A. 10101011　　B. 10101100　　C. 10111101　　D. 10111010

9. 十六进制数A25F与十进制数2002的和是（　　）H。

10. 所有的十进制小数都能完全准确地转换为二进制小数。（　　）

A. 正确　　B. 错误

11. 二进制数100110010. 11转换成对应的八进制数是（　　）。

12. 执行逻辑“或”运算01010100∨10010011，其运算结果是（　　）。

知识点4 数据表示和存储单位

一、考试内容及解析

1. 计算机中数据的单位

（1）位（bit）

简记为b，也称为比特，是计算机存储数据的最小单位。一个二进制位只能表示0或1。

（2）字节（Byte）

简记为B，是存储信息的基本单位。规定1B = 8bit。

1 KB=2^{10}B=1024B　　1 MB=2^{20}B=1024KB　　1 GB=2^{30}B= 1024MB

1 TB=2^{40}B= 1024GB　　1PB=2^{50}B= 1024 TB

（3）字（Word）

CPU通过数据总线一次存取、加工和传送的数据称为一个字，通常由一个字节或若干个字节组成。

> **解析：**考生要重点掌握不同数据单位之间的换算关系。

2. 数值的表示

通常规定一个数的最高位为符号位，“0”表示正，“1”表示负。

机器数：一个数在计算机中的二进制表示形式叫这个数的机器数。机器数是带符号的，符号位放在左边最高位，正数为0，负数为1。如+127的机器数为01111111，–127的机器数为11111111。

真值：带符号位的机器数对应的真正数值称为机器数的真值，也就是正负号加上数的绝对值。如+127的真值为+1111111，–127的机器数为–1111111。

为了在计算机的输入、输出操作中能直观迅速地与常用的十进制数相对应，习惯上用二进制代码表示十进制数，这种编码方法简称BCD码或8421编码。例如，对于$(239)_{10}$的编码如表1–7所示。

表1–7　BCD码示例

十进制数	2	3	9
8421编码	0010	0011	1001

> **解析：**针对数值数据编码的问题，考生要理解数值数据一般采用BCD码的编码方式，同时理解数据的符号位表示方式。

3. 字符信息编码

目前采用的字符编码主要是ASCII码（美国标准信息交换代码）。ASCII码是一种西文机内码，有7位标准ASCII码和8位扩展ASCII码两种。7位标准ASCII码用1个字节（8位）表示1个字符，并规定其最高位为0，实际只用到7位，因此可表示128个不同字符，包括数字0~9、26个大写字母、26个小写字母、各种标点符号、运算符号、控制命令符号等。

任何一个小写英文字母的ASCII码均比它对应的大写字母的ASCII码大20H（十进制：32），如“A”的ASCII码是41H（十进制：65），“a”的ASCII码是61H（十进制：97）。

常见ASCII码的大小规则：空格＜0~9＜A~Z＜a~z。

解析：学习本知识点，考生要掌握ASCII码的组成和规律。

4. 汉字编码

（1）汉字输入码：将汉字通过键盘输入计算机所采用的编码。

汉字输入码可分为流水码（区位码）、音码、形码和音形结合码四种。智能ABC、微软拼音、搜狗拼音和谷歌拼音等汉字输入法为音码，五笔字型为形码，自然码为音形结合码。其中，区位码是将常用的7445个汉字及符号置于94行×94列的点阵中，每个汉字及符号所在行的行号称为区号，所在列的列号称为位号。区位码是十进制形式的编码。如，“中”字的区位码为5448，即在54区48位。

（2）汉字交换码：用连续两个字节表示一个汉字。

GB2312-80，称为国标码，收录了6763个汉字和682个符号，共计7445个字符。

GBK18030基于GB2312-80进行了扩展，收录了27484个汉字，同时收录了藏文、蒙文、维吾尔文等主要的少数民族文字。

（3）汉字机内码：国标码没有考虑与ASCII码的冲突，所以不能直接在计算机中使用。为了能区分汉字与ASCII码，在计算机内部表示汉字时把国标码两个字节的最高位改为1，就得到机内码。当某字节的最高位是1时，必须和下一个最高位同样为1的字节合起来，才代表一个汉字。

（4）汉字字形码：记录汉字的外形，是用来显示或打印汉字所需要的图形数据。

汉字有两种字形编码：点阵码和矢量码。所有的不同字体、字号的汉字字形构成汉字库。

点阵码是一种用点阵表示汉字字形的编码，它把汉字按字形排列成点阵，一个16×16点阵的汉字要占用32个字节，一个32×32点阵的汉字则要占用128个字节，而且点阵码缩放困难且容易失真。

（5）区位码、国标码和机内码之间的关系

1）将区位码的区号、位号分别转为十六进制数，然后各加20H，就得到国标码。

2）机内码=国标码+8080H。

解析：学习本知识点，考生要重点掌握机内码和国标码之间的关系，以及字形码中点阵码和矢量码的区别。

二、考试内容巩固

1. 下列能用作存储容量单位的是（　　）。

A. Byte　　B. MIPS　　C. KB　　D. GB

2. 描述信息存储容量的单位1GB=（　　）KB。

3. 计算机中用来表示内存容量大小的最基本单位是位。（　　）

A. 正确　　B. 错误

4. 通常规定一个二进制数的（　　）作为符号位，“0”表示正，“1”表示负。

5. 基本ASCⅡ码包含（　　）个不同的字符。

6. ASCⅡ码表中，ASCⅡ码值从小到大的排列顺序是（　　）。

A. 大写英文字母、小写英文字母、数字

B. 小写英文字母、大写英文字母、数字

C. 数字、小写英文字母、大写英文字母

D. 数字、大写英文字母、小写英文字母

7. 下列编码中，（　　）与汉字信息处理无关。

A. BCD码　　B. 输入码　　C. 点阵码　　D. 区位码

8. （　　）码的全称是《信息交换用汉字编码字符集·基本集》。

A. GB2312-80汉字编码　　B. GBK编码

C. GB18030-2000编码　　D. GJK编码

9. 显示或打印汉字时，系统使用的是汉字的（　　）。

A. 机内码　　B. 字形码　　C. 输入码　　D. 国标码

10. 在计算机内部表示汉字时把交换码的两个字节最高位改为0。（　　）

A. 正确　　B. 错误

知识点5 计算机工作原理

一、考试内容及解析

1. 计算机系统的组成

一个完成的计算机系统包括硬件系统和软件系统。计算机系统的组成如图1-1所示。

硬件是指计算机系统中由电子、机械和光电元件等组成的各种计算机部件和计算机设备。冯·诺依曼提出的存储程序工作原理决定了计算机硬件系统由运算器、控制器、存储器、输入设备和输出设备五个基本部分组成。

软件是指使计算机运行所需的程序、数据和有关文档的总和。计算机软件通常分为系统软件和应用软件两大类。系统软件是指控制和协调计算机及外部设备、支持应用软件开发和运行的系统；应用软件是为解决某一问题而专门开发的软件。

硬件与软件相辅相成、缺一不可。未配置任何软件的计算机叫裸机，它是计算机完成工作的物质基础。

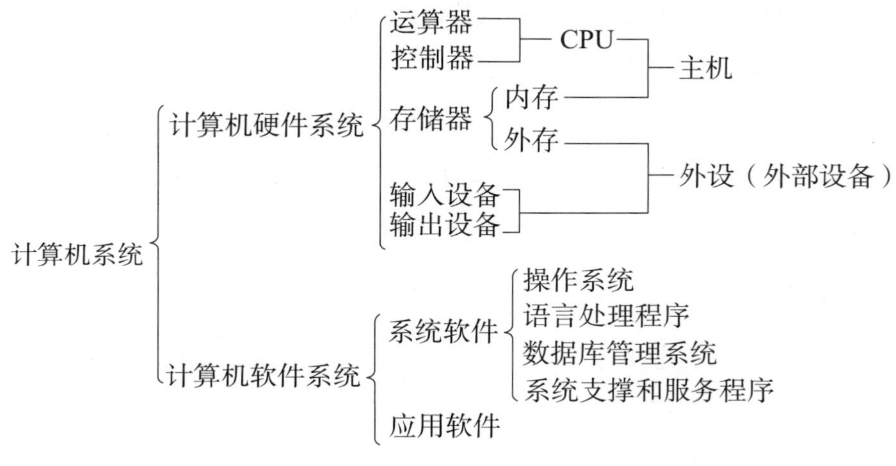

图1–1　计算机系统的组成

解析： 学习本知识点，考生要重点掌握计算机系统各个组成部分方面的知识，理解它们之间的关系和作用。

2. 指令与程序

指令是指示计算机执行某种操作的命令，它由一串二进制数码组成，包括操作码和地址码两部分。操作码规定了操作的类型，即进行什么样的操作；地址码规定了要操作的数据（操作对象）存放在什么地址中，以及操作结果存放到哪个地址中。

一台计算机有许多指令，所有指令的集合称为计算机的指令系统。计算机系统不同，指令系统也不同。目前，指令系统有CISC和RISC之分。

程序是按照一定顺序组成的相关指令的集合，用来规定计算机的执行步骤。计算机正是在程序的控制下完成预定任务的。

解析：考生要理解指令的作用、组成以及程序和指令之间的关系。

3. “存储程序”工作原理

“存储程序”工作原理是计算机能够自动完成运算或处理过程的基础。该原理是冯·诺依曼提出来的，其基本思想是存储程序与程序控制。

存储程序是指人们必须事先把程序及运行中所需要的数据，通过一定方式输入并存储在计算机的存储器中；程序控制是指计算机运行时能自动地逐条取出程序中的指令，加以分析并执行规定的操作。

解析：学习本知识点，考生要重点理解“存储程序”工作原理的基本思想。

二、考试内容巩固

1. 一个完整的计算机系统应包括（　　）。
   A. 系统硬件和系统软件
   B. 硬件系统和软件系统
   C. 主机和外部设备
   D. 主机、键盘、显示器和辅助存储器
2. 下列关于软件的叙述，正确的是（　　）。
   A. 计算机软件分为系统软件和应用软件两大类
   B. Windows就是广泛使用的应用软件之一
   C. 所谓软件就是程序
   D. 软件可以随便复制使用，不用购买
3. 下列各组软件中，全部属于系统软件的一组是（　　）。
   A. 程序语言处理程序、操作系统、数据库管理系统
   B. 文字处理程序、编辑程序、操作系统
   C. 财务处理软件、金融软件、网络系统
   D. WPS Office 2003、Excel 2000、Windows 7
4. 计算机的指令是由操作码和（　　）组成的。
5. 微型计算机硬件系统由（　　）、存储器、输入设备和输出设备四大部件组成。

一、考试内容及解析

1. 计算机硬件基本组成

计算机硬件系统由以下五个基本部分组成，如图1–2所示。

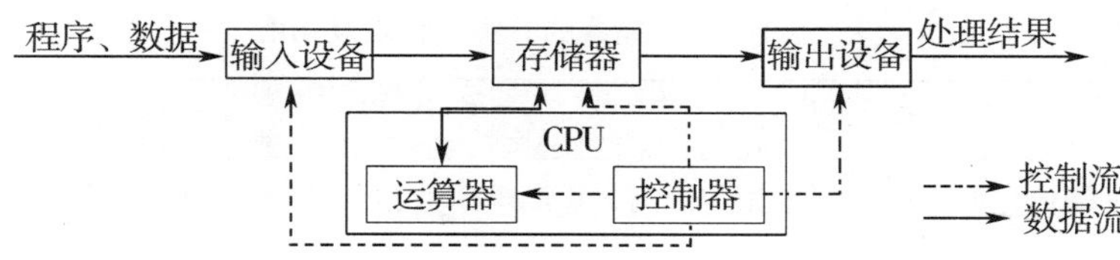

图1–2　计算机硬件系统组成

各个部分的基本功能如表1–8所示。

表1–8　计算机各部件的功能

部件名称		主要功能
中央处理器（CPU）	控制器	计算机系统的“指挥中枢”，负责从内存储器中取指令，并对指令进行解析，然后向其他部件发出控制指令，完成指令规定的操作。控制器由指令部件（PC程序计数器）、时序部件和操作控制部件等组成
	运算器	根据指令要求完成算术运算和逻辑运算。算术逻辑单元（ALU）是运算器的主要功能部件，还包括寄存器和一些控制门电路
存储器		存储程序和数据，是计算机中唯一具备存储能力的部件
输入设备		将程序和数据转换成计算机能够接收的形式并输入计算机内存中
输出设备		将二进制形式的数据转换成用户能够识别的形式并输出

根据存储程序和程序控制的概念，在计算机运行过程中，实际上有数据流跟控制信号两种信息在流动。简单地说，计算机的工作由数据输入、加工处理、结果输出三部分组成，其中计算机按照程序对数据进行加工处理的过程又可以归结为以下几步：

（1）取指令：从内存储器中取出指令。

（2）分析指令：对指令进行分析，确定执行什么操作。

（3）执行指令：根据分析的结果，由控制器发出完成该操作所需要的一系列控制信息，完成该指令所要求的操作。

（4）按照上述步骤执行下一条指令，直到结束。

解析： 学习本知识点，考生要掌握计算机的五大基本组成部分、各自作用以及它们之间协调一致的工作过程等知识。

2. 存储器

（1）存储器的分类

存储器分为内存和外存两大类。内存和外存，又称为主存储器和辅助存储器。

表1–9　存储器的分类、特点及功能

部件名称			特点	功能
存储器	内存	随机存取存储器（RAM）	既能读也能写，但断电后数据全部丢失	存储系统当前运行所需要的程序和数据
		只读存储器（ROM）	只能读不能写，其中的数据在出厂时由厂家写入，断电后仍能长期保存	存储基本输入输出等固定的系统级程序和数据，一旦遭到破坏会影响计算机正常运行
		高速缓冲存储器（Cache）	位于CPU与内存之间，读写速度高于内存	用于缓冲CPU与内存之间的速度差异
	外存	包括磁盘、光盘、闪存、磁带等	容量大．永久可靠	用于存储大量的暂时不参加运算或处理的数据和程序

（2）内存与外存

区分内存与外存，主要看以下几点：

1）CPU是否可以直接访问。CPU可以直接访问内存，但不可以直接访问外存。外存中的数据要先调入内存才能供CPU读取，同样，CPU要向外存写入数据也要通过内存。

2）断电后数据是否丢失。RAM中的程序和数据在断电后将全部丢失，外存中的数据可永久保存。

3）具体作用不同。内存面向计算机，外存面向用户。

4）读写速度不同。具体而言，Cache＞内存＞硬盘＞软盘。

另外，内存和外存在价格、容量大小等方面也有所差别。

（3）内存储器的物理结构

为便于管理，内存储器被划分为一个个大小相同的存储单元，每个存储单元为1个字节（即8位），并为每个存储单元分配了唯一的编号，称为单元地址。内存储器的物理结构如图1–3所示。

7							0
1	0	1	1	0	0	1	1

图1–3　内存储器物理结构示意

解析：这个知识点非常重要，历年来考试分值所占比重也比较大。考生要在理解的基础上重点掌握，尤其是计算机的存储体系方面的知识。

二、考试内容巩固

1. 微型计算机中，控制器的基本功能是（　　）。

A. 进行算术运算和逻辑运算　　B. 存储各种控制信息

C. 保持各种控制状态　　D. 控制机器各个部件协调一致地工作

2. 微型计算机的微处理芯片又叫中央处理器，在其上集成有（　　）。

A. 控制器和运算器　　B. 控制器和存储器

C. 控制器和CPU　　D. 运算器和CPU

3. CPU的主要功能是（　　）。

A. 算术运算　　B. 算术、逻辑运算

C. 逻辑运算　　D. 算术、逻辑运算与计算机各部件的控制

4. 能直接与CPU交换信息的存储器是（　　）。

A. 硬盘存储器　　B. CD-ROM　　C. 内存储器　　D. 软盘存储器

5. 内存分为RAM、ROM，其中（　　）中的信息只能读出，断电后数据不丢失。

6. 下列存储器中，（　　）属于易失性存储器。

A. RAM　　B. ROM　　C. PROM　　D. CD-ROM

7. 配置高速缓冲存储器（Cache）是为了解决（　　）。

A. 内存与外存之间速度不匹配问题　　B. CPU与外存之间速度不匹配问题

C. CPU与RAM之间速度不匹配问题　　D. 主机与外设之间速度不匹配问题

8. 硬盘属于（　　）。

A. 内部存储器　　B. 外部存储器　　C. 只读存储　　D. 输出设备

9. 在以下各种设备中，读取数据快慢的顺序是内存、硬盘、光盘和软盘。（　　）

A. 正确　　B. 错误

10. 下列设备组中，完全属于输入设备的一组是（　　）。

A. CD-ROM驱动器、键盘、显示器　　B. 绘图仪、键盘、鼠标器

C. 键盘、鼠标器、扫描仪　　D. 打印机、硬盘、条码阅读器

11. 微机中常用的CD-ROM称为只读光盘，它属于（　　）存储器。

12. 高速缓存是介于主存和CPU之间的高速小容量存储器。（　　）

A. 正确　　B. 错误

知识点7 计算机软件系统

一、考试内容及解析

1. 系统软件

系统软件是管理、监控和维护计算机资源（包括硬件和软件），开发应用软件的软件。系统软件居于计算机系统中最靠近硬件的一层，它主要包括操作系统、语言处理程序、数据库管理系统、支撑服务软件等。

（1）操作系统（OS，Operating System）：是一组对计算机资源进行控制与管理的系统化程序集合，它是用户和计算机硬件系统之间的接口，为用户和应用软件提供了访问和控制计算机硬件的桥梁。

操作系统是系统软件的核心，直接运行在裸机上。任何其他软件必须在操作系统的支持下才能运行。

（2）语言处理程序：用汇编语言和高级语言编写的源程序计算机无法直接执行，必须经过翻译才能执行，这些翻译程序就是语言处理程序，包括汇编程序、编译程序和解释程序等。语言处理程序的基本功能就是把高级语言或汇编语言编写的源程序翻译成机器可执行的二进制语言程序。

（3）系统支撑和服务程序：又称工具软件，如系统诊断程序、调试程序、排错程序、编辑程序、查杀病毒程序等。

（4）数据库管理系统：主要用来建立存储各种数据资料的数据库，并进行操作和维护。常用的数据库管理系统有FoxPro、FoxBASE+、Access、Oracle、DB2、Sybase、SQL Server等。

解析： 学习本知识点，考生要掌握系统软件的地位、组成以及各自的作用方面的知识。

2. 应用软件

应用软件是为解决各类应用问题而编写的软件。比如办公类软件Microsoft Office、WPS Office、永中Office，图形处理软件Photoshop、illustrator，三维动画软件3dmax、Maya，即时通信软件QQ、MSN、UC和Skype等。

解析： 学习本知识点，考生要能够正确区分哪些属于系统软件、哪些属于应用软件。

3. 程序设计语言

（1）算法

数据结构和算法是程序最主要的两个方面，程序=算法+数据结构。

算法可以看作是由有限个步骤组成的用来解决问题的具体过程，实质上反映的是解决问题的思路。算法的特征：（1）有穷性；（2）确定性；（3）可行性；（4）算法可以没有输入，但必须至少有一个输出。

程序设计的三种基本流程：顺序、选择、循环。

（2）程序设计语言

程序设计语言可以分为三类：机器语言、汇编语言和高级语言。

表1–10　程序设计语言及特点

<table>
<tr><th colspan="2">语言名称</th><th>特点</th><th>优缺点</th><th>处理方式</th></tr>
<tr><td rowspan="2">低级语言</td><td>机器语言</td><td>由0和1两个基本符号组成的二进制语言，是计算机唯一能直接识别、不需要翻译就可以执行的程序设计语言</td><td>编写程序难度大，可读性差，容易出错，修改、调试困难，通用性和移植性较差</td><td>不需要翻译，可直接执行</td></tr>
<tr><td>汇编语言</td><td>用助记符代替操作码，用符号表示地址码，是“符号化”的机器语言，与机器语言基本一一对应</td><td>比机器语言程序易读、易检查、易修改，但仍依赖于具体机器，难以在系统间移植，程序的可读性也比较差</td><td>汇编</td></tr>
<tr><td colspan="2">高级语言</td><td>屏蔽机器的细节，与具体的计算机指令系统无关，接近人们的自然语言</td><td>编写、修改程序方便，可读性、移植性、通用性强</td><td>编译或解释</td></tr>
</table>

编译与解释的区别：

编译是将源程序整个翻译成与之等价的用机器语言表示的目标程序，会产生目标程序；解释是对源程序一边翻译一边执行，不产生目标程序。

解析：学习本知识点，考生要理解算法的概念和特征，要掌握三种程序设计语言的特点以及所采用的语言处理方式。机器语言是计算机的“母语”，任何非机器语言编写的程序都要经过语言处理程序翻译成机器语言，计算机才能执行。

二、考试内容巩固

1. 操作系统的主要功能是使用户可以充分地利用系统的资源，同时又提供各种友善的方式来帮助用户方便地使用资源。（　　）

A. 正确　　　　B. 错误

2. 操作系统的主要功能包括处理机管理、存储管理、（　　）、设备管理和作业管理。

3. 汇编语言和机器语言都属于低级语言，都能被计算机直接识别并执行。（　　）

A. 正确　　B. 错误

4. 用高级程序设计语言编写的程序称为源程序，它（　　）。

A. 只能在专门的机器上运行　　B. 无需编译或解释，可直接在机器上运行

C. 可读性不好　　D. 具有良好的可读性和可移植性

5. 汇编程序的作用是将汇编语言源程序翻译为（　　）。

A. 目标程序　　B. 临时程序　　C. 应用程序　　D. 编译程序

6. 机器语言与汇编语言都是低级语言，因此用它们编制的程序，其运行效率肯定低于高级语言所编的程序。（　　）

A. 正确　　B. 错误

7. 编译程序的作用是将高级语言源程序翻译成目标程序。（　　）

A. 正确　　B. 错误

8. 高级语言编写的程序，必须转换成（　　）语言才能被计算机执行。

9. 将高级语言编写的程序翻译成机器语言程序，采用的两种翻译方式是（　　）和解释。

10. 算法可以看作是由（　　）组成的用来解决问题的具体过程，实质上反映的是解决问题的思路。

A. 有限个步骤　　B. 一系列数据结构　　C. 无限个步骤　　D. 某种数据结构

知识点 8　微型计算机

一、考试内容及解析

1. 微型计算机分类

（1）单片机：将微处理器（CPU）、一定容量的存储器以及I/O接口电路等集成在一个芯片上构成的微型计算机系统。

（2）单板机：将微处理器、存储器、I/O接口电路安装在一块印刷电路板上构成的微型计算机系统。

（3）PC（Personal Computer，个人计算机）：供单个用户使用的微机。

（4）便携式微机：包括笔记本计算机、个人数字助理（PDA）、智能手机等。

解析： 对于该知识点，考生一般了解即可。

2. 微机的主要性能指标

（1）主频

主频即时钟频率，是指CPU在单位时间内发出的脉冲数，它在很大程度上决定了计算机的运算速度，单位是赫兹（Hz）。

（2）字长

字长是指CPU能同时处理的二进制数据的位数。字长越长，计算机处理信息的效率和精度就越高。

（3）内核数

内核数是指同一个CPU上集成的处理器核心的数量。

（4）内存容量

计算机的内存容量一般是指RAM的容量。内存容量越大，计算机的处理速度越快。

（5）运算速度

运算速度是指单位时间内计算机所执行的指令条数，单位有MIPS（Million Instructions Per Second，每秒10^6条指令）和BIPS（Billion Instructions Per Second，每秒10^9条指令）。

（6）存取周期

存取周期越短，运算速度越快。

解析： 学习本知识点，考生要重点理解以上指标与计算机性能之间的关系。

3. 常见微型计算机的硬件设备

（1）微处理器

微型计算机的CPU也称为微处理器，是将运算器、控制器和高速缓存集成在一起的超大规模集成电路芯片，是计算机的核心部件。

摩尔定律：集成电路芯片上所集成的电路的数目每隔18个月翻一番。

目前微处理器的两大生产厂家为Intel公司和AMD公司。我国生产的微处理器称为龙芯。

（2）内存

微机中的内存一般指随机存储器（RAM）。目前常用的内存有SDRAM、DDR SDRAM、DDR2、DDR3等。

（3）外存储器

微机中的外存按照存储介质的不同可分为磁表面存储器（软盘、硬盘、磁带）、光存储器（光盘）和半导体存储器（闪存）。

1）软盘：软盘上有写保护口，当写保护口处于保护状态（即写保护口打开）时，只能读取盘中信息，而不能写入，用于防止擦除或重写数据，也能防止病毒侵入。软盘是早期使用的移动存储设备，存在容量小、易损坏、读写速度慢等缺点，随着存储技术的发展现在已被淘汰。

2）硬盘：由多个涂有磁性材料的金属盘片组成，每个盘片的每一面都有一个读、写磁头，用于磁盘信息的读写。硬盘是目前存取速度最快的外存。

3）闪存（Flash Memory）：又称“优盘”，可反复存取数据，支持热插拔。

4）光存储器：利用激光技术存储信息的装置，可分为只读光盘（CD-ROM、DVD）、追记型光盘（CD-R、WORM）和可改写型光盘（CD-RW、MO）等。

5）固态硬盘：是用固态电子存储芯片阵列制成的硬盘，与机械硬盘相比，具有快速读写、质量轻、能耗低、体积小、防震抗摔及无噪音等特点。

（4）总线

总线（Bus）是计算机各功能部件之间传送信息的公共通信干线。微机内部信息的传送通过总线进行，各功能部件通过总线连在一起。微机中的总线一般分为数据总线、地址总线和控制总线三种，分别用来传输数据、数据地址及控制信号。

（5）主板

主板是微型计算机系统中最大的一块电路板，有时又称为母板或系统板。它是一块带有各种插口的大型印刷电路板（PCB），能够将主机的CPU芯片、存储器芯片、控制芯片、ROM BIOS芯片等结合在一起。

（6）输入输出设备（I/O设备）

常用的输入设备有：鼠标器、键盘、扫描仪、数字化仪、数码摄像机、条形码阅读器、数码相机、A/D转换器等；常用的输出设备有：显示器、打印机、音箱、绘图仪、D/A转换器等。

从信息的输入输出角度来说，磁盘驱动器和磁带机既可以看作输入设备，又可以看作输出设备。

1）显示系统

显示系统包括显示器和显示适配器（又称“显示卡”）。

显示系统的主要性能指标有显示分辨率、颜色质量和刷新速度等，其中最主要的是分辨率和颜色质量。

2）打印机

包括点阵打印机（针式打印机）、喷墨打印机、激光打印机。

解析：学习本知识点，考生要掌握微机的常见部件方面的知识，理解计算机总线的概念和作用。

二、考试内容巩固

1. 计算机的技术性能指标主要是指（　　）。
   A. 计算机配备的语言、操作系统、外部设备
   B. 硬盘的容量和内存的容量
   C. 显示器的分辨率、打印机的性能等配置
   D. 字长、运算速度、内外存容量和CPU的时钟频率
2. CPU的（　　）实际上是指运算器进行一次基本运算所能处理的数据位数。
3. 主频是指计算机时钟信号的频率，通常以（　　）为单位。
4. 从信息的输入输出角度来说，磁盘驱动器和磁带机既可以看作输入设备，又可以看作输出设备。（　　）
   A. 正确　　　　B. 错误
5. 以MIPS为单位来衡量计算机的性能，它用来描述计算机的（　　）。
6. 主板是微型计算机中最大的一块电路板。（　　）
   A. 正确　　　　B. 错误
7. 微型计算机的主机主要由（　　）两大部分组成。
   A. 微处理器和寄存器
   B. 微处理器和内存储器
   C. 内存储器和指令译码器
   D. 主机、键盘、显示器和辅助存储器
8. 计算机的显示系统指的就是显示器。（　　）
   A. 正确　　　　B. 错误

综合练习

一、单项选择题

1. 在计算机辅助应用领域中，CIMS是指（　　）。

A. 计算机辅助教育　　B. 计算机集成制造系统

C. 计算机辅助制造　　D. 计算机辅助设计

2. 计算机最主要的工作特点是（　　）。

A. 高速度　　B. 高精度

C. 记忆能力强　　D. 存储程序与自动控制

3. 在一个非零的无符号二进制整数最后加两个0得到一新数，该新数是原数的（　　）。

A. 二倍　　B. 四倍　　C. 二分之一　　D. 四分之一

4. 微型计算机中使用的数据管理系统，属于下列计算机应用中的（　　）。

A. 人工智能　　B. 专家系统　　C. 信息管理　　D. 科学计算

5. 计算机之所以能按人们的意图自动进行工作，最直接的原因是采用了（　　）。

A. 二进制　　B. 高速电子元件

C. 程序设计语言　　D. 存储程序控制

6. 以下几个八进制数中，不正确的是（　　）。

A. 31.05　　B. 47.13　　C. 20.02　　D. 18.26

7. 下列四个二进制数中，与十进制数263等值的是（　　）。

A. $(100000110)_2$　　B. $(100000111)_2$

C. $(110000111)_2$　　D. $(110010111)_2$

8. 执行逻辑或运算10101010∨01001010的结果是（　　）。

A. 11110100　　B. 11101010　　C. 10001010　　D. 11100000

9. I/O接口位于（　　）。

A. 总线和设备之间　　B. CPU和I/O设备之间

C. 主机和总线之间　　D. CPU和主存储器之间

10. 下列字符中ASCII码值最大的是（　　）。

A. 9　　B. D　　C. a　　D. y

11. 在计算机系统中，汉字的编码分为（　　）。

A. 外码、内码、字形码和交换码　　B. 外码、内码、区位码和交换码

C. 外码、内码、输出码和区位码　　D. 国际码、区位码、字形码和交换码

12. 下列说法正确的是（　　）。

A. 同一个汉字的输入码的长度随输入方法的不同而不同

B. 一个汉字的机内码与它的国际码是相同的，且均为二字节

C. 不同汉字的机内码的长度是不相同的

D. 同一汉字用不同的输入法输入时，其机内码是不相同的

13. 存储100个32 × 32点阵的汉字和1000个英文字母约需（　　）KB的存储空间。

A. 13.47　　B. 1100　　C. 11.2　　D. 14.45

14. 下列说法错误的是（　　）。

A. 操作系统管理计算机的硬件，所以随着硬件的不断更新，操作系统也需要更新

B. 应用软件在操作系统的基础上运行，通过操作系统实现对软件的操作

C. 用户可以直接对硬件进行操作

D. 用户操作的是计算机通过操作系统展现在用户眼前的逻辑设备

15. 下列四种软件中，属于系统软件的是（　　）。

A. 金山文字2003　　B. 工业控制软件

C. Windows 7　　D. 行政管理软件

16. 下列叙述错误的是（　　）。

A. 两个或两个以上的系统交换信息的能力称为兼容性

B. 当软件所处硬件或支持软件环境发生变化时，如软件还能发挥原有的功能，则称其为兼容软件

C. 不需调整或仅需少量调整即可用于多种系统的硬件，称为兼容硬件

D. 著名计算机厂家生产的计算机称为兼容机

17. 计算机的字长取决于（　　）的宽度。

A. 控制总线　　B. 数据总线　　C. 地址总线　　D. 通信总线

18. 批处理操作系统是一种（　　）操作系统。

A. 交互性　　B. 分时　　C. 非交互性　　D. 实时

19. 下列属于应用软件的是（　　）。

A. 操作系统　　B. 会计程序　　C. 诊断程序　　D. 编译程序

20. 下列叙述正确的是（　　）。

A. 计算机的体积越大，其功能越强

B. CD-ROM的容量比硬盘的容量大

C. 存储器具有记忆功能，其中的信息任何时候都不会丢失

D. CPU是中央处理器的简称

21. 关于机器指令，下面说法错误的是（　　）。

A. 指令由操作码与地址码组成

B. 用机器指令编写的程序可以直接在任何计算机上运行

C. 机器指令与计算机的硬件结构相关

D. 高级语言编写的程序必须转换成由机器指令组成的机器语言才能运行

22. 最大的16位无符号二进制数转换为十进制数是（　　）。

A. 65535　　B. 65536　　C. 32767　　D. 1024

23. 运算器的主要功能是进行（　　）。

A. 算术运算　　B. 逻辑运算　　C. 加法运算　　D. 算术和逻辑运算

24. 以下说法错误的是（　　）。

A. 汉字字形码通常采用点阵码或矢量码

B. 点阵码占据空间较大，且放大后会变形；矢量码占据空间较小，放大后不易失真

C. 假设“中”的区位码为3046，则区码为30，位码为46，且均为十六进制形式

D. 自然码是一种音形结合码

25. DVD-ROM属于（　　）。

A. 大容量可读可写外存储器　　B. 大容量只读外部存储器

C. CPU可直接存取的存储器　　D. 只读内存储器

26. 下列叙述错误的是（　　）。

A. 内存储器RAM中主要存储当前正在运行的程序和数据

B. 高速缓冲存储器（Cache）一般由DRAM构成

C. 外部存储器（如硬盘）用来存储必须永久保存的程序和数据

D. 存储在RAM中的信息会因断电而全部丢失

27. 下列各存储器中存取速度最快的一种是（　　）。

A. Cache　　B. 动态RAM（DRAM）

C. CD-ROM　　D. 硬盘

28. 下列关于硬盘的说法错误的是（　　）。

A. 硬盘中的数据断电后不会丢失

B. 每个计算机主机有且只能有一块硬盘

C. 硬盘可以进行格式化处理

D. CPU不能够直接访问硬盘中的数据

29. 对计算机操作系统的作用描述完整的是（　　）。

A. 管理计算机系统的全部软、硬件资源，合理组织计算机的工作流程，以充分发挥计算机资源的效率，为用户提供使用计算机的友好界面

B. 对用户存储的文件进行管理，以方便用户

C. 执行用户键入的各类命令

D. 它是为汉字操作系统提供运行的基础

30. 为了提高软件开发效率，开发软件时应尽量采用（　　）。

A. 汇编语言　　B. 机器语言　　C. 指令系统　　D. 高级语言

二、多项选择题

31. 计算机内部使用二进制表示数据信息，二进制的主要优点是（　　）。

A. 容易实现　　B. 可靠性高　　C. 符合人的习惯　　D. 便于逻辑运算

32. 以下选项中相等的数有（　　）。

A. $(A)_{16}$　　B. $(10)_{10}$　　C. $(14)_{8}$　　D. $(1010)_{2}$

33. 下列说法正确的是（　　）。

A. 一个汉字用1个字节表示

B. 在微机中使用最普遍的字符编码是ASCII码

C. 高级语言程序可以编译为目标程序

D. ASCII码的最高位用作奇偶校验位

34. 关于标准ASCII码字符集中的字符，下面的叙述错误的是（　　）。

A. ASCII码字符集共有128个不同字符

B. 每个字符都是可打印的

C. 每个字符在PC机键盘上都只有一个键与之对应

D. 在ASCII码字符集中，大小写英文字母的编码相同

35. 计算机系统是由（　　）组成的。

A. 中央处理器　　B. 硬件系统　　C. 打印机　　D. 软件系统

36. 下列概念表述错误的是（　　）。

A. 指令通常由操作码和操作数组成

B. bit是计算机中最小的存储单位

C. 不同的计算机字长都一样

D. 完成某一特定任务的指令的有序集合称为语言

37. 输入设备是微型计算机必不可少的组成部分，常见的输入设备有（　　）。

A. 激光打印机　　B. 键盘　　C. 鼠标　　D. 显示器

38. 下列叙述错误的是（　　）。

A. 存储在任何存储器中的信息，断电后都不会丢失

B. 操作系统是只对硬盘进行管理的程序

C. 硬盘装在主机箱内，因此硬盘属于主存

D. 外存储器主要有移动盘、硬盘和光盘

39. 下列选项中（　　）是计算机的主要性能指标。

A. 主频　　B. 字长　　C. 内存容量　　D. 外设配置

40. 以下关于软件的描述，正确的是（　　）。

A. 系统软件比应用软件更贴近硬件　　B. 软件由程序代码与相关文档组成

C. 共享软件都是自由软件　　D. 数据库管理系统是应用软件

41. 以下关于数字信号和模拟信号的说法，正确的是（　　）。

A. 数字信号属于离散信号；模拟信号属于连续信号

B. 声音信号是模拟信号

C. 数字信号与模拟信号不能进行相互转换

D. 数字信号比模拟信号稳定

42. 关于计算机硬件系统的组成，正确的说法是（　　）。

A. 硬件系统包括控制器、运算器、存储器、输入设备、输出设备五大基本组成部分

B. CPU是计算机的核心部件，它由控制器和运算器组成

C. RAM为随机存储器，其中的信息不能长期保存，关机即丢失

D. 运算器可以完成加减乘除运算

43. 以下存储器CPU可以直接访问的有（　　）。

A. 闪存　　B. RAM　　C. Cache　　D. ROM

44. 以下有关信息的说法，正确的是（　　）。

A. 数据是指存储在某种媒体上且可以鉴别的符号资料

B. 数据是信息的具体表现形式，是信息的载体

C. 信息是对数据进行加工得到的结果

D. 在使用计算机处理信息时，必须将要处理的有关信息转换成计算机能识别的符号

45. 优盘的写保护打开后，不能对其进行的操作是（　　）。

A. 给文件夹重命名

B. 复制文件到其他盘

C. 打开其中的文件

D. 将文件由一个文件夹剪切到优盘上的另一个文件夹

三、判断题

46. 第三代电子计算机主要采用大规模、超大规模集成电路元件制造。（　　）

A. 正确　　B. 错误

47. CAM是指计算机辅助管理。（　　）

A. 正确　　B. 错误

48. 指令和数据在计算机内部都是以区位码形式存储的。（　　）

A. 正确　　B. 错误

49. 从ROM中既可读出信息又可写入信息，但断电后所存信息就会丢失。（　　）

A. 正确　　B. 错误

50. 对计算机RAM中的信息进行读、写操作时，主机必须通电。（　　）

A. 正确　　B. 错误

51. 存储系统中的PROM是指可编程只读存储器。（　　）

A. 正确　　B. 错误

52. 微型计算机的运算器、控制器及内存储器的总称是主机。（　　）

A. 正确　　B. 错误

53. 操作系统的内核或核心程序随系统的运行而驻留在内存中，而另一部分程序存放在外存中，需要时由外存调入内存运行。（　　）

A. 正确　　B. 错误

54. 裸机是指仅装好了操作系统、其他软件都没有安装的计算机。（　　）

A. 正确　　B. 错误

55. 计算机处理数据的单位是文件。（　　）

A. 正确　　B. 错误

56. 键盘上按键的功能可以由程序设计者改变。（　　）

A. 正确　　B. 错误

57. 所有的软件都必须在操作系统的基础上运行。（　　）

A. 正确　　B. 错误

58. 信息的符号化就是数据。（　　）

A. 正确　　B. 错误

59. 任何存储器都具有记忆功能，即存放在存储器中的信息不会丢失。（　　）

A. 正确　　B. 错误

60. 十进制数转换为二进制数的方法是“除二取余，逆序排列”。（　　）

A. 正确　　B. 错误

61. 在微机键盘上，Shift键是退格键。（　　）

A. 正确　　B. 错误

62. 不论是几进制数，都可以使用按权展开的方法转换为十进制数。（　　）

A. 正确　　B. 错误

63. 二进制中，逻辑异或运算的规则是两个运算对象相同，结果为0，不同为1。（　　）

A. 正确　　B. 错误

64. 计算机硬件和软件之间的关系密不可分、相辅相成。（　　）

A. 正确　　B. 错误

65. 内存用于存储系统运行需要的数据，外存用于存储用户需长期保存的大量数据。（　　）

A. 正确　　B. 错误

四、填空题

66. 十进制数237.6876转换成二进制数（要求精确到二进制小数点后3位）是（　　）。

67. 计算机内存储器分为ROM和RAM两种，其中存放在RAM上的信息将随着断电而消失，因此在关机前，应把信息先存放于（　　）。

68. RAM的中文名字叫（　　　）。

69. 计算机能直接识别和执行的语言是（　　）。

70. 按照进位计数制的规则，数3C6H中C的位权是（　　）。

71. 某微型计算机的标注“p4/2.4G”指的是它的（　　）。

72. 内存中地址范围为1000H ~ 5FFFH的存储空间为（　　）KB。

73. 为了在计算机的输入输出操作中能直观迅速地将二进制数和常用的十进制数相对应，产生了用二进制代码来表示十进制数的编码方法，简称为（　　）或8421码。

74. BIOS是固定在微型计算机（　　）上的一块ROM芯片，其中存放整个系统的输入输出程序。开机时，它对系统各个硬件进行初始化设置和测试，以保证系统正常工作。

75. 科学计算是指对（　　）数据的计算，是早期计算机应用的主要领域。

第二部分

操作系统Windows 7

操作系统Windows 7的主要考点

操作系统的概念、功能、特征及分类，Windows 7基本知识及基本操作，桌面及桌面操作，窗口的组成，对话框和控件的使用，剪贴板的基本操作。

文件及文件夹管理：文件和文件夹的概念、命名规则，“计算机”和“资源管理器”的操作，文件和文件夹的创建、移动、复制、删除及恢复（回收站操作）、重命名、查找和属性设置、快捷方式的创建、文件的压缩等，库操作。

Windows 7中控制面板的操作：设置时钟、语言和区域，声音设置，打印机设置，设备管理器的使用，程序的添加和卸载，管理用户和用户组。

Windows 7的系统维护与性能优化：磁盘的格式化，磁盘的清理，磁盘的碎片整理，磁盘的检查和备份，文件的备份和还原，使用Windows 组策略增强系统安全防护。

Windows 7中实用程序的使用：“记事本”“写字板”“画图”“截图工具”“录音机”“计算器”“数学输入面板”等。

知识点 1 操作系统概述

一、考试内容及解析

1. 操作系统的概念

操作系统是一组控制和管理计算机系统的硬件和软件资源、控制程序执行、改善人机界面、合理地组织计算机工作流程并为用户使用计算机提供良好运行环境的系统软件。在计算机系统中设置操作系统的目的在于提高计算机系统的效率，增强系统的处理能力，提高系统资源的利用率，方便用户使用计算机。

计算机操作系统提供了用户使用计算机的接口，是管理和控制计算机软件、硬件资源的系统软件。考生要清楚地了解操作系统所处的地位——它是裸机上的第一层软件，是使用其他所有软件的基础，也就是说操作系统是直接运行在裸机上的最基本的系统软件，任何其他软件都必须在操作系统的支持下才能运行。

2. 操作系统的功能

从资源管理的角度来说，操作系统的主要任务是对系统中的硬件、软件实施有效的管理，以提高系统资源的利用率。

计算机硬件资源主要是指处理器、主存储器和外部设备，软件资源主要是指信息（文件系统）和各类程序；因此，操作系统的主要功能相应地就有处理器管理、存储管理、设备管理、文件管理和作业管理。

3. 操作系统的主要特征

（1）并发性

并发性（Concurrence）是指两个或两个以上的运行程序在同一时间间隔段内同时执行。采用并发技术的系统又称为多任务（Multitasking）系统。

并发性能够消除计算机系统中部件之间的相互等待现象，有效地提高系统资源的利用率，改进系统的吞吐率，提高系统效率。

注意并发和并行两个概念的区别。

（2）共享性

共享是指操作系统中的资源（包括硬件资源和信息资源）可被多个并发执行的进程所使用。并发性和共享性是操作系统的两个最基本的特征，又互为对方存在的条件。

（3）异步性

异步性（Asynchronism）又称随机性。操作系统内部产生的事件序列有多种可能，而操作系统的一个重要任务是必须确保捕捉和正确处理可能发生的随机事件，以保障计算机能够正常工作。

（4）虚拟性

虚拟是指将一个物理实体映射为若干个逻辑实体。

4. 操作系统的分类

（1）根据功能特征的不同，操作系统可分为批处理操作系统、分时操作系统和实时操作系统。

批处理操作系统的工作方式是：用户将作业交给系统操作员，系统操作员将许多用户的作业组成一批作业，之后输入到计算机中，在系统中形成一个自动转接的连续的作业流，然后启动操作系统，系统自动、依次执行每个作业。

分时操作系统的工作方式是：一台主机连接了若干个终端，每个终端有一个用户在使用。用户交互式地向系统提出命令请求，系统接受每个用户的命令，采用时间片轮转方式处理服务请求，并通过交互方式在终端上向用户显示结果。每个用户轮流使用一个时间片而使每个用户并不感到有别的用户存在。

实时操作系统是指使计算机能及时响应外部事件的请求、在严格规定的时间内完成对该事件的处理并控制所有实时设备和实时任务协调一致地工作的操作系统。实时操作系统要追求的目标是：对外部请求在严格规定的时间范围内做出反应，有高可靠性和完整性。

（2）根据使用环境的不同，操作系统可分为嵌入式操作系统、个人计算机操作系统、网络操作系统和分布式操作系统。

（3）根据同一时间所支持用户数，可分为单用户操作系统（如MSDOS，windows 95、98、ME、XP等）、多用户操作系统（如windows 7、UNIX、Linux等）。

单用户操作系统是指一台计算机在同一时间只能由一个用户使用，一个用户独自享用系统的全部硬件和软件资源；如果在同一时间允许多个用户同时使用计算机，则称为多用户操作系统。

（4）根据同一时间运行的任务数，可分为单任务操作系统（如MS-DOS）、多任务操作系统（如Unix、Linux、Windows等）。

如用户在同一时间可以运行多个应用程序（每个应用程序称作一个任务），则对应的操作系统称为多任务操作系统；如果一个用户在同一时间只能运行一个应用程序，则对应的操作系统称为单任务操作系统。

5. 常用操作系统

常用操作系统包括DOS、Windows、Unix、Linux、iOS、Android和Mac OS等。

解析： 对于本部分内容，考生要重点掌握操作系统概念、操作系统的主要功能、操作系统的特点、操作系统的分类及常用的操作系统。对于作业、进程和时间片的概念，也要有所了解。

二、考试内容巩固

1. 下列关于操作系统的叙述中，正确的是（　　）。

A. 操作系统是软件和硬件之间的接口

B. 操作系统是源程序和目标程序之间的接口

C. 操作系统是用户和计算机之间的接口

D. 操作系统是外设和主机之间的接口

2. 在计算机系统中，以下属于系统软件的是（　　）。

A. 人事管理软件　　B. 编译程序

C. PowerPoint　　D. 操作系统

3. 下列关于操作系统主要特性的说法，错误的是（　　）。

A. 并发性是指两个或两个以上的运行程序在同一时间间隔段内同时执行

B. 共享是指操作系统的资源可被多个并发执行的进程所使用

C. 异步性（Asynchronism），也称随机性

D. 采用了并发技术的系统称为单任务系统

4. 计算机能及时响应外部事件的请求、在严格规定的时间内完成对该事件的处理，并控制所有实时设备和实时任务协调一致地工作的操作系统是（　　）。

A. 分时操作系统　　B. 实时操作系统

C. 批处理操作系统　　D. 分布式操作系统

5. 大量的计算机通过网络联结在一起，可以获得极高的运算能力及广泛的共享数据，这种系统被称为（　　）。

A. 分时操作系统　　B. 实时操作系统

C. 网络操作系统　　D. 分布式操作系统

6. 下列有关操作系统的说法，错误的是（　　）。

A. 按操作系统功能特征可将操作系统划分为实时操作系统、分时操作系统和批处理操作系统

B. 分时操作系统具有多个终端

C. 实时操作系统是对外来信号及时做出反应的操作系统

D. 批处理操作系统指利用CPU的空余时间处理成批的作业

7. 操作系统的四个主要特性是（　　）。

A. 并发性、共享性、虚拟性、异步性

B. 易用性、共享性、成熟性、差异性

C. 并发性、易用性、稳定性、异步性

D. 并发性、共享性、可靠性、差异性

8. 操作系统是一个庞大的管理控制程序，其主要功能包括处理机管理、存储管理、设备管理、（　　）和（　　）。

A. 文件管理　　B. 硬件管理

C. 网络与通信管理　　D. 作业管理

9. 用户需要计算机完成某项任务时要求计算机所做工作的集合称为（　　）。

10. 作业管理的主要功能是把用户的作业装入内存并投入运行，一旦作业进入内存，就称为（　　）。

知识点 2 Windows 7基础知识

一、考试内容及解析

1. Windows 7的版本

按字长来划分，windows 7支持32位和64位。32 位版本和64 位版本没有外观或者功能上的区别，主要区别在于版本支持内存的大小不同：64位版本支持16 GB或者更大容量的内存寻址空间，而32 位版本只能支持最大4 GB的内存寻址空间。

按功能来划分，Windows 7有Windows 7 Starter（初级版）、Windows 7 Home Basic（家庭基础版）、Windows 7 Home Premium（家庭高级版）、Windows 7 Professional（专业版）、Windows 7 Enterprise（企业版）、Windows 7 Ultimate（旗舰版）等6个版本。这几个版本，按上述顺序功能逐步加强，旗舰版的功能最强。

注意：Windows 7有多种安装方式，安装Windows 7 系统的硬盘分区必须采用NTFS 结构。并不是所有的计算机都可以安装windows 7，windows 7安装时的基本硬件需求如下：

处理器的时钟频率要在1 GHz以上（安装64位Windows 7需要更高的处理器支持），内存需要1 GB以上（64位推荐使用2 GB以上内存），有16 GB的空余硬盘空间（64位系统至少需要20 GB空余硬盘空间）。

2. Windows 7的启动与电源按钮操作

（1）Windows 7的启动

打开电源后，系统会自动启动并进入欢迎界面。根据使用该电脑的用户账户数目，登录界面分为单用户登录和多用户登录两种。

（2）Windows 7的退出与电源按钮操作

在Windows 7系统中，通过电源按钮操作可以实现关机、休眠、睡眠、锁定、注销和切换用户等操作。功能介绍如表2-1所示。

表2-1　Windows 7的电源按钮操作命令及功能

命令	功能
关机	系统关闭所有运行中的程序和后台服务，切断对所有设备的供电
切换用户	退出当前用户，并返回到用户登录界面，可选择其他用户登录操作系统。注意：原用户的操作程序继续运行，不会受到影响
注销	系统释放当前用户使用的全部系统资源，以便让其他用户登录
锁定	电脑锁定，恢复到用户登录界面，程序不受影响
重新启动	退出当前系统并重新启动计算机
睡眠	将内存中的数据全部转存到硬盘上，然后切断除内存之外所有设备的供电，让内存中的数据依然维持，使电脑进入低耗能状态。按任意键可唤醒，恢复快
休眠	将内存中的数据全部存到硬盘上，停止对所有设备供电，所有程序停止运行，切断外部电源对系统无影响；按开关可唤醒，恢复慢，恢复到休眠前状态；不耗电
待机	除内存外其他设备均断电，所有程序停止运行（断网）；如切断电源会丢失当前未保存的数据；按任意键可唤醒，恢复快，恢复待机前状态；耗电

3. 键盘、鼠标的基本操作

Windows 7的各种操作主要通过键盘和鼠标完成，键盘基本上可以实现鼠标能够完成的大多数操作。

常用的鼠标操作主要有：

◇ 移动 / 指向 / 定位：移动鼠标，使其指向操作对象。

◇ 单击：一般用于选择一个对象、移动插入点位置或单击按钮操作。

◇ 右击：一般用于弹出一个快捷菜单。

◇ 双击：主要用来打开文档或运行程序。

◇ 释放：松开鼠标按键。

◇ 拖动：移动光标至一个对象上，按下鼠标左键不放移动光标至新的位置后释放鼠标左键。拖动可以选择、移动或复制对象，也可以缩放一个窗口。

◇ 右键拖动：移动光标至一个对象上，按下鼠标右键不放移动光标至新的位置后释放鼠标右键，会弹出快捷菜单。

4. 窗口、对话框和控件

（1）窗口

1）窗口的组成

在windows 7操作系统中，只要运行某个应用程序或打开某个文档，就会对应出现一个矩形区域，这个矩形区域称为窗口。

不同窗口在外观、风格以及操作方式上高度统一，窗口的主要组成元素如图2-1所示。

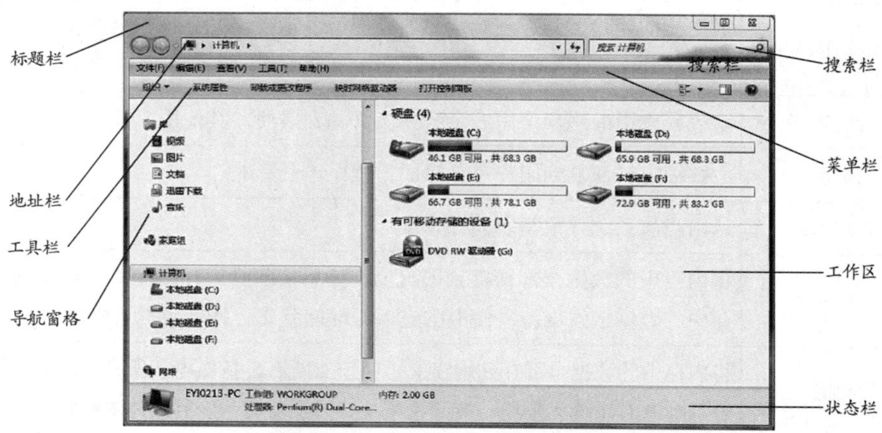

图2–1　Windows 7窗口组成

窗口各组成元素的作用和功能如表2–2所示。

表2–2　Windows 7窗口各组成元素的作用和功能

窗口组成元素	作用和功能
边框和窗口角	边框用来界定窗口的边界
	拖动水平边框可改变窗高度，拖动垂直边框可改变窗宽度
	拖动窗口角可同时改变窗口的高度和宽度
标题栏	标题栏位于窗口的顶部，用于显示已打开应用程序的图标、名称等
	标题栏右边有“最小化”“最大化/还原”和“关闭”按钮；标题栏左边有该应用程序的图标，单击该图标可打开控制菜单，双击则可关闭窗口
	拖动标题栏可以移动窗口位置。拖动到屏幕顶部，可使窗口最大化；最大化的窗口，拖动标题栏，可使窗口还原
	双击标题栏可完成窗口的最大化和还原的切换
地址栏	用于显示或选择当前文件或文件夹所在的路径，如C:\exer\word
工具栏	工具栏由一些快捷按钮组成，单击这些按钮可以快速地实现相应的功能
导航窗格	导航窗格位于窗口的左侧，在Windows 7操作系统中导航区一般包括收藏夹、库、计算机和网络等四部分。单击前面的箭头按钮可以打开相应的列表

续表

窗口组成元素	作用和功能
搜索栏	在指定的区域查找文件或文件夹
	搜索文件或文件夹时，可使用通配符问号（?）和星号（*），其中问号（?）可以匹配一个任意字符，星号（*）可以匹配多个任意字符
菜单栏	“▶”标记：表明此菜单项目下还有下级菜单
	“…”标记：表明单击此菜单会打开一个对话框
	“√”标记：有些菜单是复选菜单，菜单项的文字前出现“√”，表明正处于选中状态；再次单击该菜单项时，该标记会消失，表明取消选中该菜单项
	“●”标记：表明该菜单为单选菜单，即在所列出的菜单组中同一时刻只能有一项被选中
	当一个菜单项目呈灰色时，表明此菜单项目当前不可用
工作区	工作区位于导航窗格的右侧，用于显示窗口中的操作对象和操作结果
状态栏	状态栏位于窗口的最下方，显示当前窗口的相关信息和被选中对象的状态信息。不同的窗口状态栏中显示的信息不同
滚动条	滚动条由滚动滑块和滚动箭头组成，可以上下、左右调整工作区
	当工作区显示内容的高度大于工作区的高度时，将在右侧自动出现垂直滚动条；当内容宽度大于工作区的宽度时，将在底部自动出现水平滚动条

2）活动窗口

Windows 7是一个多任务操作系统，允许多个程序同时运行，但是在某一时刻只能有一个窗口处于活动状态。所谓活动窗口是指该窗口可以接收用户的键盘和鼠标输入等操作；非活动窗口不会接收键盘和鼠标输入，但相应的应用程序仍在运行，称为后台运行。

打开多个窗口后，可对桌面上显示的窗口进行有规则的排列。排列方法是：右击任务栏的空白处，在弹出的快捷菜单中包含层叠窗口、堆叠显示窗口和并排显示窗口三种排列方式。

3）关闭窗口

在windows中，关闭窗口或应用程序的方法主要有以下几种：

◇ 单击窗口标题栏右边的关闭按钮“×”。

◇ 选择窗口控制菜单中的“关闭”。

◇ 同时按Alt＋F4。

◇ 使用“文件”菜单（选项卡）“关闭”或“退出”命令。

◇ 双击窗口应用程序图标（控制菜单）。

◇ 同时按下Ctrl＋Shift＋Esc，启动“任务管理器”，选择要结束的程序，单击“结束任务”。

（2）对话框

对话框是Windows 7 中用于与用户交互的重要工具，通过对话框可以接收用户的输入，也可以显示程序运行中的提示和警告信息。

在windows 7操作系统中，对话框分成两种类型，即模式对话框和非模式对话框。有关对话框的特点如表2–3所示。

表2–3 Windows 7对话框的特点

对话框类型	特点
模式对话框	模式对话框，是指当该种类型的对话框打开时，主程序窗口被禁止，只有关闭该对话框才能处理主窗口
非模式对话框	非模式对话框是指那些即使对话框没有关闭时仍可处理主窗口的对话框
对话框与窗口	对话框与窗口都有标题栏，都可在屏幕上移动位置
	窗口有菜单栏，对话框没有；窗口可最小化，缩成任务栏图标，对话框不可
	窗口可改变大小，大部分对话框不能改变大小

注意：只有少数通用对话框可以改变大小，如保存、另存为、打开对话框等。

（3）控件

控件是一种具有标准的外观和标准操作方法的对象，不能单独存在，是组成对话框的主要对象。不同的对话框中包含的控件的类型和数量也不相同。

常用的控件有：标签、文本框、复选框、单选按钮、命令按钮、列表框、组合框、上下控件、滑块控件和框架控件等。

5. 剪贴板

剪贴板（ClipBoard）是内存中的一块区域，是Windows内置的一个非常有用的工具。不同的应用程序共享同一剪贴板，通过剪贴板可在同一应用程序内部或不同的应用程序之间进行信息的传递和共享。

因为剪贴板是在内存里开设的存储空间，所以，当计算机关闭或重启时，存储在剪贴板中的内容将会丢失。

有关剪贴板的主要操作如表2–4所示。

表2–4　Windows 7剪贴板的主要操作

操作命令	快捷键	功能
复制	Ctrl+C	将选定的内容放置到剪贴板上，执行粘贴命令后，选定的内容在原来位置仍然存在
剪切	Ctrl+X	将选定的内容放置到剪贴板上，执行粘贴命令后，选定的内容从原来位置消失
粘贴	Ctrl+V	将剪贴板上的内容复制到选定的位置。只要剪贴板上的内容存在，可多次粘贴。移动文件或文件夹时除外
屏幕抓图	PrintScreen	抓取当前屏幕上显示的内容到剪贴板
	Alt+PrintScreen	抓取当前活动窗口到剪贴板

注意：对于一般的Windows程序来说，剪贴板只能保留一份数据，每当新的数据传入时，旧的数据便会被覆盖；但对于Office 2010来说，剪贴板可容纳多达24项内容。

解析：对于本部分内容，考生要了解Windows 7的版本、安装方式和安装时的基本硬件需求。重点掌握Windows 7开机及退出方式，键盘、鼠标的基本操作方法，窗口各组成元素的功能，菜单操作方法，对话框与窗口的区别，控件的概念，剪贴板及常用操作方法。

二、考试内容巩固

1. 以下不属windows 7窗口组成部分的是（　　）。

A. 工作区　　B. 状态栏　　C. 任务栏　　D. 工具栏

2. 在Windows 7中，将整个屏幕全部复制到剪贴板中所使用的键是（　　）。

A. PrintScreen　　B. Page Up　　C. Alt+F4　　D. Ctrl+Space

3. 关于Windows 7窗口的概念，以下叙述正确的是（　　）。

A. 活动窗口可以有多个

B. 可以打开多个窗口，但只有一个是活动窗口

C. 可以打开多个窗口，没有活动窗口

D. 不能打开多个窗口，但有一个活动窗口

4. Windows 7菜单操作中，若某个菜单的颜色为灰色，则表示（　　）。

A. 双击便能起作用　　B. 右击便能起作用

C. 单击便能起作用　　D. 此时操作不起作用

5. 在Windows 7中，表示E盘根目录中文件夹“山科院”里的主文件名为TEST记事本文件的完整路径和文件名为（　　）。

A. E:\山科院\TEST　　B. E:\山科院\TEST\TXT

C. E:/山科院/TEST.TXT　　D. E:\山科院\TEST.TXT

6. 在Windows 7窗口标题栏中，不可能同时出现的按钮是（　　）。

A. 最小化和关闭　　B. 最大化和最小化

C. 最大化和向下还原　　D. 向下还原和最小化

7. 在Windows 7中，有的对话框右上角有“？”按钮，它的功能是（　　）。

A. 关闭对话框　　B. 获取帮助信息

C. 便于用户输入问号　　D. 将对话框最小化

8. 在Windows 7的资源管理器窗口中，要把文件图标设置成超大图标，应在下列（　　）菜单中设置。

A. 文件　　B. 编辑　　C. 查看　　D. 工具

9. 在Windows 7中，为移动窗口的位置，用鼠标拖曳的窗口元素是（　　）。

A. 菜单栏　　B. 边框　　C. 工具栏　　D. 标题栏

10. 在Windows 7中，某项菜单后面的黑色三角形标志表示（　　）。

A. 执行该菜单会弹出对话框　　B. 执行该菜单会弹出窗口

C. 执行该菜单会弹出子菜单　　D. 执行该菜单会弹出工具栏

11. 在Windows 7中，选定内容并“复制”后，复制的内容放在（　　）中。

A. 任务栏　　B. 剪贴板　　C. 硬盘　　D. 回收站

12. 在Windows 7中，能弹出对话框的操作是（　　）。

A. 单击带“...”的菜单项　　B. 单击带向右三角形箭头的菜单项

C. 单击颜色变灰的菜单项　　D. 运行与对话框对应的应用程序

13. 在Windows 7中，当一个应用程序窗口被最小化后，该应用程序将（　　）。

A. 终止运行　　B. 后台继续运行　　C. 暂停运行　　D. 前台运行

14. 在Windows 7的对话框中，不可以进行的操作有（　　）。

A. 在对话框中输入信息　　B. 使用对话框中的帮助按钮

C. 使用对话框中的命令按钮　　D. 操作对话框中的菜单栏

15. 在Windows 7中，窗口控制菜单中的命令包括（　　）。

A. 移动、大小、关闭、最小化、最大化、还原

B. 移动、大小、关闭、最小化、最大化、向下还原

C. 恢复、大小、关闭、最小化、最大化、还原

D. 恢复、大小、关闭、最小化、最大化、向下还原

16. 在Windows 7中，用于在应用程序内部或不同程序之间共享信息的工具是（　　）。

A. 计算机　　B. 剪贴板　　C. 公文包　　D. 我的文档

17. 下列快捷键与剪贴板无关的是（　　）。

A. Ctrl＋V　　B. Ctrl＋X　　C. Ctrl＋C　　D. Ctrl＋A

18. 在Windows 7中，关于剪贴板的叙述不正确的是（　　）。

A. 只有“剪切”和“复制”才可将信息送到剪贴板中

B. 剪贴板中的信息可以在其他软件中进行粘贴

C. 剪贴板中的信息可被多次复制

D. 剪贴板中既能存放文字，也能存放图片

19. 在Windows 7环境中，若应用程序出现故障或死机，这时可按组合键（　　），弹出“任务管理器”窗口，通过“结束任务”结束出现故障的程序。

A. Ctrl ＋Alt＋Del　　B. Ctrl＋Alt＋F4

C. Ctrl＋Shift＋Esc　　D. Ctrl＋Alt＋F8

20. 在Windows 7中，可以退出“记事本”应用程序的操作是（　　）。

A. 单击“记事本”应用程序窗口右上角的关闭窗口按钮

B. 双击“记事本”应用程序窗口的控制菜单图标

C. 选择“记事本”应用程序窗口中“文件”菜单，单击“退出”命令

D. 双击“记事本”应用程序窗口的标题栏

知识点3　桌面及桌面操作

一、考试内容及解析

计算机启动完成后，显示器上显示的整个屏幕区域称为桌面（Desktop），桌面实际上是一个系统文件夹。

1. 桌面元素

桌面元素主要由各种图标、桌面背景和任务栏组成。

（1）图标

图标（Icon）是Windows桌面上的一个个小的图像，是由形象的图形和相关的说明文字组成的。不同的图标代表的含义不同，有的代表应用程序，有的代表打印机，有的代表快捷方式。一般可通过双击图标启动某个应用程序或打开某个文档。

（2）桌面的“个性化”设置

可以通过设置桌面壁纸或改变主题，对桌面进行个性化设置。

主题是计算机上的图片、颜色和声音的组合，它包括桌面背景、屏幕保护程序、窗口边框颜色和声音方案。某些主题也可能包括桌面图标和鼠标指针。

（3）任务栏

在Windows 7系统中，任务栏默认位于屏幕下方，主要由开始菜单、快速启动栏、应用程序区（任务按钮区）、语言选项和通知区（托盘区）以及“显示桌面”按钮等组成。“显示桌面”按钮在Windows 7任务栏的最右侧。

2. 桌面操作

常用桌面操作如表2–5所示。

表2–5　有关桌面的相关操作

操作名称	操作描述
添加桌面图标	设置回收站、计算机、用户的文件、控制面板和网络等图标是否在桌面上显示
更改桌面主题	通过主题设置来改变windows系统的界面风格，主题内容可以包含桌面背景、屏幕保护程序、鼠标指针、系统声音事件、窗口颜色等
排列桌面图标	在“自动排列图标”复选项未选中的情况下，可以将图标拖动到任意位置
	在“自动排列图标”复选项选中的情况下，将出现一个“√”标记，此时不能随意移动图标的位置
	按一定规律排列桌面上的图标：可以选择按名称、大小、项目类型和修改日期四种排列方式来排列桌面上的图标
设置桌面背景	桌面背景是显示在桌面上的图片、颜色或图案

续表

操作名称	操作描述
定制屏幕保护程序	设置屏幕保护程序后，当用户在指定时间内未进行任何操作时，屏幕保护程序将在屏幕上显示一些动画效果，或采用幻灯片的方式进行图片的显示等，从而达到减少电能消耗、保护电脑屏幕、保护个人隐私、增强计算机的安全性等作用
设置显示器的分辨率	显示分辨率是指显示器所能显示的像素数量。像素越多，画面越精细，同样大小的屏幕区域内能显示的信息也越多
桌面小工具	Windows 7的桌面小工具包括日历、天气、时钟、CPU仪表盘、幻灯片放映等，可根据需求将其拖到桌面上
显示桌面	4种方法：Win+D；Win+M；单击任务栏右侧的“显示桌面”按钮；在任务栏空白区右击，然后在快捷菜单中选择“显示桌面”

3. 任务栏和开始菜单

（1）任务栏

已经打开或正在运行的应用程序图标显示在任务栏上。对任务栏或通过任务栏，可以实现如下操作：

1）任务栏可以改变大小，不超过半屏，也可移动位置，可位于计算机屏幕的左、右、顶部和底部。

2）可设置“自动隐藏”，也可设置在任务栏上显示图标的大小。

3）可以锁定任务栏，锁定后的任务栏不能移动位置和改变大小。

4）可通过单击任务栏的应用程序图标，实现窗口切换。窗口切换还可以通过快捷键——Alt+Tab、Alt+Esc、Win+Tab来实现。

5）任务栏上的应用程序图标有三种显示方式：“始终合并，隐藏标签”，“当任务栏被占满时合并”，“从不合并”。

（2）开始菜单

“开始”菜单中存放着Windows 7 的绝大多数命令和安装到系统里面的所有程序的快捷方式，是操作系统的中央控制区域。通过该菜单可以启动应用程序，打开文件夹，对系统进行各种设置和管理。

打开开始菜单的常用方法：单击开始菜单按钮，按Ctrl+Esc键，按键盘上的Win键（ ）。

4. 快捷方式

快捷方式是一种无须进入安装位置即可启动常用程序或打开文件、文件夹等的方法。快捷方式就是一个扩展名为.lnk的文件，一般与一个应用程序、文件夹或文档等关联。通过快捷方式可以快速打开相关联的应用程序或文档，访问计算机或网络上任何可访问的项目。

可以在桌面、“开始”菜单中或者其他文件夹中创建快捷方式。

删除快捷方式后，与之链接的初始项目仍存在磁盘中。

解析：对于本部分内容，考生要掌握桌面的概念及常用的桌面操作、任务栏、开始菜单和快捷方式的概念及操作方法。

二、考试内容巩固

1. 能够提供即时信息及可轻松访问常用工具的桌面元素是（　　）。

A. 桌面图标　　B. 桌面小工具　　C. 任务栏　　D. 桌面背景

2. 在Windows 中，以下对快捷方式的理解正确的是（　　）。

A. 删除快捷方式等于删除与之关联的对象

B. 建立快捷方式等于减少打开文件夹、查找文件夹的麻烦

C. 快捷方式不能删除

D. 文件夹不可建立快捷方式

3. 在Windows 7中，桌面图标可按（　　）顺序进行排列。

A. 名称、项目类型、大小、修改日期　　B. 名称、类型、大小、自动排列

C. 名称、类型、任务、大小、自动排列　　D. 名称、大小、项目类型、修改日期

4. 在Windows 7的任务栏中，可能出现的图标有（　　）。

A. “开始”按钮、快速启动程序图标、应用程序窗口图标

B. “关机”按钮、快速启动程序图标、应用程序窗口图标

C. “开始”按钮、资源管理器、映射网络驱动器图标

D. “开始”按钮、快速启动程序图标、屏幕设置快捷菜单

5. 下列关于Windows 7的叙述，正确的是（　　）。

A. 删除应用程序快捷方式后，其对应的应用程序将无法运行

B. Win＋D用于显示桌面

C. 删除窗口中的文件夹后，该文件夹下所有文件及子文件夹一同被删掉

D. 通过“个性化”菜单不能设置“屏幕保护程序”

6. 以下对Windows 7中“任务栏”的叙述，错误的是（　　）。

A. 任务栏可以隐藏　　B. 任务栏可以被锁定

C. 可以改变任务栏的位置　　D. 任务栏可以被删除

7. 在Windows 7中，对桌面背景的设置可以通过（　　）完成。

A. 右击“计算机”，选择“属性”

B. 右击“开始”菜单，选择“属性”

C. 右击“桌面”空白处，选择“个性化”

D. 右击“任务栏”空白处，选择“小工具”

8. 在Windows 7中，快速获得硬件的有关信息可通过（　　）完成。

A. 右击“计算机”，选择“属性”

B. 右击“开始”菜单，选择“属性”

C. 右击“桌面”空白处，选择“个性化”

D. 右击“任务栏”空白处，选择“小工具”

9. 在Windows 7中，属于“任务栏”作用的是（　　）。

A. 显示系统的所有功能　　B. 只显示当前活动窗口名

C. 只显示正在后台工作的窗口名　　D. 实现被打开的窗口之间的切换

10. 在 Windows 7系统中，可以放置快捷方式的位置包括（　　）。

A. 桌面　　B. 文本文件　　C. 文件夹　　D. 控制面板

文件及文件夹管理

一、考试内容及解析

1. 文件和文件夹的概念

（1）文件

所谓文件（File），是指存放在外存储器上的一组相关信息的集合。

（2）文件名

每个文件都有一个名字，称为文件名。文件名一般由主文件名和扩展名两部分组成，中间用英文句号分隔。当文件名中有多个英文句号时，最后一个句号后表示文件的扩展名。扩展名是文件类型的标识，一个文件可以没有扩展名。扩展名可以由多个字符构成，如静态网页文件的扩展名为 .html。

文件名是操作系统中区分不同文件类型的唯一标志。

（3）应用程序与文件的关联

操作系统中根据扩展名建立了应用程序与文件的关联关系。例如，扩展名为 .txt的文本文件和“记事本”应用程序相关联，当双击扩展名为 .txt的文件时，操作系统会启动“记事本”应用程序将其打开。

一个应用程序可以与多个类型的文件关联，但一种类型的文件只能关联一个应用程序。

（4）文件夹

为了便于管理计算机中的文件，用户需要将文件分门别类保存在不同的逻辑组中，这些逻辑组就是文件夹（Folder）。文件夹中不仅可以包含文件，也可以包含其他文件夹，文件夹中包含的文件夹称为“子文件夹”。文件夹一般不带扩展名。

（5）文件和文件夹的命名规则

文件夹的命名规则和文件相同，具体如下：

1）文件名可以由英文字母、数字、下划线、空格和汉字等组成，但不允许使用/、\、：、*、？、"、<、>、|等符号。

2）在同一文件夹中不允许有名字相同的文件或文件夹，不能利用英文字母大小写来区分文件名。如：ABC.txt和abC.txt，操作系统会认为是同一个文件。

3）Windows支持长文件名，文件名长度最大为255个字符。

2. 资源管理器

“资源管理器”是Windows中最常用的文件和文件夹管理工具。通过“资源管理器”，可实现对文件和文件夹的管理，如选定、移动、复制、重命名，删除、设置属性等操作。

Windows 7资源管理器分左、右两个窗口，其中左窗口为一个树形控件视图窗口。树形控件有一个根，根下面包括节点（又称项目），每个节点又可以包括下级子节点，这样形成一层层的树状组织管理形式。

（1）打开“资源管理器”

1）右击“开始”按钮，在出现的快捷菜单中选择“打开 Windows 资源管理器”。

2）单击“开始”按钮，选择“所有程序”，单击“附件”→“Windows 资源管理器”。

3）双击桌面上的“计算机”“网络”或“回收站”图标。

4）选择开始菜单中的“运行”命令，输入explorer.exe，然后确定。

（2）库

库是Windows 7操作系统中比较抽象的文件组织功能，可以方便对各类文件或文件夹的管理。

库可以将不同位置的文件和文件夹集中到一起，库中并不真正存储文件，只提供一种更加快捷的管理方式。从库中将某个文件夹删除，并不会将该文件夹从原位置删除。

Windows 7的库功能默认提供四个分类库，即视频、图片、文档和音乐。默认库删除后还可以恢复。用户可以新建库。

注意：资源管理器左侧窗口中，节点前面空心三角和实心三角分别表示文件夹的折叠和展开状态。如没有空心三角和实心三角的节点，则说明该文件夹下没有子文件夹。

3. 文件和文件夹管理

（1）文件或文件夹的选定

1）选定单个文件或文件夹：单击要选择的文件或文件夹即可。

2）选定连续的多个文件或文件夹：在第一个（或最后一个）要选定的文件或文件夹上单击，然后按下Shift键不放，再单击最后一个（或第一个）要选定的文件或文件夹。

3）选定不连续的多个文件或文件夹：按下Ctrl键不放，依次在每个要选择的文件或文件夹上单击。

4）全部选定

可以单击“编辑”菜单，然后选择“全选”，或者按Ctrl＋A快捷键。

5）取消选定

如果只取消部分被选定的文件或文件夹，可以按住Ctrl键不放，然后单击要取消的文件或文件夹；如果要取消所有被选定的文件或文件夹，可以在工作区的任意空白处单击。

（2）设置文件或文件夹的属性

文件的属性有三种：存档、只读和隐藏，对文件夹还可以设置“共享”。

要向网络的其他成员提供可以访问的资源，必须先将有关资源设置为共享。共享资源可以通过共享文件夹、共享打印机等形式提供，单个文件无法实现共享。

（3）复制文件或文件夹

文件或文件夹的复制步骤完全相同，常用方法如下：

1）通过剪贴板复制

选定要复制的文件或文件夹，使用复制命令，确定目标位置，再使用粘贴命令。

2）左键拖动复制

选定要复制的文件或文件夹，按下Ctrl键不放，将文件或文件夹拖动到目标位置，释放鼠标。若要复制的文件或文件夹和目标位置不在同一个磁盘上，可直接拖动。

3）右键拖动复制

选定要复制的文件或文件夹，按下右键不放，拖动到目标位置，释放鼠标，会弹出快捷菜单，可选择“复制到此位置”。

（4）移动文件或文件夹

文件或文件夹的移动步骤完全相同，常用方法如下：

1）通过剪贴板移动

选定要移动的文件或文件夹，使用剪切命令，确定目标位置，再使用粘贴命令。

2）左键拖动移动

选定要移动的文件或文件夹，按下Shift键不放，将文件或文件夹拖动到目标位置，释放鼠标。若要移动的文件或文件夹和目标位置在同一个磁盘上，可直接拖动。

3）右键拖动移动

选定要移动的文件或文件夹，按下右键不放，拖动到目标位置，释放鼠标，会弹出快捷菜单，可选择“移动到此位置”。

（5）删除文件或文件夹

回收站是硬盘上的一个特殊的文件夹，存放的是从硬盘删除的文件或文件夹。

删除文件或文件夹时，系统默认把要删除的文件或文件夹放入回收站。若要直接删除选定的文件或文件夹而不是移入回收站，可以在选择“删除”前按下Shift 键不放，然后再选择“删除”命令，或直接按Shift+Delete组合键。

对于回收站里的文件或文件夹，可对其进行还原、剪切、删除、清空回收站等操作。

（6）重命名文件或文件夹

重命名文件或文件夹的方法：

1）选择要重命名的文件或文件夹，在“文件”/“组织”菜单中选择“重命名”。

2）右击要重命名的文件或文件夹，出现快捷菜单，选择“重命名”。

3）单击要重命名的文件或文件夹，再单击文件或文件夹的名称框。

4）单击要重命名的文件或文件夹，按F2功能键。

（7）文件与文件夹的加密和解密

对文件或文件夹加密，可以有效地保护它们免受未经许可的访问。加密是Windows提供的用于保护信息安全的最强保护措施。

（8）文件与文件夹的压缩

对文件或文件夹进行压缩处理，可减小它们的大小，并可减少它们在卷或可移动存储设备上占用的空间，有利于存储和传输。

对文件或文件夹进行压缩和解压缩可通过Windows 7系统内置的压缩文件程序或第三方压缩软件（如WinRAR、WinZip等）实现。

解析：对于本部分内容，考生要重点理解文件、文件夹、库和资源管理器的概念，并熟练掌握文件、文件夹、库和资源管理器的相关操作方法，特别是通过资源管理器来管理文件和文件夹的相关操作方法。

二、考试内容巩固

1. 在Windows 7中，关于文件夹的描述不正确的是（　　）。

A. 文件夹是用来组织和管理文件的　　B. 可以对文件夹重命名

C. 文件夹中可以存放子文件夹　　D. 文件夹名称可以用所有字符

2. 在Windows 7中选定文件后，若要将其移到其他驱动器的文件夹中，可实现此功能的操作为（　　）。

A. 按下空格键将文件拖放到目标文件夹中

B. 按下Shift键将文件拖放到目标文件夹中

C. 直接将文件拖放到目标文件夹中

D. 按下Alt键将文件拖放到目标文件夹中

3. 在Windows 7的资源管理器中，“全选”的组合键是（　　）。

A. Ctrl＋Z　　B. Ctrl＋X　　C. Ctrl＋V　　D. Ctrl＋A

4. 在Windows 7的某文件夹窗口中共有28个文件，其中有18个被选定，执行“编辑”菜单中的“反向选择”命令后，被选定的文件个数是（　　）。

A. 28　　B. 18　　C. 10　　D. 46

5. 在Windows 7中，要选定多个不相邻的文件，应先按住（　　）键再单击其他待选文件。

A. Delete　　B. Ctrl　　C. Tab　　D. Alt

6. 在Windows 中，为显示文件名、大小、类型、修改时间等内容，应选择的显示方式是（　　）。

A. 大图标　　B. 详细信息　　C. 列表　　D. 小图标

7. 在Windows 7中，回收站是（　　）。

A. U盘的一部分　　B. 硬盘的一部分

C. 内存的一部分　　D. 软盘的一部分

8. 在Windows 中，某文件名为Stud123.RTF.DOC. EXE，其扩展名是（　　）。

A. .123　　B. .DOC　　C. .EXE　　D. .RTF

9. 在Windows 7中，以下说法正确的是（　　）。

A. 同一个文件夹中可以有相同名称的文件夹和文件

B. 文件名不区分大小写字母

C. 文件名最长为258个字符

D. 无法打开DOS命令窗口

10. 在Windows 7中，若要恢复回收站中的文件，在选定待恢复的文件后，应选择的命令是（　　）。

A. 全部还原　　B. 后退　　C. 还原　　D. 恢复

11. 在Windows 7资源管理器窗口中，“文件夹选项”所在的菜单是（　　）。

A. 文件　　B. 编辑　　C. 查看　　D. 工具

12. 在Windows 7文件夹窗口中，选定多个连续文件的操作为（　　）。

A. 按住Shift键，单击每一个要选定的文件图标

B. 按住Ctrl键，单击每一个要选定的文件图标

C. 先选中第一个文件，按住Shift键，再单击最后一个要选定的文件图标

D. 先选中第一个文件，按住Ctrl键，再单击最后一个要选定的文件图标

13. 在Windows 7系统中命名文件名时，不可以使用的字符是（　　）。

A. 空格　　B. +（加号）　　C. -（减号）　　D. \（斜杠）

14. Windows 7中，在选定文件或文件夹后，将其彻底删除的操作是（　　）。

A. 用Shift＋Delete键删除

B. 用Delete键删除

C. 用鼠标直接将文件或文件夹拖放到“回收站”中

D. 用窗口中“文件”菜单中的“删除”命令

15. 在Windows 7中，一个文件更名后，该文件的内容（　　）。

A. 完全消失　　B. 完全不变　　C. 部分改变　　D. 全部改变

16. 下列有关Windows 7中“回收站”的说法，正确的是（　　）。

A. 每个逻辑硬盘上回收站的大小可以分别设置

B. 回收站中的文件和文件夹可以删除，也可以还原

C. 回收站中只能存放从硬盘上被删除的文件和文件夹

D. 还原操作是把回收站中选定的文件或文件夹恢复到原来位置

17. 下列Windows 7中的文件名，正确的是（　　）。

A. MyMusic?.wav　　B. question*ans.doc

C. A1:B5.txt　　D. Aa_BB.ppt.doc

18. 在Windows 7环境下，类型名txt文件默认的关联应用程序名是（　　）。

A. 画图　　B. 写字板　　C. Word　　D. 记事本

19. 在Windows 7“资源管理器”窗口中，已选定了若干个文件，若想取消其中几个文件的选定状态，需要执行的操作是（　　）。

A. 按住Ctrl键，然后依次单击要取消的文件

B. 按住Shift键，然后依次单击要取消的文件

C. 按住Ctrl键，然后用鼠标右键依次单击要取消的文件

D. 按住Shift键，然后用鼠标右键依次单击要取消的文件

20. 在Windows 7“资源管理器”窗口中，关于文件扩展名的显示，以下说法正确的是（　　）。

A. 所有文件的扩展名始终显示，与设置无关

B. 所有文件的扩展名始终不显示，是隐藏的，与设置无关

C. 不可以更改扩展名是否显示的设置

D. 可以打开“工具”菜单，选择“文件夹选项”，设置文件的扩展名是否显示

知识点5 控制面板

一、考试内容及解析

控制面板是Windows 7操作系统查看及修改系统设置的图形化工具，通过这些实用程序可以更改系统的外观和功能，对计算机的硬、软件系统进行设置。

控制面板有三种查看方式：类别、大图标和小图标。

1. 日期/时间设置

可以调整系统日期和系统时间，更改时区设置。

2. 语言和区域

Windows 7支持不同国家和地区的多种自然语言，但在安装时一般只安装默认的语言，要支持其他语言，则需要安装相应的语言以及该语言的输入法和字符集。只要安装了相应的语言支持，不需要安装额外的内码转换软件就可以阅读该国的文字。

通过区域和语言对话框，可以进行格式设置、添加与删除输入法和语言栏设置等操作。

关于输入法的快捷键：

（1）Ctrl＋Space：在中英文输入法之间切换。

（2）Ctrl＋Shift：在安装的各种输入法之间进行切换。

（3）Shift＋Space：在全角、半角之间进行切换。

（4）Ctrl＋.：切换中、英文标点输入法。

3. 硬件和声音

在系统设置过程中，用户可能需要执行添加或删除打印机和其他硬件、更改系统声音及更新设备驱动程序等操作。通过“硬件和声音”提供的功能，可以进行鼠标和键盘设置、打印机安装与设置、设备管理器的使用及多媒体属性设置等操作。

4. 程序

根据是否需要安装，软件分为绿色软件和非绿色软件两种，这两种软件的安装和卸载完全不同。

对于绿色软件，只要将组成该软件系统的所有文件复制到本机的硬盘上，然后双击主程序就可以运行。而有些软件的运行需要动态库，这些库文件必须安装在Windows 7的系统文件夹下，特别是这些软件需要向系统注册表写入一些信息才能运行，这样的软件叫非绿色软件。

要卸载绿色软件，只要将组成软件的所有文件删除即可；而非绿色软件在安装时都会生成一个卸载程序，必须运行卸载程序才能将其彻底删除。Windows 7也提供了"卸载/更改程序"功能，帮助用户完成软件的卸载和更改。

如果希望在系统中打开或关闭Windows功能，也可以通过"程序"来完成。

5. 网络和Internet

组建并配置局域网后，就可以将计算机中的资源在局域网中共享。网络是局域网用户访问和管理网络资源的一种途径，通过它可以添加网上邻居，访问网上共享资源。计算机连接到网络后，打开网络可以显示网络上的所有计算机、共享文件夹、打印机等资源。

在Windows 7中共享文件或打印机之前，首先需要启用文件与打印机共享的"网络发现"功能。

家庭组是Windows 7操作系统提供的一种分享功能，它可以让家庭网络中的用户互相分享文件、文件夹、照片和打印机。利用Windows 7的家庭组功能，用户可以通过家庭网络轻松地共享文件和打印机等局域网资源。家庭组增加了对文件的处理和权限分配功能，可以实现对文件的具体内容进行确认，设置用户使用文件的权限。

6. 用户账户和组

Windows 7系统允许管理员设定多个用户，并赋予每个用户不同的权限，从而使各个用户在使用同一台计算机时做到互不干扰。

Windows 7中有三种不同类型的账户，即Administrator（管理员）账户、Guest（来宾）账户和标准用户账户。

（1）Administrator账户

Administrator是系统自建账户，是系统内置的权限等级最高的管理员账户，具有对计算机的完全的控制权。管理员帐户是允许进行可能影响到其他用户的更改操作的用户帐户。管理员帐户对计算机拥有最高的控制权限，可以更改安全设置，安装软件和硬件，访问计算机上的所有文件，还可以对其他用户帐户进行更改。

（2）Guest账户

Guest也是Windows 7的内置账户，一般只适用于临时使用计算机的账户。来宾账户比标准账户受到更多限制，只能使用常规的应用程序，无法对系统设置进行更改，默认情况下该账户是禁用的。

（3）标准用户账户

用户自建的账户默认情况下属于标准账户。标准帐户允许用户使用计算机的大多数功能，但是如果要进行的更改可能会影响到计算机的其他用户或安全，则需要管理员的认可。

在Windows 7中，不同的组具有不同的权限，若新建用户想具备相关权限，就可以加入该组，成为该组的一个成员。

解析：对于本部分内容，考生要重点掌握控制面板的概念、控制面板中常用实用程序的操作方法。对于键盘、鼠标、Windows防火墙等用于实现设置计算机硬、软件系统的实用程序，考生也应有所了解。

二、考试内容巩固

1. 以下关于Windows 7中用户账户的描述，不正确的是（　　）。

A. 要使用运行Windows 7的计算机，用户必须有自己的账户

B. 可以以任何成员的身份登录计算机，创建新的用户账户

C. 使用控制面板中的“用户和密码”可以创建新的用户

D. 当将用户添加到某组后，指派给该组的所有权限可以授予这个用户

2. 在Windows 7中，通过“控制面板”无法（　　）。

A. 改变屏幕颜色　　B. 删除当前注册用户

C. 改变CMOS的设置　　D. 调整鼠标速度

3. 在Windows 7中，修改日期和时间可以通过（　　）。

A. 任务栏　　B. 控制面板　　C. 状态栏　　D. 网络

4. Windows 7的“控制面板”窗口中不包含的图标是（　　）。

A. 键盘　　B. 鼠标　　C. 属性　　D. 日期和时间

5. 以下关于Windows 7中鼠标操作的叙述，正确的是（　　）。

A. 双击速度不能调　　B. 右键不能单击

C. 左右键功能可以交换　　D. 左右键不能同时按下

6. 利用“控制面板”的“程序和功能”可以（　　）。

A. 删除 Windows 组件　　B. 删除 Windows 硬件驱动程序

C. 删除 Word 文档模板　　D. 删除程序的快捷方式

7. windows 7控制面板默认的查看方式是（　　）。

A. 类别　　B. 大图标　　C. 小图标　　D. 中等图标

8. “家长控制”的功能选项没有（　　）。

A. 限制游戏　　B. 限制程序　　C. 限制上网　　D. 时间限制

9. 以下关于输入法状态切换的说法，正确的是（　　）。

A. 使用Ctrl＋.来切换中英文标点输入法

B. 使用Ctrl＋空格键来打开或关闭中文输入法

C. 使用Shift＋空格键来切换半角输入模式和全角输入模式

D. 使用Ctrl＋Shift在各种中文输入法之间进行切换

10. 在Windows 7中，用于定制工作环境的应用程序是（　　）。

A. 计算机　　B. 资源管理器　　C. 控制面板　　D. 任务管理器

知识点 6 Windows 7 的系统维护与性能优化

一、考试内容及解析

1. 磁盘的格式化

磁盘的格式化分为快速格式化和完全格式化两种。从用户使用角度来看，完全格式化不但清除磁盘中的所有数据，还对磁盘进行扫描检查，将发现的坏磁道、坏扇区进行标注；而快速格式化只清除磁盘中的所有数据，相对来讲速度较快。

注意：从未格式化过的白盘不能进行快速格式化。

2. 磁盘的清理

用户在使用电脑的过程中会产生一些临时文件，如回收站中的文件、Internet临时文件、不用的程序和可选Windows组件等，这些临时文件会占用一定的磁盘空间并影响系统的运行速度。因此，当电脑使用一段时间后，应对系统磁盘进行一次清理，将垃圾文件从系统中彻底删除。

3. 磁盘的碎片整理

磁盘碎片应该称为文件碎片，主要成因是同一个文件被分散保存到整个磁盘的不同地方，而不是连续地保存在磁盘连续的簇中。

文件碎片过多会使系统在读文件的时候来回寻找，从而显著降低硬盘的运行速度，引起系统性能下降，严重的还要缩短硬盘寿命。过多的磁盘碎片还有可能导致存储文件的丢失。

通过磁盘碎片整理程序可以重新排列碎片数据，以便磁盘和驱动器能够更有效地工作。

4. 磁盘的检查

利用Windows 7提供的磁盘错误检查工具，可以检测当前磁盘分区存在的错误，进而对错误进行修复，以确保磁盘中存取数据的安全。

5. 备份和还原

为了避免文件和文件夹被病毒感染，或者因意外删除而丢失，导致一些重要的数据无法恢复，Windows 7提供了文件备份与还原功能。用户可将一些重要的文件或文件夹进行备份，如果将来这些原文件或文件夹出现了问题，用户可以通过还原备份的文件或文件夹来弥补损失。

解析：对于本部分内容，考生要着重理解磁盘的格式化、清理、碎片整理，磁盘的检查、备份和还原的概念，并重点掌握各自实现的功能方面的知识。

二、考试内容巩固

1. 在Windows 7系统中，碎片整理程序的功能是（　　）。

A. 重新安排计算机内存中的程序、数据以及未使用的空间

B. 重新安排计算机硬盘上的文件以及未使用的空间

C. 重新安排回收站中的文件以及未使用的空间

D. 删除磁盘上的一些废弃文件或文件夹

2. 下列关于Windows 7系统中使用磁盘碎片整理工具整理文件碎片的叙述，正确

的是（　　）。

A. 将磁盘上的小文件放到连续的空间中

B. 合并磁盘上的空闲空间

C. 将每个文件保存在磁盘上的连续区域中，以加快对文件的读取速度

D. 整理后文件的读出时间比整理前文件的读出时间长

3. 在Windows 7系统中，使用快速格式化命令时，（　　）磁盘的坏扇区而直接从磁盘上删除文件。

A. 扫描　　B. 不扫描

C. 有时扫描　　D. 由用户自己设定

4. 在Windows 7系统中，使用（　　）可以帮助用户释放硬盘驱动器空间，删除临时文件、Internet 缓存文件和不需要的文件，腾出它们占用的系统资源，以提高系统性能。

A. 格式化　　B. 磁盘清理程序　　C. 整理磁盘碎片　　D. 磁盘查错

5. 在Windows 7系统中，使用（　　）可以重新安排文件在磁盘中的存储位置，将文件的存储位置整理到一起，同时合并可用空间，达到提高运行速度的目的。

A. 格式化　　B. 磁盘清理程序　　C. 整理磁盘碎片　　D. 磁盘查错

6. 在Windows 7系统中，用户在经常进行文件的移动、复制、删除，安装、删除程序等操作后，可能会出现坏的磁盘扇区。这时用户可执行（　　），以修复文件系统的错误、恢复坏扇区等。

A. 格式化　　B. 磁盘清理程序　　C. 整理磁盘碎片　　D. 磁盘检查

7. 在Windows 7系统中，一张磁盘被完全格式化后，（　　）。

A. 磁盘上原有文件均被删除　　B. 磁盘上可能有部分磁道不能使用

C. 磁盘上所有磁道均不能使用　　D. 磁盘上原有文件均被保留

8. 如硬盘中的某些磁道损坏，则该硬盘（　　）。

A. 不能再使用　　B. 损坏磁道上的数据一定会丢失

C. 只能作为另一块硬盘的备份盘　　D. 通过工具软件处理后，能继续使用

9. 在Windows 7系统中，磁盘清理程序的功能是（　　）。

A. 推荐可删除的文件　　B. 查找磁盘物理错误并尽可能恢复

C. 清除碎片空间，重组磁盘空间　　D. 压缩磁盘，获取更多磁盘空间

10. 下列关于Windows 7系统中备份和还原的说法，错误的是（　　）。

A. Windows 7备份支持的目标类型可以是本地磁盘、外部磁盘、DVD和网络位置等

B. 文件的备份和还原可以修复人为的误删除

C. 文件的备份和还原可以修复因病毒的感染而造成的文件的破坏

D. 备份文件必须和源文件放在同一个磁盘上

知识点7 Windows 7 的常用附件程序

一、考试内容及解析

1. 记事本和写字板

记事本和写字板是 Windows 7 自带的两个用来创建和编辑文档的文本编辑工具。

记事本是一个文本文件编辑器，其文件扩展名为.txt，用户可以使用它编辑简单的文档或创建 Web页。记事本的使用非常简单，它编辑的文件是文本文件，为编辑一些高级语言的源程序提供了方便。

如果计算机中没有安装Word等办公软件，但需要图文编辑功能，可以使用Windows系统自带的写字板，它的图文编辑功能虽然不及Word等编辑软件强大，但也非常方便实用。

记事本只能进行文本的基本操作，如设置字体，大小等，不能包含图片。相较而言，写字板的功能更强大，它可以创建和编辑带格式的文件。写字板的保存格式为.rtf。

2. 画图

画图程序是 Windows 7系统自带的图像处理工具，用户可以使用它绘制黑白或彩色的图形，可以打印，可以在图片中输入文字，也可以将它作为桌面背景，或者粘贴到另一个文档中，还可以使用它查看和编辑扫描的照片等。

画图程序可处理多种格式的图像，并可将结果保存为.png、.jpeg、.bmp和.gif等格式的图像文件。在Windows 7系统中，画图程序默认保存的文件类型为.png。

3. 截图工具

除了通过剪贴板（PrintScreen和Alt＋PrintScreen）抓图之外，Windows 7还提供

了截图工具。使用截图工具能够将屏幕中显示的内容截取为图片，并保存为文件（.jpg、.png、.gif或.mht）或复制应用到其他程序。

截图工具有四个选项，分别为“任意格式截图”“矩形截图”“窗口截图”和“全屏幕截图”。

4. 录音机

录音机是Windows系统提供给用户的一种具有语音录制功能的工具，可将录制的声音以音频文件的形式保存到计算机上。在Windows 7系统中，录音机程序默认保存的文件类型为.Wma。

5. 计算器

Windows附带的计算器，既可以进行简单计算，也可以进行科学计算和统计计算。Windows 7中的计算器有四种模式，即标准型、科学型、程序员模式和统计信息模式。

6. 数学输入面板

利用 Windows 7的数学输入面板程序，用户可以轻松自然地输入特殊的数学表达式。在数学输入面板的书写区域书写正确的数学表达式，可识别的数学表达式会显示在预览区域，并可将识别的数学表达式插入字处理程序或计算程序中。

解析：对于本部分内容，考生要重点掌握记事本、写字板、画图、截图工具、录音机、计算器和数学输入面板等常用附件程序的功能。对于附件中的便笺、运行、命令提示符、远程桌面连接等程序的使用，考生也要有所了解。

二、考试内容巩固

1. 下列关于Windows 7中附件工具的叙述，正确的是（　　）。

A. 写字板的扩展名为 .txt

B. 在画图程序中不能输入文字

C. 画图工具不可以进行图片的编辑处理

D. 记事本里不能插入图片

2. 在Windows 7中保存画图程序建立的文件时，不能保存的文件类型是（　　）。

A. PNG　　B. BMP　　C. GIF　　D. WAV

3. 在Windows 7中，录音机录制的声音文件默认的扩展名为（　　）。

A. .MP3　　B. .WAV　　C. .WMA　　D. .RM

4. 在Windows 7的计算器中，（　　）模式可以进行二、八、十和十六进制数之间的转换。

A. 标准型　　B. 程序员　　C. 科学型　　D. 数学分组

5. 在Windows 7中，截图工具的截图模式不包括（　　）。

A. 任意格式截图　　B. 矩形截图　　C. 窗口截图　　D. 半屏幕截图

6. 在Windows 7中，（　　）不属于附件中的常用工具。

A. 便笺　　B. 数学输入面板　　C. 截图工具　　D. 备份

7. 在Windows 7中，保存画图程序建立的文件时，默认的扩展名为（　　）。

A. .PNG　　B. .BMP　　C. .GIF　　D. .JPEG

8. 利用Windows下的（　　）可以建立、编辑文本文档。

A. 剪贴板　　B. 记事本　　C. 资源管理器　　D. 控制面板

9. 写字板是一个用于（　　）的应用程序。

A. 图形处理　　B. 文字处理　　C. 程序处理　　D. 信息处理

10. 下列关于Windows 7系统附件程序功能的说法，正确的是（　　）。

A. Windows的计算器可以用来进行十六进制数的运算

B. 截图工具只能实现“全屏幕截图”

C. 写字板和记事一样，都具有简单的图文编辑功能

D. 录音机程序录制的声音文件长度最多为60秒

综合练习

一、单项选择题

1. Windows 7是（　　）操作系统。

A. 单用户多任务　　B. 多用户多任务

C. 多用户单任务　　D. 单用户单任务

2. 计算机系统中必不可少的软件是（　　）。

A. 操作系统　　B. 语言处理程序

C. 工具软件　　D. 数据库管理系统

3. 下列关于操作系统的说法，正确的是（　　）。

A. 操作系统是用户和控制对象的接口

B. 操作系统是用户和计算机的接口

C. 操作系统是计算机和控制对象的接口

D. 操作系统是控制对象、计算机和用户的接口

4. 在Windows 7的各个版本中，支持的功能最少的是（　　）。

A. 家庭普通版　　B. 家庭高级版　　C. 专业版　　D. 旗舰版

5. Windows 7是一种（　　）。

A. 数据库软件　　B. 应用软件　　C. 系统软件　　D. 中文字处理软件

6. 在Windows 7环境中，鼠标是重要的输入工具，而键盘（　　）。

A. 无法起作用

B. 仅能配合鼠标在输入中起辅助作用（如输入字符）

C. 仅能在菜单操作中运用，不能在窗口的其他地方操作

D. 也能完成几乎所有操作

7. 关于Windows 7 窗口的概念，以下叙述正确的是（　　）。

A. 活动窗口可以有多个

B. 可以打开多个窗口，但只有一个是活动窗口

C. 可以打开多个窗口，没有活动窗口

D. 不能打开多个窗口，但有一个活动窗口

8. 在Windows 7中，通常能弹出某一对象的快捷菜单的操作是（　　）。

A. 单击鼠标左键　　B. 单击鼠标右键

C. 双击鼠标左键　　D. 双击鼠标右键

9. 在Windows 7操作环境下，欲将整个屏幕内容全部拷贝到剪贴板中，应使用（　　）键。

A. PrintScreen　　B. Alt＋PrintScreen

C. Ctrl＋Space　　D. Alt＋F4

10. 在Windows 7中，用鼠标选定多个不连续文件的操作步骤是（　　）。

A. 按住Shift键，然后单击每个需要的文件

B. 按住Ctrl键，然后单击每个需要的文件

C. 单击第一个文件，然后按住Shift键单击最后一个文件

D. 单击第一个文件，然后按住Ctrl键单击最后一个文件

11. 在Windows 7的“资源管理器”窗口中，左边显示的内容是（　　）。

A. 所有未打开的文件夹　　B. 系统的树型文件夹结构

C. 打开的文件夹下的子文件夹及文件　　D. 所有已打开的文件夹

12. 在Windows 7中，Ctrl+Esc键的作用是（　　）。
A. 关闭应用程序窗口
B. 打开应用程序窗口的控制菜单
C. 应用程序之间的相互切换
D. 激活“任务栏”并打开“开始”菜单

13. 在Windows 7中，Alt+Tab键的作用是（　　）。
A. 关闭应用程序窗口　　B. 打开应用程序窗口的控制菜单
C. 应用程序之间的相互切换　　D. 激活“任务栏”并打开“开始”菜单

14. 在Windows 7中，同时运行多个应用程序后，一些窗口会遮住另外一些窗口，这时用户可将鼠标移到（　　）空白区域，然后单击鼠标右键启动快捷菜单来重新排列这些窗口。
A. 标题栏　　B. 工具栏　　C. 任务栏　　D. 菜单栏

15. 在Windows 7中，窗口的移动操作可以通过（　　）实现。
A. 将鼠标指针指向窗口的标题栏，然后按住鼠标左键拖动
B. 将鼠标指针指向窗口的标题栏，然后按住鼠标右键拖动
C. 将鼠标指针指向窗口的标题栏，然后单击鼠标
D. 将鼠标指针指向窗口的标题栏，然后双击鼠标

16. 在Windows 7中，属于任务栏的作用是（　　）。
A. 显示系统的所有功能　　B. 只显示当前活动窗口名
C. 只显示正在后台工作的窗口名　　D. 实现窗口之间的切换

17. 在Windows 7中，将文件拖到回收站中，则（　　）。
A. 复制该文件到回收站　　B. 删除该文件，且不能恢复
C. 删除该文件，但可以恢复　　D. 回收站自动删除该文件

18. 对于Windows 7中的任务栏，描述错误的是（　　）。
A. 任务栏的位置、大小均可以改变
B. 任务栏无法隐藏
C. 任务栏中显示的是已打开文档或已运行程序的图标
D. 任务栏的通知区可添加图标

19. 在Windows 7中，如果想同时改变窗口的高度和宽度，可以通过拖放（　　）来实现。
A. 窗口角　　B. 窗口边框　　C. 滚动条　　D. 菜单栏

20. 在Windows 7中，当一个文档被保存关闭后，该文档将（　　）。
A. 保存在外存中　　B. 保存在内存中

C. 保存在剪贴板中　　D. 既保存在外存中也保存在内存中

21. 在Windows 7中，用户可以对磁盘进行快速格式化，但是被格式化的磁盘必须是（　　）。

A. 从未格式化的新盘　　B. 无坏道的新盘

C. 所有磁盘　　D. 以前做过格式化的磁盘

22. 在Windows 7中，打开一个标准窗口的控制菜单的快捷键是（　　）。

A. Ctrl＋Esc　　B. Ctrl＋Space

C. Alt＋Esc　　D. Alt＋Space

23. 在Windows 7中，桌面是指（　　）。

A. 电脑台　　B. 活动窗口

C. 资源管理器窗口　　D. 窗口、图标、对话框所在的背景屏幕

24. 在Windows 7中，控制菜单的位置位于窗口的（　　）。

A. 左上角　　B. 左下角　　C. 右上角　　D. 右下角

25. 在Windows 7中输入中文时，下列的（　　）操作可以快速进行中英文切换。

A. 用鼠标右键单击中英文切换按钮　　B. 用Ctrl＋空格键

C. 用Alt＋空格键　　D. 用Shift＋空格键

26. 在Windows 7中，能按顺序切换输入法的操作是（　　）

A. 用Ctrl＋Shift键　　B. 用鼠标右键双击输入方式切换按钮

C. 用Shift＋空格　　D. 用Alt＋Shift键

27. 在Windows 7中，如果菜单选项前面标有“√”，单击此菜单项，可（　　）。

A. 执行可选择项的操作命令　　B. 弹出对话窗口

C. 执行子菜单　　D. 将实现菜单项功能打开与关闭的切换

28. 在Windows 7中，关闭一个应用程序窗口后，该应用程序将（　　）。

A. 被暂停执行　　B. 被终止执行

C. 继续执行　　D. 转入后台执行

29. 在Windows 7中，通过单击任务栏按钮或者使用（　　）按键能够重新打开一个已最小化的窗口。

A. Ctrl＋Tab　　B. Alt＋Tab　　C. Shift＋Tab　　D. Ctrl＋Shift

30. 在Windows 7中，当窗口最大化后，单击“还原”按钮将使窗口（　　）。

A. 占满整个屏幕　　B. 恢复到原来的大小

C. 由用户自定义　　D. 缩小成图标

31. 在Windows 7中，当一个应用程序窗口被最小化后，该应用程序将（　　）。

A. 被暂停执行　　B. 被终止执行

C. 继续以原方式执行　　D. 转入后台执行

32. 在（　　）情况下，窗口会自动添加滚动条。

A. 窗口的大小恰好与显示的内容一样大　　B. 窗口的大小比显示的内容小

C. 窗口的大小比显示的内容大　　D. 窗口的大小与屏幕一样大

33. 在Windows 7的回收站中，存放的（　　）。

A. 只能是硬盘上被删除的文件或文件夹

B. 只能是软盘上被删除的文件或文件夹

C. 可以是硬盘或软盘上被删除的文件或文件夹

D. 可以是所有外存储器中被删除的文件或文件夹

34. 在Windows 7中，通配符“*”是表示它所在位置上的（　　）。

A. 任意字符串　　B. 任意一个字符

C. 任意一个汉字　　D. 任意一个文件名

35. 在Windows 7的资源管理器窗口中，右部显示的内容是（　　）。

A. 所有未打开的文件夹　　B. 系统的树形文件夹结构

C. 打开的文件夹下的子文件夹及文件　　D. 所有已打开的文件夹

36. 通常所说的Windows 7是多任务操作系统，多任务是指（　　）。

A. Windows 7可以供多个用户同时使用

B. Windows 7可以运行多种应用程序

C. Windows 7可以同时运行多个应用程序

D. Windows 7可以同时管理多种资源

37. 要在Windows 7的不同文件夹间复制文件，要先选中文件，再单击鼠标右键，在出现的快捷菜单中选择（　　），然后打开目标文件夹“粘贴”即可。

A. 剪贴　　B. 复制　　C. 发送　　D. 剪切

38. 在Windows 7中，如果要打开/关闭windows功能或卸载某个应用程序，必须先打开（　　）窗口，然后在该窗口内操作。

A. 资源管理器　　B. 控制面板　　C. 程序　　D. 网络

39. 在Windows 7中，若在画图程序中连续进行多次剪切操作，当关闭该文档后，剪贴板中存放的是（　　）剪切的内容。

A. 第一次　　B. 第二次　　C. 最后一次　　D. 全部

40. 在Windows 7中，如果要添加某一输入法，可在控制面板中单击（　　）。

A. 字体　　B. 键盘　　C. 区域和语言　　D. 通知区域图标

二、多项选择题

41. 以下关于Windows 7中对话框的说法，正确的是（　　）。

A. 所有对话框的大小都可以改变　　B. 对话框的位置可以移动

C. 对话框不能最小化为任务栏按钮　　D. 对话框具有窗口的所有功能

42. 在Windows 7中，窗口最大化和窗口还原之间的切换，可以通过（　　）来实现。

A. 单击最大化按钮和还原按钮　　B. 双击窗口边框

C. 双击状态栏　　D. 双击窗口标题栏

43. 在Windows 7的桌面上，任务栏放置的位置（　　）。

A. 只能在屏幕的底部　　B. 在屏幕的左侧

C. 在屏幕的顶部　　D. 在屏幕的中间

44. 若在Windows 7同一磁盘中进行文件或文件夹的移动，可通过以下方法实现（　　）。

A. 选择文件或文件夹，然后剪切和粘贴

B. 选择文件或文件夹，按着Alt键，拖动文件或文件夹到目标位置

C. 选择文件或文件夹，按着Shift键，拖动文件或文件夹到目标位置

D. 选择文件或文件夹，按着Ctrl键，拖动文件或文件夹到目标位置

45. 下面关于Windows 7文件名的叙述，错误的是（　　）。

A. 文件名中允许使用汉字　　B. 文件名中不允许使用多个圆点分隔符

C. 文件名中允许使用空格　　D. 文件名中允许使用竖线

46. 下列关于Windows 7操作系统的说法，正确的是（　　）。

A. 用户可设置的文档属性有：存档、只读和隐藏

B. 不允许同一文件夹中的文件以及不同文件夹中的文件同名

C. 双击窗口的控制菜单可关闭窗口

D. 双击窗口的标题栏可最小化窗口

47. 在Windows 7中，文件夹命名不正确的是（　　）。

A. 1:1=1　　B. 100-30　　C. 12*3!　　D. 1&2=12

48. 在Windows 7中，在实现文件或文件夹的移动时，下列说法正确的是（　　）。

A. 可以用鼠标左键实现文件或文件夹的移动

B. 可以用鼠标右键实现文件或文件夹的移动

C. 不能使用鼠标实现文件或文件夹的移动

D. 移动文件或文件夹不能通过快捷键实现

49. 下列关于运行“磁盘碎片整理”程序后的结果的说法，正确的是（　　）。

A. 可增加磁盘容量　　B. 可提高磁盘读写速度

C. 使文件保存占用连续的磁盘空间　　D. 删除不需要的文件

50. 在Windows 7中，用滚动条来实现窗口内容滚动，是用（　　）操作来实现的。

A. 拖动滚动条上的滚动箭头　　B. 单击滚动条上的滚动箭头

C. 拖动滚动条上的滚动块　　D. 单击滚动条上的滚动块

三、判断题

51. 在Windows 7的资源管理器中，利用“文件”菜单中的“重命名”既可以对文件改名，也可以对文件夹改名。（　　）

A. 正确　　B. 错误

52. 在Windows 7中，只要选择汉字输入法中的中文符号，在“中文半角”状态下也可以输出顿号、引号、句号等中文标点符号。（　　）

A. 正确　　B. 错误

53. 在Windows 7中，回收站与剪贴板一样，占用的都是内存空间。（　　）

A. 正确　　B. 错误

54. UNIX是一种多用户单任务的操作系统。（　　）

A. 正确　　B. 错误

55. 在Windows 7中，通过操作任务栏上显示的日期和时间，可以修改计算机的日期和时间。（　　）

A. 正确　　B. 错误

56. 在Windows 7的资源管理器中，使用“工具”菜单中的“文件夹选项”命令，可以设置文件名是否显示扩展名。（　　）

A. 正确　　B. 错误

57. Windows 7中的回收站实际上是一个特殊的文件夹。（　　）

A. 正确　　B. 错误

58. 在Windows 7中，任务栏的位置和大小是可以由用户改变的。（　　）

A. 正确　　B. 错误

59. 在Windows 7中，打开某个文件就意味着将该文件从磁盘内调入CPU中。（　　）

A. 正确　　B. 错误

60. Windows 7中的剪贴板是内存中一个临时存放信息的特殊区域。（　　）

A. 正确　　B. 错误

61. 在Windows 7的资源管理器中删除的文件或文件夹，都可以通过回收站进行还原。（　　）

A. 正确　　B. 错误

62. 在Windows 7中，每个用户可以设置自己的桌面背景。（　　）

A. 正确　　B. 错误

63. 在Windows 7中，应用程序窗口和文档窗口都有各自的菜单栏，所以可以用各自的命令进行操作。（　　）

A. 正确　　　　　　　　　　B. 错误

64. 在Windows 7中，删除桌面上的快捷方式后，它所指向的项目也同时被删除。（　　）

A. 正确　　　　　　　　　　B. 错误

65. 双击在Windows 7系统中注册了文件类型的文档，能够启动相应的应用程序并同时将该文件打开。（　　）

A. 正确　　　　　　　　　　B. 错误

66. 在Windows 7操作系统中，允许一台计算机同时安装多个打印驱动程序，并和多台打印机相连，但默认的打印机只有一台。（　　）

A. 正确　　　　　　　　　　B. 错误

67. 在Windows 7中，一个文件只能由一种应用程序打开。（　　）

A. 正确　　　　　　　　　　B. 错误

68. 在Windows 7中，一个应用程序只可以关联一种类型的文件。（　　）

A. 正确　　　　　　　　　　B. 错误

69. 在桌面上，可以为同一个Windows 7应用程序建立多个快捷方式。（　　）

A. 正确　　　　　　　　　　B. 错误

70. 在Windows 7操作系统中，应用程序内部和应用程序之间交换信息是通过剪贴板来完成的。（　　）

A. 正确　　　　　　　　　　B. 错误

71. 在Windows 7的资源管理器中，删除文件夹时，可将其下的所有文件及子文件夹一同删除。（　　）

A. 正确　　　　　　　　　　B. 错误

72. 在Windows 7中，对话框窗口、应用程序窗口、文档窗口都可任意移动和改变大小。（　　）

A. 正确　　　　　　　　　　B. 错误

73. 在Windows 7系统中，系统工具磁盘扫描程序主要用于清理磁盘，把不需要的垃圾文件从磁盘中删掉。（　　）

A. 正确　　　　　　　　　　B. 错误

74. 在Windows 7中，在任何地方用鼠标右击对象都可弹出快捷菜单，这些快捷菜单内容是相同的。（　　）

A. 正确　　　　　　　　　　B. 错误

75. 在Windows 7中，只能给应用程序创建快捷方式而无法给文件夹创建快捷方式。（　　）

A. 正确　　B. 错误

76. 在Windows 7系统中，磁盘扫描程序可用于检查并恢复磁盘错误。（　　）

A. 正确　　B. 错误

77. 计算机系统中的文件一般分为可执行文件和非可执行文件两大类，可执行文件的扩展名类型主要有.exe、.bat和.com。（　　）

A. 正确　　B. 错误

78. 安装Windows 7时，只能通过CD-ROM光盘方式进行安装。（　　）

A. 正确　　B. 错误

79. 在Windows 7中，计算器可以完成十六进制数的运算。（　　）

A. 正确　　B. 错误

80. 在Windows 7的局域网环境下，已经安装的本地打印机可被其他计算机共享。（　　）

A. 正确　　B. 错误

81. 在Windows 7中，睡眠状态是一种节电状态，它和休眠状态没有区别。（　　）

A. 正确　　B. 错误

82. Windows 7的Aero界面采用一种透明的玻璃式设计的视觉外观。（　　）

A. 正确　　B. 错误

83. 在Windows 7中，所有被删除的文件或文件夹都是放在“回收站”中的。（　　）

A. 正确　　B. 错误

84. 在Windows 7中，通知区域除了显示系统日期、音量、网络状态等信息外，还可以显示其他程序图标。（　　）

A. 正确　　B. 错误

85. 在Windows 7中，如果想卸载程序，只要找到相关文件和文件夹进行删除即可。（　　）

A. 正确　　B. 错误

四、填空题

86. 在Windows 7的窗口中，选中末尾带有省略号（...）的菜单，将弹出一个（　　）。

87. 在Windows 7中，用鼠标拖动来移动窗口时，鼠标指针必须先指向（　　）。

88. 在Windows 7中，若要将当前窗口存入剪贴板中，可以按（　　）键。

89. 在Windows 7中，当选定文件或文件夹后，不将文件或文件夹放到“回收站”中，而直接删除的操作是直接按（　　）键。

90. 在Windows 7中，识别文件类型的依据是文件的（　　）。

91. 在操作系统中，用户需要计算机完成某项任务时要求计算机所做工作的集合称为（　　）。

92. 在操作系统中，处理机管理主要有两项工作：一是处理（　　）；二是处理机调度。

93. 在操作系统中，作业管理的主要功能是把用户的作业装入内存并投入运行。一旦作业进入内存，就称为（　　）。

94. 在分时操作系统中，系统接收每个用户的命令，采用（　　）轮转方式处理服务请求。

95. 在Windows 7环境下运行的应用程序中，打开对话框，若主程序窗口被禁止，只有关闭该对话框，才能处理主窗口，这种对话框称为（　　）。

96. 在Windows 7中，任务栏的默认位置位于桌面的最下方，由“开始”按钮、（　　）、任务按钮区、通知区域和显示桌面按钮等组成。

97. 在Windows 7中，（　　）是操作系统中区分不同文件的唯一标志。

98. 在Windows 7中，操作系统根据文件的（　　）建立应用程序与文件的关联关系。

99. Windows 7的库功能默认提供四个分类，即视频、图片、文档和（　　）。

100. 在Windows 7中，如果只取消部分被选定的文件或文件夹，可以按住（　　）键不放，然后单击要取消的文件或文件夹。

101. 在Windows 7中，（　　）中包含了许多操作系统提供的实用程序，通过这些实用程序可以更改系统的外观和功能，对计算机的软、硬件系统进行设置。

102. 在安装Windows 7系统时，系统会自动创建两个内置账户：（　　）和Guest。

103. （　　）是Windows 7自带的一个小型的文字处理软件，能够对文章进行一般的编辑和排版处理，还可以进行简单的图文混排。

104. 在Windows 7中，用于在应用程序内部或不同程序之间共享信息的工具是（　　）。

105. 在Windows 7操作系统中，将打开的窗口拖动到屏幕顶端，窗口会实现（　　）。

第三部分

字处理软件Word 2010

字处理软件Word 2010的主要考点

Office 2010的基本知识：Office 2010版本及常用组件，典型字处理软件，Office 2010应用程序的启动与退出，Office 2010应用程序界面结构，Backstage视图，Office 2010界面的个性定制，Office 2010应用程序文档的保存、打开，Office 2010应用程序帮助的使用。

Word 2010的主要功能，文档视图，文本及符号的录入和编辑操作，文本的查找与替换，撤消与恢复，文档校对。

字符格式、段落格式的基本操作，项目符号和编号的使用，分节、分页和分栏，设置页眉、页脚和页码、边框和底纹，样式的定义和使用，版面设置。

Word 2010表格操作：表格的创建，表格编辑，表格的格式化，表格中数据的输入与编辑，文字与表格的转换，表格计算。

图文混排：屏幕截图，插入和编辑剪贴画、图片、艺术字、形状、数学公式、文本框等，插入SmartArt图形。

文档的保护与打印，邮件合并，插入目录，审阅与修订文档。

知识点1 Word 2010 基础知识

一、考试内容及解析

1. Office 2010概述

Office 2010是微软公司开发的办公自动化软件，包括初级版、家庭及学生版、家庭及商业版、标准版、专业版和专业高级版6个版本。Office 2010专业版包括的组件及功能如表3-1所示。

表3-1　Office 2010专业版的组件及功能

组件名称	简介
Word	字处理软件
Excel	电子表格软件
PowerPoint	演示文稿制作软件
Access	数据库管理系统
Outlook	电子邮件客户端工具
OneNote	笔记记录管理工具
Publisher	桌面排版软件

其他Office软件：香港金山公司开发的WPS Office，无锡永中公司开发的永中Office。

解析：考生应掌握Word、Excel、PowerPoint、Access、Outlook组件的功能。

2. Word 2010的主要功能

Word 2010是功能强大的字处理软件，可以创建具有专业水准的文档。除具有文字编辑和格式化、多媒体混排、表格制作、拼写和语法检查、模板与向导、打印等基本功能外，Word 2010还新增了以下功能：

（1）改进的搜索和导航体验。

（2）屏幕截图功能。

（3）图片处理功能。

（4）与他人同步工作。

（5）几乎可以在任何地点访问和共享文档。

解析： 考生应了解Word2010的主要功能。

3. Word 2010**应用程序的基本操作**

（1）启动Word 2010

1）双击桌面上的Word快捷图标。

2）右击鼠标，在打开的快捷菜单中执行“新建”→“Microsoft Word文档”命令，然后双击生成的Word文档图标。

3）执行“开始→所有程序→Microsoft Office→Microsoft Word 2010”命令。

4）在“开始”菜单的“搜索程序和文件”框（或按快捷键Win+R）中键入“Winword. exe”后按“确定”按钮。

5）通过关联文档启动。

Office 2010安装完成后，操作系统会自动建立应用程序与相关文档的关联关系，双击相应的文档，就会自动启动相应的应用程序。Office 2010应用程序默认扩展名如表3-2所示。

表3-2　Office 2010应用程序默认扩展名

程序名称	扩展名
Word 2010	.docx
Excel 2010	.xlsx
PowerPoint 2010	.pptx
Access 2010	.accdb

（2）退出Word 2010

1）单击Word窗口右上角的“关闭”按钮。

2）单击“文件”选项卡，在Backstage视图中单击“退出”命令。

3）双击Word窗口左上角的控制菜单图标。

4）单击Word窗口左上角的控制图标，在弹出的下拉菜单中选“关闭”命令。

5）按组合键Alt＋F4。

（3）只关闭文档窗口而不退出Word 2010应用程序

1）单击“文件”选项卡，在Backstage视图中单击“关闭”命令。

2）按快捷键Ctrl＋W或Ctrl＋F4。

（4）创建Word文档

1）创建空白文档

① 单击“文件”选项卡，在Backstage视图单击“新建”命令，在“可用模板”窗格中选择空白文档。

② 按快捷键Ctrl＋N。

2）使用模板创建Word文档

单击“文件”选项卡，在Backstage视图单击“新建”命令，在“可用模板”窗格中选择最近打开的模板或样本模板或Office.com模板等。

（5）打开Word文档

1）单击“文件”选项卡，切换到Backstage视图，在左侧窗格中单击“打开”命令。

2）按快捷键Ctrl＋O或Ctrl＋F12。

3）在“快速访问工具栏”中单击“打开”按钮。

4）单击“文件”选项卡，切换到Backstage视图，在“最近所用文件”中单击要打开的文件。

打开Word文档时，可以选择“打开”、“以只读方式打开”、“以副本方式打开”、“在浏览器中打开”等“打开方式”选项。

（6）保存Word文档

1）使用“文件”选项卡中的“保存”或“另存为”命令。

2）单击“快速访问工具栏”中的“保存”按钮。

3）使用快捷键Ctrl＋S或Shift＋F12（相当于“保存”命令）、F12（相当于“另存为”命令）。

Word 2010文档可以保存的文档类型及扩展名如表3–3所示。

表3–3　Word 2010可保存的文档类型

扩展名	说明
.docx	Word 2010默认文档格式
.docm	启用宏的Word 2010文档
.dotx	Word 2010模板
.pdf	图形文件格式
.rtf	富文本文件格式
.html	网页
.xml	Word XML文档
.txt	纯文本

（7）自动保存Word文档

为防止当前编辑内容因停电、死机等意外情况而丢失，Word 2010提供了定时自动保存功能，具体操作方法：打开“文件”选项卡中的“选项”命令，在其中的“保存”组中进行设置。自动保存时间可以设置为1~120分钟，默认每隔10分钟自动保存一次文档。

解析：此部分为考试重点，考生应重点掌握Word2010应用程序的基本操作方法和文档类型等知识。

4. Word 2010的窗口界面

Word 2010的窗口主要由标题栏、功能区、文档编辑区、状态栏组成。

（1）标题栏

标题栏处于窗口的最上方，从左到右依次为控制菜单图标、快速访问工具栏、正在操作的文档的名称、程序的名称和窗口控制按钮。

（2）功能区

默认包含文件、开始、插入、页面布局、引用、邮件、审阅和视图等选项卡。各选项卡及其功能如表3–4所示。

表3-4 Word 2010的选项卡

选项卡	功能
文件	包括保存、另存为、打开、关闭、信息、最近使用文件、新建、打印、保存并发送、帮助、选项、退出等组
开始	包括剪贴板、字体、段落、样式、编辑等组
插入	包括页、表格、插图、链接、页眉和页脚、文本、符号等组
页面布局	包括主题、页面设置、稿纸、页面背景、段落、排列等组
引用	包括目录、脚注、引文与书目、题注、索引、引文目录等组
邮件	包括创建、开始邮件合并、编写和插入域、预览结果、完成等组
审阅	包括校对、语言、中文简繁转换、批注、修订、更改、比较、保护等组
视图	包括文档视图、显示、显示比例、窗口、宏等组

（3）状态栏

状态栏位于窗口底端。状态栏左侧用于显示当前文档的页数/总页数、字数、输入语言以及输入状态等信息；状态栏的右侧有视图切换按钮和显示比例调节工具，其中视图切换按钮用于选择文档的视图方式，从左到右依次为页面视图、阅读版式视图、Web版式视图、大纲视图、草稿，显示比例调节工具用于调整文档的显示比例。

解析：考生应重点掌握Word2010状态栏的组成及作用。

5. 文档视图

视图是指文档在Word应用程序窗口中的显示方式。Word为用户提供了多种视图方式，以便在文档编辑过程中能够从不同的侧面、不同的角度观察所编辑的文档。常用的五种视图为：页面视图、阅读版式视图、Web 版式视图、大纲视图和草稿视图。

可以在视图功能区中选择需要的文档视图模式，也可以在Word 2010文档窗口的右下方单击视图按钮选择视图。不同视图及特点如表3-5所示。

表3-5 Word 2010的视图及特点

视图	特点
页面视图	Word默认视图方式，最接近打印结果，最常用，包括页眉、页脚、图形对象、分栏设置、页面边距等元素

续表

视图	特点
阅读版式视图	以图书的分栏样式显示Word 2010文档，“文件”按钮、功能区等窗口元素被隐藏，不能编辑文档
Web 版式视图	以网页的形式显示Word 2010文档，适用于发送电子邮件和创建网页
大纲视图	用于查看、编辑文档的大纲，不显示页边距、页眉和页脚、图片和背景，多用于Word 2010长文档的快速浏览和设置
草稿视图	取消了页面边距、分栏、页眉/页脚和图片等元素，仅显示标题和正文是最节省计算机系统硬件资源的视图

解析：此部分为高频考点，考生应重点掌握Word 2010的5种视图及其功能。

二、考试内容巩固

1. Office 2010不包括以下哪个版本（　　）。

A. 初级版　　B. 标准版　　C. 专业版　　D. 旗舰版

2. Word 2010的新增功能包括（　　）。

A. 屏幕截图　　B. Backstage视图

C. 拼写和语法检查　　D. 图片处理

3. 以下不是字处理软件的是（　　）。

A. WPS　　B. 永中Office　　C. 写字板　　D. Dreamweaver

4. 下列哪些选项可以正常关闭Word窗口（　　）。

A. 单击Word窗口右上角的“关闭”按钮　　B. 单击“文件”菜单中的“关闭”命令

C. 双击Word窗口左上角的控制图标　　D. 按Ctrl+W快捷键

5. 通过（　　）可以启动Word程序。

A. 运行Word安装程序　　B. 运行WinWord.exe

C. 双击WinWord. docx文件　　D. 运行winWord.txt

6. 在Word 2010中，当多个文档打开时，下列保存这些文档的说法中正确的是（　　）。

A. 用“文件”选项卡中的“保存”命令，只能保存活动文档

B. 用“文件”选项卡中的“保存”命令，可以重命名保存所有文档

C. 用“文件”选项卡中的“保存”命令，可一次性保存所有打开的文档

D. 用“文件”选项卡中的“全部保存”命令保存所有打开文档

7. 使用Word 2010建立的文档，不能用Windows的记事本程序打开，这是因为（　　）。

A. 文件以.docx为扩展名

B. 文件中有数字

C. 文件中有特殊符号

D. 文件中的字符有“全角”和“半角”之分

8. 下列关于文档换名存盘后的描述，正确的是（　　）。

A. 原文档依旧存在，原文档的内容是换名前已存盘的部分

B. 原文档丢失，新文档的内容是换名前已存盘的部分

C. 原文档依旧存在，新文档的内容是换名前已存盘的部分

D. 原文档丢失，新文档保存了当前文档的内容

9. 以只读方式打开的Word文档，在做了某些修改后要保存时，应使用“文件”选项卡中的（　　）命令。

A. 保存　　B. 全部保存　　C. 另存为　　D. 关闭

10. 要将当前正在编辑的C盘中的Word文档A1. docx保存到D盘，应使用（　　）命令。

A. 文件→“另存为”　　B. 文件→“保存”

C. 插入→“文件”　　D. 文件→“新建”

11. 在Word 2010中，文档可保存的类型有（　　）。

A. bmp　　B. wbk　　C. txt　　D. html

12. 在Word 2010中，会出现“另存为”对话框的操作是（　　）。

A. 当对文档的第二次及以后的存盘单击快速访问工具栏中的“保存”图标时

B. 当对文档的第二次及以后的存盘按快捷键Ctrl+S时

C. 当文档首次存盘时

D. 当对文档的存盘采用“另存为”命令方式时

13. Word 2010可以制作Web网页。（　　）

A. 正确　　B. 错误

14. 启动Word 2010时，系统自动创建一个（　　）的新文档。

A. 以用户输入的前8个字符作为文件名　　B. 没有名

C. 名为“*.doc”　　D. 名为“文档1”

15. 在Word 2010中文档模板的默认扩展名是（　　）。

A. .docx　　B. .rtf　　C. .gif　　D. .dotx

16. 在Word 2010中，可看到分栏效果的视图是（　　）视图。

17. 在Word编辑状态中，对已经输入的文档设置首字下沉，需要使用的选项卡是（　　）。

A. 开始　　B. 视图　　C. 插入　　D. 页面布局

18. Word 2010中文版的窗口界面一般由（　　）、标尺、文档编辑区、状态栏组成。

A. 标题栏　　B. 功能区　　C. 文本框　　D. 图片

19. Word 2010的功能区不包括Word的全部功能。（　　）

A. 正确　　B. 错误

20. Word 2010快速访问工具栏的默认图标不包括（　　）。

A. 打开　　B. 保存　　C. 撤消　　D. 恢复

21. Word 2010的页眉和页脚只能在（　　）视图中看到。

A. 大纲　　B. 页面　　C. 草稿　　D. Web 版式

22. 在Word 2010的（　　）视图方式下，可以显示分页效果。

A. 草稿　　B. 大纲　　C. 主控文件　　D. 页面

23. 在Word 2010中，与将来在打印机上打印输出的结果完全一致的视图是（　　）。

A. 草稿视图　　B. 大纲视图　　C. 页面视图　　D. Web版式视图

24. 在Word 2010中，不适合编辑文本的是（　　）视图。

25. Word 2010的（　　）视图是适合文本录入和编辑的视图，这种视图页与页之间用一条虚线隔开。

知识点 2　Word 2010 的基本操作

一、考试内容及解析

1. 文档的录入

Word 2010支持“即点即输”功能：将鼠标指针指向需要输入文本的位置，双击鼠标左键，即可将光标插入点定位到当前位置，并输入相应的文本内容。

（1）输入键盘上没有的符号的方法

1）单击“插入”选项卡中的“符号”命令，在弹出的“符号”对话框中选择要插入的符号；

2）使用软键盘。

（2）Word的两种录入状态：插入状态和改写状态。两种状态可以切换，方法有两种：

1）单击键盘上的“Insert”键；

2）单击状态栏中的“插入”或“改写”按钮。

（3）编辑文档时移动光标常用的快捷键如表3-6所示。

表3-6　Word 2010移动光标的快捷键

视图	特点
Home	快速移到行首
End	快速移到行末
Ctrl+Home	快速移到文档开头
Ctrl+End	快速移到文档末尾
PageUP	将文档向前翻一页
PageDown	将文档向后翻一页
Ctrl+PageUP	快速移动到上一页开始位置
Ctrl+PageDown	快速移动到下一页开始位置

解析：考生应理解Word的“即点即输”功能，掌握Word的两种录入状态及切换方法，了解Word2010移动光标的快捷键的特点。

2. 选定文本

（1）用鼠标选定文本

使用鼠标选定文本的操作方法如表3-7所示。

表3-7　Word中用鼠标选定文本的方法

选定操作	实现方法
连续文本	小块文本：按动鼠标左键从起始位置拖动到终止位置 大块文本：先用鼠标在起始位置单击，然后按住Shift键的同时，单击终止位置
分散文本	选中第一个文本区域，按住Ctrl键不放，然后拖动鼠标选择其他不相邻的文本区域
一行	鼠标移至某行左侧选定栏，单击鼠标左键
一句	按住Ctrl键的同时，单击句中的任意位置
垂直文本	按住Alt键不放，然后按住鼠标左键拖出一块矩形区域
一段	鼠标移至页左选定栏双击；在段落内的任意位置快速三击
整篇文档	鼠标移至页左选定栏，快速三击；鼠标移至页左选定栏，按住Ctrl键的同时单击；使用Ctrl＋A组合键；在“开始”选项卡的“编辑”组中单击“选择”按钮，在下拉列表中单击“全选”选项

（2）用键盘选定文本

使用键盘选定文本的常用快捷键如表3-8所示。

表3-8　Word中用键盘选定文本的快捷键

快捷键	功能
Shift＋左（右）方向键	分别由插入点处向左（右）扩展选定一个字符
Shift＋上（下）方向键	分别由插入点处向上（下）扩展选定一行
Shift+Ctrl＋Home	从当前位置扩展选定到文档开头
Shift+Ctrl＋End	从当前位置扩展选定到文档结尾
Ctrl＋A或Ctrl＋5（数字小键盘）	选定整篇文档

解析：考生应重点掌握选定文本的操作方法、相关快捷键及其功能。

3. 复制文本

（1）用鼠标拖放复制文本

选定文本，按住Ctrl键的同时，拖动鼠标到目标位置即可。

（2）使用剪贴板复制文本

第一步：将选定的文本复制到剪贴板中（在“开始”选项卡的“剪贴板”组中单

击“复制”按钮或使用Ctrl+C组合键）。

第二步：将光标插入点定位到文档中的目标位置，从剪贴板复制文本到目标位置（单击“开始”选项卡的“剪贴板”组中的“粘贴”按钮或使用Ctrl+V组合键）。

注意：“复制”和“剪切”操作均将选定的内容复制到剪贴板中，Word 2010剪贴板上最多可以保存24项剪切或复制的内容，用户可以根据自己的需要从中选择粘贴的内容，也可全部粘贴。

解析：考生应重点掌握复制、剪切、粘贴文本的快捷键及Word2010剪贴板的特点。

4. 移动文本

（1）使用鼠标拖放移动文本

选定要移动的文本，按住鼠标左键，拖动鼠标到目标位置即可。

（2）使用剪贴板移动文本

第一步：将选定的文本复制到剪贴板中（在“开始”选项卡的“剪贴板”组中单击“剪切”按钮或使用Ctrl+X组合键）。

第二步：将光标插入点定位到文档中的目标位置，从剪贴板复制文本到目标位置（单击“开始”选项卡的“剪贴板”组中的“粘贴”按钮或使用Ctrl+V组合键）。

解析：考生应理解使用鼠标拖拽和使用剪贴板移动文本的区别。

5. 删除文本

按Backspace键，可以删除光标前面的字符；按Delete键，可以删除光标后面的字符。

删除大块文本的方法：

（1）选定文本后，按Delete或Backspace键删除；

（2）选定文本后，单击“开始”选项卡的“剪贴板”组中的“剪切”按钮，或单击右键从快捷菜单中选择“剪切”命令，或按Ctrl+X组合键。

解析：考生应掌握删除文本的操作方法。

6. 撤消与重复

“撤消”操作：取消上一步操作，快捷键为Ctrl+Z。

“重复”操作：是对“撤消”操作的反操作，快捷键为Ctrl+Y。

解析：考生应掌握撤消和重复的快捷键，注意“撤消”的写法。

7. 查找与替换

（1）导航窗格

在Word 2010 中，勾选“视图”选项卡“显示”组中的“导航窗格”复选框，或单击“开始”选项卡中“编辑”组中的“查找”命令，或直接按Ctrl+F快捷键，在文档左侧就会出现导航窗格。在导航窗格中可以对长文档中的文字和段落内容进行简单快捷的定位，还可以利用鼠标拖拽的方式直接改变文字位置。

在导航窗格的搜索框中输入所要查找的关键字，文档就会快速定位到包含该关键字的内容，并且以高亮显示。

（2）高级查找

在导航窗格中，单击搜索框右侧的下拉按钮，选择“高级查找”命令，或在“开始”选项卡的“编辑”组中单击“查找”右侧的下拉按钮，选择“高级查找”命令，都能打开“查找和替换”对话框。

查找时可以使用通配符，通配符主要有“？”和“*”（需在英文状态下输入）两个，其中“？”代表一个任意字符，“*”代表多个任意字符。

“查找”时可以区分大小写、全角半角，可以通过字体、段落等格式查找，可以查找段落标记、制表符、分节符、分栏符等特殊格式的字符。

（3）替换

单击“开始”选项卡“编辑”组中的“替换”命令，或者按Ctrl+H快捷键，可以打开“替换”对话框。使用Word的“替换”功能可以批量修改某个字或者词，也可以用来删除某些文字或特殊字符。“替换”对话框有替换、全部替换两个选项。

“替换”可以设置字体、段落格式，也可以设置段落标记、制表符、分节符、分栏符等特殊格式。

（4）定位

单击“开始”选项卡“编辑”组中“查找”下拉框中的“转到”命令，或者按Ctrl＋G快捷键，可以打开“定位”选项卡。使用定位功能可以快速定位到页、节、行、书签、批注、脚注等目标。输入“＋”“-”可将相关内容移至当前位置，如“＋4”将向前移4项。“定位”对话框包括前一处、下一处、关闭三个按钮。

解析：该考点非常重要。考生应重点掌握查找、高级查找、替换、定位的基本操作方法和快捷键。

8. 文档校对

（1）拼写和语法检查

Word 2010提供拼写和语法检查功能，能进行中英文的拼写和语法检查，可大大减少输入错误率，使单词、词语和语法的准确率得到提高。

操作方法：切换到“审阅”选项卡，在“校对”组中单击“拼写和语法”按钮，或按F7快捷键。

红色波浪线表示拼写错误或字库中无该字，绿色波浪线表示语法错误。波浪线是不可打印字符，不影响打印效果。

（2）自动更正

在Word 2010中，为了提高输入和拼写检查效率，还可以使用“自动更正”功能将字符、词组或图形替换成特定的字符、词组或图形。

操作方法：单击“文件”选项卡中的“选项”命令，切换到“校对”选项卡，单击“自动更正选项”按钮。

（3）字数统计

操作方法：切换到“审阅”选项卡，在“校对”组中单击“字数统计”按钮。

字数统计可统计页数、字数（不计空格）、字数（计空格）、段落数、行数、非中文单词、中文字符和朝鲜语单词等信息，既可以对全文也可以对文档中任意选定部分内容进行统计。

解析：考生应重点掌握拼写和语法检查的快捷键操作方法、错误提示及字数统计的功能等知识。

二、考试内容巩固

1. 在Word中，特殊符号是通过（　　）输入的。

A. 专门的符号按钮　　B. 特定的输入法

C. “编辑”选项卡中的“插入符号”命令　　D. “插入”选项卡中的“符号”命令

2. 在编辑Word 2010文档时，输入的文本会替换掉光标所在位置后面的文本，这时（　　）。

A. 按Del键，可防止覆盖发生　　B. 当前文档处于插入的编辑方式

C. 连续两次按Insert键，可防止覆盖发生　　D. 当前文档处于改写的编辑方式

3. 在Word 2010中，选择一段文字的方法是将光标定位于待选择段落中，然后（　　）。

A. 双击鼠标右键　　B. 单击鼠标右键

C. 三击鼠标左键　　D. 单击鼠标左键

4. 在Word 2010中，下列快捷键中的（　　）可以选择整篇文档。

A. Alt＋A　　B. Ctrl＋A　　C. Shift＋A　　D. Ctrl＋Alt＋A

5. 在Word 2010中，选定一行文本的最方便快捷的方式是（　　）。

A. 在选定行的左侧选定栏单击鼠标右键　　B. 在选定行的左侧选定栏单击鼠标左键

C. 在选定行位置双击鼠标左键　　D. 在该行位置右击鼠标

6. 当Word 2010处于编辑状态时，执行剪贴板中的“粘贴”命令后（　　）。

A. 被选择的内容移动到插入点　　B. 被选择的内容移动到剪贴板

C. 剪贴板的内容移动到插入点　　D. 剪贴板的内容复制到插入点

7. 当Word 2010处于编辑状态时，如“剪贴”和“复制”按钮呈灰色状态显示，则表明（　　）。

A. 剪贴板上已存放信息　　B. 没有选定的内容

C. 选定的对象是图片　　D. 选定的文档内容太长

8. 在Word 2010中，能把选中的对象复制到剪贴板中的操作是（　　）。

A. 使用键盘Alt＋PrintScreen键　　B. 按住Ctrl键拖动被选中的对象

C. 单击“剪贴板”组中的“复制”按钮　　D. 按Ctrl＋C组合键

9. 在Word 2010文档中选定文本后，移动该文本可以（　　）。

A. 使用剪贴板　　B. 使用“查找”与“替换”功能

C. 使用键盘控制键　　D. 使用鼠标左键

10. 当Word 2010处于编辑状态时，文档中有一行文本被选择，按下Delete键后则（　　）。

A. 删除了插入点所在行　　B. 删除了被选择的一行

C. 删除了被选择行及其之后的内容　　D. 删除了插入点及其前后的内容

11. 在Word 2010中，要将文档中的“computer”换成“计算机”，打开“查找和替换”对话框，在“查找内容”栏中输入“computer”后，下一步操作是（　　）。

A. 单击“全部替换”　　B. 在“替换为”栏里输入“计算机”

C. 单击“替换”　　D. 单击“查找下一处”

12. 在Word 2010编辑文档时，如果希望在“查找”对话框的“查找内容”文本框中只需一次输入便能依次查找分散在文档中的“第1名”“第2名”……“第9名”等内容，那么在“查找内容”文本框中用户应输入（　　）。

A. 第1名、第2名……第9名　　B. 第？名，同时选择“全字匹配”

C. 第？名，同时选择“使用通配符”　　D. 第？名

13. 下列对于Word 2010操作的叙述，正确的是（　　）。

A. 凡是在屏幕上显示的内容，全部已经保存在硬盘上

B. 字体的大小选择“号”，则字号越大，字的尺寸越大

C. 查找操作只能查找普通字符，不能查找特殊字符

D. 可以在不同的文档中进行对象的剪切和复制

14. 在Word 2010中，要将第13页立即移至第25页，可以（　　）。

A. 使用定位功能　　B. 单击“插入/页码”命令

C. 直接拖动垂直滚动条　　D. 单击“页面布局/分隔符”命令

15. 通过（　　）操作可以方便地将一个Word文档中所有数字设为红色。

A. 查找　　B. 替换　　C. 定位　　D. 样式

16. 在Word 2010中，下列有关“查找与替换”的说法，错误的是（　　）。

A. 查找替换时可以区分大小写

B. 可以对段落标记、分页符进行查找替换

C. 只能从文档的光标处向下查找替换

D. 查找替换时可以使用通配符“*”和“？”

17. 定位的快捷键是（　　）。

A. Ctrl+F　　B. Ctrl+H　　C. Ctrl+D　　D. Ctrl+G

18. 当Word 2010处于编辑状态时，有时会在某些英文文字下方出现绿色波浪线，这表

示（　　）。

A. 语法错误　　B. Word字典中没有该单词

C. 该文字本身自带下划线　　D. 该处有附注

19. 拼写和语法检查的快捷键是（　　）。

A. F6　　B. F7　　C. F8　　D. F9

20. Word 2010字数统计的功能（　　）。

A. 不能统计汉字的个数　　B. 可以对整篇或选中的文本进行统计

C. 不能统计标点符号的个数　　D. 不能统计空格数和非中文单词数

21. 要使Word 2010能自动更正经常输错的单词，应使用（　　）功能。

A. 拼写检查　　B. 同义词库　　C. 自动拼写　　D. 自动更正

知识点3 设置文档格式

一、考试内容及解析

1. 字体格式设置

通过“开始”选项卡“字体”组中的命令可以快速设置字体格式，也可以按Ctrl+D快捷键打开“字体”对话框，进行详细设置。

（1）字符格式：主要是对字形、字号、字体、字符间距、颜色、下划线、特殊效果进行设置，允许同时使用多种文字效果。

（2）字号：有两种表示方式，分别以“号”和“磅”为单位。

1）号：初号为最大，八号为最小。

2）磅：可选择的5磅最小，72磅最大，用户也可以自由输入1~1638之间的磅值。

解析：该考点是高频考点，考生应重点掌握打开字体设置对话框的快捷键Ctrl+D以及字体设置对话框中的相关参数及其功能。

2. **段落格式设置**

通过“开始”选项卡“段落”组中的命令可以快速设置段落格式，也可以按Alt+O+P快捷键打开“段落”对话框，进行详细设置。

段落是Word文档的重要组成部分，指文档中两次回车键之间的所有字符，包含段后的回车符，不包括段前的回车符。段落格式主要是指段落中行距的大小、段落的缩进、换行和分页、对齐方式等。

（1）对齐方式：可以设置段落左对齐、居中对齐、右对齐、两端对齐、分散对齐等。默认情况下，段落的对齐方式为两端对齐。

（2）缩进度量单位：厘米、磅、字符。

（3）行距：行与行之间的距离，有单倍、1.5倍、2倍、多倍行距等倍数设置，也可以通过最小值、固定值自行设置行距大小。

（4）缩进：可将选定的段落缩进一定的量，缩进方式有左缩进、右缩进、首行缩进和悬挂缩进4种，如表3–9所示。

表3–9　段落缩进

缩进	功能
左缩进	设置整个段落左端距离页面左边界的起始位置
右缩进	设置整个段落右端距离页面右边界的起始位置
首行缩进	设置段落首行第1个字符的起始位置距离段落其他行左侧的缩进量，中文文档的首行缩进量一般为2个字符
悬挂缩进	设置段落中除首行以外的其他行距离页面左侧的缩进量，一般用于一些较特殊的场合，如杂志、报刊等

（5）段间距：相邻两个段落之间的距离，包括段前间距和段后间距，通常以“行”或“磅”为单位。

解析：该考点为高频考点，考生应掌握段落设置对话框的相关参数及功能、对齐方式及快捷键、段落缩进中特殊缩进的类型等知识点。

3. **项目符号和编号**

（1）添加项目符号和编号

选中需要添加项目符号的段落，单击“开始”选项卡的“段落”组中的“项目符号”按钮或“编号”按钮右侧的下拉按钮，在弹出的下拉列表中选择项目符号或编号，单击即可应用到所选段落中。

在已经编号的段落组中，按下Enter键切换到下一段时，自动产生连续的编号；可以通过Ctrl＋Z组合键撤消刚产生的自动编号。

（2）添加自定义项目符号

选中要添加项目符号的段落，在“段落”组中单击“项目符号”按钮右侧的下拉按钮，选择“定义新项目符号”，在“定义新项目符号”对话框中可以设置项目符号字符为“符号”或“图片”按钮。

（3）添加多级列表

1）选中需要添加多级列表的段落，单击“段落”组中的“多级列表”按钮，在弹出的下拉列表中选择需要的列表样式。

2）在需要调整级别的段落中，将插入点定位在编号和文本之间，单击“段落”组中的“增加缩进量”按钮，或按Tab键，可降低一个列表级别；单击“减少缩进量”按钮，或按Shift＋Tab组合键，可提升一个列表级别。

解析：考生应掌握项目符号和编号的设置方法及相关快捷键。

4. 格式刷

格式刷是一种快速应用格式的工具，能够将某文本或段落的格式复制到另外的文本或段落上，避免重复操作。

格式刷的使用方法：选中需要复制的格式所属文本，双击“开始”选项卡“剪贴板”组中的“格式刷”按钮，就可以在多处反复使用，单击（快捷键Ctrl＋Shift＋C）只能使用一次。要停止使用格式刷，可再次单击“格式刷”工具按钮或按Esc键。

解析：考生应掌握格式刷的功能、使用方法及相关快捷键。

二、考试内容巩固

1. 当Word 2010处于编辑状态时，若要进行字体效果的设置（如上标、下标），首先应切换到（　　）选项卡。

A. “插入”　　B. “视图”　　C. “开始”　　D. “工具”

2. 在Word 2010中，可以设置文字效果为双删除线。（　　）

A. 正确　　　　　　B. 错误

3. 在Word 2010中，窗口的工具栏里有一个“字体框”、一个“字号框”，当选取了一段文字之后，这两个框内分别显示“仿宋体”“三号”，这说明（　　）。

A. 被选取的文本现在的格式为三号仿宋体

B. 被选取的文本所在段落的格式为三号仿宋体

C. 被编辑的文档现在总体的格式为三号仿宋体

D. Word缺省的格式设定为三号仿宋体

4. 在Word 2010的“字体”对话框中，不可设定文字的（　　）。

A. 字间距　　B. 字号　　C. 下划线线型　　D. 行距

5. 在Word 2010中，利用字体对话框中的“字符间距”选项，不可设定的是（　　）。

A. 标准　　B. 加宽　　C. 紧缩　　D. 缩放

6. Word 2010文档中，每个段落都有自己的段落标记，段落标记的位置在（　　）。

A. 段首　　　　　　B. 段尾

C. 段落的中间位置　　　　　　D. 段落中，但用户找不到其位置

7. 在Word 2010中，要调节行间距，则应该选择（　　）。

A. “页面布局”选项卡中的“段落”　　B. “开始”选项卡中的“字体”

C. “开始”选项卡中的“段落”　　D. “视图”选项卡中的“显示比例”

8. Word 2010文档的段落默认对齐方式是（　　）。

A. 分散对齐　　B. 居中对齐　　C. 两端对齐　　D. 右对齐

9. 任意调整Word 2010应用程序窗口的“垂直标尺”或“水平标尺”，（　　）。

A. 对页边距无影响　　　　　　B. 对文档任何格式无影响

C. 对段落格式无影响　　　　　　D. 对字符格式无影响

10. 当Word 2010处于编辑状态时，选择了一个段落并设置段落的“首行缩进”为1厘米，则（　　）。

A. 该段落的首行起始位置距页面左边距1厘米

B. 文档中各段落的首行只由“首行缩进”确定位置

C. 该段落的首行起始位置距段落“左缩进”位置的右边1厘米

D. 该段落的首行起始位置距段落“左缩进”位置的左边1厘米

11. Word 2010文档中的段落与我们自然语言的段落有所区别。文档中的段落是指文档中两个硬回车之间的所有字符，其中包括段落后面的回车符。（　　）

A. 正确　　　　　　B. 错误

12. 在Word 2010中，按回车键将产生一个（　　）。

A. 换行符　　B. 段落标记　　C. 分页符　　D. 分节符

13. 在Word 2010中，实现段落缩进的方法有（　　）。

A. 用鼠标拖动标尺上的缩进符　　B. 用“开始”选项卡中的“段落”命令

C. 用“插入”菜单中的“分隔符”命令　　D. 用F5功能键

14. Word 2010中的段落是指两个（　　）键之间的全部字符。

15. 软回车是用（　　）＋Enter产生的，它换行但并不换段，前后两部分文字在Word中属于同一“段”。

16. 删除段落标记后两段会合并为一段，后一段格式保持不变。（　　）

A. 正确　　B. 错误

17. 多次使用格式刷复制格式，操作时需要先双击“格式刷”按钮；停止使用格式刷，可以再次单击“格式刷”按钮或按Esc键。（　　）

A. 正确　　B. 错误

18. 在Word 2010中，如果要把一个标题的所有格式应用到其他标题上，正确的方法有（　　）。

A. 用格式刷　　B. 用“边框和底纹”命令

C. 使用“样式”　　D. 用“背景”命令

知识点4　文档排版

一、考试内容及解析

1. 分页

Word 2010提供自动分页功能，当输入的文档内容满一页时系统会自动换到下一页，并在文档中插入一个自动分页符。

除自动分页外，也可以插入人工分页符强制分页。插入人工分页符的方法如下：

（1）将插入点定位到要分页的位置；

（2）单击“页面布局”选项卡，在“页面设置”组中单击“分隔符”，打开“分隔符”对话框，选中其中的“分页符”选项。

也可以通过Ctrl＋Enter组合键开始新的一页。

注意：默认情况下，分页符在草稿视图下可见，在页面视图下不可见。

软分页符是Word自动生成的，不可以删除；硬分页符（也称人工分页符）是人工添加的，可以删除。

解析：考生应掌握分页符的类型、快捷键，掌握软回车、硬回车的快捷键及其区别。

2. **分节**

节是独立的编辑单位，每一节都可以设置为不同的格式。插入分节符可将文档分成多节，然后根据需要设置每节的格式。分节符的类型如表3–10所示。

表3–10 分节符及功能

名称	功能
下一页	插入一个分节符，新节从下一页开始
连续	插入一个分节符，新节从同一页开始
奇数页或偶数页	插入一个分节符，新节从下一个奇数页或偶数页开始

文档分节后，可以为不同节的文档设置不同格式，如页边距、纸张大小或方向、页面边框、垂直对齐方式、页眉和页脚、分栏、页码编排、行号、脚注和尾注等。

在“开始”选项卡的“段落”组单击“显示/隐藏编辑标记”按钮，可以显示或隐藏分节符标记。将光标定位到“分节符”标记前面，按Delete键即可将分节符删除。

解析：考生应重点掌握分节符的类型及其功能。

3. **分栏**

切换到“页面布局”选项卡，在“页面设置”组中单击“分栏”按钮，可以选择一栏、两栏、三栏、偏左、偏右等预设选项，也可以在对话框中设置栏数、分割线、栏宽、间距等分栏属性。

将整篇文档或选中的文本分成并排的几栏，只有在填满第一栏后才会移到下一栏。

解析：考生应掌握分栏的相关参数。

4. 页眉、页脚和页码

页眉是每个页面页边距的顶部区域，通常显示书名、章节信息。页脚是每个页面页边距的底部区域，通常显示文档的页码等信息。

（1）插入页眉、页脚和页码

操作方法：切换到“插入”选项卡，单击“页眉和页脚”组中的“页眉”“页脚”或“页码”命令，选择默认格式，即可在文档中插入页眉、页脚或页码。

（2）编辑页眉和页脚

当“页眉/页脚”处于编辑状态时，可以直接编辑页眉和页脚的内容，可以插入页码、日期和时间、图片、剪贴画等内容。

当“页眉/页脚”处于编辑状态时，可以通过在“页眉和页脚设计工具”的“设计”选项卡中勾选“首页不同”“奇偶页不同”选项，为奇偶页以及首页设置不同的页眉或页脚。

如果文档已分节，可以为文档的不同节设置不同的页眉和页脚。

（3）设置页码

插入页码时，可以设置页码的位置、对齐方式以及首页是否显示页码，同时还可以设置页码的格式和起始页码。不同节中可以使用不同的页码格式，起始页码最小值为0。

解析：考生应重点掌握插入页眉、页脚、页码的基本操作，页码的相关参数设置。

5. 边框和底纹

在Word 2010中，可以为选定的字符、段落、页面及各种图形设置各种颜色、形状的边框和底纹。

（1）为字符设置边框

选定要添加边框的文字，在“开始”选项卡的“字体”组中单击“字符边框”按钮。

（2）为段落设置边框

选定要添加边框的文字或段落，在“开始”选项卡的“段落”组中单击“边框”右边的下拉按钮，在弹出的下拉列表中选择合适的框线类型。

在“边框”选项卡中，分别设置边框的样式、线型、颜色、宽度、应用范围等，其中应用范围可以是选定的文字或段落。

（3）为文档设置页面边框

Word 2010的页面边框可以是普通边框或艺术型边框。

在“开始”选项卡的“段落”组中单击“边框”右边的下拉按钮，选择“边框和底纹”命令，或在“页面布局”卡的“页面背景”组单击“页面边框”按钮，在弹出的“边框和底纹”对话框中切换到“页面边框”选项卡，可设置边框的样式、线型、颜色、宽度、应用范围等。

（4）为文字或段落添加底纹

选中文字或段落，在“开始”选项卡的“段落”组中单击“边框”右边的下拉按钮，选择“边框和底纹”命令，切换到“底纹”选项卡，设定填充底纹的颜色、样式和应用范围。

（5）为页面添加底纹

在“页面布局”卡的“页面背景”组单击“页面颜色”按钮，可设置纯色、渐变、图案、纹理、图片等填充效果。

解析：考生应重点掌握为文字、段落、页眉设置边框和底纹的操作步骤及其区别，以及为页面添加底纹的类型。

6. 样式和模板

Word的四项核心技术：样式、模板、域和宏。

样式和模板是Word提供的进行快速文档排版的重要功能。

（1）样式

所谓样式就是Word系统自带的或由用户自定义的一系列排版格式的总和，包括字符格式、段落格式等。通过运用样式来重复应用相同格式，可以快速为文本对象设置统一的格式，从而提高文档的排版效率。

每个样式都有一个名称。样式可以被修改，用户也可以新建或删除自己的样式，但不能删除系统的内置样式。新建样式可用于当前文档，或者用于基于此模板的新文档。

（2）模板

模板是一种预先设置好的特殊文档，能提供一种塑造最终文档外观的框架，而同时又能向其中添加自己的信息。用户可以建立自己的模板。每个模板都对应一个文件，扩展名为.dotx。

解析： 该考点为高频考点，考生应重点掌握样式和模板的基本概念和特点、模板文件的扩展名。

7. 版面设计

（1）插入封面

Word 2010提供了一个封面样式库，用户可直接使用。

将插入点定位在文档的任意位置，单击“插入”选项卡“页”组中的“封面”按钮，即可将所选封面插入文档首页。

在“页”组中，单击“封面”按钮，可以删除当前封面，也可将所选内容保存到封面库。

（2）设置主题

Word 2010以上版本可以使用主题功能，主题可以快速改变Word 2010文档的外观，包括字体、颜色和效果。

切换到“页面布局”选项卡，并在“主题”分组中单击“主题”下拉按钮，选择合适的主题。如果希望将主题恢复到Word模板默认的主题，可以在“主题”下拉列表中单击“重设为模板中的主题”按钮。

可以保存当前主题，主题扩展名为.thmx。

（3）页面设置

可以通过功能区或对话框进行页面设置，包括设置页边距、纸张大小、版式、文档网格。

1）通过功能区设置

单击“页面布局”选项卡，在“页面设置”组中可以设置文字方向、页边距、纸张方向、纸张大小、分栏等页面属性。

2）通过对话框设置

单击“页面设置”组的对话框启动器按钮，打开页面设置对话框，可以对页面属性进行详细设置。

页边距：文档内容与页面边沿之间的距离，用于控制页面中文档内容的宽度和长度。可以定义页边距大小、装订线位置、纸张方向等。

纸张：可选择纸张大小、设置纸张来源。

版式：可以设置节、页眉、页脚、页面垂直对齐方式等。

文档网格：可设置文字的排列方向、每页的行数、每行的字符数。

解析：考生应掌握主题的三个属性、页面设置对话框的相关属性及参数。

二、考试内容巩固

1. 以下关于Word中“分栏”的有关操作的说法，正确的是（　　）。

A. “分栏”的设定在“开始”选项卡中

B. “分栏”的设定在“页面布局”选项卡中

C. “分栏”的最大值只能设置为16

D. “分栏”的效果在草稿视图中不能看到

2. 在“分栏”对话框中没有的预设选项是（　　）。

A. 偏左　　B. 居中　　C. 偏右　　D. 三栏

3. 下列对Word 2010文档分页的叙述，正确的是（　　）。

A. Word文档可以自动分页，也可以人工分页

B. 分页符可以打印出来

C. 分页符不可以删除

D. 在文档中插入分页符即可实现分页

4. 可以在阅读版式视图中查看分栏效果。（　　）

A. 正确　　B. 错误

5. 插入分页符的快捷键是（　　）。

6. 下列关于编辑页眉、页脚的叙述，不正确的是（　　）。

A. 文档内容和页眉、页脚可在同一窗口编辑

B. 文档内容可以和页眉、页脚一起打印

C. 编辑页眉、页脚时不能编辑文档内容

D. 页眉、页脚中也可以进行格式设置和插入剪贴画

7. 下列关于Word 2010中页眉、页脚的说法，正确的是（　　）。

A. 可以通过“页面布局”选项卡插入页眉和页脚

B. 可以只设置页眉不设置页脚

C. 可以设置奇偶页不同的页眉和页脚

D. 可以在文档左侧或右侧设置页眉和页脚

8. Word 2010中，最多可以有（　　）页。

A. 32767　　B. 2147483646　　C. 16384　　D. 无限制

9. 在Word 2010的页面或页脚中，不可以插入（　　）。

A. 剪贴画　　B. 图表　　C. 文档部件　　D. 首字下沉

10. 在Word 2010中，如果插入表格的内外框线是虚线，要想将框线变成实线，可用（　　）命令实现。（假设光标在表格中）

A. “插入”选项卡中“表格”组的“虚线”

B. “开始”选项卡中“段落”组的“边框和底纹”

C. “插入”选项卡中“表格”组的“选中表格”

D. “开始”选项卡中“段落”组的“制表位”

11. 下列关于Word 2010中“边框与底纹”设置的说法，正确的是（　　）。

A. 不能为选中的字符加边框

B. 可以为页面设置“艺术型”边框

C. 同一个表格中的所有边框只能设置成同样的线型

D. 不可以为字符加底纹

12. Word 2010中文字或段落的底纹效果包括（　　）。

A. 填充　　B. 图案　　C. 纹理　　D. 渐变

13. 在Word 2010中，可以通过页面设置选项卡设置装订线的位置——（　　）。

A. 左　　B. 上　　C. 右　　D. 下

14. （　　）是Word中多个排版命令组合而成的集合。

15. 为了使用户在短时间内创建某一特殊功能的文档，可以使用Word系统提供的“模板”。以下有关“模板”的说法，不正确的是（　　）。

A. 单击文件选项卡的“新建”按钮，然后在右侧选择模板

B. 单击开始选项卡的“新建”命令，然后在右侧选择模板

C. 每个模板卡中都有若干种样式的模板供用户选用

D. 单击某个选中的模板，即可在预览区显示该模板的样式

16. 下列关于Word样式的叙述，错误的是（　　）。

A. 用户可自己定义一个样式

B. 系统提供了许多内部样式供用户选择

C. 样式是指一组已命名的字符和段落格式

D. 样式的文件类型与普通文档的文件类型一样

17. Word 2010的封面只能插入文档首页。（　　）

A. 正确　　B. 错误

18. 在Word 2010中，插入封面功能在（　　）选项卡中。

A. 插入　　B. 页面布局　　C. 引用　　D. 视图

19. Word 2010的主题不包括（　　）设置。

A. 字体　　B. 颜色　　C. 样式　　D. 效果

20. 在Word 2010中打开Word2003的文档，无法使用主题功能。（　　）

A. 正确　　B. 错误

21. 在Word 2010中，通过“页面设置”可以完成纸张方向的设置。（　　）

A. 正确　　B. 错误

知识点5 表　格

一、考试内容及解析

1. 表格的基本操作

（1）创建表格

表格的创建方式：插入表格、绘制表格、文本转换成表格、Excel 电子表格、快速表格。

（2）选择表格

选择表格的相关操作如表3-11所示。

表3-11　选择表格

选择操作	实现方法
单个单元格	将鼠标指针指向某单元格的左侧，待指针呈黑色箭头状时，单击鼠标左键可选中该单元格
连续单元格	将鼠标指针指向某个单元格的左侧，当指针呈黑色箭头状时，按住鼠标左键并拖动，拖动的起始位置到终止位置之间的单元格将被选中
分散的单元格	选中第一个要选择的单元格后按住Ctrl键不放，然后依次选择其他分散的单元格即可

续表

选择操作	实现方法
一行	将鼠标指针指向某行的左侧的选定栏，待指针呈白色箭头状时，单击鼠标左键可选中该行
一列	将鼠标指针指向某列的上方，待指针呈黑色箭头状时，单击鼠标左键可选中该列
连续的单元格、行或列	选择起始单元格（行或列），按下Shift键不放，然后单击终止位置的单元格（行或列）即可
整个表格	将鼠标指针指向表格时，表格的左上角会出现标志 ，右下角会出现标志，单击任意一个标志，都可选中整个表格
通过功能区选择	将插入点定位在某个单元格内，单击“表格工具—布局”选项卡“表”组中的“选择”按钮，可选择单元格、列、行、表格

（3）表格的编辑

基本操作包括调整表格的行高与列宽、插入与删除单元格、合并与拆分单元格、拆分表格等。

1）行、列、单元格的插入

方法1：将光标定位在某个单元格内，单击“表格工具—布局”选项卡“行和列”组中的某个按钮。

方法2：选定对象后，单击右键选“插入行（列）”命令。

方法3：如果要在表格末尾插入新行，可以将插入点移到表格的最后一个单元格中，然后按Tab键，即可在表格的底部添加一行；如果要在表格中任意插入新行，可以把鼠标移到该行的最后一个单元格的外边，按“回车键”。

2）行、列、单元格的删除

方法1：将插入点定位在某个单元格内，单击“表格工具—布局”选项卡“行和列”组中的“删除”按钮，从其级联菜单中选择“行”（“列”）命令。如果选择其中的“表格”命令，将删除插入点所在的整个表格。

方法2：右击要删除的行或列，在弹出的快捷菜单中选“删除行（列）”命令。

3）单元格的拆分与合并

在“表格工具—布局”选项卡中，通过“合并”组中的“拆分单元格”或“合并单元格”按钮进行拆分或合并。

4）表格的拆分与合并

按Ctrl＋Shift＋Enter组合键，表格的中间就自动插入一个空行，将表格拆分为两个。

注意：表格只能从行拆分，不能从列拆分。

要将拆分开的表格再合并起来，把中间的段落标记删除即可。

（4）格式化表格

格式化表格主要包括设置单元格中文字的字体、字号和对齐方式等，以及设置表格的边框和底纹。

单元格中的文字对齐方式有水平对齐和垂直对齐两种。水平对齐有左对齐、居中对齐和右对齐三种方式，垂直对齐有顶端对齐、居中对齐和底端对齐三种方式。

单元格对齐方式的设置：通过“表格工具—布局”选项卡“对齐方式”组中的相关按钮，或单击右键弹出快捷菜单，在“单元格对齐方式”的级联菜单中选择相应对齐方式的图标。

（5）文本与表格的转换

1）将文本转换成表格

选中要转换为表格的文字，单击“插入”选项卡“表格”组的“表格”按钮，在弹出的下拉列表中单击“文本转换成表格”选项，在进行转换时应选择合适的分隔符。默认分隔符类型包括段落标记、逗号、空格、制表符。

2）将表格转换成文本

选中要转换成文本的表格，单击“布局工具—布局”选项卡“数据”组中的“转换为文本”按钮，在弹出的“表格转换为文本”对话框中选择文本的分隔符。

解析：考生应重点掌握表格的创建方法，掌握选择表格、编辑表格、设置表格格式等基本操作。

2. 在表格中使用数据

（1）单元格命名

单元格是组成表格的基本单位，单元格的名字由行号和列标来标识，列标在前，行号在后。列标用A、B、C...Z，AA、AB...AZ，BA、BB...BK 表示，最多达63列；行号用1、2、3等表示，最多可达32767 行。一张Word 表格最多可有32767×63个单元格。

单元格区域由左上角的单元格地址和右下角单元格地址中间加一个英文冒号“:”组成，如A1:B6、B3:D8等。

（2）在单元格中输入数据

1）在单元格中可以输入文字、数字、字符等内容，也可以插入剪贴画、艺术字、图表等对象。对单元格中内容的编辑与正文中的操作相同。

2）表格中可以使用公式完成求和、求平均值、求最大值、求最小值等运算。输入公式时应注意：

① 公式中可以采用的运算符有“+、-、*、/、^、%、=”7种，公式前的“=”不能遗漏。

② 输入公式应注意在英文半角状态下输入，字母不区分大小写。

③ 输入公式时，应输入该单元格的地址，而不是单元格中的具体数值，而且参加计算的单元格中的数据应是数值型。

④ 公式中使用的函数可以自己输入，也可以在“粘贴函数”下拉列表框中选择，然后填上相应的参数。

⑤ 公式计算中的四个函数参数ABOVE、BELOW、LEFT、RIGHT分别表示向上、向下、向左和向右方向的运算。

（3）计算数据更新

在Word中，公式中引用的基数据源如果发生了变化，计算的结果并不会自动改变，需要手动更新。单击需要更新的公式数据，该数据被罩以灰色的底纹。数据更新的方法如下：

1）单击右键，在弹出的快捷菜单中选择“更新域”命令；

2）按F9键。

（4）数据的排序

在Word 2010中，可以对表格中的数据进行排序。单击“表格工具—布局”选项卡，选择“数据”组的“排序”按钮，选择相应列标题后，可以进行排序。Word 2010的表格最多可以按照3个关键字排序，依次为主要关键字、次要关键字、第三关键字。

解析：该考点为高频考点，考生应重点掌握单元格命名和引用的方法，了解表格中输入公式的注意事项，注意与Excel中的公式相对比。

二、考试内容巩固

1. 当Word 2010处于编辑状态时，若光标位于表格外右侧的行尾处，按Enter键，结果为（　　）。

A. 光标移到下一列

B. 光标移到下一行，表格行数不变

C. 插入一行，表格行数改变

D. 在本单元格内换行，表格行数不变

2. 在Word 2010中，删除表格中斜线的命令或操作方法是（　　）。

A. 选择“表格工具”选项卡中的“删除斜线”命令

B. 单击“表格工具”选项卡中的“擦除”按钮

C. 选择“表格工具”选项卡中的“删除单元格”命令

D. 单击“表格工具”选项卡中的“合并单元格”按钮

3. 在Word 2010文档中，选定表格的一列，再执行“开始”→“剪切”命令，则（　　）。

A. 将该栏单元格中的内容清除，表格列数不变

B. 删除选定列，表格减少一列

C. 把原表格沿该列分成左右两个表格

D. 将选定列复制到剪贴板，对表格没有影响

4. 下列关于Word 2010中表格的说法，错误的是（　　）。

A. 使用“插入”选项卡“表格”下拉菜单中的命令插入自动表格

B. 使用“插入”选项卡“表格”下拉菜单中的命令手动绘制表格

C. 使用“插入”选项卡“表格”下拉菜单中的命令将选定的文本转换成表格

D. 使用“插入”选项卡“表格”下拉菜单中的命令不可以导入其他表格

5. 在Word 2010中，关于表格自动套用格式的用法，以下说法正确的是（　　）。

A. 只能在生成表格时直接使用自动套用格式

B. 可在生成新表时使用自动套用格式或插入表格的基础上使用自动套用格式

C. 每种自动套用的格式已经固定，不能对其进行任何形式的更改

D. 表格在套用一种格式后，不能再更改为其他格式

6. Word 2010表格可以转成文本，文本也可以转成表格。（　　）

A. 正确　　B. 错误

7. 关于Word 2010文档中的表格，下列叙述正确的是（　　）。

A. 对表格中的数据进行组合排序时，作为关键字的列不能超过三列

B. 一张表格不能在行方向拆分成两张表格

C. 一张表格中的列不能被删除

D. 表格中的某一行的行高只能用鼠标去改变，不能在对话框中设置

8. 下列关于Word 2010中表格操作的叙述，错误的是（　　）。

A. 在表格的单元格中，除了可以输入文字、数字，还可以插入图片

B. 表格的每一行中各单元格的宽度可以不同

C. 表格的每一行中各单元格的高度可以不同

D. 表格的表头单元格可以绘制斜线

9. Word 2010是一个功能强大的文字处理软件，但表格数据不能排序。（　　）

A. 正确　　B. 错误

10. 在Word 2010中，更新域的快捷键是（　　）。

A. F7　　B. F8　　C. F9　　D. F13

11. 下列关于表格的说法，不正确的是（　　）。

A. 采用“自动套用表格格式”制表，每一列的宽度一定相同，要做调整只能采用合并或拆分单元格的方法

B. 对于表格的数据可以进行求和、求绝对值、求平均值等运算

C. 表格中的数据可以做连乘运算

D. 表格中没有开立方运算

12. 在Word 2010的表格中，A3的单元格的值是由公式“＝A1*B1”计算得到的，A1单元格的值发生了变化，A3的值自动进行更新。（　　）

A. 正确　　B. 错误

一、考试内容及解析

Word提供“图文混排”技术，可以在文档中插入各种图形等对象，从而使得文档图文并茂，更加吸引读者。

1. 插入图片

插入图片的方法：在“插入”选项卡的“插图”组中单击“图片”按钮，打开“插入图片”对话框。插入图片时，可以选择“插入”“链接到文件”“插入和链接”三种不同的方式。

解析：考生应重点掌握插入图片的三种方式及其区别。

2. 插入剪贴画

剪贴画是Word 2010提供的存放在剪辑库中的图片。在“插入”选项卡的“插图”组中单击“剪贴画”按钮，打开“剪贴画”窗格。剪贴画的媒体类型及扩展名如表3-12所示。

表3-12　剪贴画类型及扩展名

文件类型	扩展名
插图	.wmf
照片	.jpg
视频	.gif
音频	.wav

解析：考生应了解剪贴画的类型及扩展名。

3. 插入屏幕截图

Word 2010新增了屏幕截图功能，可以快速截取屏幕图像，并直接插入到文档中。

在“插入”选项卡“插图”组中单击“屏幕截图”按钮，可以选择截取窗口或者屏幕剪辑。

解析：考生应掌握插入屏幕截图的方法、Word屏幕截图和Windows7截图工具的区别。

4. 编辑图片

选中剪贴画或图片，功能区中将显示“图片工具 / 格式”选项卡，通过该选项卡可对选中的剪贴画或图片进行调整颜色、设置图片样式和环绕方式等操作。

（1）环绕方式

环绕方式是指对象和文本的相对位置关系。对象的环绕方式一般有嵌入型、四周型、紧密型、浮于文字上方、衬于文字下方五种，高级选项中有上下型、穿越型两种。

（2）Word中插入的两类对象

浮动式对象：可以放置到页面的任意位置，并允许与其他对象组合，还可以与正文实现多种形式的环绕。形状、艺术字、文本框默认为浮动式。

嵌入式对象：只能放置到有文档插入点的位置，不能与其他对象组合；可以与正文一起排版，但不能实现环绕。图片、剪贴画、SmartArt、图表、屏幕截图、表格等对象默认为嵌入式。

解析：考生应重点掌握环绕方式的分类及特点、对象的默认方式。

5. 插入形状

通过Word 2010提供的插入形状功能，可在文档中“画”出各种样式的形状，如线条、椭圆和旗帜等。

（1）绘制自选图形

单击“插入”选项卡“插图”组中的“形状”按钮可以绘制自选图形、线段、箭头、矩形和椭圆等基本图形。

注意：要画出正方形或圆形，在拖动鼠标的同时需按住Shift键。

（2）组合图形

1）按住Shift键或Ctrl键，用鼠标左键依次单击要组合的图形；

2）单击鼠标右键，从快捷菜单中选择“组合”，再从其级联菜单中选择“组合”命令，这样就可以将所有选中的图形组合成一个图形，或在功能区中单击“绘图工具—格式”选项卡“排列”组中的“组合”按钮，组合后的图形可以作为一个图形对象进行处理。

解析：考生应掌握绘制自选图形和实现图形组合的基本操作及被组合的图形取消组合的方法。

6. 插入艺术字

Word文档中可以插入艺术字。艺术字是一张特殊的图片，默认为浮动式。插入艺术字后还可以更改艺术字的内容和样式。

（1）插入方法

1）切换到“插入”选项卡，单击“文本”组中的“艺术字”按钮；

2）选中文本，切换到“插入”选项卡，单击“文本”组中的“艺术字”按钮；

3）选中文本，在“开始”选项卡“字体”组中选择“文本效果”。

（2）编辑艺术字

通过“绘图工具 / 格式”选项卡中的“插入形状”“形状样式”等组对艺术字文本框的格式进行设置，可以设置填充、文本效果等格式。

解析：考生应掌握插入艺术字的方法、艺术字的默认环绕方式。

7. 使用文本框

（1）插入文本框

1）切换到“插入”选项卡，然后单击“文本”组中的“文本框”按钮，在弹出的下拉列表中选择需要的文本框样式。

2）单击文本组中的“文本框”按钮，在弹出的下拉列表中选择“绘制文本框”或“绘制竖排文本框”选项，可手工绘制文本框。

（2）编辑文本框

在Word 2010文档中，选中文本框，在“绘图工具 / 格式”选项卡中可以编辑文本框。

（3）链接文本框

通过在多个文本框之间创建链接，可以在当前文本框中充满文字后自动转入所链接的下一个文本框中继续输入文字。

链接文本框可以通过在“绘图工具/格式”选项卡中单击“文本”组中的“创建链接”按钮实现。

如果需要创建链接的两个文本框文字方向不同，将提示用户后面的文本框将与前面的文本框保持一致的文字方向；如果前面的文本框尚未充满文字，则后面的文本框将无法直接输入文字。

如果想断开文本框链接，则选中准备断开与下一级文本框链接的文本框，在“绘图工具/格式”选项卡中单击“文本”组中的“断开链接”按钮。断开链接操作不具备传递性，但所有内容会被自动合并到第1个文本框中。

解析： 考生应掌握文本框的分类等知识，重点掌握链接文本框的基本操作方法和相关原理。

8. 插入数学公式

通过“插入”选项卡中“符号”组中的“公式”命令，可以插入数学公式。

二、考试内容巩固

1. 在Word 2010中，下列关于浮动式对象和嵌入式对象的说法不正确的是（　　）。
   A. 浮动式对象既可以浮于文字之上，也可以衬于文字之下
   B. 剪贴画的默认插入形式是嵌入式
   C. 嵌入式对象可以和浮动式对象组合成一个新对象
   D. 浮动式对象可以直接拖放到页面的任意位置
2. 选中多张图片后设置图片的水平对齐方式时，其中不包括（　　）。
   A. 右对齐　　B. 居中　　C. 分散对齐　　D. 左对齐
3. 在Word 2010中，图片与文字的环绕方式没有（　　）。
   A. 上下型　　B. 松散型　　C. 紧密型　　D. 穿越型
4. Word 2010插入的剪贴画和图片的默认环绕方式是（　　）。

A. 上下型　　B. 穿越型　　C. 四周型　　D. 嵌入式

5. Word文档中插入的图片可以根据需要将图片四周多余的部分裁剪掉。（　　）

A. 正确　　B. 错误

6. 关于链接文本框的功能，以下说法不正确的是（　　）。

A. 可以设置三个文本框的链接

B. 设置链接文本框后，可以调整文本框的尺寸

C. 可以为不同方向设置的文本框创建链接

D. 断开链接后，所有内容自动合并到第一个文本框中

7. 在Word 2010中，若要绘制一个标准的圆，应该先选择椭圆工具，再按住（　　）键，然后拖动鼠标。

A. Shift　　B. Alt　　C. Ctrl　　D. Tab

8. 在Word 2010中，需要同时拖拽一个艺术字和一个椭圆，以下操作正确的是（　　）。

A. 将这两个对象组合在一起后拖动

B. 按住Shift键不放，然后分别单击选中这两个对象进行拖拽

C. 通过鼠标拖拽同时选定这两个对象

D. 不能实现该操作

9. 在默认情况下，Word 2010中插入的自选图形、艺术字和文本框都是嵌入式。（　　）

A. 正确　　B. 错误

10. 在Word 2010中，插入的艺术字可以设置字体和段落格式。（　　）

A. 正确　　B. 错误

11. 要在Word 2010文档中插入数学公式，则在“插入”选项卡中应选的命令组是（　　）。

A. 符号　　B. 图片　　C. 文件　　D. 对象

12. 以下关于Word 2010中文本框的说法，不正确的是（　　）。

A. 文本框可创建文本框间的链接

B. 文本框可以设置三维立体效果

C. 文本框只能存放文本，不能放置图片

D. 文本框可设置版式为“浮于文字上方”

知识点7 Word 2010 的高级应用

一、考试内容及解析

1. 邮件合并

邮件合并是把每份邮件中重复的内容与用来区分不同邮件的数据合并起来。前者称为“主文档”，后者称为“数据源”。

在邮件合并操作中，主文档中包含邮件中重复的全部内容，数据源中则包含不重复的内容。通过在文档中插入特殊的“合并域”，告诉Word应在什么地方打印来自数据源的变化信息。

邮件合并的步骤：创建主文档→设置数据源→插入合并域→邮件合并。

解析： 邮件合并是Word2010的新增功能，考生应重点掌握邮件合并的作用、操作步骤。

2. 索引和目录

在Word 2010文档中，使用“索引和目录”域功能，可以自动将文档中使用的内部标题样式提取到目录中来。

切换到“引用”选项卡，单击“目录”组中的目录按钮，选择要插入目录的样式或选择“插入目录”命令，打开“目录”对话框，自定义目录样式。

在默认的情况下，目录是以链接的形式插入的，按下Ctrl键单击目录项，可以访问相应的目录位置；按下Ctrl+Shift+F9键，则取消链接。

域是隐藏在文档中的由一组特殊代码组成的命令。

解析： 考生应重点掌握域的相关快捷键。

3. 批注

批注是文档审阅者与作者的沟通渠道。

切换到“审阅”选项卡，选中需要添加批注的文本，单击“批注”组中的“新建批注”按钮，窗口右侧将建立一个标记区，标记区中会为选中的文本添加批注框，即可在批注框中输入批注内容。

删除批注：右击批注，在快捷菜单中选择“删除批注”命令；在“批注”组中单击“删除”按钮下方的三角按钮，在弹出的下拉列表中选择相应的选项。

解析：考试应了解批注的功能，掌握批注的创建和删除方法。

4. 修订文档

Word 2010提供了文档修订功能，在打开文档修订功能的情况下，会自动跟踪对文档的所有更改，包括插入、删除和格式更改，并对更改的内容做出标记。

打开要修订的文档，切换到“审阅”选项卡，在“修订”组中单击按钮的上半部分，或单击“修订”按钮下方的下拉按钮，在下拉菜单中选择“修订”命令，此时“修订”按钮变为高亮状态，即进入修订状态。修订文档后，可以选择的状态及功能如表3–13所示。

表3–13　修订文档后的状态

状态	作用
最终：显示标记	默认状态，显示带修订标记的文档最终状态
最终状态	显示接受修订标记的文档最终状态
原始：显示标记	显示带修订标记的文档原始状态
原始状态	显示文档修订前的状态

对于修订过的文档，作者可对修订做出接受或拒绝的操作。若接受修订，文档会保存为审阅者修订后的状态，否则保存为修改前的状态。

解析：考生应重点掌握的知识点为修订的功能、修订文档后的四种状态及特点。

5. 文档的保护和打印

（1）自动恢复

Word 2010默认已经开启了自动恢复功能，并且每10分钟自动保存一次用户的文档。可以通过“文件”选项卡的“选项”命令，单击左侧列表框中的“保存”，选中“保存自动恢复信息时间间隔”复选框，可设置的时间间隔为1~120分钟。

（2）自动备份文档副本

单击“文件”选项卡，选择“选项”命令，单击左侧列表框中的“高级”，在右侧的“保存”栏下选中“始终创建备份副本”复选框。

选择此选项后可在每次保存文档时创建一个文档的备份副本，扩展名为.wbk。备份副本保存在与原始文档相同的文件夹中。原文件中保存有当前所保存的信息，而备份副本中保存有上次所保存的信息。每次保存文档，备份副本都将替换上一个备份副本。

（3）保护文档安全

设置修改密码：单击“文件”选项卡，选择“另存为”命令，单击“工具”按钮，然后在下拉列表中选择“常规选项”命令，在“常规选项”对话框中可以设置打开或修改密码。

（4）打印文档

Word采用“所见即所得”的字处理方式，在页面视图模式下，窗体的页面与实际打印的页面是一致的。在打印之前，可以“打印预览”，以了解页面的整体效果。

打印时，可以选择“页面范围”，其中有四个选项：全部（整个文档打印）、当前页、页码范围、选中的内容。

在打印过程中可停止打印，方法是：在任务栏的通知区域中双击打印机图标，在打开的打印任务窗口中右击需要停止的打印任务，在弹出的快捷菜单中选择“取消”命令。

解析：考生应掌握Word2010自动恢复的时间间隔、备份文档的扩展名、设置文档密码的操作步骤和打印文档的相关参数设置等。

二、考试内容巩固

1. 每年的元旦，某公司要发大量的内容相同的信，只是信中的称呼不一样，为了不做重复的编辑工作、提高效率，可用以下（　　）功能实现。

A. 邮件合并　　B. 书签　　C. 信封和选项卡　　D. 复制

2. 在Word 2010中，更新域的方法是（　　）。

A. 右击域，从弹出的快捷菜单中选择“更新域”命令

B. 使用F9功能键

C. 使用Ctrl＋Shift＋F11组合键

D. 使用Ctrl＋Shift＋F9组合键

3. 在Word 2010中，单击“文件”选项卡中的“打印”选项，则可（　　）。

A. 打印选定内容　　B. 打印当前页

C. 打印全部文档　　D. 出现“打印”设置界面

4. 在Word 2010中，页面设置的功能可在（　　）选项卡中找到。

A. 插入　　B. 页面布局　　C. 开始　　D. 引用

5. 在Word 2010中打印文档时，欲打印第1、3、9及5至7页，在打印命令中“页码范围”栏应输入（　　）。

A. 1,3,5,7,9　　B. 1,3,5^7,9　　C. 1 ~ 9　　D. 1,3,5–7,9

6. 一位同学正在打印毕业论文，要求只用A4规格的纸输出，在打印预览中发现最后一页只有一行，她想把这一行提到上一页，最好的办法是（　　）。

A. 改变纸张大小　　B. 增大页边距

C. 减小页边距　　D. 将页面方向改为横向

7. 在Word 2010文档中，能看到的所有一切都可以打印出来。（　　）

A. 正确　　B. 错误

8. 在Word 2010中，下列有关页边距的说法，错误的是（　　）。

A. 用户可以同时设置左、右、上、下页边距

B. 设置页边距影响原有的段落缩进

C. 可以同时设置装订线的距离

D. 页边距的设置只影响当前页或选定文字所在的页

9. Word 2010提供了打印预览功能，预览方法有（　　）。

A. 在页面视图下，使用快速访问工具栏上的“打印预览和打印”按钮

B. 单击“开始”选项卡中的“全屏显示”命令

C. 单击“文件”选项卡中的“打印”命令

D. 单击“文件”选项卡中的“打印预览”命令

10. 在Word 2010中，打印预览只能预览一页，不能同时预览多页。（　　）

A. 正确　　B. 错误

综合练习

一、单项选择题

1. Word 2010的功能不包括（　　）。

A. 收发邮件　　B. 表格处理　　C. 图形处理　　D. 网页制作

2. 段落边框可以设置的格式不包括（　　）。

A. 方框　　B. 阴影　　C. 三维　　D. 艺术型

3. 不能关闭Word 2010应用程序窗口的操作是（　　）。

A. Alt＋F4

B. 双击应用程序窗口的控制菜单图标

C. 单击“文件”选项卡中的“关闭”命令

D. 单击窗口的“关闭”按钮

4. 要实现在Word已经打开的几个文档间切换，所用的快捷键是（　　）。

A. Ctrl＋F6　　B. Ctrl＋F5　　C. Alt＋F6　　D. Alt＋F5

5. 在Word 2010中打开一个文档并对其修改后，当“关闭”文档时（　　）。

A. 文档被关闭，并自动保存修改后的内容

B. 文档不能被关闭，并提示出错

C. 弹出对话框，并询问是否保存对文档的修改

D. 文档被关闭，修改后的内容不存盘

6. 在Word 2010中打开非Word文档，正确的方法步骤是（　　）。

A. 选中相应文档，单击打开

B. 选中相应文档，直接双击打开

C. 打开Word，在“打开”对话框中选择相应文档的文件类型，找到文件，选中打开

D. 无法实现

7. 当Word 2010处于编辑状态时，可以使插入点快速移到文档首部的组合键是（　　）。

A. Ctrl＋Home　　B. Alt＋Home　　C. Shift＋Home　　D. Ctrl＋PageUp

8. 在Word 2010中，如果要选定整个文档，可以先将光标移动到文档左侧的选定栏，然后（　　）。

A. 双击鼠标左键　　B. 三击鼠标左键

C. 单击鼠标左键　　D. 双击鼠标右键

9. 当Word 2010处于编辑状态时，执行“复制”命令后（　　）。

A. 被选择的内容被复制到剪贴板中

B. 被选择的内容被复制到插入点处

C. 插入点所在的段落内容被复制到剪贴板中

D. 光标所在的段落内容被复制到剪贴板中

10. 在Word 2010中，欲把整篇文档中的词语“计算机”全部删除，最简单的办法是使用“开始”选项卡中的“编辑”组中的（　　）命令。

A. 清除　　B. 撤消　　C. 剪切　　D. 替换

11. 在“替换”对话框中，指定了查找内容，但没有在“替换为”框中输入内容，那么执行“全部替换”后，将（　　）。

A. 只能进行查找，不能进行替换

B. 不能执行，提示输入内容

C. 每找到一个欲查的内容，就提示输入替换内容

D. 把所有找到的内容删除

12. 在Word 2010中，编辑英文文本时经常会出现红色波浪线，这表示（　　）。

A. 语法错误　　B. 单词拼写错误　　C. 格式错误　　D. 逻辑错误

13. 在Word 2010中，想用“ATC”3个英文字母输入来代替“微软授权培训中心”8个汉字的输入，实现的途径是（　　）。

A. 用智能输入法

B. 用“审阅”选项卡的“拼写与语法”功能

C. 用自动更正功能

D. 用VBA编程

14. Word 2010的“开始”选项卡中不包括（　　）命令。

A. 剪切　　B. 样式　　C. 字数统计　　D. 复制

15. 当Word 2010处于编辑状态时，若要将当前文档按分栏格式排版，应当使用（　　）选项卡中的命令。

A. 插入　　B. 页面布局　　C. 审阅　　D. 视图

16. 当Word 2010处于编辑状态时，若要为文档设置页码，应当使用（　　）选项卡。

A. 插入　　B. 页面布局　　C. 开始　　D. 视图

17. Word 2010的页眉中的文字默认（　　）对齐。

A. 左　　B. 居中　　C. 右　　D. 两端

18. 在Word 2010中，（　　）视图方式可以显示出页眉和页脚。

A. 普通　　B. Web版式　　C. 阅读版式　　D. 页面

19. Word 2010的边框效果不包括（　　）。

A. 样式　　B. 效果　　C. 颜色　　D. 宽度

20. 关于Word的模板，下列说法错误的是（　　）。

A. 模板的文件类型与普通文档的文件类型一样

B. 模板是某种文档格式的样板

C. 模板和样式不同，样式是指一组已命名的字符和段落格式

D. 模板是Word的一项重要技术

21. 在Word 2010中，文件模板的默认扩展名是（　　）。

A. .docx　　B. .rtf　　C. .thmx　　D. .dotx

22. 关于样式，以下说法错误的是（　　）。

A. 可以创建新样式

B. 可以编辑所有样式

C. 可以删除所有样式

D. 打开样式窗格的快捷键是Ctrl＋Alt＋Shift＋S

23. 在Word 2010文档的页面设置对话框中，不能进行的操作是（　　）。

A. 设置页面背景　　B. 设置页边距

C. 设置纸张大小　　D. 设置纸张来源

24. 在Word 2010中，页面设置的功能可在（　　）选项卡中找到。

A. 编辑　　B. 文件　　C. 视图　　D. 页面布局

25. 在Word 2010中选定表格的某一列，按Delete键将会（　　）。

A. 删除这一列，即表格少一列　　B. 删除该列各单元格中的内容

C. 删除该列中第一个单元格的内容　　D. 删除插入点所在单元格中的内容

26. 在Word 2010中，要对表格中的数据进行计算，应选择的选项卡是（　　）。

A. “表格工具—布局”　　B. “开始”

C. “插入”　　D. “表格工具—设计”

27. 在Word 2010中，若要计算表格中某行数值的总和，可使用的统计函数是（　　）。

A. Sum( )　　B. Total( )　　C. Count( )　　D. Average( )

28. 在Word 2010中，表格计算功能是通过（　　）来实现的。

A. 公式　　B. 函数　　C. 计算器　　D. 转换

29. 在Word中，删除表格中斜线的正确命令或操作方法是（　　）。

A. 单击“表格工具—设计”选项卡中的“擦除”按钮

B. 单击“表格工具—布局”选项卡中的“擦除”按钮

C. 单击“表格工具—设计”选项卡中的“删除单元格”按钮

D. 选择单元格，单击“合并单元格”按钮

30. 在Word 2010中，对浮动式对象操作时，以下（　　）不是“置于顶层”提供的叠放方式。

A. 置于顶层　　B. 上移一层

C. 下移一层　　D. 浮于文字上方

31. 在Word 2010中插入艺术字可以通过（　　）选项卡。

A. 开始　　B. 插入　　C. 页面布局　　D. 引用

32. 在Word 2010中，下面说法错误的是（　　）。

A. 通过拖动标尺可以修改文档的页边距

B. 使用“目录和索引”功能，可将文档中使用的内部标题样式自动抽取为目录

C. 文档具体内容分为两栏显示的方式一定是在阅读版式视图下

D. 在Word 2010文档中，不同的节可以设置不同的纸张方向

二、多项选择题

33. Word 2010能够自动识别和打开多种类型的文件，如（　　）。

A. *.txt 文件　　B. *.dbf 文件　　C. *.wav文件　　D. *.dotx文件

34. 在Word 2010中建立新文档的方法有（　　）。

A. 启动Word时，自动创建一个名为“doc1”的新文档

B. 使用“文件”选项卡中的“新建”命令建立新文档

C. 按Ctrl+N快捷键建立新文档

D. 按Ctrl+F快捷键建立新文档

35. 以下（　　）显示在Word 2010窗口的状态栏中。

A. 文档名　　B. 当前页及总页数

C. 字数　　D. 当前页的页眉

36. 下面（　　）是Word的视图。

A. 页面视图　　B. 大纲视图

C. 普通视图　　D. 分页预览视图

37. 页面设置主要包括（　　）。

A. 页边距　　B. 纸张　　C. 首行缩进　　D. 字体大小

38. 在Word 2010中，如果要删除整个表格，在选定整个表格的情况下，下一步的正确操作是（　　）。

A. 按Delete键

B. 选择“表格工具”中的“删除表格”命令

C. 按Esc键

D. 按Backspace键

39. 以下关于Word 2010中艺术字的说法，正确的是（　　）。

A. 在“插入”选项卡的“插图”组内可以插入艺术字

B. 插入文本区中的艺术字不可以再更改文字内容

C. 艺术字可以像图片一样设置其与文字的环绕关系

D. 在“艺术字”对话框中设置的线条色是指艺术字四周的矩形方框颜色

40. 在Word 2010文档的页面设置中，不能进行的操作是（　　）。

A. 设置页面背景　　B. 设置页边距

C. 设置纸张大小　　D. 设置水印效果

41. 在Word 2010中，按住（　　）键，再单击各个对象，可同时选中多个对象。

A. Ctrl　　B. Alt+Tab　　C. Alt　　D. Shift

42. 关于Word 2010的文本框，下列叙述不正确的有（　　）。

A. 文本框内只能是文字、表格等，不能有图形、图像

B. 文本框的边框是可以隐藏的

C. 在文档中，正文文字不能和文本框处于同一行

D. 文本框中的文字允许有多种排版格式（如左对齐、右对齐等）

三、判断题

43. 在Word 2010页面视图中，可以只显示水平标尺。（　　）

A. 正确　　B. 错误

44. 在Word 2010中，一个对象可以被多次复制，复制时可以使用“复制”与“粘贴”的方法。（　　）

A. 正确　　B. 错误

45. 在Word 2010“开始”选项卡的“编辑”组中不包括“定位”命令。（　　）

A. 正确　　B. 错误

46. Word 2010可以实现中文繁简转换。（　　）

A. 正确　　B. 错误

47. 在Word 2010中，使用分栏功能，最多可以分为45栏。（　　）

A. 正确　　B. 错误

48. Word 2010可以为奇偶页设置不同的页眉和页脚。（　　）

A. 正确　　B. 错误

49. Word 2010可以为选定的字符、段落、页面设置边框和底纹。（　　）

A. 正确　　B. 错误

50. 页面设置可以应用于整篇文档或所选文字。（　　）

A. 正确　　B. 错误

51. 在Word 2010中，只可以先建立一个空表格，再往表格里填入内容，不可以将现有的文本转换成表格。（　　）

A. 正确　　B. 错误

52. 在Word 2010中，“格式刷”可以复制艺术字样式。（　　）

A. 正确　　B. 错误

53. 在Word 2010中，通过“页面设置”可以完成纸张的打印方向设置。（　　）

A. 正确　　B. 错误

54. 在Word 2010的表格中，A3单元格的值是由公式“=A1*B1”计算得到的，A1单元

格的值发生变化，A3的值自动进行更新。（　　）

A. 正确　　　　B. 错误

55. Word 2010不可以同时显示水平和垂直滚动条。（　　）

A. 正确　　　　B. 错误

四、填空题

56. Word 2010的（　　）视图是适合文本录入和编辑的视图。在这种视图方式下，页与页之间用一条虚线隔开。

57. 在Word 2010中，可看到分栏效果的视图是（　　）视图。

58. 在Word 2010文档编辑过程中，要完成修改、移动、复制、删除等操作，必须先（　　）要编辑的区域，使该区域反向显示。

59. 当Word 2010处于编辑状态时，为了把不相邻两段的文字互换位置，最少应进行（　　）次“剪切＋粘贴”的操作。

60. 在Word 2010中，查找范围的默认项是查找（　　）。

61. Word 2010提供（　　）功能，当输入的文档内容满一页时系统会自动换到下一页。

62.（　　）是Word系统自带或由用户自定义的一系列排版格式的总和。

63. Word 2010具有（　　）功能，可以快速截取屏幕图像，并直接插入到文档中。

64. 使用（　　）功能，在当前文本框充满文字后可以自动转入所链接的下一个文本框中继续输入文字。

65. Word 2010备份文档的扩展名为（　　）。

66. 在Word 2010中，只显示水平标尺的两种视图方式是草稿视图和（　　）视图。

第四部分
电子表格Excel 2010

电子表格系统Excel 2010的主要考点

Excel 2010 的窗口组成，工作簿和工作表的基本概念，单元格和单元格区域的概念，工作簿的新建、打开、保存、关闭。

工作表的插入、删除、复制、移动、重命名和隐藏等基本操作方法，行、列的插入与删除，行、列的锁定和隐藏，单元格区域的选择，各种类型数据的输入、编辑及数据填充功能的使用。

绝对引用、相对引用和三维地址引用，工作表中公式的输入与常用函数的简单使用，批注的使用。

工作表格式化及数据格式化，调整单元格的行高和列宽，自动套用格式和条件格式的使用。

数据清单的概念，记录的排序、筛选、分类汇总、合并计算，数据透视表，获取外部数据，模拟分析。

图表的创建和编辑，迷你图，页面设置及分页符使用，表格打印。

知识点1 Excel 2010的窗口组成和基本概念

一、考试内容解析

1. Excel 2010的窗口组成

Excel 2010操作界面中许多组成部分与Word 2010相同，且功能和用法相似。这里主要熟悉Excel 2010操作界面中特有的组成元素，如图4-1所示。

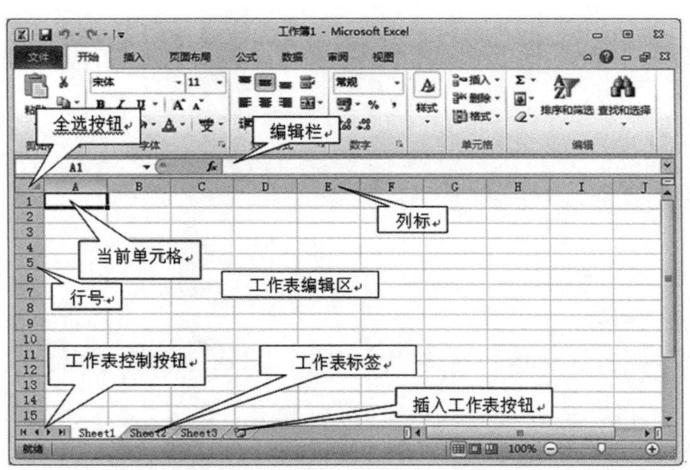

图4-1 Excel 2010的窗口界面

工作表编辑区就是Excel 2010窗口中由暗灰线组成的表格区域，主要包括单元格、编辑栏、行号和列标等，是编辑电子表格的主要场所。用户数据存放、制作表格和编辑数据的工作都在这里进行，所以工作表编辑区是Excel 2010的基本工作区。有关Excel 2010操作界面组成元素的作用和功能如表4-1所示。

表4–1　Excel 2010操作界面组成元素的作用和功能

<table>
<tr><th>组成元素</th><th colspan="2">作用和功能</th></tr>
<tr><td rowspan="2">行号和列标</td><td colspan="2">工作表编辑区左侧显示的数字是行号，范围：从1到1048576</td></tr>
<tr><td colspan="2">工作表编辑区上方显示的大写英文字母是列标，从A、B...Z、AA、AB...AZ、BA、BB等一直到XFD，共16384列</td></tr>
<tr><td rowspan="2">当前单元格</td><td colspan="2">当前单元格带有一个粗黑框，当前（活动）单元格只有一个</td></tr>
<tr><td colspan="2">当前单元格右下角的黑色方块称为填充柄</td></tr>
<tr><td rowspan="10">编辑栏</td><td colspan="2">编辑栏位于编辑区的正上方，用于显示和编辑当前单元格中的数据或公式</td></tr>
<tr><td colspan="2">编辑栏从左向右依次是单元格名称框、按钮组和编辑框</td></tr>
<tr><td rowspan="3">名称框</td><td>显示当前单元格的名称</td></tr>
<tr><td>查找或定位单元格地址或单元格区域</td></tr>
<tr><td>给单元格地址或单元格区域重命名</td></tr>
<tr><td rowspan="3">按钮组</td><td>“取消”按钮×可取消对当前单元格内容的输入或编辑，和按Esc键效果相同</td></tr>
<tr><td>输入”按钮✓可确认数据的输入或编辑，当前单元格位置不变</td></tr>
<tr><td>“插入函数”按钮fx，可在弹出的“插入函数”对话框中选择需要的函数</td></tr>
<tr><td rowspan="2">编辑框</td><td>显示当前单元格中的内容</td></tr>
<tr><td>输入或编辑当前单元格的内容、值或公式</td></tr>
<tr><td>控制按钮</td><td colspan="2">通过工作表控制按钮显示需要的工作表标签</td></tr>
<tr><td>工作表标签</td><td colspan="2">工作表标签用于切换工作表，单击某个工作表标签可切换到对应的工作表</td></tr>
<tr><td>插入工作表按钮</td><td colspan="2">位于工作表标签的右侧，单击该按钮可在所有工作表的最后插入新工作表</td></tr>
</table>

2. 工作簿、工作表和单元格

（1）工作簿

工作簿是指Excel 2010中用来存储并处理数据的文件，其扩展名是.xlsx。工作簿是由工作表组成的，每个工作簿都包含一个或多个工作表，用户可以用其中的工作表来组织各种相关数据。通常所说的Excel文件指的就是工作簿文件。

说明：一个工作簿就是一个Excel文件，工作簿名就是文件名。Excel 2010可同时打开多个工作簿，但某一时刻只能对一个工作簿（当前工作簿）进行操作。

（2）工作表

工作表（Sheet）是一个由行和列交叉排列的二维表格，也称作电子表格，用于组织和分析数据。

工作表不能单独存盘，只有工作簿才能以文件的形式存盘；在一个工作簿中，无论有多少个工作表，将其保存时，都将会保存到同一个工作簿文件中。

（3）单元格

单元格就是工作表中行和列交叉的部分，是工作表最基本的数据单元，也是电子表格软件处理数据的最小单位，用于显示和存储用户输入的所有内容。单元格区域指的是由多个相邻单元格组成的矩形区域。有关工作簿、工作表、单元格和单元格区域的更多知识，如表4-2所示。

表4-2　工作簿、工作表、单元格和单元格区域

<table>
<tr><th>项目名称</th><th colspan="2">说明</th></tr>
<tr><td rowspan="5">工作簿</td><td colspan="2">启动Excel 2010程序，系统会自动创建一个名为“工作簿1”的空白工作簿</td></tr>
<tr><td colspan="2">按Ctrl+N组合键或使用“文件”选项卡中“新建”命令都可创建空白工作簿</td></tr>
<tr><td colspan="2">通过以下模板创建工作簿：样本模板、自定义模板、Office.com 模板、我的模板。模板文档的扩展名为.xltx</td></tr>
<tr><td colspan="2">打开工作簿后，工作簿中的所有工作表随之打开</td></tr>
<tr><td colspan="2">工作簿可保存为多种文件类型，默认扩展名是.xlsx</td></tr>
<tr><td rowspan="4">工作表</td><td colspan="2">工作簿默认有3个工作表：Sheet1、Sheet2、Sheet3</td></tr>
<tr><td colspan="2">一个新建工作簿最多可以包括255个工作表</td></tr>
<tr><td colspan="2">工作簿保存为.xlsx格式时，一个工作表由1048576行和16384列构成</td></tr>
<tr><td colspan="2">工作簿保存为.xls时，一个工作表由65536行和256列构成</td></tr>
<tr><td>单元格</td><td colspan="2">单元格名称（也称单元格地址）是由列标和行号来标识的，列标在前，行号在后，如A12</td></tr>
<tr><td rowspan="3">单元格区域</td><td>表示方法</td><td>用“:”隔开对角地址；默认：左上角单元格地址、英文冒号和右下角单元格地址</td></tr>
<tr><td rowspan="2">命名</td><td>通过“公式”选项卡中的“定义名称”组来命名</td></tr>
<tr><td>在名称框中输入需要定义的名称，然后按Enter键完成命名</td></tr>
</table>

续表

项目名称	说明	
单元格区域	输入数据	选中单元格区域，输入数据后，按Ctrl＋Enter，在选中单元格区域中输入相同数据
	合并	合并后保留单元格区域最左上角单元格中的数据
		合并后的单元格名称为单元格区域最左上角的单元格名称
		合并后居中：合并成一个单元格，且内容在合并后单元格的对齐方式是居中对齐
		跨越合并：行与行之间相互合并，上下单元格之间不参与合并
		合并单元格：将选择的多个单元格合并成一个较大的单元格
		取消单元格合并后，单元格数量恢复到合并前的数量

解析：本部分内容比较基础，涉及较多的概念，这也是学习Excel 2010的必备知识。考生应重点掌握Excel 2010操作界面中特有组成元素的作用，工作簿、工作表、单元格和单元格区域的概念及基本操作方法。

二、考试内容巩固

1. 在Excel 2010中，单元格名称的表示方法是（　　）。

A. 行号在前列标在后　　B. 列标在前行号在后

C. 只包含列标　　D. 只包含行号

2. Excel 2010所属的套装软件是（　　）。

A. LOTUS 2010　　B. Office 2010

C. Windows 2010　　D. Word 2010

3. Excel 2010工作簿文件的默认扩展名为（　　）。

A. .docx　　B. .xlsx　　C. .pptx　　D. .mdbx

4. 在Excel 2010的工作表中，最小操作单元是（　　）。

A. 一列　　B. 一行　　C. 单元格　　D. 一张表

5. 在Excel 2010中，存储数据的二维表格称为（　　）。

A. 工作簿　　B. 文件夹　　C. 工作表　　D. 图表

6. 在Excel 2010的主界面窗口中，编辑栏上“f_x”按钮的作用是向单元格中插入

（　　）。

A. 文字　　B. 数字　　C. 公式　　D. 函数

7. 在Excel 2010中，下列叙述正确的是（　　）。

A. 每次只能打开一个工作簿文件

B. 最多能打开10个工作簿文件

C. 能打开多个工作簿文件，但不能同时将它们打开

D. 能打开多个工作簿文件，并能同时将它们打开

8. Excel 2010的工作窗口有一个编辑栏（又称为“公式栏”），它分为左、中、右三个部分，左面部分显示出（　　）。

A. 活动单元格名称　　B. 活动单元格的列标

C. 活动单元格的行号　　D. 某个单元格名称

9. 启动Excel 2010应用程序后，自动建立的工作簿文件的文件名为（　　）。

A. 工作簿1　　B. 工作簿文件　　C. Book 1　　D. BookFile 1

10. Excel 2010是一个（　　）。

A. 数据库管理软件　　B. 文字处理软件

C. 电子表格软件　　D. 幻灯片制作软件

11. 对于新安装的Excel 2010应用程序，新建的工作簿中默认的工作表个数为（　　）。

A. 1　　B. 2　　C. 3　　D. 255

12. 当向Excel 2010工作簿文件中插入一张工作表时，默认的表标签中的英文单词为（　　）。

A. Sheet　　B. Book　　C. Table　　D. List

13. 在Excel 2010中，工作表中的列标为（　　）。

A. 数字　　B. 字母或字母组合

C. 数字与字母混合　　D. 第一个为字母，其余为数字

14. 在Excel 2010中，工作表中第27列的列标为（　　）。

A. A27　　B. AA　　C. Z1　　D. AZ

15. 在Excel 2010中，若要选择一个工作表的所有单元格，其方法是用鼠标单击（　　）。

A. 表标签　　B. 左下角单元格

C. 列标行与行号列相交的单元格　　D. 右上角单元格

16. Excel 2010主界面窗口不包含（　　）。

A. “插入”选项卡　　B. “引用”选项卡

C. “开始”选项卡　　D. “数据”选项卡

17. 在Excel 2010中，每个新建工作薄最多可包含（　　）张工作表。

18. 在Excel 2010中，拖动单元格的（　　）可以进行数据填充。

19. 在Excel 2010中，单元格区域A2:D4包含（　　）个单元格。

20. 在Excel 2010中，对单元格区域B3:D5实现跨越合并后，单元格数量为（　　）个。

知识点2 工作表管理及有关工作表的操作

一、考试内容解析

一个工作簿包含多个工作表，可以根据需要对工作表进行选择、插入、删除、复制、移动、切换、重命名和隐藏等操作。

1. 选择工作表

（1）选择单个工作表

单击某个工作表标签，可以选择该工作表为当前工作表（即切换工作表）。

（2）选择多个工作表

按住Ctrl键分别单击工作表标签，可同时选择多个不连续工作表。选中一个工作表标签后，按住Shift键再单击某工作表标签，可同时选择多个连续工作表。

同时选中的多个工作表称为工作组，在工作簿的标题栏中出现[工作组]，可对这组工作表同时完成相同的操作。

2. 插入新工作表

（1）在所有表格的最后插入一个新工作表：单击工作表标签右侧的“插入工作表”按钮。

（2）在选定工作表的前面插入一个或多个工作表

1）按下“Shift＋F11”组合健。

2）在“开始”选项卡的“单元格”组中，依次选择“插入”“插入工作表”选项。

3）使用鼠标右键单击某个工作表标签，在弹出的快捷菜单中单击“插入”命令。

如果要添加多个工作表，则先选定与待添加工作表相同数目的工作表标签，然后使用相应的插入命令。新插入的工作表都是以Sheet＋数字来命名，插入工作表后不能撤消插入操作。

3. 删除工作表

（1）右击需要删除的工作表标签，在弹出的快捷菜单中单击“删除”命令。

（2）选中需要删除的工作表，在“开始”选项卡的“单元格”组中，依次选择“删除”“删除工作表”选项。

删除工作表是永久删除，无法撤消删除操作，其右侧的工作表将成为当前工作表。

注意：若对某工作表没有进行过任何操作，删除时没有任何提示，直接删除；若删除的工作表中有数据，则给出提示信息，确定是否删除。

不能删除工作簿中的所有工作表，一个工作簿中至少要保留一个可视工作表。

4. 重命名工作表

（1）右击要重命名的工作表标签，在弹出的快捷菜单中单击“重命名”命令。

（2）双击相应的工作表标签，输入新名称覆盖原有名称。

重命名工作表后不能撤消。

5. 移动或复制工作表

用户既可以在一个工作簿中移动或复制工作表，也可以在不同工作簿之间移动或复制工作表。移动或复制工作表有两种常用方法：

（1）使用“移动或复制工作表”对话框。

（2）使用鼠标拖动工作表标签。

6. 隐藏工作表和取消隐藏

（1）隐藏工作表

选中要隐藏的工作表，在“开始”选项卡的“单元格”组中单击“格式”按钮，在弹出的下拉列表的“可见性”栏中，依次单击“隐藏和取消隐藏”“隐藏工作表”选项。

选中要隐藏的工作表，右击其标签，在弹出的快捷菜单中单击“隐藏”命令，也可隐藏工作表。

（2）取消隐藏

在隐藏了工作表的工作簿中，在“开始”选项卡的“单元格”组中单击“格式”按钮，在弹出的下拉列表的“可见性”栏中，依次单击“隐藏和取消隐藏”“取消隐藏工作表”选项，弹出“取消隐藏”对话框，在列表框中选择需要显示的工作表，然后单击“确定”按钮。

右击任意工作表标签，在弹出的快捷菜单中单击“取消隐藏”命令，也会弹出“取消隐藏”对话框。

注意：在Excel 2010中，工作表可以隐藏，但不能隐藏所有工作表；行、列、工作簿都可以隐藏。

7. 保护工作表

为防止工作表中的重要数据被他人修改，可对工作表设置保护。

8. 设置工作表标签颜色

右击工作表标签，在快捷菜单中通过“工作表标签颜色”选项，可给标签自定义颜色。

9. 工作表窗口拆分

若要在同一屏幕查看同一工作表中的不同区域，可对工作表进行横向、纵向拆分。

方法：

（1）选择“视图”选项卡中的“拆分”命令，将工作表拆分成四个窗口。

（2）选择垂直滚动条上方的拆分按钮，将工作表横向拆分成上下两个窗口；选择水平滚动条右侧的拆分按钮，将工作表垂直拆分成左右两个窗口。

注：一张工作表最多可拆分成四个窗口，分别显示同一张工作表的不同部分。

10. 冻结窗格

制作一个Excel表格时，如果列数、行数较多，一旦上下或左右滚屏时，则上面的标题行和左侧的列也跟着滚动，这样在处理数据时往往难以分清数据的对应对象。

解决上述问题的方法是：使用Excel 2010提供的“冻结窗格”功能。

具体方法是：

（1）冻结行

选中要冻结的标题行（可以是一行或多行）的下一行，然后选择“视图|冻结窗格|冻结拆分窗格”。

（2）冻结列

选中要冻结的列（可以是一列或多列）的右侧列，然后选择“视图|冻结窗格|冻结拆分窗格”。

（3）同时冻结行和列

选中某一单元格，然后选择“视图|冻结窗格|冻结拆分窗格”，则该单元格上方的

所有行、左侧的所有列都被冻结。如选择D3单元格，选择“视图|冻结窗格|冻结拆分窗格”命令后，第1、2行，A、B列被冻结。

行和列冻结后，滚屏时，被冻结的行或列总是显示在最上面和最左侧，可增强表格编辑的直观性。

11. 工作表中行、列和单元格的管理

完成表格的编辑后，若需要添加内容，可在原有表格的基础上插入行、列或单元格，以便添加新的数据。对于多余的单元格、行或列，也可将其删除。对于暂时不用的数据，还可将其隐藏起来。

（1）插入行、列、单元格

选中行、列或单元格要插入的位置，然后右击，在快捷菜单中选择“插入”命令，或在“开始”选项卡的“单元格”组中单击“插入”按钮右侧的下拉按钮，在弹出的下拉列表中选择相应选项。

注意：如要插入多行、多列或多个单元格，则需要同时选中多行、多列或多个单元格。

插入单元格时，会弹出“插入”对话框。在对话框中有4个单选项，单选项的作用如下：

活动单元格右移：在当前单元格的左侧插入一个或多个单元格。

活动单元格下移：在当前单元格的上方插入一个或多个单元格。

整行：在当前单元格的上方插入一行或多行。

整列：在当前单元格的左侧插入一列或多列。

（2）删除行、列、单元格

选中要删除的行、列或单元格，然后右击，在快捷菜单中选择“删除”命令，或在“开始”选项卡的“单元格”组中单击“删除”按钮右侧的下拉按钮，在弹出的下拉列表中选择相应选项。

注意：要删除多行、多列或多个单元格，则需要同时选中多行、多列或多个单元格。

删除单元格时，会弹出“删除”对话框。在对话框中有4个单选项，单选项的作用如下：

右侧单元格左移：删除当前单元格后，右侧单元格会移至该处。

下方单元格上移：删除当前单元格后，下方单元格会移至该处。

整行：可删除当前单元格所在的整行。

整列：可删除当前单元格所在的整列。

（3）行、列的隐藏及取消隐藏

1）行、列的隐藏

选中要隐藏的行或列，右击，在弹出的快捷菜单中选择“隐藏”命令；或按Ctrl＋9把选中的行隐藏，按Ctrl＋0把选中的列隐藏。

2）取消隐藏

行或列隐藏之后，行号或列标不再连续，若隐藏了3、4、5、6、7行，此时行号2下面的行号就是8。要取消行的隐藏，则选中第2行和第8行，右击，在快捷菜单中选择“取消隐藏”。取消列隐藏的方法与此类似。

行、列的隐藏及取消隐藏的其他方法可参考工作表的隐藏和取消隐藏操作。

解析：针对本部分内容，考生应重点掌握工作表的基本操作方法，主要包括：工作表的选定、插入、删除、重命名、移动、复制、隐藏和保护等。另外，对于窗口的拆分，冻结窗格，行、列和单元格的基本操作等知识，考生也要非常熟悉。

二、考试内容巩固

1. 在Excel 2010的工作表中，行和列（　　）。

A. 都可以隐藏　　B. 都不可以隐藏

C. 只能隐藏行不能隐藏列　　D. 只能隐藏列不能隐藏行

2. 在Excel 2010中，插入新工作表时（　　）。

A. 可插入到所有工作表的最后面　　B. 可插入到当前工作表的前面

C. 不能同时插入多张工作表　　D. 可按Shift＋F11实现工作表的插入

3. 在Excel 2010中，若需要改变某个工作表的名称，可右击工作表标签，在弹出的快捷菜单中选择（　　）。

A. 重命名　　B. 插入　　C. 删除　　D. 复制

4. 在Excel 2010中，右击一个工作表的标签不能够实现（　　）。

A. 插入一个工作表　　B. 删除一个工作表

C. 重命名一个工作表　　D. 打印一个工作表

5. 在Excel 2010中，删除单元格时，不能选择（　　）。

A. 右侧单元格左移　　B. 左侧单元格右移

C. 下方单元格上移　　　　　　　　　D. 删除整行或整列

6. 在 Excel 2010工作簿中，有关移动和复制工作表的说法，正确的是（　　）。

A. 工作表只能在所在工作簿内移动，不能复制

B. 工作表只能在所在工作簿内复制，不能移动

C. 工作表可以移动到其他工作簿内，不能复制到其他工作簿内

D. 工作表可以移动到其他工作簿内，也可以复制到其他工作簿内

7. 在Excel 2010中，选择不相邻的工作表时，应使用（　　）。

A. Shift键　　B. Alt键　　C. Ctrl键　　D. Enter键

8. 在Excel 2010中，若要对工作表的首行进行冻结，下列操作正确的有（　　）。

A. 光标置于工作表的任意单元格，执行“视图”选项卡“窗口”组中“冻结窗格”下的“冻结首行”命令

B. 将光标置于A2单元格，执行“视图”选项卡“窗口”组中“冻结窗格”下的“冻结拆分窗格”命令

C. 将光标置于B1单元格，执行“视图”选项卡下“窗口”功能区中的“冻结窗格”命令，然后单击其中的“冻结拆分窗格”命令

D. 将光标置于A1单元格，执行“视图”选项卡下“窗口”功能区中的“冻结窗格”命令，然后单击其中的“冻结拆分窗格”命令

9. 在Excel 2010中，不允许用户命名的有（　　）。

A. 工作表　　B. 单元格区域　　C. 自定义样式　　D. 函数

10. 在Excel 2010中，插入新工作表的快捷键为（　　）。

A. Shift＋F11　　　　B. Ctrl＋F11

C. Shift＋F12　　　　D. Ctrl＋F6

11. 在 Excel 2010中，要在同一工作簿中把工作表 sheet3 移动到 sheet1 前面，应（　　）。

A. 单击工作表sheet3 标签，并沿着标签行拖动到 sheet1 前

B. 单击工作表sheet3 标签，并按住 Ctrl键沿着标签行拖动到 sheet1 前

C. 单击工作表sheet3 标签，选择“复制”命令，然后单击工作表 sheet1 标签，再选择“粘贴”命令

D. 单击工作表sheet3 标签，选择“剪切”命令，然后单击工作表 sheet1 标签，再选

择“粘贴”命令

12. 下列关于Excel 2010中删除工作表的说法，正确的是（　　）。

A. 工作表删除后，可通过“撤消”命令恢复

B. 单击“开始”/“清除”中“全部清除”命令，可删除一张工作表

C. 单击“开始”/“删除”中“删除工作表”命令，可删除一张工作表

D. 可将工作簿中的工作表全部删除

13. 在Excel 2010中，下列说法正确的是（　　）。

A. 同时选定多个工作表后，输入的数据只能显示在当前工作表中

B. 删除工作表时，无论工作表中是否有数据，都会显示提示信息，确定是否删除

C. 一次可以重命名多个工作表

D. 不能隐藏所有工作表

14. 在Excel 2010中，下列说法错误的是（　　）。

A. 要撤消工作表的保护，必须输入工作表保护时设置的密码

B. 工作表窗口拆分可横向、纵向拆分，而Word 2010窗口只能横向拆分

C. 插入一行后，工作表中的总行数会在原来最大行号的基础上加一

D. 选中第三行，执行“冻结拆分窗格”命令后，第三行被冻结

15. 在Excel 2010中，如果要将工作表冻结便于查看，可以用（　　）选项卡中的“冻结窗格”命令来实现。

16. 在Excel 2010中，若在工作簿的标题栏中显示[工作组]，则当前工作簿中至少选定了（　　）张工作表。

17. 在Excel 2010中，双击工作表标签，可实现对工作表的（　　）操作。

18. 在Excel 2010中，拆分窗口除了通过“视图”选项卡中的“拆分”命令外，还可通过（　　）来实现。

19. 在Excel 2010中，通过拖动鼠标的方式跨工作簿移动或复制工作表时，首先需要对打开的工作簿窗口执行（　　）命令，然后进行相应的拖动操作。

知识点3 数据的输入和编辑

一、考试内容解析

1. 单元格中数据的输入或编辑方法

在Excel 2010中，向单元格输入数据或编辑数据时，应先选定目标单元格，使之成为当前单元格，然后输入或编辑数据。输入或编辑数据方法，如表4–3所示。

表4–3　数据输入或编辑方法

操作名称	实现功能
数据输入或编辑	单击单元格直接输入，新输入数据会将原数据覆盖
	单击目标单元格，在编辑框中输入或编辑数据
	按F2键或双击单元格，在单元格内部输入或编辑数据
确认数据的输入或编辑	单击编辑栏中的“√”按钮确认，活动单元格不变
	按回车键确认，同时激活当前单元格下方的一个单元格
	按下Tab键确认，同时激活当前单元格右边的一个单元格
	单击任意其他单元格确认
取消数据的输入或编辑	按Esc键
	单击编辑栏中的“×”按钮

2. 文本、数值、日期和时间型数据

Excel 2010能够接收的数据类型可以分为文本（或称“字符”“文字”）、数字（值）、日期和时间、公式与函数等。不同的数据类型有不同的表示形式，在数据的输入过程中系统会自行判断所输入的数据是哪一种类型，并进行适当的处理。在输入数据时，必须按照Excel 2010 的规则进行。有关文本、数值、日期和时间型数据的特点和输入规则，如表4–4所示。

表4–4　文本、数值、日期和时间型数据的特点和输入规则

数据类型	特点和输入规则
文本（字符、文字）型数据	文本可以是字母、汉字、数字、空格以及一切能从键盘中输入的符号，也可以是它们的组合
	在默认的情况下，文本型数据在单元格内左对齐
	把数字、公式等作为文本输入时，先输入单撇号（’），如’053112456
	不能识别为数字、日期、时间或公式的其他数据，都做文本数据处理
	在单元格内强制换行，需要按Alt+Enter组合键
数值（数字）型数据	数值中可以出现0~9、+、–、（）、%、E、e、$、/、，（千分号）和.（小数点）
	在默认的情况下，数值型数据在单元格内右对齐
	输入负数有两种方法：–100或者（100）
	输入分数时，应在分数前先输入0及一个空格，如0 1/2；直接输入1/2，系统默认是一个日期
	输入数字时，可直接输入%，E、，（千分号），如50%、1. 0E+03、12,000
	输入数值时，若长度超过11位，则转换成科学计数法。数字长度超出了15位时，从第16位开始，Excel 2010会将数字转换为0
	输入数值时，单元格宽度不够时会显示一串“#”
日期、时间	Excel 2010将日期和时间视为数字处理
	在默认的状态下，日期和时间型数据在单元格中右对齐
	日期分隔符使用/或–；时间分隔符使用:（冒号）
	日期输入格式一：年–月–日、年/月/日、月–日、月/日
	日期输入格式二：日/月/年、日–月–年、日/月、日–月；月份必须用英文表示，如1–OCT–2017
	日期在Excel内部是用1900年1月1日起至该日期的天数存储的，1900/1/1对应有数值为1
	基于12小时制输入时间时，在时间后输入一个空格，然后输入AM或PM，用来表示上午或下午，如8:30 AM

续表

数据类型	特点和输入规则
日期、时间	输入系统当前的日期，按“Ctrl+；”；输入系统当前的时间，按“Ctrl+Shift+；”
	同时输入日期和时间，则日期和时间中间必须用空格隔开

注意：若单元格格式未设置“自动换行”，输入文本内容超过单元格宽度时，若右侧单元格内容为空，则超宽部分一直延伸到右侧单元格内；若右侧单元格中有内容，则超宽部分隐藏，不在右侧显示。若单元格格式设置了“自动换行”，则输入的内容遇到单元格右边界时，会自动在单元格内换行输入。

3. 自动数据填充

Excel 2010有自动填充功能，以现有数据为基础自动生成一系列有规律的数据。

基础数据类型不同，自动填充后得到的数据序列也不同。基础数据主要包括：纯数字、不包含数字的文本、包含数字的文本、日期时间数据、公式等。

数据填充可以使用填充柄或“系列”命令来实现。

填充柄是位于单元格或选定区域右下角的小黑方块。用鼠标指向填充柄时，鼠标指针将变为细黑十字型。序列对话框如图4–2所示。

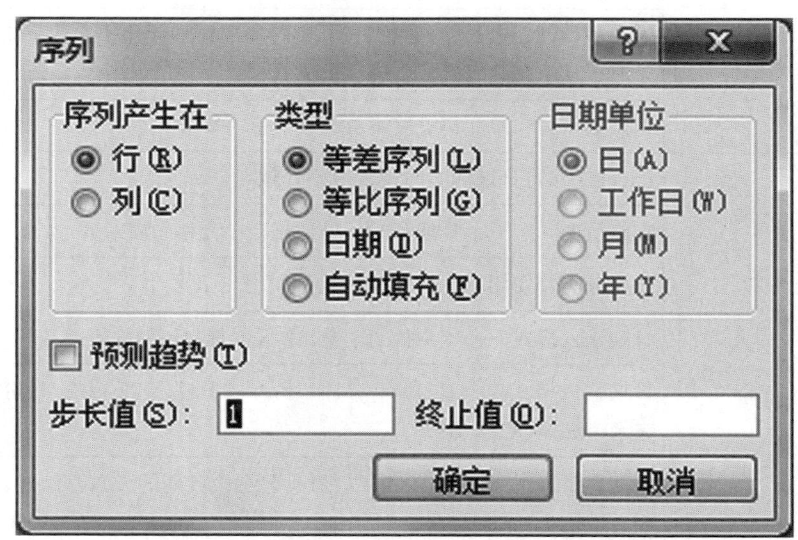

图4–2　序列对话框

使用填充柄进行数据填充的方法，如表4–5所示。

表4-5 使用填充柄填充数据

基础数据	填充方法
数字	直接拖动填充柄，填充相同数字
	按住Ctrl键拖动填充柄，可产生自动增/减1的数字序列。增/减与拖动方向有关，向下、右拖动，自动增1，向上、左拖动，自动减1
不包含数字的文本	直接拖动填充柄，填充相同文本。自定义序列除外
包含数字的文本	直接拖动填充柄，填充时文字不变，数字自动增/减1
	按住Ctrl键拖动填充柄，填充相同文本
日期和时间	按住Ctrl键拖动填充柄，填充相同日期或时间
	直接拖动填充柄，填充自动增/减1的序列（日期型数据以天为单位，时间型数据以小时为单位）
其他数据	初值为Excel自定义序列中的数据，则按自定义序列填充
	初值为公式，则根据公式中单元格地址引用方式填充公式并计算

注意：使用“序列对话框”也可产生等差、等比和自动填充序列。

选择“开始”选项卡“编辑”组中“填充”菜单命令后，向上、下、左或右，也可以实现数据填充。

选择单元格区域，输入数据，按Ctrl+Enter，可在选定的单元格区域内填充相同的输入数据。

4. 输入任意等差、等比数列

（1）使用填充柄

先选定待填充数据区的起始单元格，输入序列的初始值，再选定相邻的另一单元格，输入序列的第二个数值，这两个单元格中数值的差额将决定该序列的增长步长。选定包含初始值和第二个数值的单元格，用鼠标拖动填充柄可填充等差数列，也可右键拖动填充柄到目标位置，释放鼠标，出现快捷菜单，然后选择填充选项（等差序列或等比序列）。

（2）使用对话框

单击“开始”选项卡“编辑”组中的“填充”按钮，选择“系列”命令，弹出“序列”对话框，可在该对话框中实现等差序列或等比序列的填充。

5. 创建自定义序列

用户可以通过工作表中现有的数据项或输入序列的方式创建自定义序列，并可以保存起来供以后使用。自定义序列可通过“自定义序列”对话框实现。

单击“文件”选项卡，选择“选项”，在弹出的“Excel选项”对话框中选择“高级”选项，在“常规”栏内单击“编辑自定义列表”，弹出“自定义序列”对话框，在此对话框中完成序列的自定义。

系统提供的自定义列表，不能删除。

6. 删除和清除

在Excel 2010中，删除和清除是两个不同的概念。有关删除和清除的比较，如表4–6所示。

表4–6 删除和清除

操作名称	说明
删除	删除的对象：工作表、单元格、行或列
	执行删除命令后，选中的工作表、单元格、行或列连同里面的数据都从工作簿中消失
清除	清除单元格格式、单元格中的内容及格式、批注、超链接等，单元格本身仍保留在原位置不变
	“清除”级联菜单中的命令：全部清除、清除格式、清除内容、清除批注、清除超链接等
	“清除全部”命令是将单元格的格式、内容、批注和超链接同时清除
	选定单元格或单元格区域后按Del（Delete）键，相当于执行“清除内容”命令

注意：批注是附加在单元格中、根据实际需要对单元格中的数据添加的说明或注释。使用批注可为工作表中包含的数据提供更多相关信息，有助于使工作表更易于理解。添加了批注的单元格的右上角有一个小红三角，当鼠标移到该单元格时将显示批注内容。

7. 数据复制、移动及选择性粘贴

（1）数据复制和移动

Excel数据的复制可以利用剪贴板，也可以用鼠标拖动操作。使用鼠标拖动实现数据复制和移动时，鼠标指针须指向选定区域的四个边界，即出现四个方向箭头。

用剪贴板复制数据与Word中的操作相似，稍有不同的是在源区域执行复制命令后，区域周围会出现闪烁的虚线。只要闪烁的虚线不消失，粘贴可以进行多次，虚线消失则粘贴无法进行。如果只需粘贴一次，在目标区域直接按回车键即可。

（2）选择性粘贴

一个单元格含有多种特性，如内容、格式、批注等，可以使用选择性粘贴复制它的部分特性。

8. 数据有效性的设置

数据有效性通常是建立一定的规则来限制单元格中输入数据的类型、范围、文本长度等，通过定义序列可实现数据的选择输入。对单元格中的数据进行有效性的限制，可以避免一些输入错误，提高输入数据的速度和准确度。数据有效性也可以使用数据有效性定义提示信息，或圈释无效数据等。

数据有效性设置只能对即将输入单元格的数据进行限制录入，对于已经存在于单元格的数据无效，可以通过圈释无效数据将违反了数据有效性的单元格标记出来。

9. 工作表中数据的查找和替换

利用Excel的“查找”和“替换”功能，可快速定位满足查找条件的单元格，并能方便地将单元格中的数据替换为其他需要的数据，从而提高编辑效率。Excel 2010用户既可以在一个工作表中进行查找和替换，也可以在多个工作表中进行查找和替换。

解析：针对本部分内容，考生应熟悉单元格中数据的输入或编辑方法，重点掌握Excel 2010中各种数据类型的输入和填充方法、清除和删除的概念、数据的移动和复制、数据有效性设置和数据的查找与替换。

二、考试内容巩固

1. 在Excel 2010中，日期和时间被当作（　　）来处理。

A. 数字类型　　B. 文字类型　　C. 逻辑类型　　D. 错误值

2. 在Excel 2010工作表的单元格中，如想输入数字字符串0018001，则应输入（　　）。

A. 0018001　　B. "0018001"　　C. 0 0018001　　D. '0018001

3. 在Excel 2010中，选定的单元格区域只有一个填充柄，填充柄在所选单元格区域的（　　）。

A. 左下角　　B. 左上角　　C. 右下角　　D. 右上角

4. 在Excel 2010某工作表的D5、D6单元格中分别填入3.5和4，将这两个单元格选定，然后向上拖动填充柄，在D3和D4中分别填入的数据是（　　）。

A. 3.5和4　　B. 2.5和3　　C. 4和4　　D. 4.5和5

5. 在Excel 2010的一个工作表的D3和E3单元格中输入“八元”和“九元”，然后选择D3和E3并向后拖拽填充柄经过F3和G3后释放鼠标，F3和G3中显示的内容分别为（　　）。

A. 十元和十元　　B. 十元和十一元

C. 八元和九元　　D. 九元和九元

6. 在Excel 2010工作表中，按下Delete键将清除被选区域中所有单元格的（　　）。

A. 格式　　B. 内容　　C. 批注　　D. 所有信息

7. 在Excel 2010中，仅把某单元格的批注复制到另外单元格中，其方法是（　　）。

A. 复制原单元格，在目标单元格执行粘贴命令

B. 复制原单元格，在目标单元格执行选择性粘贴命令

C. 使用格式刷

D. 将两个单元格链接起来

8. 如要在Excel 2010中输入分数1/5，下列方法正确的是（　　）。

A. 直接输入1/5　　B. 先输入单引号，再输入1/5

C. 先输入0，然后空格，再输入1/5　　D. 先输入双引号，再输入1/5

9. 在Excel 2010中，为了使以后在查看工作表时能了解某些重要的单元格的含义，则可以给其添加（　　）。

A. 批注　　B. 公式　　C. 特殊符号　　D. 颜色标记

10. 在Excel 2010的单元格中输入文字时，缺省的对齐方式是（　　）。

A. 左对齐　　B. 右对齐　　C. 居中对齐　　D. 两端对齐

11. 在Excel 2010中，编辑栏中的符号“√”表示（　　）。

A. 取消输入　　B. 确认输入　　C. 编辑公式　　D. 编辑文字

12. 在Excel 2010的一个单元格中输入数据1.234E+05，它与（　　）相等。

A. 1.23405　　B. 1.235　　C. 6.234　　D. 123400

13. 在Excel 2010工作表中，当按下回车键结束对一个单元格数据的输入时，当前活动单元格在原活动单元格的（　　）。

A. 上面　　B. 下面　　C. 左面　　D. 右面

14. 如在Excel 2010中输入数值-8，以下方法正确的是（　　）。

A. "8　　B. (8)　　C. \8　　D. \\8

15. 在Excel 2010工作表的某单元格内输入数值 100，不正确的输入形式是（　　）。

A. 100　　B. =100　　C. +100　　D. *100

16. 在 Excel 2010中，日期“2018年5月24日”的正确输入形式是（　　）。

A. 24-5-2018　　B. 5-24-2018　　C. 2018/5/24　　D. 2018:5:24

17. 在Excel 2010中，利用鼠标拖动方式移动数据时，若对话框提示“是否替换目标单元格内容”，则说明（　　）。

A. 目标区域尚为空白　　B. 不能用鼠标拖放进行数据移动

C. 目标区域已经有数据存在　　D. 数据不能移动

18. 在Excel 2010中，下列说法正确的是（　　）。

A. 移动Excel中数据也可以像在Word中一样，将鼠标指针放在选定的内容上拖动即可

B. 在Excel 2010中，按Ctrl＋Enter组合键能在所选的多个单元格中输入相同的数据

C. 在单元格内输入1/4，则单元格内默认输入的是日期

D. 若A1单元格中存放日期数据2018-5-5，在B1单元格中执行公式“=A1＋1”后，B1单元格的数据为2019-5-5

19. 下列有关Excel 2010中数据有效性的说法，错误的是（　　）。

A. 数据有效性是一组规则，可用来设置单元格中可以输入的数据类型和范围等

B. 通过数据有效性设置，可以实现单元格数据的选择性输入

C. 如果要设置身份证号码列必须为18位数字，可以通过数据有效性设置

D. 对已经存在数据的单元格设置有效性规则后，违反规则数据将自动标记

20. 下列有关Excel 2010中查找和替换的说法，错误的是（　　）。

A. 查找和替换只能在当前工作表中进行

B. 查找和替换时，可以按行搜索，也可按列搜索

C. 查找的范围可以是公式、值和批注

D. 查找和替换的数据可以是带格式的

知识点4 公式与函数

公式是Excel 2010最重要的内容之一，充分灵活地运用公式可以实现数据处理的自动化。当公式引用的单元格的数据修改后，公式的计算结果会自动更新。

公式以"="开头，后面是由单元格地址、运算符、值或常量、函数等组成的表达式。

一、考试内容解析

1. 运算符

Excel 2010包含四种类型的运算符：算术运算符、比较运算符、文本运算符和引用运算符。

（1）算术运算符

完成基本的数学运算，返回值为数值。在Excel 2010中可使用的算术运算符，如表4-7所示。

表4-7 算术运算符

算术运算符	含义	示例	结果
＋（加号）	加	=3＋3	6
-（减号）	减	=3-1	2
*（星号）	乘	=3*4	12
/（斜杠）	除	=6/3	2
%（百分号）	百分比	=20%	0.2
^（乘方）	乘方	=3^3	27

（2）比较运算符

用以实现两个值的比较，结果是一个逻辑值True或False。在Excel 2010中可使用的比较运算符，如表4–8所示。

表4–8　比较运算符

比较运算符	含义	示例	结果
=（等号）	等于	=3=4	False
>（大于号）	大于	=3>4	False
<（小于号）	小于	=3<4	True
>=（大于等于号）	大于等于	=5>=4	True
<=（小于等于号）	小于等于	=5<=6	True
<> (不等于)	不等于	=5<>6	True

（3）文本运算符

文本运算符为“&”，用来连接一个或多个文本数据以产生组合的文本。在Excel 2010中可使用的文本运算符，如表4–9所示。

表4–9　文本运算符

文本运算符	含义	示例	结果
&	将两个或多个文本值连接或串起来产生一个连续的文本值	="中国"&"山东"	"中国山东"

（4）引用运算符

引用运算符用于表示对单元格区域的引用。在Excel 2010中可使用的引用运算符，如表4–10所示。若A1:C3单元格区域中，所有单元格中的数据都为1，表4–10中所有计算以此数据为例。

表4–10　引用运算符

引用运算符	含义	示例	结果
: (冒号)	区域运算符，对两个引用之间（包括两个引用在内）的所有单元格进行引用	=Sum(A1:C3)	9
,（逗号）	将多个引用合并为一个引用，重复的单元格需重复计算	=Sum(A1:C2,A2:C3)	12
空格	产生同时属于两个引用的单元格区域的引用	=Sum(A1:C2 A2:C3)	3

注意： 公式中的运算符运算优先级顺序依次为：:（冒号）、空格、,（逗号）→%（百分比）→^（乘幂）→*（乘）、/（除）→+（加）、-（减）→&（连接符）→=、<、>、<=、>=、<>（比较运

算符）。对于优先级相同的运算符，则从左到右进行计算。如果要修改计算的顺序，则应把公式中需要首先计算的部分括在圆括号内。

2. 公式中的地址引用

在Excel 2010中，对于公式中的地址引用方式，如表4–11所示。

表4–11 公式中的地址引用方式

<table>
<tr><th>引用方式</th><th colspan="2">说明</th></tr>
<tr><td rowspan="3">单元格</td><td>相对引用</td><td>随公式复制的单元格位置变化而变化的单元格地址，如A5</td></tr>
<tr><td>绝对引用</td><td>在复制公式时，不随单元格位置的变化而变化的单元格地址，其表示形式是在普通地址前加$，如$A$5</td></tr>
<tr><td>混合引用</td><td>在公式中即有相对地址又有绝对地址，如$A5、A$5</td></tr>
<tr><td>跨工作表的地址引用</td><td colspan="2">工作表名！单元格地址，如Sheet3！A5:C7</td></tr>
<tr><td>三维地址引用</td><td colspan="2">三维地址引用也称跨工作簿的单元格地址引用：[工作薄文件名]工作表名！单元格地址，如[Book2]Sheet1!A3:E6</td></tr>
</table>

3. 输入和编辑公式

选择要在其中输入公式的单元格，先输入等号“=”，然后再输入运算数和运算符。

输入公式时，引用单元格数据有两种方法：第一种是直接输入单元格地址，第二种是利用鼠标选择单元格来填充单元格地址，最后按回车键确认。

如果需要修改某公式，则先单击包含该公式的单元格，在编辑栏中修改即可；也可以双击该单元格，直接在单元格中修改。

4. 函数

Excel 2010中的函数也可以看作是预先建立好的公式，它拥有固定的计算顺序、结构和参数类型，用户只需指定函数参数，即可按照固定的计算顺序计算并显示结果。

函数一般由函数名和参数组成。函数的基本结构是：函数名(参数1,参数2, ...)。

函数名指明了函数的用途，函数参数的个数和数据类型随函数不同而有所变化，有的函数只有一个参数，有的函数则可以有多个参数，而有的函数则没有参数，如Now函数。函数即使没有参数，在使用时，函数名后的小括号也不能省略。

每个函数都可以返回一个值，返回的值就是该函数的计算结果。

在使用函数构建公式时，先输入“=”，然后手工输入函数名及参数，也可以使用

"插入函数"对话框来进行参数设置。使用"插入函数"对话框命令时，不必先输入"="，系统会自动在插入函数时插入一个"="。

5. 错误值及产生的原因

如果公式或函数不能正确计算出结果，Excel 2010将显示一个错误值。表4–12列出了常见的错误值及出错原因。

表4–12　错误值及出错原因

错误值	出错原因
#####	单元格所含的数字、日期或时间比单元格宽，或者单元格的日期时间公式产生了一个负值
#VALUE!	使用了错误的参数或运算对象类型，或者公式自动更正功能不能更正公式
#DIV/0!	公式被0（零）除
#NAME?	公式中使用了Excel 2010不能识别的文本
#N/A	函数或公式中没有可用数值
#REF!	单元格引用无效
#NUM!	公式或函数中某个数字有问题
#NULL!	试图为两个并不相交的区域指定交叉点

6. 常用函数介绍

函数作为Excel 处理数据的一个最重要手段，功能是十分强大的，在生活和工作实践中可以有多种应用。

（1）基本的常用函数

表4–13介绍的是一些常用函数的功能及语法格式。

表4–13　常用函数的功能及语法格式

函数名及语法格式	功能
Sum(number1, [number2], ...)	对给定的数值求和
Average(number1,[number2],...)	对给定的数值求平均值
Count(value1, [value2], ...)	计算包含数字的单元格以及参数列表中数字的个数
Rank(排位数,范围,[排位次序])	对给定的数在指定范围内进行排位运算
Max/Min(number1, [number2], ...)	求给定的参数中的最大值/最小值

续表

函数名及语法格式	功能
If(条件表达式，表达式1，表达式2)	条件表达式的结果为True，将返回表达式1的值；条件表达式的结果为False，将返回表达式2的值

注意：

（1）如果参数为数组或引用，只有其中的数字被计算，数组或引用中的空白单元格、逻辑值、文本或错误值将被忽略。例如：单元格A1中为数字文本"3"，B1中为True，C1中为空白，D1中为文本“Abc”，E1中为数值100，F1中为数值5，则公式=SUM(A1:F1)的计算结果等于105。

（2）直接键入到参数表中的数字、逻辑值及数字文本表达式将被计算；逻辑True转换为1，False转换为0，数字文本转换成对应的数值。例如：=SUM("3",2,TRUE) 等于6。=Count("123","abc",1,TRUE,TODAY(),4/8)，计算结果等于5。

如果参数为错误值或不能转换成数字的文本，将会导致错误。例如：公式=SUM("abc",12)的计算结果为错误值#VALUE! 。

（3）IF(A1>=60,"通过","未通过")，若A1中的值为80，则函数的返回值为“通过”。

（2）常用逻辑函数和包含条件运算的函数

常用逻辑函数和包含条件运算的函数，如表4-14所示。

表4-14　常用逻辑函数和包含条件运算的函数

函数名及语法格式	功能
And/Or(logical1,[logical2], ...)	对于And函数，所有参数的逻辑值为真时，返回True；对于Or函数，所有参数的逻辑值为假时，返回False
Sumif(条件区域,条件,求和区域)	对区域中符合指定条件的值求和
Averageif(条件区域,条件,求平均区域)	对区域中符合指定条件的值求平均值
Countif(条件区域,条件)	统计指定区域中满足给定条件的单元格个数

注意：“条件”参数必选，其形式可以为数字、表达式、单元格引用、文本或函数。例如，条件可以表示为32、“>32”、B5、“32”或Today( )等。

任何文本条件或任何含有逻辑或数学符号的条件都必须使用双引号引起来。如果条件只为数字，则无需使用双引号。例如：=Sumif(C1:C30, "讲师", F1:F30)，表示对C1:C30中值为"讲师"对应的F1:F30的值求和。=Countif(H2:H11,">80")，用于计算H2:H11区域内80分以上的人数。

（3）其他常用函数

大纲要求的其他常用函数，如表4-15所示。

表4–15　其他常用函数

函数名	功能	示例
Mod	求余数	=Mod（10,3），结果为1
Left	都是字符串提取函数。Left是从左向右取，Right是从右向左取，Mid表示从指定位置提取指定数量的字符	=Left("山东高等学校",2)，山东 =Mid("山东高等学校",3,2)，高等
Right		
Mid		
Vlookup	搜索某个单元格区域的第一列，然后返回该区域相同行上任何单元格中的值	=Vlookup(A1,$F1$H20,3,False)
Now	返回系统日期和时间	=Now( ),2018–6–30 15:34
Year/Month/Day	分别返回一个日期中的年、月、日	=Year(Now( ))，2018
Hour/Second/Minute	分别返回一个时间中的时、分、秒	=Hour(Now( ))，15

解析： 针对本部分内容，考生应重点掌握Excel 2010中的运算符及运算符的优先级顺序、公式中的地址引用方式、公式的编辑方法和常用函数的使用。

二、考试内容巩固

1. 在Excel 2010中，在一个单元格内输入一个公式时应先键入（　　）符号。

A. $　　　　B. >　　　　C. <　　　　D. =

2. 在Excel 2010的同一个工作簿中区分不同工作表的单元格，要在地址前面增加（　　）来标识。

A. 单元格地址　　　　B. 公式

C. 工作表名称　　　　D. 工作簿名称

3. 在Excel 2010工作表中，单元格C4中有公式“=A3＋$C$5”，在第三行之前插入一行之后，单元格C5中的公式为（　　）。

A. =A4＋$C$6　　　　B. =A4＋$C$5

C. =A3＋$C$6　　　　D. =A3＋$C$5

4. 在Excel 2010工作表中，下列Excel公式形式正确的是（　　）。

A. =B3*Sheet3!A2　　　　B. =B3*Sheet3$A2

C. =B3*Sheet3:A2　　　　D. =B3*Sheet3%A2

5. Excel 2010公式中不可使用的运算符是（　　）。

A. 算术运算符　　B. 比较运算符

C. 文字运算符　　D. 逻辑运算符

6. Excel 2010中，比较运算符公式返回的计算结果为（　　）。

A. T　　B. F

C. 1　　D. True或False

7. 在Excel 2010中，错误单元格一般以（　　）开头。

A. $　　B. #　　C. @　　D. &

8. 在Excel 2010中，已知A5单元格为公式“=A3+B4”，当B列被删除时，A5单元格中的公式调整为（　　）。

A. =A3+C4　　B. =A3+B4

C. =A3+A4　　D. =A3+#REF!

9. 在Excel 2010中，各运算符号的优先级由高到低的顺序为（　　）。

A. 算术运算符、比较运算符、字符串运算符

B. 算术运算符、字符串运算符、比较运算符

C. 比较运算符、字符串运算符、算术运算符

D. 字符串运算符、算术运算符、比较运算符

10. 在Excel 2010工作表中，单元格D5中有公式“=$B$2+C4”，删除A列后C5单元格中的公式为（　　）。

A. =$A$2+B4　　B. =$B$2+B4

C. =SA$2+C4　　D. =$B$2+C4

11. 在Excel 2010的工作表中，假定C3:D8区域的单元格一半是文本一半是数值，则函数“=count（C3:D8）”的值为（　　）。

A. 3　　B. 6　　C. 8　　D. 10

12. 在Excel 2010操作中，如果单元格中出现"#DIV/0!"的信息，则表示（　　）。

A. 公式中出现被零除的现象　　B. 单元格引用无效

C. 没有可用数值　　D. 结果太长，单元格容纳不下

13. 在Excel 2010中，如果单元格A5的值是单元格A1、A2、A3、A4的平均值，则不正

确的输入公式为（　　）。

A. =AVERAGE(A1:A4)　　B. =AVERAGE(A1,A2,A3,A4)

C. =(A1＋A2＋A3＋A4)/4　　D. =AVERAGE(A1＋A2＋A3＋A4)

14. 在Excel 2010中，如果同一行或同一列的连续单元格使用相同的计算公式，可以先在第一单元格中输入公式，然后用鼠标拖动单元格的（　　）来实现公式复制。

A. 列标　　B. 行标

C. 填充柄　　D. 框

15. 已知Excel 2010某工作中的D1单元格等于1，D2单元格等于2，D3单元格等于3，D4单元格等于4，D5单元格等于5，D6单元格等于6，则公式"=Sum(D1:D3,D6)"的结果是（　　）。

A. 10　　B. 6　　C. 12　　D. 21

16. 若A1单元格中的字符串是"学生"，A2单元格的字符串是"成绩"，在A3单元格中要显示"学生成绩表"，则应在A3单元格中键入公式（　　）。

A. =A1&A2&"表"　　B. =A2&Al&"表"

C. =A1＋A2＋"表"　　D. =A1–A2–"表"

17. 在 Excel 2010工作表中，不正确的单元格地址是（　　）。

A. A$24　　B. $A24

C. A2$4　　D. $A$24

18. 在 Excel 2010工作表中，返回值一定是数值的一组函数是（　　）。

A. Sum、Rank、If　　B. Average、Mid、Max

C. Count、Countif、Rank　　D. And、Vlookup、Mod

19. 在 Excel 2010工作表中，公式"=1＋((2*1&2)*2>40)"的计算结果是（　　）。

A. True　　B. False　　C. 1　　D. 2

20. 在 Excel 2010工作表中，下列公式一定会出现错误值的是（　　）。

A. =Sum("3",2,False)　　B. =Sum(A1:E6)＋"113"

C. =Count(A1:E6)＋True　　D. =Max("abc","abcd")

知识点5 格式化工作表

格式化工作表就是对工作表中的数据的对齐方式、字体、字形、边框、颜色等进行设置，使之美观清晰。

一、考试内容解析

1. 设置单元格格式

（1）设置数字格式

利用“单元格格式”对话框中“数字”标签下的选项卡，可以改变数字（包括日期）在单元格中的显示形式，但是不改变数字在编辑区的显示形式。

数字格式的类别主要有：常规、数值、分数、日期和时间、货币、会计专用、百分比、科学记数、文本和自定义等。

（2）设置对齐和字体方式

利用“单元格格式”对话框中“对齐”标签下的选项卡，可以设置单元格中内容的水平对齐、垂直对齐、文本方向、自动换行和缩小字体填充，还可以完成相邻单元格的合并。合并后只有选定区域左上角的内容放到合并后的单元格中。

如果要取消合并单元格，则选定已合并的单元格，清除“对齐”标签选项卡下的“合并单元格”复选框即可。利用“单元格格式”对话框中“字体”标签下的选项卡，可以设置单元格内容的字体、颜色、下划线和特殊效果等。

（3）设置单元格边框

利用“单元格格式”对话框中“边框”标签下的选项卡，可以利用“预置”选项组为单元格或单元格区域设置“外边框”和“边框”，利用“边框”样式为单元格设置上边框、下边框、左边框、右边框和斜线等，还可以设置边框的线条样式和颜色。

如果要取消已设置的边框，选择“预置”选项组中的“无”即可。

（4）设置单元格颜色

利用“单元格格式”对话框中“填充”标签下的选项卡，可以设置突出显示某些单元格或单元格区域，为这些单元格设置背景色和图案。

注意：选择“开始”选项卡的“字体”组、“对齐方式”组、“数字”组内的命令，可快速完成某些单元格格式化工作。

2. 行高和列宽的调整

（1）通过拖动鼠标实现

调整行高：将鼠标指针指向行号之间的分隔线，当指针呈“╪”时，按下鼠标左键不放并拖动，可调整行高，拖动至合适位置释放鼠标即可。

调整列宽：将鼠标指针指向列标之间的分隔线，当指针呈“↔”时，按下鼠标左键不放并拖动，可调整列宽，拖动至合适位置释放鼠标即可。

（2）双击分隔线

双击行号之间的分隔线或列标之间的分隔线，可实现自动调整行高或列宽。

（3）通过对话框实现

如果需要设置更为精确的行高或列宽，在“开始”选项卡的“单元格”组中单击“格式”按钮，在弹出的下拉列表中单击“列宽”或“行高”选项，会弹出“列宽”或“行高”对话框，输入想要设置的值，“确定”即可。

如果要将某一列的列宽复制到其他列中，则选定该列中的单元格，使用“复制”命令，然后选定目标列，在“选择性粘贴”对话框中单击“列宽”选项，确定即可。

3. 套用表格格式和条件格式

（1）套用表格格式

Excel 2010除了为用户提供丰富多彩的样式之外，还为用户提供可以快速设置表格格式的功能。运用该功能可以根据预设格式为表格设计出多样性与多彩性的外观。

（2）条件格式

使用Excel中的条件格式功能，可以预置一种单元格格式，并在指定的某种条件被满足时自动应用于目标单元格。可以预置的单元格格式包括边框、底纹、字体颜色等。此功能可以根据用户的要求，快速对特定单元格进行必要的标识，以起到突出显示的作用。

Excel 2010中，增强了条件格式的功能，主要有突出显示单元格规则、项目选取规则、数据条、色阶、图标集等，用户还可以建立自己的条件规则。

通过“开始”选项卡“样式”组，可设置“套用表格格式”和“条件格式”。

解析：针对本部分内容，考生应重点掌握“设置单元格格式”对话框的常用操作、行高列宽的调整、套用表格格式和条件格式的使用方法。

二、考试内容巩固

1. 在Excel 2010中，不能为表格设置边框的操作是（　　）。

   A. 通过“设置单元格格式”对话框的“边框”选项卡

   B. 利用绘图工具绘制边框

   C. 自动套用边框

   D. 使用“开始”选项卡“字体”组中的框线按钮

2. 在Excel 2010工作表中，某单元格数据为日期型“二〇一八年六月三十日”，执行“清除格式”命令后，下列说法正确的是（　　）。

   A. 单元格内容为数值　　B. 单元格内容为错误值

   C. 单元格内容无变化　　D. 单元格内容显示为2018-6-30

3. 下列关于Excel 2010中条件格式的说法，错误的是（　　）。

   A. 可以对一列数据中满足条件的单元格设置格式

   B. 可以对一行数据中满足条件的单元格设置格式

   C. 可以对一个数据清单中满足条件的记录设置格式

   D. 可以对一个数据清单中满足条件的单元格设置格式

4. 在Excel 2010“设置单元格格式”对话框中，不存在的选项卡是（　　）。

   A. “数字”选项卡　　B. “对齐”选项卡

   C. “字体”选项卡　　D. “货币”选项卡

5. 在Excel 2010中，要想设置行高、列宽，应选用（　　）功能区中的“格式”命令。

   A. 开始　　B. 插入　　C. 页面布局　　D. 视图

6. 在Excel 2010中，如果给某单元格设置的小数位数为2，则输入100时显示（　　）。

   A. 100.00　　B. 10000　　C. 1　　D. 100

7. 以下不属于Excel 2010中数字类别的是（　　）。

   A. 常规　　B. 货币　　C. 文本　　D. 条形码

8. 在Excel 2010中，要在某列输入身份证号，则应选定该列，在数字分类中选择（　　）格式。

   A. 常规　　B. 数值　　C. 科学计数　　D. 文本

9. 在Excel 2010中，选定任意10行，再在选定的基础上改变第5行的行高，则（　　）。

A. 10行的行高均改变，并与第5行的行高相等

B. 10行的行高均改变，并与第5行的行高不相等

C. 只有第5行的行高改变

D. 只有第5行的行高不变

10. 在Excel 2010中，设定数字显示格式后，（　　）格式显示。

A. 整个工作簿在显示数字时将会依照所设定的统一

B. 整个工作表在显示数字时将会依照所设定的统一

C. 在设定了显示格式的单元格区域外的单元格在显示数字时将会依照所设定的统一

D. 在设定了显示格式的单元格区域内的数字在显示时将会依照该单元格所设定的

11. 在Excel 2010中，本来输入Excel单元格的是数值，结果却变成了日期，原因是（　　）。

A. 不可预知的原因

B. 该单元格太宽了

C. 该单元格的数据格式被设定为日期格式

D. Excel程序出错

12. 在Excel 2010中，只要运用了套用表格格式，就不能消除表格格式，不能把表格转为原始的普通表格。（　　）

A. 正确　　　　B. 错误

13. 在Excel 2010中，只能用“套用表格格式”设置表格样式，不能设置单个单元格样式。（　　）

A. 正确　　　　B. 错误

14. 在Excel 2010中，只能设置表格的边框，不能设置单元格边框。（　　）

A. 正确　　　　B. 错误

15. 运用“条件格式”中的“项目选取规则”，可设置学生成绩中某列前10名的单元格格式。（　　）

A. 正确　　　　B. 错误

知识点6 Excel 2010 中的数据处理

一、考试内容解析

1. 数据清单

Excel 2010的数据清单具有类似数据库的特点，可以实现数据的排序、筛选、分类汇总、统计和查询等操作，具有数据库的组织、管理和处理数据的功能；因此，Excel数据清单也称Excel数据库。

创建数据清单应遵循的规则：

◇ 数据清单是一片连续的数据区域，不允许出现空行和空列。

◇ 每一列包含相同类型的数据。

◇ 将关键数据置于清单的顶部或底部，避免将关键数据放到数据清单的左右两侧，因为这些数据在筛选数据清单时可能会被隐藏起来。

◇ 使清单独立。在工作表的数据清单与其他数据间应至少留出一个空列和一个空行，这在执行排序、筛选或分类汇总等操作时将有利于Excel 2010检测和选定数据清单。

◇ 不要在数据的前、后输入空格。单元格开头和末尾的多余空格会影响排序与搜索。

具备上述特点的二维表在Excel中被称为数据清单。

数据清单的第一行必须为文本类型，为相应列的名称。在执行数据库操作（如查询、排序等）时，Excel 2010会自动将数据清单视作数据库，并使用下列数据清单中的元素来组织数据：数据清单中的列是数据库中的字段；数据清单中的列标志是数据库中的字段名称；数据清单中的每一行对应数据库中的一条记录。

2. 排序、筛选和分类汇总

（1）排序

排序就是按照指定的关键字重新排列记录的位置。有关排序操作的基本知识如表4–16所示。

表4-16　Excel 2010排序

项目	说明
简单排序	按一个字段的大小排序
	选中数据清单中关键字段所在列的任意一个单元格，再选择相应的排序命令
多关键字排序	多个关键字进行排序时，在主要关键字完全相同的情况下，会根据指定的次要关键字进行排序；在次要关键字完全相同的情况下，会根据指定的下一个次要关键字进行排序；依次类推
	选中数据清单中任意单元格，在“排序”对话框中设置排序关键字，最多可设置64个排序关键字
排序的依据	数值、单元格颜色、字体颜色和单元格图标
排序的次序	升序、降序和自定义序列
排序选项	区分大小写；方向：按列排序和按行排序；方法：字母排序和笔划排序

在Excel 2010中，排序命令的选择可通过：

◇ 在“数据”选项卡的“排序和筛选”组中，选择需要的排序命令。

◇ 在“开始”选项卡的“编辑”组中，选择“排序和筛选”下拉菜单需要的排序命令。

Excel 2010使用表4-17所示的排序次序。在按降序排序时，则使用相反的次序。

表4-17　升序次序

<table>
<tr><th>值</th><th>次序</th></tr>
<tr><td>数字</td><td>数字按从最小的负数到最大的正数进行排序</td></tr>
<tr><td>日期</td><td>日期按照从最早的日期到最晚的日期进行排序</td></tr>
<tr><td>文本</td><td>字母按字母顺序排序；文本以及包含存储为文本的数字的文本按以下次序排序：0123456789（空格）！”#$%&（）*,./:;?@[\]^_`{|}~1,5.ABCDEFGHIJKLMNOPQRSTUVWXYZ。（'）撇号和（–）连字符会被忽略。例外情况是：如果两个文本字符串除了连字符不同外其余都相同，则带连字符的文本排在后面</td></tr>
<tr><td>逻辑值</td><td>False排在True之前</td></tr>
<tr><td>错误值</td><td>所有错误值（如#Num！和#Null！）的优先级相同</td></tr>
<tr><td>空白单元格</td><td>无论按升序还是降序，空白单元格总是放在最后</td></tr>
</table>

注意：选中“排序”对话框的“数据包含标题”复选框，表示选定区域的第一行作为标题，不参加排序，始终放在原来的行位置；取消该复选框，表示将选定区域的第一行作为普通数据看待，参

与排序。

（2）筛选

筛选数据就是将不符合特定条件的行隐藏起来，这样可以更方便用户查看数据。与排序不同，筛选并不重排清单，只是暂时隐藏不必显示的行。

Excel提供了两种筛选方式：自动筛选和高级筛选。自动筛选适用于简单条件的筛选，而高级筛选适用于复杂条件的筛选。在Excel 2010中，筛选命令的选择使用方法同排序命令。

有关筛选的相关知识如表4–18所示。

表4–18 筛选

<table>
<tr><th>筛选类型</th><th colspan="2">说明</th></tr>
<tr><td rowspan="5">自动筛选</td><td colspan="2">使用筛选命令后，数据清单中的字段名右侧会出现一个下拉箭头</td></tr>
<tr><td colspan="2">通过下拉箭头设置筛选条件、删除筛选条件或自定义自动筛选条件。点击“清除”按钮，清除所有筛选条件；设置自动筛选后，单选择“筛选”命令则取消自动筛选，数据恢复到初始状态</td></tr>
<tr><td colspan="2">自动筛选的自定义条件针对同一列数据，可以设置条件的“与”和“或”，也可以在条件值中使用通配符（?）和星号（*）</td></tr>
<tr><td colspan="2">若设置了多列筛选条件，多列条件是“与”的关系</td></tr>
<tr><td colspan="2">自动筛选只能在原有区域显示筛选结果</td></tr>
<tr><td rowspan="4">高级筛选</td><td rowspan="3">条件区</td><td>条件区域至少为两行，由字段名行和若干条件行组成</td></tr>
<tr><td>条件区域和数据清单之间要间隔一个以上的空行或空列</td></tr>
<tr><td>同一条件行中的条件互为“与”逻辑关系，不同条件行中的条件互为“或”逻辑关系</td></tr>
<tr><td colspan="2">筛选结果可在原有区域显示，也可将筛选结果复制到其他位置</td></tr>
</table>

（3）分类汇总

分类汇总是Excel中最常用的功能之一，它能够快速地以某一个字段为分类项，对数据清单中的数据进行各种统计操作，如求和、平均值、最大值、最小值、乘积以及计数等。分类汇总前，需要先按分类字段对数据清单进行排序。

分类汇总后的数据是分三级显示的。分别单击文档窗口左上角的“1”“2”“3”，表中就会对应相应的分级显示。

使用分类汇总后，若只将汇总结果复制到一个新的数据表中，则切换到2级状态，选中所有汇总项，使用Alt+；组合键选取当前屏幕中显示的内容，然后再进行复制粘贴操作。

如果要删除汇总信息，可在“分类汇总”对话框中单击“全部删除”按钮，数据表即恢复到原来状态。

3. 合并计算

Excel 2010的“合并计算”功能可以汇总或者合并多个数据源区域中的数据。有关合并计算的知识，如表4–19所示。

表4–19　合并计算

合并计算	说明
分类	按类别合并计算，按位置合并计算
合并方式	默认是求和，可选择求平均值、计数等其他合并方式
数据源	可来自单个工作表、多个工作表或多个工作簿。最多可设置255个数据源
	合并所需数据源涉及其他工作簿时，不必打开包含数据源的工作簿
按类别合并计算	按类别合并时，数据源列表必须包含行或列标题
	选中“首行”，按列标题进行分类合并计算；选中“最左列”，按行标题进行分类合并计算；同时选中“首行”和“最左列”，按行标题和列标题进行分类合并
	行标题相同：合并成一条记录；行标题不同：形成多条记录
	列标题相同：合并成一个字段；列标题不同：形成不同字段
按位置合并计算	若“首行”或“最左列”两个选项都不勾选，则按位置进行合并计算，不会进行分类合并计算
	按位置合并时不关心多个数据源表的行/列标题是否相同，只是将不同数据源中相同位置上的数据进行合并计算

4. 数据透视表、获取外部数据和模拟分析

有关数据透视表、获取外部数据和模拟分析的相关知识，如表4–20所示。

表4–20　数据透视表、获取外部数据和模拟分析

数据透视表	对大量数据快速汇总和建立交叉列表的交互式动态表格
	同时实现筛选、排序和分类汇总等操作
	可从不同角度查看和分析数据，挖掘数据之间的联系

续表

<table>
<tr><td rowspan="2">获取外部数据</td><td colspan="3">可快速、批量地将已有数据导入Excel工作表，提高数据获取的效率和数据的准确性</td></tr>
<tr><td colspan="3">外部数据可来自Access 、网页、文本、现有连接、 Microsoft Query 、Sql Server等</td></tr>
<tr><td rowspan="5">模拟分析</td><td colspan="3">模拟分析是指通过更改单元格中的值来查看这些更改对工作表中公式结果的影响的过程</td></tr>
<tr><td rowspan="3">模拟分析工具</td><td>模拟运算表</td><td>求解变量的变动对结果的影响；最多支持两个变量</td></tr>
<tr><td>方案管理器</td><td>求解变量的变动对结果的影响；支持多变量，可建立多个方案，根据变量的数据变化确定最佳方案</td></tr>
<tr><td>单变量求解</td><td>是一组命令的组成部分；若已知单个的预期结果，而用于确定此公式结果的输入值未知，可以使用“单变量求解”命令</td></tr>
<tr><td colspan="3">方案管理器和模拟运算表是根据各组输入值来确定可能的结果；单变量求解是根据预知的结果确定产生此结果的输入值</td></tr>
</table>

解析：针对本部分内容，考生应了解数据清单的概念，重点掌握有关数据清单的排序、筛选、分类汇总等操作，熟悉合并计算、数据透视表、获取外部数据和模拟分析的作用。

二、考试内容巩固

1. 在Excel 2010中，数据筛选功能是将（　　）。

   A. 满足条件的记录显示出来，而删除掉不满足条件的数据

   B. 不满足条件的记录暂时隐藏起来，只显示满足条件的数据

   C. 不满足条件的数据用另外一个工作表来保存起来

   D. 将满足条件的数据突出显示出来

2. 以下关于Excel 2010排序依据的说法，正确的有（　　）。

   A. 按数值大小　　B. 按单元格颜色

   C. 按字体颜色　　D. 按单元格图标

3. 在Excel 2010中，外部数据源可来自（　　）。

A. Access的数据　　B. 网站的数据
C. 文本文件的数据　　D. Sql Server的数据

4. 在Excel 2010中，下列有关筛选的叙述，正确的是（　　）。
A. 自动筛选可以同时显示数据区域和筛选结果
B. 高级筛选可以进行更复杂条件的筛选
C. 高级筛选不需要建立条件区域
D. 自动筛选可将筛选结果放在指定区域

5. 在Excel 2010中，对一含有标题行的工作表进行排序时，在“排序”对话框中选中“数据包含标题”选项，该标题行（　　）。
A. 将参加排序　　B. 将不参加排序
C. 位置总在第一行　　D. 位置总在倒数第一行

6. 在Excel 2010的高级筛选中，条件区域中写在同一行的条件是（　　）。
A. 或关系　　B. 与关系　　C. 非关系　　D. 异或关系

7. 下列关于Excel 2010中的数据透视表的描述，错误的是（　　）。
A. 数据透视表可以放在其他工作表中
B. 可以在“数据透视表字段列表”任务窗格中添加字段
C. 可以更改计算类型
D. 不可以筛选数据

8. 在Excel 2010中，在对某个数据库进行分类汇总之前，必须（　　）。
A. 不对数据排序　　B. 使用数据记录单
C. 按数据库的分类字段进行排序　　D. 设置筛选条件

9. 在Excel 2010中，可以通过（　　）选项卡对数据进行高级筛选，筛选出符合要求的数据。
A. 视图　　B. 插入　　C. 数据　　D. 审阅

10. 下列对于Excel 2010中“自动筛选”下拉框的说法，正确的是（　　）。
A. “全选”是指显示全部数据
B. “全选”是指显示除空白单元格之外的全部数据
C. 在不同列的下拉框中分别设置条件后，多列条件之间的关系是“或”关系。
D. 只能选择现有条件，而不能自定义筛选条件

知识点7 图表和迷你图

一、考试内容解析

1. 图表

图表就是工作表单元格中数据的图形化表示，以直观形象的形式显示数据及数据之间的关系。

图表是基于工作表中的数据建立的。图表和建立图表的工作表建立了一种动态链接关系：工作表中的数据发生变化时，图表中对应项的数据系列自动变化；改变图表中的数据系列时，与系列对应的工作表数据也会发生相应的变化。

2. 图表的分类

按照图表的存放位置，Excel 2010中的图表可分为两类：

◇ 嵌入式图表：把图表直接插入数据所在的工作表中。

◇ 独立图表（图表工作表）：图表放在一个独立的工作表中，第一个图表工作表默认的名称是Chart1。

3. 图表的组成

在Excel 2010中，图表的主要组元素及作用如表4-21所示。

表4-21　图表的组成元素及作用

组成元素	作用
图表区	是图表对象的标识；只有图表区的图表称为空图表
绘图区	是图表的核心，包括数据系列、坐标轴、网格线和数据标签等其他图表元素
数据点	一个数据点是一个单元格的数值的图形表示
数据系列	一组相关数据点就是一个数据系列，可对应工作表中的一行或者一列数据
图例	标识图表中各数据系列代表的意义，由图例项和图例项标示组成

续表

组成元素	作用
坐标轴	用于绘制图表数据系列大小的参考框架。水平坐标轴一般表示时间或分类，垂直坐标轴一般表示数据的大小
标题	图表标题、水平轴标题、垂直轴标题
数据标签	在数据系列的数据点上显示的与数据系列对应的实际值
网格线	为方便对比各数据点值的大小而设置的水平参考线

4. 常用的图表类型

在Excel 2010中，常用图表类型及作用如表4-22所示。

表4-22　常用图表类型及作用

图表类型	作用
面积图	用于显示不同数据系列之间的对比关系，同时也显示各数据系列与整体的比例关系，尤其强调随时间的变化幅度
柱形图	以宽度相等的条形高度或长度的差异来表示统计指标数值多少或大小的一种图表。它常用于表示一段时间内的数据变化或各指标之间的比较情况
条形图	表示各个项目之间的比较情况，纵轴表示分类，横轴表示值。它主要强调各个项目值之间的比较，一般与时间变化无关
折线图	常用于描绘连续数据系列，反映数据随时间变化的发展趋势
饼图	常用于表示总体与部分的比例关系，以直观的图形方式表示出各部分与总体的百分比。饼图只能表示一个数据系列
圆环图	作用类似于饼图，但圆环图可以包含多个数据系列
X-Y散点图	分别将X轴和Y轴数值合并到单一数据点，用来比较在不均匀时间或测量间隔上的数据变化趋势。散点图通常用于显示和比较数值

5. 图表创建和编辑

（1）图表创建

创建图表时，将活动单元格置于创建图表的数据清单内，或选中要创建图表的单元格区域。

1）通过“插入图表”对话框创建

2）使用“图表”组中的命令创建

（2）图表编辑

对于创建好的图表，编辑操作主要有：更改图表的布局及样式、更改图表类型、改变图表存放位置、修改图表数据源、改变数据系列产生的方向、设置图表及坐标轴标题、图例设置、显示或隐藏数据标签及坐标轴和改变图表大小等。

6. 迷你图

迷你图与图表不同，迷你图是工作表单元格中的一个微型图表，可以直观地显示数据系列中的变化趋势。

在Excel 2010中，迷你图有三种类型：折线图、柱形图和盈亏图。

迷你图不同于图表，它是单元格背景中的一个微型图表，而不是工作表中的对象。

解析：针对本部分内容，考生应重点掌握图表的概念、用途、组成、分类，图表与工作表的关系，迷你图的概念及分类，以及图表和迷你图的区别等知识。

二、考试内容巩固

1. 在Excel 2010中，基于工作表建立柱状形图表后，若删除图表中某数据系列柱状图，（　　）。

A. 则数据表中相应的数据不变

B. 则数据表中相应的数据消失

C. 若事先选定被删除柱状图相应的数据区域，则该区域数据消失，否则保持不变

D. 若事先选定被删除柱状图相应的数据区域，则该区域数据不变，否则数据消失

2. Excel 2010中的图表是动态的，当在图表中修改了数据系列的格式时，与图表相关的工作表中的数据格式（　　）。

A. 出现错误值　　B. 保持不变

C. 自动更新　　D. 用特殊颜色显示

3. 下列关于 Excel 2010工作表及为其建立的嵌入式图表的说法，正确的是（　　）。

A. 删除工作表中的数据，图表中的数据系列不会删除

B. 增加工作表中的数据，图表中的数据系列不会增加

C. 修改工作表中的数据，图表中的数据系列不会修改

D. 要往图表中增加一个系列，不必重新建立图表，可通过更改图表的数据源来实现

4. 在Excel 2010中，通过以下操作可修改图表的图表类型（　　）。

A. 执行“图表工具”区“设计”选项卡下的“更改图表类型”命令

B. 执行“图表工具”区“布局”选项卡下的“更改图表类型”命令

C. 执行“图表工具”区“格式”选项卡下的“更改图表类型”命令

D. 右击图表，执行“更改图表类型”命令

5. 在Excel 2010中，当工作簿中有一般工作表和独立图表时，在保存文件时会分成（　　）个文件存储。

A. 1　　B. 2　　C. 3　　D. 4

6. 下列关于Excel 2010中嵌入式图表的说法，错误的是（　　）。

A. 对生成后的图表进行编辑时，首先要选中图表

B. 图表生成后不能改变图表类型，如三维变二维

C. 表格数据修改后，相应的图表数据系列也随之变化

D. 图表生成后可以向图表中添加新的数据

7. 在Excel 2010中，图表中（　　）随工作表中数据的改变而发生相应的变化。

A. 图例的颜色　　B. 图表的类型

C. 图表标题的位置　　D. 数据系列的值

8. 下列关于Excel图表中“系列”的描述，错误的是（　　）。

A. 一个系列对应工作表中的一行或一列数据

B. 一个系列对应工作表中一个矩形区域的数据

C. 一个系列在图表上用同一种颜色表示

D. 一个图表中可以有多个系列

9. 在Excel 2010中新增“迷你图”功能，可选定数据在某单元格中插入迷你图，同时打开（　　）选项卡进行相应的设置。

10. 在Excel 2010中，插入的迷你图可分为盈亏图、柱形图和（　　）三种。

知识点 8 视图、分页符、页面设置和打印

一、考试内容解析

1. 视图

Excel 2010工作簿有五种视图模式：普通视图、分页预览视图、全屏显示视图、页面布局视图和自定义视图。

（1）普通视图

普通视图是 Excel 2010的默认视图，是在制作表格时常用的视图模式，可方便地输入数据、对表格内容和样式进行管理等。

（2）分页预览视图

分页预览视图按打印方式显示工作表的内容。Excel 2010自动按比例调整工作表使其行、列适合页的大小，用户也可通过左右或上下拖动来移动分页符。

（3）全屏显示视图

全屏视图可以在工作界面上尽可能多地显示工作表中的内容。在该视图中，Excel 2010将不显示功能区和状态栏等区域，并可在其他几种视图的基础上切换到该视图进行显示，按Esc 键即可退出该视图。

（4）页面布局视图

页面布局视图不但可对表格进行编辑、清楚地显示每一页的数据，并可直接输入页眉和页脚等内容，还可同时查看表格在纸张上的打印效果。

（5）自定义视图

根据用户需要，可以自定义多个视图。不同视图可保存不同的打印设置，隐藏行、列及筛选设置，更具个性化。

2. 分页符

在Excel 2010中，分页符分为自动分页符和人工分页符两种。

自动分页符是根据纸张大小和表格内容由系统自动产生的；根据需要，人工分页符可手动插入或删除。分页符的插入和删除，可通过“页面布局”选项卡来实现。

（1）插入水平分页符

选定要插入分页符位置的下一行，使用“插入分页符”命令，可在选定行的上方插入一个水平分页符。

（2）插入垂直分页符

选定要插入分页符位置的右侧列，使用“插入分页符”命令，可在选定列的左侧插入一垂直分页符。

（3）同时插入水平、垂直分页符

选定某单元格，使用“插入分页符”命令，可在该单元格左边框和上边框位置同时插入水平、垂直分页符。

（4）删除人工分页符

先选择紧邻水平分页符的下面行（或该行中的任一单元格），或选择紧邻垂直分页符的右侧列（或该列中的任一单元格），使用“删除分页符”命令，即可删除水平或垂直分页符。

“重设所有分页符”命令可删除工作表中所有人工分页符，但Excel 2010中的自动分页符不能删除。

（5）调整分页符位置

只有在分页预览视图下才能调整分页符位置。在分页预览视图中，人工分页符以实线表示，自动分页符以虚线表示，将鼠标指向相应的分页符，拖动即可移动分页符位置，若将分页符拖到打印区域以外，则分页符将被删除。

3. 页面设置和打印

在Excel 2010中，页面设置主要包括页边距、纸张方向、纸张大小、打印区域、背景、打印标题等的设置。

在Excel 2010中，系统默认打印当前活动工作表；用户也可以设置打印页码的范围、打印整个工作簿、打印选定区域和缩放打印等。

解析：针对本部分内容，考生应重点掌握工作簿的视图模式及功能、分页符的插入和删除，以及常用的页面设置及打印等知识。

二、考试内容巩固

1. 在Excel 2010中，如果想插入一条水平分页符，活动单元格应（　　）。

A. 放在任何区域均可　　B. 放在第一行，A1单元格除外
C. 放在第一列，A1单元格除外　　D. 无法插入

2. 在Excel 2010中，插入人工分页符的正确方法是（　　）。
A. 单击“开始”选项，选择“分隔符”/“插入分页符”
B. 单击“页面布局”选项，选择“分隔符”/“插入分页符”
C. Alt＋Enter
D. Shift＋Enter

3. 在Excel 2010中，如果要打印行号和列标，应该通过“页面设置”对话框中的（　　）选项卡进行设置。
A. 页面　　B. 页边距　　C. 页眉/页脚　　D. 工作表

4. 在Excel 2010中，通过（　　）选项卡可进行工作簿视图方式的切换。
A. 开始　　B. 页面布局　　C. 审阅　　D. 视图

5. 在Excel 2010中，有关工作簿打印的表述，错误的是（　　）。
A. 一次可以打印整个工作簿
B. 一次可以打印一个工作簿中的一个或多个工作表
C. 在一个工作表中可以只打印某一页
D. 不能只打印一个工作表中的一个区域位置

6. 在Excel 2010中，有一个包含多页数据的成绩表，若每页都打印表的字段名，实现的方法是（　　）。
A. 设置打印区域　　B. 设置打印标题行
C. 设置打印标题列　　D. 无法实现

7. 下列不属于Excel 2010工作簿的视图的是（　　）。
A. 普通视图　　B. 页面视图　　C. 全屏显示　　D. 分页预览

8. 在Excel 2010中设置“页眉和页脚”，只能通过“插入”功能区插入来实现，没有其他的操作方法。（　　）
A. 正确　　B. 错误

9. 在Excel 2010中，除通过“视图”选项卡进行显示比例调整外，还可以通过拖动状态栏右侧缩放滑块进行快速设置。（　　）
A. 正确　　B. 错误

10. 在Excel 2010中，自动分页符是无法删除的，但可以改变位置。（　　）
A. 正确　　B. 错误

综合练习

一、单项选择题

1. 在 Excel 2010中，当在某单元格内输入一个公式并确认后，单元格内容显示为#REF!，则说明（　　）。

A. 公式引用了无效的单元格　　B. 某个参数不正确

C. 公式被零除　　D. 单元格太小

2. 在 Excel 2010中，A1和A2单元数据分别为1和2，选定A1:A2区域并拖动该区域右下角填充句柄至A10，A6单元的值为（　　）。

A. 2　　B. 1　　C. 6　　D. 错误值

3. 在 Excel 2010中，给当前单元格输入数值型数据时，默认为（　　）。

A. 居中　　B. 左对齐　　C. 右对齐　　D. 随机

4. 在Excel 2010默认的情况下，在单元格中输入下列数据或公式时，结果为左对齐的是（　　）。

A. 6-3　　B. 6/3　　C. =6+3　　D. 6*3

5. 在Excel 2010工作表中进行自动填充时，鼠标的形状为（　　）。

A. 空心粗十字　　B. 向左上方箭头

C. 实心细十字　　D. 向右上方箭头

6. 在Excel 2010中，逻辑值“假”使用标识符（　　）表示。

A. F　　B. T　　C. FALSE　　D. TRUE

7. 在Excel 2010中，输入数字作为文本使用时，需要输入的先导字符是（　　）。

A. 逗号　　B. 分号　　C. 单引号　　D. 双引号

8. 在Excel操作中，某公式中引用了一组单元格，它们是（B3:D7,E1:F3），该公式引用的单元格总数为（　　）。

A. 4　　B. 12　　C. 16　　D. 21

9. 下列关于Excel 2010单元格区域的描述，不正确的是（　　）。

A. 单元格区域可由单一单元格组成

B. 单元格区域可由同一列连续多个单元格组成

C. 单元格区域可由不连续的单元格组成

D. 单元格区域可由同一行连续多个单元格组成

10. 在Excel 2010中，一个单元格的二维地址包括所属的（　　）。

A. 列标　　B. 行号　　C. 列标与行号　　D. 列标或行号

11. 在Excel 2010中，若需要选择多个不连续的单元格区域，除选择第一个区域外，以后每选择一个区域都要同时按住（　　）。

A. Ctrl键　　B. Shift键　　C. Alt键　　D. Esc键

12. 在Excel 2010中，对于工作簿文件保存的说法，错误的是（　　）。

A. 可将文件保存为多种类型

B. 可将工作簿文件保存为早期版本格式

C. 可以打开低版本格式的工作簿文件

D. 按Ctrl＋S键，可将当前编辑的工作簿保存到其他位置

13. Excel 单元格中，在单元格内换行的方法是（　　）。

A. Ctrl＋Enter　　B. Alt＋Enter

C. Shift＋Enter　　D. Ctrl＋Shift

14. 在Excel 2010中，打开“设置单元格格式”对话框的快捷键是（　　）。

A. Ctrl＋Shift＋E　　B. Ctrl＋Shift＋F

C. Ctrl＋Shift＋G　　D. Ctrl＋Shift＋H

15. 在Excel 2010中，给工作表设置背景，可以通过（　　）选项卡完成。

A. “开始”　　B. “视图”

C. “页面布局”　　D. “插入”

16. 在Excel 2010中，在当前工作表（Sheet1）中要引用其他工作表某个单元格区域的数据（如Sheet2中D3:E8单元格区域中的数据）,下面的表达方式正确的是（　　）。

A. =Sheet2!D3:E8　　B. = (Sheet2)D3:E8

C. =Sheet2(D3:E8)　　D. =Sheet2!(D3:E8)

17. 在Excel 2010单元格中输入负数时，可使用的表示负数的两种方法是（　　）。

A. 反斜杠（＼）或连接符（–）　　B. 斜杠（/）或反斜杠（＼）

C. 斜杠（/）或连接符（–）　　D. 在负数前加一个减号或用圆括号

18. 在Excel 2010单元格中输入数据后，不能确认单元格数据输入的操作是（　　）。

A. 按Shift键　　B. 按Tab键

C. 按Enter键　　D. 单击其他单元格

19. 在Excel 2010中，在单元格中输入（　　）并确认后，单元格显示0.3。

A. 3/10　　B. =3/10　　C. 0 3/10　　D. ="3/10"

20. 在Excel 2010 中，若删除的单元格是公式所引用的，则公式中会显示（　　）。

A. #####!　　B. #REF!　　C. #VALUE!　　D. #NUM!

21. 在Excel 2010 的工作表中，第54列的列标可表示为（　　）。

A. BA　　B. BB　　C. AC　　D. AD

22. 在Excel 2010中，右击一个工作表标签，不能选择的操作是（　　）。

A. 插入一个工作表　　B. 重命名一个工作表

C. 打印一个工作表　　D. 删除一个工作表

23. 在Excel 2010中输入12小时制的日期和时间时，可以在表示上午的AM与表示下午的PM字符串前面添加一个（　　）。

A. 表示时间的":"　　B. 分隔符"-"

C. 空格　　D. 任意符号

24. 在Excel 2010中，假定单元格B2的内容为2018-4-25，则函数"=DAY(B2)"的值为（　　）。

A. 2018　　B. 4　　C. 25　　D. 1979

25. 在Excel 2010中"公式"选项卡下，不是"计算"组的计算选项的一项是（　　）。

A. 自动　　B. 手动

C. 除模拟运算表外自动重算　　D. 计算工作表

26. 在Excel 2010中，打开"另存为"对话框的快捷键为（　　）。

A. F8　　B. F12

C. Ctrl+F11　　D. Shift+F12

27. 在Excel 2010中，关于"筛选"的叙述正确的是（　　）。

A. 自动筛选和高级筛选都可以将结果筛选至另外的区域中

B. 执行高级筛选前必须在另外的区域中给出筛选条件

C. 自动筛选的条件只能是一个，高级筛选的条件可以是多个

D. 如果所选条件出现在多列中，并且条件间有与的关系，必须使用高级筛选

28. 在Excel 2010中，若在数值单元格中出现一连串的"###"，正常显示则需要（　　）。

A. 重新输入数据　　B. 调整单元格的宽度

C. 删除这些符号　　D. 删除该单元格

29. 在Excel 2010中进行操作时，某单元格中出现“#VALUE！”的信息，其含义是（　　）。

A. 在公式单元格引用不再有效

B. 单元格中的数字太大

C. 计算结果太长了，超过了单元格宽度

D. 在公式中使用了错误的数据类型

30. 在Excel 2010 中，关于“删除”和“清除”的叙述正确的是（　　）。

A. 删除指定区域是将该区域中的数据连同单元格一起从工作表中删除；清除指定区域仅清除该区域中的数据或格式等而单元格本身仍保留

B. 删除的内容不可以恢复，清除的内容可以恢复

C. 删除和清除均不移动单元格本身，但删除操作将原单元格清空，而清除操作将原单元格中的内容变为0

D. Del键的功能相当于删除命令

31. 在Excel 2010的图表中，水平X轴通常作为（　　）。

A. 排序轴　　B. 分类轴　　C. 数值轴　　D. 时间轴

32. 在Excel 2010中建立图表时，有很多图表类型可供选择，能够很好地表现一段时期内数据变化趋势的图表类型是（　　）。

A. 柱形图　　B. 折线图　　C. 饼图　　D. XY散点图

33. 在Excel 2010中，能够很好地通过扇形反映每个对象的一个属性值在总值当中占比例大小的图表类型是（　　）。

A. 柱形图　　B. 折线图　　C. 饼图　　D. XY散点图

34. 在Excel 2010中，数据源发生变化时，相应的图表（　　）。

A. 手动跟随变化　　B. 自动跟随变化

C. 不跟随变化　　D. 不受任何影响

35. 在Excel 2010中建立的图表（　　）。

A. 只能插入到数据源工作表中

B. 只能插入到一个新的工作表中

C. 可以插入到数据源工作表中，也可以插入到新的工作表中

D. 只能插入到某个单元格内

36. 在Excel 2010中，假定存在着一个职工简表，要对职工工资按职称进行分类汇总，则在分类汇总前必须进行数据排序，所选择的关键字应为（　　）。

A. 性别　　B. 职工号　　C. 工资　　D. 职称

37. 在Excel 2010中，若需要将工作表中某列上大于某个值的记录挑选出来，应执行“数据”选项卡中的（　　）。

A. 排序命令　　B. 筛选命令

C. 分类汇总命令　　D. 合并计算命令

38. 在Excel 2010中，B2单元格值是15，则公式=IF(B2>20,"好",IF(B2>10,"中","差"))的值为（　　）。

A. 好　　B. 良　　C. 中　　D. 差

39. 在Excel 2010工作表中，按下Delete键将清除被选区域中所有单元格的（　　）。

A. 格式　　B. 内容　　C. 批注　　D. 所有信息

40. 单元格D3中保存的公式为"=B$3＋C$3"，若把它复制到E4中，则E4中保存的公式为（　　）。

A. =B3＋C3　　B. =C$3＋D$3

C. =B$4＋C$4　　D. =C&4＋D&4

二、多项选择题

41. 在Excel 2010单元格中将数字作为文本输入，下列方法正确的是（　　）。

A. 先输入单引号，再输入数字

B. 直接输入数字

C. 先设置单元格格式为“文本”，再输入数字

D. 先输入“=”，再输入双引号和数字

42. 在Excel 2010单元格中输入数值1000，与它相等的表达式是（　　）。

A. 100000%　　B. =3000/3

C. 1. 00E＋03　　D. =Average(Sum(1000,1000))

43. 在Excel 2010中，下列关于公式的说法正确的有（　　）。

A. 公式中可以使用文本运算符

B. 引用运算符只有冒号和逗号

C. 函数中不可使用引用运算符

D. 所有用于计算的表达式都要以等号开头

44. 在Excel 2010中，要给工作表重命名，下列操作正确的是（　　）。

A. 按功能键F2

B. 右键单击工作表标签，选择“重命名”

C. 双击工作表标签

D. 先单击选定要改名的工作表，再单击它的名字

45. 在Excel 2010中，关于条件格式的规则有（　　）。

A. 项目选取规则　　B. 突出显示单元格规则

C. 数据条规则　　D. 色阶规则

46. 下列关于Excel 2010的“排序”功能的说法，正确的有（　　）。

A. 可以按行排序　　B. 可以按列排序

C. 最多允许有三个排序关键字　　D. 可以自定义序列排序

47. 在Excel 2010中，若要对工作表的首行进行冻结，下列操作正确的有（　　）。

A. 光标置于工作表的任意单元格，执行“视图”选项卡下“窗口”组中的“冻结窗格”命令，然后单击其中的“冻结首行”子命令

B. 将光标置于A2单元格，执行“视图”选项卡下“窗口”组中的“冻结窗格”命令，然后单击其中的“冻结拆分窗格”子命令

C. 将光标置于B1单元格，执行“视图”选项卡下“窗口”组中的“冻结窗格”命令，然后单击其中的“冻结拆分窗格”子命令

D. 将光标置于A1单元格，执行“视图”选项卡下“窗口”组中的“冻结窗格”命令，然后单击其中的“冻结拆分窗格”子命令

48. Excel 2010中，下面能将选定列隐藏起来的操作是（　　）。

A. 在选定的列区域右击，从快捷菜单中选择隐藏

B. 将列标题之间的分隔线向左拖动，直至该列宽变为0

C. 在“列宽”对话框中设置列宽为0

D. 将列标题之间的分隔线向右拖动，直至该列宽变为0

49. 在Excel 2010中，有一个奖学金发放明细表，列标题分别有日期、班级、姓名、金额等，若按班级统计奖学金金额，下列方法可用的是（　　）。

A. 高级筛选　　B. 分类汇总

C. 用SUMIF函数计算　　D. 用数据透视表计算汇总

50. 下列关于Excel 2010的叙述，不正确的是（　　）。

A. Excel将工作簿的每一张工作表分别作为一个文件保存起来

B. Excel允许一个工作簿中包含多个工作表

C. Excel的图表不一定与生成该图表的有关数据处于同一张工作表上

D. Excel工作表的名称由文件名决定

51. 在Excel 2010中，下列公式能够执行且不产生错误值的是（　　）。

A. =sum(21,43)　　B. =sum(A1:A8)

C. =sum(21,...,58)　　D. =sum("a",1)

52. 在Excel 2010工作表中，如A1、A2、A3、A4单元格中分别输入3、星期三、5x、2017-12-27，则可以进行计算的公式是（　　）。

A. =A1^5　　B. =A2＋1　　C. =A3＋6X　　D. =A4＋1

53. 在Excel 2010中，有关图表的叙述正确的是（　　）。

A. 图表的图例可以移动到图表之外

B. 选中图表后再键入文字，则文字会取代图表

C. 图表绘图区可以显示数值

D. 选中了图表后，会出现图表工具选项卡

54. 下列 Excel 公式的输入格式，正确的是（　　）。

A. =SUM(1,2, ⋯,9,10)　　B. =SUM(E1:E6)

C. =SUM(A1;E7)　　D. =SUM("18","25", 7)

55. 在 Excel 2010中，复制单元格格式可采用的方法有（　　）。

A. 复制＋粘贴　　B. 复制＋选择性粘贴

C. 复制＋填充　　D. 使用“格式刷”工具

56. 在Excel 2010中，公式=SUM(B1:B4)等价于（　　）。

A. =SUM(A1:B4 B1:C4)　　B. =SUM(B1＋B4)

C. =SUM(B1＋B2,B3＋B4)　　D. =SUM(B1,B4)

57. 在Excel 2010的数据清单中，当以“姓名”字段作为关键字进行排序时，系统可以以“姓名”的（　　）为序排数据。

A. 拼音字母　　B. 部首偏旁

C. 区位码　　D. 笔画

58. 在Excel 2010工作表的单元格中输入数据，当输入的数据长度超过单元格宽度时，在单元格中显示“#####”的数据为（　　）。

A. 文本数据　　B. 日期格式数据

C. 货币格式数据　　D. 数值数据

59. 在Excel 2010工作表中，将单元格A1中的公式复制到区域A2:A10中，可使用的方法是（　　）。

A. 选定区域Al:Al0，使用“开始”选项卡“编辑”组中的“复制”命令

B. 将鼠标指向单元格Al的填充句柄，拖动鼠标到Al0

C. 选定单元格Al，使用“剪切”命令，选定区域A2:Al0，再选择“粘贴”命令

D. 选定单元格Al，使用“复制”命令，选定区域A2:A10，再选择 “粘贴”命令

60. 在Excel 2010中，工作表“销售额”中的B2:H300中包含所有的销售数据，在工作表“汇总”中需要计算销售总额，可采用的方法有（　　）。

A. 在“汇总”工作表中输入“=销售额!B2:H300”

B. 在“汇总”工作表中输入“=SUM(销售额!B2:H300)”

C. 在“销售额”工作表中选中B2:H300区域，在名称框中输入“sales”并回车，然后在工作表“汇总”中输入“=sales”

D. 在“销售额”工作表中选中B2:H300区域，在名称框中输入“sales”并回车，然后在工作表“汇总”中输入“=SUM(sales)”

三、判断题

61. 启动Excel 2010 程序时，系统会自动创建一个名为“工作簿1”的空白工作簿。（　　）

A. 正确　　　　B. 错误

62. 打开Excel 2010默认的工作簿文件，单击某行的行号，选定的区域中包括16384个单元格。（　　）

A. 正确　　　　B. 错误

63. 在Excel 2010中插入图片、剪贴画、屏幕截图后，功能区选项卡就会出现“图片工具—格式”选项卡，打开图片工具功能区，可对图片进行相应的设置。（　　）

A. 正确　　　　B. 错误

64. 在Excel 2010中，可以更改工作表的名称和位置。（　　）

A. 正确　　　　B. 错误

65. Excel 中只能清除单元格中的内容，不能清除单元格中的格式。（　　）

A. 正确　　　　B. 错误

66. 在Excel 2010中，筛选功能是显示符合设定条件的数据而将不符合条件的数据隐藏起来。（　　）

A. 正确　　　　　　　　　B. 错误

67. Excel 工作表的数量可根据工作需要做适当增加或减少，并可以进行重命名、设置标签颜色等相应的操作。（　　）

A. 正确　　　　　　　　　B. 错误

68. Excel 2010提供了工作簿的自动保存功能。（　　）

A. 正确　　　　　　　　　B. 错误

69. 在Excel 2010中执行“粘贴”命令时，只能粘贴单元格的数据，不能粘贴格式、公式和批注等其他信息。（　　）

A. 正确　　　　　　　　　B. 错误

70. 在Excel 2010默认的情况下，在单元格内输入“1/2”并确认后，单元格内的数据是一个日期。（　　）

A. 正确　　　　　　　　　B. 错误

71. 在Excel 2010中，公式必须以等号“=”开头，符号后面是参与运算的运算数和运算符。（　　）

A. 正确　　　　　　　　　B. 错误

72. 在Excel 2010中，可在原工作表中嵌入图表，也可以在新工作表中生成图表。（　　）

A. 正确　　　　　　　　　B. 错误

73. 在Excel 2010中，数据透视表与图表不同，数据透视表不随数据清单中的数据变化而自动变化，但可通过“刷新”命令更新数据透视表中的数据。（　　）

A. 正确　　　　　　　　　B. 错误

74. 在Excel 2010中，“分类汇总”是指将表格的数据按照某一个字段的值进行分类，再按这些类别求和、平均值等。（　　）

A. 正确　　　　　　　　　B. 错误

75. 在Excel 2010中，工作表默认的边框为淡虚线，打印时不可打印淡虚线。（　　）

A. 正确　　　　　　　　　B. 错误

76. 在Excel 2010中，输入当前时间的快捷键是“Ctrl+；”。（　　）

A. 正确　　　　　　　　　B. 错误

77. 已知Excel工作表中K6单元格中的公式为“=F6*$D$4”，在第3行插入一行，则插入后K7单元格中的公式为“=F7*$D$4”。（　　）

A. 正确　　　　B. 错误

78. Excel 2010可以通过“Excel 选项”自定义功能区和快速访问工具栏。（　　）

A. 正确　　　　B. 错误

79. 在Excel 2010中，选择“开始”选项卡中“保存并发送”命令，只能更改文件类型并保存，不能将工作簿保存到web或共享发布。（　　）

A. 正确　　　　B. 错误

80. 在Excel 2010中，要将最近使用的工作簿固定到列表中，可打开“最近所用文件”，单击工作簿右边对应的固定按钮。（　　）

A. 正确　　　　B. 错误

81. 在Excel 2010中，将选定单元格区域的格式复制到多个位置，则应双击“格式刷”按钮，当完成格式复制后，再次单击“格式刷”按钮，取消格式复制功能。（　　）

A. 正确　　　　B. 错误

82. 在Excel 2010中，删除工作表是永久删除，无法撤消删除工作表操作。（　　）

A. 正确　　　　B. 错误

83. 在Excel 2010中，除“视图”功能可以进行显示比例调整外，还可以通过拖动状态栏右侧缩放滑块进行快速设置。（　　）

A. 正确　　　　B. 错误

84. Excel 2010中不能进行超链接设置。（　　）

A. 正确　　　　B. 错误

85. 在Excel 2010中，除可创建空白工作簿外，还可以下载多种office.com中的模板。（　　）

A. 正确　　　　B. 错误

四、填空题

86. 在Excel 2010中，能够很好地通过矩形块反映每个对象中不同属性值大小的图表类型是（　　）。

87. 在Excel操作中，如果单元格中出现“#DIV/0!”的信息，这表示（　　）。

88. 在Excel 2010的高级筛选中，条件区域中写在不同行的条件是（　　）关系。

89. 在Excel 2010中输入数据时，如果输入的数据具有某种内在规律，可以利用它的（　　）

功能。

90. 在Excel 2010中，单元格的引用有相对引用、绝对引用和（　　）等三种。

91. 在Excel 2010中，如果A1为3，B1为TRUE，则公式“=SUM(A1,B1,2)”=（　　），“=A1+B1+2”的值是（　　）。

92. 在Excel 2010中，公式计算显示的出错信息以（　　）开头。

93. 在Excel 2010中，表示sheet2中的第2行第5列的绝对地址是（　　）。

94. 在默认状态下，Excel 2010中新建的一个工作簿中有（　　）个工作表，新建工作簿中工作表的最大数量为（　　）。

95. 在Excel 2010中，若要同时显示出同一工作表中不同区域的数据，可使用（　　）窗口功能。

96. 在Excel 2010中，如果要对某个工作表重新命名，可以用（　　）选项卡中的“格式”来实现。

97. 在Excel 2010中，A7单元格的内容为“Microsoft”，B7单元格的内容为“Excel”，如果希望C6单元格的内容为“MicrosoftExcel”，则在C6单元格中输入的公式为（　　）。

98. 在Excel 2010中，A列存放着可计算的数据，公式“=SUM(A1:A5,A7,A9:A12)”将对（　　）个单元格数据求和。

99. 在Excel 2010中，计算和存储数据的文件称为（　　）。

100. 在A1单元格内输入数值10001，然后按下Ctrl键，拖动该单元格填充柄至A8，则A8单元格中的内容是（　　）。

101. 在Excel 2010中，当打印多页工作表时，若需要在每一页上都打印行或列标题，可通过（　　）选项卡来设置。

102. 如果在单元格中输入数据“2018-5-5”，Excel 2010将把它识别为（　　）数据。

103. 在Excel 2010中，选中上下相邻两个含有数值的单元格，拖动填充柄向下填充，默认的填充规则是按（　　）进行填充。

104. 在Excel 2010中，（　　）是附加在单元格中、根据实际需要对单元格中的数据添加的说明或注释。

105. Excel 的“合并计算”功能可以汇总或者合并多个数据源区域中的数据，具体方法有两种：一是按（　　）合并计算；二是按位置合并计算。

106. Excel 2010 中包含三种模拟分析工具——方案、（　　）和单变量求解。

107. 在Excel 2010中，如果已知单个公式的预测结果，而用于确定此公式结果的输入值未知，则可以使用（　　）命令。

108. 在Excel 2010中，迷你图类似于图表功能，只不过将其简化，使其可以显示在一个（　　）中。

109. 在Excel 2010中，只有在（　　）视图下才能调整分页符位置。

110. 在Excel 2010中，默认保存的工作簿文件扩展名是（　　），模板文件格式扩展名是（　　）。

第五部分

演示文稿PowerPoint 2010

演示文稿PowerPoint 2010的主要考点

演示文稿的创建、打开、保存及演示文稿的视图。

幻灯片及幻灯片页面内容的编辑操作，创建SmartArt图形。

幻灯片页面外观的修饰，幻灯片上内容的动画效果，超级链接和动作设置，幻灯片切换，排练计时。

播放和打印演示文稿，演示文稿的打包，将演示文稿转换为直接放映格式，广播幻灯片，演示文稿的网上发布。

知识点1 PowerPoint 2010概述

一、考试内容及解析

PowerPoint 2010是演示文稿制作工具，主要功能是制作含有文字、图形、图表、声音和视频的多媒体演示文稿，将它们以图片（即幻灯片）的形式展示出来，达到声形俱佳、图文并茂的展示效果。

使用PowerPoint 2010制作出来的整个文件称为演示文稿（默认的文件扩展名为.pptx）。演示文稿中的每一页称为一张幻灯片，幻灯片是整个演示文稿的核心。

1. PowerPoint 2010的主要功能

（1）改进的图像编辑工具

可添加图像艺术效果，对图像亮度、颜色进行微调及裁剪等。

（2）强大的视频处理功能

可控制视频播放，裁剪和编辑视频。

（3）动画三维切换效果

增加了更多的幻灯片动态切换和动画效果。

（4）压缩和保护演示文稿

可压缩演示文稿，利于网络传输；可设置权限级别，对演示文稿进行加密、设置读写权限，提高安全性。

（5）共享多媒体演示

具有广播幻灯片功能，可通过网络将演示文稿广播给其他用户；可传到免费网盘（Windows Live），通过网络随时随地设计制作演示文稿。

（6）焕然一新的工作界面

将菜单栏和工具栏改为工作区，采用选项卡分组集中工具按钮，操作直观、简便。

（7）自定义工作区

可自定义选项卡的位置、内容，将常用功能集中在一起，提高效率。

解析：考生应了解演示文稿的主要功能。

2. 新建演示文稿

使用PowerPoint 2010创建演示文稿的方法：

（1）创建空白演示文稿

1）启动PowerPoint 2010后，系统自动创建一个空演示文稿，里面含有一张标题幻灯片。

2）单击“文件”选项卡中的“新建”命令。

3）单击快速访问工具栏中的“新建”按钮。

4）按Ctrl＋N组合键。

（2）用主题创建演示文稿

主题规定了演示文稿的配色、文字、母版和效果等设置。PowerPoint 2010中内置了43种主题。单击“文件”选项卡中的“新建”命令，在Backstage视图右侧中单击“主题”按钮，展开可用主题。

（3）用模板创建演示文稿

所谓模板就是预先设计好的演示文稿样本，包括多种幻灯片，表达了特定的提示内容，而且所有幻灯片主题相同，以保证整个演示文稿外观统一。

应用模板创建演示文稿后，幻灯片的背景、颜色方案等即确定，用户只需修改其中内容即可。

（4）根据现有演示文稿创建演示文稿

解析：考生应重点掌握新建演示文稿的四种方法。

3. 保存演示文稿

演示文稿可以保存为多种类型，文档类型及扩展名如表5-1所示。

表5-1 PowerPoint 2010可保存的文档类型

扩展名	说明
.pptx	PowerPoint 2010默认文档格式
.pptm	启用宏的PowerPoint 2010演示文稿
.thmx	Office主题
.potx	PowerPoint 2010模板
.ppsx	PowerPoint 2010放映文件
.wmv	Windows Media视频
.xml	PowerPoint XML演示文稿
.gif	可交换的图形格式
.jpg	文件交换格式
.png	可移植网络图形格式
.bmp	位图
.tif	Tag图像文件格式
.wmf	Windows图元文件
.rtf	富文本文件格式

4. 演示文稿的视图

（1）视图的分类及特点

PowerPoint 2010有六种工作视图，即普通视图、幻灯片浏览视图、幻灯片放映视图、阅读视图、备注页视图和母版视图。六种视图的功能及特点如表5-2所示。

表5-2 PowerPoint 2010的视图及特点

视图	特点
普通视图	是PowerPoint 2010的默认视图方式，由三个窗格组成： （1）幻灯片/大纲窗格位于左侧，其中“幻灯片选项卡”以缩略图的形式显示幻灯片，可完成幻灯片的添加、删除、重新排列及复制等操作；“大纲”选项卡只显示演示文稿的文本部分，是编辑文字最有效的途径，可以升降文本级别，调整幻灯片的顺序 （2）幻灯片窗格位于右侧，主要显示当前幻灯片，可以进行添加文本，编辑文本，插入表格、图表、图形、电影、声音，建立超级链接等编辑操作，可调整显示比例为10%～400%

续表

视图	特点
普通视图	（3）备注窗格位于右侧下方，可添加与每个幻灯片内容相关的备注信息，放映演示文稿时观众看不到备注信息，可以打印；备注窗格只能添加文本，不能添加图片等元素
幻灯片浏览视图	幻灯片以缩略图的形式排列；可以添加、删除、移动幻灯片，设置幻灯片切换效果，复制、隐藏幻灯片，设置背景格式
幻灯片放映视图	可以看到幻灯片的最终放映效果，以动态的形式显示各幻灯片
备注页视图	窗口分成上下两部分，上方显示小版本的幻灯片，下方是备注编辑区 在备注编辑区中可以编辑备注内容和设置备注格式，但不能编辑幻灯片内容；备注中除了可以插入文本之外，还可以插入表格、图表、图片等对象，并可以在打印的备注页中显示，但在其他视图方式中不显示
阅读视图	是PowerPoint 2010新增的视图方式，只保留幻灯片窗格、标题栏和状态栏，其他编辑功能被屏蔽，类似于观众自行浏览
母版视图	包括幻灯片母版、讲义母版、备注母版三种

（2）视图的切换

1）在“视图”选项卡“演示文稿视图”组中单击相应的视图方式。

2）单击状态栏右侧的视图方式切换按钮。

解析：幻灯片的六种视图是考试重点。考生应重点掌握普通视图、幻灯片浏览视图、幻灯片放映视图的特点及操作方法，重点掌握普通视图包括的三种窗格。

二、考试内容巩固

1. 在PowerPoint 2010中，如果关闭演示文稿，但又不想退出PowerPoint，其操作方法是（　　）。

   A. 单击“文件”选项卡中的“关闭”按扭

   B. 单击“文件”选项卡中的“退出”按扭

   C. 关闭PowerPoint窗口

   D. 单击“文件”选项卡中的“另存为”按扭

2. PowerPoint 2010可存为多种文件格式，下列（　　）文件格式不属于此类。

   A. .rtf　　B. .wmv　　C. .ppsx　　D. .html

3. PowerPoint 2010模板文件的扩展名为.potx。（　　）

A. 正确　　B. 错误

4. 在PowerPoint 2010的（　　）中，用户可以看到图面变成上下两半，上面是幻灯片，下面是文本框，可以显示演讲者讲演时所需的一些提示重点。

A. 备注页视图　　B. 浏览视图　　C. 幻灯片视图　　D. 黑白视图

5. 演示文稿中的每一张演示的单页称为（　　），它是演示文稿的核心。

A. 版式　　B. 母版　　C. 模板　　D. 幻灯片

6. PowerPoint 2010的主要功能是（　　）。

7. （　　）是预先设计好的演示文稿样本，包括多种幻灯片，并提供特定的提示内容。

8. 用PowerPoint 2010的普通视图，在任一时刻主窗口只能查看或编辑一张幻灯片。（　　）

A. 正确　　B. 错误

9. 在PowerPoint 2010中，（　　）显示主要的文本信息。

A. 普通视图中的大纲窗格　　B. 备注页视图

C. 幻灯片视图　　D. 幻灯片浏览视图

10. 关于PowerPoint 2010的视图，错误的说法是（　　）。

A. 普通视图是主要的编辑视图，可用于撰写或设计演示文稿，它有三个工作区域

B. 幻灯片放映视图占据整个计算机屏幕，就像在对演示文稿进行真正的幻灯片放映。在这种全屏幕视图中，您所看到的演示文稿就是将来观众所看到的

C. 在将演示文稿保存为网页时，在普通视图中键入备注窗格中的内容是不能显示的

D. 幻灯片浏览视图是以缩略图形式显示幻灯片的视图

11. PowerPoint 2010系统默认的视图方式是普通视图。（　　）

A. 正确　　B. 错误

12. PowerPoint 2010主窗口水平滚动条的右侧有四个显示方式切换按钮，即普通视图、阅读视图、幻灯片放映和（　　）。

A. 全屏视图　　B. 主控文档　　C. 幻灯片浏览　　D. 文本视图

13. 在PowerPoint 2010中，超级链接在（　　）视图中能被激活。

A. 幻灯片浏览视图　　B. 普通视图

C. 幻灯片放映视图　　D. 阅读视图

14. 在PowerPoint 2010中，“视图”这个名词表示（　　）。

A. 一种图形　　B. 显示幻灯片的方式

C. 编辑演示文稿的方式　　　　　　　　　　　D. 一张正在修改的幻灯片

15. PowerPoint 2010的视图有（　　）、幻灯片放映、备注页视图、幻灯片浏览等几种。

A. 普通视图　　　　B. 幻灯片视图　　　　C. 阅读视图　　　　D. 大纲视图

16. PowerPoint 2010的普通视图可以显示幻灯片、幻灯片/大纲和（　　）等三个窗格，这些窗格都可调整大小，以便看到所有的内容。

知识点2 创建和编辑幻灯片

一、考试内容及解析

1. 创建和组织幻灯片

（1）选择幻灯片

在普通视图的“幻灯片/大纲”窗格或幻灯片浏览视图中，可以选择幻灯片。

1）按Shift键选择连续的幻灯片；

2）按Ctrl键选择不连续的多张幻灯片；

3）按Ctrl＋A全选。

（2）新建幻灯片

选择“开始”选项卡中的“新建幻灯片”下拉按钮，在展开的下拉列表中选择所需版式即可新建一张指定版式的幻灯片。如果直接单击“新建幻灯片”命令，则会在当前幻灯片下方直接插入一张与当前幻灯片版式相同（标题幻灯片除外）的幻灯片；如果当前幻灯片是标题幻灯片，则插入的是版式为“标题与内容”的幻灯片。

在普通视图的“幻灯片/大纲”窗格中或在幻灯片浏览视图中右击某幻灯片的缩略图，在快捷菜单中选择“新建幻灯片”命令，也可以插入一张新幻灯片。

注意：新建幻灯片与新建演示文稿（执行“文件”选项卡中的“新建”命令）的操作方法不同。

（3）插入幻灯片副本

选择当前幻灯片，执行“开始”选项卡中“新建幻灯片”下拉按钮中的“复制所选幻灯片”命令或点击右键在出现的快捷菜单中选择“复制幻灯片”命令，可以在当前幻灯片的下方插入它的副本，使用剪贴板操作也可以插入幻灯片的副本。

（4）插入来自于其他演示文稿或文件的幻灯片

1）使用剪贴板操作。

2）执行“开始”选项卡中“新建幻灯片”下拉按钮中的“重用幻灯片”命令。

3）使用“开始”选项卡中“新建幻灯片”下拉按钮中的“幻灯片（从大纲）”命令也可以新建幻灯片。

（5）删除幻灯片

在普通视图或幻灯片浏览视图中，选中一张或多张幻灯片后，按Delete键或单击右键，在出现的快捷菜单中选择“删除幻灯片”命令可以删除选中的幻灯片，也可以通过剪贴板的“剪切”操作删除幻灯片。

（6）移动幻灯片

在普通视图或幻灯片浏览视图中，可以使用剪贴板操作或直接采取按住左键拖动的方法移动幻灯片的位置。

（7）隐藏幻灯片

操作方法：选择“幻灯片放映”选项卡中“设置”组中的“隐藏幻灯片”命令，或右击幻灯片后选择出现的快捷菜单中的“隐藏幻灯片”命令。幻灯片被隐藏后，其编号上将出现隐藏标志。

被隐藏的幻灯片仍然存在于演示文稿中，也可以打印，只是在放映时观众看不到。

（8）使用“节”管理幻灯片

在PowerPoint 2010的普通视图和幻灯片浏览视图中，可以使用“节”功能来管理幻灯片，达到分类和导航的效果。

操作方法：在普通视图左侧的“幻灯片/大纲”窗格中选中某张幻灯片后右击，在弹出的菜单中选择“新增节”命令，可以在该幻灯片前插入节；在幻灯片浏览视图中选中某张幻灯片后右击，在弹出的菜单中选择“新增节”命令，可以在该幻灯片前插入节。

可以对新增的节进行重命名、移动、删除、折叠、展开等操作。

解析：掌握幻灯片的新建、移动、复制、删除、隐藏等基本操作方法。

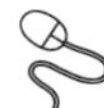

2. 幻灯片的编辑与格式化

在普通视图中可以编辑幻灯片并设置幻灯片的格式。

（1）在幻灯片中插入文本

可以单击占位符，在其中直接输入文字；要在占位符外输入文字，必须首先插入一个文本框，然后再在文本框中输入。占位符不能插入，但可以进行移动、复制、改变大小、删除、旋转等操作。

PowerPoint 2010中的文本框分为横排文本框和竖排文本框两种。

（2）调整文本大纲级别

降级：① 按Tab键；② 在大纲窗格内右击，选择“降级”命令；③ 执行“开始”选项卡“段落”组中的“降低列表级别”命令。

升级：① 按Shift＋Tab键；② 在大纲窗格内右击，选择“升级”命令；③ 执行“开始”选项卡“段落”组中的“提高列表级别”命令。

（3）插入图片、剪贴画、屏幕截图、相册、公式、图表、艺术字、表格、形状等对象

1）使用插入选项卡中的命令；

2）使用内容占位符创建。

（4）插入音频

操作方法：单击“插入”选项卡“媒体”组中的“音频”下拉按钮，选择文件中的音频、剪贴画音频或录制音频。

插入音频后，幻灯片中出现小喇叭图标，选中该图标，下方会出现播放控制条，通过它可以调整播放进度、音量等。

插入的音频可以根据需要进行剪裁，可以设置播放选项，包括开始播放的方式（单击、自动、跨幻灯片）、播放时图标是否隐藏、是否循环播放等。

（5）插入视频

操作方法：单击“插入”选项卡“媒体”组中的“视频”下拉按钮，选择文件中的视频、剪贴画视频或来自网站的视频。

插入视频后，幻灯片中出现视频预览缩略图，单击时下方会出现播放控制条，通过它可以调整播放进度、音量等。

PowerPoint 2010具有强大的视频处理功能。通过“视频工具/格式”选项卡可以调整视频的亮度和对比度、颜色，设置视频形状、边框、效果等样式；通过“视频工具/播放”选项卡可以裁剪视频并设置淡入淡出时间、播放音量等。

（6）插入SmartArt图形

使用SmartArt图形可以简化复杂图形的创建，直观说明层级关系、附属关系、并列关系、循环关系等，对插入后的SmartArt图形可以进行编辑、增加删除形状、更改颜色、设置外观等操作。SmartArt图形的分类及功能如表5-3所示。

表5-3　SmartArt图形的分类及功能

类型	功能
列表	显示非有序信息或分组信息，主要用于强调信息的重要性
流程	表示任务流程的顺序或步骤
循环	表示阶段、任务或事件的连续序列，主要用于强调重复过程
层次结构	用于显示组织中的分层信息或上下级关系，最广泛地应用于组织结构图
关系	用于表示两个或多个项目之间的关系，或者多个信息集合之间的关系
矩阵	用于以象限的方式显示部分与整体的关系
棱锥图	用于显示比例关系、互连关系或层次关系，最大的部分置于底部，向上渐窄
图片	主要应用于包含图片的信息列表

文本与SmartArt图形之间可以相互转换。

解析：掌握占位符和文本框的区别，重点掌握插入音频、视频的方法，掌握设置音视频属性的相关操作方法。

二、考试内容巩固

1. 在PowerPoint 2010的幻灯片浏览视图下，按住Ctrl并拖动某张幻灯片，可以完成（　　）操作。

A. 移动幻灯片　　B. 复制幻灯片

C. 删除幻灯片　　D. 选定幻灯片

2. 在PowerPoint 2010中插入幻灯片的操作可以在（　　）下进行。

A. 幻灯片浏览视图　　B. 普通视图

C. 阅读视图　　D. 放映视图

3. 在PowerPoint 2010中插入幻灯片时，（　　）。

A. 幻灯片窗格中将会自动显示该幻灯片的编号

B. 不会自动显示该幻灯片的编号

C. 将会显示自动版式对话框

D. 不会显示自动版式对话框

4. 在PowerPoint 2010中，不可以删除一张幻灯片的快捷键是（　　）。

A. Delete　　B. BackSpace　　C. Ctrl＋X　　D. Ctrl＋D

5. 在PowerPoint 2010中，添加一张幻灯片的方法是（　　）。

A. 选择“开始”选项卡中“新建幻灯片”下拉按钮

B. 选择“插入”选项卡中“新建幻灯片”下拉按钮

C. 在普通视图中，按Ctrl＋M键

D. 在幻灯片浏览视图中，按Ctrl＋D键

6. PowerPoint中节的功能和Word中节的功能是一样的。（　　）

A. 正确　　B. 错误

7. 在PowerPoint 2010的幻灯片中可以插入多种对象，除了可以插入图片、图表外，还可插入公式、声音和视频等。（　　）

A. 正确　　B. 错误

8. 在PowerPoint 2010中，可以使选定文本字体加粗的快捷键是（　　）。

9. 在PowerPoint 2010中，下列有关移动和复制文本的叙述，不正确的是（　　）。

A. 文本在复制前，必须先选定

B. 可以复制整个占位符，也可以复制其中一部分文字

C. 文本的剪切和复制没有区别

D. 文本能在多张幻灯片间移动

10. 在PowerPoint 2010中，下列说法错误的是（　　）。

A. 可以利用版式建立带剪贴画占位符的幻灯片，用来插入剪贴画

B. 可以向已存在的幻灯片中插入剪贴画

C. 可以修改剪贴画

D. 不可以为剪贴画重新上色

11. 下列关于PowerPoint 2010的插入对象的说法，不正确的是（　　）。

A. 可以插入图片　　B. 不能插入公式

C. 不能插入视频　　D. 可以插入表格

12. 在PowerPoint 2010中，插入音频的方法不包括（　　）。

A. 文件中的音频　　B. 剪贴画音频

C. 录制音频　　　　D. 来自网站的音频

13. PowerPoint 2010的演示文稿中音乐不能添加MIDI文件。（　　）

A. 正确　　　　B. 错误

14. 在使用PowerPoint 2010编辑文本框和图形框等对象时，如需要对它们进行旋转，则（　　）。

A. 只能进行50度旋转　　　　B. 只能进行180度旋转

C. 只能进行360度旋转　　　　D. 可以进行任意角度的旋转

15. 在PowerPoint 2010中，不能插入Word表格。（　　）

A. 正确　　　　B. 错误

16. 在PowerPoint 2010中，占位符和文本框一样，也是一种可插入的对象。（　　）

A. 正确　　　　B. 错误

17. 下列关于PowerPoint 2010的说法，错误的是（　　）。

A. 将图片插入到幻灯片中后，用户可以对这些图片进行编辑

B. 利用“图片工具”选项卡中的工具可裁剪图片、添加边框和调整图片的亮度及对比度

C. 选择“图片工具”选项卡，可以设置图片样式

D. 对图片进行修改后不能再恢复原状

18. 在PowerPoint 2010中，标题、正文、图形等对象在幻灯片上预先定义的位置被称为（　　）。

19. 在PowerPoint 2010中，可以直接插入flash动画。（　　）

A. 正确　　　　B. 错误

幻灯片外观的修饰

一、考试内容及解析

控制幻灯片外观的方法有：设置幻灯片的背景，应用主题样式，使用母版。

1. 设置背景

在PowerPoint 2010中可以设置幻灯片、备注页及讲义的背景。幻灯片背景可以是

纯色、渐变色、图片或纹理、图案等多种填充效果。在同一个演示文稿中，可以为不同的幻灯片设置不同的背景效果。幻灯片背景设置的方法有：

（1）单击“设计”选项卡“背景”组中的“背景样式”命令，在系统提供的背景样式中选择一个背景。

（2）单击“设计”选项卡“背景”组中的“背景样式”命令，在下拉列表中选择“设置背景格式”命令。

（3）右击，在快捷菜单中选择“设置背景格式”命令。

选择一个背景样式后，若单击“关闭”，则只对当前幻灯片有效；若单击“全部应用”，则所有幻灯片均有效。

备注页背景要在备注页视图方式中设置，讲义背景要在“母版视图”中设置。

解析：该考点为高频考点，考生应重点掌握为幻灯片、备注页、讲义设置背景方面的知识。

2. 主题

主题是指对幻灯片中的标题、文字、图片、背景等项目设定一组配置，主题包括颜色、字体和效果。使用主题可以设置整个演示文稿的外观。在一个演示文稿中，可以为不同的幻灯片设置不同的主题。PowerPoint 2010中内置了40多种主题方案。

在默认情况下，PowerPoint 会将主题应用于整个演示文稿。若要将不同的主题应用于演示文稿中不同的幻灯片，其操作方法是：先选定相应的幻灯片，然后在“主题”组中的某个主题上右击，在快捷菜单中选择“应用于选定幻灯片”命令。

可以将当前幻灯片设计保存为主题，操作方法是：切换到“设计”选项卡中，在“主题”组中单击“其他”，在展开的列表项中选择“保存当前主题”命令。主题的扩展名是“.thmx”。

解析：考生需掌握主题的概念、设置主题的方法，了解主题的扩展名等知识。

3. 母版

母版用于设置演示文稿中每张幻灯片的预设格式，包括每张幻灯片的标题以及正文文字的位置和大小、项目符号的样式、背景图案等。使用母版可以对每一张幻灯片进行统一的样式修改。比如，想在多张幻灯片上输入相同的内容，只需在母版上做一次修改即可，而不必修改每一张幻灯片。

母版分为三类：幻灯片母版、讲义母版和备注母版。每个演示文稿至少包含一个幻灯片母版。

（1）幻灯片母版

幻灯片母版由若干张幻灯片组成，其中包含一张主母版和若干张幻灯片版式母版（分别对应每一种版式）。选择“视图”选项卡，在“母版视图”组中单击“幻灯片母版”按钮，即查看幻灯片母版。

幻灯片母版的信息包括占位符的文本字体、字号和颜色等格式，占位符的大小、位置、背景，每张幻灯片都出现的图片等，可以在母版中进行更改文本格式、插入对象等操作。

在PowerPoint 2010中，只能在幻灯片母版视图中插入占位符，占位符包括内容、内容（竖排）、文本、文字（竖排）、图片、图表、表格、SmartArt、媒体、剪贴画等10种。在幻灯片母版视图中，在占位符内可以设置文字格式，但不会影响幻灯片的内容。

各种版式幻灯片母版只影响使用了其版式的幻灯片，如标题幻灯片母版仅影响使用了标题版式的幻灯片。

（2）讲义母版

用于控制幻灯片以讲义形式打印时的格式。

（3）备注母版

用于设置供演讲者备注使用的空间以及设置备注幻灯片的格式。

解析：母版为高频考点，考生应掌握母版的概念、类型和特点，掌握占位符的概念、分类。

4. 版式

版式是PowerPoint 2010提供的常规排版格式，在版式中预先提供了占位符，并为占位符设置格式。应用版式可以使文字、图片等更加合理简洁地完成布局。PowerPoint 2010内置了11种版式。

应用了版式的幻灯片中的占位符可以被删除，也可以更改占位符的格式。

演示文稿中的第一张幻灯片默认版式为“标题幻灯片”，第二张默认为“标题和内容”。

更改幻灯片版式的操作方法：选择“开始”选项卡中“幻灯片”组中的“版式”下拉按钮，或右键单击后在快捷菜单中选择“版式”命令。

解析： 考生应掌握版式的概念、特点及更改方法。

5. 模板

模板是预先设计好的演示文稿样本，包括特定的提示性内容。所有幻灯片的主题均相同，其作用是快速创建演示文稿。

模板有三类：样本模板（系统已安装的模板）、我的模板（即用户自己创建的模板）、Office.com模板（需在线下载的模板）。

用户可以自定义自己的模板，每个模板都对应一个文件，扩展名为.potx，一般放在templates文件夹下。

解析： 考试应掌握模板的概念、分类及扩展名等知识。

6. 幻灯片中的其他信息

在幻灯片中使用页眉和页脚，可以显示幻灯片编号、日期、时间或其他文本信息。

页眉和页脚可以在全部幻灯片中插入，也可以只在某一张幻灯片中插入，也可以单独设置在标题幻灯片中且不显示。页眉、页脚和幻灯片内容可以同时编辑。

幻灯片中插入的日期和时间可以设置为固定时间或自动更新模式。

页眉、页脚的位置和外观可以通过母版进行更改。

解析： 了解在幻灯片中插入页眉、页脚的方法，页眉、页脚默认包含的元素信息，以及PowerPoint页眉、页脚的特点。

二、考试内容巩固

1. 在PowerPoint 2010中，设置幻灯片背景的命令在（　　）选项卡上。

A. 开始　　B. 设计　　C. 背景　　D. 视图

2. 在PowerPoint 2010中，可以用来控制幻灯片外观的方法有（　　）。

A. 应用主题样式、母版　　B. 背景

C. 设置层　　D. 应用艺术字

3. 在PowerPoint 2010中，演示文稿的背景可以修改。（　　）

A. 正确　　B. 错误

4. 在PowerPoint 2010中，一个演示文稿是否能同时使用不同的主题？（　　）

5. 在PowerPoint 2010中，下列关于母版的说法错误的是（　　）。

A. 标题幻灯片母版只控制版式为“标题幻灯片”的幻灯片

B. 如果更改母版幻灯片的格式，将会影响到所有基于该母版的幻灯片

C. 切换到演示文稿的其他视图可以关闭母版的修改模式

D. 修改母版的方法是：通过“设计”选项卡中的“母版视图”组

6. 如果在母版的“单击此处编辑母版标题样式”中覆盖输入“PowerPoint”，字体是宋体48号，关闭母版返回幻灯片编辑状态，则（　　）。

A. 所有幻灯片的标题栏都是“PowerPoint”，字体是宋体48号

B. 所有幻灯片的标题栏都是“PowerPoint”，字体保持不变

C. 所有幻灯片的标题栏内容不变，字体是宋体48号

D. 所有幻灯片的标题栏内容不变，字体也保持不变

7. 在PowerPoint 2010中，母版用于设置文稿预设格式，它实际上是一类幻灯片样式，改变母版会影响基于该母版的（　　）幻灯片。

A. 每张　　B. 当前

C. 当前幻灯片之后所有　　D. 当前幻灯片之前所有

8. 下列关于幻灯片母版的说法，错误的是（　　）。

A. 可以通过鼠标操作在各类母版之间切换

B. 单击幻灯片视图状态切换按钮，可以出现五种不同的母版

C. 在母版中定义了标题文本的格式后，在幻灯片中还可以修改

D. 在母版中插入图片对象，每张幻灯片中都可以看到

9. PowerPoint 2010的母版有（　　）、备注母版。

A. 幻灯片母版　　B. 标题母版　　C. 讲义母版　　D. 大纲母版

10. 如果要对多张幻灯片进行同样的外观修改，只需在幻灯片母版上做一次修改。（　　）

A. 正确　　B. 错误

11. 在PowerPoint 2010中，要切换到幻灯片母版中，以下操作正确的是（　　）。

A. 单击“视图”选项卡中的“母版视图”，再选择“幻灯片母版”

B. 按住Alt键的同时再单击“普通视图”按钮

C. 按住Ctrl键的同时再单击“普通视图”按钮

D. A和C都对

12. 在PowerPoint 2010中，打开幻灯片母版后，在默认情况下（　　）。

A. 可删除幻灯片母版

B. 不能设置切换动作

C. 不能向母版中插入文本、图片以外的其他对象

D. 可修改标题格式

13. 在PowerPoint 2010中，（　　）用于设置演示文稿中每张幻灯片的预设格式，这些格式包括每张幻灯片标题及正文文字的位置和大小、项目符号的样式、背景图案等。

14. 在PowerPoint 2010中，控制幻灯片外观的方法有（　　）、背景、母版。

15. 关于PowerPoint 2010幻灯片母版的使用，下列说法不正确的是（　　）。

A. 通过对母版的设置，可以控制幻灯片中不同部分的表现形式

B. 通过对母版的设置，可以预定义幻灯片的前景颜色、背景颜色和字体大小

C. 修改母版不会对演示文稿中任何一张幻灯片带来影响

D. 标题母版为使用标题版式的幻灯片设置了默认格式

16. PowerPoint 2010默认Office主题内置了（　　）种版式。

A. 10　　B. 11　　C. 12　　D. 13

17. PowerPoint 2010提供的样本模板只包含预定义的各种格式，不包含建议文本内容。（　　）

A. 正确　　B. 错误

知识点4 动画效果和交互设计

一、考试内容及解析

1. 动画效果

为增强文稿放映时的动态效果，在PowerPoint 2010中可以设置动画效果，系统中内置了四类（进入、强调、退出、动作路径）动画效果。

幻灯片中可以添加动画效果的对象：文本、图像、图形、图表、音频、视频等。同一个对象可以添加多个动画效果，添加了动画效果的对象左上角会出现动画序号。

可以使用动画刷复制动画效果，动画刷的快捷键是Alt+Shift+C。

添加动画效果后，可以删除、更改效果选项，调整播放顺序，设置触发方式、持续时间、动画音效等。

解析：动画效果应用于幻灯片中的对象。考生应重点掌握动画效果的分类、设置的相关属性、动画刷的功能和快捷键等知识。

2. 切换效果

幻灯片的切换效果是指播放幻灯片时幻灯片离开和进入播放画面时所产生的视觉效果，例如“水平百叶窗”“盒状展开”等。幻灯片切换包括切换效果（如“门”或“框”）和切换属性（效果选项、换片方式、持续时间和声音效果）两类。

PowerPoint 2010提供的幻灯片切换方案包括细微型、华丽型、动态内容三种。

可以设置效果选项、换片方式、持续时间和声音效果等切换选项。

解析：切换效果应用于幻灯片。考生应掌握切换的分类和可以设置的选项。

3. 设置超级链接

超级链接是实现从一个演示文稿或文件快速跳转到其他演示文稿或文件的捷径，通过它可以在自己的计算机上甚至网络上进行快速切换。

添加超链接的方法：单击“插入”选项卡中“链接”组中的“超链接”按钮，或按Ctrl+K快捷键。

幻灯片中可以插入超级链接的对象：文本、图像、图形、图表、艺术字。音频、视频不可以插入超级链接。

可以超级链接到的目标：本演示文稿中的其他幻灯片、E-mail地址、其他文件、网页地址或新建文档。

一个对象只能建立一个超级链接；超级链接可以更改或取消；超级链接只有在放映时才能激活。

解析： 考生应重点掌握超链接的概念及设置方法，知道哪些对象可以设置超链接。

4. 动作设置

放映演示文稿时，由演讲者操作幻灯片上的对象（即单击鼠标或鼠标移过）去完成下一步某项既定工作，这项既定工作称为该对象的动作。

添加动作的方法：单击“插入”选项卡中“链接”组中的“动作”按钮。

幻灯片中可以添加的对象：文本、图像、图形、图表、音频、视频。动作可以是打开超级链接、启动应用程序、运行宏等。

动作按钮是PowerPoint中预先设置好的一组特定动作的图形按钮，PowerPoint 2010提供了12个默认动作按钮。在幻灯片中插入动作按钮可实现超链接。

解析： 考生应重点掌握动作设置的方法和种类，了解哪些对象可以设置动作。

二、考试内容巩固

1. 在一张幻灯片中，若把一幅图片及文本框设置成一致的动画显示效果，则（　　）。

A. 图片有动画效果，文本框没有动画效果

B. 图片没有动画效果，文本框有动画效果

C. 图片有动画效果，文本框也有动画效果

D. 图片没有动画效果，文本框也没有动画效果

2. 在PowerPoint 2010中，可以为一个元素设置（　　）动画效果。

A. 一种　　B. 不多于两种　　C. 多种　　D. 最多三种

3. 在绘制自定义动画路径时，需要按（　　）键结束绘制。

A. Delete　　B. Enter　　C. Tab　　D. 空格

4. 在为幻灯片添加动画效果时，下列描述错误的是（　　）。

A. 可以为单个对象添加单个动画效果　　B. 可以为单个对象添加多个动画效果

C. 可以使用动画刷复制动画效果　　D. 动画效果只能单击鼠标激活

5. 在PowerPoint 2010中，设置幻灯片的“水平百叶窗”“盒状展开”等切换效果时，不能设置切换速度。（　　）

A. 正确　　B. 错误

6. 下列有关PowerPoint 2010的说法，错误的是（　　）。

A. 可以在幻灯片浏览视图中更改某张幻灯片上动画对象的出现顺序

B. 可以在普通视图中更改某张幻灯片上动画对象的出现顺序

C. 可以在幻灯片浏览视图中设置幻灯片切换效果

D. 可以在普通视图中设置幻灯片切换效果

7. 下列有关PowerPoint 2010中设置幻灯片切换动作的说法，错误的是（　　）。

A. 可设置切换效果　　B. 不可以设置切换音效

C. 可用鼠标单击切换　　D. 可设置自动切换

8. 在PowerPoint 2010中，设置动画时要用到（　　）选项卡。

A. 插入　　B. 视图　　C. 切换　　D. 动画

9. 以下元素可以添加动画效果的是（　　）。

A. 文本框　　B. 图片　　C. 图形　　D. 幻灯片

10. 对象动作的设置，提供了在幻灯片放映中人机交互的一个途径，演讲者可以根据自己的需要选择幻灯片的演示顺序和展示演示内容。（　　）

A. 正确　　B. 错误

11. 在PowerPoint 2010的演示文稿中，插入超级链接时所链接的目标，不能是（　　）。

A. 另一演示文稿　　B. 不同演示文稿的某一张幻灯片

C. 其他应用程序的文件　　D. 幻灯片中的某个对象

12. 在PowerPoint 2010中，“超级链接”命令可以实现（　　）。

A. 幻灯片之间的跳转　　B. 演示文稿幻灯片的移动

C. 中断幻灯片的放映　　D. 在演示文稿中插入幻灯片

13. 下列关于PowerPoint 2010中建立超级链接的说法，正确的是（　　）。

A. 纹理对象可以建立超级链接　　B. 图片对象可以建立超级链接

C. 背景图案可以建立超级链接　　D. 文字对象可以建立超级链接

14. 在PowerPoint 2010中，默认的动作按钮有（　　）个。

A. 11　　B. 12　　C. 13　　D. 14

知识点5 播放和打印演示文稿

一、考试内容及解析

PowerPoint 2010中最常用的三种放映方式为演讲者放映、观众自行浏览和在展台浏览。

放映方式的设置：在“幻灯片放映”选项卡的“设置”组中单击“设置幻灯片放映”按钮，可弹出“设置放映方式”对话框。

1. 演示文稿的放映

（1）从当前幻灯片开始放映

在任何一种视图中，从当前幻灯片开始放映的三种方法：

1）单击PowerPoint 2010 窗口状态栏中间的视图工具栏中的“幻灯片放映”命令按钮，即可进入幻灯片放映视图，从当前幻灯片开始放映；

2）在“幻灯片放映”选项卡中单击“开始放映幻灯片”组中的“从当前幻灯片开始”按钮；

3）按Shift+F5。

（2）从头放映幻灯片

1）在“幻灯片放映”选项卡中单击“开始放映幻灯片”组中的“从头开始”按钮；

2）按F5。

（3）结束放映

1）单击鼠标右键，从弹出的快捷菜单中选“结束放映”；

2）以下三种快捷键任选其一：Esc、Alt+F4、Ctrl+Break。

控制演示文稿放映的快捷键如表5-4所示。

表5-4 控制演示文稿放映的快捷键

快捷键	功能
Shift+F5	从当前幻灯片开始放映演示文稿
F5	从头开始播放演示文稿
N、Enter、Page Down、→、↓或空格键	执行下一个动画或换页到下一张幻灯片
P、Page Up、←、↑和Backspace	执行上一个动画或返回到上一个幻灯片
B和.（句号）	黑屏或从黑屏返回幻灯片放映
W和，（逗号）	白屏或从白屏返回幻灯片放映
S和+（加号）	停止或重新启动自动幻灯片放映
Esc、Ctrl+Break和-（连字符）	退出幻灯片放映
E	擦除屏幕上的注释

2. 将演示文稿转换为放映格式，可以在没有安装PowerPoint 的计算机上直接放映

具体来说有以下两种方法：

（1）利用“保存并发送”命令。单击“文件”选项卡的“保存并发送”命令；双击“更改文件类型”项的“PowerPoint 放映”命令，在“另存为”对话框中选择保存类型“PowerPoint 放映（*.ppsx）”。演示文稿也可保存为PDF文件。

（2）利用“另存为”方法转换为放映格式。单击“文件”选项卡的“另存为”命令，打开“另存为”对话框，选择保存类型“PowerPoint 放映（*.ppsx）”。

双击放映格式（*.ppsx）文件，即可放映演示文稿。

3. 排练计时

排练计时是将每张幻灯片的播放时间记录下来，保存这些计时，以用于自动放映。

执行“幻灯片放映”选项卡中“设置”组中的“排练计时”命令，弹出“录制”对话框并自动记录幻灯片切换时间。录制结束后，保存排练计时即可。

4. 演示文稿的打印

打印演示文稿前可进行页面设置，包括幻灯片的大小、幻灯片编号的起始值（0 ~ 9999），以及幻灯片、备注、讲义和大纲的打印方向等。

幻灯片的打印版式：

（1）整页幻灯片（一张纸只打印一张幻灯片）；

（2）备注页（一张纸打印一张幻灯片和备注）；

（3）大纲（连续打印所有幻灯片的文本内容）；

（4）讲义（一张纸可打印1、2、3、4、6或9张幻灯片，每页3张幻灯片时，右侧会出现空备注行）。

幻灯片的打印范围：全部、指定范围、指定节、当前幻灯片和选定幻灯片。

解析：考生应重点掌握设置幻灯片放映方式、播放幻灯片的快捷键，掌握幻灯片的打印版式、打印范围。

二、考试内容巩固

1. 在PowerPoint 2010中放映幻灯片时，使用幻灯片绘图笔功能进行绘图操作可修改演示文稿的内容。（　　）

   A. 正确　　B. 错误

2. PowerPoint 2010打印输出内容包括幻灯片、讲义、备注页和大纲视图。（　　）

   A. 正确　　B. 错误

3. 在PowerPoint 2010中，（　　）是无法打印出来的。

   A. 幻灯片中的图片　　B. 幻灯片中的动画

   C. 母版上设置的标志　　D. 幻灯片的展示时间

4. 在PowerPoint 2010中，播放演示文稿的快捷键是（　　）。

   A. Alt＋Enter　　B. F7

   C. Enter　　D. F5

5. 下列有关播放PowerPoint 2010演示文稿的控制方法的说法，错误的是（　　）。

   A. 可以用退格键Backspace切换到“上一张”

   B. 可以先输入一个数字，再按回车键切换到某一张

   C. 可以用空格键或回车键切换到“下一张”

   D. 可以按任意键切换到“下一张”

6. 下列有关打印幻灯片的说法，错误的（　　）。

   A. 被设置了演示时隐藏的幻灯片也能打印出来

B. 幻灯片上添加的注释和墨迹标记也可以打印

C. 只能逐份打印

D. 可按讲义形式打印

7. 要使幻灯片在放映时能够自动播放，需要为其设置（ ）。

A. 超级链接 B. 动作按钮

C. 排练计时 D. 录制旁白

8. 在PowerPoint 2010中，采用讲义形式打印演示文稿，打印的是（ ）。

A. 幻灯片的文字内容 B. 幻灯片及其备注

C. 幻灯片大纲 D. 若干张缩小的幻灯片

9. 在PowerPoint 2010中保存文件类型时，如果将演示文稿保存为（ ）文件，在资源管理器中用户双击该文件名就可以直接播放演示文稿。

A. pptx B. jpg

C. htm D. ppsx

10. 在PowerPoint 2010中结束幻灯片放映，不可以使用（ ）操作。

A. 按Esc键

B. 按End键

C. 按Alt+F4键

D. 单击鼠标右键，在菜单中选择“结束放映”

11. 在使用PowerPoint 2010的幻灯片放映视图放映演示文稿过程中，要结束放映，可用的操作方法有（ ）。

A. 按ESC键

B. 单击鼠标右键，从弹出的快捷菜单中选“结束放映”

C. 按Ctrl+E

D. 按回车键

12. 在PowerPoint 2010中，可以打印出（ ）。

A. 大纲 B. 讲义

C. 动画效果 D. 幻灯片的切换效果

知识点6 演示文稿的打包和发布

一、考试内容及解析

1. 打包演示文稿

将编辑好的演示文稿在其他计算机上放映，可以使用PowerPoint的“打包”功能。利用该功能可以将演示文稿中使用的所有文件和字体全部打包到本地磁盘或者CD光盘中。在“文件”选项卡中有“保存并发送”命令，选择文件类型“将演示文稿打包成CD”，可以实现该功能。

在打包后的文件夹中，选择PresentationPackage.html 网页文件，在打开的网页上单击“Download Viewer”按钮，下载PowerPoint播放器PowerPointViewer.exe并安装。安装后即可播放演示文稿。

解析： 考生应了解将演示文稿打包成CD的步骤及播放打包后的演示文稿的方法。

2. 广播幻灯片

广播幻灯片是PowerPoint 2010新增的一项功能，可使用浏览器直接从PowerPoint与任何人实时共享演示文稿。广播幻灯片可用于向在Web浏览器上观看者广播幻灯片。远程查看者不需要安装程序，并且在广播时，用户可以完全控制幻灯片的进度，观众只需在浏览器中跟随浏览即可。

单击“文件”选项卡中的“保存并发送”命令，在“保存并发送”选项组中单击“广播幻灯片”选项，然后单击“广播幻灯片”按钮，单击启动广播按钮。

解析： 广播幻灯片是PowerPoint2010的新增功能，考生应了解广播幻灯片的原理和设置方法。

3. 发布幻灯片

将演示文稿文件保存到Web，可用浏览器来查看和编辑演示文稿的内容。步骤为选择“文件”选项卡中“保存并发送”选项组中的“保存到Web”命令。

解析：此考点考生一般了解即可。

二、考试内容巩固

1. 要想在网上发布演示文稿，可以将演示文稿文件直接保存为Web页文件，之后即可用浏览器来查看演示文稿的内容。（　　）

A. 正确　　B. 错误

2. 下列关于PowerPoint 2010的表述，正确的是（　　）。

A. 幻灯片一旦制作完毕，就不能调整次序

B. 可以将Word文档转换为演示文稿

C. 无法在浏览器中浏览PowerPoint 2010文件

D. 若要在没有PowerPoint 2010软件的计算机上播放演示文稿，可使用打包功能

3. 如果将演示文稿置于另一台没有安装PowerPoint系统的计算机上放映，那么应该对演示文稿进行（　　）。

A. 复制　　B. 打包　　C. 移动　　D. 打印

4. 将制作完的PowerPoint 2010演示文稿打包到文件夹中，演示文稿的扩展名为（　　）。

A. .pptx　　B. .ppsx　　C. .exe　　D. .potx

5. 使用浏览器与他人实时共享演示文稿的方法称为（　　）。

A. 打包　　B. 转换为放映格式

C. 广播幻灯片　　D. 播放幻灯片

6. PowerPoint 2010通过保存并发送，可以保存的文件类型不包括（　　）。

A. pdf　　B. wmv　　C. png　　D. html

7. 利用（　　）功能，可通过浏览器来查看和编辑演示文稿的内容。

综合练习

一、单项选择题

1. PowerPoint 2010的默认文件扩展名为（　　）。

A. .ppta　　B. .pptx　　C. .ppsx　　D. .potx

2. PowerPoint提供了多种新建演示文稿的方法，下面（　　）不能新建演示文稿。

A. 根据现有演示文稿创建　　B. 根据模板创建

C. 根据主题创建　　D. 根据母版创建

3. 在幻灯片放映过程中，可擦除屏幕上注释墨迹的快捷键是（　　）。

A. E键　　B. S键　　C. B键　　D. W键

4. 在PowerPoint中，创建一套新的演示文稿的快捷方式是（　　）。

A. Ctrl＋A　　B. Shift＋N　　C. Ctrl＋M　　D. Ctrl＋N

5. PowerPoint提供了多种（　　），它包含相应的配色方案、母版和字体样式等，可供用户快速生成风格统一的演示文稿。

A. 版式　　B. 模板　　C. 母版　　D. 幻灯片

6. 在PowerPoint中新建幻灯片时，下面（　　）的占位符不会出现在内容版式中。

A. 表格　　B. 图表　　C. 形状　　D. SmartArt

7. 在PowerPoint中想要为文字加上“光晕”效果时，可（　　）。

A. 在“绘图”组中使用“快速样式”

B. 在“绘图”组中使用“图案”

C. 在“形状样式”组中使用“形状效果”

D. 在“艺术字样式”组中使用“文字效果”

8. 一件PowerPoint幻灯片作品内容编排得非常不错，可是制作时使用的颜色太杂，使用的字体、字号也很多，给人以非常凌乱的视觉感受。老师应指导学生采取以下（　　）方法进行修改。

A. 统一使用宋体，字体颜色尽量少

B. 每张幻灯片采用预先制作的同一张图片做背景

C. 通过幻灯片母版进行修改

D. 推翻原方案，重新设计

9. 幻灯片放映过程中，转到下一张隐藏的幻灯片的快捷键是（　　）。

A. E键　　B. H键　　C. B键　　D. W键

10. 在PowerPoint中，下面不可以打印的是（　　）。

A .幻灯片　　B. 讲义　　C. 母版　　D. 备注

11. 在PowerPoint中，利用母版不能实现的是（　　）。

A. 统一改变字体设置　　B. 统一添加相同的对象

C. 统一修改项目符号　　D. 统一修改标题内容

12. 幻灯片放映过程中，显示或隐藏墨迹标记的快捷键是（　　）。

A. Ctrl＋E键　　B. Ctrl＋M键　　C. Ctrl＋P键　　D. Ctrl＋A键

13. 在PowerPoint中，以下可以添加文字的项是（　　）。

A. 形状中的标注　　B. 剪贴画　　C. 外部图片　　D. 屏幕截图

14. PowerPoint中“超链接”命令的作用是（　　）。

A. 实现演示文稿幻灯片的移动　　B. 中断幻灯片放映

C. 在演示文稿中插入幻灯片　　D. 实现幻灯片的跳转

15. 幻灯片放映过程中，将指针变成橡皮擦的快捷键是（　　）。

A. Ctrl＋E键　　B. Ctrl＋M键　　C. Ctrl＋P键　　D. Ctrl＋A键

16. 以下不能在绘制的形状上添加文本的项是（　　）。

A. 在形状上单击鼠标右键，选择“编辑文字”命令

B. 使用“插入”选项卡中的“文本框”命令

C. 在该形状上单击一下鼠标左键

D. 单击该形状，然后按回车键

17. 在PowerPoint中，选择不相邻的多个图形对象需要按住（　　）键。

A. Alt　　B. F3　　C. Shift　　D. A

18. 在PowerPoint中，幻灯片母版视图下可以（　　）。

A. 查看所有幻灯片

B. 安排各幻灯片的位置

C. 可以添加对象，并在各个幻灯片中显示出来

D. 隐藏幻灯片

19. 在PowerPoint中，Word文档中的（　　）内容可以导入幻灯片。

A. 正文文字　　B. 图片　　C. 图形　　D. 标题文字

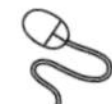

20. 在PowerPoint中，改变对象大小时，按下Shift键时出现的结果是（　　）。

A. 以图形对象的中心为基点进行缩放

B. 按图形对象的比例改变图形的大小

C. 只有图形对象的高度发生变化

D. 只有图形对象的宽度发生变化

21. 在PowerPoint中，插入的新幻灯片将出现在（　　）。

A. 当前幻灯片之前　　B. 当前幻灯片之后

C. 最前　　D. 最后

22. 在PowerPoint中，下列说法错误的是（　　）。

A. PowerPoint和Word文稿一样，也有页眉与页脚

B. 用大纲方式编辑设计幻灯片，可以使文稿层次分明、条理清晰

C. 在电脑上放映幻灯片时，隐藏幻灯片上设计的各种动画效果也可以完整地呈现出来

D. 在幻灯片的播放过程中，可以用Esc键停止退出

23. 在PowerPoint中，下列说法错误的是（　　）。

A. 可以利用放映功能直接在电脑上展示

B. 幻灯片的版式是指视图的预览模式

C. 幻灯片中能设置页眉和页脚

D. 在PowerPoint 2010中，制作的演示文稿可保存成早期版本格式

24. 在PowerPoint中，创建新的幻灯片时出现的虚线框称为（　　）。

A. 占位符　　B. 文本框　　C. 图片框　　D. 表格框

25. 在PowerPoint中，显示或隐藏功能区的快捷键是（　　）。

A. Ctrl＋H键　　B. Alt键

C. Shift＋F10键　　D. Ctrl＋F1键

26. 在PowerPoint中，SmartArt 图形不包含下面的（　　）。

A. 图表　　B. 流程图　　C. 循环图　　D. 层次结构图

27. 在PowerPoint中，下列说法正确的是（　　）。

A. 通过背景命令只能为一张幻灯片添加背景

B. 通过背景命令只能为所有幻灯片添加背景

C. 通过背景命令既可以为一张幻灯片添加背景也可以为所有幻灯片添加背景

D. 剪贴板中的内容不能作为背景设置

28. 当打开多个PowerPoint窗口时，切换到下一个PowerPoint窗口的快捷键是

（　　）。

A. Ctrl＋F6　　B. Ctrl＋F4　　C. Ctrl＋F3　　D. Ctrl＋F5

二、多项选择题

29. 在PowerPoint中，插入幻灯片的操作可以在（　　）下进行。

A. 阅读视图　　B. 普通视图

C. 幻灯片浏览视图　　D. 放映视图

30. 在PowerPoint的（　　）中，可以用鼠标拖动方法改变幻灯片的顺序。

A. 阅读视图　　B. 普通视图

C. 幻灯片浏览视图　　D. 备注视图

31. 在PowerPoint幻灯片中添加图片，可以通过（　　）来实现。

A. 插入/图像/剪贴画　　B. 设计/背景/背景样式

C. 插入/图像/屏幕截图　　D. 插入/插图/图表

32. 在PowerPoint中，幻灯片浏览视图下不能（　　）。

A. 复制幻灯片　　B. 插入超链接

C. 修改幻灯片内容　　D. 隐藏幻灯片

33. 在PowerPoint的普通视图中，要删除选中的幻灯片，不能实现的操作是（　　）。

A. 按下键盘上的Delete键　　B. 按下键盘上的BackSpace键

C. 按下功能区上的隐藏幻灯片按钮　　D. 将幻灯片拖拽到视图之外

34. 在PowerPoint中，超级链接在下列（　　）中才能被激活。

A. 普通视图　　B. 阅读视图

C. 幻灯片浏览视图　　D. 幻灯片放映视图

35. 在PowerPoint 2010中，幻灯片的填充背景可以是（　　）。

A. 调色板列表中选择的颜色　　B. 类型为菱形的渐变填充效果

C. 三种以上颜色的过渡效果　　D. 自定义的图案

36. PowerPoint的一大特色就是可以使演示文稿中的幻灯片具有一致的外观，一般采用（　　）方法来实现。

A. 母版的使用　　B. 样式的使用

C. 幻灯片背景的设置　　D. 使用占位符

37. 在PowerPoint中，可以为以下（　　）对象创建超链接。

A. 音频　　B. 表格　　C. 图表　　D. SmartArt

38. 在PowerPoint 2010中，开始播放视频的方式包括（　　）。

A. 单击时　　B. 自动

C. 上一动画之后　　D. 跨幻灯片播放

三、判断题

39. 在PowerPoint中插入的形状图形里可以加入文字。（　　）

A. 正确　　B. 错误

40. PowerPoint 提供了多种版式，它包含相应的配色方案、母版和字体样式等，可供用户快速生成风格统一的演示文稿。（　　）

A. 正确　　B. 错误

41. 在PowerPoint中，幻灯片内容的跳转可以通过“超链接”命令实现。（　　）

A. 正确　　B. 错误

42. 在PowerPoint中，不允许插入在其他图形程序中创建的图片。（　　）

A. 正确　　B. 错误

43. 在PowerPoint中，截剪图片是指保存图片的大小不变，而将不希望显示的部分隐藏起来。当需要重新显示被隐藏的部分时，还可以通过“裁剪”工具进行恢复。（　　）

A. 正确　　B. 错误

44. 在PowerPoint中，可以直接通过复制和粘贴的方式将图表插入幻灯片，对不含图表占位符的幻灯片可以插入新图表。（　　）

A. 正确　　B. 错误

45. 在PowerPoint中，动画效果是指幻灯片放映时各个主要对象不是一次全部显示的，而是按照设置次序以动画的方式逐个显示出来的。（　　）

A. 正确　　B. 错误

46. 在PowerPoint幻灯片浏览视图中不能查看幻灯片的动画效果。（　　）

A. 正确　　B. 错误

47. 在PowerPoint中，通过背景命令只能为一张幻灯片添加背景。（　　）

A. 正确　　B. 错误

四、填空题

48. 在PowerPoint 2010中，为每张幻灯片设置放映时的切换方式，应使用（　　）选项卡。

49. PowerPoint 2010演示文稿的扩展名是（　　）。

50. 在PowerPoint 2010中，可以对幻灯片进行移动、删除、复制、设置切换效果，但不能对幻灯片上的内容进行编辑的视图是（　　）。

51. 在打印演示文稿时，在一页纸上能包括几张幻灯片缩图的打印内容称为（　　）。

52. 在PowerPoint 2010中，幻灯片里段落特殊缩进可分为首行缩进和（　　）缩进两种。

53. 对于演示文稿中不准备放映的幻灯片，可以用（　　）选项卡中的"隐藏幻灯片"命令将其隐藏起来。

54. 在 PowerPoint中，进行插入屏幕截图操作是给PowerPoint幻灯片中添加（　　）。

55. 将演示文稿保存为自动播放的文件格式是（　　）。

56. 在 PowerPoint中，（　　）可以作为演示者在演示文稿时的提示和参考，并可以单独打印出来。

57. 在 PowerPoint中，为了使每张幻灯片中都出现相同图片，最快捷的方法是在（　　）中插入该图片。

第六部分
数据库管理系统与Access 2010

数据库管理系统与Access 2010的主要考点

有关数据库的基本概念，数据管理技术的发展，数据库系统的组成，数据模型，关系数据库的基本概念及关系运算。

数据库管理系统的概念及常见数据库管理系统，Access 2010数据库对象，数据库的基本操作，表的概念和基本操作，SQL基本语句的使用。

知识点 1 数据库的基本理论

一、考试内容及解析

数据库技术产生于20世纪60年代末70年代初，主要目的是有效管理和存取大量的数据资源。数据库技术主要研究如何存储、使用和管理数据，是计算机数据管理技术发展的新阶段。数据库技术是信息系统的一个核心技术。

1. 数据与数据库的概念

数据（Data）是指存储在某一种媒体上能够识别的物理符号。

数据库（DataBase，DB）是长期存放在计算机内的、有组织的、可表现为多种形式的、可共享的数据集合，或者说数据库是按某种数据模型组织的、存放在外存储器上的、可被多个用户同时使用的数据的集合。简单地说，数据库是按照一定规则在计算机中存储的相关数据的集合。

> **解析：**考生应掌握数据库的概念。

2. 数据库管理系统

数据库管理系统（DataBase Management System，DBMS）是一种操纵和管理数据库的系统软件，用于建立、使用和维护数据库。它对数据库进行统一的管理和控制，以保证数据库的安全性和完整性。

（1）数据库管理系统的功能

1）数据定义功能（DDL：Data Defination Language，数据定义语言）。定义数据库结构，刻画数据库框架，并保存在数据字典中。

2）数据存取功能（DML：Data Manipulation Language，数据操纵语言）。实现对

数据库数据的基本存取操作。

3）数据库运行管理功能。在数据库运行期间，对数据的安全性、完整性和并发控制等进行有效的控制和管理，以确保数据正确有效。

4）数据库的建立和维护功能。包括数据库初始数据的装入，数据库的转储、恢复、重组织，系统性能监视、分析等功能。

5）数据库的传输。

（2）常见数据库管理系统

目前常见的数据库管理系统有Microsoft SQL Server、Sybase、DB2、Oracle、MySQL、Microsoft Access、Visual FoxPro等。

解析：该知识点为高频考点，考生应掌握数据库管理系统的概念、功能，了解常见的数据库管理系统。

3. 数据库系统

数据库系统（DataBase System，DBS）是指拥有数据库技术支持的计算机系统，其中DBMS是DBS的核心。数据库系统由四个部分组成，即硬件系统、系统软件、数据库应用系统和各类人员。

（1）系统软件：主要包括操作系统、数据库管理系统、与数据库接口的高级语言及其编译系统，以及以DBMS为核心的应用程序开发工具。

（2）数据库应用系统：在数据库管理系统支持下建立的计算机应用系统，如某单位的人事管理系统、图书管理系统等。

（3）各类人员：参与分析、设计、管理、维护和使用数据库的人员均是数据库系统的组成部分。这些人员包括数据库管理员（DBA）、系统分析员、应用程序员和最终用户。

解析：考生应掌握数据库系统的组成，如系统软件的组成、各类人员具体包括哪些人员等。

4. 数据管理技术的发展

数据管理技术经历了人工管理、文件系统、数据库系统三个发展阶段。

数据库技术发展三个阶段的背景和特点如表6-1所示。

表6-1 数据库技术发展的阶段及特点

项目	子项	人工管理阶段	文件系统阶段	数据库系统阶段
背景	应用背景	科学计算	科学计算、管理	大规模管理
	硬件背景	无直接存取存储设备	磁盘、磁鼓	大容量磁盘
	软件背景	无操作系统	有文件系统	有数据库管理系统
	处理方式	批处理	联机实时处理、批处理	联机实时处理、分布处理、批处理
特点	数据的管理者	用户（程序员）	文件系统	数据库管理系统
	数据面向的对象	某一应用程序	某一应用	现实世界
	数据的共享程度	无共享，冗余度大	共享性差，冗余度大	共享性高，冗余度小
	数据的独立性	不独立，完全依赖于程序	独立性差	具有高度的物理独立性和一定的逻辑独立性
	数据的结构化	无结构	记录内有结构，整体无结构	整体结构化，用数据模型描述
	数据控制能力	应用程序自己控制	应用程序自己控制	由数据库管理系统提供数据安全性、完整性、并发控制和恢复能力

解析： 考生应掌握数据库技术发展的三个阶段及其优缺点方面的知识。

5. 数据库发展的新分支

（1）数据仓库系统

所谓数据仓库，是对来自于多个异种数据源的长期数据的存储。通过数据仓库提供的联机分析处理（OLAP，On-Line Analytical Processing）工具，实现多维数据分析，以便向管理决策层提供支持。

数据库系统和数据仓库系统的区别：

1）面向的用户不同。数据库系统面向使用单位的底层人员，用于日常数据的分析和处理；数据仓库系统面向的是使用单位的决策人员，提供决策支持。

2）数据内容不同。数据库系统存储和管理的是当前的数据；数据仓库系统存储的是长期积累的历史数据。

3）数据来源不同。数据库的数据一般来源于同种数据源，而数据仓库的数据可以来源于多个异种数据源。

4）数据的操作不同。数据库系统提供联机事务处理（OLTP，On-Line Transaction Processing）系统，而数据仓库系统主要提供联机分析处理（OLAP）和决策支持系统，实现数据挖掘和知识发现。

（2）XML数据库

XML数据库是一种支持对XML格式文档进行存储和查询等操作的数据管理系统。XML（Extensible Markup Language）即可扩展标记语言，属于SGML（Standard Generalized Markup Language，标准通用标记语言）。XML数据库具有结构简单、系统负载小、跨平台等优点。

解析：掌握数据仓库的相关概念和特点，以及数据仓库和数据库的联系和区别。

二、考试内容巩固

1.（　　）是存储在某一媒体上能够识别的物理符号。

2. 数据库技术研究的核心和对象是（　　）。

A. 信息　　B. 数据　　C. 符号　　D. 数据模型

3. 数据库是（　　）。

A. 为了实现一定目的按某种规则和方法组织起来的数据的集合

B. 辅助存储器上的一个文件

C. 一些数据的集合

D. 磁盘上的一个数据文件

4. 无论是由应用程序还是由用户对表进行数据操作，都必须由（　　）支持并统一管理。

A. 数据库　　B. 数据库管理系统

C. 数据库应用软件　　D. 数据库实用软件

5. 数据库管理系统对数据进行（　　）并完成各种特定的信息加工任务。

A. 定义、操作、控制　　B. 综合、保存、控制

C. 搜集、操作、处理　　D. 定义、控制、保存

6. Access 2010数据库依赖于（　　）操作系统。

A. Unix　　B. Windows　　C. DOS　　D. Linux

7. 使用Access 2010，按用户的应用需求设计的结构合理、使用方便、高效的数据库和配套的应用程序系统，属于一种（　　）。

A. 数据库　　B. 数据库管理系统

C. 数据库应用系统　　D. 数据模型

8. 简称DBMS的是（　　　　　　）。

9. 下列（　　）不是数据库管理系统。

A. Oracle　　B. Microsoft SQL Server

C. Microsoft Access　　D. BASIC

10. 数据库管理系统是一种（　　）。

A. 操纵和管理数据库的系统软件　　B. 操纵数据库的软件

C. 只能建立数据库的软件　　D. 特殊的数据库

11. 关于数据库和数据仓库的区别，以下说法错误的是（　　）。

A. 数据库系统用于日常数据的分析和处理，数据仓库系统提供决策支持

B. 数据库系统存储和管理的是当前的数据，数据仓库系统存储的是长期积累的历史数据

C. 数据库的数据一般来源于同种数据源，而数据仓库的数据可以来源于多个异种数据源

D. 数据库系统提供联机分析处理，数据仓库系统提供联机事务处理

12. 数据库事务运行管理的功能不包括（　　）。

A. 运行日志管理　　B. 安全性监控

C. 数据完整性检查　　D. 数据组织与存取

13. 数据库管理技术的发展阶段不包括（　　）。

A. 人工管理阶段　　B. 文件系统阶段

C. 数据库系统阶段　　D. 人工智能阶段

14. 关于人工管理阶段，以下说法错误的是（　　）。

A. 计算机主要用于科学计算　　B. 没有磁盘

C. 没有操作系统　　D. 数据处理方式是联机实时处理

15. 数据库系统阶段的特点是（　　）、数据共享性好、数据独立性好、数据存储粒度小、为用户提供友好的接口。

16. 所谓（　　），是对来自于多个异种数据源的长期数据的存储。

17. OLAP的全称是（　　　　　　）。

18. XML的全称是（　　　　　　）。

一、考试内容及解析

1. 数据模型的概念

数据模型是现实世界数据特征的抽象，是数据库系统的基础。在数据库中，数据的物理结构又称数据的存储结构，就是数据元素在计算机存储器中的表示及其配置；数据的逻辑结构则指数据元素之间的逻辑关系，它是数据在用户或程序员面前的表现形式。数据的存储结构不一定与逻辑结构一致。

数据模型的研究包括以下三个方面：概念数据模型、逻辑数据模型、物理数据模型。数据模型的三要素是：数据结构、数据操作及完整性约束条件。

2. 数据模型

1）数据模型的分类

数据库中最常见的数据模型有三种，即层次模型、网状模型和关系模型。三种模型及特点如表6–2所示。

表6–2　数据模型的分类及特点

类型	特点
层次模型	有且仅有一个结点无父结点，这个结点称为根结点； 其他结点有且仅有一个父结点； 第一层结点为根结点，为其子结点的父结点，同一父结点的子结点称为兄弟结点，没有子结点的结点称为叶结点
网状模型	允许一个以上的结点无父结点； 允许结点可以有多于一个的父结点； 在网状模型中子结点与父结点的联系不是唯一的，网状模型允许一个以上的结点无父结点或某一个结点有一个以上的父结点，从而构成比层次结构复杂的网状结构

续表

类型	特点
关系模型	关系模型把世界看作是由实体（Entity）和联系（Relationship）构成的； 客观存在并相互区别的事物称为实体，实体之间的关系称为联系，即实体之间的对应关系

（2）关系的分类

1）一对一的联系。简记为l:1，如学生与学号。

2）一对多的联系。简记为1:n，如班级和学生。

3）多对多的联系。简记为m:n，如学生和课程。

（3）关系的条件

满足下列条件的二维表，在关系模型中，称为关系。

1）每一列中的分量是类型相同的数据；

2）列的顺序可以是任意的；

3）行的顺序可以是任意的；

4）表中的分量是不可再分割的最小数据项，即表中不允许有子表；

5）表中的任意两行不能完全相同。

解析：考生应了解数据模型的分类与特点，重点掌握关系模型的特点、联系的三种分类及关系的特点。

二、考试内容巩固

1. 数据模型的研究内容不包括（　　）。

A. 概念数据模型　　B. 物理数据模型

C. 逻辑数据模型　　D. 网状数据模型

2. 根据数据模型划分，常见的数据库分为（　　）。

A. 关系型数据库、链路型数据库、树型数据库

B. 树型数据库、表格型数据库、网络型数据库

C. 层次型数据库、链路型数据库、表格型数据库

D. 层次型数据库、网状型数据库、关系型数据库

3. Access 2010采用的是（　　）数据库管理系统。

A. 层次模型　　B. 网状模型　　C. 关系模型　　D. 混合模型

4. 以下属于数据模型要素的是（　　）。

A. 数据结构　　B. 数据模型

C. 数据的约束条件　　D. 关系

5. 数据库中的所谓联系是指实体之间的关系，即实体之间的对应关系。联系可以分为三种，它们是（　　）和多对多的联系。

A. 多对一的联系　　B. 一对一的联系　　C. 无联系　　D. 一对多的联系

6. 在数据库关系模型中，如果一个人可以选多门课，一门课可以被很多人选，那么，人与课程之间的联系是（　　）。

A. 一对一的联系　　B. 一对多的联系

C. 多对一的联系　　D. 多对多的联系

7. 数据库关系模型把世界看作是由（　　）和联系构成的。

8. 一对多的联系，简记为（　　）。

9. 关于“关系”的说法，错误的是（　　）。

A. 每一列中的分量是类型相同的数据　　B. 列的顺序可以是任意的

C. 行的顺序可以是任意的　　D. 表中可以有子表

知识点 3 关系数据库及关系运算

一、考试内容及解析

关系数据库是目前最常见的数据库系统，Oracle、Sybase、Visual FoxPro、Access等都是关系数据库。

1. 关系数据库的基本概念

（1）关系：一个关系就是一张二维表，每个关系有一个关系名。在Access中，一个关系就是数据库文件中的一个表对象。

（2）属性：二维表中垂直方向的列称为属性，也称为字段。

（3）域：一个属性的取值范围叫作一个域。

（4）元组：二维表中水平方向的一行，也叫记录；元组的集合构成关系；每个元组就是一条记录，它对应一条完整的信息（表示实体的一个实例）。

（5）码（又称关键字）：能唯一标识元组的属性或属性组合，一个关系中可能有多个候选码，并且至少有一个。

（6）主码（又称主键）：从表的多个候选码中指定其中一个作为表的主键，一个表只能有一个主键。

（7）分量：元组中的一个属性值叫作元组的一个分量。

（8）关系模式：是对关系的描述，包括关系名、组成该关系的属性名、属性到域的映象。通常简记为：关系名（属性名1，属性名2，…，属性名n）。

解析：该部分为高频考点，考生应重点掌握关系数据库的相关概念，如关系、属性、元组、码、分量等，掌握码、关键字、候选码、主键的区别。

2. 关系运算

关系运算是对关系进行的运算，参与运算的对象是关系，运算的结果也是关系。

关系运算包括两种运算：一是传统的集合运算（并、交、差、广义笛卡尔积）；二是专门的关系运算（选择、投影、连接）。关系运算的分类及特点如表6–3所示。

表6–3　关系运算的分类及特点

类型	运算	特点
传统集合运算	并	R和S的并是由属于R或属于S的元组组成的集合，运算符为∪，记为R∪S
	交	R和S的差是由属于R但不属于S的元组组成的集合，运算符为∩，记为R∩S
	差	R和S的交是由既属于R又属于S的元组组成的集合，运算符为－，记为R－S
	笛卡尔积	R和S的广义笛卡尔积是由包含两个集合中任意取出两个元祖构成的组合的集合，运算符为×，记为R×S。假设R中有元组M个，S中有元组N个，则R和S的笛卡尔积中包含的元组数量就是M*N

续表

<table>
<tr><th>类型</th><th>运算</th><th colspan="2">特点</th></tr>
<tr><td rowspan="2">专门关系运算</td><td>选择</td><td colspan="2">从关系中找出满足给定条件的那些元组，这种运算是从水平方向抽取元组。例如，从学生表S中选择性别为“男”的学生记录</td></tr>
<tr><td>投影</td><td colspan="2">从关系中挑选若干属性组成新的关系，这是从列的角度进行的运算。例如，从学生表S中选取所有学生的姓名</td></tr>
<tr><td rowspan="3">专门关系运算</td><td rowspan="3">连接</td><td colspan="2">选择和投影运算都是属于单目运算，它们的操作对象只是一个关系；连接运算是双目运算，需要两个关系作为操作对象</td></tr>
<tr><td>等值联接</td><td>将两个关系模式通过公共的属性拼接成一个更宽的关系模式；生成的新关系中包含满足连接条件的元组</td></tr>
<tr><td>自然联接</td><td>去掉重复属性的等值联接。它属于连接运算的一个特例，是最常用的连接运算，在关系运算中起着重要作用</td></tr>
</table>

解析：该部分为高频考点，考生应掌握传统集合运算的分类及特点，重点掌握选择、投影、连接的概念及特点。

二、考试内容巩固

1. 关系数据库系统中所管理的关系是（　　）。

A. 一个accdb文件　　B. 若干个accdb文件

C. 二维表　　D. 任意表格

2. 下列关于主键的说法，错误的是（　　）。

A. 数据库中的每个表都必须有一个主键

B. 主键的值是唯一的

C. 主键可以是一个字段，也可以是一组字段

D. 主键中不允许有重复值和空值

3. 在Access数据库中，一个关系就是一张一维表。（　　）

A. 正确　　B. 错误

4. 在数据库表中，水平方向的行称为一个（　　），在Access 2010中，也被称为记录。

5. 在数据库中，属性的取值范围叫作（　　）。

6. 关系数据库的关系运算包括选择、（　　）、连接。

7. 在数据库关系模型中，实体通常是以表的形式来表现的，表的每一行描述实体的一个（　　），表的每列描述实体的一个特性或属性。

A. 元素　　B. 对象　　C. 侧面　　D. 实例

8. 在Access 2010中，唯一标识一条记录的一个或多个字段称为（　　）。

9. 在关系中选择某些属性的操作称为连接运算。（　　）

A. 正确　　B. 错误

10. 传统的集合运算包括并、交、差、笛卡尔积。（　　）

A. 正确　　B. 错误

11. 在数据库关系运算中，在关系中选择满足某些条件的元组的操作称为（　　）。

12. 从两个关系的笛卡尔中，选取属性间满足一定条件的元组的操作，称为（　　）。

一、考试内容及解析

数据库设计（Database Design）是根据系统需求，把现实世界中的数据加以合理的组织，满足硬件和操作系统的特性，利用已有的DBMS来建立能够实现系统目标的数据库。

一般来说，数据库的设计过程大致可分为需求分析、概念设计、逻辑设计、物理设计、验证设计五个阶段。

1. 需求分析

需求分析是数据库设计的第一步，目的是获取用户的信息要求、处理要求、安全性要求和完整性要求。

（1）需求分析阶段的任务一般分为以下几个步骤：1）系统调研；2）业务及需求分析；3）综合，调整；4）编写需求分析报告，以作为下一阶段设计的依据。

（2）需求分析的工具

数据流图（DFD，Data Flow Diagram）是结构化分析方法（SA，Structured Analysis）的工具之一，它描述数据处理过程，以图形化方式刻画数据流从输入到输出

的变换过程。

数据字典（DD，Data Dictionary）是对系统中数据的详尽描述，是各类数据属性的清单。对数据库设计来讲，数据字典是进行详细的数据收集和数据分析所获得的主要结果。

数据字典是各类数据描述的集合，通常包括以下几个部分：

1）数据项：数据的最小单位。

2）数据结构：若干数据项有意义的集合。

3）数据流：可以是数据项，也可以是数据结构。

4）数据存储：处理过程中存取的数据。

2. 概念设计

概念设计是对数据的抽象和分析。概念模型独立于数据逻辑结构，也独立于DBMS和计算机系统。

概念设计包括自顶向下和自底向上两种方法。

概念设计的流程包括局部视图设计、视图集成。

（1）数据抽象

E-R方法是实体-联系方法（Entity-Relationship Approach）的简称，是描述现实世界概念结构模型的有效方法。用E-R方法建立的概念结构模型称为E-R模型或E-R图。

E-R模型是对现实世界的一种抽象。抽象一般分为三种，即分类、聚集和概括。

（2）局部视图设计

概念结构设计的第一步是对需求分析阶段收集到的数据进行分类、聚集，确定实体之间的联系类型（1∶1，1∶n，n∶m），设计局部视图（也称局部E-R图）。

（3）视图集成

通过视图集成将各局部视图有机融合，综合成一个系统的总视图。视图集成的方法包括合并和消除冗余两种。

3. 逻辑设计

逻辑设计阶段将概念结构设计阶段得到的独立于DBMS和计算机系统的概念模型转换成特定的DBMS所支持的数据模型。采用关系数据模型的DBMS在该阶段的主要任务是E-R图向关系模型的转换，即将实体、联系、属性转换为关系模式。转换原则如下：

（1）实体转换为关系模型。实体的名称就是关系的名称，实体的属性就是关系的属性，实体的主键就是关系的主键。

（2）联系转换为关系模型。包括一对一联系的转换、一对多联系的转换、多对多联系的转换。

4. 物理设计

物理设计是以逻辑设计结果作为输入，结合DBMS特征与存储设备特性设计出的适合应用环境的物理结构。数据库物理设计的目的是提高系统处理效率，充分利用计算机的存储空间。

数据库物理设计步骤：（1）数据库物理设计；（2）性能评价。

数据库物理设计主要是确定文件组织、分块技术、缓冲区大小及管理方式、数据在存储器上的分布等。物理结构评价指标包括存储空间、响应时间、维护代价等。

5. 验证设计

解析：考生应了解数据库设计的阶段及各阶段的任务、工具及相关方法等。

二、考试内容巩固

1. 数据库的设计过程大致可分为需求分析、概念设计、（　　）、物理设计、验证设计五个阶段。
2. 在数据库设计阶段中，需求分析阶段的工具包括（　　）。
   A. 数据流图　　B. E-R图　　C. 数据字典　　D. 流程图
3. 数据字典是各类数据描述的集合，不包括（　　）。
   A. 数据项　　B. 数据结构
   C. 数据流　　D. 数据表示
4. 在数据设计阶段中，概念设计的方法包括（　　）。
   A. 自顶向下　　B. 自底向上
   C. 视图设计　　D. 视图集成
5. E-R模型是数据库设计（　　）阶段的工具。
   A. 需求分析　　B. 概念设计
   C. 逻辑设计　　D. 物理设计
6. 在E-R图中，（　　）用来表示实体的属性。
   A. 椭圆形　　B. 矩形　　C. 三角形　　D. 菱形
7. 在逻辑设计阶段，采用关系数据模型的DBMS的主要任务是E-R图向（　　）的转换。

8. 物理设计是以逻辑设计结果作为输入，结合DBMS特征与存储设备特性设计出的适合应用环境的物理结构。（　　）

A. 正确　　B. 错误

9. 使用Access，按用户的应用需求设计的结构合理、使用方便、高效的数据库和配套的应用程序系统，属于一种（　　）。

A. 数据库　　B. 数据库管理系统

C. 数据库应用系统　　D. 数据模型

知识点5 Access 2010数据库对象和基本操作

一、考试内容及解析

1. Access 2010数据库对象

Access 2010数据库文件的扩展名为.accdb，包括以下对象：

（1）表

又称数据表，它是Access 2010数据库中最基本的对象，是实际数据存储的地方。每个表都拥有自己的表名和结构（包括字段名称、数据类型、字段属性等）。

表对象在Access 2010的所有对象中处于核心地位，它是一切数据库操作的目标和前提，其他对象都要和表对象打交道。

Access 2010提供了多种创建表的方法，常用的有三种：1）在新数据库中创建表；2）通过导入创建表；3）使用设计视图创建表。

表有两种视图方式：设计视图和数据表视图。设计视图一般用于显示和编辑表结构；数据表视图一般用于显示、编辑和输入记录。

（2）查询

查询用于从指定的表中获取满足给定条件的记录。当运行查询对象时，Access 2010根据用户指定的查询条件从指定的表中获取记录并将其组成动态集。

查询的功能有：查看、搜索和分析数据；追加、更改和删除数据；实现记录的筛选、排序、汇总和计算；作为报表和窗体的数据源，对一个和多个表中获取的数据实现连接。

查询可以分为选择查询、参数查询、交叉表查询、操作查询和SQL查询五大类。操作查询包括更新查询、生成表查询、追加查询、删除查询。

查询有五种视图方式：数据表视图、设计视图、SQL视图、数据透视表视图、数据透视图视图。

表与查询的联系和区别：

1）查询不是表，但可以作为表使用，因为它也是由记录组成的二维表。

2）查询中的数据来自于表，但查询中并没有存储这些数据，查询中保存的是实现查询操作的命令，所以可以认为查询是一个“虚表”。

3）查询可以作为其他对象的数据源。

（3）窗体

又称表单，是用户与数据库之间交互的界面。通过窗体可以方便地输入数据，编辑数据，查询、筛选和显示数据，对数据排序，也可以显示提示性信息、控制程序运行。

窗体中一般包含多种控件。一个窗体中也可以包含其他窗体（称为子窗体）。

（4）报表

用于把数据库中的数据按一定的格式输出，同时它还具有分组统计、计算分析的功能。和窗体相比，报表只用于输出数据，一般不提供交互功能，而窗体可以编辑数据库中的数据。

报表由报表页眉、页面页眉、组页眉、主体、组页脚、页面页脚、报表页脚等部分组成，其中主体必不可少。

（5）宏

宏可以理解为一段实现特定功能的代码，可以调用宏来完成一定的功能。主要功能：1）打开或者关闭数据表、窗体，打印报表和执行查询；2）弹出提示信息框，显示警告；3）实现数据的输入和输出；4）在数据库启动时执行操作；5）筛选查找数据记录。

（6）模块

模块的功能与宏类似，但它定义的操作比宏更加精细和复杂，用户可以根据自己的需要编写程序。模块使用VisualBasic编程。模块对象有两种基本类型：类模块（包括窗体模块和报表模块）和标准模块。

Access 2010提供的上述六种对象从功能和彼此间的关系考虑，可以分为三个层次，层次划分及功能如表6-4所示。

表6–4　Access 2010对象的层次划分

层次	功能	对象
一	存储数据和查询数据	表、查询
二	数据的输入输出和应用系统的驱动控制	窗体、报表
三	通过组织宏操作或编写程序来完成复杂的数据库管理工作并使得数据库管理自动化	宏、模块

解析：考生应重点掌握表、查询、窗体、报表数据库对象的概念和功能，了解宏、模块的概念和特点，了解数据库对象三个层次的功能及包含的对象。

2. 数据库的基本操作

在Access 2010中，创建数据库有两种方法：一种是使用模板创建数据库；另一种是从空白开始创建数据库。使用模板创建数据库又分为样本模板、我的模板、最 近打开的模板以及Office. com 模板等几种选择方式。

（1）使用模板创建数据库

Access 2010中提供了教职员、任务、事件等12个数据库模板。

单击“文件”选项卡，选择“新建”命令，打开“样本模板”窗格，选择某个模板，在右窗格中设置好文件名和储存位置后，单击“创建”按钮，即可创建数据库。

（2）直接创建空数据库

单击左侧导航窗格中的“新建”命令，然后在中间窗格中单击“空数据库”选项，在右侧窗格中的“文件名”文本框中输入文件的名称，单击“创建”按钮，即可创建一个空白数据库，并且自动创建一个数据表。

（3）打开数据库

打开数据库包括以下三种方式：以只读方式打开，以独占方式打开，以独占只读方式打开。

（4）保存数据库

执行“文件”→“数据库另存为”命令，可将数据库保存为.accdb格式的文件。

解析：考生应掌握创建数据库的方法、打开数据库的方法、数据库可以保存的文件类型。

二、考试内容巩固

1. 关于Access 2010的新特点，下列说法正确的是（　　）。

A. 共享Web网络数据库

B. 新增附件字段数据类型

C. 可导出为PDF格式文件

D. 可提供标准桌面数据库类型和扩展数据库类型两种数据库开发工具

2. Access是（　　）公司的产品。

A. Microsoft　　B. IBM　　C. Intel　　D. Sony

3. 下列对Access 2010的描述，错误的是（　　）。

A. Access 2010是Microsoft Office 2010的成员之一

B. Access 2010可以建立数据库、创建表、设计用户界面等

C. Access 2010是一个可视化工具，非常直观方便

D. Access 2010是一种程序设计语言，可以编制各种应用程序

4. 下列（　　）不是Access 2010数据库的对象类型。

A. 表　　B. 向导　　C. 窗体　　D. 查询

5. 以下叙述正确的是（　　）。

A. Access 2010不能创建数据库应用系统

B. Access 2010不具备程序设计能力

C. Access 2010只具备模块化程序设计能力

D. Access 2010具有面向对象的程序设计能力，并能创建复杂的数据库应用系统

6. Access 2010的表可以单独保存成一个文件。（　　）

A. 正确　　B. 错误

7. 以下叙述正确的是（　　）。

A. Access 2010不能与Word、Excel等办公软件进行数据交换与共享

B. Access 2010提供了许多便捷的可视化操作工具

C. Access 2010提供了许多宏操作

D. Access 2010没有提供函数

8. Access 2010中的所有数据库对象都保存在.mdb文件中。（　　）

A. 正确　　B. 错误

9. 在Access 2010数据库中，（　　）对象是其他数据库对象的基础。

A. 报表　　B. 查询　　C. 表　　D. 模块

10. Access 2010中用于存储基本数据的对象是（　　）。

A. 表　　B. 查询　　C. 窗体　　D. 宏

11. 在Access 2010中采用可视化的直观操作数据的输入/输出界面时，可以采用的对象是（　　）。

A. 宏　　B. 报表　　C. 窗体　　D. 查询

12. 在Access 2010数据库中，专用于打印的对象是（　　）。

A. 表　　B. 报表　　C. 查询　　D. 宏

13. 在Access 2010中，（　　）是数据库与用户进行交互操作的最好界面。

A. 查询　　B. 窗体　　C. 报表　　D. 宏

14. 从功能和彼此间的关系考虑，Access 2010提供的对象可以分为三个层次，第一层次是（　　）。

A. 表对象　　B. 报表对象　　C. 查询对象　　D. 宏对象

15. Access 2010数据库中一个数据库只能包含一个表。（　　）

A. 正确　　B. 错误

16. Access 2010可以同时打开多个数据库。（　　）

A. 正确　　B. 错误

17. 使用模板创建数据库的方法不包括（　　）。

A. 样本模板　　B. 我的模板

C. Office.com模板　　D. 主题模板

18. Access 2010提供的样本模板包括（　　）。

A. 任务　　B. 事件　　C. 财务　　D. 学校

19. Access 2010提供的Office.com模板不包括（　　）。

A. 资产　　B. 联系人　　C. 非盈利　　D. 罗斯文

20. 在Access 2010中，快速访问最近数量数据库最多可设置为17条。（　　）

A. 正确　　B. 错误

21. Access 2010默认的配色方案是（　　）。

A. 白色　　B. 银色　　C. 蓝色　　D. 黑色

22. 以下关闭Access 2010的方法不正确的是（　　）。

A. 选择“文件”选项卡中的“退出”命令

B. 使用Alt＋F4快捷键

C. 使用Alt+F＋X快捷键

D. 使用Ctrl＋X快捷键

23. 打开Access 2010数据库的方法不包括（　　）。

A. 以只读方式打开　　B. 以独占方式打开

C. 以副本方式打开　　D. 以独占只读方式打开

24. 打开Access 2010数据库时，应打开扩展名为（　　）的文件。

A. .mdb　　B. .accdb　　C. .accde　　D. .dbf

25. Access 2010数据库模板文件的扩展名是（　　）。

A. .mdb　　B. .accde　　C. .accdt　　D. .dbf

一、考试内容及解析

1. 创建表

在Access 2010中，表由结构和数据两部分组成。可通过以下方式创建表：数据表视图；设计视图；导入数据。

2. 设计视图

设计视图是一种可视化工具，用于设计数据表结构。设计视图包括字段名称、数据类型、说明、字段属性三部分。

（1）字段命名规则

1）最大长度为64个字符；

2）可以包含字母、数字、空格和特殊字符的任意组合，但不能包含句号（.）、感叹号（!）、重音符（`）和方括号（[ ]）；

3）不能以前导空格开始；

4）不能包括控制字符（ASCII 值0到31）。

（2）数据类型

Access 2010定义了12种数据类型：文本、备注、数字（含字节、长整型、整型、单精度型、双精度型）、日期/时间、货币、自动编号、是/否、OLE对象、超链接、附件、查阅向导、计算。各类型特点如表6–5所示。

表6–5　Access 2010数据类型及特点

类型		特点
文本		允许最多255个字符，默认为255
备注		允许最多65536个字符
数字	字节	0～255的整数，占1个字节
	整型	–32768至32767的整数，占2个字节
	长整型	–2,147,483,648至2,147,483,647，占4个字节
	单精度型	占4个字节，精确到小数点后7位
	双精度型	占8个字节，精确到小数点后15位
日期/时间		占8个字节
货币		等价于双精度类型，自动显示人民币符号和千分位符号（逗号）、两位小数，小数部分多于两位时，自动进行四舍五入
自动编号		自动从1开始递增编号
是/否		只包含两个不同的值
OLE对象		可“链接”或“嵌入”外部对象，如WORD文档、EXCEL电子表格、图像、声音或其他二进制数据。最大可为1GB，主要受磁盘空间限制
超链接		用来保存超级链接
附件		可向数据库附加外部文件
查阅向导		为用户提供一个内容列表，可以在列表中选择
计算		一个表达式，结果为表达式的值

（3）字段属性

在Access 2010中，每个字段的可用属性取决于该字段的数据类型。

1）字段大小

使用“字段大小”属性可以为文本、数字和自动编号类型的字段设置可保存数据的最大容量。

2）格式

“格式”属性可以指定字段数据的显示格式。格式设置对输入数据本身没有影响，只是改变数据输出的样式。

Access提供的数据类型中，自动编号、数字、货币、日期/时间、是/否等五种数据类型既可以进行预定义格式设置，又可以进行自定义格式设置；文本、备注、超链接三种数据类型只可以进行自定义格式设置；OLE对象、附件没有“格式”属性。

3）输入掩码

在数据库管理工作中，有时常常要求以指定的格式和长度输入数据，如邮政编码、身份证号等，这种情况下可以使用输入掩码。

输入掩码是输入数据时必须遵守的标点、空格或其他格式要求，用以限制数据输入的样式，屏蔽非法输入。该属性对文本、数字、日期/时间和货币类型的字段有效。

在设置输入掩码属性时，可以使用输入掩码向导，也可以直接输入掩码格式符进行设置。

4）有效性规则和有效性文本

“有效性规则”属性是对输入到记录中字段的数据进行的约束。当系统发现输入的数据违反了有效性规则时，可以通过定义“有效性文本”属性，提示用户操作错误。有效性规则与有效性文本这两个属性通常一起使用。

有效性规则包含表达式、返回单个值的函数。

5）主键

主键就是数据表中的某一个字段或多个字段，通过该字段的值可在表中唯一地标识一条记录。主键的基本类型包括：

① 自动编号主键：当向表中添加一条新记录时，主键字段值自动加1。

② 单字段主键：如果字段中包含的都是唯一的值，则可以将字段指定为主键。

③ 多字段主键：在不能保证任何单字段都包含唯一值时，可以将两个或更多的字段组合设置为主键。

6）索引

创建索引可以加快对记录进行查找和排序的速度，除此之外，创建索引还对建立表间关系、验证数据的唯一性有用。

索引字段可以是文本、数字、货币、日期/时间等类型，主键字段会自动建立索引，附件字段、计算字段和OLE对象字段不能建立索引。

字段索引可以取值：

① 无：表示未建立索引，这是默认的选项；

② 有（重复）：表示常规索引，该索引允许有重复值；

③ 有（无重复）：表示唯一索引，该索引不允许有重复值。

索引类型：主索引、唯一索引、常规索引。

7）其他字段属性

标题：为字段设置“标题”属性后，该标题即作为数据表视图、窗体、报表等界面中各列的名称。如果没有为字段指定标题，则Access默认用字段名作为各列的标题。

默认值：为一个字段设置默认值后，在添加新记录时Access将自动为该字段填入默认值。通常在表中某字段数据内容相同或含有相同部分时使用，可以简化操作，提高输入速度。

必需：该属性有“是”和“否”两个取值，默认为“否”。取值为“是”，表示该字段必须输入值，不允许为空；取值为“否”，表示该字段可以不输入值。

（4）建立和编辑表间关系

通过建立表间关系，可以将不同表的数据组合在一起。建立表间关系不仅建立了表之间的关联，还保证了数据库的参照完整性。使用参照完整性时要遵守如下规则：在两个表之间设置参照完整性后，如果在主表中没有相关的记录，就不能把记录添加到子表中；反之，在子表中存在与之相匹配的记录时，则在主表中不能删除该记录。

解析：该模块内容较复杂，考生应掌握创建表的两种方法，重点掌握表的数据类型及相关属性和含义。

二、考试内容巩固

1. 在Access 2010中，表由（　　）和数据两部分组成。

2. 在Access 2010中，创建表的方法不包括（　　）。

A. 使用数据表视图

B. 使用设计视图

C. 导入Excel数据

D. 新建数据库文档后，系统默认已创建一个表

3. 将表中的字段定义为（　　），其作用是使字段中的每一个记录都必须是唯一的，以便于索引。

A. 索引　　B. 主键　　C. 必填字段　　D. 有效性规则

4. 在Access 2010中，关于数据表之间的关系，下列说法不正确的是（　　）。

A. 可以创建一对多的关系　　B. 可以创建多对多的关系

C. 可以创建一对一的关系　　D. 数据表在创建关系前需要创建主键

5. 在Access 2010中，数据库表视图下显示表时，记录左侧标记的“*”表示该记录是（　　）。

A. 首记录　　B. 末尾记录　　C. 当前记录　　D. 新记录

6. 下列关于Access 2010字段名的说法，正确的是（　　）。

A. 在一个数据库中不能使用相同字段名

B. 在一个表中不能使用相同的字段名

C. 空格不可以出现在字段名中

D. 字段名可以包含最多256个字符

7. 在Access 2010中，通过对数据库窗口的基本操作可以（　　）。

A. 显示或更改数据库对象的属性　　B. 在数据库中表是不可以隐藏的

C. 数据库中的组均可以删除　　D. 改变对象的显示方式

8. 表的组成内容包括（　　）。

A. 查询和字段　　B. 字段和记录　　C. 记录和窗体　　D. 报表和字段

9. Access 2010定义了12种数据类型。（　　）

A. 正确　　B. 错误

10. 以下各项中不属于Access 2010字段数据类型的是（　　）。

A. 文本型　　B. 货币型　　C. 备注型　　D. 时间型

11. 在Access 2010中，文本型字段的最大长度为（　　）。

A. 255　　B. 256　　C. 1024　　D. 1023

12. 在Access 2010中，日期/时间型数据的长度为（　　）。

A. 0 ~ 8　　B. 0 ~ 10　　C. 8　　D. 10

13. 在Access 2010中，若一个字段中要保存多于255个字符的文本和数字的组合信息，则可以选择备注数据类型。（　　）

A. 正确　　B. 错误

14. 在Access 2010中，不能作为排序依据或不能建立索引的数据类型是（　　）。

A. 计算　　B. 日期/时间　　C. 文本　　D. 数字

15. 以下关于表的说法正确的是（　　）。

A. 表是数据库中实际存储数据的地方

B. 一般在表中一次最多只能显示一个表记录

C. 在表中可以保存图像

D. 在表的数据中不可以建立超级链接

16. 在数据表视图中，可以单独修改某一条记录的行高。（　　）

A. 正确　　　　B. 错误

一、考试内容及解析

1. 查询对象

查询是在指定的（一个或多个）表中，根据给定的条件从中筛选所需要的信息，供使用者查看、更改和分析。

查询是Access 数据库的一个重要对象，通过查询筛选出符合条件的记录，构成一个新的数据集合。查询的数据集合不是数据的物理集合，而是动态数据的集合。

在Access数据库中，查询对象有设计、数据表、SQL、数据透视表、数据透视图五种视图。

2. 创建查询

在Access数据库中，查询分为选择查询、交叉表查询、操作查询、参数查询和SQL查询五大类。

（1）选择查询

选择查询包括单表查询与连接查询（也称多表查询）两种。

查询设计视图是创建、编辑和修改查询的基本工具，可通过单击“创建”选项卡“查询”组中的“查询设计”调用查询设计视图。

1）使用查询设计视图创建查询

查询设计视图主要由两部分构成，上半部分为“对象”窗格，下半部分为查询设计网格。“对象”窗格中是查询所需要的数据源表和查询，查询设计网格由若干行组成，其中有“字段”“表”“排序”“显示”“条件”“或”以及若干空行。

2）使用向导创建查询

向导是最简单的创建查询的方式。单击“创建”选项卡“查询”组中的“查询向导”按钮，在弹出对话框中可以创建简单查询、交叉表查询、查找重复项、查找不匹配项四种查询。

（2）操作查询

操作查询包括更新查询、生成表查询、追加查询、删除查询几种类型。

1）更新查询就是对一个或者多个数据表中的一组记录进行更改。

2）生成表查询可以根据一个或多个“表/查询”中的数据来新建数据表。

3）追加查询用于将一个或多个表中的一组记录添加到另一个表的结尾，但是，当两个表之间的字段定义不相同时，追加查询只添加相互匹配的字段内容，不匹配的字段将被忽略。追加查询以查询设计视图中添加的表为数据源，以在“追加”对话框中选定的表为目标表。

4）删除查询用于将符合条件的记录删除。删除查询可以删除一个表中的记录，也可以利用表间关系删除多个表中相互关联的记录。

操作查询执行后无法撤销。

（3）SQL查询

SQL即结构化查询语言（Structured Query Language），是用于访问和处理数据库的标准计算机语言。SQL提供功能及关键字如表6–6所示。

表6–6 SQL查询分类及关键字

SQL功能	关键字
数据查询	SELECT
数据定义（DDL）	CREATE，DROP，ALTER
数据操纵（DML）	INSERT，UPDATE，DELETE
数据控制（DCL）	GRANT，REVOKE

在查询设计视图中创建查询时，Access将自动在后台生成等效的SQL语句。单击工具按钮并选“SQL视图”，即可查看该查询对应的SQL语句。

常用的SQL查询语句及语法：

1）SELECT语句（查询）

基本格式：SELECT 字段名表 [INTO 目标表] FROM 表名 [WHERE 条件] [ORDER BY 字段] [GROUP BY 字段[HAVING 条件]]

功能：在指定表中查询有关内容。

说明：

① ORDER BY字段：按指定字段排序。

② GROUP BY字段：按指定字段分组。

③ HAVING条件：设置分组条件。

④ INTO目标表：将查询结果输出到指定目标表。

示例：查询学生表中女同学的信息，并将查询结果输出到“女生”表。

SELECT * INTO 女生 FROM 学生 WHERE 性别="女"

2）UPDATE语句（字段内容更新）

基本格式：UPDATE 表名 SET 字段=表达式 [WHERE 条件]

功能：对指定表中满足条件的记录，用指定表达式的内容予以更新。

示例：将班级编号为“201001”的记录的班级编号修改为“201010”。

UPDATE 学生 SET 班级编号="201010" WHERE 班级编号="201001"

3）INSERT 语句（插入记录）

基本格式：INSERT INTO 表名（字段名表）VALUES（内容列表）

功能：在指定表中插入记录，以指定内容列表中的内容为字段内容。

示例：在学生表中插入一条记录。

INSERT INTO 学生（学号,姓名,性别,出生日期,班级编号）

VALUES（"201001011","张山","女",#1/1/1990#,"201001"）

4）DELETE语句（删除记录）

基本格式：DELETE FROM 表名 [WHERE 条件]

功能：删除指定表中符合条件的记录。

示例：删除学生表中班级编号为“201001”的所有记录。

DELETE FROM 学生 WHERE 班级编号="201001"

解析：考生应重点掌握查询的类型，掌握SQL查询的类型及语法规范。

二、考试内容巩固

1. 关于查询，下列说法正确的是（　　）。

A. 查询的数据源可以来自窗体　　B. 查询的数据源必须多于一个表

C. 通过查询可以更新数据　　D. 查询结果数据集不是数据的物理集合

2. Access 2010支持的查询类型有（　　）。

A. 选择查询、交叉表查询、参数查询、SQL查询和操作查询

B. 基本查询、选择查询、参数查询、SQL查询和操作查询

C. 多表查询、单表查询、交叉表查询、参数查询和操作查询

D. 选择查询、统计查询、参数查询、SQL查询和操作查询

3. Access 2010中利用操作查询可以生成新的数据表。（　　）

A. 正确　　B. 错误

4. 在Access 2010中，（　　）查询显示来源于表中某个字段的总计值，如合计、平均值等，并将它们分组，一组列在数据表左侧，另一组列在数据表的上部。

5. （　　）包括单表查询与连接查询。

6. 使用向导创建的查询包括（　　）。

A. 简单查询　　B. 交叉表查询　　C. 查找重复项　　D. 查找匹配项

7. SQL的含义是（　　）。

A. 结构化查询语言　　B. 数据定义语言

C. 数据库查询语言　　D. 数据库操纵与控制语言

8. 在SQL查询GROUP BY语句用于（　　）。

A. 选择行条件　　B. 对查询进行排序

C. 列表　　D. 分组条件

9. 通配符可以在选择查询中使用，（　　）用于匹配任意长度的任意字符组成的字串。

A. ?　　B. *　　C. %　　D. &

10. 数据表中有一个“姓名”字段，查找姓氏为“王”的条件是（　　）。

A. Right("姓名",1)="王"　　B. Right([姓名],1)="王"

C. Left("姓名",1)="王"　　D. Left([姓名],1)="王"

11. 有一“职工”表，该表中有“职工编号”“姓名”“性别”“职位”和“工资”五个字段的信息。现要求显示所有职位不是工程师的男职工的信息，能完成该功能的SQL语句是（　　）。

A. SELECT * FROM 职工 WHERE 职位<>“工程师” OR 性别=“男”

B. SELECT * FROM 职工 WHERE 职位<>“工程师” AND 性别=“男”

C. SELECT * FROM 职工 WHERE 职位<>“工程师” OR 性别=“女”

D. SELECT * FROM 职工 WHERE 职位<>“工程师” AND 性别=“女”

12. 有一“职工”表，该表中有“职工编号”“姓名”“性别”“职位”和“工资”五个字段的信息。现需要按性别统计工资低于800元的人数，则使用的SQL语句是（　　）。

A. SELECT 性别, COUNT(*) AS 人数 FROM 职工 WHERE 工资<800 ORDER BY 性别

B. SELECT 性别, COUNT(*) AS 人数 FROM 职工 WHERE 工资<800 GROUP BY 性别

C. SELECT 性别, SUM(*) AS 人数 FROM 职工 WHERE 工资<800 GROUP BY 性别

D. SELECT 性别, AVG(*) AS 人数 FROM 职工 WHERE 工资<800 GROUP BY 性别

13. 在SQL语句中，“ORDER BY 学号”表示按照学号（　　）排列。

14. 下列正确的SQL语句是（　　）。

A. SELECT * HAVING user　　B. SELECT * WHERE user

C. SELECT * FROM user　　D. SELECT user INTO *

15. 删除student表中班级编号c_id（c_id为文本类型）为“20190101”的所有记录，使用的SQL语句是（　　）。

A. DELETE student WHERE c_id=20190101

B. DELETE student WHERE c_id=“20190101”

C. DELETE FROM student WHERE c_id=20190101

D. DELETE FROM student WHERE c_id=“20190101”

一、考试内容及解析

1. 窗体

窗体是一个数据库对象，既是管理数据库的窗口，又是用户和数据库之间的桥梁。

（1）窗体类型和窗体视图

窗体分为绑定窗体和未绑定窗体两种。绑定窗体是直接连接到数据源（如表或查询）的窗体，并可用于输入、编辑或显示来自该数据源的数据；未绑定窗体没有直接连接到数据源，但仍然包含操作应用程序所需的命令按钮、标签或其他控件。

根据数据记录的显示方式，Access提供了六种类型的窗体：单页窗体（纵栏式窗体）、多页窗体、连续窗体（表格式窗体）、弹出式窗体、主/子窗体、图表窗体。

窗体有窗体视图、数据表视图、设计视图、数据透视表视图、数据透视图视图和布局视图六种视图类型。在设计视图中，窗体按照节来设计，包括窗体页面、页面页眉、主体、页面页脚、窗体页脚五个节。

（2）创建窗体

在Access 2010中，可以使用以下三种方法创建窗体：自动创建窗体，利用窗体向导创建窗体，使用设计视图创建窗体。

解析： 考生应掌握窗体的功能、组成、视图类型及创建窗体的方法。

2. 报表

报表对象用来查看数据、设置数据格式和汇总数据。报表可以打印、转换为PDF格式、导出为其他文件格式、发送邮件。

（1）报表的视图

报表包括报表视图、打印预览、布局视图、设计视图四种视图。

（2）报表的组成

在设计视图中，报表按照节来设计，包括报表页眉、页面页眉、组页眉、主体、组页脚、页面页脚、报表页脚七个节。

1）报表页眉：此节只在报表开头显示一次。报表页眉用于显示一般出现在封面上的信息，如徽标、标题或日期。当在报表页眉中放置使用"总和"聚合函数的计算控件时，将计算整个报表的总和。报表页眉位于页面页眉之前。

2）页面页眉：此节显示在每页顶部。例如，使用页面页眉可在每页上重复报表标题。

3）组页眉：此节显示在每个新记录组的开头。使用组页眉可显示组名。例如，在按产品分组的报表中，使用组页眉可以显示产品名称。当在组页眉中放置使用"总和"聚合函数的计算控件时，将计算当前组的总和。一个报表上可具有多个组页眉节，具体取决于已添加的分组级别数。

4）主体：对于记录源中的每一行，都会显示一次此节内容。此位置用于放置组成报表主体的控件。

5）组页脚：此节位于每个记录组的末尾。使用组页脚可显示组的汇总信息。一个报表上可具有多个组页脚，具体取决于已添加的分组级别数。

6）页面页脚：此节位于每页结尾。使用页面页脚可显示页码或每页信息。

7）报表页脚：此节只在报表结尾显示一次。使用报表页脚可显示整个报表的报表总和或其他汇总信息。

（2）创建报表

创建报表的步骤：

1）选择记录源。报表的记录源可以是表、命名查询或嵌入式查询。记录源必须包含要在报表上显示的数据的所有行和列。

2）选择报表工具。报表工具包括报表、报表设计、空报表、报表向导、标签等。

3）创建报表。

（3）美化报表

在报表中可以添加分组、排序或分类汇总。可以为报表设置外观，选择需要的主题、颜色、字体。

解析：考生应掌握报表的功能、组成及视图类型，了解创建报表的方法。

二、考试内容巩固

1. 在Access 2010中没有各种各样的控件。（　　）

A. 正确　　B. 错误

2. 在Access 2010中，以下不属于窗体功能的是（　　）。

A. 显示与编辑数据内容　　B. 显示注释、说明或警告信息

C. 控制应用程序的运行步骤　　D. 保存数据

3. 从功能和彼此间的关系考虑，Access 2010提供的对象可以分为三个层次，其中第二层次是（　　）。

A. 窗体对象　　B. 报表对象　　C. 查询对象　　D. 宏对象

4. 窗体可以分为绑定窗体和未绑定窗体两种。（　　）

A. 正确　　B. 错误

5. 在（　　）视图中，窗体按照节来设计。

6. 窗体的节不包括（　　）。

A. 页面页眉　　B. 主体　　C. 组页脚　　D. 窗体页眉

7. 创建窗体的方法有（　　）、利用窗体向导创建窗体、使用设计视图创建窗体。

8. 在Access 2010数据库中，报表的数据源可以来自表，也可以来自查询，其作用是根据用户要求的外观形式显示或打印信息。（　　）

A. 正确　　B. 错误

9. 每个报表都要求有一个数据源，这个数据源只能是表。（　　）

A. 正确　　B. 错误

10. 在Access 2010中，以下选项不属于报表组成部分的是（　　）。

A. 报表页眉　　B. 页面页眉　　C. 报表主体　　D. 报表主题

11. 在Access 2010中，窗体中的窗体称为（　　）。

12. Access 2010数据库中主要用来进行数据分组统计和计算的数据库对象是（　　）。

13. 报表的视图不包括（　　）。

A. 布局视图　　B. 设计视图　　C. 打印预览　　D. 数据表视图

14. 只在报表中显示一次的节是（　　）。

A. 报表页眉　　B. 页面页眉　　C. 组页眉　　D. 报表主体

15. 设置报表主题风格时，可以设置（　　）。

A. 颜色　　B. 效果　　C. 字体　　D. 样式

综合练习

一、单项选择题

1. 下面关于“关系”的叙述，错误的是（　　）。

A. 一个关系是一张二维表　　B. 二维表一定是关系

C. 有的二维表不是关系　　D. 同一列只能出自同一个域

2. 在E-R图中，用来表示实体之间联系的图形是（　　）。

A. 椭圆形　　B. 矩形　　C. 三角形　　D. 菱形

3. 下列实体的联系中，属于多对多联系的是（　　）。

A. 工厂与厂长　　B. 工厂与车间

C. 车间与车间主任　　D. 读者与图书馆图书

4. 假定有关系模式：部门（部门号，部门名称），职工（职工号，姓名，性别，职称，部门号），工资（职工号，基本工资，奖金），级别（职称，对应行政级别），要查找在“财务部”工作的职工的姓名及奖金，将涉及的关系是（　　）。

A. 职工，工资　　B. 职工，部门

C. 部门，级别，工资　　D. 职工，工资，部门

5. 在Access表中，可以定义三种类型的主关键字——（　　）。

A. 单字段、双字段和多字段　　B. 单字段、双字段和自动编号

C. 单字段、多字段和自动编号　　D. 双字段、多字段和自动编号

6. 打开某个Access 2010 数据库后，双击“导航窗格”上的表对象列表中的某个表名，便可打开该表的（　　）。

A. 关系视图　　B. 查询视图　　C. 设计视图　　D. 数据表视图

7. 在Access 2010 数据库的下列数据类型中，不可以设置“字段大小”属性的是（　　）。

A. 文本　　B. 数字　　C. 备注　　D. 自动编号

8. 在表设计视图中，若要将某个表中的若干个字段定义为主键，需要先按住（　　）键，逐个单击所需字段后，再单击“主键”按钮。

A. Shift　　B. Ctrl　　C. Alt　　D. Tab

9. 在 Access 数据库中，要向数据表中追加新记录，需要使用（　　）。

A. 交叉表查询　　B. 选择查询　　C. 参数查询　　D. 操作查询

10. 在下列有关“是/否”类型字段的查询条件设置中，设置正确的是（　　）。

A. "False"　　B. "True"　　C. True　　D. "是"

11. 数据表中有一个“姓名”字段，查找姓名最后一个字为“菲”的条件是（　　）。

A. Right(姓名:1)="菲"　　B. Right([姓名]:1)="菲"

C. Right([姓名],1)=[菲]　　D. Right([姓名],1)="菲"

12. 有一“职工”表，该表中有职工编号、姓名、性别、职位和工资五个字段的信息，现要求显示所有职位不是工程师的女职工的信息。能完成该功能的SQL语句是（　　）。

A. SELECT * FROM 职工 WHERE 职位<>"工程师" 性别="女"

B. SELECT * FROM 职工 WHERE 职位<>"工程师" and 性别=女

C. SELECT * FROM 职工 WHERE 职位<>"工程师" or 性别="女"

D. SELECT * FROM 职工 WHERE 职位<>"工程师" and 性别="女"

13. 在Access 2010中，要找到“what”“white”“why”，在“查找和替换”对话框中应输入（　　）。

A. WH#　　B. WH[]　　C. WH?　　D. WH*

14. 在窗体设计过程中，经常要使用的三种属性是窗体属性、（　　）和节属性。

A. 关系属性　　B. 查询属性　　C. 字段属性　　D. 控件属性

15. 在Access数据库中，数据透视表窗体的数据源是（　　）。

A. Word文档　　B. 表或查询　　C. 报表　　D. Web文档

16. 学号是由8位数字组成的字符串，为学号设置输入掩码，正确的是（　　）。

A. ########　　B. 99999999　　C. LLLLLLLL　　D. 00000000

17. 查询排序时如果选取了多个字段，则输出结果是（　　）。

A. 先对最左侧字段排序，然后对其右侧的下一个字段排序，以此类推

B. 先对最右侧字段排序，然后对其左侧的下一个字段排序，以此类推

C. 按主键从大到小进行排序

D. 无法进行排序

18. 在Access数据库中，为了保持表之间的关系，要求在子表（从表）中添加记录时，如果主表中没有与之相关的记录，则不能在子表（从表）中添加该记录。为此需要定义的关系是（　　）。

A. 输入掩码　　B. 有效性规则　　C. 默认值　　D. 参照完整性

19. 采用Select语句中的计算函数“Avg”，可以求所在字段内所有值的（　　）。

A. 总和　　B. 平均值　　C. 最小值　　D. 第一个值

20. Access 2010的数据库文件扩展名是（　　）。

A. .mdb　　B. .accdb　　C. .doc　　D. .xls

21. 在Access中，（　　）是整个数据库的核心和基础。

A. 报表　　B. 模块　　C. 表　　D. 窗体

22. 数据表中要添加Internet站点网址，则字段数据类型是（　　）。

A. OLE对象　　B. 文本　　C. 查阅向导　　D. 超链接

23. 在Access 2010中，表和数据库的关系是（　　）。

A. 一个表可以包含多个数据库　　B. 一个表只能包含一个数据库

C. 一个数据库可以包含多个表　　D. 一个数据库只能包含一个表

二、多项选择题

24. 不属于Access 2010数据类型的是（　　）。

A. 字符型　　B. 文本型　　C. 计算型　　D. 布尔型

25. 下列关于SQL查询语句关键词及功能的说法，错误的是（　　）。

A. ORDER BY默认为升序

B. 使用GROUP BY只能按照一个字段分组

C. WHERE用于设置分组条件

D. 使用INTO将查询结果输出到指定目标表

26. 下面关于数据库基本概念的叙述，正确的是（　　）。

A. DBS包含了DBMS　　B. DB包含了DBS

C. DBMS包含了DBS　　D. DBS包含了DBMS 和DB两者

27. 在Access数据库中，下列关于表的说法错误的是（　　）。

A. 表中每一列元素必须是相同类型的数据

B. 在表中不可以含有图形数据

C. 表是Access数据库对象之一

D. 一个Access数据库只能包含一个表

28. 下列关于查询的说法，正确的是（　　）。

A. 可以利用查询来更新数据表中的记录

B. 在查询设计视图中可以设定查询字段是否显示

C. 不可以利用查询来删除表中的记录

D. 在查询设计视图中不可以设定查询条件

29. 要查找“姓名”字段头两个字为“区阳”的所有记录，采用的条件是（　　）。

A. Right([姓名],2)="区阳"　　B. Left([姓名],2)="区阳"

C. Like "区阳?"　　D. Like "区阳*"

30. 在Access中，下列关于窗体的说法错误的是（　　）。

A. 在窗体设计视图中，可以对窗体进行结构的修改

B. 在窗体设计视图中，可以进行数据记录的浏览

C. 在窗体设计视图中，可以进行数据记录的添加

D. 在窗体视图中，可以对窗体进行结构的修改

31. 以下叙述正确的是（　　）。

A. Access不具备程序设计能力

B. 在数据表视图中，不能设置主键

C. 在数据表视图中，不能修改字段的名称

D. 在数据表视图中，可以删除一个字段

32. 根据数据处理对象的不同，数据库管理系统的层次结构最高层和最低层分别是（　　）。

A. 应用层　　B. 数据存取层　　C. 数据存储层　　D. 操作系统

33. 下列关于Access 2010的说法错误的是（　　）。

A. Access不是层次数据库

B. Access 2010同时可以打开并运行多个数据库

C. Access 2010是RDBMS

D. 创建的Access 2010文档不可以保存为模板文件

三、判断题

34. 被删除的自动编号型字段的值会被重新使用。（　　）

A. 正确　　B. 错误

35. 调整行高将改变所有行的高度。（　　）

A. 正确　　B. 错误

36. 在数据库系统的三个抽象层次结构中，表示用户层数据库的模式称为内模式。（　　）

A. 正确　　B. 错误

37. 在删除查询中，删除过的记录可以用“撤消”命令恢复。（　　）

A. 正确　　B. 错误

38. 如果想在已建立的“tSalary”表的数据表视图中直接显示出姓“李”的记录，应使用Access提供的记录筛选功能。（　　）

A. 正确　　B. 错误

39. 在Access 2010数据库中，打开某个数据表后，可以修改该表与其他表之间已经建立的关系。（　　）

A. 正确　　B. 错误

40. 在Access 2010数据库中，查询的数据源只能是表。（　　）

A. 正确　　B. 错误

41. 在Access 2010数据库中，在列表框中不可以输入新值，在组合框中可以输入新值。（　　）

A. 正确　　B. 错误

42. 如果字段内容为声音文件，则该字段的数据类型应定义为备注。（　　）

A. 正确　　B. 错误

43. 在同一个关系中不能出现相同的属性名。（　　）

A. 正确　　B. 错误

四、填空题

44. 利用Access 2010 的（　　）可以不费力地编写任何代码，轻松实现一定的交互功能。
45.（　　）把世界看作是由实体（Entity）和联系（Relationship）构成的。
46. 在二维表的水平方向上选取一个子集，即从数据库中挑选出满足指定条件或指定范围的记录的操作为（　　）。
47. 在关系二维表中，能唯一标识一个元组的一个或若干个属性的集合称为（　　）。
48.（　　）用于将一个或多个表中的一组记录添加到另一个表的结尾。
49. 窗体又称为（　　），是Access 数据库的重要对象之一。
50. 在Access中，报表是按（　　）来设计的。
51. 在Access中，表间的关系有一对一、一对多和（　　）。
52. Access 2010提供了两种数据库类型的开发工具：一种是标准桌面数据库类型；另一种是（　　）数据库类型。
53. 在Access 2010 中，新增加的（　　）数据类型可以实现原来需要在查询、控件、宏或VBA 代码中进行的计算。

四、填空题

44. [illegible]

45. [illegible]

46. [illegible]

47. [illegible]

48. [illegible]

49. [illegible]

50. [illegible]

51. [illegible]

52. [illegible]

53. [illegible]

第七部分
计算机网络基础

计算机网络基础的主要考点

计算机网络的概念、发展趋势、组成、分类、功能，计算机网络新技术。

Internet的起源及发展，接入Internet的常用方式，Internet的IP地址及域名系统，WWW的基本概念和工作原理，使用IE浏览器，电子邮件服务。Internet的其他服务：文件传输FTP、远程登录Telnet、即时通信、网络音乐、搜索引擎的使用、流媒体应用、网络视频及文档下载。

知识点1 计算机网络概述

一、考试内容及解析

1. 计算机网络的概念

计算机网络是指将一群具有独立功能的计算机通过通信设备及传输媒体互联起来，在通信软件的支持下实现计算机间资源共享、信息交换或协同工作的系统。计算机网络是计算机技术和通信技术紧密结合的产物。

解析：考生应从计算机网络的概念中理解建设计算机网络的目的是实现资源共享和信息交换。

2. 计算机网络的发展

Internet最早起源于美国国防部高级研究计划署于1969年主持研制的ARPAnet（阿帕网），最初只实现了四台计算机的互连。

计算机网络经历的四个发展阶段及每个阶段的特点，如表7–1所示。

表7–1　计算机网络的发展阶段

阶段	时间	发展特点
第一阶段	20世纪50年代	以单个计算机为中心的面向终端的联机系统，应用以数据通讯为主
第二阶段	20世纪60年代末	以分组交换网为中心的主机互联，形成以资源共享为主的计算机网络
第三阶段	20世纪70年代末	实现了计算机网络体系结构的标准化，形成遵循国际标准化协议的计算机网络
第四阶段	始于20世纪80年代末	以Internet为核心，向高速互联、智能与更广泛应用方向发展的计算机网络

解析：考生要了解计算机网络的起源和每个发展阶段的标志性特点。

3. 计算机网络的发展趋势

（1）三网合一：通信网络、计算机网络和有线电视网络合并为统一的IP网络。

（2）光通信技术：实现全光网络和光纤到家庭及桌面。

（3）IPv6协议：采用128位IP地址长度，解决地址短缺问题和IPv4中端到端IP连接、服务质量、安全性等缺陷。

（4）宽带接入技术与移动通信技术。

解析：考生要了解计算机网络的发展趋势。

4. 计算机网络的组成

（1）从物理连接上讲，计算机网络由计算机系统、网络节点和通信链路组成。

计算机系统：担负数据处理工作，进行信息的采集、存储和加工处理。

网络节点：主要负责网络中信息的发送、接收和转发。

通信链路：连接两个节点的通信信道，包括通信线路和相关的通信设备。

（2）从逻辑功能上看，可以把计算机网络分成通信子网和资源子网两个子网。

通信子网：提供计算机网络的通信功能，由网络节点和通信链路组成。

资源子网：具有访问网络和处理数据的能力，由主机、终端控制器和终端组成。

解析：考生要掌握计算机网络的物理组成和逻辑组成相关的知识，了解各部分的作用。

5. 计算机网络的功能

（1）数据通信

数据通信是计算机网络的基本功能之一，用于实现计算机之间的信息传送，如收发电子邮件、发布新闻、进行电子商务、开展远程教育及医疗服务、传递信息等。

（2）资源共享

计算机资源主要是指计算机的硬件、软件和数据资源。

（3）分布式管理

对于综合性的大型科学计算和信息处理问题，采用一定的算法，将任务分给网络中不同的计算机，以达到均衡使用网络资源、实现分布处理的目的。

（4）提高系统的可靠性

计算机通过网络中的冗余部件，尤其是借助虚拟化技术可大大提高可靠性。

解析：考生要掌握计算机网络的功能，其中资源共享和数据通信是主要功能。

6. 计算机网络的分类

（1）根据网络的覆盖范围划分

1）局域网（Local Area Network，LAN）

2）城域网（Metropolitan Area Network，MAN）

3）广域网（Wide Area Network，WAN）

三类网络的覆盖范围和特点如表7–2所示。

表7–2　局域网、广域网及城域网之间的比较

	局域网	广域网	城域网
覆盖范围	覆盖范围在10公里以内，用于一个房间、一层楼或一座建筑物	一个地区或国家，因特网（Internet）是最大的广域网	介于局域网与广域网之间，地理范围从几十千米到上百千米，覆盖一座城市或一个地区
特点	传输速率高，可靠性好，适用各种传输介质，建设成本低	主要采用分组交换技术，数据传输相对较慢，传输误码率较高	没有自己突出的特点

（2）按网络的拓扑结构划分

计算机网络的拓扑结构指表示网络传输介质和节点的连接形式，即线路构成的几何形状。计算机网络的拓扑结构类型及特点如表7–3所示。

表7–3　计算机网络的拓扑结构类型及特点

拓扑结构类型	特点
总线型：采用单一信道作为传输介质，所有主机（或站点）通过专门的连接器接到总线上	在总线型拓扑中，任何一台主机发送的信息都沿着总线向两个方向扩散，并且总能被总线上的每一台主机所接收，也被称为广播网 优点：结构简单，布线容易，站点扩展灵活方便，可靠性高 缺点：故障检测和隔离较困难，总线负载能力较低。一旦总线出现断路，整个网段通信中止

续表

拓扑结构类型	特点
环型：包括若干节点和链路的单一封闭环，每个节点只与相邻的两个节点相连	在环形拓扑中，信息沿着环路按同一个方向传输，依次通过每一台主机。各主机识别信息中的目的地址，如与本机地址相符，则信息被接收下来。信息环绕一周后由发送主机将其从环上删除 优点：容易安装和监控，传输最大延迟时间是固定的，传输控制机制简单，实时性强 缺点：网络中任何一台计算机的故障都会影响整个网络的正常工作，故障检测比较困难，节点增、删不方便
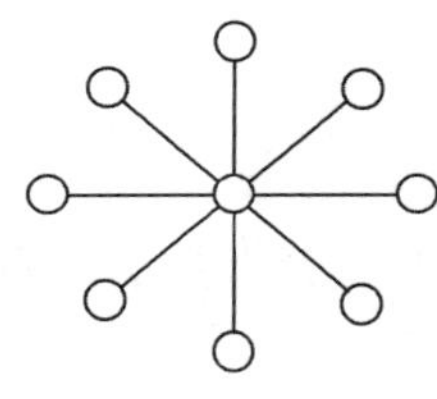 星型：由各个节点通过专用链路连接到中央节点	在星形拓扑中，各节点计算机通过传输线路与中心节点相连，信息通过中央节点传送到网上的所有计算机。星形网络的特点是很容易在网络中增加新节点，数据的安全性和优先级容易控制。网络中的某一台计算机或者一条线路的故障不会影响整个网络的运行 优点：传输速度快，误差小，扩容比较方便，易于管理和维护，故障的检测和隔离也很方便 缺点：中央节点是整个网络的瓶颈，必须具有很高的可靠性。中央节点一旦发生故障，整个网络就会瘫痪。另外，每个节点都要和中央节点相连，需要耗费大量的电缆
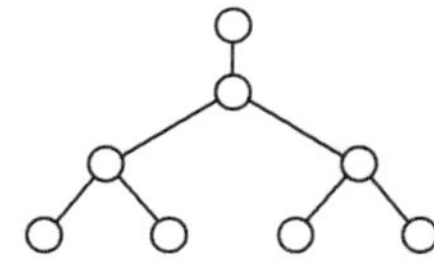 树型：从总线型拓扑演变而来，任何一个节点发送信息后都要传送到根节点，然后从根节点返回整个网络	优点：在扩容和容错方面都有很大优势，很容易将错误隔离在小范围内 缺点：依赖根节点，如果根节点出了故障，则整个网络将会瘫痪
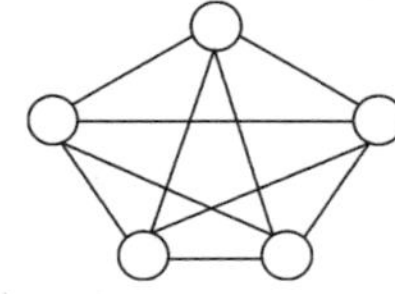 网状型：由节点和连接节点的点到点链路组成，每个节点都有一条或几条链路同其他节点相连	网状结构通常用于广域网中 优点：节点间路径多，局部的故障不会影响整个网络的正常工作，可靠性高，而且网络扩充和主机入网比较灵活、简单 缺点：结构和协议比较复杂，建网成本高

（3）按传输介质划分

1）有线网：以双绞线、同轴电缆、光纤或电话线作为传输介质。

2）无线网：以卫星、无线电波或红外线为传输介质。

（4）按网络的使用性质划分

1）公用网：一种付费网络，属于经营性网络，由电信部门或其他提供通信服务的经营部门组建、管理和控制，如我国的电信网、广电网、联通网等。

2）专用网：某个部门根据本系统的特殊业务需要而建造的网络，一般不对外提供服务，如军队、政府、银行、电力等系统的网络。

解析： 考生要掌握不同分类标准下的网络分类及各自特点。

二、考试内容巩固

1. Internet是美国较早在军用计算机网ARPA网基础上经过不断发展变化而形成的。（　　）

A. 正确　　B. 错误

2. 计算机网络资源共享主要是指（　　）共享。

A. 工作站和服务器　　B. 软件资源、硬件资源和数据资源

C. 通信介质和节点设备　　D. 客户机和服务器

3. 按网络的使用性质划分，计算机网络有（　　）。

A. 公用网、专用网　　B. 星型网、环形网、网状网

C. 广域网、局域网、城域网　　D. 广域网、局域网

4. 资源子网是由（　　）组成的。

A. 主机、终端控制器、终端　　B. 计算机系统、通信链路、网络节点

C. 主机、通信链路、网络节点　　D. 终端控制器、终端、网络节点

5. 计算机网络根据覆盖范围可以划分为（　　）。

A. 总线型网　　B. 广域网　　C. 城域网　　D. 局域网

6. 常用的计算机网络传输介质主要有（　　）。

A. 同轴电缆　　B. 有线介质　　C. 光纤　　D. 双绞线

7. 计算机网络由（　　）组成。

A. 网络节点　　B. 终端　　C. 计算机系统　　D. 通信链路

8. 下列不属于计算机网络基本拓扑结构的形式是（　　）。

A. 星形　　B. 环形　　C. 总线形　　D. 分支形

知识点2 计算机网络新技术

一、考试内容及解析

1. 物联网（The Internet of Things）

物联网就是物物相连的互联网，其核心和基础是互联网。

物联网的三个重要特征：智能、先进、互联。

2. 云计算（Cloud Computing）

云计算是分布式计算、并行计算、效用计算、网络存储、虚拟化、负载均衡等传统计算机和网络技术发展融合的产物，具有超大规模、高可扩展性、高可靠性、虚拟化、按需服务、极其廉价、通用性强的特点。

3. 大数据（Big Data）

大数据是无法在一定时间范围内用常规软件工具进行捕捉、管理和处理的数据集合。大数据具有Volume（大量）、Velocity（高速）、Variety（多样）、Value（低价值密度）和Veracity（真实性）等“5V”特点。

4. 移动互联网（Mobile Internet）

移动互联网将移动通信和互联网两者结合起来，用户借助移动终端通过网络访问互联网。移动互联网的业务分为传统WAP业务和互联网业务两类。

解析： 考生应了解计算机网络的最新技术。

二、考试内容巩固

1. 以下关于云计算的说法，错误的是（　　）。

A. 互联网就是一个超大云

B. 私有化是云计算的特点之一

C. 云计算是对分布式处理、并行处理、网格计算及分布式数据库的改进处理

D. 云计算的基本原理是利用非本地服务器的分布式计算机为互联网用户提供计算、存储、软硬件等服务

2. 下列关于物联网的说法错误的是（　　）。

A. 物联网就是物物相连的互联网

B. 物联网是在互联网基础上的延伸和扩展

C. 物联网架构分为感知层、网络层、传输层和应用层

D. 应用创新是物联网发展的核心

3. 云计算是对（　　）技术的发展与运用。

A. 并行计算　　B. 网格计算

C. 分布式计算　　D. 三个选项都是

4. 大数据最显著的特征是（　　）。

A. 数据规模大　　B. 数据类型多样

C. 数据处理速度快　　D. 数据价值密度高

5. 网格化是计算机发展的一个重要趋势，以下属于网格化应用的是（　　）。

A. OA　　B. AI　　C. 云计算　　D. MPC

知识点 3 计算机网络协议与体系结构

一、考试内容及解析

1. 计算机网络协议

（1）概念

要保证有条不紊地进行数据交换、合理地共享资源，各个独立的计算机系统之间必须达成某种默契，严格遵守事先约定好的一整套通信规程，这些通信规程称为计算机网络协议。

（2）协议的三要素

语法——用户数据与控制信息的结构或格式。

语义——需要发出何种控制信息，以及完成的动作与做出的响应。

时序——对事件实现顺序的详细说明。

（3）协议分层

计算机网络协议采用层次结构，层与层之间相对独立，各层完成特定的功能，各层之间通过接口进行联系，下层为上层提供服务。

协议分层的原因：

1）有助于网络的实现和维护；

2）有助于技术发展；

3）有助于网络产品的生产；

4）促进标准化工作。

解析：协议是共同规则，遵守协议是使用网络的前提。考生应理解协议的层次结构以及分层的原因。

2. 计算机网络体系结构

（1）开放系统互联参考模型（OSI）

OSI 模型1983年由国际标准化组织提出，共分为七层。各层的名称、信息交换单位及功能如表7–4所示。

表7–4　OSI模型的层次划分

层次	信息交换单位	功能
第7层　应用层	Message（信息报文）	确定进程之间的通信性质以满足用户需要，负责用户信息的语义表示并进行语义匹配
第6层　表示层	Message（信息报文）	定义数据格式，完成数据转换、数据压缩和数据加密
第5层　会话层	Message（信息报文）	对数据传输进行管理，对互相通信的两个应用进程进行组织协调
第4层　传输层	Message（信息报文）	在发送端和接收端之间建立一条不会出错的路由，为上层提供可靠的报文传输服务，保证无差错传输

续表

层次	信息交换单位	功能
第3层　网络层	Packet（分组或包）	选择合适的路由，使发送端的分组能够正确无误地到达接收端
第2层　数据链路层	Frame（帧）	负责在各相邻节点间的线路上无差错地传输数据
第1层　物理层	Bit（比特）	提供一个物理连接，对上层屏蔽传输媒体的区别，提供比特流传输服务

（2）Internet参考模型（TCP/IP）

1974年提出，共分为应用层、传输层、网际层、网络接口层四层，是事实上的国际标准。TCP/IP协议是一组协议，接入Internet的计算机都必须遵守这个协议。

（3）OSI与TCP/IP的比较

OSI与TCP/IP层次间的对应关系及使用的协议如表7–5所示。

表7–5　OSI与TCP/IP比较

<table>
<tr><th>ISO/OSI模型</th><th colspan="5">TCP/IP协议</th><th>TCP/IP模型</th></tr>
<tr><td>应用型</td><td rowspan="3">文件传输协议（FTP）</td><td rowspan="3">远程登录协议（Telnet）</td><td rowspan="3">电子邮件协议（SMTP）</td><td rowspan="3">网络文件服务协议（NFS）</td><td rowspan="3">网络管理协议（SNMP）</td><td rowspan="3">应用层</td></tr>
<tr><td>表示层</td></tr>
<tr><td>会话层</td></tr>
<tr><td>传输层</td><td colspan="3">TCP</td><td colspan="2">UDP</td><td>传输层</td></tr>
<tr><td>网络层</td><td>IP</td><td>ICMP</td><td>IGMP</td><td>ARP</td><td>RARP</td><td>网际层</td></tr>
<tr><td>数据链路层</td><td rowspan="2">Ethemet
IEEE 802.3</td><td rowspan="2">FDDI</td><td rowspan="2">Token-Ring/
IEEE 802.5</td><td rowspan="2">ARCnet</td><td rowspan="2">PPP/SLIP</td><td rowspan="2">网络接口层</td></tr>
<tr><td>物理层</td></tr>
</table>

解析：考生要掌握具体的OSI、TCP、IP协议的层次及关系。

3. 常见的网络协议

常见的网络协议及功能如表7–6所示。

表7-6　常见的计算机网络协议及功能

协议名称	功能
超文本传输协议（HTTP）	用于传递网页文件
文件传输协议（FTP）	用于实现交互式文件传输功能
远程登录协议（Telnet）	用于实现远程登录
域名服务（DNS）	用于实现网络设备名字到IP地址的映射
路由信息协议（RIP）	用于网络设备之间交换路由信息
简单网络管理协议（SNMP）	用于收集和交换网络管理信息
网络文件系统（NFS）	用于网络中不同主机间的文件共享
点对点协议（PPP）	通过拨号或专线方式在两个网络节点之间建立连接，发送数据
传输控制协议（TCP）	用于实现数据的可靠传输
网间协议（IP）	用于在源地址和目的地址之间传送数据包

二、考试内容巩固

1. 网络协议TCP是（　　）。

　A. 邮件协议　　B. 超文本传输协议
　C. 传输控制协议　　D. 文件传输协议

2. OSI参考模型采用的分层方法中，（　　）层为用户提供文件传输、电子邮件、打印等网络服务。

　A. 物理　　B. 会话　　C. 表示　　D. 应用

3. TCP/IP参考模型的最底层是（　　）。

　A. 物理层　　B. 应用层　　C. 网络接口层　　D. 传输层

4. Internet采用的通信协议是TCP/IP协议。（　　）

　A. 正确　　B. 错误

5. 在Internet上，文件传输服务所采用的通信协议是（　　）。

6. 在Internet上浏览网页时，浏览器和Web服务器之间的传输网页使用的协议是（　　）。

　A. IP　　B. FTP　　C. HTTP　　D. Telnet

7. 网络协议的三要素不包括（　　）。

A. 词义　　B. 语义　　C. 语法　　D. 时序

8. 协议分层有助于网络的实现和维护。(　　)

A. 正确　　B. 错误

知识点4 计算机网络硬件

一、考试内容及解析

1. 网络的主体设备

计算机网络的主体设备称为主机，可分为中心站（也称服务器）和工作站（也称客户机）两类。

服务器：为网络提供共享资源，是网络控制的核心，其上运行的操作系统为网络操作系统。

工作站：网络用户入网操作的节点。

解析： 考生应掌握服务器和工作站各自的作用方面的知识。

2. 网络连接设备及功能

计算机网络中常见的网络设备、工作所在层及主要功能如表7-7所示。

表7-7　计算机网络常见设备、工作所在层及主要功能

设备名称	英文名称	工作所在层	主要功能
网卡（网络适配器）	NIC	数据链路层	是连接计算机与网络的重要设备，作用是从计算机向网线发送数据或接收网线传来的数据，另外提供固定的MAC地址，以便与网络上其他网卡区分开
调制解调器	Modem	物理层	把数字信号转换成电话线上传输的模拟信号（调制）和把模拟信号转换成数字信号（解调）

续表

设备名称	英文名称	工作所在层	主要功能
中继器	Repeater	物理层	对衰减的信号进行放大，一般用于延伸同型局域网
网桥	Bridge	数据链路层	用来连接两个相对独立的网段，实现存储转发
集线器	HUB	物理层	是多台计算机或其他设备的连接设备，提供信号放大和中转功能
交换机	Switch	数据链路层	主要功能包括物理编址、错误校验、帧序列及流控制
路由器	Router	网络层	是局域网和广域网之间进行互联的关键设备，主要工作是为不同网络的节点之间通信选择一条最佳路径
网关	Gateway	传输层或以上	又称协议转换器，用于连接不同结构体系的网络

解析：考生要掌握各种网络设备的名称、功能及工作所在层等知识。

3. 网络传输介质

计算机网络中使用的传输介质及特点如表7–8所示。

表7–8　网络传输介质及特点

名称	特点
光纤	传输距离远，传输率高，抗干扰能力强，安全好用，但成本稍高，常用在广域网中
同轴电缆	屏蔽性好，传输距离远，但安装维护不太方便
双绞线	是局域网中最常用的传输介质，传输速率能达到100 Mbit/s，使用传输距离最大为100米

解析：考生要掌握各种传输介质的特点及应用范围等知识。

二、考试内容巩固

1. 路由器的英文简称为HUB。（　　）

A. 正确　　B. 错误

2. 为了把工作站或服务器等智能设备连入一个网络中，需要一块称为（　　）的网络接口设备。

A. 网桥　　B. 网关　　C. 网卡　　D. 网间连接器

3. 调制解调器的作用是（　　）。

A. 将模拟信号转换成数字信号　　B. 将模拟信号与数字信号互相转换

C. 控制并协调计算机和电话网的联系　　D. 负责接通与电信局线路的连接

4. 路由器除了具有隔离网络、过滤和转发网络帧信息包等功能外，还具有（　　）。

A. 调制解调功能　　B. 路由选择功能

C. 提高带宽功能　　D. 拨号上网功能

5. 网桥是工作于（　　）的存储转发设备。

A. 数据链路层　　B. 物理层　　C. 网络层　　D. 传输层

6. 网络连接设备中，（　　）是用来实现不同类型的网络之间互联的。

7. 连接到Internet上的计算机不是客户机就是（　　）。

8. 与其他传输介质相比，下列不属于光纤优点的是（　　）。

A. 带宽高，抗电磁干扰能力强　　B. 无串音干扰，保密性好

C. 传输损耗小，中继距离长　　D. 体积大，重量轻

知识点5　Internet基础

一、考试内容及解析

1. Internet的起源及发展

因特网（Internet，也称互联网）是通过TCP/IP协议将世界各地的网络连接起来、实现资源共享和信息交换、提供各种应用服务的全球性计算机网络，是全球最大的、

开放的、由众多网络相互连接而成的计算机网络。

因特网起源于1969年由美国国防部高级研究计划署主持研制并建立的用于支持军事研究的计算机实验网络ARPAnet（阿帕网）。

Internet具有以下一些基本特点：

- 用于在计算机之间传送数据。
- 能连接不同类型的计算机。
- 网络中某一个结点或链路被破坏时，正在进行的通信能自动找到合适的路由。
- 网络结构尽可能简单，但能可靠地传送数据。

1987年9月20日，钱天白教授发出我国第一封电子邮件“越过长城，通向世界”，拉开了中国人使用Internet的序幕。1994年4月，NCFC开通与Internet的64 kb/s专线连接，同时设立了中国最高域名（CN）服务器，标志着中国正式加入国际Internet行列。

四大网络：中国电信公用计算机互联网（CHINAnet）、中国教育和科研计算机网（CERnet）、中国科技网（CSTnet）、中国金桥网（CHINAGBN）。

三金工程：金桥、金卡和金关。

解析：ARPAnet是Internet的前身，组建Internet的主要目的是实现资源共享和信息交换。考生应了解Internet在我国的发展情况。

2. 接入Internet 的常用方式

（1）PSTN方式

PSTN即公用电话交换网技术，是借助于电话线通过调制解调器拨号实现用户接入的方式，这种方式下数据传输的最高速率为56 kbps。

（2）ADSL方式

ADSL即非对称数字用户环路技术，是一种通过普通电话线提供宽带数据业务的技术。ADSL支持上行速率640 Kbps至1 Mbps，下行速率1 Mbps至8 Mbps，下行速率高，上下行速率不对称。

（3）LAN方式

通过局域网（LAN）连接Internet，需要一个网卡和网络连接线，通过集线器或交换机经路由器接入Internet，实际上是将局域网作为一个子网接入Internet。

（4）无线方式

无线接入技术主要有蜂窝技术、数字无绳技术、点对点微波技术、卫星技术、蓝牙技术等几种。

解析：考生应掌握接入Internet的常用方式，应知晓PSTN和ADSL方式都需要借助电话线，因此Modem是必不可少的设备。

二、考试内容巩固

1. 电话拨号上网，是利用现成的电话线路，通过（　　）将计算机连入Internet。

A. Router　　B. Modem　　C. HUB　　D. NIC

2. 接入Internet的方法有（　　）。

A. 小型局域网接入　　B. 电话拨号上网接入

C. 宽带接入　　D. 大型局域网接入

3. 中国教育和科研网的英文简称是（　　）。

4. ADSL设备的非对称性指的是（　　）。

A. 上行速率快，下行速率慢　　B. 下行速率快，上行速率慢

C. 下行带宽小，上行带宽大　　D. 用户线路上行速率高，下行速率低

知识点6 IP 地址及域名系统

一、考试内容及解析

1. IP 地址

（1）IP地址的概念

在Internet上为每台计算机指定的唯一的32位地址称为IP地址，也称网际地址。

IP地址具有固定、规范的格式，由32位二进制数组成，分成4段，其中每8位构成一段。

为了便于识别和表达，IP地址常以“点分十进制”形式表示，即将每一段用一个十进制数表示，段与段之间用“.”隔开。每段所能表示的十进制数的范围最大不超过255。

IP地址由网络号和主机号两部分组成，分为A、B、C、D、E五类，常用的为A、B、C三类，具体情况如表7-9所示。

表7-9　A、B、C类IP地址比较

类型	最高位	网络号位数	主机号位数	网络数范围	适用网络规模
A类	0	8	24	1.x.y.z~126.x.y.z	大型网络
B类	10	16	16	128.x.y.z~191.x.y.z	中等规模网络
C类	110	24	8	192.x.y.z~223.x.y.z	小型网络

另外，规定IP地址的每一组都不能用全0和全1。通常全0表示网络本身的IP地址，全1表示网络广播的IP地址。

（2）子网掩码

子网掩码是判断任意两台计算机的IP地址是否属于同一子网的根据。

判断方法：将两台计算机各自的IP地址与子网掩码进行AND运算，如果得出的结果相同，则说明这两台计算机处于同一个子网，可以进行直接通信。

正常情况下子网掩码的地址为：网络位全为“1”，主机位全为“0”。

A类地址网络的子网掩码地址为：255.0.0.0。

B类地址网络的子网掩码地址为：255.255.0.0。

C类地址网络的子网掩码地址为：255.255.255.0。

（3）IPv6

IPv6用128位二进制数表示一个IP地址，是为了解决IP地址资源短缺而推出的。

解析：IP地址是计算机的唯一身份标志，考生要掌握IP地址的构成、分类、表示等方面的知识，理解子网掩码的作用。

2. Internet域名系统

为了方便用户，Internet在IP地址的基础上提供了一种面向用户的字符型主机命名机制，这就是域名系统。

（1）国际组织或机构域名

Internet制定了一组正式的通用标准代码作为第一级域名。国际组织或机构域名如表7-10所示。

表7-10　国际组织或机构域名

域名	组织或机构类型	域名	组织或机构类型
com	商业组织	mil	军事部门
edu	教育机构	net	网络服务机构
gov	政府部门	org	非营利性组织
int	国际性组织	info	信息机构

（2）根据《中国互联网络域名注册暂行管理办法》，中国的最高域名为cn。二级域名共40个，分为6个类别域名（ac、com、edu、gov、net、org）和34个行政区域名。edu的管理和运行由中国教育和科研计算机网络中心负责，其余由中国互联网络信息中心（CNNIC）负责。

解析：域名实质上就是计算机的别名，是为了便于记忆而引入的。考生应掌握域名的概念及常见的域名。

3. 域名解析

IP地址和域名都是唯一的，一台计算机只能有1个IP地址，但可以有多个域名。

访问网络上的某一台主机，可以通过域名访问，也可以通过IP地址访问。通过域名访问主机时，必须转换成对应的IP地址，域名到IP地址的解析由DNS（域名系统）来完成。

解析：考生应理解IP地址与域名之间的一对多关系，理解DNS的作用。

4. 网络测试命令

（1）ping命令：检查网络是否连通。

（2）IPConfig命令：显示当前的TCP/IP配置的设置值。

（3）TraceRT命令：用于显示从本地到目标主机所经过的一系列网络节点。

解析：考生应掌握网络测试命令的功能方面的知识。

二、考试内容巩固

1. 下列各项中，非法的IP地址是（　　）。

A. 190.256.38.8　　B. 126.96.2.6

C. 203.113.7.15　　D. 203.226.1.68

2. IP地址从类别上可分为五类，由IP地址第一个字节可看出A类地址范围为（　　）。

3. Internet采用域名地址是因为（　　）

A. 一台主机必须用域名地址标识

B. 一台主机必须用IP地址和域名地址共同标识

C. IP地址不便于记忆

D. IP地址不能唯一标识一台主机

4. www.gnu.edu.cn 是（　　）。

A. 政府机构网站　　B. 教育机构网站

C. 非营利机构网站　　D. 商用机构网站

5. DNS服务的目的是将域名解析成IP地址。（　　）

A. 正确　　B. 错误

6. 美国以外的国家的计算机域名通常在最后附上两个字母的（　　）。

A. 服务代码　　B. 用户代码　　C. 国家代码　　D. 机器名

7. 用户在连接网络时，使用IP地址与域名地址的效果是一样的。（　　）

A. 正确　　B. 错误

8. 同一个IP地址可以对应若干个不同的域名，但每个域名只能对应一个IP地址。（　　）

A. 正确　　B. 错误

9. 网络内主机数量最多的IP地址为（　　）类地址。

10. 在IPv6中，地址是用（　　）个二进制位数表示的。

A. 32　　B. 64　　C. 128　　D. 256

11. 使用（　　）命令用于检查当前TCP/IP网络中的配置情况，可显示本机的主机名、物理地址等配置参数。

A. Ipconfig　　B. Cmd　　C. Ping　　D. Tracert

12. 子网掩码是用来判断任意两台计算机的IP地址是否属于同一子网的，正常情况下的子网掩码（　　）。

A. 前两个字节为“1”　　B. 主机标准位全为“0”

C. 网络标准位全为“1”　　D. 前两个字节为“0”

知识点7 Internet应用

一、考试内容及解析

1. 电子邮件

电子邮件服务（又称E-mail服务）是因特网上使用最广泛的服务之一，为因特网用户之间发送和接收消息提供了一种快捷、廉价的现代化通信手段。

（1）电子邮件的功能

1）邮件的制作与编辑；

2）邮件的发送；

3）邮件通知；

4）邮件阅读与检索；

5）邮件回复与转发；

6）邮件处理。

（2）电子邮件地址的格式

电子邮件地址的格式为：用户名@电子邮件服务器名。电子邮件地址是唯一的，其中用户名由用户自定义，电子邮件服务器名由提供邮件服务的服务商决定，@读作"at"，如liming@163. com。

（3）邮件协议

电子邮件服务中用到的协议如表7-11所示。

表7-11 电子邮件协议

协议名称	作用
SMTP协议	简单邮件传输协议，负责由客户机传输到服务器以及从源邮件服务器传输到目的邮件服务器
POP3协议	用来接收电子邮件，即从邮件服务器传输到客户机
MIME协议	是对SMTP的补充协议，使得非ASCII数据可以通过 SMTP传送

（4）电子邮件软件

Outlook Express是专门帮助用户处理邮件和电子新闻事务的电子邮件软件，具有电子邮件收发、邮件浏览与分类、账号管理、通讯录等功能。

类似的软件还有Foxmail、Coremail等。

解析：考生要掌握电子邮件地址格式及常用协议方面的知识。

2. 文件传输

文件传输是通过FTP协议及FTP程序（服务器程序和客户端程序），在用户计算机和远程服务器之间进行文件传输，采用客户机/服务器工作模式。

将服务器中的文件传输到本地计算机中称为下载（DownLoad），将本地计算机中的文件传送到FTP服务器中称为上传（UpLoad）。

匿名FTP：匿名FTP服务器为普通用户建立了一个通用的账号名，即“anonymous”，在口令栏内输入用户的电子邮件地址，就可以连接到远程主机。

解析：文件传输是指在客户机与服务器之间进行文件传送，一般情况下需要FTP服务器地址、用户名与密码等前提条件。

3. 其他应用

（1）搜索引擎

搜索引擎是专门为用户提供信息检索服务的网站，如百度、雅虎、谷歌等。

（2）即时通信

即时通信是指能够即时发送和接收互联网消息等的业务，包括网上聊天、网上寻呼、IP电话等。IP（VoIP的简称，源自英语Voice over Internet Protocol）电话是通过TCP/IP协议实现的一种电话应用模式，能有效利用网络带宽，占用资源少，成本低。

（3）视频点播（VOD）

VOD是Video On Demand的缩写，即交互式多媒体视频点播业务。

（4）流媒体应用

流媒体（Streaming Media）是指在数据网络上按时间先后次序传输和播放的连续音/视频数据流。流媒体数据流可以边传送边播放，节省下载等待时间和存储空间。

流媒体数据流具有三个特点：连续性、实时性、时序性。

（5）虚拟现实（Virtual Reality）

随着三维动画及虚拟现实的技术手段不断完善，在电脑世界里创造了越来越逼真的现实环境，形成了另一个时空观念。用户可以在这里交友、购物、玩游戏、旅游观光，从事现实的或虚拟的各项活动。

（6）远程登录（Telnet）

远程登录是指用户可以通过一台计算机登录到另一台计算机上，运行其中的程序并访问其中的服务，像使用自己的计算机一样操纵远程计算机。同FTP一样，Telnet采用客户机/服务器工作模式。

（7）电子公告牌（BBS）

BBS是Bulletin Board System的缩写，意为电子布告栏系统或电子公告牌系统。它是一种电子信息服务系统，向用户提供一块公共电子白板，每个用户都可以在上面发布信息或提出看法。

解析：考生应了解常见的Internet应用方面的知识。

二、考试内容巩固

1. 下列选项中（　　）是正确的电子邮件地址。

A. www.baidu.com　　B. www@139.com

C. 192.168.1.111　　D. http://www.google.cn

2. 下列关于E-mail功能的说法，不正确的是（　　）。

A. 利用“转发”功能，可将E-mail发给其他人

B. 用户收到的E-mail一定是按日期排序的

C. 在发送电子邮件时，一次只能发送给一个人

D. 用户读完电子邮件后，邮件将自动从服务器中删除

3. 下列（　　）属于Outlook Express文件夹列表的内容。

A. 草稿箱　　B. 已删除的邮件

C. 已发送的邮件　　D. 收件箱

4. 在Internet中，使用FTP功能可以传送（　　）类型的文件。

A. 文本文件　　B. 图形文件

C. 视频文件　　D. 任何类型的文件

5. FTP是客户机/服务器系统。（　　）

A. 正确　　B. 错误

6. Telnet命令用于测试网络是否连通。（　　）

A. 正确　　B. 错误

7. 以下属于即时消息软件的是（　　）。

A. MSN　　B. 美国在线AOL的AIM

C. 深圳腾讯的微信　　D. 深圳腾讯的QQ

一、考试内容及解析

1. WWW的基本概念与工作原理

WWW是World Wide Web的简称，中文为万维网。

WWW服务采用客户机/服务器模式，在浏览网页时，客户机首先与远程的WWW服务器建立连接，并向该服务器发出申请。WWW服务器负责存放和管理大量的网页文件信息，当监听到来自于客户机的请求时，就发回一个应答，然后断开连接。

2. 统一资源定位器

统一资源定位器（Uniform Resource Locator，URL），是在Internet上查找信息时所采用的一种准确定位机制，通过URL可以访问Internet上任何一台主机或者主机上的文件夹和文件。URL地址的一般格式是：协议：//域名或IP地址/路径/文件名。

3. Web浏览器

浏览器是解释网页、完成相应转换并显示网页的程序。Windows 7操作系统自带的浏览器为Internet Explorer，简称为IE。

二、考试内容巩固

1. 在浏览器中输入网址后出现的第一张网页称为（　　）。

2. IE 是一种（　　）。

A. 图像处理软件　　B. 浏览器

C. 字处理软件　　D. 协议

3. 关于在IE中显示的网页，叙述正确的是（　　）。

A. IE中的网页可部分打印　　B. IE中的网页只能部分保存

C. IE中的网页可部分保存成文件　　D. IE中的网页不可直接打印

4. 在IE浏览器地址栏中输入地址的顺序为（　　）。

A. 协议、域名、目录　　B. 域名、目录、协议

C. 目录、域名、协议　　D. 域名、协议、目录

5. 统一资源定位器的英文简称是（　　）。

6. 通过（　　）可以把自己喜欢的经常要上的Web页保存下来，这样以后就能快速打开这些网站。

A. 回收站　　B. 浏览器　　C. 我的电脑　　D. 收藏夹

综合练习

一、单项选择题

1. 计算机网络系统中的每台计算机都是（　　）。

A. 相互控制的　　B. 相互制约的

C. 各自独立的　　D. 毫无联系的

2. 下列不属于评价传输介质性能指标的是（　　）。

A. 体积　　B. 抗干扰性　　C. 衰减性　　D. 带宽

3. 下列关于光纤的说法不正确的是（　　）。

A. 单模光纤无中继传播距离比多模光纤长　　B. 光纤通常是由石英玻璃做成的

C. 光纤的带宽不如同轴电缆　　D. 光纤的传播利用的是全反射原理

4. IPv6 是一种（　　）。

A. 协议　　B. 图像处理软件

C. 浏览器　　D. 字处理软件

5. DNS指的是（　　）。

A. 文件传输协议　　B. 域名服务器

C. 用户数据报协议　　D. 简单邮件传输协议

6. 使用匿名FTP服务，用户登录时常常使用（　　）作为用户名。

A. anonymous　　B. 主机的IP地址

C. 自己的E-mail　　D. 节点的IP地址

7. 超链接可以链接位于两台不同的Web服务器上的信息，这两台不同的Web服务器可以相距（　　）。

A. 不超过1000米　　B. 不超过10千米

C. 不超过100千米　　D. 任意远

8. TCP/IP层的网络接口层对应OSI的（　　）。

A. 物理层　　B. 数据链路层

C. 网络层　　D. 物理层和数据链路层

9. 目前世界上最大的计算机互联网络是（　　）。

A. ARPA网　　B. IBM网　　C. Internet　　D. Intranet

10. 在OSI参考模型的分层结构中“会话层”属第（　　）层。

A. 1　　B. 3　　C. 5　　D. 7

11. 下列操作系统中，（　　）不是网络操作系统。

A. OS/2　　B. DOS　　C. Netware　　D. Windows NT

12. 下列四项中，合法的电子邮件地址是（　　）。

A. Zhou–em.hxing.com.cn　　B. Em.hxing.com,cn–zhou

C. Em.hxing.com.cn@zhou　　D. zhou@em.hxing.com.cn

13. 用户要想在网上查询WWW信息，须安装并运行的软件是（　　）。

A. HTTP　　B. Yahoo　　C. 浏览器　　D. 万维网

14. 计算机网络是计算机与（　　）结合的产物。

A. 电话　　B. 通信技术　　C. 线路　　D. 各种协议

15. 衡量网络上数据传输速率的单位是bps，其含义是（　　）。

A. 信号每秒传输多少千米　　B. 信号每秒传输多少字节

C. 每秒传送多少个二进制位　　D. 每秒传送多少个数据

16. 数据传输的可靠性指标是（　　）。

A. 速率　　B. 误码率

C. 带宽　　D. 传输失败的二进制信号个数

17. 在局域网中的各个节点上，计算机都应在主机扩展插槽中插有网卡。网卡的正式名称是（　　）。

A. 集线器　　B. T型连接器

C. 终端匹配器　　D. 网络适配器

18. 在OSI参考模型中，把传输的比特流划分为帧是（　　）。

A. 传输层　　B. 网络层　　C. 会话层　　D. 数据链路层

19. 一座办公楼内各个办公室中的微机进行联网，这个网络属于（　　）。

A. WAN　　B. LAN　　C. MAN　　D. GAN

20. 1993年美国提出了建设“信息高速公路”的NII计划，其中NII是（　　）的缩写。

A. 信息高速公路　　B. 国家信息网络设施

C. 国家信息基础设施　　D. 国家信息计划

21. 以下不属于以太网交换机主要功能的是（　　）。

A. 错误校验　　B. 容错性　　C. 帧序列　　D. 物理编址

22. 网桥是一种工作在（　　）层的存储—转发设备。

A. 数据链路　　B. 网络　　C. 应用　　D. 传输

23. ISDN技术指的是（　　）。

A. 高速光纤网络技术　　B. 无线数字网技术

C. 综合服务数字网技术　　D. 智能网技术

24. 在邮件服务器之间实现邮件投递的协议是（　　）。

A. IMAP　　B. TFTP　　C. SMTP　　D. RARP

25. 选择网卡的主要依据是组网的拓扑结构、网段的最大长度、节点之间的距离和（　　）。

A. 接入网络的计算机种类　　B. 使用的传输介质的类型

C. 使用的网络操作系统的类型　　D. 互联网络的规模

26. ICP指的是（　　）。

A. 网络控制协议　　B. 网络控制服务

C. 网络内容提供商　　D. 网络服务提供商

27. 以下关于计算机网络的拓扑结构的说法，错误的是（　　）。

A. 在星型网络中，中心机一旦损坏，整个网络将瘫痪

B. 在环型网络中，数据只能单向传输

C. 在树型网络中，故障诊断比较容易

D. 局域网中一般使用总线型的结构

28. 以下关于计算机网络发展历程的叙述，不正确的是（　　）。

A. 第一代计算机网络以数据通信为主

B. 进入第二代计算机网络的标志是ARPA网的建成

C. 第三代计算机网络的主要标志是实现了网络体系的标准化

D. 第四代计算机网络的发展特点为高速互连、智能与更广泛的应用

29. 下列关于OSI参考模型的描述，正确的是（　　）。

A. OSI参考模型由IETF制定　　B. 按功能可以分为七个层次

C. OSI的含义是操作系统互连　　D. 详细定义了每层的实现技术

30. 在局域网中，运行网络操作系统的设备是（　　）。

A. 网络工作站　　B. 网络服务器　　C. 网关　　D. 网桥

二、多项选择题

31. 计算机网络的功能包括（　　）、实现分布处理和提高系统的可靠性。

A. 提高计算机运行速度　　B. 数据通信

C. 资源共享　　D. 电子邮件

32. 从逻辑功能上可以把计算机网络分成（　　）两种。

A. Internet　　B. 教育网　　C. 资源子网　　D. 通信子网

33. 下面关于域名内容的说法，正确的是（　　）。

A. CN代表中国，GOV代表政府机构　　B. CA代表美国，COM代表非营利机构

C. AU代表澳大利亚，GOV代表教育机构　　D. US代表美国，NET代表网络机构

34. 下列四项中，合法的IP地址是（　　）。

A. 210.45.233.9　　B. 202.38.64.4

C. 101.3.305.77　　D. 115，123，20，245

35. 要同时向多个收件人发送邮件，可在“收件人”文本框中输入所有收件人的电子邮件地址，中间用（　　）隔开。

A. 英文逗号　　B. 英文句号　　C. 英文分号　　D. 空格

36. 下列关于IP地址的说法，正确的是（　　）。

A. IP地址的分配和回收由专门的机构统一管理

B. IPv6使用64位的IP地址

C. 引入IPv6是为了解决地址资源短缺问题

D. 打开网站也可以使用IP地址

37. 电子邮件（E-mail）服务用到的协议有（　　）。

A. POP3　　B. SMTP　　C. MIME　　D. ICMP

38. 采用拨号入网的方式接入Internet的必要条件是（　　）。

A. 由ISP提供的用户名和密码　　B. 打印机

C. 一台调制解调器（Modem）　　D. 网卡

39. 网络协议是分层的，（　　）是分层的原因。

A. 有助于网络实现　　B. 有助于加强网络信息的控制

C. 有助于网络产品的生产　　D. 能促进标准化工作

40. 以下属于C类IP地址的是（　　）。

A. 100.78.65.3　　B. 192.0.1.1

C. 197.234.111.123　　D. 23.24.45.56

41. 资源子网的功能有（　　）。

A. 数据处理业务　　B. 数据传输业务

C. 向网络用户提供网络资源　　D. 向网络用户提供网络服务

42. 利用子网掩码可将IP地址分为（　　）两部分。

A. 网络地址　　B. 主机地址　　C. 子网地址　　D. 网关地址

43. 计算机网络的主要功能有（　　）。

A. 数据通信　　B. 增强可靠性　　C. 资源共享　　D. 分布式处理

44. 下列协议中，属于Internet网络协议的有（　　）。

A. TCP　　B. IP　　C. IEEE802　　D. ICMP

45. 路由器的主要功能有（　　）。

A. 局域网和广域网互联　　B. 保证数据的可靠传输

C. 路由选择　　D. 数据包的转发

三、判断题

46. 微波是直线传播的，收发双方必须直视，因此为实现远距离传输，必须设立若干中继站。（　　）

A. 正确　　B. 错误

47. 目前常用的传输介质有双绞线、同轴电缆、光纤三种，其中传输速率最快的是光纤。（　　）

A. 正确　　B. 错误

48. 当个人计算机以拨号方式接入因特网时，必须使用的设备是电话机。（　　）

A. 正确　　B. 错误

49. 某人要在电子邮件中传送一个文件，他可以借助电子邮件中的附件功能。（　　）

A. 正确　　B. 错误

50. 在IE浏览器中点击“停止”按钮可以快速关闭IE浏览器。（　　）

A. 正确　　B. 错误

51. URL是一个简单的格式化字符串，用来指定服务器的地址及文件位置，但不包含访问资源的类型。（　　）

A. 正确　　B. 错误

52. TCP协议负责数据的传输，而IP协议负责数据的可靠传输。（　　）

A. 正确　　B. 错误

53. 在Windows对等网上，打印机、CD-ROM驱动器、硬盘驱动器都能共享。（　　）

A. 正确　　B. 错误

54. 在Internet上，IP地址和E-mail地址都是唯一的。（　　）

A. 正确　　B. 错误

55. WWW是一种基于超文本方式的信息查询工具，可在Internet上组织和呈现相关的信息和图像。（　　）

A. 正确　　B. 错误

四、填空题

56. 在Windows操作系统中，要测试网络的连通性应使用（　　）命令。
57. Internet服务提供商的英文缩写是（　　）。
58. 在计算机网络中，服务器提供的共享资源主要是指硬件、软件和（　　）资源。
59. 网络通信中传输信息的载体被称为（　　）。
60. 计算机网络是（　　）技术与通信技术结合的产物。
61. 在网络互联设备中，（　　）用来连接两个不同类型的网络。
62. WWW是（　　）的缩写，又称万维网，它使用HTTP协议作为传输协议。
63. 计算机网络在逻辑上由通信子网和资源子网组成，其中通信子网负责计算机网络的通信，由通信链路和（　　）组成。
64. Internet的前身是1969年投入使用的（　　），它奠定了Internet存在和发展的基础。
65. DNS的作用是（　　）。

第八部分
网页设计

网页设计的主要考点

网站与网页的概念，Web服务器与浏览器，网页内容，动态网页和静态网页，常用网页制作工具，网页设计的相关计算机语言，HTML语言的基本概念，常用HTML标记的意义和语法。

使用Dreamweaver创建与管理站点；使用Dreamweaver编辑网页：文字编辑及格式化，图像的插入与编辑，媒体对象的插入，创建超链接；使用Dreamweaver进行网页布局；创建表单页面；网页的发布。

知识点1 网页制作相关概念

一、考试内容及解析

1. 网站和网页

网站是一组相关网页和有关文件的结合。主页（Homepage）是指一个网站浏览的起始页。

网页：又称HTML文档，是一种可以在WWW上传输、能被浏览器识别和翻译成页面并显示出来的文件。网页主要由文字、图片、动画、超链接和特殊组件等元素构成。

2. 静态网页和动态网页

根据生成方式，网页可以分为静态网页和动态网页两种。静态网页和动态网页的区别如表8-1所示。

表8-1 静态网页和动态网页的区别

	静态网页	动态网页
特点	内容固定不变	内容随程序执行结果发生变化
语言	HTML	ASP、JSP、PHP
扩展名	.htm、.html	.asp、.aspx、.jsp、.php

3. 网页制作工具

常见的“所见即所得”的网页制作工具包括Frontpage、Dreamweaver、Fireworks、Flash等。

（1）Dreamweaver是Adobe公司推出的一款“所见即所得”的可视化网站开发工具，该软件同时适用于初学者和专业网页设计师。

（2）Fireworks也是Adobe公司开发的一种工具，它以处理网页图片为特长，并可以轻松创造GIF动画。

（3）Flash是当今Internet最流行的动画作品的制作工具之一，并成为事实上的交互式矢量动画标准。

Dreamweaver、Fireworks、Flash被称为网页“三剑客”。

4. 网页制作相关语言

网页制作相关语言及特点如表8–2所示。

表8–2 网页制作语言及特点

语言	全称	功能	扩展名
HTML	超文本标记语言 HyperText Markup Language	使用约定的标记（Tag）对文本进行标注，用来定义网页的数据格式、描述Web页中的信息、控制文本的显示	.htm .html
XML	可扩展标记语言 Extensible Markup Language	对文档和数据进行结构化处理，用来传输和存储数据	.xml
CSS	层叠样式表 Cascading Style Sheets	用来对网页数据进行编排、格式化、显示特效等	.css
DHTML	动态HTML Dynamic HTML	创建动态和交互 WEB 站点的技术集，是HTML、CSS和JavaScript 的组合	.dhtml
Script	脚本 JavaScript、VBScript	确定的一系列控制计算机进行运算操作动作的组合，是嵌入到HTML代码中的程序。根据运行的位置不同分为客户端脚本和服务器端脚本	.js

解析：考生应掌握网站、网页、动态网页、静态网页等相关概念，了解网站制作的工具，掌握网页制作相关语言。

二、考试内容巩固

1. 浏览网页时，当鼠标移动到已设置了超链接的区域时，鼠标指针形状一般变为（　　）。

A. 小手形状　　B. 双向箭头　　C. 禁止图案　　D. 下拉箭头

2. 下列关于网页的说法，不正确的是（　　）。

A. 网页文件只能运行在Windows系统上

B. 网站是网页的集合

C. 网页是一种基于超文本方式的文档

D. 网页能将文本、图形、声音等多媒体信息集成起来

3. 可扩展标记语言的缩写为（　　）。

A. HTML　　B. DHTML　　C. XML　　D. CSS

4. 网站浏览的起始页是指（　　）。

5. 根据网页的生成方式，网页分为（　　）。

A. 静态网页　　B. 动态网页

C. 客户端网页　　D. 服务端网页

6. 下列软件中，不属于网页制作工具的是（　　）。

A. Dreamweaver　　B. Fireworks　　C. Flash　　D. Maya

7. 用HTML语言编写的网页以（　　）为扩展名。

A. .HTML　　B. .DHTML　　C. .XML　　D. .HTM

8. CSS是Cascading Style Sheets的缩写，中文名为（　　）。

9. 脚本语言是嵌入到HTML代码中的程序，根据运行位置的不同分为客户端脚本和服务器端脚本两种。（　　）

A. 正确　　B. 错误

知识点2　HTML语言

一、考试内容及解析

HTML是超文本标记语言（HyperText Markup Language）的缩写，是一种用于编写静态网页的语言。该语言的基本组成部分是标记，使用标记定义网页、描述信息以及控制显示效果等，用该语言编写的网页文件以.htm或.html为扩展名。实际上用HTML语言编写的网页是一种文本文件，可以使用记事本等文本编辑器进行编辑。

1. HTML标记

每个HTML 文件都包括文本内容和HTML标记两部分。HTML 标记负责控制文本

显示的外观和版式，并为浏览器指定各种链接的图像、声音和其他对象的位置。大多数HTML 标记的书写格式为：<标记名>文本内容</标记名>。

（1）标记名写在“< >”内。

（2）多数HTML 标记同时具有起始和结束标记，图像标记<img>、换行标记
、水平线标记<hr>没有结束标记。

（3）HTML 标记不区分大小写。

（4）某些HTML 标记还具有一些属性，属性一般放在起始标记中，格式如下：

<标记名属性=值1 属性=值2 …>文本内容</标记名>

标记名和属性之间用空格分隔。如果标记有多种属性，则属性之间也要用空格分隔。

（5）HTML 对格式的要求并不严格，在浏览器中显示时空格、回车等均被忽略，将一行写成两行或多行在浏览器中的结果是相同的。

2. HTML网页的基本结构

一个HTML文件包含文本内容和HTML标记两部分，标记用于控制内容的外观和版式。一般的HTML文件的结构如下：

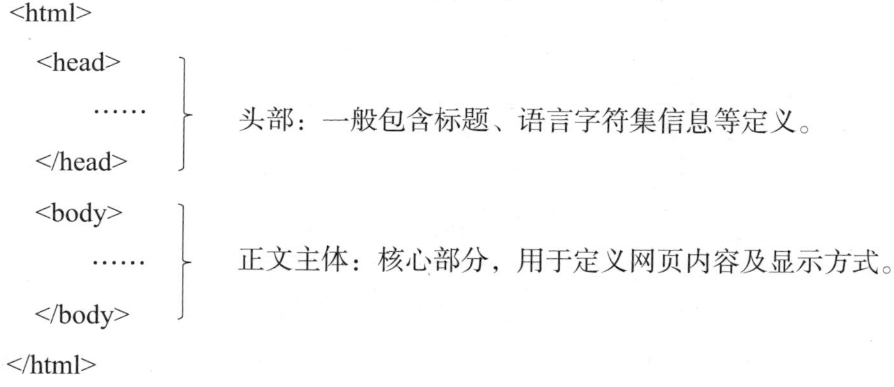

（1）头部（Head）

HTML文件的头部由<head>和</head>标记定义。通常情况下，文件的标题、语言字符集信息等都放在头部信息中。最常用到的标记是<title>…</title>，它用于定义网页文件的标题。

（2）正文主体（Body）

正文主体是HTML文件的核心内容，由<body>和</body>标记定义。<body>标记具有一些常用的属性，格式如下：

<body bgcolor=#n color=#n>…</body>

其中，bgcolor为背景颜色，color为文本颜色，n为六位十六进制数。

3. 常用的HTML标记

（1）段落标记：<p align=对齐方式>……</p>，该标记定义的两个段落之间留有一个空行。控制段落的对齐方式，其值可以是left、center、right、justify，分别表示左对齐、居中、右对齐和两端对齐，默认值为左对齐。

（2）换行标记：
，强制文本换行，无结束标记。

（3）水平线标记：<hr>，在网页中插入一条水平线，无结束标记。

（4）标题标记：<hn属性=属性值>标题文字内容</hn>，n取值为1～6的整数，h1最大，h6最小。

（5）字体标记：<font 属性=属性值>文字内容</font>，可以使用size、color、face等属性来分别控制文字的大小（1～7级，默认为3，1级最大，7级最小）、颜色和所使用的字体。

（6）字形标记，如表8–3所示。

表8–3 字形标记

标记格式	字形
<b>…</b>	粗体
<i>…</i>	斜体
<u>…</u>	下划线
[…]	上标
_…	下标

（7）图片标记：<imgsrc=url>，url用于指定图片的位置，还可以使用alt、height、width、border、align等属性分别为图片添加说明、指定大小、设置边框粗细和对齐方式等。src属性指明图片文件所在的位置，使用align属性设置的对齐方式可以是top（顶端对齐）、middle（相对垂直居中）、bottom（相对底边对齐）、left（左对齐）、right（右对齐）、texttop（文本上方）等。

（8）超链接：<a href=URL target=目标>内容</a>，用于设置网页中的超链接，href属性指明被超链接的文件地址，target用于设置链接的目标，包括_blank、_self、_parent、_top。

用于表示超链接的文本一般显示为蓝色并加下划线。在浏览器中，当鼠标指针指向该文本时，箭头变为手形，并在浏览器的状态栏中显示该链接的地址。

（9）表格：在网页中插入一个表格，需要用到一组HTML 标记。定义表格的有关标记如下：

<table>…</table>定义表格区域；

<caption>…</caption>定义表格标题；

<th>…</th>定义表格头；

<tr>…</tr>定义表格行；

<td>…</td>定义表格单元格。

常用的标记属性中，border 属性用于设置表格边框的宽度，width、height 属性用于设置表格或单元格的宽度、高度，cellspacing和cellpadding属性分别用于设置单元格之间的间隙和单元格内部的空白，align 属性用于设置表格或单元格的对齐方式，bgcolor和background 属性分别用于设置表格的背景颜色和背景图像。

解析：考生应掌握HTML语法规范，常用HTML标签的名称、作用及相关属性。

二、考试内容巩固

1. 为了标识一个HTML文档，应该使用的HTML标记是（　　）。

A. <p>……</p>　　B. <body>……</body>

C. <html>……</html>　　D. <table>……</table>

2. 在HTML文件中，属于字形标记的是（　　）。

A. <font>……</font>　　B. <u>……</u>

C. <b>……</b>　　D. <a>……</a>

3. HTML语言使用标记定义网页的数据格式显示网页中的信息。（　　）

A. 正确　　B. 错误

4. 在HTML文档中，可以使用换行标记强制文本换行，但不划分段落。（　　）

A. 正确　　B. 错误

5. 在HTML中，正文主体标记为（　　）。

6. HTML语言中的<form>...</form>标记的作用是定义一个（　　）。

7. 通常站点中主页的默认文件名是（　　）。

A. webpage.html　　B. main.html　　C. index.html　　D. homepage.html

8. 网页文件实际上是一种（　　）。

A. 声音文件　　B. 图形文件　　C. 图像文件　　D. 文本文件

9. 在<head>标记中，可以包含的标记不包括（　　）。

A. <title>……</title>　　B. <meta>

C. <script>……</script>　　D. <div>……</div>

10. 下列关于HTML标记书写规则的说法，正确的是（　　）。

A. 标记名和属性之间用“=”连接

B. HTML标记对格式要求不严格，在浏览器中显示时忽略空格、回车等符号

C. HTML标记区分大小写

D. 换行标记<hr>没有结束标记

11. <body>...</body>标记的属性不包括（　　）。

A. bgcolor　　B. text　　C. background　　D. align

12. <img>标记的target属性不可以设置的值是（　　）。

A. _blank　　B. _parent　　C. _self　　D. _temp

13. 在网页中，定义表格标题标记使用的标签是（　　）。

A. <caption>…</caption>　　B. <th>…</th>

C. <tr>…</tr>　　D. <td>…</td>

知识点3 创建和管理站点

一、考试内容及解析

Adobe Dreamweaver CS5是一款集网页制作和网站管理于一身的“所见即所得”的网页编辑器，利用它可制作跨平台和跨浏览器的网页。

1. Dreamweaver视图

（1）设计视图：提供可视化页面布局、可视化编辑和快速应用程序开发的设计环境。

（2）代码视图：提供编写和编辑HTML、JavaScript、服务器语言代码〔如PHP、ColdFusion标记语言（CFML）〕等其他类型代码的手工编码环境。

（3）拆分视图：可以在一个窗口中同时看到同一文档的代码视图和设计视图。

（4）实时代码视图：显示浏览器用于执行该页面的实际代码。当在实时视图中与

该页面进行交互时，它可以动态变化。实时代码视图不可编辑。

（5）实时视图：不可编辑，可以通过该视图浏览网页效果。

2. 创建和管理站点

（1）创建站点

方法一：在菜单栏中选择“站点”→“管理站点”，打开“管理站点”对话框，在对话框中单击“新建”按钮，打开“站点设置对象效果”对话框，在对话框中选择“站点”选项卡，在“站点名称”文本框中输入站点名称，单击“本地站点文件夹”右侧的“浏览文件夹”按钮，选择准备使用的站点文件夹，单击“选择”按钮。

方法二：选择“高级设置”选项卡可以不使用向导，直接创建站点信息。

（2）打开站点

单击文档窗口右边的“文件”面板中左边的下拉列表，在下拉列表中选择准备打开的站点单击即可。

（3）编辑站点

在菜单栏中选择“站点”→“管理站点”，在弹出的“管理站点”对话框中选中要编辑的站点名称，单击“编辑”按钮。

（4）删除站点

在菜单栏中选择“站点”→“管理站点”，在弹出的“管理站点”对话框中选中要删除的站点名称，单击“删除”按钮。

3. 网站和网页设计原则

（1）网站文件要分类存放；

（2）根据栏目设计目录结构；

（3）每个目录下都应该建立独立的images子目录；

（4）目录层次不要太深，一般不要超过三层；

（5）不使用中文目录名和文件名；

（6）可执行文件和不可执行文件分开放置；

（7）数据库文件单独放置。

解析：考生应掌握创建站点的操作步骤，了解站点配置的相关操作方法，了解网站设计的原则。

二、考试内容巩固

1. 在Dreamweaver CS5中进行文字段落编排时，组合键Shift+Enter的作用是换行而不是另起一个段落。（　　）

A. 正确　　B. 错误

2. Dreamweaver CS5的主要功能是（　　）。

A. 开发网络应用程序　　B. 制作网页

C. 接收电子邮件　　D. 管理站点

3. 以下不可以用来制作网页的软件是（　　）。

A. CuteFTP　　B. Flash

C. 写字板　　D. 截图工具

4. Dreamweaver CS5站点以一个特殊文件形式存放，其中包括一些相关网页和其他内容。（　　）

A. 正确　　B. 错误

5. 以下不属于网站设计原则的是（　　）。

A. 图像放在images文件夹下　　B. 样式表放在css文件夹下

C. 目录层次不要超过4级　　D. 不要使用中文命名

6. 使用Dreamweaver CS5新建的站点至少包含一个主页，其名称为（　　）。

7. Dreamweaver CS5站点文件的扩展名为（　　）。

8. 在Dreamweaver CS5中，打开页面属性对话框的快捷键是（　　）。

A. Ctrl+B　　B. Ctrl+E　　C. Ctrl+J　　D. Ctrl+K

9. 在Dreamweaver CS5中，使用管理站点对话框，不可以实现的操作是（　　）。

A. 新建站点　　B. 打开站点　　C. 复制站点　　D. 删除站点

10. 取消Dreamweaver CS5 “欢迎屏幕”的显示后，可以通过（　　）菜单命令恢复其显示。

11. 在（　　）对话框中可以设置网页的背景图像。

12. Dreamweaver CS5默认的工作区为（　　）。

A. 经典　　B. 编码器

C. 设计器　　D. 应用程序开发人员

13. 要在Dreamweaver中创建新的网页文档，可以使用（　　）组合键。

A. Ctrl+M　　B. Ctrl+N　　C. Alt+M　　D. Alt+N

14. 按下（　　）功能键可以快速地通过浏览器预览网页效果。

A. F5　　B. F6　　C. F11　　D. F12

15. 要显示/隐藏Dreamweaver操作环境中的面板组，可以按下（　　）功能键。

A. F6　　B. F5　　C. F4　　D. F3

知识点4 添加网页元素

一、考试内容及解析

网页中最基本的对象是文本和图像，通过这两种对象可以制作最简单的网页。文本可以在Dreamweaver中直接编辑，而图像和多媒体元素需要通过插入方式加入其中。

1. 插入文本

文本是网页中不可缺少的内容之一，是网页中最基本的对象，其占用的存储空间非常小。网页中的文本一般以普通文字、段落或者各种项目符号等形式显示。

在网页中输入文本有三种方法：直接输入法、复制粘贴法、导入已有Word或Excel文档。

使用菜单或者文本属性查看器可以改变选定文本的字体属性，包括字体、大小、颜色、样式和对齐方式等。

2. 插入图像

在网页中插入图像，可以将内容表现得更加形象、生动，但过多的图像也会影响网页的下载速度，所以在设计网页时要整体考虑图像的数目和大小。

对于插入页面中的图像，可以使用属性查看器检查和修改图像的各种属性，主要包括图像名、宽、高、源文件、链接、替换、地图、垂直和水平边距、边框、对齐等。

使用地图属性下面的热区工具，可以创建矩形、椭圆、多边形热区。

3. 插入媒体对象

在网页中应用多媒体对象可以增强网页的娱乐性和感染力。

网页中常用的多媒体对象主要分为Flash类（Flash影片、Flash按钮和Flash文本）、Java Applet、ActiveX控件类以及各种音视频文件。

4. **超链接**

超链接是指页面对象之间的链接关系，它是网页的灵魂，能合理、协调地把网站中的各个元素、页面构成一个有机整体。

（1）绝对超链接

绝对超链接给出了超链接目标端点完整的URL 地址，包括使用的协议，一般用于创建站外具有固定地址的超链接。

（2）文档相对路径

使用文档相对路径不需要给出完整的URL 地址，只需保留不同的部分。由于相对超链接的文件之间相互关系并没有发生变化，因此使用文档相对路径创建的超链接在上传时可以不用更新各个超链接。

（3）站点根目录相对路径

站点根目录相对路径是形如"/ help / help.html"的超链接地址，它基于站点根目录，在同一个站点中网页的超链接可采用这种方法。

（4）锚记链接

在制作网页时，为了达到跳转到网页固定位置的目的，可以使用锚记链接。将鼠标定位到想要命名锚记的位置，单击"插入"工具栏中的"常用"→"命名锚记"。创建指向命名锚记的链接格式为"# 锚记名称"。

（5）创建空链接

空链接是一个未指派目标的超链接，在属性查看器的链接域中输入一个"#"即可创建。

（6）电子邮件超链接

电子邮件超链接格式为"mailto: 邮件地址"。

解析：考生应掌握在Dreamweaver中添加网页元素并设置网页元素属性的方法和步骤，重点掌握插入文本时选择性粘贴的选项、超链接的分类及功能。

二、考试内容巩固

1. 在Dreamweaver CS5中，文件的路径形式包括（　　）。

A. 绝对路径　　B. 相对路径　　C. 内部链接　　D. 外部链接

2. 在Dreamweaver CS5中设置热点实际上是在设置超链接。（　　）

A. 正确　　B. 错误

3. 在Dreamweaver CS5中，既可以直接创建和编辑文本，又可以编辑图像。（　　）

A. 正确　　B. 错误

4. 在Dreamweaver CS5中，要想使图像底部与文本的基线对齐，应使用（　　）对齐方式。

A. 基线　　B. 绝对底部　　C. 底部　　D. 默认

5. 创建锚记链接使用的特殊符号是（　　）。

A. *　　B. #　　C. $　　D. @

6. 选择性粘贴分为（　　）、带结构的文本、带结构的文本及其基本格式、带结构的文本以及全部格式四种粘贴方式。

7. 要在网页中插入换行符，除了在“插入”面板“文本”类别中单击【换行符】按钮外，还可以通过按（　　）组合键实现。

8. 在网页中添加一个“不换行空格”时，在其HTML源文件中将使用（　　）替代字符。

9. 要设置列表为嵌套列表，在选定列表项目后可以选择属性面板上的（　　）按钮。

A. 项目列表　　B. 项目编号　　C. 凸出　　D. 缩进

10. 若用CSS设置文本的字体，需要设置（　　）属性。

A. font-size　　B. font-family　　C. font-italic　　D. font-weight

11. 以下（　　）不是常见的图像格式。

A. wav　　B. jpg　　C. gif　　D. png

12. 创建命名锚点可以使用（　　）组合键。

一、考试内容及解析

网页布局设计，是将文字、图片等网页元素根据特定的内容和主题，在网页所限定的范围中进行视觉的关联与配置，从而将设计意图以视觉形式表现出来。表格、框架、Div是用来控制网页布局的主要方法。

1. 表格布局

表格是一个容器元素，表格布局技术是指把页面区域分成若干个单元格，通过单元格来控制各种页面元素（文本、图像等）在页面上的定位和排版。采用表格进行页面布局，方法简洁明了，浏览器兼容性高，与CSS结合在一起，能够满足绝大多数网页设计的需求。

（1）表格标签

表格创建完成后，可以在其中添加文本、图像或数据等内容。选择所在表格的<table>标签可选中整个表格并设置表格属性，如行、列、宽、填充、间距、对齐、边框等。

（2）单元格标签

将鼠标定位在要设置属性的单元格内，可通过属性面板修改相应单元格的属性，如水平、垂直对齐方式、宽、高、背景颜色等。

（3）调整表结构

调整表结构包括选择表格、调整表格大小、合并和拆分单元格、嵌套表格等。

2. 框架

框架页面就是把浏览器窗口划分为若干个子窗口，这些子窗口称为框架。一个框架显示一个网页文件，但整个框架集却存在于同一个浏览器窗口中。框架页面可以把不同类别的信息显示在不同的框架中，有利于分类管理和控制。

在Dreamweaver CS5中，可以使用“插入”工具栏中的“布局”→“框架”，选择一种框架结构。按住Shift＋Alt，鼠标单击所在区域，选中相应框架，在属性查看器中设置该框架的源文件等属性。

使用框架面板可以查看和选择框架。

解析：考生应掌握表格的特点及基本操作方法，了解框架布局的基本理论及相关操作方法。

二、考试内容巩固

1. 下列（　　）不是表格元素的标签。

A. <table>　　B. <hr>　　C. <th>　　D. <tr>

2. 常用的网页传统布局技术有表格和（　　）。

A. 框架　　B. Div　　C. AP div　　D. iFrame

3. 要使单元格之间的距离为0，应设置（　　）属性。

A. border　　B. cellspacing　　C. cellpadding　　D. align

4. 在Dreamweaver CS5中使用表格时，数据项放在（　　）中。

A. <dl></dl>　　B. <th></th>

C. <td></td>　　D. <table></table>

5. 在“表格”对话框中，表格宽度有两种可选择的单位，一种是像素，另一种是（　　）。

6. 框架的scrolling属性是设置（　　）属性。

A. 颜色　　B. 滚动条　　C. 边框　　D. 样式

7. 在网页中可以嵌套的元素包括（　　）。

A. 段落　　B. 表格　　C. 标题　　D. 框架

8. 框架面板不能用来（　　）。

A. 查看框架页面结构　　B. 给框架页面命名

C. 给框架页面制作链接　　D. 选择框架集中的框架

9. Dreamweaver CS5中的框架是网页布局设计的重要手段。框架将浏览器窗口划分为多个区域，每个区域（　　）。

A. 可以显示一个独立的网页　　B. 同时显示多个独立的网页

C. 显示固定的网页　　D. 可以显示一个网页元素

10. 框架集的标签名为（　　）。

11. 框架主要由（　　）和框架两部分组成。

12. 在网页文档中，创建一个包含三个框架的框架集，保存网页文档时将产生（　　）个文件。

13. 定义框架集的HTML标签是（　　），含有标签的源代码存放在框架集文件中。

A. <html></html>　　B. <frame></frame>

C. <frameset></frameset>　　D. <table></table>

14. 下面关于使用框架的弊端和作用的说法，错误的是（　　）。

A. 增强网页的导航功能

B. 低版本的IE浏览器（如IE3.0）中不支持框架

C. 整个浏览空间变小，让人感觉缩手缩脚

D. 容易在每个框架中产生滚动条，给浏览造成不便

15. 按（　　）键可以打开框架面板。

A. <Ctrl+F2> B. <Shift+F2>

C. <Alt+F2> D. <Ctrl+Alt+F2>

知识点6 创建表单

一、考试内容及解析

表单是制作交互网页必不可少的元素，是网站管理者与浏览者之间沟通的桥梁。

1. 创建表单

插入表单域。单击“插入”工具栏中的“表单”类，单击“表单”按钮，在文档窗口中出现红色虚线的方框，这个方框就是表单域。

2. 添加表单对象

表达对象包括文本字段、单选按钮、复选框、下拉列表、按钮等。表单对象及功能如表8–4所示。

表8–4 表单对象及功能

表单对象	标签	功能
文本字段	<input type="text">	用于输入文本；可以在属性查看器设置文本字段的名称、允许的字符宽度、最多字符数、类型（单行、多行、密码）、初始值和行数
单选按钮	<input type="radio">	用于多选一；在属性查看器中可以设置单选按钮的名称、按钮的选定值和按钮的初始状态
复选框	<input type="checkbox">	用于多选；在属性查看器中可以设置复选按钮的名称、按钮的选定值和按钮的初始状态
下拉列表	<select>	有菜单和列表两种类型，用于选择或输入菜单中的某项；属性查看器中可以设置下拉列表的名称、列表值、初始选定状态和列表的类型
按钮	<input type="button">	用于触发某些操作，有按钮、重置、提交三种类型；在属性查看器中可以设置按钮的名称、按钮的值和动作

3. 提交表单

表单属性查看器中的“方法”选项用于指定处理表单数据的方法。表单数据处理方法有以下三种：

（1）默认（默认的方法），使用浏览器默认方法，一般为GET。

（2）GET（发送GET请求），把表单值添加给URL，并向服务器发送GET请求。

（3）POST（发送POST请求），在消息正文中发送表单值，并向服务器发送POST请求。

在表单的属性查看器的“动作”域中输入地址，即可把表单数据交由相应文档处理。

解析：考生应掌握表单标签的动作和提交属性及参数，掌握常用表单元素的HTML标签、基本概念和基本操作方法。

二、考试内容巩固

1. 在Dreamweaver CS5中，设计网页时要区分男女性别，通常采用（　　）表单元素。

A. 复选框　　B. 单选按钮　　C. 列表框　　D. 组合框

2. 在使用表单时，文本域的类型有（　　）种。

A. 1　　B. 2　　C. 3　　D. 4

3. 在Dreamweaver CS5设计视图中，表单控件默认颜色为（　　）。

A. 蓝色　　B. 绿色　　C. 橙色　　D. 红色

4. 表单数据处理的方法包括（　　）。

A. Request　　B. Response　　C. POST　　D. GET

5. 表单的执行需要服务器支持。（　　）

A. 正确　　B. 错误

6. 表单元素可以使用CSS样式控制外观。（　　）

A. 正确　　B. 错误

7. 设置表单提交的对象，应配置表单属性面板的（　　）属性。

8. 选择控件的类型包括（　　）。

A. 菜单　　B. 选择　　C. 列表　　D. 复选

9. 文本字段可以设置的属性不包括（　　）。

A. 禁用　　B. 只读　　C. 类　　D. 方法

10. 按钮的类型不包括（　　）。

A. 按钮　　B. 重置　　C. 提交　　D. 确定

知识点7 发布网站

一、考试内容及解析

1. 网站的发布

发布网站就是把本地网站的内容传输到连接Internet的Web服务器上。

（1）申请网站空间

ISP提供收费空间和免费空间的申请。申请通过后，会获得FTP地址和密码。

（2）上传网站

使用CuteFTP、FlashFXP、8UFTP等FTP上传工具将网站文件上传到所申请的网站空间中。

2. 网站的维护

网站的维护内容包括系统维护、数据维护、网页维护等。

解析：考生应了解申请空间的类型、上传工具和网站维护的内容。

二、考试内容巩固

1. 常用的FTP上传工具包括（　　）。

A. Dreamweaver　　B. CuteFTP　　C. FTP　　D. 8UFTP

2. 网站上传后，一般不需要维护。（　　）

A. 正确　　B. 错误

3. 网站的维护包括系统维护、数据维护、（　　）等。

4. 发布网站就是把本地站点上传到Web服务器上。（　　）

A. 正确　　B. 错误

综合练习

一、单项选择题

1. 最合理的定义标题的方法是（　　）。

A. <span class="heading">文章标题</span>　　B. <p><b>文章标题</b></p>

C. <h1>文章标题</h1>　　D. <strong>文章标题</strong>

2. 下列CSS属性中（　　）是用来更改背景颜色的。

A. background-color　　B. bgcolor

C. color　　D. text

3. 在设置图像的超链接时，在Alt文本框中可以填入注释的文字，下面各项不是其作用的是（　　）。

A. 当浏览器不支持图像时，则使用文字替换图像

B. 当鼠标移到图像并停留一段时间后，这些注释文字将显示出来

C. 在浏览者关闭图像显示功能时，使用文字替换图像

D. 每过段时间图像上都会定时显示注释的文字

4. 超级链接的基本语法是（　　）。

A. <a goto="URL"> ... </a>　　B. <a herf="URL"> ... </a>

C. <a link="URL"> ... </a>　　D. <a href="URL"> ... </a>

5. 在Dreamweaver中，我们可以为链接设立目标，表示在新窗口中打开网页的是（　　）。

A. _blank　　B. _parent

C. _self　　D. _top

6. 下列CSS语法构成中正确的一项是（　　）。

A. bodycolor=black　　B. {body;colorblack}

C. body {color:black;}　　D. {bodycolor=black}

7. 在HTML中，标记<pre>的作用是（　　）。

A. 标题标记　　B. 预排版标记

C. 转行标记　　D. 文字效果标记

8. 下面关于设置按钮属性的说法错误的是（　　）。

A. 设置属性面板上的按钮属性有递交属性

B. 设置属性面板上的按钮属性有重置属性

C. 设置属性面板上的按钮自己不可以添加属性

D. 可以用图片来制作图形按钮

9. 在Dreamweaver中，下列关于定义站点的说法错误的是（　　）。

A. 首先定义新站点，打开站点定义设置窗口

B. 在站点定义设置窗口的站点名称（Site Name）中填写网站的名称

C. 在站点设置窗口中，可以设置本地网站的保存路径，而不可以设置图片的保存路径

D. 本地站点的定义比较简单，基本上选择好目录就可以了

10. 在Dreamweaver中，下面关于Post与Get的区别的说法错误的是（　　）。

A. 一般Get方式是将数据附在URL后发送

B. Get方式数据长度不能超过100 个字符

C. 一般搜索引擎中查找关键词等简单操作通过Get方式进行

D. Post不存在字符长度的限制，但也会把内容附到URL后

11. 下列说法错误的是（　　）。

A. <s></s>表示上标　　B. <a></a>表示超链接

C. 表示上标　　D. <u></u>表示下划线

12. 浏览网页时，首先吸引浏览者的主要因素是（　　）。

A. 版式　　B. 导航　　C. 网页内容　　D. 多媒体

13. 网页版式的规格尺寸和（　　）没有很大关系。

A. 网页承载内容的多少　　B. 显示器分辨率

C. 浏览器的类型　　D. 操作系统的版本

14. 按下（　　）功能键可以快速地打开浏览器浏览网页效果。

A. F5　　B. F6　　C. F11　　D. F12

15. 刷新“设计”视图可以采用（　　）功能键。

A. F5　　B. F6　　C. F11　　D. F12

16. 以下（　　）不是常见的图像格式。

A. wav　　B. jp　　C. gif　　D. png

17. Dreamweaver中默认图像和文本的对齐方式为（　　）。

A. 顶端对齐　　B. 居中对齐　　C. 基线对齐　　D. 左对齐

18. 默认的超链接文本的颜色为（　　）。

A. 蓝色　　B. 红色　　C. 紫红色　　D. 黑色

19. 默认已访问过的超链接的颜色为（　　）。

A. 蓝色　　B. 红色　　C. 紫红色　　D. 黑色

20. 创建超链接的“目标”属性“_blank”表示的是（　　）。

A. 在上级窗口中打开　　B. 在新窗口中打开

C. 在当前窗口中打开　　D. 在父层窗口中打开

21. 按下（　　）组合键可以为页面添加一个锚记。

A. Ctrl＋A　　B. Alt＋T　　C. Ctrl＋Alt＋A　　D. Ctrl＋Alt＋T

22. 定义框架集的HTML标签是（　　），含有标签的原代码存放在框架集文件中。

A. <html></html>　　B. <frame></frame>

C. <frameset></frameset>　　D. <table></table>

23. 在Dreamweaver中，通过（　　）可以实现用户和网页的信息交互。

A. HTML　　B. 行为　　C. 布局　　D. 框架

24. 若设置AP Div元素为“可见”，则其属性值为（　　）。

A. scroll　　B. visible　　C. auto　　D. hidden

25. CSS可以作用于HTML中的标准标签，下列（　　）不是CSS可以作用的HTML标准标签。

A. h1　　B. p　　C. font　　D. br

二、多项选择题

26. CSS中的选择器包括（　　）。

A. 超文本标记选择器　　B. 类别选择器

C. 标签选择器　　D. 表单选择器

27. 下面关于CSS的说法正确的是（　　）。

A. CSS可以控制网页背景图片

B. margin属性的属性值不可以是百分比

C. 整个body可以作为一个box

D. 可以使用word-spacing属性对中文字间距进行调整

28. 下面可以用来编辑网站后台程序的是（　　）。

A. HTML　　B. ASP　　C. CSS　　D. Java

29. 以下关于在Dreamweaver中插入Flash动画（SWF）的描述，正确的是（　　）。

A. 可以继续编辑动画内容

B. 可以在Dreamweaver中直接预览flash的内容

C. 可以设置播放的开始位置

D. 可以设置自动播放

30. 以下关于动态网页和静态网页的说法，正确的是（　　）。

A. 采用动画技术的网页是动态网页　　B. 仅包含文本的网页一定是静态网页

C. 动态网页技术需要数据库的支持　　D. 静态网页比动态网页更安全

31. HTML的字形标记包括（　　）。

A. <p>…</p>　　B. <strong>…</strong>

C. <a>…</a>　　D. […]

32. HTML的文字标记不包括（　　）。

A. <p>…</p>　　B. <hn>…</hn>

C. <font>…</font>　　D. _…

33. 在Dreamweaver的属性面板中，可以设置的图像属性包括（　　）。

A. 宽　　B. 边框

C. 格式　　D. 标题

34. 图像热点工具包括矩形、（　　）等。

A. 椭圆形　　B. 多边形

C. 梯形　　D. 菱形

35. 以下关于表单的说法，正确的是（　　）。

A. 表单是用户和Web服务器交互的手段

B. 表单的轮廓线是橙色虚线

C. 表单标签为<input>…</input>

D. Dreamweaver CS6提供了验证表单控件，以确保输入数据的合法性

三、判断题

36. HTML是区分大小写的。（　　）

A. 正确　　B. 错误

37. HTML是HyperText Markup Language（超文本标记语言）的缩写。超文本使网页之间具有跳转的能力，是一种信息组织的方式，可以使浏览者选择阅读的路径，从而

不需要顺序阅读。（　　）

A. 正确　　B. 错误

38. 在Dreamweaver表单中，单行文本域只能输入单行的文本。（　　）

A. 正确　　B. 错误

39. 锚记链接不仅可以跳转到当前网页的指定位置，还可以跳转到其他网页的指定位置。（　　）

A. 正确　　B. 错误

40. 图像地图就是为图片绘制一个或几个特殊区域，并为这些区域添加超链接。（　　）

A. 正确　　B. 错误

41. 使用Dreamweaver CS5设计的网页只能用Internet Explorer浏览器浏览。（　　）

A. 正确　　B. 错误

42. 在Dreamweaver CS5的实时视图状态下，可以编辑网页内容。（　　）

A. 正确　　B. 错误

43. 在Dreamweaver CS5的页面属性对话框中，可以设置网页标题信息。（　　）

A. 正确　　B. 错误

44. 在Dreamweaver CS5中，按下Enter键，可以换行不换段。（　　）

A. 正确　　B. 错误

45. 超链接是指从一个网页指向一个目标的链接关系，这个目标可以是另一个网页，也可以是相同网页上的不同位置，还可以是图片、文件、电子邮件地址等。（　　）

A. 正确　　B. 错误

四、填空题

46. 在HTML语言中，色彩是用三种颜色的数值表示的。例如：蓝色是color（0，0，255），十六进制的表示方法为（　　）。

47. HTML网页文件的扩展名为（　　）。

48. 在网页中添加一个“不换行空格”时，在其HTML源文件中将使用（　　）替代字符。

49. 在网页中可以使用（　　）标签将文本控制为一个段落。

50. CSS是Cascading Style Sheets的缩写，又称（　　）或级联样式表，用于控制或增强网页外观样式效果。

51. 通常将CSS样式放在HTML的（　　）标签内。

52. 行为是对象为响应某一（　　）而采取的动作。

53. 根据链接（　　）的特点，可以把链接分为文本超链接与图片超链接两大类。

54. 图片上的超链接区域称为（　　）。

55. （　　）主要用于标记一个选项是否被选中，只允许用户从选项中选择唯一答案。

第九部分

多媒体技术基础知识

多媒体技术基础知识的主要考点

多媒体技术的概念，多媒体技术的特点，多媒体技术中的媒体元素，多媒体计算机系统的组成，音频处理技术、图像处理技术和视频处理技术，虚拟现实和流媒体，多媒体技术的应用领域。

知识点1 多媒体技术的概念、特点及媒体元素

一、考试内容及解析

1. 多媒体技术的概念及特点

（1）媒体

媒体是信息表示和传播的载体，在计算机领域包括存储媒体（如硬盘、软盘、磁盘、光盘、ROM及RAM等）和表示媒体（如数字、图像、文本、声音、图形等）。

（2）多媒体技术

多媒体技术是对多种媒体进行综合处理的技术，是把数字、文字、声音、图形、图像和动画等各种媒体有机组合起来，利用计算机、通信和广播电视技术，使它们建立起逻辑联系，并能进行加工处理的技术。数据压缩和编码技术是多媒体技术的核心技术。

多媒体技术的研究方向：

1）多媒体数据的表示技术；

2）多媒体数据的存储技术；

3）多媒体的应用开发；

4）多媒体创作和编辑工具的研究开发。

（3）多媒体技术的特点

1）多样性：指多媒体技术中信息媒体种类的多样化。

2）集成性：指将不同的媒体信息有机地组合在一起，形成一个完整的整体。

3）交互性：指用户可以介入到各种媒体加工、处理的过程中，从而更加有效地控制和应用各种媒体信息。

4）实时性：指在加工、处理媒体信息时有很高的处理速度要求，如果不能保证实时性，对媒体信息的加工和处理就没有任何应用的价值。

其中多样性和交互性是关键特征。

解析：考生要掌握多媒体技术的概念和特点。交互性是多媒体技术区别于其他媒体技术的关键特征。

2. 多媒体技术中的媒体元素

（1）文本

文本是以文字和各种专用符号表达的信息形式，是现实生活中使用最多的一种信息存储和传递方式。文本文件的扩展名为.txt。

（2）图形（图像）

图形（图像）是多媒体软件中最重要的信息表现形式之一，是决定一个多媒体软件视觉效果的关键因素。图形（图像）分为点阵图（位图）和矢量图两类：点阵图是以点阵形式描述的图形（图像）；矢量图是以数学方法描述的一种由几何元素组成的图形（图像），矢量图缩放后不变形。

1）图形（图像）的技术指标

分辨率：分为屏幕分辨率和输出分辨率两种。前者用每英寸行数表示，数值越大图形（图像）质量越好；后者衡量输出设备的精度，以每英寸的像素点数表示。

色彩数：用位（bit）表示，一般写成2的n次方，n代表位数。当图形（图像）达到24位时，可表现1677万种颜色，即真彩色。

2）常见的图形（图像）文件格式

常见的图形（图像）文件格式包括BMP、PNG、GIF、JPG、DIB、PCP、DIF、WMF、TIF、EPS、PSD、CDR、IFF、TGA、PCD、MPT等。其中，WMF为图元文件，文件短小，图形比较粗糙，只能在Microsoft Office中调用编辑；GIF文件具有高压缩比、文件体积小等特点，适合在网上传播，但存储色彩数最高为256种。

（3）动画

动画是利用人的视觉暂留特性，快速播放一系列连续运动变化的图形图像，也包括画面的缩放、旋转、变换、淡入淡出等特殊效果。常见的动画文件格式包括FLC、MMM、GIF、SWF等。

（4）声音

声音是人们用来传递信息、交流感情最方便、最熟悉的方式之一。常见的声音文件格式包括WAV、WMA、MOD、MP3、RA、CMF、CDA、MID、VOC、RMI、PCM、AIF等。其中，MIDI是Musical Instrument Digital Interface（乐器数字接口）的缩写，此类文件不记录乐曲本身，而是一些描述乐曲演奏过程的指令。

（5）视频影像

视频影像具有时序性与丰富的信息内涵，常用于交待事物的发展过程。常见的视频文件格式包括MP4、3GP、AVI、MKV、WMV、MPG、VOB、RM、FLV、SWF、MOV、ASF等。目前比较流行的两种格式是苹果公司的Quicktime和微软公司的AVI。

解析： 考生要了解各种媒体元素的常见格式，掌握部分文件格式的特点。

二、考试内容巩固

1. 多媒体技术的特征是（　　）。

A. 多样性　　B. 实时性　　C. 交互性　　D. 集成性

2. 以下文件格式不能用来存储声音文件的是（　　）。

A. WAV　　B. MID　　C. MP3　　D. JPG

3. 多媒体信息不包括（　　）。

A. 光盘　　B. 文字　　C. 音频　　D. 声卡

4. 下列选项中（　　）不是图片文件的扩展名。

A. .bmp　　B. .jpg　　C. .gif　　D. .wav

5. BMP和JPEG属于（　　）文件的格式。

A. 动画　　B. 视频　　C. 声音　　D. 图像

6. MOV和AVI属于（　　）文件的格式。

A. 图像　　B. 视频　　C. 动画　　D. 声音

知识点2 多媒体计算机系统

一、考试内容及解析

1. 多媒体计算机

多媒体计算机是能够输入、输出并综合处理文字、声音、图形、图像和动画等多种媒体信息的计算机。多媒体计算机将计算机软硬件技术、数字化声像技术和高速通信网络技术等结合起来构成一个整体，使多媒体信息的获取、加工、处理、传输、存储和展示集于一体。

MPC（Multimedia Personal Computer）是一种具有多媒体信息处理功能的个人计算机。

2. 多媒体计算机系统的组成

（1）多媒体计算机硬件系统：除主机、内存储器、软盘驱动器、硬盘驱动器、显示器和网卡之外，还要有光盘驱动器、音频信息处理硬件和视频信息处理硬件。

（2）多媒体计算机软件系统：多媒体系统软件、多媒体工具和多媒体应用软件。

1）系统软件：多媒体驱动软件和接口程序、多媒体操作系统。

2）多媒体工具：多媒体编辑工具、多媒体创作工具。

3）应用软件：多媒体播放软件、多媒体制作软件。

二、考试内容巩固

1. 通常情况下，下列（　　）不属于多媒体设备。

A. 音箱　　B. 声卡

C. 扫描仪　　D. 光驱

2. 下列设备中，（　　）属于多媒体设备。

A. 麦克风　　B. 音箱

C. 鼠标　　D. 扫描仪

3. 多媒体计算机是指（　　）。

A. 必须与家用电器连接使用的计算机

B. 能玩游戏的计算机

C. 能处理多种媒体信息的计算机

D. 安装有多种软件的计算机

4. 多媒体计算机的软件系统由多媒体系统软件、多媒体工具和多媒体应用软件组成。下列选项中（　　）不属于多媒体系统软件。

A. 多媒体操作系统　　B. 多媒体驱动软件

C. 多媒体播放软件　　D. 多媒体接口程序

知识点3 多媒体处理技术

一、考试内容及解析

1. 音频处理技术

（1）声音分为音乐和音效两类。声波有振幅、周期（以秒为单位）、频率（以赫兹为单位）三个指标，其中声音的强弱体现在声波的振幅上，音调的高低体现在声波的周期或频率上。

（2）声音的数字化

把模拟声音转变成数字声音信号的过程称为声音的数字化，它是通过对声音信号的采样、量化和编码来实现的。

（3）音频处理软件

音频处理软件包括Windows自带的“录音机”、GoldWave、Audio Converter、Sound Forge、Audition等。

2. 图像处理技术

（1）图形和图像

图形又称矢量图形或几何图形，是用一组指令描述图形的形状、位置、颜色等属性和参数；图像又称点阵图像或位图图像，是指在空间和亮度上已经离散化的图像，其基本组成单位是像素。

（2）图像数字化

影响图像数字化质量的主要参数有分辨率、颜色深度等。

分辨率分为显示分辨率、图像分辨率、像素分辨率三类。

颜色深度指记录每个像素所使用的二进制位数。颜色深度值越大，显示的图像色彩越丰富，画面越自然逼真。在实际应用中，彩色图像或灰度图像的颜色分别用4位、8位、16位、24位及32位二进制数表示。

图像文件所占的字节数＝图像分辨率×颜色深度÷8。

（3）图像处理软件

图像处理软件包括ACDSee、3DS MAX、AutoCAD、Maya、Flash、Photoshop等。

（4）图像压缩标准

JBIG：二值图像压缩标准，采用无损压缩技术。

JPEG：联合图片专家组（Joint Photographic Expert Group），平均压缩比为15:1。

MPEG：动态图片专家组（Moving Picture Expert Group），包括MPEG视频、MPEG音频和MPEG系统三个部分。MPEG-1标准的平均压缩比为50:1，处理能力可达360×240像素。

3. 视频处理技术

连续的图像变化每秒超过24帧（Frame）画面叫作视频。按照处理方式的不同，视频分为模拟视频和数字视频两类。

二、考试内容巩固

1. 位图与矢量图相比，以下说法正确的是（　　）。

A. 位图放大后，细节仍然精细

B. 矢量图可以任意放大或缩小，而图像质量不会降低

C. 位图与矢量图占用空间相同

D. 位图比矢量图占用空间更少

2. 图像文件所占存储空间与（　　）有关。

A. 图像分辨率　　B. 打印分辨率　　C. 颜色深度　　D. 显示分辨率

3. 下列选项中属于动画制作软件的是（　　）。

A. Gold Wave　　B. MIDI　　C. Flash　　D. Maya

4. 以下属于动态图像文件格式的是（　　）。

A. GIF　　B. JPG　　C. AVI　　D. MPG

5. 一般来说，要求声音的质量越高，则（　　）。

A. 量化位数越少和采样频率越低　　B. 量化位数越多和采样位数越低

C. 量化位数越少和采样位数越高　　D. 量化位数越多和采样频率越高

6. 按照奎斯特定理，在对音频信号进行采样时，采样频率只要达到（　　）Hz就可以满足人们的要求。

A. 40 k　　B. 40　　C. 20　　D. 20 k

7. JPEG是一种图像压缩标准，其含义是（　　）。

知识点4 多媒体技术的应用领域

一、考试内容及解析

1. 虚拟现实

虚拟现实（VR，Virtual Reality）技术也称虚拟灵境或人工环境，是一种创建和体验虚拟世界环境的计算机系统。虚拟现实、网络、多媒体并称为21世纪最具应用前景的三大技术。

（1）虚拟现实的主要特征

1）操作者能够真正进入一个由计算机生成的交互式三维虚拟环境中，与之产生互动，进行交流。

2）沉浸/临场感和实时交互性是虚拟现实的实质性特征，对时空环境的现实构想（即启发思维、获取信息的过程）是虚拟现实的最终目的。

（2）虚拟现实系统分类：桌面式、沉浸式、增强式、分布式。

（3）虚拟现实系统组成：输入部分、输出部分、虚拟环境数据库、虚拟现实软件。

2. 流媒体

流媒体（Streaming Media）是指在网络上按时间先后次序传输和播放的连续音/视频数据流，具有连续性、实时性和时序性三个特点。

（1）流媒体传输技术分为两种：顺序流式传输和实时流式传输。

（2）流媒体技术应用领域：视频点播（VOD）、视频广播、视频监视、视频会议、远程教学、交互式游戏等。

3. 其他应用领域

多媒体技术主要应用在教育与培训、电子出版、商业广告、影视娱乐业、医疗、旅游和人工智能模拟等方面。其中，电子出版物是指以数字代码方式将图、文、声、像等信息存储在磁、光、电介质上，通过计算机或类似设备阅读使用，并可复制发行的大众传播媒体。电子出版物信息容量大，体积小，成本低，除了文字图表外还可以配以声音解说、背景音乐和视频图像，形式生动活泼，易于检索和保存。

二、考试内容巩固

1. 流媒体无须先将整个影音文件下载并存储在本地计算机上就可以观看。（　　）

A. 正确　　B. 错误

2. 流媒体数据流具有三个特点：连续性、实时性、（　　）。

3. 对于电子出版物，下列说法错误的是（　　）。

A. 容量大　　B. 检索迅速

C. 保存期短　　D. 可以及时传播

4. 视频会议是基于流媒体技术应用的会议形式。（　　）

A. 正确　　B. 错误

综合练习

一、单项选择题

1. 下列选项中，（　　）不是多媒体技术研究的主要方向。

A. 多媒体数据的安全技术　　B. 多媒体数据的存储技术

C. 多媒体数据的表示技术　　D. 多媒体的应用开发

2. 分辨率是影响图像质量的重要参数，它基本分为三类，其中不包括（　　）。

A. 图像分辨率　　B. 显示分辨率

C. 颜色分辨率　　D. 像素分辨率

3. MPEG是数字存储（　　）图像压缩编码和伴音编码的标准。

A. 静态　　B. 动态　　C. 点阵　　D. 矢量

4. 下列声音文件属于非压缩文件的是（　　）。

A. WAV　　B. MP3　　C. WMA　　D. 以上都不对

5. 在计算机内，多媒体数据最终是以（　　）形式存在的。

A. 二进制代码　　B. 特殊的压缩码　　C. 模拟数据　　D. 图形

6. 下列不属于多媒体范畴的是（　　）。

A. 图像　　B. 音频　　C. 文本　　D. 程序代码

7. 计算机辅助教学最能体现多媒体的（　　）特性。

A. 集成性　　B. 智能性　　C. 多样性　　D. 交互性

8. 以下各类媒体中，属于显示媒体的是（　　）。

A. 喇叭　　B. 硬盘　　C. RAM　　D. 双绞线

9. 两分钟双声道、16位采样位数、22.05 khz采样频率声音的不压缩的数据量是（　　）。

A. 5.05 MB　　B. 10.58 MB　　C. 10.35 MB　　D. 10.09 MB

10. 回放数字音频时，需要用（　　）还原。

A. 数字编码器　　B. 数字解码器

C. 模拟到数字的转换器（A/D转换器）　　D. 数字到模拟的转换器（D/A转换器)

二、判断题

11. 图像文件通常以位图形式存储，数据量大；图形文件中保存的是描述图形的指令，以矢量文件形式存储，数据量小。（　　）

A. 正确　　B. 错误

12. 对于灰度图像来说，颜色深度决定了该图像可以使用的亮度级别数目。（　　）

A. 正确　　B. 错误

13. 流媒体指在网络上传输和播放的连续的视频数据流。（　　）

A. 正确　　B. 错误

14. 采样是把时间上连续的信号变成在时间上不连续的信号序列，通常由A/D来实现，其目的是使连续的模拟信号变成离散的信号。（　　）

A. 正确　　B. 错误

三、填空题

15. 使用Windows 7中的“录音机”录制的声音文件的格式为（　　）。

16. 虚拟现实技术的全拼是（　　）。

17. 在时间连续的模拟信号上等间隔地取足够多的点，用数字信号模拟出来，这个取点的过程叫（　　）。

第十部分

信息安全

信息安全的主要考点

信息安全的基本知识，网络礼仪与道德，计算机犯罪、计算机病毒、黑客，常用的信息安全技术，防火墙的概念、类型、体系结构，Windows 7操作系统安全，无线局域网安全，电子商务和电子政务安全，信息安全政策与法规。

知识点1 信息安全的基础知识

一、考试内容及解析

1. 信息安全概述

信息安全是指信息系统（包括硬件、软件、数据、人、物理环境及其基础设施）受到保护，不受偶然的或者恶意的原因而遭到破坏、更改、泄露，系统连续可靠正常地运行，信息服务不中断，最终实现业务连续性。国际标准化组织将信息安全定义为“信息的完整性、可用性、保密性和可靠性”。

（1）信息安全的四大要素：技术、制度、流程和人。

（2）信息安全面临的威胁

1）自然威胁：包括自然灾害、恶劣的场地环境、电磁辐射和电磁干扰、网络设备自然老化等。

2）人为威胁：包括人为攻击、安全缺陷、软件漏洞，其中人为攻击包括偶然事故和恶意攻击，恶意攻击包括被动攻击和主动攻击。

被动攻击是指在不干扰网络信息系统正常工作的情况下，进行侦听、截获、窃取、破译和业务流量分析及电磁泄漏等；主动攻击是指以各种方式有选择地破坏信息，如修改、删除、伪造、添加、重放、乱序、冒充、制造病毒等。

解析：考生要掌握信息安全的定义，学会判断信息安全所面临的威胁类型。

2. 网络礼仪与道德

计算机网络道德是用来约束网络从业人员的言行、指导他们的思想的一整套道德规范。

（1）计算机犯罪

计算机犯罪，是指行为人以计算机作为工具或以计算机资产作为攻击对象实施的严重危害社会的行为，具有犯罪智能化、犯罪手段隐蔽、跨国性、犯罪目的多样性、犯罪分子低龄化、犯罪后果严重等特点。

所采用的手段包括数据欺骗、特洛伊木马术、香肠术、逻辑炸弹、线路截收、陷阱术、寄生术、超级冲杀、异步攻击、废品利用、截获电磁波辐射信息、电脑病毒、伪造证件等。

（2）黑客

黑客（Hacker）泛指专门利用电脑搞破坏或恶作剧的人，按照行为特征可分为恶作剧型、隐蔽攻击型、定时炸弹型、制造矛盾型、职业杀手型、窃密高手型、业余爱好型等。

二、考试内容巩固

1. 在网络信息安全中，（　　）是指以各种方式有选择地破坏信息的行为。

A. 必然事故　B. 被动攻击　C. 偶然事故　D. 主动攻击

2. 以下恶意攻击方式不属于主动攻击的是（　　）。

A. 制造病毒　B. 截获、窃取　C. 伪造、添加　D. 修改、删除

3. 由于软件编程的复杂性和程序的多样性，在网络信息系统的软件中很容易有意或无意地留下一些不易被发现的（　　），它们同样会影响网络信息的安全。

A. 安全漏洞　B. 黑客

C. 病毒检测功能　D. 安全防范措施

4. 以下（　　）是网络信息安全面临的自然威胁。

A. 人为攻击　B. 安全缺陷　C. 软件漏洞　D. 电磁干扰

5. 国际标准化组织将信息安全定义为信息的（　　）。

A. 诊断性、同步性　B. 完整性、可用性

C. 保密性、可靠性　D. 确认性、可控性

6. 以下不属于计算机犯罪手段的是（　　）。

A. 特洛伊木马　B. 数据欺骗

C. 电磁辐射和电磁干扰　D. 逻辑炸弹

7. 网上“黑客”是指（　　）的人。

A. 总在晚上上网　B. 匿名上网

C. 不花钱上网　D. 在网上私闯他人计算机系统

8. 以下Internet应用中违反《计算机信息系统安全保护条例》的是（　　）。

A. 侵入网站获取机密　　B. 参加网络远程教学

C. 通过电子邮件与朋友交流　　D. 到CCTV网站看电视直播

知识点2 信息安全技术

一、考试内容及解析

1. 密码技术

密码技术是信息安全与保密的核心和关键。

加密密钥与解密密钥相同的密码体制称为单钥或对称密码体制，不相同的称为双钥或非对称密码体制。DES是单钥密码算法，RSA是双钥密码算法。

> **解析：** 考生应了解密码算法的分类和几种著名算法。

2. 虚拟专用网（VPN）技术

虚拟专用网是虚拟私有网络（Virtual Private Network）的简称，它通过一个公用网络建立一个临时的、安全的连接，是一条穿过混乱的公用网络的安全、稳定的隧道。虚拟专用网是对企业内部网的扩展。

能够用于构建VPN的公共网络包括Internet服务提供商（ISP）所提供的DDN专线（Digital Data Network Leased Line）、帧中继（Frame Relay）、ATM等，构建在这些公共网络上的VPN将给企业提供集安全性、可靠性和可管理性于一身的私有专用网络。

> **解析：** 考生应了解虚拟专用网的概念。

3. 防火墙技术

防火墙是在内部网和外部网之间、专用网与公共网之间构造的保护屏障。它决定网络内部服务中哪些可被外界访问，外界的哪些人可以访问哪些内部服务，同时还决定内部人员可以访问哪些外部服务。

（1）防火墙的分类

1）从软、硬件形式上分为软件防火墙、硬件防火墙和芯片级防火墙三类。

2）从防火墙技术上分为包过滤型和应用代理型两大类。

3）从防火墙结构上分为单一主机防火墙、路由器集成式防火墙和分布式防火墙三种。

4）按防火墙的应用部署位置分为边界防火墙、个人防火墙和混合防火墙三大类。

5）按防火墙性能分为百兆级防火墙和千兆级防火墙两类。

（2）防火墙的不足之处

1）不能防范恶意的知情者；

2）不能防范不通过它的连接；

3）不能防备全部的威胁；

4）不能防范病毒。

另外，入侵检测系统IDS是一种保护自己免受攻击的网络安全系统，可以实现对网络行为的实时检测，用来记录和阻止某些非法网络行为，是防火墙后的第二道安全闸门。

解析：考生应掌握防火墙的概念，清楚防火墙是用在内外网之间用于防止不明攻击的保护屏障，了解防火墙的分类。

4. Windows 7操作系统安全

（1）安装Windows 7操作系统时，尽量选择NTFS分区。

（2）系统账户的安全

1）安装系统以后，应设置Administrator用户登录密码，甚至修改Administrator用户名。

2）对于没有特殊要求的计算机用户，最好禁用Guest账户。

3）将密码设置为8位以上的字母及数字符号的混合组合，同时对密码策略进行必要的设置。

4）把浏览器升级到最新版本，设置IE的安全级别，屏蔽插件和脚本并清除临时文件。

二、考试内容巩固

1. 在网络信息安全的技术特征中，（　　）是系统安全的最基本要求之一，是所有网络信息系统建设和运行的基本目标。

A. 运行速度　　B. 运行质量　　C. 稳定性　　D. 可靠性

2. 在设置账户密码时，为了保证密码的安全性，要注意将密码设置为（　　）位以上的字母及数字符号的混合组合。

3. VPN的全称是（　　）。

4. 在计算机网络安全领域中，发送方要发送的消息称为（　　）。

A. 原文　　B. 正文　　C. 明文　　D. 密文

5. 在企业内部网与外部网之间，用来检查网络请求分组是否合法、保护网络资源不被非法使用的技术是（　　）。

A. 防病毒技术　　B. 防火墙技术

C. 差错控制技术　　D. 流量控制技术

6. 以下有关防火墙（Firewall）的说法，正确的是（　　）。

A. 用于预防计算机被火灾烧毁

B. 是计算机房的防火设施

C. 是Internet（因特网）与Intranet（内部网）之间所采取的一种安全措施

D. 用于解决计算机使用者的安全问题

7. 安装Windows 7最好选择（　　）分区。

8. 以下关于Guest账号的说法，错误的是（　　）。

A. 是安装Window 7操作系统时默认添加的账户

B. 可以删除

C. 为安全起见，最好禁用

D. 可以设置密码

知识点3 计算机病毒

一、考试内容及解析

计算机病毒是一组人为设计的程序，这些程序隐藏在计算机系统中，通过自我复制来传播，满足一定条件就被激活，从而给计算机造成一定损害甚至严重破坏。

1. 计算机病毒的特点

计算机病毒有以下特点：可执行性、破坏性、传染性、潜伏性、针对性、衍生性、抗反病毒软件性。

2. 计算机病毒的类型

（1）按病毒存在的媒体划分，可分为网络型病毒、文件型病毒、引导型病毒、混合型病毒四类。

（2）按病毒传染的方法划分，可分为驻留型病毒、非驻留型病毒两类。

（3）按病毒的破坏能力划分，可分为无害型、无危险型、危险型、非常危险型四类。

（4）按病毒特有的算法划分，可分为伴随型病毒、蠕虫型病毒、寄生型病毒三类。

3. 常见的计算机病毒

蠕虫病毒、木马病毒、黑客病毒、熊猫烧香病毒、脚本病毒、宏病毒、“火焰”病毒和“震网”病毒等。

4. 预防病毒的方法

从管理和技术两方面进行预防。

5. 计算机病毒的清除

发现计算机感染了病毒，可用人工处理或反病毒软件方式进行清除。

解析：考生要重点掌握计算机病毒的相关知识。

二、考试内容巩固

1. 计算机病毒是一种（　　）。

A. 特殊的计算机部件　　B. 特殊的生物病毒
C. 游戏软件　　D. 人为编制的特殊的计算机程序

2. 计算机病毒不具有（　　）特性。

A. 交互性　　B. 破坏性　　C. 潜伏性　　D. 传染性

3. 多数情况下，由计算机病毒引起的问题会破坏（　　）。

A. 计算机硬件　　B. 文本文件　　C. 计算机网络　　D. 软件和数据

4. 反病毒软件（　　）。

A. 只能检测清除已知病毒　　B. 可以让计算机用户永无后顾之忧
C. 可以检测清除所有病毒　　D. 自身不可能感染计算机病毒

5. 通常只感染扩展名为.com、.exe类型的文件的计算机病毒是（　　）。

A. 宏病毒　　B. 文件型病毒　　C. 混合型病毒　　D. 引导区型病毒

6. 计算机病毒也像人体中的有些病毒一样，在传播中会发生变异。（　　）

A. 正确　　B. 错误

7. 如果发现计算机感染了病毒，通常用（　　）方式进行清除。

知识点 4 信息安全政策与法规

1. **电子商务和电子政务**

电子商务和电子政务综合利用了通信技术、网络技术、安全技术等先进技术，为个人、企业和事业单位以及政府机关提供服务。

（1）电子商务

电子商务是指以电子方式进行的商品和服务的生产、分配、市场营销、销售或交付活动。

1）电子商务的安全性要求

① 交易前交易双方身份的认证问题；

② 交易中电子合同的法律效力问题以及完整性、保密性问题；

③ 交易后电子记录的证据力问题。

2）电子商务采用的主要安全技术

电子商务采用的主要安全技术包括加密技术、数字签名、认证中心（CA，Certificate Authority）、安全套接层协议（SSL）、安全电子交易规范（SET）等。

（2）电子政务

电子政务是通过应用信息技术转变政府传统的集中管理、分层结构的运行模式，以适应数字化社会的需求。

1）国务院办公厅明确把信息网络分为内网（涉密网）、外网（非涉密网）和因特网三类，而且明确内网和外网要物理隔离。

2）要从三方面解决好我国电子政务的安全问题，即“一个基础（法律制度），两根支柱（技术、管理）”。

解析： 考生应了解电子商务和电子政务相关的知识。

2. 有关法规

（1）国外计算机信息系统安全立法情况

1）瑞典在1973年就颁布了《数据法》，这大概是世界上第一部直接涉及计算机安全问题的法规。

2）1991年，欧共体12个成员国批准了《软件版权法》。

3）1981年，美国成立了国家计算机安全中心（NCSC）；1983年，美国国家计算机安全中心公布了《可信计算机系统评测标准》（TCSEC）；1986年，美国国家计算机安全中心制定了《计算机诈骗条例》；1987年，美国国家计算机安全中心制定了《计算机安全条例》。

（2）国内计算机信息系统安全立法情况

1）1983年7月，公安部成立计算机管理监察局，主管全国的计算机安全工作。

2）1987年10月，公安部推出了《电子计算机系统安全规范（试行草案）》，这是我国第一部有关计算机安全工作的管理规范。

3）2016年11月7日，全国人大发布了新的《网络安全法》，2017年6月1日起施行。

二、考试内容巩固

1. 电子商务和电子政务的技术基础不包括（　　）。

A. 通信技术　　B. 网络技术　　C. 安全技术　　D. 多媒体技术

2. 电子商务采用的安全协议包括（　　）。

A. DES　　B. CA　　C. SSL　　D. SET

3. 国务院办公厅明确要求把（　　）进行物理隔离。

A. 内网　　B. 外网　　C. 公网　　D. 因特网

4. 第一部涉及计算机安全问题的法规在（　　）颁布。

A. 瑞士　　B. 瑞典　　C. 英国　　D. 美国

5. 1987年推出的《电子计算机系统安全规范（试行草案）》是我国第一部有关计算机安全工作的管理规范。（　　）

A. 正确　　B. 错误

6. 对计算机软件正确的态度是（　　）。

A. 计算机软件不需要维护

B. 计算机软件只要能复制就不必购买

C. 计算机软件不必备份

D. 受法律保护的计算机软件不能随便复制

综合练习

一、单项选择题

1. 在“开始→搜索框”中输入（　　）命令，可以打开本地组策略编辑器。

A. msconfig　　B. regedit　　C. pgedit.msc　　D. ipconfig

2. 防火墙后的第二道闸门是（　　）。

A. VPN　　B. 入侵检测系统　　C. 杀毒软件　　D. 网关

3. 下列关于计算机病毒的描述，错误的是（　　）。

A. 病毒是一种人为编制的程序

B. 病毒可能破坏计算机软件

C. 杀毒软件的病毒库需要保持更新

D. 格式化操作可能无法彻底清除优盘中的病毒

4. 下列各项中（　　）不是计算机病毒的特征。

A. 传染性、隐蔽性　　B. 破坏性、可触发性

C. 破坏性、传染性　　D. 兼容性、自灭性

5. 以下关于计算机病毒的说法，错误的是（　　）。

A. 计算机病毒是人为制造的带有破坏性的程序

B. 计算机病毒的最大破坏性表现在对计算机硬件的破坏上

C. 计算机病毒分为引导型、文件型和混合型病毒

D. 对计算机病毒应坚持预防为主、查杀为辅的原则

6. 防火墙是计算机网络安全中常用的一种技术，它通常被用在（　　）。

A. LAN内部　　B. LAN和WAN之间

C. PC和PC之间　　D. PC和LAN之间

7. 在计算机网络安全领域中，发送方要发送的信息称为（　　）。

A. 原文　　B. 正文　　C. 明文　　D. 密文

8. 下列不属于计机病毒感染途径的是（　　）。

A. 软盘或U盘在不同机器之间频繁使用　B. 把文件保存到硬盘上

C. 收发电子邮件　D. 通过网络检索获得资源

9. 文件病毒通常感染（　　）类型的文件。

A. sys　B. exe　C. dll　D. txt

10. 下列（　　）加密技术是对称加密技术。

A. DES　B. DEA　C. RSA　D. RCS

二、判断题

11. 信息安全技术是基础保障，所以只需安装一个防火墙或一个IDS。（　　）

A. 正确　B. 错误

12. 防火墙不能防止感染了病毒的软件或文件的传输。（　　）

A. 正确　B. 错误

13. 软件和书籍一样，借来复制一下再归还就不会损害他人。（　　）

A. 正确　B. 错误

14. 计算机病毒不可能破坏硬件。（　　）

A. 正确　B. 错误

15. 每个软件都不可避免地存在漏洞，因此软件漏洞属于信息安全所面临的自然威胁。（　　）

A. 正确　B. 错误

三、填空题

16. （　　）是一种保护计算机网络安全的访问控制技术。它是一个用以阻止网络中的黑客访问某个机构网络的屏障。在网络边界上，通过建立起网络通信监控系统来隔离内部和外部网络，以阻挡来自外部网络的入侵。

17. 为防止无线路由器被“蹭网”，应该隐藏（　　）。

参考答案

第一部分　计算机基础知识

知识点1　数据、信息和信息技术

1	2	3
D	C	A

知识点2　计算机的基本常识

1	2	3	4	5	6	7	8	9	10
C	B	A	C	B	B	B	B	D	CAM

知识点3　进制及进制之间的相互转换

1	2	3	4	5	6	7	8	9	10
B	D	D	A	A	A、C	C、D	10101100	AA31	B
11	12								
462.6	11010111								

知识点4　数据表示和存储单位

1	2	3	4	5	6	7	8	9	10
A、C、D	1024×1024	B	最高位	128	D	A	A	B	B

知识点5　计算机工作原理

1	2	3	4	5
B	A	A	地址码	CPU

知识点6　计算机硬件系统

1	2	3	4	5	6	7	8	9	10
D	A	D	C	ROM	A	C	B	A	C
11	12								
外	A								

知识点7　计算机软件系统

1	2	3	4	5	6	7	8	9	10
A	文件管理	B	D	A	B	A	机器/二进制	编译	A

知识点8　微型计算机

1	2	3	4	5	6	7	8
D	字长	赫兹	A	运算速度	A	B	B

综合练习

一、单项选择题

1	2	3	4	5	6	7	8	9	10
B	D	B	C	D	D	B	B	A	D
11	12	13	14	15	16	17	18	19	20
A	A	A	C	C	D	B	C	B	D
21	22	23	24	25	26	27	28	29	30
B	A	D	C	B	B	A	B	A	D

二、多项选择题

31	32	33	34	35	36	37	38	39	40
A、B、D	A、B、D	B、C	B、C、D	B、D	C、D	B、C	A、B、C	A、B、C	A、B
41	42	43	44	45					
A、B、D	A、B、C、D	B、C、D	A、B、C、D	A、D					

三、判断题

46	47	48	49	50	51	52	52	54	55
B	B	B	B	A	A	A	A	B	B
56	57	58	59	60	61	62	63	64	65
A	A	A	B	A	B	A	A	A	A

四、填空题

66	67	68	69	70
11101101.101	外存	随机存取存储器	机器语言	16
71	72	73	74	75
CPU型号与主频	20	BCD码	主板	数值

第二部分　操作系统Windows 7

知识点1　操作系统概述

1	2	3	4	5	6	7	8	9	10
C	B、D	D	B	D	D	A	A、D	作业	进程

知识点2　Windows 7基础知识

1	2	3	4	5	6	7	8	9	10
C	A	B	D	D	C	B	C	D	C
11	12	13	14	15	16	17	18	19	20
B	A	B	D	A	B	D	A	C	A、B、C

知识点3　桌面及桌面操作

1	2	3	4	5	6	7	8	9	10
B	B	D	A	B、C	D	C	A	D	A、C

知识点4　文件及文件夹管理

1	2	3	4	5	6	7	8	9	10
D	B	D	C	B	B	B	C	B	C
11	12	13	14	15	16	17	18	19	20
D	C	D	A	B	A、B、C、D	D	D	A	D

知识点5　控制面板

1	2	3	4	5	6	7	8	9	10
B	C	A、B	C	C	A	A	C	A、B、C、D	C

知识点6　Windows 7的系统维护与性能优化

1	2	3	4	5	6	7	8	9	10
B	C	B	B	C	D	A、B	D	A	D

知识点7　Windows 7的常用附件程序

1	2	3	4	5	6	7	8	9	10
D	D	C	B	D	D	A	B	B	A

综合练习

一、单项选择题

1	2	3	4	5	6	7	8	9	10
B	A	B	A	C	D	B	B	A	B
11	12	13	14	15	16	17	18	19	20
B	D	C	C	A	D	C	B	A	A
21	22	23	24	25	26	27	28	29	30
D	D	D	A	B	A	D	B	B	B
31	32	33	34	35	36	37	38	39	40
D	B	A	A	C	C	B	B	C	C

二、多项选择题

41	42	43	44	45	46	47	48	49	50
B、C	A、D	B、C	A、C	B、D	A、C	A、C	A、B	B、C	B、C

三、判断题

51	52	53	54	55	56	57	58	59	60
A	A	B	B	A	A	A	A	B	A
61	62	63	64	65	66	67	68	69	70
B	A	B	B	A	A	B	B	A	A
71	72	73	74	75	76	77	78	79	80
A	B	B	B	B	A	A	B	A	A
81	82	83	84	85					
B	A	B	A	B					

四、填空题

86	87	88	89	90
对话框	标题栏	Alt+PrintScreen	Shift+Delete(Del)	扩展名
91	92	93	94	95
作业	中断事件	进程	时间片	模式对话框
96	97	98	99	100
快速启动栏	文件名	扩展名	音乐	Ctrl
101	102	103	104	105
控制面板	Administrator	写字板	剪贴板	最大化

第三部分 字处理软件Word 2010

知识点1 Word 2010基础知识

1	2	3	4	5	6	7	8	9	10
D	A、B	D	A、C	B、C	A	C	A	C	A

11	12	13	14	15	16	17	18	19	20
C、D	C、D	A	D	D	页面	C	A、B	A	A
21	22	23	24		25				
B	D	C	阅读版式		草稿				

知识点2　Word 2010的基本操作

1	2	3	4	5	6	7	8	9	10	11
D	D	C	B	B	D	B	C、D	A、D	B	B
12	13	14	15	16	17	18	19	20	21	
C	D	A	B	C	D	A	B	B	D	

知识点3　设置文档格式

1	2	3	4	5	6	7	8	9	10
C	A	A	D	D	B	C	C	D	C
11	12	13	14		15	16	17	18	
A	B	A、B	回车或Enter		Shift	B	A	A、C	

知识点4　文档排版

1	2	3	4	5	6	7	8	9	10
B、D	B	A、D	A	CTRL+ENTER	A	B、C	B	D	B
11	12	13	14	15	16	17	18	19	20
B	A、B	A、B	样式	B	D	A	A	C	A
21									
A									

知识点5　表格

1	2	3	4	5	6	7	8	9	10
C	B	B	D	B	A	A	C	B	C
11	12								
A	B								

知识点6 图文混排

1	2	3	4	5	6	7	8	9	10
C	C	B	D	A	C	A	A、B	B	A
11	12								
A	C								

知识点7 Word 2010的高级应用

1	2	3	4	5	6	7	8	9	10
A	A、B	D	B	D	C	B	B、D	A、C	B

综合练习

一、单项选择题

1	2	3	4	5	6	7	8	9	10
A	D	C	A	C	C	A	B	A	D
11	12	13	14	15	16	17	18	19	20
D	B	C	C	B	A	B	D	B	A
21	22	23	24	25	26	27	28	29	30
D	C	A	D	B	A	A	A	A	C
31	32								
B	C								

二、多项选择题

33	34	35	36	37	38	39	40	41	42
A、D	B、C	B、C	A、B	A、B	B、D	C、D	A、D	A、D	A、C

三、判断题

43	44	45	46	47	48	49	50	51	52
B	A	A	A	A	A	A	B	B	B
53	54	55							
A	B	B							

四、填空题

56	57	58	59	60	61
草稿	页面	选定	2	全部	自动分页
62	63	64	65	66	
样式	屏幕截图	链接文本框	.wbk	Web版式	

第四部分　电子表格Excel 2010

知识点1　Excel 2010 的窗口组成和基本概念

1	2	3	4	5	6	7	8	9	10
B	B	B	C	C	D	D	A	A	C
11	12	13	14	15	16	17	18	19	20
C	A	B	B	C	B	255	填充柄	12	3

知识点2　工作表管理及有关工作表的操作

1	2	3	4	5	6	7	8	9	10
A	A、B、D	A	D	B	D	C	A、B	D	A
11	12	13	14	15	16	17	18	19	
A	C	D	C、D	视图	2	重命名	滚动条	重排窗口	

知识点3　数据的输入和编辑

1	2	3	4	5	6	7	8	9	10
A	D	C	B	C	B	B	C	A	A
11	12	13	14	15	16	17	18	19	20
B	D	B	B	D	C	C	BC	D	A

知识点4　公式与函数

1	2	3	4	5	6	7	8	9	10
D	C	A	A	D	D	B	D	B	A

11	12	13	14	15	16	17	18	19	20
B	A	D	C	C	A	C	C	D	D

知识点5 格式化工作表

1	2	3	4	5	6	7	8	9	10
B	A	C	D	A	A	D	D	A	D
11	12	13	14	15					
C	B	B	B	A					

知识点6 Excel2010中的数据处理

1	2	3	4	5	6	7	8	9	10
B	A、B、C、D	A、B、C、D	B	B	B	D	C	C	A

知识点7 图表和迷你图

1	2	3	4	5	6	7	8	9	10
A	B	D	A、D	A	B	D	B	迷你图工具	折线图

知识点8 视图、分页符、页面设置和打印

1	2	3	4	5	6	7	8	9	10
C	B	D	D	D	B	B	B	A	A

综合练习

一、单项选择题

1	2	3	4	5	6	7	8	9	10
A	C	C	D	C	C	C	D	C	C
11	12	13	14	15	16	17	18	19	20
A	D	B	B	C	A	D	A	B	B
21	22	23	24	25	26	27	28	29	30
B	C	C	C	D	B	B	B	D	A

31	32	33	34	35	36	37	38	39	40
B	B	C	B	C	D	B	C	B	B

二、多项选择题

41	42	43	44	45	46	47	48	49	50
A、C	A、B、C	A、D	B、C	A、B、C、D	A、B、D	A、B	A、B、C	B、C、D	A、D
51	52	53	54	55	56	57	58	59	60
A、B	A、D	C、D	B、D	B、D	A、C	A、D	B、C、D	B、D	B、D

三、判断题

61	62	63	64	65	66	67	68	69	70
A	A	A	A	B	A	A	A	B	A
71	72	73	74	75	76	77	78	79	80
A	A	A	A	B	B	B	A	B	A
81	82	83	84	85					
A	A	A	B	A					

四、填空题

86	87	88	89	90
柱形图	公式中出现被零除的现象	或	自动填充	混合引用
91	92	93	94	95
2和6	#	Sheet2!$E$2	3 和 255	拆分
96	97	98	99	100
开始	=A7&B7	10	工作簿	10008
101	102	103	104	105
页面布局	日期	等差数列	批注	类别
106	107	108	109	110
模拟运算表	单变量求解	单元格	分页预览	.xlsx和.xltx

第五部分 演示文稿PowerPoint 2010

知识点1 PowerPoint 2010概述

1	2	3	4	5	6	7	8	9	10
A	D	A	A	D	制作演示文稿	模板	A	A	C
11	12	13	14	15	16				
A	C	C、D	B	A、C	备注				

知识点2 创建和编辑幻灯片

1	2	3	4	5	6	7	8	9	10
B	A、B	A、D	D	A、C	B	A	Ctrl+B	C	D
11	12	13	14	15	16	17	18	19	
B、C	D	B	D	B	B	D	占位符	A	

知识点3 幻灯片外观的修饰

1	2	3	4	5	6	7	8	9	10
B	A、B	A	能	D	C	A	B	A、C	A
11	12	13	14	15	16	17			
A	D	母版	主题	C	B	B			

知识点4 动画效果和交互设计

1	2	3	4	5	6	7	8	9	10
C	C	B	D	B	A	B	D	A、B、C	A
11	12	13	14						
D	A	B、D	B						

知识点5 播放和打印演示文稿

1	2	3	4	5	6	7	8	9	10
B	A	B	D	D	C	C	D	D	B

11	12								
A、B	A、B								

知识点6 演示文稿的打包和发布

1	2	3	4	5	6	7
B	B、D	B	A	C	D	发布幻灯片

综合练习

一、单项选择题

1	2	3	4	5	6	7	8	9	10
B	D	A	D	B	C	C	C	B	C
11	12	13	14	15	16	17	18	19	20
D	B	A	D	A	C	C	C	D	B
21	22	23	24	25	26	27	28		
B	C	B	A	D	A	C	A		

二、多项选择题

29	30	31	32	33	34	35	36	37	38
B、C	B、C	A、C	B、C	C、D	B、D	A、C	A、C	C、D	A、B

三、判断题

39	40	41	42	43	44	45	46	47
A	B	A	B	A	A	A	B	B

四、填空题

48	49	50	51	52
切换	.pptx	幻灯片浏览视图	讲义	悬挂
53	54	55	56	57
幻灯片放映	图片	.ppsx	备注	主母版

第六部分 数据库管理系统与Access 2010

知识点1 数据库的基本理论

1	2	3	4	5	6	7	8	9	10
数据	B	A	B	A	B	C	数据库管理系统	D	A
11	12	13	14	15	16	17	18		
D	D	D	D	数据结构化	数据仓库	联机分析处理	可扩展标记语言		

知识点2 数据模型

1	2	3	4	5	6	7	8	9
D	D	C	A、C	B、D	D	实体	1:n	D

知识点3 关系数据库及关系运算

1	2	3	4	5	6	7	8	9	10
C	A	B	元组	域	投影	D	主键	B	A
11	12								
选择	连接								

知识点4 数据库设计

1	2	3	4	5	6	7	8	9
逻辑设计	A、C	D	A、B	B	A	关系模型	A	C

知识点5 Access 2010 数据库对象和基本操作

1	2	3	4	5	6	7	8	9	10
A、C	A	D	B	D	B	B、C	B	C	A
11	12	13	14	15	16	17	18	19	20
C	B	B	A、C	B	B	D	A、B	D	A
21	22	23	24	25					
B	D	C	B	C					

知识点6　表

1	2	3	4	5	6	7	8	9	10
结构	D	B	D	D	B	A、D	B	A	D
11	12	13	14	15	16				
A	C	A	A	A、C	B				

知识点7　查询

1	2	3	4	5	6	7	8	9	10
C、D	A	A	交叉表	选择查询	A、B、C	A	D	B	D
11	12	13	14	15					
B	B	升序	C	D					

知识点8　窗体和报表

1	2	3	4	5	6	7	8	9	10
B	D	A、B	A	设计	C	自动创建窗体	A	B	D
11	12	13	14	15					
子窗体	报表	D	A	A、C					

综合练习

一、单项选择题

1	2	3	4	5	6	7	8	9	10
B	D	D	D	C	D	C	B	D	C
11	12	13	14	15	16	17	18	19	20
D	B	D	D	B	D	A	D	B	B
21	22	23							
C	D	C							

二、多项选择题

24	25	26	27	28	29	30	31	32	33
A、D	B、C	A、D	B、D	A、B	B、D	B、C、D	B、D	A、D	B、D

三、判断题

34	35	36	37	38	39	40	41	42	43
B	A	B	B	A	B	B	A	B	A

四、填空题

44	45	46	47	48
宏	关系模型	选择	关键字/码/主键	追加查询
49	50	51	52	53
表单	节	多对多	Web	计算字段

第七部分　计算机网络基础

知识点1　计算机网络概述

1	2	3	4	5	6	7	8
A	B	A	A	B、C、D	A、C、D	A、C、D	D

知识点2　计算机网络新技术

1	2	3	4	5
B	C	D	A	C

知识点3　计算机网络协议与体系结构

1	2	3	4	5	6	7	8
C	D	C	A	FTP	C	A	A

知识点4　计算机网络硬件

1	2	3	4	5	6	7	8
B	C	B	B	A	网关	服务器	D

知识点5　Internet基础

1	2	3	4
B	A、B、C、D	CERnet	B

知识点6　IP 地址及域名系统

1	2	3	4	5	6	7	8	9	10
A	1-126	C	B	A	C	A	A	A	C
11	12								
A	B、C								

知识点7　Internet应用

1	2	3	4	5	6	7
B	C、D	A、B、C、D	D	A	B	A、B、C、D

知识点8　WWW与IE浏览器

1	2	3	4	5	6
主页	B	A、C	A	URL	D

综合练习

一、单项选择题

1	2	3	4	5	6	7	8	9	10
C	A	C	A	B	A	D	D	C	C
11	12	13	14	15	16	17	18	19	20
B	D	C	B	C	B	D	D	B	C
21	22	23	24	25	26	27	28	29	30
B	A	C	C	B	C	D	B	B	B

二、多项选择题

31	32	33	34	35	36	37	38	39	40
B、C	C、D	A、D	A、B	A、C	A、C、D	A、B、C	A、C	A、C、D	B、C

41	42	43	44	45					
A、C、D	A、B	A、B、C、D	A、B、C、D	A、C					

三、判断题

46	47	48	49	50	51	52	53	54	55
A	A	B	A	B	B	B	A	A	A

四、填空题

56	57	58	59	60
PING	ISP	数据	传输介质	计算机
61	62	63	64	65
网关	World Wide Web	网络节点	ARPAnet	将域名转换成IP地址

第八部分　网页设计

知识点1　网页制作相关概念

1	2	3	4	5	6	7	8	9
A	A	C	首页/主页	A、B	D	A、D	层叠样式表	A

知识点2　HTML语言

1	2	3	4	5	6	7	8	9	10
C	B、C	A	A	<body>...</body>	表单	C	D	D	B
11	12	13							
D	D	A							

知识点3　创建和管理站点

1	2	3	4	5	6	7	8	9	10
A	B、D	A	A	C	index.html	.ste	D	B	显示或隐藏
11	12	13	14	15					
页面属性	C	B	D	F4					

知识点4　添加网页元素

1	2	3	4	5	6	7	8	9	10
A、B	A	B	A	B	仅文本	Shift+Enter	Ctrl+Shift+Space	缩进	B
11	12								
A	Ctrl+Alt+A								

知识点5　网页布局

1	2	3	4	5	6	7	8	9	10
B	A	B	C	百分比	B	B、D	B、C	A	frameset
11	12	13	14	15					
框架集	4	C	C	B					

知识点6　创建表单

1	2	3	4	5	6	7	8	9	10
B	C	D	C、D	A	A	动作	A、C	D	D

知识点7　发布网站

1	2	3	4
B、D	B	网页维护	A

综合练习

一、单项选择题

1	2	3	4	5	6	7	8	9	10
C	A	C	D	A	C	B	C	C	D
11	12	13	14	15	16	17	18	19	20
A	A	C	D	A	A	D	A	C	B
21	22	23	24	25					
C	C	B	B	D					

二、多项选择题

26	27	28	29	30	31	32	33	34	35
B、C	A、C	B、D	B、D	C、D	B、D	A、D	A、B	A、B	A、D

三、判断题

36	37	38	39	40	41	42	43	44	45
B	A	A	A	A	B	B	A	B	A

四、填空题

46	47	48	49	50
#0000FF	.html		<p>...</p>	层叠样式表
51	52	53	54	55
<style>...</style>	事件	载体	热点	单选按钮

第九部分　多媒体技术基础知识

知识点1　多媒体技术的概念、特点及媒体元素

1	2	3	4	5	6
A、B、C、D	D	A、D	D	D	B

知识点2　多媒体计算机系统

1	2	3	4
C	A、B	C	C

知识点3　多媒体处理技术

1	2	3	4	5	6	7
B	A、C	C、D	A、C、D	D	D	联合图片专家组

知识点4　多媒体技术的应用领域

1	2	3	4
A	时序性	C	A

综合练习

一、单项选择题

1	2	3	4	5	6	7	8	9	10
A	C	B	A	A	D	D	A	D	D

二、判断题

11	12	13	14
A	A	B	A

三、填空题

15	16	17
.wma	Virtual Reality	采样

第十部分　信息安全

知识点1　信息安全的基础知识

1	2	3	4	5	6	7	8
D	B	A	D	B、C	C	D	A

知识点2　信息安全技术

1	2	3	4	5	6	7	8
D	8	虚拟专用网	C	B	C	NTFS	B

知识点3　计算机病毒

1	2	3	4	5	6	7
D	A	D	A	B	A	人工处理或反病毒软件

知识点4　信息安全政策与法规

1	2	3	4	5	6
D	C、D	A、B	B	A	D

综合练习

一、单项选择题

1	2	3	4	5	6	7	8	9	10
C	B	D	D	B	B	C	B	B	A

二、判断题

11	12	13	14	15
B	A	B	B	B

三、填空题

16	17
防火墙	SSID

山东省专升本考试指导用书

计算机文化基础

真题汇编及解析

山科院专升本考试研究中心 组编

鲁燃 主编

山东教育出版社

图书在版编目（CIP）数据

计算机文化基础．真题汇编及解析 / 鲁燃主编．— 济南 ：山东教育出版社，2019.3

山东省专升本考试指导用书

ISBN 978-7-5701-0600-4

Ⅰ．①计… Ⅱ．①鲁… Ⅲ．①电子计算机—成人高等教育—题解—升学参考资料 Ⅳ．①TP3

中国版本图书馆CIP数据核字（2019）第030683号

前言

Preface

根据教育部规定，专升本统考是应届专科学生升入全日制本科的统一考试。专升本为广大专科学生提供了一个升入本科院校进行全日制深造并提升第一学历的途径。专升本考试因其科目的特殊性和题型的多样性，综合难度较大，选择一套高质量的指导用书可以使考生多一分成功的把握。为了让学生在备考专升本时有一套权威性强、科学性强、实用性强的专业书籍，中科教育旗下品牌山科院专升本教育特推出《山东省专升本考试指导用书》,包括英语、计算机、高等数学三个学科共九册。

计算机学科指导用书由鲁燃教授主编。鲁燃教授是山东专升本计算机界权威，山科院专升本考试研究院院长，知名授课专家。鲁燃教授有多年教学实践经验，是官方指定教材《计算机文化基础实验教程》主编。本书是由鲁燃教授根据多年的教学实践经验及对历年专升本考试的研究，在深刻把握山东省教育厅最新考试要求的基础上编写而成的。真题是考试大纲最真实的反映，具有权威性、专业性、针对性和实战性，是题型变化趋势、考题难度的风向标。

书中的真题解析部分不仅是对某道题、某一个选项进行解读，更多的是对相关知识点的概括与总结、延伸和构建。考生在备考过程中一定要善用真题，要利用真题及解析解读专升本考试命题中的“潜台词”，以更好地把握出题规律，把握专升本的“命脉”所在，进而在专升本计算机学科备考过程中化繁为简、举一反三、掌握规律、夯实基础。

衷心祝愿广大专升本考生通过认真学习本书，灵活运用解题方法，掌握专升本计算机考试的考点，提升自己的计算机运用能力，进而考取理想的成绩。

编者

2019年2月

Contents 目录

试卷类型：公共课

山东省2018年普通高等教育专升本统一考试
计算机文化基础试题

本试卷分为第Ⅰ卷和第Ⅱ卷两部分，满分100分，考试用时120分钟。考试结束后，将本试卷和答题卡一并交回。

注意事项：

1. 答卷前，考生务必用0.5毫米黑色签字笔将自己的姓名、准考证号、身份证号填写到试卷规定的位置上，将自己的座位号填写到第Ⅱ卷试卷右下角规定位置。

2. 第Ⅰ卷每小题选出答案后，用2B铅笔把答题卡上对应题目的答案标号涂黑；如需改动，用橡皮擦干净后，再选涂其他答案标号，答案不能答在试卷上。

3. 第Ⅱ卷答题必须使用0.5毫米黑色签字笔作答，答案必须填写在试卷各题目指定的位置；如需改动，先划掉原来的答案，然后再写上新的答案；不能使用涂改液、胶带纸、修正带。不按以上要求作答的答案无效。

《第Ⅰ卷》

一、单项选择题（本大题共50小题，每小题1分，共50分）

每小题列出的四个备选项中只有一个是符合题目要求的，请将其代码填涂在答题卡上。错选、多选或未选均无分。

1. 在计算机辅助系统中，CAM的含义是______。

A. 计算机辅助设计　　B. 计算机辅助制造

C. 计算机辅助教学　　D. 计算机辅助测试

2. 将程序像数据一样存放在计算机中运行，是1946年由______提出的。

A. 图灵　　B. 布尔

C. 爱因斯坦　　D. 冯・诺依曼

3. 下列属于存储器且断电后信息全部丢失的是______。

A. ROM
B. FROM
C. RAM
D. CD-ROM

4. 8位无符号二进制数可以表示的最大十进制整数是______。

A. 127
B. 128
C. 255
D. 256

5. 计算机中，通常用英文字母“bit”表示______。

A. 字
B. 字节
C. 二进制位
D. 字长

6. 计算机的主频是指______。

A. 硬盘的读写速度
B. 显示器的刷新速度
C. CPU的时钟频率
D. 内存的读写速度

7. 下列描述中，正确的是______。

A. 1 KB=1000 B
B. 1 KB=1024 × 1024 B
C. 1 MB=1024 B
D. 1 MB=1024 × 1024 B

8. 在Windows 7中，关于快捷方式的说法正确的是______。

A. 一个对象可以有多个快捷方式
B. 不允许为快捷方式创建快捷方式
C. 一个快捷方式可以指向多个目标对象
D. 只有文件和文件夹对象可以创建快捷方式

9. 下列不属于操作系统的是______。

A. Linux
B. MicroSoft Office
C. Windows
D. Mac OS

10. 下列关于Windows 7的描述中，错误的是______。

A. Windows 7是一个多任务操作系统，允许多个程序同时运行
B. 在某一时刻，只能有一个窗口处于活动状态
C. 非活动窗口在后台运行
D. 非活动窗口可以接收用户的键盘和鼠标输入等操作

11. 在Windows 7系统中，如果菜单项的文字后出现______标记，则表明单击此菜单会打开一个对话框。

A. ►
B. ...
C. √
D. ●

12. 下列关于对话框的叙述中，正确的是______。

A. 拖动标题栏可以移动对话框

B. 都可以改变大小

C. 可以最小化成任务栏图标

D. 可以双击标题栏完成对话框的最大化和还原的切换

13. 在Windows 7中，文件名不能使用______。

A. 空格　　B. \

C. 下划线　　D. 单引号

14. 在Windows 7中，文件的属性中不包含______。

A. 隐藏　　B. 只读

C. 共享　　D. 存档

15. 在Word 2010中，插入图片时，默认的文字环绕方式是______。

A. 嵌入型　　B. 四周型

C. 紧密型　　D. 浮于文字上方

16. 在Word 2010中，如果操作出现失误，可以使用______返回到原来的状态。

A. 撤消　　B. 恢复

C. 删除　　D. 重启应用程序

17. 在Word 2010中，插入分节符，应该选择______下的“分隔符”命令。

A. 开始　　B. 页面布局

C. 插入　　D. 引用

18. 在Word 2010中，主要用于设置和显示标题层级结构的是______。

A. 页面视图　　B. 大纲视图

C. Web版式视图　　D. 阅读版式视图

19. Excel 2010中，一个工作簿最多可包含______个工作表。

A. 3　　B. 16

C. 255　　D. 无数

20. Excel 2010中，若要同时选定B2:C6和E1:F2，下列操作正确的是______。

A. 按住鼠标键从B2拖动到C6，然后按住鼠标左键从E1拖动到F2

B. 按住鼠标键从B2拖动到C6，按住Shift，并按鼠标左键从E1拖动到F2

C. 按住鼠标键从B2拖动到C6，按住Ctrl，并按鼠标左键从E1拖动到F2

D. 按住鼠标键从B2拖动到C6，按住Alt，并按鼠标左键从E1拖动到F2

21. Excel 2010中，若单元格中的数字超过11位时，将会______。

A. 自动扩大列宽　　B. 显示为#####

C. 显示错误值#VALUE#　　D. 以科学计数法形式显示

22. 在Excel 2010中，将Sheet1的A1单元格内容与Sheet2的B2单元格内容相加，计算结果要在Sheet3的A1单元格中，则在Sheet3的A1单元格中应输入______。

A. =Sheet1$A1+Sheet2$B2　　B. =Sheet1!A1+Sheet2!B2

C. Sheet1$A1+Sheet2$B2　　D. Sheet1!A1+Sheet2$B2

23. Excel 2010中，使用升序、降序按钮作排序操作时，活动单元格应选定______。

A. 工作表的任何地方　　B. 数据清单中的任何地方

C. 排序依据数据列的任一单元格　　D. 数据清单标题行的任一单元格

24. Excel 2010中，若在单元格中输入“1/2”，则系统将其视作______。

A. 0.5　　B. 分数1/2

C. 1月2日　　D. 字符串

25. ______的性能直接影响计算机的运行速度，很大程度上代表了所配置的计算机系统的性能。

A. CPU　　B. 内存

C. 硬盘　　D. 显卡

26. 在Excel 2010中，公式“=3.14*$C$4”中对C4单元格进行了______。

A. 相对引用　　B. 绝对引用

C. 混合引用　　D. 非法引用

27. 在Excel 2010中有三种迷你图样式，其中不包含______。

A. 折线图　　B. 柱形图

C. 饼状图　　D. 盈亏图

28. 在Excel 2010中，单元格C1到C10分别存放了10位同学的考试成绩，下列用于计算考试成绩在80分以上的人数的公式是______。

A. =COUNT (C1:C10,“>80”)　　B. =COUNT (C1:C10,>80)

C. =COUNTIF (C1:C10,“>80”)　　D. =COUNTIF (C1:C10,>80)

29. CPU的主频单位是______。

A. GHz　　B. GB

C. bps　　D. MB/s

30. PowerPoint 2010中，在“幻灯片”选项卡下，如果选择不连续的多张幻灯片，则按

住______键，依次单击要选的幻灯片。

A. Shift　　B. Ctrl

C. Alt　　D. Space

31. 一张分辨率为640*480、位数为32位的真彩色的位图，其文件大小是______。

A. 307200 MB　　B. 307200 KB

C. 1200 KB　　D. 1200 B

32. PowerPoint 2010中，若要设置幻灯片换片方式，应选择______选项卡。

A. 设计　　B. 切换

C. 动画　　D. 幻灯片放映

33. 快捷方式就是一个扩展名为______的文件。

A. bat　　B. exe

C. lnk　　D. ini

34. PowerPoint 2010在幻灯片浏览视图下，不能进行的操作是______。

A. 排列幻灯片　　B. 删除幻灯片

C. 编辑单张幻灯片的具体内容　　D. 改变幻灯片的版式

35. Access 2010的数据库文件扩展名是______。

A. db　　B. accdb

C. sqldb　　D. access

36. 下列不属于数据库管理系统的是______。

A. SQL Server　　B. Access

C. Oracle　　D. Unix

37. Access 2010的数据表的一行称为一个______。

A. 字段　　B. 字节

C. 记录　　D. 主键

38. 在数据库关系模型中，如果一个人可以选多门课，一门课可以被很多人选，那么，人与课程之间的联系是______。

A. 一对一的联系　　B. 一对多的联系

C. 多对一的联系　　D. 多对多的联系

39. Access 2010中，下列______字段可以作为主键。

A. 该字段允许出现空值　　B. 该字段可以有重复值

C. 自动编号的字段　　D. 字段类型为OLE对象

40. 下列正确的SQL语句是______。

A. SELECT * HAVING user
B. SELECT * WHERE user
C. SELECT * FROM user
D. SELECT user INTO *

41. 如果一个网址的末尾是“.edu.cn”，则表示该网站是______。

A. 商业组织
B. 教育机构
C. 非营利组织
D. 政府部门

42. 下列负责将域名转化为IP地址的是______。

A. HTTP
B. WWW
C. TCP/IP
D. DNS

43. 计算机网络中WAN是指______。

A. 局域网
B. 广域网
C. 城域网
D. 因特网

44. FTP协议属于______。

A. 传输控制协议
B. 超文本传输协议
C. 文件传输协议
D. 邮件传输协议

45. 在计算机网络中，可以进行数字信号和模拟信号转化的设备是______。

A. 交换机
B. 路由器
C. 中继器
D. 调制解调器

46. 在Internet上浏览网页时，浏览器和Web服务器之间的传输网页使用的协议是______。

A. IP
B. FTP
C. HTTP
D. Telnet

47. 下列表示C类IP地址范围的是______。

A. 192.0.0.0 ~ 223.255.255.255
B. 128.0.0.0 ~ 191.255.255.255
C. 0.0.0.0 ~ 127.255.255.255
D. 0.0.0.0 ~ 255.255.255.255

48. 下列不是图片文件的扩展名的是______。

A. bmp
B. jpg
C. gif
D. wav

49. 下列不属于信息安全技术的是______。

A. 密码学
B. 防火墙
C. VPN
D. 虚拟现实

50. 计算机的发展趋势不包括______。

A. 巨型化　　B. 微型化

C. 智能化　　D. 专业化

二、多项选择题（本大题共20小题，每小题1分，共20分）

每小题列出的四个备选项中只有两个是符合题目要求的，请将其代码填涂在答题卡上。错涂、多涂、未涂均无分，少涂一个扣0.5分。

51. 下列属于输出设备的是______。

A. 键盘　　B. 打印机

C. 显示器　　D. 扫描仪

52. 冯·诺依曼原理的基本思想是______。

A. 存储程序　　B. 程序控制

C. 科学计算　　D. 人工智能

53. Windows 7的资源管理器中，如果要选定某个文件夹中的所有文件或文件夹，可以______。

A. 单击“编辑”菜单，然后选择“全选”

B. 单击“文件”菜单，然后选择“全选”

C. 按Ctrl+A快捷键

D. 按Ctrl+C快捷键

54. 在Windows 7中，关于回收站的描述错误的是______。

A. 回收站是内存上的一块存储空间

B. 回收站中的文件可以通过“文件”菜单下的“还原”恢复到原来的位置

C. 回收站中的文件可以通过“Delete”键从回收站中删除

D. 回收站所占的空间大小用户无法更改

55. 在Windows 7中，下列描述错误的是______。

A. 剪贴板中的信息可以是一段文字、数字或符号，也可以是图形、图像、声音等

B. 当电脑关闭或重启时，存储在剪贴板中的内容不会丢失

C. 用鼠标拖动桌面上的图标，可以将图标移动到自己喜欢的位置

D. 同一个文件夹中，文件与文件不能同名，文件与文件夹可以同名

56. 在Word 2010中，字体大小一般以______和______为单位。

A. 磅　　B. 英寸　　C. 像素　　D. 号

57. 在Word 2010中，段落设置对话框包括______。

A. 首行缩进　　B. 对齐方式

C. 分栏　　D. 文字方向

58. 在Excel 2010中，重命名工作表，正确的操作是______。

A. 右击要重命名的工作表标签，在弹出的快捷菜单中单击“重命名”命令

B. 单击选定要重命名的工作表标签，按F2键，输入新名称

C. 单击选定要重命名的工作表标签，在名称框中输入新名称

D. 双击相应的工作表标签，输入新名称

59. 在Excel 2010中，下列______为日期分隔符。

A. “/”　　B. “-”

C. “：”　　D. “\”

60. 在Excel 2010中，下列关于自动填充的描述正确的是______。

A. 初值为纯数字型数据时，左键拖动填充柄，填充自动增1的序列

B. 初值为纯数字型数据时，按住Ctrl键，左键拖动填充柄，填充自动增1的序列

C. 初值为日期型数据时，左键拖动填充柄为复制填充

D. 初值为日期型数据时，按住Ctrl键，左键拖动填充柄为复制填充

61. 在Excel 2010中，下列关于图表的描述错误的是______。

A. 在Excel中的图表分两种，一种是嵌入式图表，另一种是独立图表

B. 一个完整的图表通常由图表区、绘图区、图表标题和图例等几大部分组成

C. 数据系列用于标识当前图表中各组数据代表的意义

D. 图例对应工作表中的一行或一列数据

62. PowerPoint 2010中，若选择“复制”命令，则原幻灯片被复制到剪贴板上，然后再在要粘贴的位置单击鼠标右键，执行“粘贴选项”命令，此时粘贴选项中应有三个选择项，分别是______、______和图片。

A. 使用目标主题　　B. 保留源格式

C. 边框除外　　D. 全部

63. 数据库中最常见的数据模型有三种，即层次模型、______和______。

A. 树状模型　　B. 关系模型

C. 对象模型　　D. 网状模型

64. 防火墙的作用包括______。

A. 拦截来自外部的非法访问

B. 决定内部人员可以访问哪些外部服务

C. 完全防止传送已被病毒感染的软件和文件

D. 解决来自内部网络的攻击和安全问题

65. 多媒体信息不包括______。

A. 光盘　　B. 文字

C. 音频　　D. 声卡

66. 相对于内存，外部存储器具有的特点是______。

A. 存取速度快　　B. 容量相对大

C. 价格较贵　　D. 永久性存储

67. 在Excel 2010中，下列叙述错误的是______。

A. 在Excel 2010中，删除工作表后，可以撤消删除操作

B. 在工作表标签上右击，在弹出的快捷菜单中选择“隐藏”可以使工作表不可见

C. 可以通过快速访问工具栏上的撤消按钮来撤消对工作表的隐藏操作

D. 右击工作表标签，单击“取消隐藏”命令，会弹出“取消隐藏”对话框

68. 在Excel 2010中，下列关于高级筛选的描述错误的是______。

A. 高级筛选的条件区域至少有两行

B. 高级筛选的条件区域必须包含字段名和筛选条件

C. 高级筛选的条件区域中的字段名不需要与数据清单中的字段名完全一致

D. 在高级筛选条件区域的设置中，同一行上的条件认为是“或”条件

69. 下列说法正确的是______。

A. 矢量图比点阵图色彩更丰富

B. 矢量图比点阵图占存储空间更小

C. 点阵图的清晰度和分辨率有关

D. 矢量图由像素点构成

70. 下列属于计算机病毒主要特点的是______。

A. 交互性　　B. 潜伏性

C. 实时性　　D. 传染性

三、判断题（本大题共20小题，每小题0.5分，共10分）

每题列出的两个备选项中有一个是符合题目要求的，请将其代码填涂在答题卡上。

71. 剪贴板是硬盘中的一块存储区域。（　　）

A. 正确　　B. 错误

72. 在同一个文件夹下，文件“a.txt”和文件“A.txt”可以同时存在。（　　）

A. 正确　　B. 错误

73. 分时操作系统可以接受多个用户的命令，采用时间片轮转方式处理服务请求。（　　）

A. 正确　　B. 错误

74. PowerPoint 2010中，在备注页视图下，可以插入文本，但不可以插入表格、图表、图片等对象。（　　）

A. 正确　　B. 错误

75. 默认情况下，Office 2010应用程序会每隔一段时间自动保存一次文档。（　　）

A. 正确　　B. 错误

76. 当需要连续使用格式刷把一种格式复制到多个文本对象时，双击“格式刷”按钮即可。（　　）

A. 正确　　B. 错误

77. 在Word 2010中，默认是插入状态，可以通过按Insert键转化为改写状态。（　　）

A. 正确　　B. 错误

78. Excel 2010中，如果单元格的数字格式数值为两位小数，此时输入三位小数，则末位四舍五入，计算时以显示的数字为准，而不再采用输入数值。（　　）

A. 正确　　B. 错误

79. 在Excel 2010中，删除工作表是永久删除，无法撤消删除操作。（　　）

A. 正确　　B. 错误

80. 在Excel 2010中，数据删除和清除是两个不同的概念。（　　）

A. 正确　　B. 错误

81. Excel 2010是电子表格处理软件，没有添加页眉页脚功能。（　　）

A. 正确　　B. 错误

82. 在Excel 2010中输入公式时，引用单元格数据有两种方法：第一种是直接输入单元格地址；第二种是利用鼠标选择单元格，最后按回车键确认。（　　）

A. 正确　　B. 错误

83. Excel 2010中，数据清单的第一行必须为文本类型，为相应列的名称。（　　）

A. 正确　　B. 错误

84. PowerPoint 2010中，主题只能应用于所有幻灯片。（　　）

A. 正确　　B. 错误

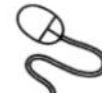

85. PowerPoint 2010中，在幻灯片中添加超链接的对象并没有严格的限制，可以是文本或图形图片，也可以是表格或图示。（　　）

A. 正确　　B. 错误

86. PowerPoint 2010提供的背景格式设置方式有纯色填充、渐变填充、图片或纹理填充、图案填充四种。（　　）

A. 正确　　B. 错误

87. 在Access 2010中，不可以修改“数字”与“文本”数据类型字段的大小。（　　）

A. 正确　　B. 错误

88. 在任何时刻，Access可以打开并运行多个数据库，在每一个数据库中，可以拥有众多的表、查询、窗体、报表、宏和模块。（　　）

A. 正确　　B. 错误

89. 计算机网络中数据传输速率的单位是bps，代表byte per second。（　　）

A. 正确　　B. 错误

90. Internet是在美国较早的军用计算机网ARPAnet基础上经过不断发展变化而形成的。（　　）

A. 正确　　B. 错误

第Ⅱ卷

四、填空题（本大题共20小题，每小题1分，共20分）

91. 世界上第一台计算机的名称是________。

92. 计算机中采用________个字节存储一个ASCII码字符。

93. 完整的计算机系统应该包括________。

94. 二进制数“01100011”对应的十进制数是________。

95. 组合键________可以在打开的多个程序或窗口间切换。

96. Microsoft Word 2010文档的扩展名是________。

97. 一个单元格含有多种特性，如内容、格式、批注等，可以使用________复制它的部分特性。

98. ________是Excel的一种功能，用于定义可以在单元格中输入或应该在单元格中输入哪些数据并可以避免一些输入错误。

99. Excel 2010中，单元格F1的公式为“=AVERAGE (C2:E2)”，则F1的结果为单元格

C2到E2区域的________。

100. Excel 2010中包含三种模拟分析工具：方案管理器、模拟运算表和________。

101. PowerPoint 2010中，________可以自动记录幻灯片的切换时间，以用于自动放映。

102. PowerPoint 2010中，________是一种带有虚线边缘的框。在该框内可以放置标题及正文或者图表、表格和图片等对象。

103. 在PowerPoint 2010中，若想设置某张图片以“飞入”形式出现，则应该选择______选项卡。

104. 数据库关系模型把世界看作是由________和联系构成的。

105. HTTP协议的中文名称是________。

106. 在Word 2010中，选择垂直文本时，首先按住________键不放，然后按住鼠标左键拖出一块矩形区域。

107. 在Word 2010中，段落首行第一个字符的起始位置距离段落其他行左侧的缩进量叫作_______。

108. 计算机网络最突出的特征是________。

109. 在Word中，同时按下Ctrl和X按键的作用是________。

110. 微型计算机中的中央处理器是由________和控制器组成的。

山东省2018年普通高等教育专升本统一考试
计算机文化基础试题答案及解析

《第Ⅰ卷》

一、单项选择题（本大题共50小题，每小题1分，共50分）

1.【答案】B

【解析】

英文全称	英文缩写	中文含义
Computer Aided Design	CAD	计算机辅助设计
Computer Aided Instruction	CAI	计算机辅助教学
Computer Aided Test	CAT	计算机辅助测试
Computer Aided Make	CAM	计算机辅助制造
Computer Aided Engineering	CAE	计算机辅助工程
Computer Integrated Manufacturing System	CIMS	计算机集成制造系统
Computer Based Education	CBE	计算机辅助教育

2.【答案】D

【解析】冯·诺依曼提出了存储程序和程序控制的工作原理。这个原理的基本思想是事先将程序像数据一样存储到计算机内部存储器中，计算机自动地从中逐条取出指令并执行，以此来控制计算机运行。

3.【答案】C

【解析】RAM的全称是随机存取存储器，可读可写，但断电即失。ROM是只读存储器，CD-ROM是只读光盘，FROM（FLASH ROM）是快闪只读存储器，这些存储器在断电后数据都不会丢失。

4.【答案】C

【解析】8位二进制数可以表示2^8个无符号整数，范围为0~255。

5.【答案】C

【解析】数据单位有：① 位（bit），简写为b，指一个0或1，是最小的存储单位；② 字节（Byte），简写为B，1 B=8 bit，是基本的存储单位；③ 1 KB=1024 B，1 MB=1024 KB，1 GB=1024 MB，1 TB=1024 GB。

6.【答案】C

【解析】主频的单位为赫兹（HZ）。

7.【答案】D

【解析】（见本套试卷第5题解析）

8.【答案】A

【解析】快捷方式可以指向文件、文件夹、程序、打印机、网站等对象，也可以指向其他快捷方式。一个对象可以创建多个快捷方式，但一个快捷方式只能指向一个目标对象。

9.【答案】B

【解析】Office软件属于应用软件。

10.【答案】D

【解析】活动窗口指的是可以接收键盘和鼠标输入等操作的窗口，活动窗口只能有一个。

11.【答案】B

【解析】（见2017年第104题解析）

12.【答案】A

【解析】对话框一般不能改变大小，但也有一些对话框可以改变大小，如另存为、打开对话框等。

13.【答案】B

【解析】以下符号不能出现在文件名中：

/			\	*	?	<	>	:	”

14.【答案】C

【解析】单个文件不能设置为共享，文件夹可以共享。

15.【答案】A

【解析】在Word 2010中，图片、剪贴画、图表、SmartArt、屏幕截图的默认环绕方式为“嵌入型”，形状、文本框、艺术字的默认环绕方式为“浮于文字上方”。

16.【答案】A

【解析】撤消操作的快捷键为Ctrl+Z，恢复操作的快捷键为Ctrl+Y。

17.【答案】B

【解析】“分隔符”命令在“页面布局”选项卡的“页面设置”组中。

18.【答案】B

【解析】Word 2010“大纲视图”主要用于设置和显示标题的层级结构，并可以方便地折叠和展开各种层级的文档。大纲视图广泛用于Word 2010长文档的快速浏览和设置中。

19.【答案】C

【解析】Excel 2010工作簿中含有的工作表的数量范围为1~255。

20.【答案】C

【解析】在Excel工作表中按住Ctrl键可选定多个不相邻的区域。

21.【答案】D

【解析】在Excel 2010中，超过11位的数字会自动以“科学计数法”的形式显示，如：在单元格中输入100000000000，则显示为1E+11。

22.【答案】B

【解析】单元格三维地址引用的格式为：[工作簿名称]工作表名称!单元格地址。

23.【答案】C

【解析】Excel工作表中的排序操作不需要先选定单元格，这与其他操作中要求的“先选后做”原则不同。

24.【答案】C

25.【答案】A

【解析】CPU包括运算器和控制器，是计算机的核心部件。

26.【答案】B

【解析】（见2014年第28题解析）

27.【答案】C

【解析】迷你图位于“插入”选项卡中。

28.【答案】C

【解析】条件计数需要使用COUNTIF函数。

29.【答案】A

【解析】B选项是存储容量单位，C、D选项是传输速率单位。

30.【答案】B

【解析】与“资源管理器”中选定文件与文件夹的操作相同。

31.【答案】C

【解析】计算公式为：640*480*32/8/1024=1200KB。

32.【答案】B

33.【答案】C

【解析】（见2017年第8题解析）

34.【答案】C

【解析】在幻灯片浏览视图方式下，可以在屏幕上同时看到演示文稿中所有幻灯片的缩略图，可以复制、删除幻灯片以及调整幻灯片的顺序。

35.【答案】B

36.【答案】D

【解析】D选项属于操作系统。

37.【答案】C

【解析】一行为一个记录，一列为一个字段。

38.【答案】D

39.【答案】C

【解析】主键是能够唯一标识表中每一条记录的一个字段或多个字段的组合。主键为一个字段的称为单主键，主键为多个字段组合的称为复合主键。主键字段不允许存在重复值和空值。

40.【答案】C

【解析】（见2017年第36题解析）

41.【答案】B

【解析】A选项为com，C选项为org，D选项为gov。

42.【答案】D

43.【答案】B

44.【答案】C

【解析】A选项为TCP，B选项为HTTP，D选项为SMTP。

45.【答案】D

【解析】（见2015年第39题解析）

46.【答案】C

【解析】（见2015年第106题解析）

47.【答案】A

【解析】（见2013年第48题解析）

48.【答案】D

【解析】wav是音频文件格式。

49.【答案】D

【解析】（见2015年第109题解析）

50.【答案】D

【解析】（见2011年第7题解析）

二、多项选择题（本大题共20小题，每小题1分，共20分）

51.【答案】B、C

52.【答案】A、B

【解析】（见2018年第2题、2015年第5题解析）

53.【答案】A、C

54.【答案】A、D

【解析】回收站位于外存，每个磁盘分区上的回收站的大小可以通过回收站属性分别设置。

55.【答案】B、C

【解析】B选项，剪贴板位于内存，断电后数据会丢失；C选项，当将桌面图标设置为自动排列时，不能任意移动图标的位置。

56.【答案】A、D

【解析】（见2011年第25题解析）

57.【答案】A、B

【解析】C、D选项在“页面布局”选项卡中。

58.【答案】A、D

59.【答案】A、B

60.【答案】B、D

61.【答案】C、D

【解析】C、D选项的说法正好颠倒了。正确说法是：数据系列对应工作表中的一行或一列数据，图例用于标识当前图表中各组数据代表的意义。

62.【答案】A、B

63.【答案】B、D

64.【答案】A、B

【解析】（见2015年第70题、2013年第110题解析）

65.【答案】A、D

66.【答案】B、D

【解析】（见2016年第51题、2012年第1题解析）

67.【答案】A、C

68.【答案】C、D

【解析】（见2014年第27题解析）

69.【答案】B、C

【解析】点阵图采用像素点描述图像，矢量图采用算法描述图形。点阵图占用空间较点阵图大，但可表现的色彩更为丰富，不过点阵图缩放会失真。

70.【答案】B、D

三、判断题（本大题共20小题，每小题0.5分，共10分）

71.【答案】B

72.【答案】B

【解析】文件名不区分大小写。

73.【答案】A

74.【答案】B

【解析】在备注页视图下，可以向备注中插入文本、表格、图表、图片等对象。

75.【答案】A

【解析】（见2010年第18题解析）

76.【答案】A

【解析】单击格式刷只能用一次，双击可用多次。

77.【答案】A

【解析】（见2014年第20题解析）

78.【答案】B

79.【答案】A

80.【答案】A

【解析】（见2015年第83题解析）

81.【答案】B

【解析】在“插入”选项卡下可以插入页眉与页脚。

82.【答案】A

83.【答案】A

84.【答案】B

【解析】（见2017年第28题解析）

85.【答案】A

86.【答案】A

87.【答案】B

【解析】备注、OLE对象、是/否、日期/时间类型不能修改大小。

88.【答案】B

【解析】（见2015年第35题解析）

89.【答案】B

【解析】bps代表bit per second，即“位/秒”。

90.【答案】A

第Ⅱ卷

四、填空题（本大题共20小题，每小题1分，共20分）

91.【答案】ENIAC

92.【答案】1

【解析】（见2017年第102题解析）

93.【答案】硬件系统与软件系统

【解析】（见2012年第2题解析）

94.【答案】99

【解析】利用按权展开法转换。

95.【答案】Alt+Tab / ALT+Esc / Win+Tab

96.【答案】.docx

【解析】（见2017年第15题解析）

97.【答案】选择性粘贴

98.【答案】数据有效性

【解析】（见2013年第26题解析）

99.【答案】平均值

【解析】（见2013年第19题解析）

100.【答案】单变量求解

101.【答案】排练计时

【解析】（见2015年第33题解析）

102.【答案】占位符

103.【答案】动画

104.【答案】实体

【解析】（见2017年第41题解析）

105.【答案】超文本传输协议

【解析】（见2015年第106题解析）

106.【答案】ALT

107.【答案】首行缩进

108.【答案】资源共享

109.【答案】将选定的内容剪切到剪贴板上

110.【答案】运算器

试卷类型：公共课

山东省2017年普通高等教育专升本统一考试
计算机文化基础试题

本试卷分为第Ⅰ卷和第Ⅱ卷两部分，满分100分，考试用时120分钟。考试结束后，将本试卷和答题卡一并交回。

注意事项：

1. 答卷前，考生务必用0.5毫米黑色签字笔将自己的姓名、准考证号、身份证号填写到试卷规定的位置上，将自己的座位号填写到第Ⅱ卷试卷右下角规定位置。

2. 第Ⅰ卷每小题选出答案后，用2B铅笔把答题卡上对应题目的答案标号涂黑；如需改动，用橡皮擦干净后，再选涂其他答案标号，答案不能答在试卷上。

3. 第Ⅱ卷答题必须使用0.5毫米黑色签字笔作答，答案必须填写在试卷各题目指定的位置；如需改动，先划掉原来的答案，然后再写上新的答案；不能使用涂改液、胶带纸、修正带。不按以上要求作答的答案无效。

《第Ⅰ卷》

一、单项选择题（本大题共50小题，每小题1分，共50分。在每小题给出的四个选项中，只有一项是符合题目要求的）

每小题列出的四个备选项中只有一个是符合题目要求的，请将其代码填涂在答题卡上。错选、多选或未选均无分。

1. 下面关于信息技术的叙述正确的是______。

A. 信息技术就是计算机技术

B. 信息技术就是通信技术

C. 信息技术就是传感技术

D. 信息技术是可以扩展人类信息功能的技术

2. 人们通常用十六进制，而不用二进制书写计算机中的数，是因为______。

A. 十六进制的书写比二进制方便

B. 十六进制的运算规则比二进制简单

C. 十六进制数表达的范围比二进制大

D. 计算机内部采用的是十六进制

3. 下列关于计算机发展史的叙述，错误的是______。

A. 世界上第一台电子计算机是在美国发明的EN1AC

B. ENIAC不是存储程序控制的计算机

C. ENIAC是1946年发明的，所以世界从1946年起就开始了计算机时代

D. 世界上第一台投入运行的具有存储程序控制的计算机是英国人设计并制造的EDSAC

4. 在科学计算时，经常会遇到“溢出”情况，这是指______。

A. 计算机出故障了 B. 数值超出了内存范围

C. 数值超出了变量的表示范围 D. 数值超出了机器所表示的范围

5. 主板上的CMOS芯片的主要用途是______。

A. 增加内存的容量

B. 管理内存与CPU的通讯

C. 储存时间、日期、硬盘参数与计算机配置信息

D. 存放基本输入输出系统程序、引导程序和自检程序

6. 以下______是计算机程序设计语言所经历的主要阶段。

A. 机器语言、BASIC语言和C语言

B. 机器语言、汇编语言和C++语言

C. 机器语言、汇编语言和高级语言

D. 二进制代码语言、机器语言和FORTRAN语言

7. 操作系统的四种主要特性是______。

A. 并发性、共享性、虚拟性、异步性

B. 易用性、共享性、成熟性、差异性

C. 并发性、易用性、稳定性、异步性

D. 并发性、共享性、可靠性、差异性

8. 在Windows 7中，用“创建快捷方式”创建的图标可链接的是______。

A. 只能是单个文件 B. 可以是任何文件和文件夹

C. 只能是执行程序或程序组 D. 只能是程序文件或文档文件

9. 对Windows 7，以下表述正确的是______。

A. 回收站与剪贴板一样，是内存中的一块区域

B. 只有对当前活动窗口才能进行移动、改变大小等操作

C. 一旦屏幕保护开始，原来在屏幕上的活动窗口就关闭了

D. 桌面上的图标，不能按用户的意愿重新排列

10. 以下关于用户账户的描述，不正确的是______。

A. 要使用运行Windows 7的计算机，用户必须有自己的账户

B. 可以任何成员的身份登录到计算机，创建新的用户账户

C. 使用控制面板中的“用户账户”可以创建新的用户

D. 将用户添加到某组后，可以将指派给该组的所有权限授予这个用户

11. 在Windows 7中，将运行程序的窗口最小化，则该程序______。

A. 暂停执行　　B. 终止执行

C. 仍在前台继续运行　　D. 转入后台继续运行

12. 在“控制面板”中，无法______。

A. 改变屏幕颜色　　B. 注销当前注册用户

C. 改变CMOS的设置　　D. 调整鼠标速度

13. 在Windows的“资源管理器”窗口中，如果想一次选定多个分散的文件或文件夹，正确的操作是______。

A. 按住Shift键，用鼠标右键逐个选取　　B. 按住Ctrl键，用鼠标左键逐个选取

C. 按住Alt键，用鼠标右键逐个选取　　D. 按住Shift键，用鼠标左键逐个选取

14. 不能关闭Word 2010窗口的是______。

A. 双击标题栏左边的“W”　　B. 单击标题栏右边的“×”

C. 单击文件选项卡中的“关闭”　　D. 单击文件选项卡中的“退出”

15. Word 2010文档默认的文件扩展名为______。

A. txt　　B. xlsx

C. docx　　D. accdb

16. 在Word 2010中，可以显示出页眉和页脚的视图方式是______。

A. 草稿视图　　B. 页面视图

C. 大纲视图　　D. 全屏幕视图

17. 在Word 2010中，要改变表格的大小，可以______。

A. 使用图片编辑工具　　B. 使用字符缩放

C. 拖动表格右下端的缩放手柄　　D. 拖动表格左上方的移动手柄

18. 在Word 2010中，超级链接在______选项卡下。

A. 开始　　B. 插入

C. 引用　　D. 视图

19. 在Word 2010中，切换到页面视图方式的组合键是______。

A. Ctrl+Alt+N　　B. Ctrl+Alt+P

C. Ctrl+Alt+M　　D. Ctrl+Alt+Q

20. 在Word 2010中打开多个文档后，要在文档之间进行切换，可使用组合键______。

A. Ctrl+F6　　B. Alt+F4

C. Ctrl+F5　　D. Alt+F5

21. 打开Excel 2010文档一般是指______。

A. 把文档的内容从内存中读入，并显示出来

B. 为指定文件开设一个新的、空的文档窗口

C. 把文档的内容从磁盘中调入内存，并显示出来

D. 显示并打印出指定文档的内容

22. 在Excel 2010中，关于打印的说法不正确的是______。

A. 可以只打印活动工作表

B. 不可以只打印选定的单元格区域

C. 可以缩放打印

D. 可直接打印一个工作簿中的所有工作表

23. 在Excel 2010中，正确引用工作表sheet2中B6单元格的方式是______。

A. sheet2_B6　　B. sheet2!B6

C. sheet2:B6　　D. sheet2*B6

24. 在Excel 2010中，工作簿指的是______。

A. 当前的操作区域　　B. 一种记录方式

C. 整个Excel 2010文档　　D. 当前的整个工作表

25. 在Excel 2010中，求A3至A10和的表达式为______。

A. =SUM (A3:A10)　　B. SUM (A3:A10)

C. =SUM (A3-A10)　　D. SUM (A3,A10)

26. 将Word 2010中多段文字粘贴到Excel 2010中，它们在______。

A. 一个单元格　　B. 同一行的多个单元格

C. 同一列的多个单元格　　D. 不可粘贴

27. 如果当前Excel 2010窗口中没有显示编辑栏，可以通过______选项卡使它显示出来。

A. 视图　　B. 开始

C. 插入　　D. 文件

28. 在PowerPoint 2010中，不能完成对个别幻灯片进行设计或修饰的是______。

A. 背景样式　　B. 模板

C. 颜色　　D. 主题

29. 在PowerPoint 2010中，下列说法错误的是______。

A. 不可以为剪贴画重新上色

B. 可以向已存在的幻灯片中插入剪贴画

C. 可以修改剪贴画

D. 可以利用自动版式建立带剪贴画的幻灯片，用来插入剪贴画

30. 在PowerPoint 2010中，下列关于表格的说法错误的是______。

A. 可以向表格中插入新行和新列　　B. 不能合并和拆分单元格

C. 可以改变列宽和行高　　D. 可以给表格添加边框

31. PowerPoint 2010演示文档的默认扩展名是______。

A. pptx　　B. pwtx

C. xlsx　　D. docx

32. 在PowerPoint 2010中，母版不包括______。

A. 幻灯片母版　　B. 讲义母版

C. 备注母版　　D. 标题母版

33. 在PowerPoint 2010中，对于已创建的多媒体演示文档可以用______功能转移到其他未安装PowerPoint的机器上放映。

A. 打包　　B. 自定义放映

C. 复制　　D. 设置幻灯片放映

34. 在PowerPoint 2010中，字体加粗的快捷键是______。

A. Ctrl+B　　B. Ctrl+C　　C. Ctrl+V　　D. Ctrl+X

35. 下列不是数据库管理系统的是______。

A. Oracle　　B. Microsoft SQL Server

C. Microsoft Access　　D. BASIC

36. 下列SQL语句正确的是______。

A. SELECT* FROM xsda
B. SELECT * to xsda
C. SELECT * at xsda
D. SELECT xsda from *

37. 数据库管理系统是一种______。

A. 操纵和管理数据库的系统软件
B. 仅仅是操纵数据库的软件
C. 只能建立数据库的软件
D. 特殊的数据库

38. E-R方法是______方法的简称。

A. 编码-联系
B. 实体-关系
C. 编码-关系
D. 有效-运行

39. 关于事务运行管理的表述不正确的是______。

A. 提供事务运行管理
B. 提供运行代码分析
C. 提供数据完整性检查
D. 提供系统恢复功能

40. 查询的数据不可以来自______。

A. 一个表
B. 多个表
C. 报表
D. 查询

41. 关系数据库中的数据表______。

A. 完全独立，相互没有关系
B. 相互联系，不能单独存在
C. 既相对独立，又相互联系
D. 以数据表名来表现其相互间的联系

42. ______不是多媒体技术的主要特征。

A. 多样性
B. 集成性
C. 交互性
D. 普遍性

43. 以下除______外，其他都是图像文件格式。

A. mov
B. gif
C. bmp
D. jpg

44. 一幅分辨率为1280×1024的8 : 8 : 8的RGB彩色图像，其存储容量约为______。

A. 2.34 MB
B. 3.75 MB
C. 30 MB
D. 1.2 MB

45. 关于图形和图像的描述错误的是______。

A. 图形也称为矢量图，图像也称为位图
B. 因图形文件比图像文件小，故显示图像比显示图形慢
C. 图像能逼真表现自然景色

D. 图形数据比图像数据更精确、有效，更易于进行移动、缩放、旋转等操作

46. IP是TCP/IP体系的______协议。

A. 网络接口层　　B. 网络层

C. 传输层　　D. 应用层

47. Internet Explorer 是______。

A. Web浏览器　　B. 拨号软件

C. HTML解释器　　D. Web页编辑器

48. 快速以太网支持100Base-TX物理层标准，其中数字100表示的含义是______。

A. 传输距离100 km　　B. 传输速率100 Mb/s

C. 传输速率100 kb/s　　D. 传输速率100 MB/s

49. 下面关于域名系统的说法错误的是______。

A. 域名是唯一的

B. 域名服务器DNS用于实现域名地址与IP地址的转换

C. 一般而言，网址与域名没有关系

D. 域名系统的结构是层次型的

50. 不属于数字签名技术所带来的三个安全性的是______。

A. 信息的完整性　　B. 信源确认

C. 不可抵赖　　D. 传递信息的机密性

二、多项选择题（本大题共20小题，每小题1分，共20分）

每小题列出的四个备选项中只有两个是符合题目要求的，请将其代码填涂在答题卡上。多选或未选均无分，少选一个扣0.5分。

51. 在下列数据中，数值相等的数据有______。

A. （1001101.01）2　　B. （77.5）10

C. （4D.1）16　　D. （77.25）10

52. 下列设备中属于输入设备的是______。

A. 显示器　　B. 绘图仪

C. 鼠标器　　D. 扫描仪

53. 使用控制面板中的“程序和功能”，可以______。

A. 更改或删除程序　　B. 查看网络状态与任务

C. Windows update　　D. 打开或关闭Windows功能

54. 对于Windows系统的文件管理，下列说法正确的是______。

A. Windows的文件夹不仅可以包含文件和文件夹，也可以包含打印机和计算机

B. 操作系统根据文件的扩展名建立应用程序与文件的关联关系

C. 文件夹采用层次化的逻辑结构，层次设置的多少与存储空间大小密切相关

D. 当文件夹中有文件时，该文件夹不能删除

55. 确切地说，Windows 7系统中所说的磁盘碎片指的是______。

A. 磁盘使用过程中，因磁盘频繁操作形成的磁盘物理碎片

B. 文件复制、删除等操作过程中，形成的一些小的分散在磁盘空间中的存储空间

C. 虚拟内存管理程序对磁盘的频繁读写，在磁盘中产生的大量碎片空间

D. 磁盘中所有没有使用的存储空间

56. 页面设置主要包括______。

A. 页边距　　B. 纸张大小

C. 首行缩进　　D. 字体大小

57. 在Word 2010中创建表格，可用______进行操作。

A. 插入表格对话框　　B. CTRL+T组合键

C. 绘制表格　　D. CTRL+SHIFT+T组合键

58. 在Word 2010的选定栏中，下列操作正确的是______。

A. 单击鼠标左键可以选择一行文本　　B. 单击鼠标左键可以选择一段文本

C. 双击鼠标右键可以选择一段文本　　D. 三击鼠标左键可以选择整篇文本

59. 在Excel 2010中，复制选定的单元格中的数据的操作是______。

A. CTRL+C组合键　　B. 单击“复制”按钮

C. CTRL+V组合键　　D. 单击“剪切”按钮

60. 在Excel 2010中，若查找内容为“e?c*”，则可能查到的单词为______。

A. excel　　B. Editor

C. excellent　　D. ettc

61. 在Excel 2010中，下列说法正确的是______。

A. “删除”命令属于“文件”选项卡

B. “开始”选项卡包含“复制”命令

C. “退出”命令属于“文件”选项卡

D. 在“文件”选项卡中只有4个命令选项

62. 在Excel 2010中，单击一个单元格，要删除其中的内容，但要保留此单元格，可以使用的操作有______。

A. 按DELETE键　　B. 使用清除命令

C. 使用删除单元格命令　　D. 使用复制命令

63. 在PowerPoint 2010中，关于“动画”选项卡中可以进行的操作，不正确的是______。

A. 可以改变动画顺序　　B. 使幻灯片文本具有动画效果

C. 一个对象不能添加多个动画　　D. 不能预览动画

64. 下列四个数据类型中，不是Access 2010中字段的数据类型的是______。

A. 文本　　B. 逻辑

C. 数字　　D. 通用

65. 下列不是Access 2010窗体中控件的常用属性的是______。

A. 索引　　B. 格式

C. 有效性规则　　D. 默认值

66. 根据多媒体的特性判断，以下______属于多媒体的范畴。

A. 交互式视频游戏　　B. 彩色画报

C. 电子出版物　　D. 彩色电视

67. 需要多媒体创作工具的原因是______。

A. 简化多媒体创作过程

B. 降低对多媒体创作者的要求，创作者不再需要了解多媒体程序的各个细节

C. 比用多媒体程序设计的功能、效果更强

D. 需要创作者懂得较多的多媒体程序设计

68. 在Dreamweaver CS5中，关于图片超链接，下列说法不正确的是______。

A. 热点是图片上的超链接区域，用户单击热点区域可以转到相应的链接目标

B. 不能将整个图片设置为超链接，更不能为图片分配一个或多个热点

C. 图片中可以设置多个热点，但不可以添加文本热点到图片中

D. 包含热点的图片称为图像映射

69. “密码”是保证系统安全的一种简单而有效的方法。一个好的“密码”应当______。

A. 只使用小写字母　　B. 混合使用字母和数字

C. 不能让人轻易记住　　D. 具有足够的长度

70. 根据防火墙保护网络使用方法的不同，防火墙可分为应用层防火墙和______。

A. 物理层防火墙　　B. 检测层防火墙

C. 链路层防火墙　　D. 网络层防火墙

三、判断题（本大题共20小题，每小题0.5分，共10分）

每题列出的两个备选项中有一个是符合题目要求的，请将其代码填涂在答题卡上。

71. 从信息的输入输出角度来说，磁盘驱动器和磁带机既可以看作输入设备，又可以看作输出设备。（　　）

A. 正确　　B. 错误

72. 汉字在计算机内部表示时采用的是国标码。（　　）

A. 正确　　B. 错误

73. 要提高计算机的运算速度，只需采用高速CPU，对主存储器没有速度要求。（　　）

A. 正确　　B. 错误

74. 在Windows 7中可以采用直接拖拽应用程序图标到桌面的方法来创建快捷方式。（　　）

A. 正确　　B. 错误

75. 对话框窗口的最小化形式是一个图标。（　　）

A. 正确　　B. 错误

76. 操作系统是最常用的一款应用软件。（　　）

A. 正确　　B. 错误

77. Word 2010既能编辑文稿，又能编辑图片。（　　）

A. 正确　　B. 错误

78. Word 2010中没有字数统计功能。（　　）

A. 正确　　B. 错误

79. 在Word 2010中把表格转化成文本，只有逐步地删除表格线。（　　）

A. 正确　　B. 错误

80. 单元格是Excel 2010工作表最基本的数据单元。（　　）

A. 正确　　B. 错误

81. Excel 2010不仅能进行算术运算、比较运算，而且还能够进行文本运算。（　　）

A. 正确　　B. 错误

82. 一个工作簿包含多个工作表，根据需要可以对工作表进行删除、复制、切换和重命名操作，不可对它进行添加操作。（　　）

A. 正确　　B. 错误

83. 在PowerPoint 2010中按功能键F7的功能是拼写检查。（ ）

A. 正确 B. 错误

84. 在PowerPoint 2010中，若想在一屏内观看多张幻灯片的播放效果，可采用的方法是切换到打印预览。（ ）

A. 正确 B. 错误

85. Access 2010的数据库类型是层次数据库。（ ）

A. 正确 B. 错误

86. 在Access 2010中，不允许同一表中有相同的字段名。（ ）

A. 正确 B. 错误

87. Internet上广泛使用的是TCP/IP协议。（ ）

A. 正确 B. 错误

88. 所谓子网指的就是局域网。（ ）

A. 正确 B. 错误

89. 所谓信息高速公路是指利用高速铁路和公路传递电子邮件。（ ）

A. 正确 B. 错误

90. 当一个网页同时设置了背景图片和背景颜色时，背景色将覆盖背景图片。（ ）

A. 正确 B. 错误

第Ⅱ卷

四、填空题（本大题共20小题，每小题1分，共20分）

91. PowerPoint 2010启动后，自动新建一个______。

92. PowerPoint 2010具有普通视图、幻灯片浏览视图、幻灯片放映视图、阅读视图和______。

93. 在Access数据库系统中，不能建立索引的数据类型是______。

94. 在Access 2010中，______查询可以从一个或多个表中删除一组记录。

95. 在Word 2010中，左侧导航窗格中显示文档结构，右侧显示文档的______。

96. 在Word 2010中，双击标题栏可以使窗口在______之间进行切换。

97. 在单元格中出现了“#REF!”标记，说明单元格______。

98. COUNTIF为统计区域中满足______单元格个数的函数。

99. 将八进制数473转换成二进制数是______。

100. ______中保存数据，一旦断电，其中数据全部丢失。

101. 主频是指计算机时钟信号的频率，通常以______为单位。

102. 当采用ASCII编码时，在计算机中存储一个标点符号要占用______个字节。

103. 在Windows系统中，组合键Alt+F4的功能是______。

104. Windows菜单中有些命令后带有省略号（…），表示单击此命令会弹出______。

105. 通常顶级域名由三个字母组成，edu表示______机构。

106. 给每一个连接在Internet上的主机分配的唯一的32位地址称为______。

107. 计算机的算法具有可行性、______、确定性和输入/输出。

108. 为了可以快速布局网页，Dreamweaver提供了表格和______等方法。

109. Virtual Reality的含义是______。

110. 波形音频文件是______的数据文件。

山东省2017年普通高等教育专升本统一考试
计算机文化基础试题答案及解析

《第Ⅰ卷》

一、单项选择题（本大题共50小题，每小题1分，共50分）

1.【答案】D

【解析】信息技术（Information Technology，缩写IT），是主要用于管理和处理信息所采用的各种技术的总称，也常称为信息和通信技术（Information and Communications Technology，ICT）。它主要是应用计算机科学和通信技术来设计、开发、安装和实施信息系统及应用软件，包括传感技术、计算机与智能技术、通信技术和控制技术。从广义上说，信息技术是指能充分利用与扩展人类信息器官功能的各种方法、工具与技能的总和。

2.【答案】A

【解析】计算机内部是采用二进制工作的。因为用二进制表示的数字一般较长，书写和读数都比较麻烦，而二进制与十六进制之间的转换又非常方便，所以人们通常用十六进制来书写计算机中的数。

3.【答案】C

【解析】1951年，世界上第一台商品化批量生产的计算机UNIVAC-I的投产，标志着计算机时代的真正开始，计算机从此由实验室走向社会。

4.【答案】D

【解析】在数据计算时产生的溢出称为“数据溢出”。任何一台计算机都不可能具有对任意长度数据处理的能力，而是受字长的限制，只能处理一定范围内的数据。当要表示的数据超出计算机所能处理的数据的范围时，则会产生数据溢出现象。

5.【答案】C

【解析】CMOS芯片是计算机主板上的一个低耗电RAM芯片，里面记录了系统的一些重要信息，如软驱、硬盘的设置以及系统日期和时间等，电脑每次启动时都要先读取里面的信息。D选项指的是BIOS芯片（BIOS的中文意思是“基本输入输出系统”），它是主板上一个很重要的ROM芯片，里面包含了基本输入输出系统、内部诊断程序和一些实用程序。每次启动计算机时，都要调用BIOS的自检程序，检查主要部件以确保它们工作正常。

6.【答案】C

【解析】BASIC语言、C语言、C++语言、FORTRAN语言都属于高级语言，D选项中的二进制代码语言指的就是机器语言。

7.【答案】A

【解析】并发性是指在一段时间内有多道程序同时运行；共享性是指系统中的资源可供内存中多个并发执行的进程共同使用；虚拟性是指通过技术把一个物理实体变成若干个逻辑上的对应物；异步性是指内存中并发的多个进程以异步的方式运行，不可预知。并发性和共享性是操作系统的最基本特征。

8.【答案】B

【解析】快捷方式是Windows提供的一种快速启动程序、打开文件或文件夹的方法，快捷方式可以指向任何一个文件（含程序文件、文档文件和其他文件）或文件夹。为方便使用，快捷方式一般放置在桌面上，但也可以放置在任何一个文件夹内。快捷方式实质上是一个扩展名为.lnk的文件，快捷方式图标的左下角都有一个小白箭头。快捷方式只是指向了一个文件或文件夹，删除快捷方式并不会删除它所指向的文件或文件夹。

9.【答案】B

【解析】A选项：回收站实质上是硬盘（属于外存）上的一个文件夹，用于存放被删除的文件或文件夹，剪贴板是内存中的一块用于数据交换的区域；C选项：如果用户长时间不操作计算机，系统就会启动屏幕保护程序而将屏幕上的画面隐藏起来，屏幕保护程序结束恢复回来后，桌面上的内容与进入屏幕保护程序之前一致；D选项：桌面上的图标可以按照文件类型、名称、修改日期、大小等方式进行自动排列，在没有设定自动排列的情况下，用户也可以对图标进行任意排列。

10.【答案】B

【解析】只有管理员账户才能创建新的账户。

11.【答案】D

【解析】窗口被最小化，并没有关闭程序，而是将其转入后台运行。

12.【答案】C

【解析】改变CMOS设置的操作必须在打开计算机后、操作系统启动之前通过专门的设置程序来完成。

13.【答案】B

【解析】选中多个分散的文件或文件夹需按住Ctrl键，选中多个连续的文件或文件夹需按住Shift键。

14.【答案】C

【解析】在Word 2010中，“文件”选项卡中的“关闭”命令和“退出”命令作用不同，“关闭”命令只关闭当前正在编辑的文档窗口而不退出Word程序，“退出”命令则直接退出Word程序。

15.【答案】C

【解析】A选项是文本文件的默认扩展名；B选项是Excel 2010文档的默认扩展名；D选项是Access 2010文档的默认扩展名。

16.【答案】B

【解析】“页面视图”是Word中显示内容最全的视图方式。

17.【答案】C

【解析】表格左上方的移动手柄的作用包括移动表格和选定表格。

18.【答案】B

19.【答案】B

【解析】A选项是切换到草稿视图；C选项是插入批注；D选项是切换到大纲视图。

20.【答案】A

【解析】B选项是退出程序，关闭Word窗口。

21.【答案】C

【解析】外存上的文档要先调入内存，才能打开并显示出来。

22.【答案】B

23.【答案】B

【解析】在Excel中，对某一工作簿中某工作表内的某一单元格的引用格式为：[工作簿名]工作表名！单元格地址。

24.【答案】C

【解析】在Excel中，一个工作簿就是指一个Excel文件，是由若干个工作表组成的。一个工作表就是一个二维表，是由若干单元格组成的。

25.【答案】A

【解析】在Excel中，公式必须以等号开头。

26.【答案】C

【解析】一段占一个单元格。

27.【答案】A

28.【答案】B

【解析】其他选项都可以选择是应用于选定幻灯片还是全部幻灯片。

29.【答案】A

30.【答案】B

【解析】在PowerPoint中插入的表格和Word中插入的表格一样，可以对表格进行各种编辑操作，包括合并、拆分、设置边框与底纹、改变行高与列宽、增删行与列等。

31.【答案】A

32.【答案】D

【解析】母版用于设置演示文稿中每张幻灯片的预设格式，包括每张幻灯片的标题及正文文字的位置和大小、项目符号的样式、背景样式等。在PowerPoint 2010中，母版分为幻灯片母版、讲义母版和备注母版三类。

33.【答案】A

【解析】所谓打包，指的是将幻灯片中用到的字体库、链接文件等集成在一起，生成一个独立于运行环境的文件夹。将PPT打包的目的是解决因运行环境限制、文件损坏、无法调用等因素幻灯片无法正常播放的问题。

34.【答案】A

【解析】字体倾斜的快捷键是Ctrl+I，字体加下划线的快捷键是Ctrl+U。B是执行“复制”操作的快捷键；C是执行“粘贴”操作的快捷键；D是执行“剪切”操作的快捷键。

35.【答案】D

【解析】D选项是一种程序设计语言，属于高级语言。

36.【答案】A

【解析】SELECT语句用于从数据库中选取数据，其语法格式为：SELECT列名FROM数据表名或SELECT * FROM数据表名，意思是从指定的数据表中选取指定

列的数据，*代表指定的数据表中的所有列。

37.【答案】A

【解析】数据库管理系统（Database Management System，简称DBMS）是操纵和管理数据库的软件，用于建立、使用和维护数据库。

38.【答案】B

【解析】E-R是Entity-Relationship的简写，中文意思为“实体-联系”。

39.【答案】B

40.【答案】C

41.【答案】C

【解析】关系数据库不仅反映现实世界中的实体，也反应实体之间的联系，因此数据库中的多个表之间既相对独立，又相互联系。表间的联系通过外键表现，与表名称无关。

42.【答案】D

【解析】多媒体技术的特征包括多样性、交互性、集成性、实时性，其中交互性最主要，也是多媒体区别于其他各类媒体的最关键特征。

43.【答案】A

【解析】A选项是视频文件格式。

44.【答案】B

【解析】在8：8：8的RGB彩色图像中，R、G、B三个颜色分量各为8位（即1个字节），因此每个像素占3个字节，而分辨率（即像素总个数）为1280×1024，因此占用的存储空间为（1280×1024×3）÷（1024×1024）=3.75 MB。

45.【答案】B

【解析】图形与图像的区别：（1）图形是指由外部轮廓线条构成的矢量图，而图像是由像素点阵构成的位图；（2）图形可任意缩放不会失真，而图像在缩放过程中会损失细节或产生锯齿；（3）图形对于自然景物描述困难，而图像则相反；（4）图形占用存储空间小，但生成视图需要复杂的计算，而图像占用存储空间大，但是不需要计算。

46.【答案】B

47.【答案】A

48.【答案】B

【解析】在“100Base-TX”中，100用于标识传输速率为100Mbit/s，Base用来

标识采用基带传输，T表示传输介质为2对5类非屏蔽双绞线，当为F时，代表传输介质为光纤。

49.【答案】C

【解析】域名和网址既有区别又有联系。如http://www.xinnet.com/是一个完整的网址，其中，xinnet.com则是对应这个网站的域名。

50.【答案】D

二、多项选择题（本大题共20小题，每小题1分，共20分）

51.【答案】A、D

【解析】$(1001101.01)_2=(77.25)_{10}$，$(4\quad D.1)_{16}=(77.0625)_{10}$.

52.【答案】C、D

【解析】A、B选项属于输出设备。

53.【答案】A、D

【解析】控制面板是操作系统提供的用来进行系统设置和设备管理的一个工具集，里面包含了许多实用程序，通过这些程序可以更改计算机的软、硬件系统设置，如添加/删除程序、更改系统时间、添加/删除账户等。

54.【答案】A、B

【解析】C选项：文件夹可以设置最大层次数与存储空间大小无关，与操作系统的管理策略有关；D选项：当一个文件夹被删除时，它下面的所有文件和文件夹同时被删除。

55.【答案】B、C

【解析】磁盘碎片增多会降低磁盘的读写速度，最好定期进行碎片整理。

56.【答案】A、B

【解析】页面设置主要包括页边距、纸张大小、纸张方向、装订线位置等。C选项是段落格式设置；D选项是字体格式设置。

57.【答案】A、C

58.【答案】A、D

59.【答案】A、B

60.【答案】A、C

【解析】“?”和“*”是通配符，“e?c*”代表第一个字符为“e”、第三个字符为“c”的所有字符串。

61.【答案】B、C

【解析】在Excel 2010中，“文件”选项卡包含新建、打开、保存、另存为、退出、关闭、打印等命令，剪切、复制、粘贴、查找、替换、删除、清除、填充等命令在“开始”选项卡中。

62.【答案】A、B

【解析】C选项不仅删除了单元格中的内容，还删除了整个单元格。

63.【答案】C、D

64.【答案】B、D

【解析】Access 2010提供的数据类型有：文本型、备注型、数字型、日期/时间型、货币型、自动编号型、是/否型、OLE对象型。

65.【答案】A、C

【解析】A选项：索引是对数据表中的字段而言的，为字段添加索引的目的是提高数据检索的效率。C选项：有效性规则也是对表中的字段而言的，字段有效性规则就是给字段设定的一种规则，符合规则的即为有效数据，不符合规则的即为无效数据。

66.【答案】A、C

【解析】B、D选项不具有交互性，不属于多媒体。

67.【答案】A、B

68.【答案】B、C

【解析】热点属于一种特殊形式的超链接，是一个能对链接指示做出反应的图形或文本框。单击该图形或文本框的已定义区域，可转到与该区域相链接的目标上。

69.【答案】B、D

70.【答案】C、D

三、判断题（本大题共20小题，每小题0.5分，共10分）

71.【答案】A

【解析】磁盘驱动器（磁带机）是对磁盘（磁带）进行读写操作的设备，既能将存储在磁盘（磁带）上的信息读进内存中，又能将内存中的信息写到磁盘（磁带）上，因此既是输入设备，又是输出设备。

72.【答案】B

【解析】因为国标码没有考虑和ASCII码的冲突，因此不能在计算机内部直接使用，在计算机内部表示和存储汉字所使用的编码为机内码。

73.【答案】B

【解析】如果主存储器的容量和读写速度很低，CPU的速度再快也得不到有效发挥，主存的大小和读写速度也是影响计算机整体性能的主要指标。

74.【答案】A

【解析】按住右键拖拽可以实现。

75.【答案】B

【解析】对话框窗口一般不能最小化。

76.【答案】B

【解析】操作系统属于系统软件。

77.【答案】A

【解析】利用Word 2010中的图片工具，可以对图片进行简单编辑。

78.【答案】B

79.【答案】B

【解析】Word 2010提供了文本和表格相互转换的功能。

80.【答案】A

81.【答案】A

【解析】在Excel 2010中提供了算术运算、比较运算和文本运算。算术运算包括+、–、*、/、^；比较运算包括>、<、=、>=、<=、<>；文本运算是指&，即连接运算。

82.【答案】B

83.【答案】A

84.【答案】B

【解析】不能在一屏内观看多张幻灯片的播放效果。

85.【答案】B

【解析】Access 2010的数据库类型是关系数据库。

86.【答案】A

【解析】同一个表中的字段名必须唯一。

87.【答案】A

88.【答案】B

【解析】局域网是从网络的覆盖范围来说的，覆盖范围在几千米以内的网络都是局域网（LAN）。子网一般是指网络中的一部分，局域网中也可以有子网。

89.【答案】B

【解析】信息高速公路是对Internet网的形象性的说明。1993年9月15日美国政府正式推出“国家信息基础设施”工程计划，在世界范围内产生了极为广泛的影响。“国家信息基础设施”的英文全称为National Information Infrastructure，简称NII。

90.【答案】B

【解析】当一个网页同时设置了背景图片和背景颜色时，背景图片优于背景颜色，只有在背景图片显示不到的地方才会显示背景颜色。

第Ⅱ卷

四、填空题（本大题共20小题，每小题1分，共20分）

91.【答案】空演示文稿

92.【答案】备注页视图

93.【答案】OLE对象（计算或附件）

94.【答案】删除

【解析】Access 2010的查询包括选择查询、参数查询、交叉表查询、操作查询和SQL查询五种，其中操作查询又包括删除查询、更新查询、追加查询、生成表查询四种。

95.【答案】内容

96.【答案】最大化与还原

97.【答案】引用无效

【解析】Excel中常见的公式出错提示信息如下：

########：单元格中的数字、日期或时间型数据宽度比单元格的宽度大，或单元格中的日期、时间、公式产生了一个负值。例如单元格E18中输入“2008-4-1”，在E19中输入公式“=El8-39540”。

#VALUE!：使用了错误的参数或运算符类型，或公式出错。例如单元格E18中输入“abc”，在E19中输入公式“=El8+3”。

#DIV/0!：公式中出现0做除数的情况。

#NAME?：公式中使用了Excel不能识别的文本，例如公式“=SAM（A1:B2）”。

#N/A!：函数或公式中没有可用数值。

#REF!：单元格引用无效。

#NUM!：公式或函数中某个数字有问题。

#NULL!：试图为两个并不相交的区域指定交叉点，例如公式“=AVERAGE（E4:F10 G8:H10）”。

98.【答案】给定条件

【解析】函数COUNTIF的功能是统计指定的单元格区域内符合条件的单元格数。

99.【答案】100111011

【解析】八进制转换成二进制的方法：将每一位八进制数分别转换成所对应的3位二进制数即可。八进制数“4”对应的是3位二进制数“100”，“7”对应的是“111”，“3”对应的是“011”，因此组合后为“100111011”。

100.【答案】RAM

101.【答案】Hz（或赫兹）

102.【答案】1

【解析】ASCII码为7位，占1个字节。

103.【答案】关闭窗口

104.【答案】对话框

【解析】Windows中对菜单项的基本约定包括：（1）变灰的菜单命令表示当前不可用；（2）带省略号的菜单命令表示执行后将弹出一个对话框；（3）带有“√”的菜单项表示是一个复选菜单项；（4）带有“●”的菜单项表示是一个单选菜单项；（5）带实心三角形的菜单表示该菜单下还包含下一级菜单。

105.【答案】教育

【解析】com表示商业机构；net表示网络机构；org表示非盈利性组织；gov代表政府机构；mil代表军事机构。

106.【答案】IP地址

【解析】IP地址是为了对网络中的计算机加以区分而为网络中的每一台计算机设置的编号。IP地址是一个32位的二进制数，由主机号和网络号两部分组成，分为A、B、C、D、E五类，其中常用的为A、B、C三类。

107.【答案】有穷性

【解析】算法是对解决一个问题的方法和步骤的准确而完整的描述。算法具有以下五个特征：（1）有穷性：指算法必须能够在执行有限个步骤之后终止；（2）确定性：算法中的每一步都必须有确切的定义，不能存在歧义；（3）可

行性：算法中的每一步都应该可行；（4）输入项：一个算法可以有0个或多个输入，以确定执行算法的初始条件；（5）输出项：一个算法必须有1个或多个输出，以反映算法的执行结果，没有任何输出的算法毫无意义。

108.【答案】框架

109.【答案】虚拟现实

【解析】虚拟现实技术（VR）是一种可以创建和体验虚拟世界的计算机仿真系统，它利用计算机生成一种多源信息融合的、交互式的三维动态环境并使用户沉浸到该环境中。

110.【答案】真实声音数字化后/模拟声音数字化后

【解析】波形音频文件的扩展名为wav。

试卷类型：公共课

山东省2016年普通高等教育专升本统一考试

计算机文化基础试题

本试卷分为第Ⅰ卷和第Ⅱ卷两部分，满分100分，考试用时120分钟。考试结束后，将本试卷和答题卡一并交回。

注意事项：

1. 答卷前，考生务必用0.5毫米黑色签字笔将自己的姓名、准考证号、身份证号填写到试卷规定的位置上，将自己的座位号填写到第Ⅱ卷试卷右下角规定位置。

2. 第Ⅰ卷每小题选出答案后，用2B铅笔把答题卡上对应题目的答案标号涂黑；如需改动，用橡皮擦干净后，再选涂其他答案标号，答案不能答在试卷上。

3. 第Ⅱ卷答题必须使用0.5毫米黑色签字笔作答，答案必须填写在试卷各题目指定的位置；如需改动，先划掉原来的答案，然后再写上新的答案；不能使用涂改液、胶带纸、修正带。不按以上要求作答的答案无效。

第Ⅰ卷

一、单项选择题（本大题共50小题，每小题1分，共50分）

每小题列出的四个备选项中只有一个是符合题目要求的，请将其代码填涂在答题卡上。错选、多选或未选均无分。

1. 第一台电子计算机是1946年在美国研制的，该机的英文缩写为（　　）。

A. EDSAC　　B. EDVAC

C. ENIAC　　D. UNIVAC

2. 以程序存储和程序控制为基础的计算机结构的提出者是（　　）。

A. 布尔　　B. 冯·诺依曼

C. 图灵　　D. 帕斯卡

3. 有一个数值152，它与十六进制6A相等，那么该数值是（　　）。

A. 二进制数　　B. 八进制数

C. 十进制数　　D. 四进制数

4. 下列等式中，正确的是（　　）。

A. 1 KB=1024 × 1024 B　　B. 1 MB=1024 B

C. 1 KB=1024 MB　　D. 1 MB=1024 × 1024 B

5. 下列各组设备中，完全属于外部设备的一组是（　　）。

A. 内存储器、磁盘和打印机　　B. CPU、软盘驱动器和RAM

C. CPU、显示器和键盘　　D. 硬盘、软盘驱动器和键盘

6. 以下属于高级语言的是（　　）。

A. 汇编语言　　B. C语言

C. 机器语言　　D. 以上都是

7. 在Windows 7中，为保护文件不被修改，可将它的属性设置为（　　）。

A. 只读　　B. 存档

C. 隐藏　　D. 系统

8. 在Windows 7“资源管理器”窗口右部选定所有文件，如果要取消其中几个文件的选定，应进行的操作是（　　）。

A. 用鼠标左键依次单击各个要取消选定的文件

B. 按住Ctrl键，再用鼠标左键依次单击各个要取消选定的文件

C. 按住Shift键，再用鼠标左键依次单击各个要取消选定的文件

D. 用鼠标右键依次单击各个要取消选定的文件

9. 在Windows 7中，在各个输入法之间切换，应按（　　）键。

A. Shift+空格　　B. Ctrl+空格

C. Ctrl+Shift　　D. Alt+回车

10. Windows 7中，要把整个计算机屏幕的画面复制到剪贴板上，可按（　　）键。

A. Alt+PrintScreen　　B. PrintScreen

C. Shift+PrintScreen　　D. Ctrl+PrintScreen

11. 在Windows 7中可以对系统日期或时间进行设置，下述（　　）是不正确的途径。

A. 利用控制面板中的“日期和时间”

B. 右键单击桌面空白处，在弹出的快捷菜单中选择“调整日期/时间”命令

C. 右键单击任务栏通知区域的时间指示器，在弹出的快捷菜单中选择“调整日期/时间”命令

D. 单击任务栏最右端的时间指示器，在出现的窗口中选择“更改日期和时间设置…”

12. 在Windows 7中，下列程序不属于附件的是（　　）。

A. 计算器　　B. 记事本

C. 网络　　D. 画图

13. Windows 7中自带的网络浏览器是（　　）。

A. Netscape　　B. Internet Explorer

C. CuteFTP　　D. Firefox

14. 在Word 2010中，当前已打开一个文件，若想打开另一个文件，（　　）。

A. 首先关闭原来的文件，才能打开新文件

B. 打开新文件时，系统会自动关闭原文件

C. 两个文件可以同时打开

D. 新文件的内容将会加入原来打开的文件

15. 在Word 2010中，要同时在屏幕上显示同一个文档的不同部分，可以使用（　　）功能。

A. 重排窗口　　B. 全屏显示

C. 拆分窗口　　D. 页面设置

16. 在Word 2010中，文本被剪切后，它被保存在（　　）中。

A. 临时文档　　B. 自己新建的文档

C. 剪贴板　　D. 硬盘

17. 在Word 2010中，要使文档各段落的第一行左边空出两个汉字位，可以对文档的各段落进行（　　）。

A. 首行缩进　　B. 悬挂缩进

C. 左缩进　　D. 右缩进

18. 下列有关Word 2010格式刷的叙述中，正确的是（　　）。

A. 格式刷只能复制纯文本的内容

B. 格式刷只能复制字体格式

C. 格式刷只能复制段落格式

D. 格式刷既可以复制字体格式也可以复制段落格式

19. 在Word 2010的表格操作中，改变表格的行高与列宽可用鼠标操作，方法是（　　）。

A. 当鼠标指引在表格线上变为双箭头形状时拖动鼠标

B. 双击表格线既不能改变行高，也不能改变列宽

C. 单击表格线

D. 单击“拆分单元格”按钮

20. 在Word 2010文本编辑中，（　　）实际上应该在文档的编辑、排版和打印等操作之前进行，因为它对许多操作都将产生影响。

A. 页码设定　　B. 打印预览

C. 字体设置　　D. 页面设置

21. 在Excel 2010工作簿中，默认的工作表个数是（　　）。

A. 1　　B. 2

C. 3　　D. 4

22. 在Excel 2010中，输入分数2/3的方法是（　　）。

A. 直接输入2/3　　B. 先输入0，再输入2/3

C. 先输入0和空格，再输入2/3　　D. 以上方法都不对

23. 已在Excel 2010工作表的F10单元格中输入了“八月”，再拖动该单元格的填充柄往上移动，请问在F7、F8、F9单元格中会出现的内容是（　　）。

A. 九月、十月、十一月　　B. 七月、六月、五月

C. 五月、六月、七月　　D. 八月、八月、八月

24. 在Excel 2010中，可以将一个或多个文本连接为一个文本的运算符是（　　）。

A. +　　B. -

C. &　　D. *

25. 在Excel 2010中，G8单元格的值为7654.375，执行某些操作之后，在G8单元格中显示一串“#”符号，说明G8单元格的（　　）。

A. 公式有错，无法计算

B. 数据已经因操作失误而丢失

C. 显示宽度不够，只要调整宽度即可

D. 格式与类型不匹配，无法显示

26. 在Excel 2010工作表中输入数据时，如果需要在单元格内回车换行，下列（　　）按键可以实现。

A. Alt+Enter　　B. Ctrl+Enter

C. Shift+Enter　　D. Ctrl+Shift+Enter

27. 在Excel 2010中根据数据表制作图表时，可以对（　　）进行设置。

A. 标题　　B. 坐标轴

C. 网格线　　D. 都可以

28. 在PowerPoint 2010中，对幻灯片的重新排序、幻灯片间定时和过渡、加入和删除幻灯片以及整体构思幻灯片都特别有用的视图是（　　）。

A. 普通视图　　B. 备注页视图

C. 幻灯片浏览视图　　D. 阅读视图

29. 在PowerPoint 2010中，有关插入多媒体素材的说法错误的是（　　）。

A. 不可以直接插入Flash动画　　B. 可以直接插入GIF动画

C. 可以直接插入视频　　D. 可直接向幻灯片中插入声音

30. 在PowerPoint 2010中，下面（　　）不是合法的“打印版式”选项。

A. 整页幻灯片　　B. 备注页

C. 大纲　　D. 幻灯片浏览

31. PowerPoint 2010是一个（　　）软件。

A. 文字处理　　B. 演示文稿

C. 图形处理　　D. 表格处理

32. 在PowerPoint 2010中添加新幻灯片，以下操作正确的是（　　）。

A. 按Ctrl+N组合键　　B. 按Ctrl+M组合键

C. 按Ctrl+Shift+N组合键　　D. 按Ctrl+Alt+M组合键

33. 以下不属于PowerPoint 2010提供的视图方式的是（　　）。

A. 幻灯片视图　　B. 普通视图

C. 幻灯片浏览视图　　D. 幻灯片放映视图

34. PowerPoint 2010放映文件的扩展名为（　　）。

A. PPTX　　B. PPVX

C. PPSX　　D. PTTX

35. 目前最常见的数据库类型是（　　）。

A. 网状数据库　　B. 树形数据库

C. 网络数据库　　D. 关系数据库

36. DBA是指数据库（　　）。

A. 关系　　B. 管理员

C. 软件　　D. 硬件

37. 关于数据库系统的叙述，正确的是（　　）。

A. 数据库系统包含数据库与数据库管理系统

B. 数据库包含数据库系统与数据库管理系统

C. 数据库管理系统包括数据库和数据库系统

D. 数据库系统包括数据库，但不包括DBMS

38. 目前广泛使用的通用数据库查询语言是（　　）。

A. C语言　　B. Java语言

C. SQL语言　　D. 汇编语言

39. 在Access 2010中，筛选的目的是找出数据表中（　　）。

A. 满足条件的记录　　B. 不满足条件的记录

C. 满足条件的字段　　D. 不满足条件的字段

40. 在Access 2010中，字段的有效性规则主要用于（　　）。

A. 限定字段的数据类型　　B. 限定字段数据的格式

C. 设置字段的数据是否有效　　D. 限定数据的取值范围

41. 在Access 2010中，用来定义数据打印效果的是（　　）。

A. 窗体　　B. 表单

C. 报表　　D. 索引

42. 多媒体的主要特点是（　　）。

A. 动态性、丰富性　　B. 集成性、交互性

C. 标准化、娱乐化　　D. 网络化、多样性

43. WMV文件属于（　　）多媒体文件。

A. 音频　　B. 乐器数字

C. 动画　　D. 数字视频

44. 使用匿名FTP服务，用户登录时常常使用（　　）作为用户名。

A. anonymous　　B. 主机的IP地址

C. 自己E-mail　　D. 节点的IP地址

45. 要使用电话线上网，计算机系统中必须有（　　）。

A. 声卡　　B. 网卡

C. 电话机　　D. 调制解调器

46. 当电子邮件到达时，若收件人没有开机，该邮件将（　　）。

A. 自动退回给发件人　　B. 保存在E-mail服务器上

C. 开机时对方重新发送　　D. 该邮件丢失

47. TCP是（　　）协议的简写。

A. 传输控制　　B. 超文本传输

C. 网络服务　　D. 远程传输

48. 网址中的HTTP是指（　　）。

A. 计算机主机名　　B. TCP/IP

C. 文件传输协议　　D. 超文本传输协议

49. 互联网通常使用的网络通信协议是（　　）。

A. NCP　　B. NETBUEI

C. OSI　　D. TCP/IP

50. 下列地址（　　）是正确的电子邮件地址。

A. www.baidu.com　　B. www@139.com

C. 192.168.1.111　　D. http://www.google.cn

二、多项选择题（本大题共20小题，每小题1分，共20分）

每小题列出的四个备选项中只有两个是符合题目要求的，请将其代码填涂在答题卡上。错选、多选或未选均无分，少选一个扣0.5分。

51. 下列说法中，不正确的是（　　）。

A. ROM是只读存储器，其中的内容只能读一次，下次再读就读不出来了

B. 硬盘通常安装在主机箱内，所以硬盘属于内存

C. CPU不能直接与外存打交道

D. 计算机突然停电，则RAM中的数据会全部丢失

52. 下列软件中，属于应用软件的有（　　）。

A. Windows　　B. Word

C. 编辑程序　　D. Unix

53. 在Windows 7中，关于文件的命名，下面说法正确的是（　　）。

A. 在一个文件夹内，ABC.doc文件与abc.doc文件可以作为两个文件同时存在

B. 在Windows 7中文版中，可以使用汉字文件名

C. 给一个文件命名时不可以使用通配符，但同时给一批文件命名时可以使用

D. 给一个文件命名时，可以不使用扩展名

54. 在Windows 7中，可以（　　）关闭当前窗口。

A. 按窗口右上角的“关闭”按钮　　B. 按Alt+F4键

C. 按窗口右上角的“最小化”按钮　　D. 按Alt+ESC键

55. 在Windows 7中，下列有关快捷方式的叙述错误的是（　　）。

A. 快捷方式改变程序或文档在磁盘上的存放位置

B. 快捷方式提供了对常用程序和文档的访问捷径

C. 快捷方式只能放在桌面上

D. 删除快捷方式不会对原程序或文档产生影响

56. 在Word 2010中，下列关于表格的描述正确的是（　　）。

A. 表格中可以添加斜线　　B. 表格中的数据不能排序

C. 表格中不可以插入图形　　D. 表格中可以插入公式

57. 在Word 2010中，选定整篇文档的方法有（　　）。

A. 使用组合键Ctrl+A

B. 使用“文件”选项卡中的“全选”命令

C. 将鼠标指针移到文档的编辑区，三击鼠标左键

D. 将鼠标指针移到文本选定区，按住Ctrl键的同时单击左键

58. 在Word 2010中，下列关于查找与替换的描述正确的是（　　）。

A. 只能从文档的光标处向下查找与替换

B. 查找与替换时不能区分全角/半角

C. 可以对段落标记、分页符进行查找与替换

D. 查找与替换时可以区分大小写字母

59. 在Word 2010中，下列关于页眉、页脚的描述正确的是（　　）。

A. 页眉、页脚的字体、字号为固定值，不能修改

B. 奇偶页、首页可以设置不同的页眉、页脚

C. 页眉、页脚可与文件的内容同时编辑

D. 页眉默认居中，页脚默认左对齐，根据需要可以改变它们的对齐方式

60. 以下关于Excel 2010工作簿和工作表的叙述，正确的是（　　）。

A. 一个工作簿可包含至多16张工作表

B. 工作表的复制是完全复制，包括数据和排版格式

C. 工作表的移动或复制只限于本工作簿，不能跨工作簿进行

D. 保存了工作簿就等于保存了其中所有的工作表

61. 在Excel 2010中，某区域由A1、A2、A3、B1、B2、B3六个单元格组成，下列不能表示该区域的是（　　）。

A. A1:B3

B. A1:B1, A2:B2

C. B2:A1, B3:A3

D. A3:B2

62. 在Excel 2010中，要选定B2:E6单元格区域，可以先选择B2单元格，然后（　　）。

A. 按住鼠标左键拖动到E6单元格

B. 按住Shift键并按向下向右光标键，直到E6单元格

C. 按住鼠标右键拖动到E6单元格

D. 按住Ctrl键并按向下向右光标键，直到E6单元格

63. 在Excel 2010工作表中，下列正确的公式形式为（　　）。

A. =B3*Sheet3!A2

B. =B3*%A2

C. =B3*"Sheet3"$A2

D. =B3*$A2

64. 在PowerPoint 2010中，控制幻灯片外观的方法有（　　）。

A. 应用主题

B. 设置字体

C. 设置文本框颜色

D. 母版

65. 以下属于Access 2010操作查询的是（　　）。

A. 筛选查询

B. 追加查询

C. 删除查询

D. 新建数据查询

66. 以下属于视频文件的是（　　）。

A. JPEG

B. MAX

C. AVI

D. WMV

67. 以下选项中属于色彩的三要素的是（　　）。

A. 色相

B. 色温

C. 色度

D. 饱和度

68. 以下选项中属于网页文件扩展名的是（　　）。

A. DOCX

B. HTML

C. HML

D. HTM

69. 以下合法的IP地址是（　　）。

A. 111.11.1.1

B. 222.22.22.2

C. 333.33.3.3

D. 22.2.2.2.22

70. 与电子邮件有关的协议是（　　）。

A. POP

B. SMTP

C. HTTP

D. FTP

三、判断题（本大题共20小题，每小题0.5分，共10分）

每题列出的两个备选项中有一个是符合题目要求的，请将其代码填涂在答题卡上。

71. 世界上第一台计算机的电子元器件主要是晶体管。（　　）

A. 正确　　　　B. 错误

72. 所有的十进制小数都能完全准确地转换为二进制小数。（　　）

A. 正确　　　　B. 错误

73. 一个字节（BYTE）占8个二进制位。（　　）

A. 正确　　　　B. 错误

74. 在Windows 7中，任何情况下，文件和文件夹删除后都将放入回收站。（　　）

A. 正确　　　　B. 错误

75. Windows 7的任务栏可以改变位置和大小。（　　）

A. 正确　　　　B. 错误

76. 在Windows 7中，用户可以同时打开多个窗口，此时只能有一个窗口处于活动状态。（　　）

A. 正确　　　　B. 错误

77. Word 2010中，选定表格后按delete键，则整个表格被删除。（　　）

A. 正确　　　　B. 错误

78. 在Word 2010的分栏操作中，只能等栏宽分栏。（　　）

A. 正确　　　　B. 错误

79. 在Word 2010中，要打印一篇文档的第1、3、5、6、7和20页，需要在打印对话框的页码范围文本框中输入“1-3, 5-7, 20”。（　　）

A. 正确　　　　B. 错误

80. 在Excel 2010中，当前单元格的地址显示在编辑栏中。（　　）

A. 正确　　　　B. 错误

81. 在Excel 2010中，筛选后的表格中只含有符合筛选条件的行，其他行被删除。（　　）

A. 正确　　　　B. 错误

82. 在Excel 2010中，对于已经建立的图表，如果源工作表中的数据发生变化，图表将相应更新。（　　）

A. 正确　　　　B. 错误

83. 使用Word 2010也可以制作与PowerPoint类似的幻灯片。（　　）

A. 正确　　B. 错误

84. PowerPoint 2010中的母版可以分为四类。（　　）

A. 正确　　B. 错误

85. 使用Access 2010可以直接操作Excel工作表中的数据。（　　）

A. 正确　　B. 错误

86. Access 2010中的查询与数据表之间区别很小。（　　）

A. 正确　　B. 错误

87. 矢量图形可以任意缩放而不变形，而图像则不然。（　　）

A. 正确　　B. 错误

88. 路由器的英文简称为HUB。（　　）

A. 正确　　B. 错误

89. 当前计算机病毒的主要传播途径是网络和移动存储设备。（　　）

A. 正确　　B. 错误

90. 主页是网站上信息量最大的网页。（　　）

A. 正确　　B. 错误

第Ⅱ卷

四、填空题（本大题共20小题，每小题1分，共20分）

91. 添加________按钮和创建超链接都可以控制幻灯片的播放顺序。

92. PowerPoint 2010模板文件的扩展名为________。

93. 英文简写MIDI翻译为中文，意思是________。

94. 英文简写MPEG翻译为中文，意思是________。

95. Access 2010的大部分数据库对象都包含在一个扩展名为________的数据库文件中。

96. 在Access 2010数据表中，可以用________类型的字段保存学生的照片。

97. 在HTML网页文件中，定义网页主体的标记符是________。

98. IPConfig命令用于检查________。

99. 国务院办公厅明确把信息网络分为内网（涉密网）、外网（非涉密网）和因特网三类，而且明确提出内网和外网要________。

100. 网络内主机数量最多的IP地址为________类地址。

101. 在计算机中，英文字符编码形式主要采用________字符编码，即美国标准信息交

换代码。

102. 计算机的运算器是对数据进行________和逻辑运算的部件。

103. 内存中的每一个存储单元都被赋予一个唯一的序号，该序号称为________。

104. 将高级语言编写的程序翻译成机器语言程序，采用的两种翻译方式是________和解释。

105. 用MIPS为单位来衡量计算机的性能，它用来描述计算机的________。

106. 操作系统的重要功能包括________、存储器管理、设备管理、文件管理和作业管理。

107. Word 2010文档缺省的扩展名为________。

108. 在Word文档中，要在已有的表格中添加一行，最简单的操作是在表格最后一列外侧的段落标记前按________键。

109. 在Excel 2010中，D5单元格中有公式"=A5+$B$4"，删除第3行后，D4单元格中的公式是________。

110. 在Excel 2010中，对数据清单进行分类汇总前，必须先对数据清单进行________。

山东省2016年普通高等教育专升本统一考试
计算机文化基础试题答案及解析

《第Ⅰ卷》

一、单项选择题（本大题共50小题，每小题1分，共50分）

1.【答案】C

【解析】世界上第一台通用计算机于1946年2月14日在美国宾夕法尼亚大学诞生，全称为Electronic Numerical Integrator And Computer，即电子数字积分计算机，简称为ENIAC（音：埃尼阿克）。A选项EDSAC是世界上第一台采用了冯·诺依曼体系结构的计算机，由此可见，ENIAC并不符合冯·诺依曼体系结构，因此存在极大缺陷。这里大家要掌握一点，即ENIAC没有存储器。另外两个选项不必了解。

2.【答案】B

【解析】匈牙利数学家冯·诺依曼在计算机设计方面有两大贡献：一是提出了二进制的设计思想；二是提出了存储程序的计算机工作原理（也就是本题目题干中所说的以程序存储和程序控制为基础的计算机结构）。A选项布尔是英国数学家，他的主要贡献是创立了符号逻辑（对研究二进制作用很大）；C选项图灵是英国科学家，他在数理逻辑和计算机科学方面取得的很多成果是现代计算机技术的基础，被誉为“计算机科学之父”“人工智能之父”，人们为纪念其在计算机领域的卓越贡献而专门设立了“图灵奖”，相当于计算机领域的诺贝尔奖（“图灵奖”这个知识点大家应该掌握）；D选项帕斯卡是法国数学家，他发明了机械计算机。

3.【答案】B

【解析】首先利用排除法将A、D选项排除，因为二进制数中不可能出现数字5和2，四进制数中不可能出现数字5。然后利用按权展开的方法（即6AH=6×16+10=106D，这里的H表示十六进制数，D表示十进制数）将十六进制数6A转换成十进制数106，结

果出来了，很显然不是十进制数，排除C选项，答案选B。最后也可以验证，也就是同样利用按权展开的方法（即152O=1×64+5×8+2=106D，这里的O表示八进制数）将八进制数152转换成十进制数106，验证答案无误。

4.【答案】D

【解析】衡量数据量的单位主要有：① 位，也叫比特（bit），即1个0或1个1，这是最小的数据单位；② 字节（Byte，简写为B），8位为一个字节，即1B=8 bit，这是最基本的数据单位；③ 千字节（简写为KB），1KB=1024 B；④ 兆字节（简写为MB），1MB=1024KB=1024×1024B；⑤ G、T等更大的单位，1GB=1024MB=1024×1024KB=1024×1024×1024B，1TB=1024GB=1024×1024MB=1024×1024×1024 KB=1024×1024×1024×1024B。由此可得出正确答案为D。

5.【答案】D

【解析】计算机包括主机和外部设备（简称“外设”），主机包括内存和CPU，其他均为外设。本题可采用排除法将含有内存和CPU的A、B、C三个选项排除，从而得出正确答案。

6.【答案】B

【解析】通俗地讲，计算机语言就是人与计算机之间对话所使用的语言，是用来编写计算机程序、控制计算机运行的一种工具。计算机语言分为低级语言和高级语言两种。低级语言包括机器语言和汇编语言两种，其他都是高级语言。高级语言有很多，C语言就是其中一种，目前比较流行的高级编程语言还有Java、C++、C#等。

7.【答案】A

【解析】被设置为“只读”属性的文件中的内容只能被查看，不能被更改。如果要更改文件内容，必须将新文件更换位置或文件名另行保存。

8.【答案】B

【解析】在“资源管理器”中选定单个文件直接单击即可；选定多个连续的文件可以采用按住鼠标左键拖动扫描，或在选定第一个文件后再按住Shift键选定最后一个文件两种方法；选定多个不连续的文件则按住Ctrl键逐个单击要选定的文件即可。如果已经选定了多个文件，要取消选定其中的一个或多个，则只能按住Ctrl键逐个单击要取消的文件。

9.【答案】C

【解析】A选项是在全角和半角之间切换；B选项是在中文输入法和英文输入法

之间切换；D选项的作用是在Excel的单元格内实现换行输入。

10.【答案】B

【解析】A选项是把当前窗口的画面复制到剪贴板上。C、D选项无意义。

11.【答案】B

【解析】在桌面空白处单击右键，在弹出的快捷菜单中没有“调整日期/时间”命令。注意：双击任务栏最右端的时间指示器和单击的效果一样。

12.【答案】C

【解析】“网络”位于Windows 7桌面上，不属于附件中的程序，利用它可以查看网络上的其他计算机或设备，实现资源共享。

13.【答案】B

【解析】A、D选项也是浏览器，但不是Windows 7自带的浏览器。Netscape叫作网景浏览器，Firefox叫作火狐浏览器。C选项不是浏览器，CuteFTP是文件传输工具软件，用于文件的远程上传和下载。

14.【答案】C

【解析】Word属于多文档应用程序，可以同时打开多个文档，打开的文档都位于计算机的内存中。而记事本属于单文档应用程序，只能同时打开一个文档，因此通过记事本程序中的“文件”菜单新建或打开一个新的记事本文档时，上一个被打开的文档会自动关闭。可以采用多次启动记事本程序的方法同时打开多个记事本文档。

15.【答案】C

【解析】拆分窗口功能是将当前窗口拆分成上下两个，可以在上下两个窗口中显示同一个Word文档的内容，通过滚动条可以控制分别显示文档的不同部分。“拆分”命令位于“视图”选项卡中。

16.【答案】C

【解析】被复制和剪切的文本都被临时保存在剪贴板上，剪贴板位于计算机的内存中。Word 2010剪贴板最多可以存放24项被复制或剪切的内容。

17.【答案】A

18.【答案】D

【解析】格式刷是用来复制格式的工具，包括文本格式和段落格式。

19.【答案】A

20.【答案】D

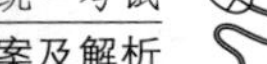

【解析】页面设置是对页边距、纸张大小、纸张方向、版式等方面的设置，这些都影响整个文档的排版和布局，因此应该提前进行。

21.【答案】C

【解析】一般情况下是三个，其名称分别为Sheet1、Sheet2和Sheet3，但工作簿中默认的工作表个数也可以通过“文件”选项中的“选项”命令进行修改。

22.【答案】C

【解析】A、B选项得到的结果都是“2月3日”。

23.【答案】C

【解析】八月属于变化序列文本型数据，因此按住填充柄填充时会按照序列的规定进行变化。Excel 2010中默认的变化序列文本型数据有以下几个，此外，用户还可以自定义序列。

（1）Sun，Mon，Tue，Wed，Thu，Fri，Sat

（2）Sunday，Monday，Tuesday，Wednesday，Thursday，Friday，Saturday

（3）Jan，Feb，Mar，Apr，May，Jun，Jul，Aug，Sep，Oct，Nov，Dec

（4）January，February，March，April，May，June，July，August，September，October，November，December

（5）日，一，二，三，四，五，六

（6）星期日，星期一，星期二，星期三，星期四，星期五，星期六

（7）一月，二月，三月，四月，五月，六月，七月，八月，九月，十月，十一月，十二月

（8）第一季，第二季，第三季，第四季

（9）正月，二月，三月，四月，五月，六月，七月，八月，九月，十月，十一月，腊月

（10）子，丑，寅，卯，辰，巳，午，未，申，酉，戌，亥

（11）甲，乙，丙，丁，戊，己，庚，辛，壬，癸

24.【答案】C

【解析】A、B、D选项在Excel中都属于算术运算符。

25.【答案】C

【解析】当列宽不足而使单元格中的数值型和日期型数据显示不下时，单元格内将显示一串“#”号，此时增加足够的列宽，可使内容恢复正常显示。注意：如果单元格内是文本型数据，即使列宽再窄也不会出现一串“#”符号。

26.【答案】A

【解析】计算机操作中的组合键较多，容易记混，平时多使用可帮助记忆。B选项Ctrl+Enter是在Word文档中插入换页符，即在光标处分页；C选项Shift+Enter是在Word文档中插入人工换行符，人工换行符只换行，不分段；D选项Ctrlt+Shift+Enter是在Word文档中拆分表格。

27.【答案】D

28.【答案】C

【解析】在幻灯片浏览视图方式下，可以在屏幕上同时看到演示文稿中所有幻灯片的缩略图，完成复制、删除幻灯片以及调整幻灯片顺序等操作。

29.【答案】A

30.【答案】D

【解析】“整页幻灯片”选项是在每页纸上打印一张幻灯片的内容；“大纲”选项是只打印每张幻灯片上的文本内容；“备注页”选项是在每页纸的上方打印幻灯片，在下方打印备注页。

31.【答案】B

32.【答案】B

【解析】A选项Ctrl+N是新建一个演示文稿。注意：按Ctrl+Shift+M组合键也可以添加新幻灯片。

33.【答案】A

34.【答案】C

【解析】PPTX是演示文稿文件的扩展名，B、D选项在此无意义。

35.【答案】D

【解析】常见的数据库类型有关系型、网状型和树型三种，其中关系型最常见，Access就是关系型数据库。

36.【答案】B

【解析】数据库管理员（Database Administrator，简称DBA）是从事管理和维护数据库管理系统（DBMS）的相关工作人员的统称。

37.【答案】A

【解析】数据库系统（Database System，简称DBS），是由数据库及其管理软件组成的系统，包含数据库（DB）与数据库管理系统（DBMS）。解释一下本题涉及的几个有关数据库的概念：数据（DATA）是指英文字母、数字、汉字、

特殊符号、声音、图像、视频等各种符号资料；数据库（DataBase，简称DB）是按照一定规则存放的相关数据的集合；数据库管理系统（Database Management System，简称DBMS）是操纵和管理数据库的软件，用于建立、使用和维护数据库，数据库管理系统有很多，Access 2010就是其中一个。

38.【答案】C

【解析】SQL语言的全名是结构化查询语言（Structured Query Language）。A、B、D选项解析参见本试卷单选题第6题解析。

39.【答案】A

【解析】数据库中的筛选操作就是只将满足条件的记录行显示出来，而将不满足条件的记录行隐藏起来。C选项中的“字段”指的是一列，不是一行。

40.【答案】D

【解析】字段有效性规则，顾名思义就是给字段设定的一种规则，符合规则的即为有效数据，不符合规则的即为无效数据。A、B、D选项都只是字段有效性的某一个方面。

41.【答案】C

【解析】窗体的作用是显示数据库中的数据，以及提供人机交互界面；索引的作用是提高数据检索的效率。Access 2010中不存在表单对象。

42.【答案】B

【解析】多媒体技术的特点包括多样性、交互性、集成性、实时性，其中交互性最主要，也是多媒体区别于其他各类媒体的最关键特性。

43.【答案】D

【解析】WMV的全名是Windows Media Video，是微软开发的一种数字视频格式。

44.【答案】A

【解析】匿名服务器即anonymous FTP服务器，这类服务器的目的是向社会公众提供免费的文件拷贝服务，不需要专门的用户名和口令就可以进入，通常使用“anonymous”作为用户名，以自己的E-mail地址作为密码。

45.【答案】D

【解析】因为电话线上传输的是音频信号，即模拟信号，而计算机内部处理的是数字信号，因此要使用电话线上网，必须拥有一个能够实现模拟信号和数字信号相互转换的设备——调制解调器。

46.【答案】B

【解析】发送电子邮件的过程是：发件人先将在本地编写好的邮件传送到自己所对应的E-mail服务器上，然后在邮件协议的控制下，由发件人E-mail服务器传送到收件人所对应的E-mail服务器上保存起来，收件人打开自己的邮箱后，可以将邮件再下载到本地。

47.【答案】A

【解析】超文本传输协议是HTTP，远程传输协议是FTP。

48.【答案】D

49.【答案】D

【解析】TCP/IP是互联网的基础协议，没有它根本不可能上网，任何和互联网有关的工作都离不开TCP/IP协议。C选项的OSI是Open System Interconnection的缩写，是一个开放式系统互联模型，它定义了不同计算机互联的标准，共分为物理层、数据链路层、网络层、传输层、会话层、表示层和应用层七层，但该模型并没能在技术上真正实现，更不可能应用在互联网上。A、B选项也是两个网络协议。

50.【答案】B

【解析】电子邮件地址的格式为：用户名@邮件服务器域名。@读作“at”，是电子邮件地址中必不可少的组成部分。A、D选项是两个网站的网址，C选项是一个IP地址。

二、多项选择题（本大题共20小题，每小题1分，共20分）

51.【答案】A、B

【解析】存储器分为内存和外存两种，内存与外存的主要区别有两点：（1）内存能被CPU直接访问，而外存不能被CPU直接访问，CPU访问外存必须通过内存；（2）外存中的数据能永久保存，断电后也不会丢失，而内存中的数据在断电后会全部丢失（ROM除外）。内存又分为RAM（随机读写存储器）、ROM（只读存储器）和Cache（高速缓存）三种。对RAM随时可进行读写操作，但其中的内容“断电即失”；对ROM可随时进行读操作，但其中的内容不能被改写，也不会丢失；Cache是位于CPU与内存之间的高速缓冲存储器，其作用是匹配CPU与内存之间的速度差异。对A选项，RAM中的内容可被多次读写；对B选项，区分内存与外存不能以是否在主机箱内为依据，硬盘中的数据断电也不会丢失，属于外存。

52.【答案】B、C

【解析】计算机软件系统分为系统软件和应用软件两种。系统软件是控制和协

调计算机及外部设备、支持应用软件开发和运行的系统，包括操作系统、语言处理程序、数据库管理系统及系统辅助程序；应用软件是为了满足一定的应用目的而专门开发的软件。A、D选项都是操作系统，因此属于系统软件。注意：编辑程序属于应用软件，而编译程序属于系统软件。

53.【答案】B、D

【解析】文件是指存储在外存储器上的一组相关信息的集合，每个文件都有一个文件名。在Windows 7中，文件名一般包括主文件名和扩展名两部分，主文件名一般用来标识文件的含义，扩展名一般用来标识文件的类型。一个文件可以没有扩展名，但必须有主文件名。给文件命名时还要遵守的规则或约定包括：（1）文件名不能超过255个字符；（2）文件名中不能含有通配符及有特殊含义的符号，包括*、?、：、|、>、<、”、\、/等九个符号；（3）同一个文件夹下两个文件不能完全重名，不同文件夹的文件可以重名；（4）文件名中可以含有汉字、空格、英文圆点。

54.【答案】A、B

【解析】关闭当前窗口的方法还包括：（1）用鼠标左键双击窗口左上角的控制图标；（2）执行“文件”—“退出”命令；（3）在任务栏上右键单击窗口图标，在快捷菜单中选择“关闭”命令。

55.【答案】A、C

【解析】快捷方式是Windows提供的一种快速启动程序、打开文件或文件夹的方法，是应用程序的快速连接。快捷方式的一般扩展名为.lnk，桌面上快捷方式图标的左下角都有一个小白箭头。为方便使用，快捷方式一般放置在桌面上，但也可以放置在任何一个文件夹内。快捷方式只是指向了一个程序或文档，对快捷方式的任何操作均不会对原程序或文档产生任何影响。

56.【答案】A、D

【解析】在Word 2010表格中，可以绘制斜线，可以对单元格中的数据按大小、笔划或拼音字母排序，在表格的单元格内也可以插入所有在正文中可以插入的内容。

57.【答案】A、D

【解析】对B选项，“全选”命令在“开始”选项卡中，而不在“文件”选项卡中；对C选项，其结果是选定一段，而不是选定整篇文档。

58.【答案】C、D

【解析】Word中提供的“查找与替换”功能比较强大。可以从光标所在的位置向下查找，也可以向上查找；对英文符号，可以区分大小写和全半角；可以查找与替换段落标记、人工换行符、分页符、分栏符等特殊格式的内容；可以使用通配符进行模糊查找；可以查找与替换特定的字体或段落格式。

59.【答案】B、D

【解析】页眉与页脚中的内容可以像正文一样进行编辑和排版；页眉与页脚不能与正文同时编辑，即当页眉与页脚处于被编辑状态时，正文内容是暗淡的，不能被编辑，反之亦然。

60.【答案】B、D

【解析】在Excel 2010中，一个工作簿内最多可包含255个工作表，一个工作表内最多可含有1048576行、16384列。工作表既可以在同一个工作簿内，也可以在不同的工作簿之间进行复制或移动。工作表如果是在不同的工作簿间复制或移动，两个工作簿都必须处于打开状态。

61.【答案】B、D

【解析】选项B表示A1、A2、B1、B2四个单元格；选项D表示A2、A3、B2、B3四个单元格。建议考生在考试时画出示意图，以提高答题速度和正确率。

62.【答案】A、B

【解析】选择连续的部分按Shift键，选择不连续的部分按Ctrl键。

63.【答案】A、D

【解析】Excel 2010的公式均以等号开头，由数值、运算符号、单元格地址等连接而成。其中，单元格地址前加工作表名称，是对单元格所在工作表的界定，这时必须使用“〈工作表名〉!〈单元格地址〉”的格式，即工作表名称和单元格名称之间用“!”分隔。如A选项中的“Sheet3!A2”，就表示工作表Sheet3中的A2单元格。公式中的单元格地址不能放在双引号中，C选项就错在此处。单元格地址的行号和列表前面可以加“$”符号，这是对单元格地址的绝对引用或混合引用，D选项中的“$A2”就是一种混合引用单元格地址的形式。B选项因为连用了两个运算符号“*”和“%”，是错误的公式。

64.【答案】A、D

【解析】改变幻灯片主题和母版，可以影响多张甚至全部幻灯片，是对幻灯片外观进行统一控制的有效手段。

65.【答案】B、C

【解析】Access 2010的查询包括选择查询、参数查询、交叉表查询和操作查询

四种，其中操作查询又包括删除查询、更新查询、追加查询、生成表查询等。

66.【答案】C、D

【解析】A、B选项都是图像文件。

67.【答案】A、D

【解析】色彩的三要素包括色相（色彩可用的色调）、饱和度（纯度）和明度。

68.【答案】B、D

【解析】B、D选项都是使用HTML（超文本标记语言）编写的静态网页文件，除此以外，扩展名为PHP、JSP、ASP等的文件也是网页文件。A选项是Word 2010文档。

69.【答案】A、B

【解析】IP地址一般使用“点分十进制表示法”表示，即由四组十进制数组成，四组数字之间用圆点隔开。一个合法的IP地址，每一组数字均不能超过255。选项C错误的原因是存在超过255的数字，选项D错误的原因是多了一组数字。

70.【答案】A、B

【解析】与电子邮件有关的协议包括POP协议、SMTP协议和MIME协议三种：POP协议负责收取电子邮件；SMTP协议负责发送电子邮件；MIME协议是一个补充协议，使电子邮件中可以发送任何类型的附件。选项C是超文本传输协议，选项D是文件传输协议。

三、判断题（本大题共20小题，每小题0.5分，共10分）

71.【答案】B

【解析】从第一台计算机诞生到现在，计算机的发展一共经历了四个时代，所采用的主要元器件分别是电子管、晶体管、集成电路、大规模或超大规模集成电路。第一台计算机ENIAC所采用的电子元器件主要是电子管。

72.【答案】B

【解析】十进制小数转换成二进制小数采用的是“乘2取整，顺序排列”的方法。如果十进制小数的末尾非零数字不是“5”，则小数部分永远乘不到0，所以只能采取近似的方式，保留到小数点后若干位。因此，有些十进制小数不可能完全精确地转换成对应的二进制小数。

73.【答案】A

【解析】（见2016年第4题解析）

74.【答案】B

【解析】在Windows 7中，可以通过设置回收站属性使文件和文件夹直接删除而不进入回收站，也可以按Shift+Del键将选定的文件和文件夹直接删除。这两种情况下被删除的文件和文件夹都不进入回收站。

75.【答案】A

【解析】在未锁定的状态下，按住鼠标左键直接拖动Windows 7任务栏的空白部分，可以将任务栏移动到桌面的上、下、左、右边缘，从而改变任务栏的位置和尺寸。

76.【答案】A

【解析】Windows 7是多任务操作系统，可以同时打开多个窗口，但在打开的多个窗口中用户只能操作其中的一个，也就是只能存在一个活动窗口。

77.【答案】B

【解析】Word 2010中，选定表格后按delete键，结果是整个表格中所有单元格的内容都被删除，但空表格依然存在。如果要删除整个表格，可以在选定表格后按BackSpace键或执行“剪切”操作。

78.【答案】B

【解析】在Word 2010的分栏操作中，可以分别指定每一栏的宽度。

79.【答案】B

【解析】要打印一篇文档的第1、3、5、6、7和20页，需要在打印对话框的页码范围文本框中输入“1, 3, 5-7, 20”。

80.【答案】B

【解析】在Excel 2010中，当前单元格的地址显示在名称框中，编辑栏中显示的是当前单元格中的内容。

81.【答案】B

【解析】在筛选操作中，不符合筛选条件的行被隐藏起来，而不是被删除。

82.【答案】A

【解析】在Excel 2010中，图表和源工作表之间是即时联动的，对源工作表的改动会使图表相应更新，同样对图表的改动也会使源工作表相应更新。

83.【答案】B

【解析】很显然，如果使用Word 2010也能制作出与PowerPoint类似的幻灯片，就没有PowerPoint存在的必要了。

84.【答案】B

【解析】母版用于设置演示文稿中每张幻灯片的预设格式，包括每张幻灯片的标题及正文文字的位置和大小、项目符号的样式、背景样式等。母版可分为三类：幻灯片母版、讲义母版和备注母版。

85.【答案】B

【解析】使用Access 2010不能直接操作Excel工作表中的数据，如需操作，应该提前将Excel工作表导入Access 2010数据库中。

86.【答案】B

【解析】数据表与查询不同。数据表中存有数据，是数据库中最基本的对象；查询是从数据表中检索出符合条件的数据，查询中不保存数据，只保存用来完成查询操作的相关命令。

87.【答案】A

【解析】图像是由像素（点）组成的，其质量与像素大小有关，被缩放时一般会失真。

88.【答案】B

【解析】HUB是集线器的英文简称，路由器的英文为Router。

89.【答案】A

90.【答案】B

【解析】主页（homepage）也称为首页，主页一般起网站导航的作用，以便于用户快速找到所需要查看的页面。

第Ⅱ卷

四、填空题（本大题共20小题，每小题1分，共20分）

91.【答案】动作

【解析】在PowerPoint 2010中，插入动作按钮需点击“插入”选项卡中的“形状”命令。

92.【答案】.potx

【解析】Word 2010模板文件的扩展名为.dotx；Excel 2010模板文件的扩展名为.xltx。

93.【答案】乐器数字接口或音乐设备数字接口

【解析】MIDI的全名为Musical Instrument Digital Interface。

94.【答案】运动图像专家组

【解析】MPEG的全名为Moving Picture Experts Group。

95.【答案】.accdb

【解析】（见2014年第38题解析）

96.【答案】OLE对象

【解析】Access 2010提供的常用数据类型有：文本型、备注型、数字型、日期/时间型、货币型、自动编号型、是/否型、OLE对象型等。其中OLE 对象型可链接或嵌入Excel 电子表格、Word 文档、图形、声音等对象，保存照片可以采用这种类型。

97.【答案】body或<body>

【解析】在HTML（超文本标记语言）中提供了大量的标记，除题目中的主体标记以外，其他常见的标记还有段落标记<p>、换行标记
、字体标记<font>、网页标题标记<title>、图片标记<img>、表格标记<table>、表单标记<form>、框架标记<frameset>、层标记<div>等。

98.【答案】当前TCP/IP网络中的配置情况

【解析】执行IPConfig命令后，会显示出当前计算机的IP地址、网关、子网掩码、DNS服务器地址等网络参数配置信息及当前连接状态。

99.【答案】物理隔离或物理断开

【解析】为确保信息绝对安全，内外网之间必须断开连接。

100.【答案】A

【解析】IP地址是一个32位的二进制数，由主机号和网络号两部分组成。IP地址分为A、B、C、D、E五类，其中常用的为A、B、C三类。A类IP地址的主机号为24位，网络号为8位。A类地址代表的是一个特大型网络，其中的主机数量最多。

101.【答案】ASCII

【解析】字符的ASCII码由7位二进制数组成。小写字母“a”的ASCII码为97，每一个小写字母的ASCII码均比它所对应的大写字母ASCII码大32，应由此推断出所有英文字母的ASCII码。

102.【答案】算术运算

【解析】运算器中有一个主要部件称为算术逻辑单元（ALU），它的基本功能是完成加、减、乘、除等算术运算及与、或、非、异或、移位、求补等逻辑运算。

103.【答案】地址或单元地址

【解析】为便于管理，存储器被划分成一个个相同大小的存储单元。每个存储单元为一个字节，并被赋予一个唯一的编号，也就是单元地址，相当于我们日常生活中的门牌号。

104.【答案】编译

【解析】编译与解释的区别：编译是先将源程序一次性转化成目标程序，然后再执行，因此会产生目标程序；解释是将源程序逐句进行转化，转化一句接着执行，因此不会产生目标程序。

105.【答案】运算速度

【解析】MIPS是Million Instructions Per Second的缩写，意思为每秒钟百万条指令，用来表示CPU执行指令的速度，也就是计算机的运算速度。另一个衡量计算机运算速度的单位是BIPS（Billion Instructions Per Second），1 BIPS等于1000 MIPS。

106.【答案】处理机管理

【解析】处理机管理就是对CPU的管理。

107.【答案】.docx

【解析】Excel 2010文档缺省的扩展名为.xlsx，PowerPoint 2010文档缺省的扩展名为.pptx。

108.【答案】Enter或回车

109.【答案】=A4+$B$3

【解析】因为删除了公式前面的行，公式中所有的行号均减1。

110.【答案】排序

【解析】分类汇总前要根据所分类的字段进行排序，目的是将同一类的数据行集中在一起。

试卷类型：公共课

山东省2015年普通高等教育专升本统一考试
计算机文化基础试题

本试卷分为第Ⅰ卷和第Ⅱ卷两部分，满分100分，考试用时120分钟。考试结束后，将本试卷和答题卡一并交回。

注意事项：

1. 答卷前，考生务必用0.5毫米黑色签字笔将自己的姓名、准考证号、身份证号填写到试卷规定的位置上，将自己的座位号填写到第Ⅱ卷试卷右下角规定位置。

2. 第Ⅰ卷每小题选出答案后，用2B铅笔把答题卡上对应题目的答案标号涂黑；如需改动，用橡皮擦干净后，再选涂其他答案标号，答案不能答在试卷上。

3. 第Ⅱ卷答题必须使用0.5毫米黑色签字笔作答，答案必须填写在试卷各题目指定的位置；如需改动，先划掉原来的答案，然后再写上新的答案；不能使用涂改液、胶带纸、修正带。不按以上要求作答的答案无效。

《第Ⅰ卷》

一、单项选择题（本大题共50小题，每小题1分，共50分）

每小题列出的四个备选项中只有一个是符合题目要求的，请将其代码填涂在答题卡上。错选、多选或未选均无分。

1. 简单地讲，信息技术是指人们获取、存储、传递、处理、开发和利用（　　）的相关技术。

A. 多媒体数据　　B. 信息资源

C. 网络资源　　D. 科学知识

2. 字长是指计算机一次所能处理的（　　），是衡量计算机性能的一个重要指标。

A. 字符个数　　B. 十进制位长度

C. 二进制位长度　　　　D. 小数位数

3. 国标码GB2312-80是国家制定的汉字（　　）标准。

A. 交换码　　　　B. 机内码

C. 字形码　　　　D. 输入码

4. 输出汉字字形的清晰度与（　　）有关。

A. 不同的字体　　　　B. 汉字的笔画

C. 汉字点阵的规模　　　　D. 汉字的大小

5. 冯·诺依曼计算机工作原理的核心是（　　）和程序控制。

A. 顺序存储　　　　B. 存储程序

C. 集中存储　　　　D. 运算存储分离

6. 机器语言中的每个语句（称为指令）都是（　　）的指令代码。

A. 十进制形式　　　　B. 八进制形式

C. 十六进制形式　　　　D. 二进制形式

7. 计算机是通过执行（　　）所规定的各种指令来处理各种数据的。

A. 程序　　　　B. 数据

C. CPU　　　　D. 运算器

8. 软件是指使计算机运行所需的程序、数据和有关文档的总和。计算机软件通常分为（　　）两大类。

A. 高级语言和机器语言　　　　B. 硬盘文件和光盘文件

C. 可执行和不可执行　　　　D. 系统软件和应用软件

9. 将高级语言翻译成机器语言的方式有（　　）两种。

A. 图像处理和翻译　　　　B. 文字处理和图形处理

C. 解释和编译　　　　D. 语音处理和文字编辑

10. 算法可以看作是由（　　）组成的用来解决问题的具体过程，它实质上反映的是解决问题的思路。

A. 有限个步骤　　　　B. 一系列数据结构

C. 无限个步骤　　　　D. 某种数据结构

11. 输入设备是将原始信息转化为计算机能接受的（　　），以便计算机能够处理的设备。

A. 二进制数　　　　B. 八进制数

C. 十六进制数　　　　D. 十进制数

12. CPU与其他部件之间的联系是通过（　　）实现的。

A. 控制总线　B. 数据、地址和控制总线三者

C. 数据总线　D. 地址总线

13. 快捷方式是指到本计算机或网络上任何可访问的项目的连接，快捷方式（　　）。

A. 只能放置在开始菜单　B. 可放置在网络上的任何位置

C. 只能放置在桌面　D. 可放置在本计算机的任何位置

14. 在Windows 7中，放入回收站中的内容（　　）。

A. 不能再被删除了　B. 不能被恢复到原处

C. 不再占用磁盘空间　D. 可以真正被删除

15. Windows 7是一个（　　）。

A. 多用户操作系统

B. 图形化的多用户、多任务操作系统

C. 网络操作系统

D. 单用户、多任务操作系统

16. 在Windows 7的应用程序窗口中，选中末尾带有省略号（...）的菜单项，（　）。

A. 将弹出一个对话框　B. 将执行该菜单命令

C. 表明该菜单项已被选用　D. 将弹出下一级菜单

17. 在Windows 7的系统工具中，磁盘碎片整理程序的功能是（　　）。

A. 把不连续的文件变成连续存储，从而提高磁盘读写速度

B. 把磁盘上的文件进行压缩存储，从而提高磁盘的利用率

C. 诊断和修复各种磁盘上的存储错误

D. 把磁盘上的碎片文件删除掉

18. 在Word 2010中编辑文本时可以使用（　　）复制文本的格式。

A. 剪贴板　B. 格式刷

C. 鼠标左键拖动选中的文本　D. 鼠标右键拖动选中的文本

19. Word 2010中文档文件的默认扩展名是（　　）。

A. .DOCX　B. .RTF

C. .GIF　D. .DOTX

20. Word 2010中页眉和页脚只能在（　　）视图中看到。

A. 大纲　B. 普通

C. 页面　D. Web版式

21. Word 2010中非嵌入版式图形对象（　　）。

A. 不能与文字一起排版
B. 可与其他对象一起选中
C. 不能移动或改变大小
D. 不能设置环绕方式

22. 在Word 2010文档中，每个段落都有自己的段落标记，段落标记的位置在（　　）。

A. 段落的起始位置
B. 段落的中间位置
C. 段落的尾部
D. 每行的行尾

23. 在Word 2010中，要调节行间距，则应该选择（　　）。

A. “插入”选项卡中的“分隔符”
B. “开始”选项卡中的“字体”
C. “开始”选项卡中的“段落”
D. “视图”选项卡中的“显示比例”

24. 在Word 2010中，关闭已编辑完成的Word 2010文档时，文档从屏幕上消失，同时也从（　　）中清除。

A. 内存
B. 外存
C. 磁盘
D. CD-ROM

25. 在Word 2010中，选定整个表格后，按Del键，可以（　　）。

A. 删除整个表格
B. 清除整个表格的内容
C. 删除整个表格的内框线
D. 删除整个表格的外框线

26. 在Excel 2010中，在数据类型为“常规”的工作表单元格中输入字符型数据05118，下列输入正确的是（　　）。

A. '05118
B. "05118
C. "05118"
D. '05118'

27. 在Excel 2010中，运算符&表示（　　）。

A. 逻辑值的与运算
B. 字符串的比较运算
C. 数值型数据的无符号相加
D. 字符型数据的连接

28. 在Excel 2010中，工作表和工作簿的关系是（　　）。

A. 工作表即工作簿
B. 工作簿中可包含多张工作表
C. 工作表中包含多个工作簿
D. 两者无关

29. 在Excel 2010中，如果单元格中输入内容以（　　）开始，Excel认为输入的是公式。

A. =
B. !
C. *
D. ^

30. 在Excel 2010中，如果单元格的数太大显示不下时，一组（　　）会显示在单元格内。

A. !　　B. ?

C. #　　D. *

31. 在Excel 2010中，图表与建立它的工作表数据之间的关系（　　）。

A. 没有联系　　B. 改变数据图表并立即变化

C. 图表任意变化不影响数据　　D. 图表类型变化会引起数据变化

32. PowerPoint 2010模板文件以（　　）为扩展名进行保存。

A. .pptx　　B. .dotx

C. .potx　　D. .xltx

33. PowerPoint 2010中要使幻灯片在放映时能够自动播放，需要为其（　　）。

A. 设置超级链接　　B. 设置动作按钮

C. 设置动画　　D. 排练计时

34. PowerPoint 2010为用户提供了样本模板和（　　）模板。

A. 标题模板　　B. 讲义模板

C. 备注模板　　D. office.com模板

35. 在任何时刻，Access 2010可以同时打开（　　）个数据库。

A. 1　　B. 2

C. 3　　D. 多

36. Access 2010中（　　）是数据库的最基本对象，是创建其他对象的基础。

A. 记录　　B. 查询

C. 字段　　D. 数据表

37. 从逻辑功能上看，可以把计算机网络分为通信子网和（　　）两个子网。

A. 宽带网　　B. 资源子网

C. 网络节点　　D. 计算网

38. 计算机网络资源共享主要是指（　　）共享。

A. 工作站和服务器　　B. 软件资源、硬件资源和数据资源

C. 通信介质和节点设备　　D. 客户机和服务器

39. 为了把工作站或服务器等智能设备连入一个网络中，需要一块称为（　　）的网络接口设备。

A. 网桥　　B. 网关

C. 网卡　　D. 网间连接器

40. 网上的每台计算机、路由器等都要有一个唯一可标识的地址，在Internet上为每个计算机指定的唯一的32个二进制位的地址称为（　　），也称为网际地址。

A. 设备地址　　B. 物理地址

C. 网卡地址　　D. IP地址

41. Internet在IP地址的基础上提供了一种面向用户的字符型主机地址命名机制，这就是（　　）。

A. 网络操作系统　　B. 物理地址

C. 域名系统　　D. 网络邻居

42. 超链接可以链接位于两台不同的Web服务器上的信息，这两台不同的Web服务器可以相距（　　）。

A. 不超过1000米　　B. 不超过10千米

C. 不超过100千米　　D. 任意远

43. 为网络提供共享资源并对这些资源进行管理的计算机称为（　　）。

A. 网卡　　B. 服务器

C. 工作站　　D. 网桥

44. 邮件地址包括用户名和（　　）。

A. 邮箱名　　B. 网络地址

C. 本机地址　　D. 邮件服务器地址

45. Dreamweaver的主要功能是（　　）和管理站点。

A. 开发网络应用程序　　B. 制作网页

C. 电子邮件撰写　　D. 下载网页

46. 建好网站后要发布网站，所谓发布网站就是将网站内容上传到（　　）。

A. Web服务器上　　B. 已建立的网站中

C. 网络管理部门的计算机上　　D. 文件服务器上

47. 计算机病毒是可以使整个计算机瘫痪、危害极大的（　　）。

A. 一种芯片　　B. 一段特制程序

C. 一种生物病毒　　D. 一条命令

48. 计算机病毒重要的传播途径是（　　）。

A. 键盘　　B. 打印机

C. 计算机网络　　D. 计算机配件

49. 病毒清除是指（　　）。

A. 去医院看医生　　B. 请专业人员清洁设备

C. 安装监控器监视计算机　　D. 从内存、磁盘和文件中清除掉病毒

50.（　　）是用来约束网络从业人员的言行、指导他们的思想的一整套道德规范。

A. 网站建设能力　　B. 计算机网络道德

C. 信息技术　　D. 软件系统开发能力

二、多项选择题（本大题共20小题，每小题1分，共20分）

每小题列出的四个备选项中只有两个是符合题目要求的，请将其代码填涂在答题卡上。错选、多选或未选均无分，少选一个扣0.5分。

51. 当前计算机正在向（　　）、网络化、智能化方向发展。

A. 巨型化　　B. 硬件系统

C. 微型化　　D. 软件系统

52. 冯·诺依曼提出的计算机体系结构决定了计算机硬件系统由输入设备、输出设备、运算器和（　　）五个基本部分组成。

A. 主机　　B. 控制器

C. 外部设备　　D. 存储器

53. 指令是指示计算机执行某种操作的命令，它包括（　　）两部分。

A. 指令地址　　B. 操作码

C. 地址码　　D. 寄存器地址

54. 微处理器是将（　　）和高速内部缓存集成在一起的超大规模集成电路芯片，是计算机中最重要的核心部件。

A. 系统总线　　B. 控制器

C. 对外接口　　D. 运算器

55. 微型计算机的系统总线是CPU与其他部件之间传送（　　）和地址信息的公共通道。

A. 输出　　B. 输入

C. 控制　　D. 数据

56. 多媒体技术中的数据压缩方法有很多，其中尤以（　　）较常用。

A. BMP　　B. JPEG

C. GIF　　D. MPEG

57. 系统软件是居于计算机系统中最靠近硬件的一层，它主要包括（　　）、数据库管

理系统、支撑服务软件等。

A. 操作系统　　　　B. 语言处理程序

C. 文字处理系统　　　　D. 电子表格软件

58. 程序设计语言可以分为三类：机器语言和（　　）

A. 逻辑语言　　　　B. 汇编语言

C. 高级语言　　　　D. 描述语言

59. 操作系统的特性主要有（　　）等四种。

A. 并发性、共享性　　　　B. 诊断性、同步性

C. 控制性、虚拟性　　　　D. 虚拟性、异步性

60. 操作系统是一个庞大的管理控制程序，它包括的功能有：处理器管理、存储管理、设备管理、（　　）。

A. 文件管理　　　　B. 硬件管理

C. 作业管理　　　　D. 网络与通信管理

61. Word 2010的功能主要有创建、编辑和格式化文档、（　　）和打印等。

A. 音频处理　　　　B. 版面设置

C. 视频处理　　　　D. 表格处理

62. 在Excel 2010中，排序、（　　）等操作的对象都必须是数据清单。

A. 筛选　　　　B. 图标制作

C. 分类汇总　　　　D. 复制、删除

63. 信息安全所面临的威胁来自于很多方面。这些威胁大致可分为（　　）两种 。

A. 不可防范的　　　　B. 可防范的

C. 自然威胁　　　　D. 人为威胁

64. 数据库中的所谓联系是指实体之间的关系，即实体之间的对应关系。联系可以分为三种，它们是（　　）和多对多的联系。

A. 一对多的联系　　　　B. 一对一的联系

C. 无联系　　　　D. 二对多的联系

65. 计算机网络按其覆盖的范围分类，可分为局域网和（　　）。

A. 城域网　　　　B. 以太网

C. 广域网　　　　D. 校园网

66. 从物理连接上讲，计算机网络由（　　）和网络节点组成。

A. 路由器　　　　B. 通信链路

C. 网卡　　D. 计算机系统

67. OSI参考模型将网络的功能划分为七个层次：物理层、数据链路层、网络层、会话层、（　　）和应用层。

A. 表示层　　B. 传输层

C. 网际层　　D. 网络接口层

68. 预防计算机病毒，应该从（　　）两方面进行，二者缺一不可。

A. 管理　　B. 发现

C. 清除　　D. 技术

69. 在Access中，查询可以分为五类：（　　）、交叉表查询、操作查询和SQL查询。

A. 选择查询　　B. 报表查询

C. 参数查询　　D. 窗体查询

70. 如果发现计算机感染了病毒，可采用（　　）两种方式立即进行清除。

A. 关闭计算机　　B. 人工处理

C. 安装防火墙　　D. 反病毒软件

三、判断题（本大题共20小题，每小题0.5分，共10分）

每题列出的两个备选项中有一个是符合题目要求的，请将其代码填涂在答题卡上。

71. 信息能够用来消除事物不确定性的因素。（　　）

A. 正确　　B. 错误

72. 带宽指信道所能传送的信号的频率宽度，就是可传送信号的最高频率与最低频率之差。（　　）

A. 正确　　B. 错误

73. 不同文件夹中不能有相同名字的文件或文件夹。（　　）

A. 正确　　B. 错误

74. 存放在计算机磁盘存储器上的数据可能会因多种原因丢失或损坏，所以定期备份磁盘上的数据是必要的。（　　）

A. 正确　　B. 错误

75. 主频即时钟频率，是指计算机CPU在单位时间内发出的脉冲数，它在很大程度上决定了计算机的运算速度。（　　）

A. 正确　　B. 错误

76. 微处理器是将运算器、控制器、高速内部缓存集成在一起的超大规模集成电路芯片，没有它计算机也可以工作。

A. 正确　　B. 错误

77. 主板是微型计算机系统中最大的一块电路板，它需要插到插槽中才能工作。（　　）

A. 正确　　B. 错误

78. “资源管理器”是Windows 7最常用的文件和文件夹管理工具，它可以将文本文件的部分内容复制到另一文件中。（　　）

A. 正确　　B. 错误

79. 在Windows 7环境下，非绿色软件因需要动态库，安装时需要向系统注册表写入一些信息，因此仅将组成系统的全部文件拷贝到硬盘上是不能正常工作的。（　　）

A. 正确　　B. 错误

80. Windows 7是单用户操作系统，因此没有用户管理功能。（　　）

A. 正确　　B. 错误

81. 在Word 2010中，虽能打开并处理文本文件（TXT文件），但要保存图片及文字的全部格式信息，不能将编辑好的内容再保存成TXT文本文件。（　　）

A. 正确　　B. 错误

82. 在Word 2010中，不能同时选中不连续的文本。（　　）

A. 正确　　B. 错误

83. 在Excel 2010中，清除和删除的意义：清除的是单元格内容，单元格依然存在；删除则是将选定的单元格和单元格内的内容一并删除。（　　）

A. 正确　　B. 错误

84. 在Excel 2010中，分类汇总对汇总项不能进行求最大值操作。（　　）

A. 正确　　B. 错误

85. 在使用浏览器浏览过程中，无法保存网页中的图片。（　　）

A. 正确　　B. 错误

86. 发送电子邮件前不能确知电子邮件是否能够送达。（　　）

A. 正确　　B. 错误

87. IP电话（Iphone）也称网络电话，是通过TCP/IP协议实现的一种电话应用形式。（　　）

A. 正确　　B. 错误

88. 超媒体就是用超文本技术管理多媒体信息，即超媒体=超文本+多媒体。（　　）

A. 正确　　B. 错误

89. 开发Web站点不需进行规划，直接用站点开发工具编制就可以。（　　）

A. 正确　　　　B. 错误

90. 在Dreamweaver CS5中，框架网页的每个区域都可以规定一个默认的网页。（　　）

A. 正确　　　　B. 错误

《第Ⅱ卷》

四、填空题（本大题共20小题，每小题1分，共20分）

91. 二进制数110110.11的等值八进制数是________。

92. 将八进制数56转换成二进制数是________。

93. 执行逻辑“或”运算01010100∨10010011，其运算结果是________。

94. 通常规定一个二进制数的________作为符号位，“0”表示正，“1”表示负。

95. 在编辑Word 2010中的文本时，BackSpace键删除光标前的文本，Delete键删除________的文本。

96. Word 2010的________视图的显示效果与打印机打印输出的效果一样。

97. 加密算法和解密算法是在一组仅有合法用户知道的秘密信息的控制下进行的，该密码信息称为________。

98. VOD是一种可以按用户需要点播节目的交互式视频系统，中文名为________。

99. 根据已发布的《中国互联网络域名注册暂行管理办法》，中国互联网络的域名体系顶层域名为________。

100. 在DreamWeaver CS5中，只能在________上建立热点。

101. 在DreamWeaver CS5中，网页标题、页边距、背景等要在________对话框中设置。

102. 在DreamWeaver CS5中，要标记网页的某一具体位置，需要使用________，可以设置超链接链接到该位置。

103. 在数据库关系运算中，在关系中选择某些属性的操作称为________。

104. 在数据库中，一个属性的取值范围叫作一个________。

105. 在数据库中，码（又称为关键字、主键）、候选码是关系的一个或一组属性，它的值能唯一地标识一个________。

106. 在Internet上，文件传输服务采用的通信协议是________。

107. 在数据库关系模型中，实体通常是以表的形式来表现的。表的每一行描述实体的

一个________，表的每一列描述实体的一个特征或属性。

108. 在Excel 2010中，用来储存并处理工作表数据的文件，称为________。

109. ________语言是用助记符代替操作码、用地址符号代替操作数的面向机器的语言。

110. 计算机工作时需首先将程序读入________中，控制器按指令地址从中取出指令（按地址顺序访问指令），然后分析指令，执行指令。

山东省2015年普通高等教育专升本统一考试
计算机文化基础试题答案及解析

《第Ⅰ卷》

一、单项选择题（本大题共50小题，每小题1分，共50分）

1.【答案】B

2.【答案】C

【解析】很显然，字长越长，计算机运行的速度越快，数据处理的精度越高。常见的计算机字长有8位、16位、32位、64位，字长与CPU的型号有关。

3.【答案】A

【解析】GB 2312-80是我国于1980年颁布的《信息交换用汉字编码字符集》，适用于汉字处理、汉字通信等系统之间的信息交换。区位码、国标码、机内码之间的关系为：区位码的十六进制表示形式＋2020H=国标码；国标码＋8080H=机内码。

4.【答案】C

【解析】在使用点阵码表示汉字字形时，点阵规模越大（即用来表示字形的点数越多），则字体越清晰，这里点阵类似于图像的像素。当然，点阵规模越大，所占用的存储空间也越大。

5.【答案】B

【解析】存储程序原理是冯·诺依曼提出的将程序像数据一样存储到计算机内部存储器中的一种设计原理。程序存入内存后，计算机自动地从中取出第一条指令并执行，直到最后一条指令。

6.【答案】D

【解析】机器语言是二进制语言，基本符号只有“0”和“1”。机器语言是计算机唯一能直接识别并立即执行的语言，因此执行效率最高，但存在可读性差、依

赖于机器硬件、不可移植等方面的缺陷。

7.【答案】A

【解析】程序是一组计算机指令的有序集合。将程序装载到计算机内存储器中，CPU按照顺序取出指令，然后分析并执行指令，直到程序结束，输出结果。

8.【答案】D

【解析】（见2016年第52题解析）

9.【答案】C

【解析】因为计算机只理解机器语言，所以计算机并不能理解和执行用高级语言编写的程序，需要将其“翻译”成机器语言。编译和解释就是两种不同的“翻译”方式。编译程序是将高级语言源程序翻译成等价的机器语言程序；解释程序是将高级语言源程序作为输入，翻译一句后就提交计算机执行一句，并不形成目标程序。（解答时请结合2016年第104题解析）

10.【答案】A

【解析】算法是对解决一个问题的方法和步骤的准确而完整的描述。算法具有以下五个特征：（1）有穷性：指算法必须能够在执行有限个步骤之后终止；（2）确定性：算法中的每一步都必须有确切的定义，不能存在歧义；（3）可行性：算法中的每一步都应该可行；（4）输入项：一个算法可以有0个或多个输入，以确定执行算法的初始条件；（5）输出项：一个算法必须有1个或多个输出，以反映算法的执行结果，没有任何输出的算法毫无意义。

11.【答案】A

【解析】二进制是计算机能够接受和识别的唯一符号。

12.【答案】B

【解析】总线（Bus）是CPU及计算机各功能部件之间传送信息的公共通信干线。计算机的总线分为数据总线、地址总线和控制总线三种，分别用来传输数据、数据地址和控制信号。

13.【答案】D

【解析】（见2016年第55题解析）

14.【答案】D

【解析】回收站是Windows操作系统中的一个特殊文件夹，用来存放用户临时删除的文档资料。存放在回收站的文件可以恢复到原处，因此仍占用存储空间，也可以被真正删除，从而释放出所占用的存储空间。

15.【答案】B

【解析】DOS是一个字符界面的单用户、单任务操作系统。

16.【答案】A

【解析】Windows中对菜单项的基本约定包括：（1）变灰的菜单命令表示当前不可用；（2）带“...”的菜单命令表示执行后将弹出一个对话框；（3）带有“√”的菜单项表示是一个复选菜单项；（4）带有“●”的菜单项表示是一个单选菜单项；（5）带“▼”的菜单表示该菜单下还包含下一级菜单。

17.【答案】A

【解析】磁盘碎片是因为文件被分散保存到磁盘的不同地方而形成的。碎片增多会造成磁盘读写速度降低，最好定期进行碎片整理。

18.【答案】B

【解析】格式刷是Word中提供的一个快速格式化的工具，可将字符和段落的格式复制到其他文本。(解答时请结合2016年第18题解析)

19.【答案】A

【解析】B选项RTF是富文本格式文件，Word中也支持该类文件；C选项GIF是动态图像文件；D选项DOTX是Word 2010模板文件。

20.【答案】C

【解析】页面视图是Word中显示内容最全的视图方式。注意：Word 2010中不存在普通视图方式。

21.【答案】B

【解析】Word 2010中的对象分为嵌入式对象和浮动式（即题干中所说的“非嵌入版式”）对象两种。浮动式对象可以放置到页面的任意位置，并允许与其他对象进行组合，还可以与正文实现多种形式的环绕；嵌入式对象只能放置在光标能移动到的位置，不能与其他对象实现组合。

22.【答案】C

【解析】题目中所说的段落标记指的是在每一段尾部显示的小弯箭头。

23.【答案】C

【解析】Word文档的格式有字体格式和段落格式两种。字体格式包括字体、字形、字号、字体颜色、下划线、字体效果、字间距、字符缩放等内容；段落格式包括对齐方式、段前间距、段后间距、行间距、左缩进、右缩进、首行缩进、悬挂缩进等内容。

24.【答案】A

【解析】打开一个文档时必须将其由外存调入内存，关闭文档后即从内存中清除。

25.【答案】B

【解析】Delete键删除选中的内容，Backspace键删除整个表格。（请结合2016年第77题解析）

26.【答案】A

【解析】把数字作为文本输入，需要先输入一个半角的单引号，再输入相应的数字。

27.【答案】D

28.【答案】B

【解析】工作簿指的是扩展名为xlsx的Excel 2010文件。工作簿是由工作表组成的，一个工作簿必须至少包含一个工作表。工作表不能单独保存，必须存在于工作簿中。（请结合2016年第60题解析）

29.【答案】A

【解析】（见2016年第63题解析）

30.【答案】C

【解析】（见2016年第25题解析）

31.【答案】B

【解析】（见2016年第82题解析）

32.【答案】C

【解析】（见2016年第92题、第107题解析）

33.【答案】D

【解析】PowerPoint 2010中提供的排练计时功能，允许事先进行一次排练预演，以后播放时可按照排练时的播放顺序和播放时间进行自动播放。

34.【答案】D

【解析】讲义和备注指的是母版，标题是一种版式。（解答时请结合2016年第84题解析）

35.【答案】A

【解析】在Access 2010中打开一个数据库时，必须将之前打开的数据库关闭。

36.【答案】D

【解析】（见2016年第86题、第95题解析）

37.【答案】B

【解析】通信子网负责保障网络通信，资源子网负责提供资源与实现资源共享。

38.【答案】B

39.【答案】C

【解析】计算机网络设备种类繁多，基本的网络设备有网络接口卡、中继器、集线器、交换机、网桥、路由器、网关等。网卡（NIC）工作在物理层，作用是实现计算机和网络间的连接；中继器（repeater）工作在物理层，作用是对信号进行放大；集线器（HUB）工作在物理层，作用是实现各节点之间的连接和数据转发；交换机（switcher）工作在数据链路层，主要功能包括物理编址、网络拓扑结构、错误校验、帧序列以及流控制；网桥（bridge）工作在数据链路层，作用是连接同一网络中的不同网段，以扩充网络；路由器（router）工作在网络层，是互联网的主要节点设备，主要作用是进行路由选择；网关（gateway）工作在传输层或应用层，作用是连接两个不同的网络，实现协议转换。D选项中网间连接器这种设备不存在。

40.【答案】D

【解析】网卡地址也称为网卡的物理地址，由网卡生产厂家写入网卡的EPROM芯片中。这个地址全球唯一，作用是用来标识发出数据的电脑和接收数据的主机。一台计算机的IP地址可以更改，但网卡地址不能更改。

41.【答案】C

【解析】因用数字表示的IP地址不便于记忆，所以又给网络上的每台主机起了一个域名。域名与IP地址之间的关系可以理解为一个人的姓名和身份证号之间的关系。通过域名可以访问网络上的主机，用域名进行访问时，要通过域名系统（DNS）将域名转换成它所对应的IP地址。一台主机可以有多个域名，所以一个IP地址可以对应多个域名；但反过来，一个域名只能对应一个IP地址。

42.【答案】D

【解析】Internet中的服务器可能在全球的任意一个可以存放的位置。

43.【答案】B

【解析】计算机网络中的主机一般分为服务器和工作站两类。服务器是为网络提供共享资源的基本设备，一般性能较强，上面运行有网络操作系统，以实现对资源的管理。工作站是网络用户进行上网操作的设备，一般配置要求不是很高。

44.【答案】D

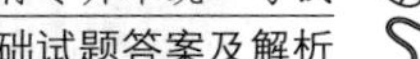

【解析】（见2016年第50题解析）

45.【答案】B

46.【答案】A

47.【答案】B

【解析】计算机病毒不是凭空产生的，而是人为开发的对计算机系统具有破坏作用的程序，是一段可执行代码。计算机病毒具有传播性、隐蔽性、潜伏性、可激发性、破坏性等特点。

48.【答案】C

【解析】（见2016年第89题解析）

49.【答案】D

【解析】清除病毒要使用专门的杀毒软件，如KV杀毒、金山毒霸、卡巴斯基、瑞星杀毒等。

50.【答案】B

二、多项选择题（本大题共20小题，每小题1分，共20分）

51.【答案】A、C

【解析】巨型化不是指计算机的体积，而是指研制运行速度更快、存储容量更大、计算精度更高、功能更强的巨型计算机。巨型计算机是衡量一个国家科学技术和工业发展水平的重要标志。我国研制的“神威·太湖之光”和“天河二号”超级计算机目前排名世界前两位。微型化主要是从应用上考虑的，随着超大规模集成电路技术的进一步发展，计算机的体积会进一步缩小，更便于携带和使用。

52.【答案】B、D

【解析】计算机的五大基本组成部分是输入设备、输出设备、存储器、运算器和控制器。输入设备负责将外部的各种信息或指令传递给计算机；输出设备负责将计算机处理的结果以人们能够识别的形式展示出来；存储器分为内存和外存两类，内存主要用于暂时存放当前正在执行的程序和相关数据，外存主要用于长期存放计算机暂时不执行的大量程序和不用的数据；运算器负责完成对数据的算术运算和逻辑运算；控制器负责发布操作命令，控制整个计算机系统运行，类似于人的大脑中枢，指挥和协调计算机各部件的工作。运算器和控制器合称为中央处理单元（Central Processing Unit），简称CPU。

53.【答案】B、C

【解析】计算机指令就是指挥计算机工作的指示和命令，通常一条指令包括操作码和地址码两部分内容。操作码决定要完成的操作，即指示计算机做什么运算；地址码决定参加运算的数据所在的单元地址，即告诉计算机参与运算的数据在哪里。

54.【答案】B、D

【解析】（见本试卷第52题解析）

55.【答案】C、D

【解析】（见本试卷第12题解析）

56.【答案】B、D

【解析】JPEG为静态图片的压缩，MPEG为动态图像的压缩。

57.【答案】A、B

【解析】系统软件包括操作系统（如DOS、OS/2、UNIX、XENIX、LINUX、Windows、NetWare等）、语言处理程序、系统支撑和服务程序、数据库管理系统（如Foxbase、Access、SQL Server、Oracle、Sybase等）。

58.【答案】B、C

【解析】（见2016年第6题解析）

59.【答案】A、D

【解析】并发性是指在一段时间内有多道程序同时运行；共享性是指系统中的资源可供内存中多个并发执行的进程共同使用；虚拟性是指通过技术把一个物理实体变成若干个逻辑上的对应物；异步性是指内存中并发的多个进程以异步的方式运行，不可预知。

60.【答案】A、C

61.【答案】B、D

62.【答案】A、C

【解析】Excel数据清单有类似数据库的特点，具备数据库的组织、管理和处理数据的功能，可以实现数据的排序、筛选、分类汇总、统计、查询等操作。

63.【答案】C、D

【解析】自然威胁是指来自于自然灾害、恶劣的场地环境、电磁辐射和电磁干扰、网络设备自然老化等方面的威胁，往往带有不可抗拒性；人为威胁包括人为攻击、安全缺陷、软件漏洞、结构隐患等。

64.【答案】A、B

【解析】联系包括一对一、一对多、多对多三种类型。

65.【答案】A、C

【解析】根据覆盖范围，网络分为局域网（LAN）、城域网（MAN）和广域网（WAN）等几种。国际互联网（Internet）是一个特殊的广域网。

66.【答案】B、D

【解析】从物理连接上讲，计算机网络由计算机系统、通信链路和网络节点组成，其中计算机系统进行各种数据处理，通信链路和网络节点提供通信功能。A、C选项都属于网络节点。

67.【答案】A、B

【解析】C、D选项是TCP/IP模型中的分层，TCP/IP模型划分为四层，即应用层、传输层、网际层和网络接口层。

68.【答案】A、D

【解析】对计算机病毒，一要加强管理，养成良好的使用计算机的习惯，如不打开来历不明的邮件、使用优盘前先查毒等，预防计算机被病毒感染；二要在技术上加强防范，如安装用于监测病毒的硬件或软件。

69.【答案】A、C

【解析】（见2016年第65题解析）

70.【答案】B、D

【解析】防火墙（Firewall）也称防护墙，是一种位于内部网络与外部网络之间的网络安全系统。防火墙只能防御来自于外部的网络攻击，但不能防御病毒，因此C选项不正确；A选项也不正确。（其他可参考2013年第110题解析）

三、判断题（本大题共20小题，每小题0.5分，共10分）

71.【答案】A

【解析】信息掌握得越全面，对事物的理解与认识越准确。

72.【答案】A

【解析】带宽在一定程度上体现了信道的传输性能，是衡量传输系统的一个重要指标。通常，信道的带宽大，信道的容量也大，其传输速率相应也高。

73.【答案】B

【解析】（见2016年第53题解析）

74.【答案】A

【解析】所谓备份，就是在另外的存储设备上再保存一份数据副本。

75.【答案】A

【解析】主频的单位是赫兹。

76.【答案】B

【解析】微处理器是将运算器、控制器、高速内部缓存集成在一起的超大规模集成电路芯片，它是微型计算机的核心部件。

77.【答案】B

【解析】主板是微机中最大的一块电路板，又叫主机板、系统板或母板，它安装在主机箱内，是微机最基本也是最重要的部件之一。芯片组是构成主板电路的核心。主板上提供了各种插槽。

78.【答案】B

【解析】在“资源管理器”中可以完成文件或文件夹的复制、移动、删除、重命名等操作，但如果在不同的文件之间复制部分内容，必须使用剪贴板。

79.【答案】A

【解析】根据安装和卸载方式的不同，软件可划分为绿色软件和非绿色软件两类。绿色软件无需安装，将所需文件拷贝到系统中即可使用；非绿色软件必须先使用专门的安装程序进行安装后才能使用，卸载非绿色软件也要通过控制面板或使用专门的卸载程序。

80.【答案】B

【解析】Windows 7是多用户操作系统，也可以通过Windows 7提供的“控制面板”中的用户管理功能添加或删除用户。

81.【答案】A

【解析】文本文件只能保存纯文本信息，不能保存图片，也不能对字体进行排版。

82.【答案】B

【解析】在Word 2010中，可以按住Ctrl键依次选定不连续的文本。

83.【答案】A

【解析】清除：清除的对象是数据而不是单元格本身。选定一个单元格或单元格区域后，使用“开始”选项卡“编辑”组中的“清除”命令，可以完成全部清除（将单元格的格式、内容、批注、超链接全部清除）、清除格式、清除内容、清除批注、清除超链接等操作。选择单元格或单元格区域后按Delete键，相当于清除内容。删除：删除的对象是单元格，删除后选定的单元格及单元格中的内容均从工作表中消失，执行删除单元格操作命令时，系统会给出下方单元格上移还是右侧单元格左移的询问。

84.【答案】B

【解析】分类汇总是指把数据清单中的数据记录先根据某一列进行分类，然后再分别对每一类数据记录进行汇总统计。汇总方式包括求和（SUM）、计数（COUNT）、平均值（AVERAGE）、最大值（MAX）、最小值（MIN）等。

85.【答案】B

86.【答案】A

【解析】导致电子邮件发送失败的原因包括电子邮件地址错误、网络线路故障、邮件服务器故障等。

87.【答案】A

88.【答案】A

89.【答案】B

【解析】开发网站前必须先进行规划，就好像盖大楼前要先设计图纸一样，否则可能会导致后面大量的返工甚至全部推翻前期的工作。

90.【答案】A

《第Ⅱ卷》

四、填空题（本大题共20小题，每小题1分，共20分）

91.【答案】66.6

【解析】二进制转换成八进制的方法：以小数点为界，整数部分从右往左每3位一组，小数部分从左往右每3位一组，不足3位的用0补齐，然后把每一组分别转换成它所对应的八进制数即可。按照这种方法，二进制数110110.11共分3组——（110）（110）.（110），分别转换并组合后即为66.6。

92.【答案】101110

【解析】八进制转换成二进制的方法：将每一位八进制数分别转换成所对应的3位二进制数即可。八进制数“5”对应的是3位二进制数“101”，“6”对应的是“110”，因此组合后为101110。

93.【答案】11010111

【解析】“或”运算的运算规则：0∨0结果为0，其他都为1。

94.【答案】最高位

【解析】一般规定数的最高位为符号位，正数的符号位为0，负数的符号位为1。

95.【答案】光标后

96.【答案】页面

【解析】页面视图支持“所见即所得”，即在屏幕上看到的和打印输出的效果一样。

97.【答案】密钥

98.【答案】视频点播

【解析】VOD的全名为Video on Demand。

99.【答案】CN

【解析】国家或地区域名：中国，CN；澳大利亚，AU；加拿大，CA；中国香港，HK；日本，JP；中国澳门，MO；中国台湾，TW；英国，UK；美国，US。

100.【答案】图片

【解析】所谓在网页上为图片创建热点就是将图片分割成若干块，每一块可分别设置各自所超级链接到的内容。

101.【答案】页面属性

102.【答案】命名锚记

103.【答案】投影

【解析】数据库的关系运算包括选择、投影和连接三种。选择是在一个关系中选择满足给定条件的元组组成一个新的关系，选择操作是从行的角度进行的运算；投影是从一个关系中选择出若干属性列组成一个新的关系，投影操作是从列的角度进行的运算；连接是从两个关系的笛卡儿积中选取属性间满足一定条件的元组组成一个新的关系，连接是对两个关系进行的运算。

104.【答案】域

【解析】属性指的是表中的一列，属性的取值范围称为域。

105.【答案】元组/记录

【解析】元组指的是表中的一行，每个元组就是一条记录，元组的集合构成关系。

106.【答案】FTP

【解析】常见的协议有：超文本传输协议（HTTP），用于传递网页文件；文件传输协议（FTP），用于实现文件的上传与下载；电子邮件协议（SMTP），用于发送电子邮件；网络终端协议（TELNET），用于实现远程登录；域名服务协议（DNS），用于实现域名到IP地址的映射；路由信息协议（RIP），用于网络设

备之间变换路由信息；简单网络管理协议（SNMP），用于收集和交换网络管理信息；网络文件系统（NFS），用于实现不同主机间的文件共享。

107.【答案】实例

108.【答案】工作簿

109.【答案】汇编

【解析】汇编语言也就是符号化的机器语言。

110.【答案】内存储器/内存/主存

【解析】（见本套题第5题、第7题解析）

试卷类型：公共课

山东省2014年普通高等教育专升本统一考试

计算机文化基础试题

本试卷分为第Ⅰ卷和第Ⅱ卷两部分，满分100分，考试用时120分钟。考试结束后，将本试卷和答题卡一并交回。

注意事项：

1. 答卷前，考生务必用0.5毫米黑色签字笔将自己的姓名、准考证号、身份证号填写到试卷规定的位置上。

2. 选择题每小题选出答案后，用2B铅笔把答题卡上对应题目的答案标号涂黑；如需改动，用橡皮擦干净后，再选涂其他答案标号。

3. 非选择题必须用0.5毫米黑色签字笔作答，答案必须写在答题卡各题目指定区域内相应的位置；如需改动，先划掉原来的答案，然后再写上新的答案；不能使用涂改液、胶带纸、修正带。不按以上要求作答的答案无效。

第Ⅰ卷

一、单项选择题（本大题共50小题，每小题1分，共50分）

每小题列出的四个备选项中只有一个是符合题目要求的，请将其代码填涂在答题卡上。错选、多选或未选均无分。

1. 将计算机用于天气预报，是在________方面的应用。

A. 信息处理　　B. 数值计算

C. 自动控制　　D. 人工智能

2. 用户可以通过________软件对计算机软、硬件进行管理。

A. Windows 7　　B. Office

C. VB　　D. VC

3. 微型计算机存储系统中的Cache是________。

A. 只读存储器　　B. 高速缓冲存储器

C. 可编程只读存储器　　D. 可擦除可再编程只读存储器

4. 计算机病毒是指________。

A. 编制有错误的计算机程序

B. 设计不完善的计算机程序

C. 计算机的程序已被破坏

D. 以危害系统为目的的特殊的计算机程序

5. 计算机中对数据进行加工与处理的部件，通常称为________。

A. 运算器　　B. 控制器

C. 显示器　　D. 存储器

6. MPEG是数字存储________图像压缩编码和伴音编码标准。

A. 静态　　B. 动态

C. 点阵　　D. 矢量

7. 为解决某一特定问题而设计的指令序列称为________。

A. 文档　　B. 语言

C. 程序　　D. 系统

8. Windows 7是一种________。

A. 文字处理系统　　B. 计算机语言

C. 字符型的操作系统　　D. 图形化的操作系统

9. Windows 7中用户要设置日期和时间，可以通过________来完成。

A. 单击“程序和功能”

B. 单击“控制面板”中的“日期和时间”图标

C. 双击“控制面板”中的“显示”图标

D. 双击“控制面板”中的“系统”图标

10. 在Windows 7中，鼠标是重要的输入工具，而键盘________。

A. 无法起作用

B. 仅能配合鼠标，在输入中起辅助作用（如输入字符）

C. 也能完成几乎所有操作

D. 仅能在菜单操作中运用，不能在窗口中操作

11. 在Windows 7中，下列叙述正确的是________。

A. 文件和文件夹都不可改名　　B. 文件可改名，文件夹不可改名

C. 文件不可改名，文件夹可改名　　D. 文件和文件夹都可以改名

12. 在Windows 7中，取消上一步操作的快捷键是________。

A. Ctrl+Del　　B. Ctrl+Z

C. Alt+Z　　D. Alt+Del

13. 在Windows 7窗口的菜单中，如果某些命令以变灰或暗淡的形式出现，这意味着________。

A. 该选项的命令可用，变灰或暗淡是由于显示器的缘故

B. 该选项的命令出现了差错

C. 该选项当前不可用

D. 该选项的命令以后将一直不可用

14. 默认情况下，在Windows 7的“回收站”中，可以存放________。

A. 硬盘上被删除的文件或文件夹

B. 软盘上被删除的文件或文件夹

C. 硬盘或软盘上被删除的文件或文件夹

D. 网络上被删除的文件或文件夹

15. 在Word 2010编辑状态下，将整个文档选定的快捷键是________。

A. Ctrl+A　　B. Ctrl+Z

C. Ctrl+X　　D. Ctrl+V

16. 在Word 2010的“插入”选项卡中，通过“插图”组内的命令可以插入________。

A. 公式　　B. 剪贴画

C. 文本框　　D. 艺术字

17. 在Word 2010编辑状态下，要想为当前文档设定字间距，应当使用“开始”选项卡中的命令打开________对话框。

A. 字体　　B. 段落

C. 分栏　　D. 样式

18. 在Word 2010编辑状态下，打开了“w1.doc”文档，把当前文档以“w2.doc” 为名进行“另存为”操作，则________。

A. 当前文档为w1.doc　　B. 当前文档为w2.doc

C. 当前文档为w1.doc与w2.doc　　D. w1.doc和w2.doc全被关闭

19. 在Word 2010中，段落对话框的“缩进”表示文本相对于文本边界向页内或页外缩

进一段距离，段落缩进后文本相对于打印纸边界的距离等于________。

A. 页边距　　B. 缩进距离

C. 页边距+缩进距离　　D. 以上都不是

20. 在编辑Word 2010文档时，输入的新字符总是覆盖文档中已输入的字符，这时________。

A. 按Del键，可防止覆盖发生

B. 当前文档处于插入的编辑方式

C. 连续两次按Insert键，可防止覆盖发生

D. 当前文档处于改写的编辑方式

21. 如果要将文档中从现在开始输入的文本内容设置为粗体下划线，应当________。

A. 从“开始”选项卡中的字体列表框中选择

B. 按下“开始”选项卡中的“B”按钮

C. 按下“开始”选项卡中的“U”按钮

D. 先按下“开始”选项卡中的“B”按钮，再按下“U”按钮

22. 在Excel 2010工作表单元格中输入________，可使该单元格显示1/5。

A. 1/5　　B. “1/5”

C. 0 1/5　　D. =1/5

23. 在Excel 2010编辑中，若单元格A2、B5、C4、D3的值分别是4、6、8、7，单元格D5中函数表达式为“=MAX (A2,B5,C4,D3)”，则D5的值为________。

A. 4　　B. 6

C. 7　　D. 8

24. 分类汇总后，工作表左端自动产生分级显示控制符，其中分级编号以________显示。

A. 1、2、3　　B. A、B、C

C. I、II、III　　D. 一、二、三

25. 时间和日期都可以________，并可以包含到其他运算当中。

A. 相减　　B. 相加、相减、相乘

C. 相加　　D. 相乘、相加

26. 函数也可以用作其他函数的________，从而构成组合函数。

A. 变量　　B. 参数

C. 公式　　D. 表达式

27. 在使用“高级筛选”时，条件区域中“性别”字段下输入“男”，“成绩”字段下输入“中级”，则将筛选出________类记录。

A. 所有记录

B. 性别为“男”或成绩为“中级”的所有记录

C. 性别为“男”且成绩为“中级”的所有记录

D. 筛选无效

28. 对单元格中的公式进行复制时，会发生变化的是________。

A. 相对地址的偏移量　　B. 相对地址所引用的单元格

C. 绝对地址中的地址表达式　　D. 绝对地址所引用的单元格

29. 在PowerPoint 2010中，下列说法错误的是________。

A. 将图片插入到幻灯片中后，用户可以对这些图片进行必要的操作

B. 可以利用“图片工具”选项卡中的命令裁剪图片，添加边框，调整图片的亮度及对比度

C. 选中图片后，功能区将新增“图片工具”选项卡

D. 对图片进行修改后不能再恢复原状

30. 在PowerPoint 2010________中，用户可以看到画面变成上下两半，上面是幻灯片，下面是文本框，可以记录演讲者讲演时所需的一些提示重点。

A. 备注页视图　　B. 幻灯片浏览视图

C. 普通视图　　D. 黑白视图

31. 在PowerPoint 2010中，对于已创建的多媒体演示文稿可以用________功能转移到其他未安装PowerPoint 2010的机器中放映。

A. 打包　　B. 发送

C. 复制　　D. 设置幻灯片放映方式

32. 在PowerPoint 2010中，________可切换到幻灯片母版中。

A. 单击视图选项卡“母版视图”组中的命令

B. 单击开始选项卡“母版视图”组中的命令

C. 单击切换选项卡“母版视图”组中的命令

D. 单击设计选项卡“母版视图”组中的命令

33. PowerPoint 2010提供了________种幻灯片版式。

A. 12　　B. 28

C. 11　　D. 27

34. 在PowerPoint 2010中，创建具有个人特色的设计模板的扩展名是________。

A. pptx　　B. potx

C. psd　　D. html

35. 在PowerPoint 2010中，演示文稿打包后，在目标盘片将产生一个________。

A. 文件夹　　B. 压缩文件

C. 安装文件　　D. EXE文件

36. SQL的含义是________。

A. 结构化查询语言　　B. 数据定义语言

C. 数据库查询语言　　D. 数据库操纵与控制语言

37. 关系数据库系统中所管理的关系是________。

A. 一个accdb文件　　B. 若干个accdb文件

C. 一个二维表　　D. 若干个二维表

38. 要使用户能够在浏览器中查看Access 2010数据库中的数据，可以使用Access 2010提供的________功能。

A. 发布数据库　　B. 数据库打包

C. 窗体　　D. 报表

39. 在SQL查询中，GROUP BY 语句用于________。

A. 选择性条件　　B. 对查询进行排序

C. 列表　　D. 分组排序

40. 在Access 2010数据库中，________数据库对象是其他数据库对象的基础。

A. 报表　　B. 查询

C. 表　　D. 模块

41. Access 2010采用的是________数据库管理系统。

A. 层次模型　　B. 网状模型

C. 关系模型　　D. 混合模型

42. 在Access 2010中，通配符可以在选择查询中使用，________用于匹配任意长度的任意字符组成的字串。

A. ?　　B. *

C. %　　D. &

43. 计算机网络的主要功能是________。

A. 提高系统处理能力　　B. 提高系统可靠性

C. 使系统容易扩充　　D. 资源共享

44. TCP/IP协议的含义是_______。

A. 局域网传输协议　　B. 拨号入网传输协议

C. 传输控制协议和网际协议　　D. OSI协议集

45. 常见的局域网络拓扑结构有_______。

A. 总线结构、关系结构、逻辑结构　　B. 总线结构、环形结构、星形结构

C. 逻辑结构、总线结构、网状结构　　D. 逻辑结构、层次结构、总线结构

46. 要实现网络通信必须具备三个条件，以下各项中不属于此类条件的是_______。

A. 解压缩卡　　B. 网络接口卡

C. 网络协议　　D. 网络服务器/客户机程序

47. 调制解调器（Modem）的作用是_______。

A. 将计算机的数字信号转换成模拟信号，以便发送

B. 将模拟信号转换成计算机的数字信号，以便接收

C. 将计算机的数字信号与模拟信号相互转换，以便传输

D. 为了使上网与接电话两不误

48. 在Internet上访问Web信息时用的工具是浏览器，_______就是目前常用的Web浏览器之一。

A. FrontPage　　B. Outlook Express

C. Yahoo　　D. Internet Explore

49. 通过Internet发送或接收电子邮件（E-mail）的首要条件是应该有一个邮件地址，它的正确形式是______。

A. 用户名@域名　　B. 用户名#域名

C. 用户名/域名　　D. 用户名.域名

50. Dreamweaver CS5为用户进行版面设计提供了功能强大的布局表格功能，其主要原因是_______。

A. 使用布局表格可以创建包含大量数据的图表

B. 使用布局表格可以在网页内排列图像和文本

C. 因为布局单元格不可移动，使用布局表格有助于保持对创造性过程的控制

D. 以上都不是

二、多项选择题（本大题共20小题，每小题1分，共20分）

每小题列出的四个备选项中只有两个是符合题目要求的，请将其代码填涂在答题

卡上。错涂、多涂、未涂均无分，少涂一个扣0.5分。

51. 计算机有运算速度快以及________的特点。

A. 安全性高、网络通信能力强 B. 工作自动化、通用性强

C. 可靠性高、适应性强 D. 存储容量大、精确性高

52. 关于CPU，以下说法正确的是________。

A. CPU是中央处理器的简称 B. PC机的CPU也称为微处理器

C. CPU可以代替存储器 D. CPU由运算器和存储器组成

53. 下列说法错误的是________。

A. 每个磁道的容量是与其圆周长度成正比的

B. 每个磁道的容量是与其圆周长度不成正比的

C. 磁盘驱动器兼具输入和输出的功能

D. 软盘驱动器属于主机，而软盘片属于外设

54. 以下关于Windows 7中窗口的叙述正确的是________。

A. 窗口不可以在屏幕上移动

B. 窗口可以缩小成任务栏上的一个图标

C. 窗口大小可以调整

D. Windows 7窗口都是应用程序窗口

55. 以下属于系统软件的是________。

A. 多媒体播放软件 B. 编译程序

C. Office 2010 D. 操作系统

56. Windows 7的特点包括________。

A. 图形界面 B. 单任务

C. 即插即用 D. 字符界面

57. Word 2010的“开始”选项卡中包括________。

A. 剪切 B. 修订

C. 字数统计 D. 复制

58. Word 2010中文版的运行窗口一般由_______、导航窗格、标尺、文档编辑区、滚动条、状态栏等组成。

A. 标题栏 B. 功能区

C. 文本框 D. 图片

59. Word 2010中段落的对齐方式包括 ________。

A. 左对齐　　B. 下对齐

C. 上对齐　　D. 右对齐

60. 在Excel 2010中，下列叙述正确的有_______。

A. 合并后单元格内容与合并前区域左上角的单元格内容相同

B. 合并后单元格内容与合并前区域右下角的单元格内容相同

C. 合并后单元格内容等于合并前区域中所有单元格内容之和

D. 合并后的单元格还可以被重新拆分

61. 在Excel 2010中，可用______选取单元格区域。

A. 鼠标　　B. 键盘

C. “查找”命令　　D. “选取”命令

62. Excel 2010中的算术运算符有_______。

A. &　　B. %　　C. *　　D. ·

63. 在PowerPoint 2010中，下列关于建立超级链接的说法正确的是_______。

A. 纹理对象可以建立超级链接　　B. 图片对象可以建立超级链接

C. 背景图案可以建立超级链接　　D. 文字对象可以建立超级链接

64. 在PowerPoint 2010中，打开幻灯片母版，可做的操作有_______。

A. 通过母版更改所有幻灯片的标题内容

B. 为每张母版设置几种切换动作

C. 向母版中插入对象

D. 修改母版格式

65. 在PowerPoint 2010中插入图片，下列说法错误的是_______。

A. 不允许插入在其他图形程序中创建的图片

B. 为了将某种格式的图片插入到幻灯片中，必须安装相应的图形过滤器

C. 选择插入选项卡中的“图片”命令

D. 在插入图片前，不能预览图片

66. 在Access 2010中，关于数据库窗口的基本操作，可以完成的是_______。

A. 显示或更改数据库对象的属性　　B. 数据库中的表是不可以隐藏的

C. 数据库中的组均可以删除　　D. 改变对象的显示方式

67. Access 2010提供的对象从功能和彼此间的关系考虑，可以分为三个层次，第一层次是_______。

A. 表对象　　B. 报表对象

C. 查询对象　　D. 宏对象

68. 下面各项属于计算机网络传输介质的是________。

A. 双绞线　　B. 同轴电缆

C. 并行传输线　　D. 串行传输线

69. 依据逻辑功能，计算机网络分为________。

A. 通信子网　　B. 计算机子网

C. 资源子网　　D. 教育网

70. HTML中的字体标记<font>，包含的属性有________。

A. href　　B. src

C. size　　D. face

三、判断题（本大题共20小题，每小题0.5分，共10分）

每题列出的两个备选项中有一个是符合题目要求的，请将其代码填涂在答题卡上。

71. 软件是指使计算机运行所需的程序。（　　）

A. 正确　　B. 错误

72. 从计算机的用途上看，我们家里使用的普通计算机都是专用计算机。（　　）

A. 正确　　B. 错误

73. 计算机的运算器由算术逻辑单元和累加器组成。（　　）

A. 正确　　B. 错误

74. 从信息的输入输出角度来说，磁盘驱动器和磁带机既可以看作输入设备，又可以看作输出设备。（　　）

A. 正确　　B. 错误

75. 操作系统是用户与软件的接口。（　　）

A. 正确　　B. 错误

76. PC机性能指标中的内存容量一般指的是RAM和ROM。（　　）

A. 正确　　B. 错误

77. Windows 7对磁盘信息的管理和使用是以文件为单位的。（　　）

A. 正确　　B. 错误

78. 在计算机中，用来解释、执行程序中指令的部件是控制器。（　　）

A. 正确　　B. 错误

79. 在Word 2010中，表格计算功能是通过公式实现的。（　　）

A. 正确　　B. 错误

80. 在Word 2010中，形状和艺术字默认的插入方式是嵌入式。（ ）

A. 正确 B. 错误

81. 对Excel 2010工作表中数据进行分类汇总前，必须先按分类字段进行自动筛选工作。（ ）

A. 正确 B. 错误

82. 在Excel 2010中，一个新建工作簿最多能提供256个工作表使用。（ ）

A. 正确 B. 错误

83. 在PowerPoint 2010中，插入另一演示文稿的背景可以修改。（ ）

A. 正确 B. 错误

84. Access 2010数据库的默认扩展名是.accdc。（ ）

A. 正确 B. 错误

85. Access 2010中没有各种各样的控件。（ ）

A. 正确 B. 错误

86. 在关系中选择某些属性的值的操作称为连接运算。（ ）

A. 正确 B. 错误

87. Internet是由网络路由器和通信线路连接的、基于通信协议OSI参考模型构成的当今信息社会的基础结构。（ ）

A. 正确 B. 错误

88. FTP是Internet中的一种文件传输服务，它可以将文件下载到本地计算机中。（ ）

A. 正确 B. 错误

89. 所有的网页都设有BBS。（ ）

A. 正确 B. 错误

90. E-mail地址就是我们的物理地址。（ ）

A. 正确 B. 错误

《第Ⅱ卷》

四、填空题（本大题共20小题，每题1分，共20分）

91. 信息的符号化就是数据，所以数据是信息的_______。

92. 存储一个汉字的内码需要______字节。

93. 电子计算机能够自动地按照人们的意图进行工作的最基本思想是_______。
94. 记录在磁盘上的一组相关信息的集合称为_______。
95. 语言编译软件按分类来看属于_______软件。
96. 在Word 2010中，按________键可以保存文件。
97. 在Word 2010中，可以看到分栏效果的视图是________。
98. 在Word 2010中，行距是指所选定段落中________之间的距离。
99. 在Excel 2010中，单元格区域B1:F6表示________个单元格。
100. Excel 2010文档文件的扩展名是_________。
101. Excel 2010中正在处理的单元格称为_______单元格，其外部有一个黑色的方框。
102. 在Access 2010中，查询不仅具有查找的功能，而且还具有______功能。
103. 在Access 2010中，窗体中的窗体称为________。
104. 关系数据库的关系运算包括选择、________、连接。
105. 在PowerPoint 2010中，使字体加粗的快捷键是________。
106. 在PowerPoint 2010中，可以通过图表工具选项卡中的________按钮改变幻灯片中插入图表的类型。
107. 在OSI七层模型中，________确定把数据包送到其目的地的路径。
108. 流媒体数据流具有三个特点，即连续性（Continuous）、适时性（Real-time）、_______。
109. 在设置账户密码时，为了保证密码的安全性，要注意将密码设置为______位以上的字母数字符号的混合组合。
110. HTML的正式名称是_______________。

山东省2014年普通高等教育专升本统一考试
计算机文化基础试题答案及解析

《第Ⅰ卷》

一、单项选择题（本大题共50小题，每小题1分，共50分）

1.【答案】B

【解析】计算机的主要应用领域包括：科学计算，也叫数值计算，主要应用在航天工程、气象、地震、核能技术、石油勘探和密码解译等涉及复杂数值计算的领域。信息管理，是指对非数值形式的数据进行处理，主要应用于办公自动化、事务处理、情报检索、企业管理和知识系统等领域。信息管理是计算机应用最广泛的领域。过程控制，又称实时控制，主要应用于工业、生产领域。计算机辅助系统，是指计算机辅助人们进行设计、加工、计划和学习等工作，包括计算机辅助设计CAD、计算机辅助制造CAM、计算机辅助教育CBE、计算机辅助教学CAI、计算机辅助教学管理CMI、计算机辅助测试CAT、计算机集成制造系统CIMS等。人工智能（AI，Artificial Intelligence），是指让计算机模拟人类进行判断、推理、证明、识别、感知、理解、设计、思考、规划、学习和问题求解等思维活动。计算机网络与通信，主要是指Internet中的各种应用。

2.【答案】A

【解析】操作系统是计算机的“管家婆”，主要功能是对计算机的软、硬件资源进行管理。C、D选项是两种计算机语言。

3.【答案】B

【解析】只读存储器：ROM（Read-only Memory）；可编程只读存储器：PROM（Programmable Read-only Memory）；可擦除可再编程只读存储器：EPROM（Erasable Programmable Read-only Memory）。

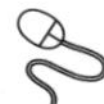

4.【答案】D

【解析】（见2015年第47题解析）

5.【答案】A

【解析】（见2016年第102题解析）

6.【答案】B

【解析】JPEG：静态图像的压缩。静态图像格式有bmp、jpeg、JPG、PNG、TIF、PSD和gif等。MPEG：动态图像的压缩。动态图像格式有AVI、MOV、MPEG、RM、ASF、RMVB、DVD和gif等。注意：gif既可以是静态格式也可以是动态格式。

7.【答案】C

【解析】（见2015年第7题解析）

8.【答案】D

9.【答案】B

【解析】A选项是用来卸载程序的；C选项是用来更改桌面、外观、分辨率、刷新频率等显示属性的；D选项是用来查看系统属性、更改计算机名称的。(其他可参考2016年第11题解析）

10.【答案】C

【解析】用鼠标可以完成的操作，基本上在键盘上都可以找到与其相对应的单一按键、组合键或快捷键，所以在没有鼠标的情况下，仍然可以自如地操作计算机。

11.【答案】D

【解析】（见2016年第53题解析）

12.【答案】B

【解析】“撤消”操作即取消上一步操作，用Ctrl+Z；“恢复”操作是对“撤消”操作的反操作，用Ctrl+Y。A、C、D选项的快捷键不存在。

13.【答案】C

【解析】（见2015年第16题解析）

14.【答案】A

【解析】只有硬盘上的文件和文件夹被删除后才有可能进入回收站。软盘、优盘等可移动存储设备上的文件和文件夹被删除后不进入回收站，而是被直接删除。(其他可参考2016年第74题、2015年第14题解析）

15.【答案】A

【解析】在Word 2010编辑状态下，选定整个文档的方法还有：(1)单击“开始”选项卡中的“全选”命令；(2)在文档左侧选定栏处三击鼠标或按住Ctrl键单击。B选项是撤消操作；C选项是剪切操作；D选项是粘贴操作。

16.【答案】B

17.【答案】A

【解析】(见2015年第23题解析)

18.【答案】B

【解析】文档“w1.doc”被自动关闭。

19.【答案】C

【解析】关于页边距、左右缩进的示意图如下：

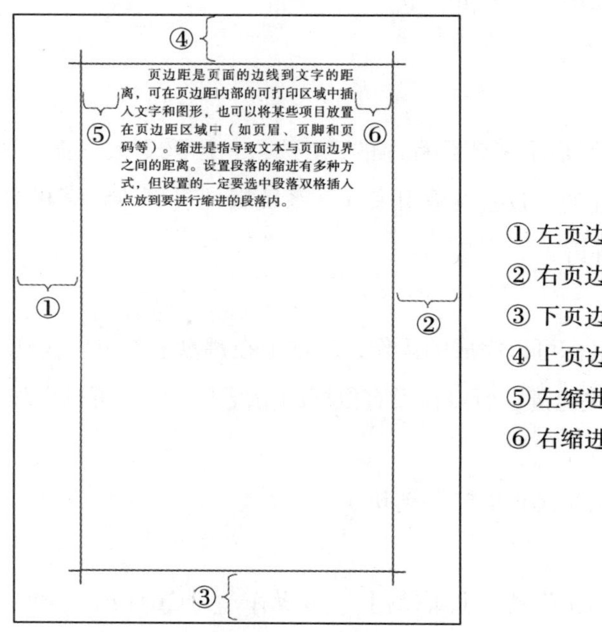

20.【答案】D

【解析】Word文档有两种编辑状态：插入和改写。插入状态下，输入的新字符总是被插入到光标处；改写状态下，输入的新字符总是覆盖光标后面的字符。通过单击状态栏中的“插入”或“改写”按钮或按Insert键，可以在这两种状态之间切换。C选项中“连续两次按Insert键”相当于没按，文档还是处于原来的编辑状态。

21.【答案】D

【解析】开始选项卡中的“B”按钮是将选中的字体加粗，“U”按钮是为选中的字体加下划线。

22.【答案】C

【解析】A选项单元格显示结果：1月5日；B选项单元格显示结果："1/5"；D选项单元格显示结果：0.2。（其他见2016年第22题解析）

23.【答案】D

【解析】函数MAX的作用是求最大值。

24.【答案】A

25.【答案】B

【解析】Excel中的日期和时间类型数据实际上是数值类型数据，因此可以进行加减乘除等算术运算。

26.【答案】B

【解析】参数是指参与函数运算的对象，很显然，一个函数的结果仍然可以再作为另一个函数的运算对象；因此函数中可以再包含其他函数，即一个函数可以作为其他函数的参数。

27.【答案】C

【解析】同一行的多个条件之间为“与”的关系，即多个条件须同时满足；不同行的多个条件之间为“或”的关系，即满足其中一个即可。（其他参考2013年第27题解析）

28.【答案】B

【解析】Excel公式中有三种单元格地址引用方式：相对引用、绝对引用和混合引用。公式中相对引用的单元格地址中的行号和列标会随着公式所在行列的变化而发生相应的变化。公式中绝对引用的单元格地址，无论公式在哪里都不会发生改变，绝对引用方式是在单元格地址的行号和列标前均加上“$”符号。混合引用包括列相对行绝对、行相对列绝对两种形式。（其他见2016年第63题解析）

29.【答案】D

【解析】PowerPoint 2010中提供了较强的图形处理功能。

30.【答案】A

【解析】题目中所说的“可以记录演讲者讲演时所需的一些提示重点的文本框”即备注窗格。（见2016年第28题解析）

31.【答案】A

【解析】所谓打包，指的是将幻灯片中用到的字体库、链接文件等集成在一起，生成一个独立于运行环境的文件。将演示文稿打包的目的是解决因运行环境限制、文件损坏、无法调用等不可预料的因素幻灯片无法正常播放的问题。

32.【答案】A

33.【答案】C

34.【答案】B

【解析】C选项是一种图形文件格式。（其他见2016年第68题、第92题解析）

35.【答案】A

36.【答案】A

【解析】SQL语言中包括数据定义语言DDL（Data Definition Language）、数据操纵语言DML（Data Manipulation Language）和数据控制语言DCL（Data Control Language）。（其他见2016年第38题解析）

37.【答案】D

【解析】关系数据库中的一个关系就是指一张二维表。在Access 2010中，一个数据库中所有对象都保存在一个.accdb文件中，一个数据库中可以含有若干个二维表。

38.【答案】A

【解析】Access 2010中的数据库对象有表、查询、窗体、报表、宏和模块。表是最基本的对象，用于存储基本数据；查询用于从指定的表中获取满足给定条件的记录；窗体为用户提供数据输入、输出的界面以及应用系统控制界面；报表用于将数据库中的数据按一定的格式打印出来；宏是一个或多个宏操作的集合；模块是用VBA语言编写的过程的集合。

39.【答案】D

【解析】where语句用于选择行条件；order by语句用于对查询结果的排序。

40.【答案】C

【解析】（见本套试卷第38题解析）

41.【答案】C

【解析】（见2016年第35题解析）

42.【答案】B

43.【答案】D

【解析】A、B、C选项也属于计算机网络的功能，但不是主要功能。计算机网络的主要功能是资源共享和信息交换。

44.【答案】C

【解析】TCP：传输控制协议；IP：互联网协议（网际协议）。

45.【答案】B

【解析】网络的拓扑结构有星型、环型、总线型、树型、网状型、混合型。

46.【答案】A

【解析】解压缩卡是用于多媒体数据解压缩的硬件设备，主要作用是解压输出视频文件中的图像与声音。

47.【答案】C

【解析】（见2016年第45题解析）

48.【答案】D

【解析】A选项是网页制作软件；B选项是邮件收发程序；C选项是美国著名的互联网门户网站。

49.【答案】A

【解析】（见2016年第50题解析）

50.【答案】C

二、多项选择题（本大题共20小题，每小题1分，共20分）

51.【答案】B、D

52.【答案】A、B

【解析】（见2015年第52题解析）

53.【答案】A、D

【解析】磁盘上每个磁道的存储容量相同，与圆周长度无关。(其他见2016年第5题解析)

54.【答案】B、C

55.【答案】B、D

【解析】（见2016年第52题解析）

56.【答案】A、C

【解析】“即插即用”指的是计算机上安装新的硬件后，不用为此硬件再专门安装驱动程序就可以直接使用，因为操作系统中已经事先附带了该硬件的驱动程序。

57.【答案】A、D

【解析】B、C选项在“审阅”选项卡中。

58.【答案】A、B

【解析】C、D选项在Word 2010文档中是可以插入的两种对象。

59.【答案】A、D

60.【答案】A、D

61.【答案】A、B

【解析】Excel 2010中不存在“选取”命令。

62.【答案】B、C

【解析】该题题干中所说的“数值符号”不严谨，应该是“数值运算符”或“算术运算符”。

63.【答案】B、D

64.【答案】C、D

65.【答案】A、D

66.【答案】A、D

67.【答案】A、C

【解析】第一层次是表对象和查询对象，它们是数据库的基本对象，用于在数据库中存储数据和查询数据；第二层次是窗体对象、报表对象和数据访问页，它们是直接面向用户的对象，用于数据的输入输出和应用系统的操作控制；第三层次是宏对象和模块对象，它们是代码类型的对象，用于通过组织宏操作或编写程序来完成复杂的数据库管理工作并使得数据库管理自动化。

68.【答案】A、B

【解析】并行与串行是两种不同的数据传输方式，不是传输介质。

69.【答案】A、C

【解析】（见2015年第37题解析）

70.【答案】C、D

【解析】字体标记<font>的主要属性有三个：（1）size：指定文字的大小，它的取值范围是1—7，取值为“1”时文字最小，取值为“7”时文字最大，默认值是3；（2）color：指定文字的颜色；（3）face：指定文字的字体。

三、判断题（本大题共20小题，每小题0.5分，共10分）

71.【答案】B

【解析】（见2015年第8题解析）

72.【答案】B

【解析】计算机根据用途可分为专用计算机和通用计算机两类。专用计算机是

为满足特定用途而设计的计算机；通用计算机是指各行业、各种工作环境都能使用的计算机。学校、家庭、工厂、医院、公司等用户使用的就是通用计算机，平时我们购买的品牌机、兼容机也都是通用计算机。

73.【答案】B

【解析】运算器由ALU（算术逻辑单元）、寄存器组和一些控制门电路组成，能进行算术运算和逻辑运算。（其他参考2015年第52题、2016年第102题解析）

74.【答案】A

【解析】磁盘驱动器是对磁盘进行读写操作的设备，由磁头、读写电路及机械伺服装置等组成。磁盘驱动器既能将存储在磁盘上的信息读进内存中，又能将内存中的信息写到磁盘上，因此认为它既是输入设备又是输出设备。

75.【答案】B

【解析】操作系统是用户和计算机之间的接口。

76.【答案】B

【解析】内存容量一般指的是RAM。

77.【答案】A

78.【答案】A

【解析】控制器由程序计数器、指令寄存器、指令译码器、时序产生器和操作控制器组成，是发布命令的“决策机构”，即完成对指令的分析并执行指令，协调和指挥整个计算机系统的操作。（其他参考2015年第52题解析）

79.【答案】A

【解析】公式以等号开始，可以包括单元格地址、常量和函数等。

80.【答案】B

【解析】形状和艺术字默认的插入方式是浮动式。

81.【答案】B

【解析】（见2016年第110题解析）

82.【答案】B

【解析】在Excel 2010中，一个工作簿中的工作表数量没有限制，仅受计算机可用物理内存的限制。注意：在文件选项卡“选项”中设置“新建工作簿时包含的工作表数”时，必须设置在1与255之间，这个只是对第一次建立工作簿时的初始工作表数量的限制，并不限制后期继续插入工作表。一个工作簿必须至少包含一个工作表。

83.【答案】A

84.【答案】B

【解析】（见2016年第95题解析）

85.【答案】B

【解析】Access 2010窗体中提供了命令按钮、文本框、标签、选项按钮、组合框等各种控件。

86.【答案】B

【解析】（见2015年第103题解析）

87.【答案】B

【解析】Internet所基于的通信协议是TCP/IP协议。

88.【答案】A

【解析】（见2015年第106题解析）

89.【答案】B

【解析】BBS是Bulletin Board System的缩写，中文意思为“电子布告栏系统”或“电子公告牌系统”。它是一种电子信息服务系统，向用户提供一块公共电子白板，每个用户都可以在上面发布信息或提出看法。虽然目前国内的BBS已经十分普遍，但也并不是“所有的网页都设有BBS”。

90.【答案】B

《第Ⅱ卷》

四、填空题（本大题共20小题，每题1分，共20分）

91.【答案】具体表现形式

【解析】数据是表示信息的各种物理符号，包括数字、汉字、英文字母、图形、图像、音频、视频等；信息是对数据进行加工处理后得到的有价值的部分。信息需要通过数据表现出来，是信息的具体表现形式，或者说是信息的载体。

92.【答案】2个

93.【答案】存储程序

【解析】（见2015年第5题解析）

94.【答案】文件

【解析】（见2016年第53题解析）

95.【答案】系统

【解析】（见2016年第52题解析）

96.【答案】Ctrl+S/Shift+F12

97.【答案】页面视图

98.【答案】行与行

99.【答案】30

【解析】从B列到F列共5列，从1行到6行共6行，因此共有30（5×6=30）个单元格。

100.【答案】xlsx

【解析】（见2016年第107题解析）

101.【答案】活动或当前

102.【答案】计算

【解析】在查询中可以使用公式，以查询计算后的结果，如根据数据库中学生的“出生日期”通过计算查询到每个学生的年龄。

103.【答案】子窗体

104.【答案】投影

【解析】（见2015年第103题解析）

105.【答案】Ctrl+B

【解析】Word 2010开始选项卡中的“**B**”“*I*”“U”三个按钮的作用分别是加粗字体、倾斜字体、给文字加下划线，对应的快捷键分别是Ctrl+B、Ctrl+I、Ctrl+U。

106.【答案】更改图表类型

107.【答案】网络层

108.【答案】时序性

109.【答案】8

110.【答案】超文本标记语言

【解析】（见2016年第97题解析）

试卷类型：公共课

山东省2013年普通高等教育专升本统一考试
计算机文化基础试题

本试卷分为第Ⅰ卷和第Ⅱ卷两部分，满分100分，考试用时120分钟。考试结束后，将本试卷和答题卡一并交回。

注意事项：

1. 答卷前，考生务必用0.5毫米黑色签字笔将自己的姓名、准考证号、身份证号填写到试卷规定的位置上，将自己的座位号填写到第Ⅱ卷试卷右下角规定位置。

2. 第Ⅰ卷每小题选出答案后，用2B铅笔把答题卡上对应题目的答案标号涂黑；如需改动，用橡皮擦干净后，再选涂其他答案标号，答案不能答在试卷上。

3. 第Ⅱ卷答题必须使用0.5毫米黑色签字笔作答，答案必须填写在试卷各题目指定的位置；如需改动，先划掉原来的答案，然后再写上新的答案；不能使用涂改液、胶带纸、修正带。不按以上要求作答的答案无效。

《第Ⅰ卷》

一、单项选择题（本大题共50小题，每小题1分，共50分）

每小题列出的四个备选项中只有一个是符合题目要求的，请将其代码填涂在答题卡上。错选、多选或未选均无分。

1. 在计算机内部，所有信息都是以_____表示的。

A. ASCII　　B. 机内码

C. 十六进制　　D. 二进制

2. 计算机的发展阶段通常是按计算机所采用的______来划分的。

A. 内存容量　　B. 物理器件

C. 程序设计语言　　D. 操作系统

3. 已知a=（111101）2，b=（3C）16，c=（64）10，则不等式______成立。

A. $a<b<c$　　B. $b<a<c$

C. $b<c<a$　　D. $c<b<a$

4. 配置高速缓冲存储器（Cache）是为了解决______。

A. 内存与外存之间速度不匹配问题　　B. CPU与外存之间速度不匹配问题

C. CPU与内存之间速度不匹配问题　　D. 主机与外设之间速度不匹配问题

5. ______设备既是输入设备又是输出设备。

A. 键盘　　B. 打印机

C. 硬盘　　D. 鼠标

6. 计算机指令中规定该指令执行功能的部分称为______。

A. 数据码　　B. 操作码

C. 源地址码　　D. 目标地址码

7. 启动Windows 7后，出现在屏幕上的整个区域称为______。

A. 资源管理器　　B. 桌面

C. 文件管理器　　D. 程序管理器

8. Windows 7“资源管理器”右窗格中，若要选定多个非连续排列的文件，应在按住______的同时，再分别单击所要选择的非连续文件。

A. Alt　　B. Tab

C. Shift　　D. Ctrl

9. Windows 7中设置、控制计算机硬件设备，配置和修改桌面布局的应用程序是______。

A. Word　　B. Excel

C. 资源管理器　　D. 控制面板

10. 在Windows 7中，不能对任务栏进行的操作是______。

A. 改变尺寸大小　　B. 移动位置

C. 删除　　D. 隐藏

11. Windows 7中，在搜索文件或文件夹时，若查找内容为“a?d.*x*”，则可能查到的文件是______。

A. abcd.exe和acd.xls　　B. abd.exe和acd.xls

C. abc.exe和acd.xls　　D. abcd.exe和abd.exe

12. 微机安装新的硬件后，重新启动Windows 7会发生______。

A. 系统会自动检测并报告发现新的硬件

B. 系统会提示用户重装Windows 7

C. 自动进入MS-DOS模式

D. 进入安全模式

13. 在Windows 7中，运行磁盘碎片整理程序可以______。

A. 增加磁盘的存储空间 B. 找回丢失的文件碎片

C. 加快文件的读写速度 D. 整理破碎的磁盘片

14. 在Word 2010中，按回车键可产生一个______。

A. 换行符 B. 段落标记符

C. 分页符 D. 分节符

15. 在Word 2010中，若光标位于表格外右侧的行尾处，按Enter键，结果______。

A. 光标移到下一列 B. 光标移到下一行，表格行数不变

C. 插入一行，表格行数变化 D. 在本单元格内换行，表格行数不变

16. 在Word 2010的“字体”对话框中，不可设定文字的______。

A. 字间距 B. 字号

C. 下划线线型 D. 行距

17. 图文混排是Word 2010的特色功能之一，以下叙述错误的是______。

A. 可以在文档中插入剪贴画 B. 可以在文档中插入图形和图片

C. 可以在文档中插入公式 D. 可以在文档中使用配色方案

18. 关于Word 2010中的文本框，以下说法不正确的是______。

A. 文本框可创建文本框间的链接

B. 文本框可以做出三维控件

C. 文本框只能存放文本，不能放置图片

D. 文本框可设置版式为“浮于文字上方”

19. 在Word 2010中，如要计算表格中某行数值的总和，可使用的统计函数是______。

A. SUM B. TOTAL

C. COUNT D. AVERAGE

20. 在Word 2010中，要打印一篇文档的第1、3、5、6、7和20页，需要在打印对话框的页码范围文本框中输入______。

A. 1–3, 5–7, 20 B. 1–3, 5, 6, 7–20

C. 1, 3–5, 6–7, 20 D. 1, 3, 5–7, 20

21. 在Excel 2010中，某区域由A4、A5、A6和B4、B5、B6组成，下列不能表示该区域的是______。

A. A4:B6　　B. A4:B4

C. B6:A4　　D. A6:B4

22. 在Excel 2010中，对于上下相邻两个含有数值的单元格用拖曳法向下做自动填充时，默认的填充规则是______。

A. 等比数列　　B. 等差数列

C. 自定义序列　　D. 日期序列

23. 在Excel 2010中，要在同一工作簿中把工作表sheet3移动到sheet1前面，应______。

A. 单击工作表sheet3标签，并沿着标签行拖动到sheet1前

B. 单击工作表sheet3标签，并按住Ctrl键沿着标签行拖动到sheet1前

C. 单击工作表sheet3标签，并选“开始”选项卡中的“复制”命令，然后单击工作表sheet1标签，再选“粘贴”命令

D. 单击工作表sheet3标签，并选“开始”选项卡中的“剪切”命令，然后单击工作表sheet1标签，再选“粘贴”命令

24. 在Excel 2010中，如果A4单元格的值为100，那么公式“=A4>100”的结果是______。

A. 200　　B. 0

C. TRUE　　D. FALSE

25. 在Excel 2010中，单元格D6中有公式“=$B2+C$6”，将D6单元格的公式复制到C7单元格内，则C7单元格的公式为______。

A. =B2+C6　　B. =$B3+D$6

C. =$B2+C$6　　D. =$B3+B$6

26. 在Excel 2010中，要使某单元格内输入的数据介于18至60之间，而一旦超出范围就出现错误提示，可使用______。

A. “数据”选项卡下的“数据有效性”命令

B. “开始”选项卡下的“单元格”命令

C. “开始”选项卡下的“条件格式”命令

D. “开始”选项卡下的“样式”命令

27. 在Excel 2010的高级筛选中，条件区域中不同行的条件是______。

A. “或”的关系　　B. “与”的关系

C. “非”的关系　　D. “异或”的关系

28. 在PowerPoint 2010中，设置动画的操作要用到______选项卡。

A. 设计　　B. 视图

C. 插入　　D. 动画

29. 在PowerPoint 2010中，为文字序列设置动画后，效果选项的“序列”效果有______等方式。

A. 作为一个对象、整批发送、按段落

B. 整批发送、按段落、按字

C. 整批发送、按字、按字母

D. 整批发送、按字

30. PowerPoint 2010中设置文本字体时，要想使选择的文本字体加粗，应选择下列选项中的______按钮。

A. B　　B. U

C. I　　D. S

31. 在PowerPoint 2010中，下列有关移动和复制文本的叙述，不正确的是______。

A. 文本在复制前，必须先选定　　B. 文本复制的快捷键是Ctrl+C

C. 文本的剪切和复制没有区别　　D. 文本能在多张幻灯片间移动

32. 在PowerPoint 2010中，设置幻灯片背景样式的命令在______选项卡中。

A. 开始　　B. 设计

C. 视图　　D. 插入

33. 在PowerPoint 2010中，艺术字具有______。

A. 文件属性　　B. 图形属性

C. 字符属性　　D. 图像属性

34. 在PowerPoint 2010中，下列说法错误的是______。

A. 可以利用版式建立带剪贴画的幻灯片，用来插入剪贴画

B. 可以向已存在的幻灯片中插入剪贴画

C. 可以修改剪贴画

D. 不可以为剪贴画重新上色

35. 在Access 2010中，日期时间型数据的长度为______。

A. 0—8　　B. 0—10

C. 8　　D. 10

36. 以下各项中不属于Access 2010字段数据类型的是______。

A. 文本型　　B. 货币型

C. 备注型　　D. 时间型

37. 下列关于主键的说法，错误的是______。

A. 数据库中的每个表都必须有一个主键

B. 主键的值是唯一的

C. 主键可以是一个字段，也可以是一组字段

D. 主键中不允许有重复值和空值

38. 在Access 2010中，以下不属于窗体功能的是______。

A. 显示与编辑数据内容　　B. 显示注释、说明或警告信息

C. 控制应用程序的运行步骤　　D. 保存数据

39. 在Access 2010中，文本型字段的最大长度为______。

A. 255　　B. 256

C. 1024　　D. 1023

40. 在Access 2010中，关于数据表之间的关系，下面说法中不正确的是______。

A. 可以创建一对多的关系　　B. 可以创建多对多的关系

C. 可以创建一对一的关系　　D. 数据表在创建关系前需要创建主键

41. 在Access 2010中，以下选项中不属于报表组成部分的是______。

A. 报表页眉　　B. 页面页眉

C. 报表主体　　D. 报表主题

42. 多媒体信息包括______等媒体元素。

① 音频　② 视频　③ 动画　④ 图形图像　⑤ 声卡　⑥ 光盘　⑦ 文本

A. ①②③④⑤⑦　　B. ①②③④⑦

C. ①②③④⑥⑦　　D. 以上都是

43. 多媒体计算机是指______。

A. 必须与家用电器连接使用的计算机

B. 能玩游戏的计算机

C. 能处理多种媒体信息的计算机

D. 安装有多种软件的计算机

44. 下列不属于计算机网络基本拓扑结构的形式是______。

A. 星型　　B. 环型　　C. 总线型　　D. 分支型

45. 网络协议的三要素不包括______。

A. 词义　　B. 语义

C. 语法　　D. 时序

46. 计算机网络按地域划分，不包括______。

A. 局域网　　B. 校园网

C. 广域网　　D. 城域网

47. Internet的前身是______。

A. ARPAnet　　B. Ethernet

C. Telnet　　D. Intranet

48. IP地址188.42.241.6所属的类型是______。

A. A类地址　　B. B类地址

C. C类地址　　D. D类地址

49. IPv6中地址是用______的二进制位数表示。

A. 32　　B. 64

C. 128　　D. 256

50. 以下Internet应用中违反《计算机信息系统安全保护条例》的是______。

A. 侵入网站获取机密　　B. 参加网络远程教学

C. 通过电子邮件与朋友交流　　D. 到CCTV网站看电视直播

二、多项选择题（本大题共20小题，每小题1分，共20分）

每小题列出的四个备选项中只有两个是符合题目要求的，请将其代码填涂在答题卡上。错选、多选或未选均无分，少选一个扣0.5分。

51. 下列软件中______是系统软件。

A. 用C语言编写的求解圆面积的程序

B. Unix

C. 用汇编语言编写的一个练习程序

D. Windows

52. 下列属于微型计算机主要技术指标的是______。

A. 字长　　B. 重量

C. 字节　　D. 主频

53. 在Windows 7中，以下属于“合法”文件名的是______。

A. FILE.DAT　　B. 123.\　　C. 您好.txt　　D. 123*.txt

54. 下列关于Windows 7“回收站”的说法，错误的是______。

A. 删除文件的同时按下shift键，删除的文件将不送入回收站而直接从硬盘上删除

B. 从可移动磁盘上删除文件将不放入回收站

C. 回收站里的内容会自动清空

D. 回收站是内存的一个区域

55. 有关Windows 7写字板的正确说法有______。

A. 可以保存为纯文本文件　　B. 不可以保存为Word文档

C. 可以改变字体大小　　D. 无法插入图片

56. Word 2010能够自动识别和打开多种类型的文件，如______。

A. *.txt文件　　B. *.dbf文件

C. *.wav文件　　D. *.dotx文件

57. 在Word 2010中，如果要把一个标题的所有格式应用到其他标题上，正确的方法有______。

A. 用格式刷

B. 用“开始”选项卡的“边框和底纹”命令

C. 用“开始”选项卡的“样式”命令

D. 用“页面布局”选项卡的“背景”命令

58. 在Word 2010中，实现段落缩进的方法有______。

A. 用鼠标拖动标尺上的缩进符

B. 单击“开始”选项卡中“段落”组的对话框启动器，使用段落对话框

C. 用“页面布局”选项卡中的“分隔符”命令

D. 用F5功能键

59. 在Word 2010中，如果要删除整个表格，在选定整个表格的情况下，下一步的正确操作是______。

A. 按Delete键

B. 使用“表格工具”选项卡中的“删除行”命令

C. 使用“清除”命令

D. 按Backspace键

60. 在Excel 2010中，如果在修改工作表中某一单元格内容的过程中，发现正在修改的单元格不是需要的单元格，就可以______恢复单元格原来的内容。

A. 按ESC键　　B. 按回车键

C. 按TAB键　　D. 单击编辑栏中的“×”按钮

61. Excel 2010工作簿的某一工作表被删除后，下列说法正确的是______。

A. 该工作表中的数据全部被删除，不再显示

B. 可以用组合键Ctrl+Z撤消删除操作

C. 该工作表进入回收站，可以去回收站将工作表恢复

D. 该工作表被彻底删除，而且不可用“撤消”来恢复

62. 在Excel 2010工作表中，单元格地址的引用方式有______。

A. 绝对引用　　B. 相对引用

C. 交叉引用　　D. 间接引用

63. 在Excel 2010中，下列关于分类汇总的说法正确的是______。

A. 不能删除分类汇总

B. 分类汇总可以嵌套

C. 汇总方式只有求和

D. 进行分类汇总前，必须先对数据清单进行排序

64. 在PowerPoint 2010中，可以用来控制幻灯片外观的方法有______。

A. 应用母版　　B. 应用主题

C. 设置层　　D. 应用艺术字

65. 以下属于数据模型的组成部分的是______。

A. 数据结构　　B. 数据模型

C. 数据的约束条件　　D. 关系

66. 下列选项中属于动画制作软件的是______。

A. Goldwave　　B. MIDI

C. Flash　　D. Maya

67. 下列选项中不属于多媒体技术特征的是______。

A. 交互性　　B. 实时性

C. 不变性　　D. 趣味性

68. OSI（开放系统互联）参考模型的最高两层是______。

A. 传输层　　B. 表示层

C. 应用层　　D. 物理层

69. 可以用来做网页的软件是______。

A. Adobe Dreamweaver　　B. Microsoft Moviemaker

C. Adobe Audition　　　　D. Microsoft FrontPage

70. 下列有关计算机病毒的说法正确的是______。

A. 计算机病毒是人操作失误造成的　　　　B. 计算机病毒具有潜伏性

C. 计算机病毒是生物病毒传染的　　　　D. 计算机病毒是一段程序

三、判断题（本大题共20小题，每小题0.5分，共10分）

每题列出的两个备选项中有一个是符合题目要求的，请将其代码填涂在答题卡上。

71. “程序存储和程序控制” 思想是微型计算机的工作原理，对巨型机和大型机不适用。（　　）

A. 正确　　　　B. 错误

72. RAM中的数据并不会因关机或断电而丢失。（　　）

A. 正确　　　　B. 错误

73. 微型计算机采用总线结构连接CPU、内存储器和外部设备。总线由三部分组成，它包括数据总线、地址总线和控制总线。（　　）

A. 正确　　　　B. 错误

74. 在Windows 7中，可以在同一文件夹下建立两个同名的文件。（　　）

A. 正确　　　　B. 错误

75. 在Windows 7中，删除快捷方式不会对原程序或文档产生影响。（　　）

A. 正确　　　　B. 错误

76. 声音、图像、文字均可以在Windows 7的剪贴板中暂时保存。（　　）

A. 正确　　　　B. 错误

77. 在Word 2010中，打印时在右侧只能预览一页，不能同时预览多页。（　　）

A. 正确　　　　B. 错误

78. Word 2010可以对奇偶页设置不同的页眉和页脚。（　　）

A. 正确　　　　B. 错误

79. 在Word 2010中进行分栏操作时最多可分为两栏。（　　）

A. 正确　　　　B. 错误

80. Excel 2010新建工作簿的缺省名为“文档1”。（　　）

A. 正确　　　　B. 错误

81. 在Excel 2010中，选取单元格范围不能超出当前屏幕范围。（　　）

A. 正确　　　　B. 错误

82. 在Excel 2010中，某工作簿中若仅有一张工作表，则不允许删除该工作表。

（　　）

A. 正确　　　　B. 错误

83. PowerPoint 2010模板文件的扩展名为.POTX。（　）

A. 正确　　　　B. 错误

84. PowerPoint 2010的演示文稿中不能添加MIDI文件。（　）

A. 正确　　　　B. 错误

85. Access 2010中的所有数据库对象都保存在ACCDB文件中。（　）

A. 正确　　　　B. 错误

86. 视频会议是基于流媒体技术的应用。（　　）

A. 正确　　　　B. 错误

87. 在Access 2010中，利用操作查询可以生成新的数据表。（　　）

A. 正确　　　　B. 错误

88. 软件和书籍一样，借来复制一下再归还就不会损害他人。（　）

A. 正确　　　　B. 错误

89. 协议分层有助于网络的实现和维护。（　　）

A. 正确　　　　B. 错误

90. 只知道服务器的IP地址，而没有该服务器的域名，则无法访问该服务器。（　）

A. 正确　　　　B. 错误

第Ⅱ卷

四、填空题（本大题共20小题，每小题1分，共20分）

91. 世界上第一台电子计算机是1946年在美国诞生的，该机的英文缩写为__________。

92. 在计算机系统中，1 MB=_____KB。

93. 一台计算机主要由运算器、__________、存储器、输入设备及输出设备等部件构成。

94. ASCII码表中字符“C”的编码为1000011，则字符“G”的编码为_________。

95. 计算机能够直接识别或执行的语言是__________。

96. 操作系统的重要功能包括处理机管理、__________、设备管理、文件管理和作业管理。

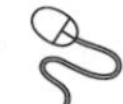

97. 在Word 2010中，可以显示水平标尺的两种视图模式是页面视图和______视图。

98. 在Word 2010文档编辑中，要完成修改、移动、复制、删除等操作，必须先_____编辑的区域，使该区域反向显示。

99. 在Excel 2010中，新建的工作簿默认包含______张工作表。

100. 在Excel 2010中，设A1至A4单元格的数值为82、71、53、60，A5单元格使用公式为=If(Average(A$1:A$4)>=60,"及格","不及格")，则A5显示的值是______。

101. 在PowerPoint 2010中，_______用于设置文稿中每张幻灯片的预设格式，这些格式包括每张幻灯片标题及正文文字的位置和大小、项目符号的样式、背景图案等。

102. 在PowerPoint 2010中，标题、正文、图形等对象在幻灯片上所预先定义的位置被称为________。

103. 使用Windows 7中的“录音机”录制的声音文件的格式为_______。

104. 在Windows 7系统中，将当前窗口的信息以图像形式复制到剪贴板的快捷键为___________。

105. Access 2010数据库中主要用来进行数据输出的数据库对象是_____________。

106. 在Access 2010中，___________查询显示来源于表中某个字段的总计值，如合计、求平均值等，并将它们分组，一组列在数据表左侧，另一组列在数据表的上部。

107. 英文简称URL的中文意思是_______。

108. Microsoft Windows 7系统自带的上网浏览器为________。

109. 在网页制作中，为了方便网页对象在网页内的布局，通常使用___________来辅助定位。

110. __________是一种保护计算机网络安全的访问控制技术，是一个用以阻止网络中的黑客访问某个机构网络的屏障。在网络边界上，通过建立起网络通信监控系统来隔离内部和外部网络，以阻挡通过外部网络的入侵。

山东省2013年普通高等教育专升本统一考试
计算机文化基础试题答案及解析

《第Ⅰ卷》

一、单项选择题（本大题共50小题，每小题1分，共50分）

1.【答案】D

【解析】由于计算机只能处理数字信号，因此，在计算机内所有信息最终都是以二进制代码的形式存在的。

2.【答案】B

【解析】物理器件与物理元件、元件、元器件等说法一致。（其他见2016年第71题解析）

3.【答案】B

【解析】分别将a、b采用按权展开的方法转换成十进制数。a=（111101）$_2$=$1\times2^0+0\times2^1+1\times2^2+1\times2^3+1\times2^4+1\times2^5$=1+0+4+8+16+32=（61）$_{10}$，b=（3C）$_{16}$=$12\times16^0+3\times16^1$=12+48=（60）$_{10}$，因此b<a<c。

4.【答案】C

【解析】CPU的运行效率很高，而内存的读写速度毕竟有限，为了缓解因CPU与内存之间的速度差异而计算机整体效率低的问题，在CPU与内存之间配备了高速缓冲存储器（Cache）。Cache的读写速度高于内存。

5.【答案】C

【解析】（见2014年第74题解析）

6.【答案】B

【解析】（见2015年第53题解析）

7.【答案】B

8.【答案】D

【解析】（见2016年第8题解析）

9.【答案】D

10.【答案】C

【解析】任务栏可以改变尺寸、移动位置，也可以通过控制面板中的“任务栏和开始菜单”将任务栏隐藏，但不能删除。（其他参考2016年第75题解析）

11.【答案】B

【解析】在Windows 7中“?”和“*”是通配符，“?”代表一个任意字符，“*”代表任意多个任意字符。“a?d.*x*”代表所搜索的文件特征为：（1）主文件名的长度为3，第一个字符为字母a，第二个字符任意，第三个字符为字母d；（2）扩展名长度任意，其中含有字母x。

12.【答案】A

【解析】当安装新的硬件后，系统会自动检测并报告发现新的硬件。如果Windows 7中事先提供了该硬件的驱动程序，则在自动搜索并安装好该硬件的驱动程序后就可以正常使用了；如果系统库中没有该硬件的驱动程序，则会提示用户另行安装。

13.【答案】C

【解析】碎片整理程序的作用是对磁盘的零碎存储空间进行整理，使之变得相对完整和连续，以提高文件的读写速度。磁盘清理的作用是将硬盘中的垃圾文件删除，以获得更多的磁盘空间。（其他参考2015年第17题解析）

14.【答案】B

【解析】执行“页面布局”选项卡中的“分隔符”命令可以插入自动换行符、分页符、分栏符和分节符。另外，按Shift+Enter可以产生换行符，按Ctrl+Enter可以产生人工分页符。（其他参考2016年第26题解析）

15.【答案】C

【解析】执行C选项的操作后，将在光标所在行的下方插入一个空行；如果光标在表格的单元格内，则按下Enter键后，会在当前单元格中换行。（其他参考2016年第108题解析）

16.【答案】D

【解析】（见2015年第23题解析）

17.【答案】D

【解析】Word 2010中没有“配色方案”的说法，在Word 2010中可以使用主题。

18.【答案】C

【解析】文本框中可以插入图片。

19.【答案】A

【解析】SUM：求和函数；COUNT：计数函数；AVERAGE：求平均值函数。Word 2010中没有TOTAL函数。

20.【答案】D

【解析】要打印的连续页码之间用“–”连接，不连续页码之间用“，”连接。（其他参考2016年第79题解析）

21.【答案】B

【解析】在Excel 2010中，单元格区域的标准表示方法是：区域左上角单元格地址+“:”+区域右下角单元格地址。实际上，对矩形单元格区域来说，Excel规定，只要是利用对角线上任意两个单元格区域地址，都可以表示该区域。因此，该区域还可以用B4:A6表示。

22.【答案】B

【解析】按照题目中的操作方法得到的是等差数列，这个等差数列的差就是上下相邻两个单元格中数值的差。

23.【答案】A

【解析】如果按照B选项的方法按住Ctrl键拖动的话，不是移动工作表，而是复制工作表。C、D选项，复制或移动工作表操作所对应的命令是“开始”选项卡单元格组中的“格式”下的“移动或复制工作表”命令。

24.【答案】D

【解析】在Excel 2010中，“>”是比较运算符。如果A4>100，则返回TRUE，否则返回FALSE。

25.【答案】D

【解析】行号或列标前带有“$”的，属于绝对引用，其值在复制操作后不会改变；不带“$”的属于相对引用，其值会在复制后发生变化。变化规则为：目标单元格相对于原单元格来说，向下偏移几行公式中的行号就加几，向上偏移几行公式中的行号就减几，向右偏移几列公式中的列标就加几，向左偏移几列公式中的列标就减几。需要注意的是，以上变化只有在单元格复制操作时才会出现，如果是单元格移动，或者是双击单元格后仅将单元格中的公式单独复制到其他单元格，都不会出现以上情况，公式不会发生任何变化。（其他参考

2014年第28题解析）

26.【答案】A

【解析】所谓“数据有效性”，是Excel限制单元格输入内容的一种方法。当用户输入内容不满足“有效性规则”时，系统将提示错误。

27.【答案】A

【解析】高级筛选具有单独的条件区域，其筛选结果也可以选择显示位置，这是同自动筛选不同的地方。在高级筛选的条件区域中，不同行的条件之间是“或”的关系，同一行中的条件之间是“与”的关系。

28.【答案】D

29.【答案】A

30.【答案】A

【解析】（见2014年第105题解析）

31.【答案】C

32.【答案】B

33.【答案】B

【解析】艺术字同时具有图形属性和文本属性。

34.【答案】D

【解析】可以对插入到幻灯片中的剪贴画进行各种修改，包括重新上色。

35.【答案】C

【解析】日期时间型数据的长度固定为8位。

36.【答案】D

【解析】（见2016年第96题解析）

37.【答案】A

【解析】并不是数据库中的每个表都必须建立主键，但系统建议每个表都应建立主键，否则难以建立该表同其他表的关系。

38.【答案】D

【解析】表的作用是保存数据，窗体不具备保存数据的功能，它是用户同数据表之间的桥梁，用户可通过窗体查看并操作表中的数据。（其他参考2014年第38题解析）

39.【答案】A

【解析】如果在数据表中要保存长文本，则应选用“备注”类型。

40.【答案】D

41.【答案】D

【解析】报表由报表页眉、页面页眉、报表主体、页面页脚、报表页脚等部分组成。

42.【答案】B

【解析】多媒体技术是指能够同时获取、处理、编辑、存储和展示两个以上不同类型信息媒体的技术，这些信息媒体包括文字、声音、图形、图像、动画、视频等。⑤声卡、⑥光盘属于多媒体设备，不是多媒体信息。

43.【答案】C

【解析】多媒体计算机是指具有捕获、存储并展示包括文字、图形、图像、声音、动画和活动影像等信息处理能力的计算机，简称MPC。

44.【答案】D

【解析】（见2014年第45题解析）

45.【答案】A

【解析】网络协议指的是为计算机网络中进行数据交换而建立的规则、标准或约定的集合。

46.【答案】B

【解析】实际上，校园网一般认为是局域网。（参考2015年第65题解析）

47.【答案】A

【解析】B选项的含义是以太网；C选项的含义是远程登录协议；D选项的含义是企业内部网。

48.【答案】B

【解析】IP地址用点分十进制的形式表示时，由4组十进制数组成，每组之间用“.”分开，每一组数的取值范围均为0—255。判断IP地址类型时，可通过第一组数字进行判断，第一组数字在1—127之间的为A类地址，在128—191之间的为B类地址，在192—223之间的为C类地址。（其他参考2016年第69题解析）

49.【答案】C

【解析】IPv4地址是由32位二进制数组成的，但随着互联网规模的日益扩大，IP地址出现了资源短缺的情况。为了解决这个问题，引入了IPv6地址，IPv6地址由128位二进制数组成。

50.【答案】A

二、多项选择题（本大题共20小题，每小题1分，共20分）

51.【答案】BD

【解析】A、C选项均属于应用软件。（见2016年第52题解析）

52.【答案】A、D

【解析】计算机的主要性能指标包括主频、字长、内存容量、运算速度、内核数量等。C选项字节是存储容量的单位，1字节=8位，不是计算机的性能指标。

53.【答案】A、C

【解析】（见2016年第53题解析）

54.【答案】C、D

【解析】回收站是硬盘上的区域，其内容不会自动清空。（其他参考2014年第14题、2015年第14题、2016年第74题解析）

55.【答案】A、C

【解析】写字板文件的默认格式为.rtf，即富文本格式。在写字板中可以改变字体的大小、颜色、字形等，也可以插入图片。写字板也可以保存为扩展名为.docx的Word文件。

56.【答案】A、D

【解析】A选项是纯文本文件，D选项是Word 2010模板文件，在Word 2010中均可以打开。而B选项是Foxpro生成的数据库文件，C选项是声音文件（也称波形文件），Word无法识别这些文件。

57.【答案】A、C

58.【答案】A、B

【解析】利用Word 2010中的水平标尺和垂直标尺可以调整文档的上下左右页边距、左右缩进、首行缩进和悬挂缩进。C选项可以在文档中插入分页符、换行符、分栏符和分节符；D选项按F5键的作用是打开定位对话框。

59.【答案】B、D

【解析】“清除”命令可以清除格式或内容，但不能删除表格。（参见2016年第77题解析）

60.【答案】A、D

61.【答案】A、D

【解析】工作表不是独立的文件，删除后不会进入回收站。工作表一旦被删除，则不可恢复。

62.【答案】A、B

【解析】单元格地址的引用方式包括相对引用、绝对引用和混合引用，其中相对引用是默认的引用方式。如果要引用其他工作簿中的单元格，则可以使用三维地址引用方式，其引用格式为：[工作簿名]<工作表名>!<单元格地址>。

63.【答案】B、D

【解析】通过分类汇总对话框中的“全部删除”按钮可以删除分类汇总的结果。（其他参考2016年第110题、2015年第84题解析）

64.【答案】A、B

65.【答案】A、C

【解析】数据模型是对现实世界数据特征的抽象，或者说是对现实世界的数据模拟。数据模型有三个组成部分：数据结构、数据操作和数据约束条件。

66.【答案】C、D

【解析】A选项是音频处理工具；B选项是乐器数字接口的简称，是一个工业标准的电子通信协议，也是一种音乐文件格式。（其他参考2016年第93题解析）

67.【答案】C、D

【解析】（见2016年第42题解析）

68.【答案】B、C

【解析】（见2016年第49题解析）

69.【答案】A、D

【解析】B选项是一个影视剪辑软件；C选项是一个专业的音频编辑软件。

70.【答案】B、D

【解析】（见2015年第47题解析）

三、判断题（本大题共20小题，每小题0.5分，共10分）

71.【答案】B

【解析】当前流行的计算机体系结构均采用“程序存储和程序控制”思想。

72.【答案】B

【解析】（见2016年第51题解析）

73.【答案】A

【解析】（见2015年第12题解析）

74.【答案】B

【解析】（见2016年第53题解析）

75.【答案】A

【解析】（见2016年第55题解析）

76.【答案】A

77.【答案】B

78.【答案】A

【解析】在Word 2010中，除奇偶页外，首页也可以设置为不同的页眉和页脚。

79.【答案】B

【解析】在Word 2010文档中，不同的纸张大小、不同的页面方向都会导致不同的分栏栏数。(其他可参考2016年第78题解析）

80.【答案】B

【解析】Excel 2010新建工作簿的缺省名为“工作簿1”。

81.【答案】B

82.【答案】A

【解析】（见2015年第28题解析）

83.【答案】A

【解析】（见2016年第92题解析）

84.【答案】B

85.【答案】A

86.【答案】A

87.【答案】A

【解析】操作查询中的生成表查询会生成一个新的数据表。(其他参考2016年第65题解析）

88.【答案】B

【解析】软件有版权，受法律保护。

89.【答案】A

【解析】网络协议分层的原因包括：（1）有助于网络的实现和维护；（2）有助于技术的发展；（3）有助于网络产品的生产；（4）促进标准化工作。

90.【答案】B

【解析】通过服务器的IP地址可以访问服务器，实际上通过IP地址访问服务器比通过域名访问更快，因为减少了域名解析（将域名转换成IP地址）的过程。(其他可参考2015年第41题解析）

第Ⅱ卷

四、填空题（本大题共20小题，每小题1分，共20分）

91.【答案】ENIAC

【解析】（见2016年第1题解析）

92.【答案】1024

【解析】（见2016年第4题解析）

93.【答案】控制器

【解析】（见2015年第52题解析）

94.【答案】1000111

【解析】英文字母的ASCII码是由A（a）到Z（z）依次增大的。“C”的ASCII码是1000011时，则“D”的是1000100，“E”的是1000101，“F”的是1000110，“G”的是1000111。（其他参考2016年第101题解析）

95.【答案】机器语言

【解析】（见2015年第6题解析）

96.【答案】存储管理

【解析】（见2015年第60题解析）

97.【答案】Web版式视图或草稿视图

【解析】页面视图中可同时显示水平标尺和垂直标尺，实现“所见即所得”的编辑效果；Web版式视图和草稿视图中均仅显示水平标尺，不显示垂直标尺。

98.【答案】选定

【解析】Word中遵循“先选定后操作”的操作规则。

99.【答案】3

【解析】（见2016年第21题解析）

100.【答案】及格

【解析】函数IF的作用是先判断条件“Average(A$1:A$4)>=60”是否成立。如果条件成立，函数结果为“及格”，否则为“不及格”。

101.【答案】母版

102.【答案】占位符

103.【答案】.WMA

104.【答案】Alt+PrintScreen

【解析】（见2016年第10题解析）

105.【答案】报表

【解析】（见2014年第38题解析）

106.【答案】交叉表

107.【答案】统一资源定位器

【解析】统一资源定位器，又叫URL（Uniform Resource Locator），是专为标识Internet网上资源位置而设的一种编址方式。我们平时所说的网页地址指的即是URL，它一般由三部分组成：传输协议：//主机IP地址或域名地址/资源所在路径和文件名。

108.【答案】Internet Explorer

【解析】（见2016年第13题解析）

109.【答案】表格/框架

110.【答案】防火墙

【解析】（见2015年第70题解析）

试卷类型：公共课

山东省2012年普通高等教育专升本统一考试

计算机文化基础试题

本试卷分为第Ⅰ卷和第Ⅱ卷两部分，满分100分，考试用时120分钟。考试结束后，将本试卷和答题卡一并交回。

注意事项：

1. 答卷前，考生务必用0.5毫米黑色签字笔将自己的姓名、准考证号、身份证号填写到试卷规定的位置上，将自己的座位号填写到第Ⅱ卷试卷右下角规定位置。

2. 第Ⅰ卷每小题选出答案后，用2B铅笔把答题卡上对应题目的答案标号涂黑；如需改动，用橡皮擦干净后，再选涂其他答案标号，答案不能答在试卷上。

3. 第Ⅱ卷答题必须使用0.5毫米黑色签字笔作答，答案必须填写在试卷各题目指定的位置；如需改动，先划掉原来的答案，然后再写上新的答案；不能使用涂改液、胶带纸、修正带。不按以上要求作答的答案无效。

第Ⅰ卷

一、单项选择题（本大题共50小题，每小题1分，共50分）

每小题列出的四个备选项中只有一个是符合题目要求的，请将其代码填涂在答题卡上。错选、多选或未选均无分。

1. 计算机工作时突然电源中断，则计算机______将全部丢失，再次通电后也不能恢复。

A. 软盘中的信息　　B. RAM中的信息

C. 硬盘中的信息　　D. ROM中的信息

2. 计算机系统由______组成。

A. 主机和系统软件　　B. 硬件系统和应用软件

C. 微处理器和软件系统　　D. 硬件系统和软件系统

3. 存储容量1 TB等于______。

A. 1024 KB　　B. 1024 MB

C. 1024 GB　　D. 2048 MB

4. 下列设备中，______通常不属于多媒体设备。

A. 麦克风　　B. 音箱

C. 光驱　　D. 扫描仪

5. 下列关于网页的说法不正确的是______。

A. 网页文件只能运行在Windows系统上

B. 网站是网页的集合

C. 网页是一种基于超文本（Hypertext）方式的文档

D. 网页也能将文本、图形、声音等多媒体信息集成起来

6. ROM存储器是指______。

A. 光盘存储器　　B. 磁介质表面存储器

C. 随机存取存储器　　D. 只读存储器

7. 微型计算机系统中的中央处理器通常是指______。

A. 控制器和运算器　　B. 内存储器和运算器

C. 内存储器和控制器　　D. 内存储器、控制器和运算器

8. 在Windows 7中，下列错误的文件名是______。

A. m%1.doc　　B. 22$#

C. a!=0　　D. 3*4

9. Windows 7要卸载一个应用程序，首先应在“控制面板”窗口中单击“程序和功能”，选中要卸载的程序，然后______。

A. 单击“删除程序”　　B. 单击“关闭程序”

C. 单击“卸载”　　D. 单击“设定程序访问和默认值”

10. 关于Windows 7“资源管理器”的打开方法，下列叙述正确的是______。

A. 右击“开始”按钮，在快捷菜单中单击“打开Windows资源管理器”命令

B. 右击“计算机”，在快捷菜单中单击“资源管理器”命令

C. 右击任一驱动器图标，在快捷菜单中单击“资源管理器”命令

D. 右击任务栏空白处，在快捷菜单中单击“资源管理器”命令

11. Windows 7中窗口与对话框的区别是______。

A. 窗口有标题栏而对话框没有　　B. 窗口可以移动而对话框不可移动

C. 窗口有命令按钮而对话框没有　　D. 窗口有菜单栏而对话框没有

12. Windows 7中，下列操作与剪贴板无关的是______。

A. 粘贴　　B. 删除

C. 复制　　D. 剪切

13. 在Windows 7中，以下对快捷方式理解正确的是______。

A. 删除快捷方式等于删除文件

B. 建立快捷方式等于减少打开文件夹、找文件夹的麻烦

C. 快捷方式不能被删除

D. 文件夹不可建立快捷方式

14. Windows 7操作系统属于______。

A. 单用户单任务操作系统　　B. 单用户多任务操作系统

C. 多用户单任务操作系统　　D. 多用户多任务操作系统

15. 在Word 2010中，选择一个段落的方法是将光标定位于待选择段落中，然后______。

A. 双击鼠标右键　　B. 单击鼠标右键

C. 三击鼠标左键　　D. 单击鼠标左键

16. 在Word 2010中，“开始”选项卡里有一个“字体框”、一个“字号框”，当选取了一段文字之后，这两个框内分别显示“仿宋体”“三号”，这说明______。

A. 被选取的文本现在的格式为三号仿宋体

B. 被选取的文本所在段落的格式为三号仿宋体

C. 被编辑的文档现在总体的格式为三号仿宋体

D. Word缺省的格式设定为三号仿宋体

17. 当Word 2010处于编辑状态时，可以使插入点快速移到文档首部的组合键是______。

A. Ctrl+Home　　B. Alt+Home

C. Shift+Home　　D. PageUp

18. 当Word 2010处于编辑状态时，若要进行“首字下沉”的设置，则应打开______选项卡。

A. “开始”　　B. “页面布局”

C. “插入”　　D. “引用”

19. 启动Word 2010时，系统自动创建一个______的新文档。

A. 以用户输入的前8个字符作为文件名　　B. 没有名

C. 名为“*.doc”　　D .名为“文档1”

20. 在Word 2010中对表格中的数据进行计算时，应选择的选项卡是______。

A. “表格工具”　　B. “审阅”

C. “插入”　　D. “开始”

21. 在Word 2010中，选定一行文本的最方便快捷的方式是______。

A. 在选定行的左侧选定栏上单击鼠标右键

B. 在选定行的左侧选定栏上单击鼠标左键

C. 在选定行位置双击鼠标左键

D. 在该行位置右击鼠标

22. 在Excel 2010工作表中，_______是混合地址。

A. C3　　B. $B$4

C. $F8　　D. A1

23. 在保存Excel 2010工作簿的操作过程中，默认的工作簿文件名是_______。

A. Excel1　　B. Book1

C. XLT1　　D. 工作簿1

24. 在Excel 2010中，不是单元格引用运算符的是________。

A. :　　B. ,

C. #　　D. 空格

25. 在Excel 2010的数据操作中，计算求和的函数是_______。

A. SUM　　B. COUNT

C. AVERAGE　　D. TOTAL

26. 在Excel 2010中，当实现了工作簿的初次保存以后，对工作簿文件进行修改后的保存可按组合键_______来实现。

A. Ctrl+S　　B. Alt+S

C. Ctrl+A　　D. Alt+A

27. 在Excel 2010中，每张工作表最多可以包含的行数是_______。

A. 16384　　B. 65536

C. 1048576　　D. 无限制

28. 在Excel 2010工作表中可以输入的两类数据是_______。

A. 常量和函数　　B. 常量和公式

C. 函数和公式　　D. 数字和文本

29. 在PowerPoint 2010中，以下______是无法打印出来的。

A. 幻灯片中的图片　　B. 幻灯片中的动画

C. 母版上设置的标志　　D. 幻灯片的展示时间

30. 在PowerPoint 2010中，如果关闭演示文稿，但又不想退出PowerPoint，其操作是______。

A. 选PowerPoint“文件”选项卡中的关闭

B. 选PowerPoint“文件”选项卡中的退出

C. 将PowerPoint窗口关闭

D. 按PowerPoint窗口左上角的“控制菜单”按钮

31. 在PowerPoint 2010中，播放演示文稿的快捷键是______。

A. Alt+Enter　　B. F7

C. Enter　　D. F5

32. 关于PowerPoint 2010的视图，错误的说法是______。

A. 普通视图是主要的编辑视图，可用于撰写或设计演示文稿，它有三个工作区域

B. 阅读视图占据整个计算机屏幕，就像对演示文稿进行真正的幻灯片放映。在这种全屏幕视图中，您所看到的演示文稿就是将来观众所看到的

C. 放映演示文稿时，在普通视图中键入备注窗格中的内容是不能演示的

D. 幻灯片浏览视图是以缩略图形式显示幻灯片视图的

33. 下列有关播放PowerPoint 2010演示文稿的控制方法中，______是错误的。

A. 可以用退格键Backspace切换到“上一张”

B. 可以先输入一个数字，再按回车键切换到某一张

C. 可以用空格键或回车键切换到“下一张”

D. 可以按任意键切换到“下一张”

34. PowerPoint 2010可保存为多种文件格式，下列______不属于此类。

A. .pptx　　B. .potx

C. .psd　　D. .pdf

35. 下列关于PowerPoint 2010的说法，错误的是______。

A. 可以在浏览视图中更改某张幻灯片上动画对象的出现顺序

B. 可以在普通视图中更改某张幻灯片上动画对象的出现顺序

C. 可以在浏览视图中设置幻灯片切换效果

D. 可以在普通视图中设置幻灯片切换效果

36. Access 2010采用的是______数据库管理系统。

A. 层次模型　　B. 网状模型

C. 混合模型　　D. 关系模型

37. 打开Access 2010数据库时，应打开扩展名为______的文件。

A. .accda　　B. .accdb

C. .accde　　D. .dbf

38. 不能退出Access 2010的方法是______。

A. 单击“文件”选项卡中的“退出”　　B. 单击窗口右上角“关闭”按钮

C. 按ESC键　　D. 按Alt+F4键

39. 下列______不是Access 2010数据库的对象类型。

A. 表　　B. 向导

C. 窗体　　D. 查询

40. 在Access 2010中需要执行一系列数据库操作的时候，可以采用的对象是______。

A. 宏　　B. 表

C. 窗体　　D. 查询

41. 在Access 2010数据库中，专用于打印的是______。

A. 表　　B. 报表

C. 查询　　D. 页

42. Access支持的查询类型有______。

A. 选择查询、交叉表查询、参数查询、SQL查询和操作查询

B. 基本查询、选择查询、参数查询、SQL查询和操作查询

C. 多表查询、单表查询、交叉表查询、参数查询和操作查询

D. 选择查询、统计查询、参数查询、SQL查询和操作查询

43. 电子邮件地址的格式是______。

A. 用户名@主机域名　　B. 主机域名@用户名

C. 用户名.主机域名　　D. 主机域名.用户名

44. 不是计算机病毒的特征的是______。

A. 传染性、隐蔽性　　B. 破坏性、可触发性

C. 破坏性、传染性　　D. 兼容性、自灭性

45. Modem的作用是______。

A. 实现计算机的远程联网

B. 在计算机之间传送二进制信号

C. 实现数字信号与模拟信号之间的转换

D. 提高计算机之间的通信速度

46. 防火墙（Firewall）______。

A. 用于预防计算机被火灾烧毁

B. 是对计算机房采取的防火设施

C. 是Internet（因特网）与Intranet（内部网）之间所采取的一种安全措施

D. 用于解决计算机使用者的安全问题

47. 网上“黑客”是指______的人。

A. 总在晚上上网　　B. 匿名上网

C. 不花钱上网　　D. 在网上私闯他人计算机系统

48. URL的含义是______。

A. 信息资源在网上什么位置和如何访问的统一的描述方法

B. 信息资源在网上什么位置及如何定位寻找的统一的描述方法

C. 信息资源在网上业务类型和如何访问的统一的描述方法

D. 信息资源在网络地址的统一的描述方法

49. 在Internet服务中，用于远程登录的是______。

A. FTP　　B. E-mail

C. HTTP　　D. Telnet

50. Internet使用的IP地址是由小数点隔开的四个十进制数组成的，下列正确的IP地址是______。

A. 302.123.234.0　　B. 10.123.456.11

C. 12.123.1.168　　D. 256.255.20.31

二、多项选择题（本大题共20小题，每小题1分，共20分）

每小题列出的四个备选项中只有两个是符合题目要求的，请将其代码填涂在答题卡上。错选、多选或未选均无分，少选一个扣0.5分。

51. 下列四组数依次为二进制、八进制和十六进制，不符合要求的是______。

A. 11、78、19　　B. 10、77、1A

C. 12、80、FF　　D. 11、77、1B

52. 下列不属于音频文件格式的是______。

A. MP3　　B. PNG

C. WMA　　D. TIF

53. 根据总线上传输信息类型的不同，总线可分为多种类型，以下属于总线的是______。

A. 交换总线　　B. 地址总线

C. 数据总线　　D. 运输总线

54. 在Windows 7的桌面上创建快捷方式的方法有______。

A. 用鼠标右键单击文件所在的磁盘，选择“创建快捷方式”

B. “资源管理器”→“工具”下拉菜单→“发送到”→“桌面快捷方式”

C. “资源管理器”中找出想要的文件，利用鼠标右键把它拖到桌面上，建立快捷方式

D. 从“资源管理器”中找出想要的文件，利用鼠标左键把它拖到桌面上，建立快捷方式

55. 在Windows 7环境下，使用“记事本”程序可以用来编辑后缀为______的文件。

A. JPG　　B. MP3

C. TXT　　D. C

56. 在Windows 7中，对话框分为______两种类型。

A. 非模式对话框　　B. 模式对话框

C. 单选框　　D. 文本框

57. Word 2010中，更新域的方法是______。

A. 右键单击此域，从弹出的快捷菜单中选“更新域”命令

B. 使用F9功能键

C. 使用Ctrl+Shift+F11组合键

D. 使用Ctrl+Shift+F9组合键

58. 在Word 2010中，当前页为第13页，要立即移至第25页，可以______。

A. 使用开始选项卡编辑组中的“查找/转到”命令

B. 单击插入选项卡中的“页码”命令

C. 直接拖动垂直滚动条

D. 单击页面布局选项卡中的“分隔符”命令

59. 在Word 2010中，下列有关页边距的说法，错误的是______。

A. 用户可以同时设置左、右、上、下页边距

B. 设置页边距影响原有的段落缩进

C. 可以同时设置装订线的距离

D. 页边距的设置只影响当前页或选定文字所在的页

60. Word 2010中可以预览文档，预览方法有______。

A. 在页面视图下，使用“视图”选项卡中的“显示比例”按钮

B. 单击“视图”选项卡中“全屏显示”命令

C. 单击“文件”选项卡中“打印”命令，在右侧预览

D. 单击“文件”选项卡中“打印预览”命令

61. 下列属于Excel 2010工作表编辑栏的是______。

A. 确定按钮　　B. 插入函数按钮

C. 滚动条　　D. 单元格

62. 在Excel 2010中，下面叙述正确的有______。

A. Excel 2010工作表中最多有255列

B. 按快捷键Ctrl+S可以保存工作簿文件

C. 按快捷键Shift+F12可以保存工作簿文件

D. 对单元格内容的“删除”与“清除”操作是相同的

63. 在Excel 2010中清除一行内容的方法有______。

A. 选中该行行号，再按Del键

B. 用鼠标将该行隐藏起来

C. 用鼠标拖动功能

D. 选中要清除的部分，使用“开始”选项卡中的“清除全部”命令

64. 在Excel 2010工作表中，A1单元格的内容是1，如果在区域A1:A5中生成序列1、3、5、7、9，下面操作正确的有______。

A. 在A2中输入3，选中区域A1:A2后拖曳填充柄至A5

B. 选中A1单元格后，按Ctrl键拖曳填充柄至A5

C. 在A2中输入3，选中A2后拖曳填充柄至A5

D. 选中A1单元格后，使用“开始”选项卡中的“填充/系列”命令，然后选中相应选项

65. 在Access 2010中，数据库窗口的基本操作可以完成的是______。

A. 显示或更改数据库对象的属性

B. 数据库中的表是不可以隐藏的

C. 数据库中的组均可以删除

D. 改变对象的显示方式

66. 下列关于PowerPoint 2010的插入对象，说法不正确的是______。

A. 可以插入图片　　B. 不能插入公式

C. 不能插入视频　　D. 可以插入表格

67. 在HTML文件中，属于字形标记的是______。

A. <FONT>...<FONT>　　B. <U>...<U>

C. <B>...<B>　　D. <A>...<A>

68. 从逻辑功能上来划分，可以把计算机网络划分为______。

A. 无线网络　　B. 有线网络

C. 通信子网　　D. 资源子网

69. 下列常用的搜索引擎有______。

A. 百度　　B. QQ

C. 谷歌　　D. VOD

70. 一个完整的木马程序包含______。

A. 网络线路　　B. 服务器

C. 控制器　　D. 网络节点

三、判断题（本大题共20小题，每小题0.5分，共10分）

每题列出的两个备选项中有一个是符合题目要求的，请将其代码填涂在答题卡上。

71. 计算机硬件一般包括中央处理器和外部设备。（　）

A. 正确　　B. 错误

72. ASCII码在计算机中表示方式为1个字节。（　）

A. 正确　　B. 错误

73. 磁盘是一种输入、输出设备。（　）

A. 正确　　B. 错误

74. Windows 7的文件组织结构是一种网状结构。（　）

A. 正确　　B. 错误

75. Windows 7的“桌面”指的是整个屏幕。（　）

A. 正确　　B. 错误

76. 在Windows 7中，启动任务管理器的快捷键组合是CTRL+ALT+SHIFT。（　）

A. 正确　　B. 错误

77. Word 2010的“开始”选项卡中不包括“定位”命令。（　　）

A. 正确　　B. 错误

78. 在Word 2010中，文字格式可以设置为立体字。（　　）

A. 正确　　B. 错误

79. 在Word 2010的“页面设置”对话框中，可以完成纸张的打印方向设置。（　　）

A. 正确　　B. 错误

80. 在Excel 2010中，B5单元格是指位于B行第5列的单元格。（　　）

A. 正确　　B. 错误

81. Excel 2010工作簿的最小组成单位是单元格。（　　）

A. 正确　　B. 错误

82. 在Excel 2010中，区域合并符是冒号（:）。（　　）

A. 正确　　B. 错误

83. 要设置幻灯片的动画效果，应在“幻灯片放映”选项卡中进行。（　　）

A. 正确　　B. 错误

84. PowerPoint 2010系统默认的视图方式是幻灯片视图。（　　）

A. 正确　　B. 错误

85. 在PowerPoint 2010中，不可以为图片重新上色。（　　）

A. 正确　　B. 错误

86. Access 2010数据库中的“列标题的名称”叫作字段名称。（　　）

A. 正确　　B. 错误

87. 在Access 2010数据库中，一个数据库只能包含一个表。（　　）

A. 正确　　B. 错误

88. Access 2010数据库中的表是一维表。（　　）

A. 正确　　B. 错误

89. DNS的作用是根据域名查找计算机。（　　）

A. 正确　　B. 错误

90. 一台接入因特网的计算机可以没有域名，但不能没有IP地址。（　　）

A. 正确　　B. 错误

《第Ⅱ卷》

四、填空题（本大题共20小题，每小题1分，共20分）

91. 计算机中的所有信息在计算机内部是以____________表示的。

92. 世界上第一台电子计算机ENIAC诞生于____________年。

93. 计算机的算法具有可行性、有穷性、____________和输入/输出。

94. JPEG是一种图像压缩标准，其含义是____________。

95. 机器语言中每一个语句又称为____________。

96. 一个字节（BYTE）占____________个二进制位。

97. 安装中文输入法后，在Windows 7中使用____________组合键来启动或关闭中文输入法。

98. 使用Word 2010时，为了把不相邻两段的文字互换位置，最少用____________次“剪切+粘贴”操作。

99. 在Word 2010中，如果用户错误地删除了文本，可用快速访问工具栏上的____________按钮将被删除的文本恢复到屏幕上。

100. 在Excel 2010中，单元格区域“A1:C3,C4:E5”包含__________个单元格。

101. Excel 2010文件的扩展名为____________。

102. 在Access 2010中，唯一标识一条记录的一个或多个字段称为__________。

103. 在Access 2010中，表间的关系有一对一、一对多和__________。

104. 在PowerPoint 2010中，可以在__________视图下插入占位符。

105. 简称DBMS的是__________。

106. OSI参考模型的物理层传送数据的单位是__________。

107. 在HTML中，正文主体标记为____________。

108. Internet服务提供商的英文缩写是__________。

109. IP地址212.22.68.201属于__________类IP地址。

110. Internet网络通信使用的协议是____________。

山东省2012年普通高等教育专升本统一考试
计算机文化基础试题答案及解析

第Ⅰ卷

一、单项选择题（本大题共50小题，每小题1分，共50分）

1.【答案】B

【解析】存储器分为两大类：内存和外存。内存又分为ROM、RAM和Cache，常见的外存设备包括软盘、硬盘、闪存、优盘、光盘等。RAM为随机存储器，断电后其中的内容全部消失。（其他参考2016年第51题解析）

2.【答案】D

【解析】计算机系统由硬件系统和软件系统组成。硬件是指所有可以看得见、摸得到的部件；软件=程序+文档+数据，分为系统软件和应用软件，操作系统是最重要的系统软件。硬件与软件密不可分、缺一不可，硬件是计算机运行的物理基础，软件使硬件的作用得以发挥。未配置任何软件的计算机叫裸机，它是计算机完成工作的物理基础。只安装了操作系统的计算机称为虚拟机。（其他参考2016年第52题、2015年第57题解析）

3.【答案】C

【解析】（见2016年第4题解析）

4.【答案】D

5.【答案】A

【解析】网页文件不仅可以在Windows操作系统下打开，也可以在其他操作系统下打开。

6.【答案】D

【解析】光盘存储器包括CD/DVD-ROM（只读光盘）、CD/DVD-R（一次写、

多次读的光盘）、CD/DVD-RW（多次写、多次读的可重复擦写光盘）等。

7.【答案】A

【解析】D选项为主机的概念。（其他见2016年第5题、2015年第52题解析）

8.【答案】D

【解析】（见2016年第53题解析）

9.【答案】C

【解析】也可以双击需要卸载的应用程序项。

10.【答案】A

11.【答案】D

【解析】对话框是特殊的窗口，有些对话框可以改变位置和大小。对话框通常只有关闭和帮助两个按钮，没有菜单栏。

12.【答案】B

【解析】剪贴板是内存中的一段公共区域，用于应用程序内部或多个应用程序之间交换数据。对剪贴板的操作有三种方式：剪切（Ctrl+X）、复制（Ctrl+C）、粘贴（Ctrl+V）。

13.【答案】B

【解析】（见2016年第55题解析）

14.【答案】D

【解析】Windows 7操作系统属于多用户多任务操作系统。

15.【答案】C

【解析】常用的选定文本的方法：（1）选定一行：鼠标移至页左选定栏，鼠标指针变成向右的箭头，单击可以选定所在的一行。（2）选定一句：按住Ctrl键的同时，单击句中的任意位置，可选定一句。（3）选定一段：鼠标移至页左选定栏，双击可以选定所在的一段，或在段落内的任意位置快速三击可以选定所在的段落。（4）选定整篇文档：① 鼠标移至页左选定栏，快速三击；② 鼠标移至页左选定栏，按住Ctrl键的同时单击鼠标；③ 使用Ctrl+A组合键。（其他参考2014年第15题、2015年第82题、2016年第57题解析）

16.【答案】A

【解析】Word缺省的格式为五号宋体。

17.【答案】A

【解析】文档编辑时常用的按键：PageUp——向上翻页；PageDown——向下

翻页；Home——快速移到行首；End——快速移到行尾；Ctrl+Home——快速移到文档开头；Ctrl+End——快速移到文档末尾。

18.【答案】C

19.【答案】D

20.【答案】A

【解析】Word 2010中对表格处理的命令一般都在“表格工具”选项卡中，表格中使用公式可以完成求和、求平均值、求最大值、求最小值等运算，主要参数有ABOVE、BELOW、LEFT、RIGHT等。

21.【答案】B

【解析】（见本套试题的第15题解析）

22.【答案】C

【解析】（见2016年第63题解析）

23.【答案】D

24.【答案】C

【解析】单元格引用运算符有：（1）冒号，区域表示运算符，用于构造单元格区域，对左右两个引用在内的矩形区域内所有单元格进行引用；（2）空格，区域相交运算符，表示取多个引用区域的公共部分；（3）逗号，区域合并运算符，将多个引用区域合并为一个引用区域，其中相交的公共部分会重复计入。

25.【答案】A

【解析】Excel 2010中不存在Total函数。（见2013年第19题解析）

26.【答案】A

【解析】C选项的作用是全选，B、D选项没意义。（其他参考2014年第96题解析）

27.【答案】C

【解析】（见2016年第60题解析）

28.【答案】B

【解析】“常量”类似于数学中“常数”的概念。Excel 2010中分为文本型、数字型和日期时间型三种类型的常量。Excel 2010中的公式指的是由运算符将运算对象连接起来的有意义的表达式，公式中的运算对象可以是常量、单元格地址、函数等，公式均以“=”开头。

29.【答案】B

30.【答案】A

【解析】文件菜单中的“关闭”命令和“退出”命令的作用不同：“关闭”命令只关闭当前正在编辑的文档而不退出PowerPoint，“退出”命令则退出PowerPoint。B、C、D选项的作用都是退出PowerPoint。（其他见2016年第54题解析）

31.【答案】D

【解析】在PowerPoint 2010中，播放演示文稿的方法是单击“幻灯片放映”选项卡中的命令或直接按F5键，任何时候按Esc键即可结束放映。

32.【答案】B

【解析】幻灯片放映视图不一定占据整个计算机屏幕。设置放映方式时，可将放映类型设置为“演讲者放映（全屏幕）”或“观众自行浏览（窗口）”或“在展台浏览（全屏幕）”。阅读视图以“窗口”形式显示内容。

33.【答案】D

34.【答案】C

【解析】psd是Photoshop（一种平面图像处理软件）的默认文件格式。

35.【答案】A

【解析】设置幻灯片中动画对象的出现顺序，必须在普通视图下进行。

36.【答案】D

【解析】（见2016年第35题解析，与2014年第41题类似）

37.【答案】B

【解析】D选项是Foxpro生成的数据库文件。（见2014年第37题解析）

38.【答案】C

【解析】（见本套试题的第30题、2016年第54题解析）

39.【答案】B

【解析】Access 2010中虽然提供了用来指引用户方便完成某些操作的向导，但向导不是数据库的对象。（其他见2014年第38题解析）

40.【答案】A

【解析】（见2014年第38题解析）

41.【答案】B

【解析】报表用于把数据库中的数据按照方便用户的格式输出，同时它还具有分析、汇总的功能。和窗体相比，报表只用于输出数据，具有只读属性，而窗体可以编辑数据库中的数据。（其他见2014年第38题解析）

42.【答案】A

【解析】查询是一个强大而灵活的工具，查询可以分为五种：选择查询、参数查询、交叉表查询、操作查询和SQL查询。选择查询是最常用的查询类型，分为单表查询和连接查询两类，用于从一个或多个表中检索数据；操作查询可对数据库中的数据进行简单的检索、显示和统计，而且可以根据要求对数据库结构进行修改，包括更新查询、生成表查询、追加查询、删除查询等。查询通常有三种视图方式：数据表视图、设计视图和SQL视图。SQL查询是Access自动在后台生成的用SQL语句表示的查询。（其他参考2016年第65题解析）

43.【答案】A

【解析】（见2016年第50题解析）

44.【答案】D

【解析】（见2015年第47题解析）

45.【答案】C

【解析】（见2016年第45题解析）

46.【答案】C

【解析】（见2015年第70题、2013年第110题解析）

47.【答案】D

【解析】黑客泛指那些专门利用电脑搞破坏或恶作剧的人，分为恶作剧型、隐蔽攻击型、定时炸弹型、制造矛盾型、职业杀手型、窃密高手型、业余爱好型等。

48.【答案】B

【解析】（见2013年第107题解析）

49.【答案】D

【解析】（见2015年第106题解析）

50.【答案】C

【解析】（见2016年第69题解析）

二、多项选择题（本大题共20小题，每小题1分，共20分）

51.【答案】A、C

【解析】二进制数的基本符号包括0、1；八进制数的基本符号包括0、1、2、3、4、5、6、7；十进制数的基本符号包括0、1、2、3、4、5、6、7、8、9；十六进制数的基本符号包括0、1、2、3、4、5、6、7、8、9、A、B、C、D、E、F。

52.【答案】B、D

【解析】PNG、TIF属于图像格式。(见2014年第6题解析)

53.【答案】B、C

【解析】(见2015年第12题解析)

54.【答案】A、C

【解析】D选项的操作结果是复制或移动文件。

55.【答案】C、D

【解析】txt文件、C语言源程序文件以及html文件都是纯文本文件，都可以用记事本打开并编辑。A选项是图像文件，B选项是音频文件。

56.【答案】A、B

【解析】对话框是进行人机对话的场所。在Windows 7操作系统中，对话框分为模式对话框和非模式对话框两种类型，对话框中包含大量的控件。模式对话框打开时，主程序窗口被禁止，只有关闭该对话框，才能处理主窗口；非模式对话框没有该限制，非模式对话框显示时仍可处理主窗口。

57.【答案】A、B

【解析】Shift+F9的作用是在域结果和域代码之间切换；Ctrl+Shift+F9的作用是将域变成非域。

58.【答案】A、C

【解析】A选项是打开“查找与替换”对话框，使用其中的“定位”功能也可以直接按Ctrl+G组合键。

59.【答案】B、D

【解析】设置页边距可以影响整个文档，也可以只影响部分页，段落缩进是相对于打印区域而言的，因此页边距的调整对缩进没有任何影响。

60.【答案】A、C

【解析】“文件”选项卡中没有“打印预览”命令，“视图”选项卡中也没有“全屏显示”命令。

61.【答案】C、D

62.【答案】B、C

【解析】(A选项见2016年第60题解析，D选项见2015年第83题解析)

63.【答案】A、D

64.【答案】A、D

65.【答案】A、D

【解析】表是可以隐藏的，右击表，选择“属性”后，点击“隐藏”即可。对象有大图标、小图标、列表、详细信息等多种显示方式。（与2014年第66题相同）

66.【答案】B、C

【解析】在PowerPoint 2010中可以插入公式和视频。

67.【答案】B、C

【解析】<Font>称为字体标记，不是字形标记，主要对文字格式进行设置，例如文字大小、颜色、字体等。<B>和<U>是字形标记，用于设置文字加粗和加下划线。除此以外，<I>也是字形标记，用于设置文字倾斜。（其他参考2016年第97题解析）

68.【答案】C、D

【解析】（见2015年第37题解析）

69.【答案】A、C

70.【答案】B、C

【解析】完整的木马程序一般由两个部分组成：服务器程序和控制器程序。

三、判断题（本大题共20小题，每小题0.5分，共10分）

71.【答案】B

【解析】（见2016年第5题解析）

72.【答案】A

【解析】ASCII码能表示128（2的7次方）个符号，因此需要7位二进制数字，7位二进制数字占1个字节，并规定最高位为0。汉字编码用两个连续字节表示。

73.【答案】B

【解析】磁盘是一种存储设备，磁盘驱动器可以认为既是输入设备又是输出设备。

74.【答案】B

【解析】Windows 7的文件组织结构是一种树状结构，从根目录开始。

75.【答案】A

76.【答案】B

【解析】Windows 7中，启动任务管理器的快捷键是Ctrl+Shift+Esc。

77.【答案】A

【解析】Word 2010提供了定位功能，可以按照节、行、页等进行定位，但对应的命令是“开始”选项卡编辑组中的“查找/转到”。

78.【答案】A

【解析】可以为文字设置三维立体效果。

79.【答案】A

【解析】（见2016年第20题解析）

80.【答案】B

【解析】B是列标，表示第2列；5是行号，表示第5行。

81.【答案】A

【解析】工作表中行、列交叉的地方称为单元格，是工作表最基本的数据单元，是电子表格软件中处理数据的最小单位。单元格组成工作表，一个或多个工作表组成工作簿。

82.【答案】B

【解析】（见本套试题的第24题解析）

83.【答案】B

【解析】添加动画效果是在“动画”选项卡中。

84.【答案】B

【解析】（见2016年第28题解析）

85.【答案】B

86.【答案】A

【解析】数据表中的字段指的就是一列，每一个字段都有一个唯一的名称。

87.【答案】B

【解析】一个数据库中可以包含多个表，表间可以建立联系。

88.【答案】B

【解析】Access数据库中的表是二维的，由行、列组成。（其他参考2014年第37题解析）

89.【答案】B

【解析】IP地址是为了对网络中的计算机加以区分而设置的，域名是为了解决IP地址不便于记忆的问题而引入的。要访问网络中的某一台计算机，可以使用域名，但对网络中计算机的访问归根结底是要知道它的IP地址，因此，必须把用户输入的域名转化为它所对应的IP地址，这个过程称之为域名解析。域名解析由专门的域名系统（DNS）来完成。（其他参考2015年第41题解析）

90.【答案】A

【解析】接入Internet的每一台计算机可以没有域名，但必须要有一个IP地址，

IP地址可以是动态的，也可以是静态的。

第Ⅱ卷

四、填空题（本大题共20小题，每小题1分，共20分）

91.【答案】二进制代码

【解析】无论是文字信息还是数值信息、图形图像还是音频视频，在计算机中都是以二进制形式表示的。（其他参考2015年第11题解析）

92.【答案】1946

【解析】（见2016年第1题解析）

93.【答案】确定性

【解析】（见2015年第10题解析）

94.【答案】联合图像专家组

【解析】JPEG是Joint Photographic Experts Group（联合图像专家组）的缩写，是静态图像压缩标准。（其他参考2014年第6题解析）

95.【答案】指令

【解析】（见2015年第6题解析）

96.【答案】8

【解析】（见2016年第4题解析，与2015年第73题类似）

97.【答案】Ctrl+Space（空格）

【解析】关于输入法的快捷键有：（1）Ctrl+空格——在中文输入法和英文输入法之间切换；（2）Ctrl+Shift——在各种不同的输入法之间切换；（3）Shift+Space——在全角和半角之间切换；（4）Ctrl+.——在中文标点和英文标点之间切换。

98.【答案】2

99.【答案】撤消

【解析】（见2014年第12题解析）

100.【答案】15

【解析】逗号是区域合并运算符，将被引用的多个区域合并为一个区域。A1:C3包括A1、A2、A3、B1、B2、B3、C1、C2、C3共9个单元格，C4:E5包括C4、C5、D4、D5、E4、E5共6个单元格，合并在一起共15个单元格。（其他参考本套试题第24题解析）

101.【答案】.xlsx

【解析】（见2016年第107题解析）

102.【答案】主键（主码、主关键字）

【解析】二维表中的某个属性或属性组，若它的值唯一地标识了一个元组，则称该属性或属性组为候选码。若一个关系有多个候选码，则选定其中一个为主码，也称之为主键。一般情况下如学生表中的“学号”、员工表中的“工号”等都可以作为主键。(与2014年第105题类似）

103.【答案】多对多

【解析】表间关系是对实体之间联系的反映，实体之间的联系可以分为三种：（1）一对一的联系，如一个班级只有一个班长，一个班长只属于一个班级，班长和班级之间则为一对一的联系。（2）一对多的联系，如相同性别的人有许多个，一个人只有一种性别，性别与人之间则为一对多的联系。（3）多对多的联系，如一个人可以选多门课，一门课可以被很多人选，人与课程之间则是多对多的联系。（与2015年第64题类似）

104.【答案】母版

105.【答案】数据库管理系统

【解析】（见2016年第37题解析）

106.【答案】比特

【解析】物理层传送数据的单位是比特（bit）；数据链路层传送数据的单位是帧（Frame）；网络层传送数据的单位是分组或包（Packet）。

107.【答案】<body>

【解析】（与2016年第97题相同）

108.【答案】ISP

【解析】ISP（Internet Service Provider）是互联网服务提供商，即向广大用户综合提供互联网接入业务、信息业务和增值业务的电信运营商。ICP（Internet Content Provider）是互联网内容提供商，即向广大用户综合提供互联网信息业务和增值业务的电信运营商。

109.【答案】C

【解析】（见2013年第48题解析）

110.【答案】TCP/IP

【解析】（见2014年第87题、2016年第49题解析）

试卷类型：公共课

山东省2011年普通高等教育专升本统一考试
计算机文化基础试题

本试卷分为第Ⅰ卷和第Ⅱ卷两部分，满分100分，考试用时120分钟。考试结束后，将本试卷和答题卡一并交回。

注意事项：

1. 答卷前，考生务必用0.5毫米黑色签字笔将自己的姓名、准考证号、身份证号填写到试卷规定的位置上。

2. 选择题每小题选出答案后，用2B铅笔把答题卡上对应题目的答案标号涂黑；如需改动，用橡皮擦干净后，再选涂其他答案标号。

3. 非选择题必须用0.5毫米黑色签字笔作答，答案必须写在答题卡各题目指定区域内相应的位置；如需改动，先划掉原来的答案，然后再写上新的答案；不能使用涂改液、胶带纸、修正带。不按以上要求作答的答案无效。

第Ⅰ卷

一、单项选择题（本大题共50小题，每小题1分，共50分）

每小题列出的四个备选项中只有一个是符合题目要求的，请将其代码填涂在答题卡上。错选、多选或未选的均无分。

1. 信息的符号就是数据，所以数据是信息的具体表现形式，信息是数据的______。

A. 数据类型　　B. 数据表示范围

C. 逻辑意义　　D. 编码形式

2. 某种数制每位上所使用的数码个数称为该数制的______。

A. 基数　　B. 位权

C. 数值　　D. 指数

3. 7位标准ASCII码，用1个字节表示一个字符，并规定其______。

A. 最高位为1
B. 最高位为0
C. 最低位为1
D. 最低位为0

4. 用于计算机内部存储、处理汉字的编码称为汉字______。

A. 交换码
B. 机内码
C. 字型码
D. 输入码

5. 冯·诺依曼（Von Neumann）提出的计算机系统结构规定计算机由运算器、______、存储器、输入设备和输出设备五个基本部分组成。

A. 控制器
B. 寄存器
C. 指令译码器
D. CPU

6. 计算机中的指令和数据采用______存储。

A. 十进制形式
B. 八进制形式
C. 十六进制形式
D. 二进制形式

7. 当前计算机正朝两极方向发展，即______。

A. 专用机和通用机
B. 微型化和巨型化
C. 模拟机和数字机
D. 个人机和工作站

8. 计算机工作时需首先将程序读入______中，控制器按指令地址从中取出指令（按地址顺序访问指令），然后分析指令、执行指令。

A. 运算器
B. 高速缓冲存储器
C. 内存储器
D. 硬盘

9. 计算机能直接执行______。

A. 英语程序
B. 机器语言程序
C. 十进制程序
D. 高级语言源程序

10. ______语言是用助记符代替操作码、地址符号代替操作数的面向机器的语言。

A. Fortran
B. 汇编
C. 机器
D. 高级

11. 微处理器是将运算器、______、高速内部缓存集成在一起的超大规模集成电路芯片，是计算机中最重要的核心部件。

A. 系统总线
B. 控制器
C. 对外接口
D. 指令寄存器

12. 微型计算机的系统总线是CPU与其他部件之间传送_____信息的公共通道。

A. 输入、输出、运算
B. 输入、输出、控制

C. 程序、数据、运算　　D. 数据、地址、控制

13. 在Windows 7中，当对话框打开时，主程序窗口被禁止，关闭该对话框后才能处理主窗口，这种对话框称为______。

A. 非模式对话框　　B. 一般对话框
C. 模式对话框　　D. 公用对话框

14. “文件”是指存放在______的一组相关信息的集合。

A. 内存中　　B. 硬盘上
C. 打印机上　　D. 显示器上

15. “剪贴板”中存放的信息，关闭计算机时______。

A. 不会丢失　　B. 再开机可以恢复
C. 会丢失　　D. 再开机可继续使用

16. 在Windows 7中，当一个应用程序被最小化后，该应用程序将______。

A. 被终止运行　　B. 忽略输入输出信息
C. 被暂停执行　　D. 继续执行

17. 在Windows 7的应用程序窗口中，前面有“√”标记的菜单表示______。

A. 复选选中　　B. 单选选中
C. 有级联菜单　　D. 有对话框

18. 任意调整Word 2010应用程序窗口的“垂直标尺”或“水平标尺”，______。

A. 对页边距无影响　　B. 对文档任何格式无影响
C. 对段落格式无影响　　D. 对字符格式无影响

19. 在Word 2010中，模板文件的默认扩展名是______。

A. .docx　　B. .rtf　　C. .gif　　D. .dotx

20. 在Word 2010中，页面设置的功能可在______选项卡中找到。

A. 开始　　B. 文件
C. 视图　　D. 页面布局

21. Word 2010字数统计的功能______。

A. 不能统计汉字的个数　　B. 可以对整篇选中的文章进行统计
C. 不能统计标点的个数　　D. 不能分别统计行数和非中文单词数

22. 在Word 2010编辑状态下，当“剪切”和“复制”按钮呈灰色显示时，表明______。

A. 剪贴板上已存放信息　　B. 文档中没有任何对象

C. 选定的对象是图片　　D. 选定的文档内容太长

23. 在Word 2010中建立的文档文件，如不能用Windows的记事本打开，这是因为______。

A. 文件以.docx为扩展名

B. 文件中有数字

C. 文件中有特殊符号

D. 文件中的字符有“全角”和“半角”之分

24. 在Word 2010中，欲把整篇文档中的“计算机”一词全部删除，最简单的办法是使用“开始”选项卡中的______命令。

A. 清除　　B. 撤消　　C. 剪切　　D. 替换

25. 在Word 2010的操作叙述中，正确的是______。

A. 凡是不在屏幕上的内容，全部已经保存在硬盘上

B. 选择字体的大小时，字号越大，字的尺寸越大

C. 查找操作只能查找普通字符，不能查找特殊字符

D. 可以在不同的文档中进行对象的剪切和复制

26. 在Excel 2010中，用于储存并处理工作表数据的文件称为______。

A. 单元格　　B. 工作区

C. 工作簿　　D. 工作表

27. 在Excel 2010中，对数据表做分类汇总前必须先______。

A. 按任意列排序　　B. 按分类字段进行排序

C. 进行筛选操作　　D. 设置数据格式

28. 在Excel 2010中，公式复制时，为使公式中的______，必须使用绝对引用方式。

A. 单元格引用随新位置变化　　B. 单元格引用随新位置部分变化

C. 单元格引用不随新位置变化　　D. 单元格数值随新位置变化

29. 在Excel 2010中，工作表______。

A. 可以增加或删除　　B. 不可以增加或删除

C. 只能增加　　D. 只能删除

30. 在Excel 2010中，公式中表示绝对单元格引用时需使用______符号。

A. *　　B. $　　C. #　　D. -

31. 在Excel 2010中，排序、筛选、分类汇总等操作的对象都必须是______。

A. 任意工作表　　B. 数据清单

C. 工作表任意区域　　D. 含合并单元格的区域

32. PowerPoint 2010是用于制作______的工具软件。

A. 文档文件　　B. 演示文稿

C. 模板　　D. 动画

33. PowerPoint 2010中的母版用于设置文稿预设格式，它实际上是一类幻灯片样式，改变幻灯片母版会影响基于该母版的______幻灯片。

A. 每张　　B. 当前

C. 当前幻灯片之后所有　　D. 当前幻灯片之前所有

34. 在数据库关系模型中，实体通常是以表的形式来表现的，表的每一行描述实体的一个______，表的每一列描述实体的一个特征或属性。

A. 元素　　B. 对象　　C. 侧面　　D. 实例

35. Access 2010的查询是收集一个或几个表中用户认为有用的数据的工具，我们将查询到的数据组成一个集合，这个集合中的字段______。

A. 只能来自一个表　　B. 只能来自多个表

C. 可以来自多个数据库　　D. 可以来自一个或多个表

36. 计算机网络是用通信线路把分散布置的多台独立计算机及专用外部设备互联，在______的支持下，实现信息交换、资源共享的系统。

A. 通信设备　　B. 服务商

C. 通信软件　　D. 计算机

37. 计算机网络系统中的每台计算机都是______。

A. 相互控制的　　B. 相互制约的

C. 各自独立的　　D. 毫无联系的

38. 网络中计算机之间的通信遵守______，它们是通信双方必须遵守的通信规程。

A. 网卡　　B. 通信协议

C. 磁盘　　D. 电话交换设备

39. 路由器除了具有隔离网络、过滤和转发网络帧信息包等功能外，还具有______。

A. 调制解调功能　　B. 路由选择功能

C. 提高带宽功能　　D. 拨号上网功能

40. 为了便于识别和表达，Internet的32位IP地址以______形式表示，每8位为一组用一个数值表示。

A. 点分二进制　　B. 点分八进制

C. 点分十进制　　D. 点分十六进制

41. ADSL设备的非对称数字用户环路，非对称性指的是______。

A. 上行速率快，下行速率慢　　B. 下行速率快，上行速率慢

C. 下行带宽小，上行带宽大　　D. 用户线路上行速率高，下行速率低

42. 在Internet Explorer浏览器中，收藏夹收藏的是______。

A. 网站地址　　B. 网站内容

C. 网页地址　　D. 网页内容

43. 在Internet上，文件传输服务所采取的通信协议是______。

A. FTP　　B. HTTP　　C. SMTP　　D. Telnet

44. Outlook Express是一个______，专门帮助用户处理有关电子邮件和电子新闻事务。

A. 电子邮件搜索软件　　B. 电子邮件客户端软件

C. 电子邮件撰写软件　　D. 电子邮件服务器软件

45. Dreamweaver CS5中的框架是网页布局设计的重要手段，框架将浏览器窗口划分为多个区域，每个区域______。

A. 可以显示一个独立的网页　　B. 同时显示多个独立的网页

C. 显示固定的网页　　D. 可以显示一个网页元素

46. 对计算机软件正确的态度是______。

A. 计算机软件不需要维护

B. 计算机软件只要能复制就不必购买

C. 计算机软件不必备份

D. 受法律保护的计算机软件不能随便复制

47. 多数情况下，由计算机病毒程序引起的问题会破坏______。

A. 计算机硬件　　B. 文本文件

C. 计算机网络　　D. 软件和数据

48. 反病毒软件______。

A. 只能检测清除已知病毒　　B. 可以让计算机用户永无后顾之忧

C. 可以检测清除所有病毒　　D. 自身不可能感染计算机病毒

49. 由于软件编程的复杂性和程序的多样性，在网络信息系统的软件中很容易有意或无意地留下一些不易被发现的______，它们同样会影响网络信息的安全。

A. 安全漏洞　　B. 黑客

C. 病毒检测功能　　D. 安全防范措施

50. 虚拟专网是一种利用公用网络来构建的______。

A. 私有专用网站
B. 物理独立网络
C. 公用广域网络
D. 私有专用网络

二、多项选择题（本大题共20小题，每小题1分，共20分）

每小题列出的四个备选项中只有两个是符合题目要求的，请将其代码填涂在答题卡上。错选、多选或未选的均无分，少选一个扣0.5分。

51. 计算机的应用领域包括______、计算机辅助系统和计算机网络与通信。

A. 高速运算、网络管理
B. 科学计算、信息管理
C. 过程控制、人工智能
D. 卫星发射、导弹控制

52. 一个完整的计算机系统由______两大部分组成。

A. 主机
B. 硬件系统
C. 外部设备
D. 软件系统

53. 软件是指使计算机运行所需的程序、数据和有关文档的总和，计算机软件通常分为______两大类。

A. 系统软件
B. 机器语言
C. 高级语言
D. 应用软件

54. CPU与其他部件之间的联系是通过______实现的。

A. 控制总线
B. 外部总线
C. 内部总线
D. 地址总线和数据总线

55. 具有多媒体处理能力的计算机叫多媒体计算机，多媒体具有______、实时性和集成性的特点。

A. 可见性
B. 多样性
C. 交互性
D. 稳定性

56. 从资源管理的角度来看，操作系统主要具有______、作业管理、存储管理等功能。

A. 处理机管理
B. 输入管理、输出管理
C. 设备管理、文件管理
D. 程序管理、数据管理

57. 国际标准化组织已明确将信息安全定义为信息的______。

A. 诊断性、同步性
B. 完整性、可用性
C. 保密性、可靠性
D. 确认性、可控性

58. 将高级语言翻译成机器语言的方式有______两种。

A. 图像处理
B. 文字处理
C. 解释
D. 编译

59. 计算机病毒的特点包括______、针对性、衍生性、抗病毒软件性等。

A. 可执行性、破坏性　　B. 传染性、潜伏性

C. 自然生长　　D. 单渠道传播性

60. 在Excel 2010中具有二维表性质的数据清单可以像数据库一样使用，其中______。

A. 可以有合并过的单元格

B. 每行称为一个记录

C. 第一行称为字段名

D. 数据区域每一列包含不同的数据类型

61. 在PowerPoint 2010中，快速统一演示文稿外观的方法有______。

A. 使用主题　　B. 使用格式刷

C. 使用动画　　D. 使用母板

62. Access 2010数据库对象包括______。

A. 表、报表　　B. 查询、窗体

C. 插件　　D. 对象属性

63. 从逻辑功能上看，可以把计算机网络分为______两个子网。

A. 宽带网　　B. 资源子网

C. 通信子网　　D. 计算机网

64. 计算机网络资源共享主要是指______共享。

A. 工作站和服务器　　B. 通信介质和节点设备

C. 硬件资源　　D. 软件资源和数据资源

65. 计算机网络的功能包括______、实现分布处理和提高系统的可靠性。

A. 提高计算机运行速度　　B. 数据通信

C. 资源共享　　D. 电子邮件

66. 计算机网络按其拓扑结构可以分为网状网、总线网、环形网、______和混合型网等几类。

A. 星型网　　B. 树型网　　C. 电视网　　D. 电话网

67. TCP/IP参考协议把网络分为四个层次：应用层、传输层和______。

A. 物理层　　B. 数据链路层

C. 网际层　　D. 网络接口层

68. 子网掩码是用来判断任意两台计算机的IP地址是否属于同一子网的，正常情况下的子网掩码______。

A. 前两个字节为“1”　　B. 主机标准位全为“0”

C. 网络标准位全为“1”　　D. 前两个字节为“0”

69. Dreamweaver CS5的主要功能是______。

A. 开发网络应用程序　　B. 制作网页

C. 接收电子邮件　　D. 管理站点

70. 电子邮箱地址包括______。

A. 通信协议　　B. 邮箱账户名

C. 邮箱服务器地址　　D. 路径

三、判断题（本大题共20小题，每小题0.5分，共10分）

每题列出的两个备选项中有一个是符合题目要求的，请将其代码填涂在答题卡上。

71. 信息是自然界、人类社会和人类思维活动中普遍存在的一切物质和事物的属性。（　　）

A. 正确　　B. 错误

72. 计算机智能化是指计算机具有人的感觉和思维过程的能力，从而取代人的全部能力。（　　）

A. 正确　　B. 错误

73. 软件就是计算机运行时所需的程序。（　　）

A. 正确　　B. 错误

74. 普遍认为操作系统是管理软硬件系统、改善人机界面、合理组织计算机工作流程和为用户使用计算机提供良好的运行环境的一种系统软件。（　　）

A. 正确　　B. 错误

75. Windows 7操作系统根据扩展名建立了应用程序与文件的关联，但用户不能建立应用关联。（　　）

A. 正确　　B. 错误

76. 微机中的内存一般指高速缓冲存储器。（　　）

A. 正确　　B. 错误

77. 磁盘碎片是在磁盘中多次删除和添加文件、文件夹中的文件没有存储在连续的磁盘空间中的一种现象，碎片再多也不影响系统功能。（　　）

A. 正确　　B. 错误

78. 资源管理器是Windows 7中常用的程序，利用它同时只能删除一个文件或文件夹。（　　）

A. 正确　　B. 错误

79. 在Windows 7中，绿色软件不需安装，将组成系统的全部文件拷贝到磁盘上即可正常工作。（　　）

A. 正确　　B. 错误

80. Word 2010是一个功能强大的文字处理软件，但表格数据不能排序。（　　）

A. 正确　　B. 错误

81. Word 2010表格可以转成文本，文本也可以转成表格。（　　）

A. 正确　　B. 错误

82. 信息安全技术是基础保障，所有问题只需安装一个防火墙或一个IDS就能解决。（　　）

A. 正确　　B. 错误

83. Excel 2010中公式“=SUM(B2=C2=E3)”的含义是=B2+C2+E3。（　　）

A. 正确　　B. 错误

84. URL是一个简单的格式化字符串，指定服务器的地址及文件位置，但不包含访问资源的类型。（　　）

A. 正确　　B. 错误

85. 使用浏览器在浏览网页的过程中，可以保存超链接指向的目标文件。（　　）

A. 正确　　B. 错误

86. 流媒体（Streaming Media）指在网络上随机传输和播放的连续音/视频数据流。（　　）

A. 正确　　B. 错误

87. 在网页中，超链接有各种各样的外观形状，可以是各种颜色的文字，但不能是图形和图像。（　　）

A. 正确　　B. 错误

88. HTML语言使用一些标记定义网页的数据格式，描述网页中的信息。（　　）

A. 正确　　B. 错误

89. 在Dreamweaver CS5中，站点以一个特殊文件的形式存放，其中包括一些相关网页和其他内容。（　　）

A. 正确　　B. 错误

90. 在Dreamweaver CS5中，设置热点实际上是设置超链接。（　　）

A. 正确　　B. 错误

第Ⅱ卷

四、填空题（本大题共20小题，每小题1分，共20分）

91. 二进制数1011.11的等值十进制为__________。
92. 十进制数0.6875转换为二进制数为__________。
93. 执行运算01010100+01010011，其运算结果为__________。
94. 执行逻辑与运算10101110∧10110001，其运算结果为__________。
95. 按对应的ASCII码比较，“f”比“Q”__________。
96. 国际码GB2312-80是国家制定的汉字__________标准。
97. 在Word 2010中编辑文本时，可以使用__________复制文本的格式。
98. 在Word 2010中，文档文件的默认扩展名为__________。
99. Word 2010的__________视图是适合文本录入和编辑的视图，在这种视图中，页与页之间用一条虚线隔开。
100. Word 2010中的段落是指两个__________键之间的全部字符。
101. Excel 2010工作簿文件的扩展名为__________。
102. 在浏览器地址栏输入一个网站地址（不包含文件名）并回车后，在浏览器中出现的第一个网页称为该网站的__________。
103. 网络协议主要由以下三个要素组成：语法、__________和时序。
104. 国际标准化组织提出的开放系统互连参考模型（ISO/OSI）将网络的功能划分为____个层次。
105. 计算机网络中的主体设备称为________，一般可分为中心站（又称服务器）和工作站（客户机）两类。
106. 使用Dreamweaver CS5新建的站点至少包含一个主页，其名称为________。
107. 单击______按钮，可重新把当前的网络服务器上的内容显示在浏览器中。
108. 在数据库关系运算中，在关系中选择满足某些条件的元组的操作称为______。
109. 从两个关系的笛卡尔积中，选取属性间满足一定条件的元组的操作，称为______。
110. 在数据库二维表中，每个水平方向的行称为一个______，在Access 2010中又称为记录。

山东省2011年普通高等教育专升本统一考试
计算机文化基础试题答案及解析

《第Ⅰ卷》

一、单项选择题（本大题共50小题，每小题1分，共50分）

1.【答案】C

【解析】（见2014年第91题解析）

2.【答案】A

【解析】基数指进制中基本符号的个数，所以二进制的基数为2，八进制的基数为8，十进制的基数为10，十六进制的基数为16。（其他参考2012年第51题解析）

3.【答案】B

【解析】字符编码一般用ASCII码（美国信息交换标准码）表示。ASCII码是国际标准，是通用的信息变换标准代码，也称为西文机内码，分为标准ASCII码（7位）和扩展ASCII码（8位），都用1个字节（8位）表示，但标准ASCII码只使用低7位，最高位为0。标准ASCII码可表示128（2的7次方）个不同字符，包括数字0—9、26个大写字母、26个小写字母、标点符号、运算符号、控制命令符号等。除了控制命令符号外，其余字符都是可打印字符。"A"的ASCII码是41H（十进制65），"a"的ASCII码是61H（十进制97），两者相差20H（十进制32）；"0"的ASCII码是30H（十进制48），"9"的ASCII码是39H（十进制57）。数字字符的ASCII码<大写字母的ASCII码<小写字母的ASCII码。（其他参考2012年第72题、2013年第94题、2016年第101题解析）

4.【答案】B

【解析】机内码是计算机内部处理汉字信息时所使用的汉字代码，机内码是唯一的。（其他参考2015年第3题解析）

【相关知识点】汉字编码

1980年，我国颁布了第一个汉字编码字符集标准GB2312-80。该标准编码称为国标码，即汉字交换码，但国标码不能直接在计算机中使用，因为它没有考虑与ASCII码的冲突。比如："大"的国标码是3473H，与字符组合"4S"的ASCII相同；"嘉"的国标码为3C4EH，与码值为3CH和4EH的两个ASCII字符"<"和"N"混淆。为了能区分汉字与ASCII码，在计算机内部表示汉字时把交换码（国标码）两个字节最高位改为1，就形成了"机内码"。这样，当某字节的最高位是1时，必须和下一个最高位同样为1的字节合起来，才能代表一个汉字。

汉字字形码记录汉字的外形，是汉字的输出形式，就是用来将汉字显示到屏幕上或打印到纸上所需要的图形数据。记录汉字字形通常有两种方法——点阵法和矢量法，分别对应两种字形编码——点阵码和矢量码。所有的不同字体、字号的汉字字形构成汉字库。

汉字输入码是将汉字通过键盘输入到计算机中所采用的代码，也称为汉字外部码（外码），如流水码、音码、形码、音形结合码等。

5.【答案】A

【解析】（见2015年第52题解析）

6.【答案】D

【解析】（见2012年第91题、2013年第1题、2015年第11题解析）

7.【答案】B

【解析】未来的计算机将向巨型化、微型化、网络化和智能化的方向发展。（其他可参考2015年第51题解析）

【相关知识点】计算机的发展趋势

◆巨型化（科技发展）　◆微型化（应用）　◆网络化（共享）　◆智能化

巨型化不是从计算机的体积上考虑的，主要是指研制速度更快、存储量更大、功能更强的巨型计算机，用于国家的尖端科技领域。巨型计算机是衡量一个国家科学技术和工业发展水平的重要标志。

微型化主要是从应用上考虑的，将计算机的体积进一步缩小，以便于携带和使用。各种笔记本电脑和PDA（个人数字助理）等都是计算机微型化的标志。

网络化是指计算机系统的互联互通和资源的全面共享。

智能化是指计算机具有模拟人的感觉和思维过程的能力。智能化包括模式识别、图形分析、自然语言的生成和理解、博弈、定理自动证明、自动程序设计、专

家系统、学习系统和智能机器人等。

8.【答案】C

【解析】计算机系统的各个部件能有条不紊地协调工作，都是在控制器下完成的。（其他可参考2014年第78题、2015年第7题解析，并与2014年第110题相同）

【相关知识点】计算机的工作流程

计算机的工作流程可以归结为以下几步：

（1）控制器控制输入设备或外存储器将数据和程序输入到内存储器中。

（2）在控制器指挥下，从内存储器取出指令送入控制器。

（3）控制器分析指令，指挥运算器、存储器、输入/输出设备等执行指令规定的操作。

（4）运算结果由控制器送入存储器保存或送到输出设备输出。

（5）返回到第（2）步，继续取出下一条指令，如此反复，直到程序结束。

9.【答案】B

【解析】（见2015年第6题、2016年第6题解析）

【相关知识点】程序设计语言

程序设计语言可以分为三类：机器语言、汇编语言和高级语言。

（1）机器语言：一种用二进制代码表示的计算机能直接识别和执行的机器指令的集合。

（2）汇编语言：对机器语言的“符号化”。汇编语言和机器语言基本上是一一对应的，但在表示方法上做了改进，用一种助记符来代替操作码，用符号来表示操作数地址。汇编语言源程序不能直接执行，必须先把汇编语言源程序“翻译”成机器语言程序（称为目标程序），然后才能被执行。汇编就是把汇编语言源程序翻译成机器可以执行的由机器语言来表示的目标程序的过程。

（3）高级语言：为了更好、更方便地进行程序设计工作，必须屏蔽机器的细节，摆脱机器指令的束缚，使用接近人类思维逻辑习惯、容易读写和理解的高级语言。高级语言源程序要“翻译”成机器语言程序才能执行。翻译的方法有“解释”和“编译”两种。

10.【答案】B

【解析】（见本套第9题解析，且与2015年第109题相同）

11.【答案】B

【解析】（见2015年第52题解析）

12.【答案】D

【解析】（见2015年第12题解析）

13.【答案】C

【解析】（见2012年第56题解析）

14.【答案】B

【解析】（见2016年第53题解析）

15.【答案】C

【解析】剪贴板是内存中的一部分空间，只能临时存放有关信息。如果关闭计算机或重新启动计算机，存放在剪贴板中的内容将自动丢失。（其他可参考2012年第12题解析）

16.【答案】D

【解析】最小化窗口并没有关闭程序，而是在后台继续运行。

17.【答案】A

【解析】有些菜单是复选菜单，菜单项的文字前出现“√”符号，表明该菜单项正处于选中状态，再次单击该菜单项时，标记会消失，表明取消选中该菜单项。（其他可参考2015年第16题解析）

18.【答案】D

【解析】可以通过调整Word中的标尺来修改文档的页边距，也可以通过标尺修改段落格式中的首行缩进、左右缩进、悬挂缩进等，但是不能修改字符格式。（其他可参考2013年第58题解析）

19.【答案】D

【解析】模板是一种预先设置好的特殊文档，能提供一种塑造文档最终外观的框架，而同时又能向其中添加自己的信息。任何Word 文档都是以模板为基础的，空文档所基于的模板为Normal.dotx，模板决定文档的基本结构和文档设置。Word 2010提供了多种固定的模板类型，如信函、简历、传真、备忘录等。（其他可参考2016年第92题解析）

20.【答案】D

【解析】（见2016年第20题解析）

21.【答案】B

【解析】通过字数统计功能，可以对整篇文档或选中的文本块进行统计，显示出字数、页数、空格数、非中文字符数、行数、段落数等信息。

22.【答案】B

【解析】“剪切”和“复制”按钮呈灰色时，表示当前这两个命令处于不可用状态，也就是没有选中可以被剪切或复制的对象。

23.【答案】C

【解析】记事本只能打开纯文本文件，无法打开包含许多特殊控制字符、图片等信息的Word文档；如果文档中不含特殊字符，即使以.docx为扩展名，也可以用记事本打开。

24.【答案】D

【解析】利用Word 2010中提供的“替换”功能，查找内容为“计算机”，全部替换为空，就会将文档中的“计算机”一词全部删除。（关于“替换”的功能可参考2016年第58题解析）

25.【答案】D

【解析】A选项中“不在屏幕上的内容”不一定就是被关闭了，也可能是被最小化了，正在后台运行。B选项中的字号分为两种：一种是用汉字编号表示的字号，如“初号”“小初”“一号”“小一”“二号”，这种字号越小，字符尺寸越大，即初号最大，八号最小；另一种是用磅值即阿拉伯数字表示的字号，这种磅值越大，字符尺寸越大。（C选项可参考2016年第58题解析）

26.【答案】C

【解析】（见2015年第28题解析）

27.【答案】B

【解析】（见2016年第110题解析）

28.【答案】C

【解析】（见2013年第25题、2014年第28题解析）

29.【答案】A

【解析】（见2013年第61题、2014年第82解析）

【相关知识点】对工作表的操作

多个工作表可以同时被选中，按Ctrl键可选择不相邻的工作表，按Shift键可选择相邻的工作表。用户可以同时向多个工作表中输入相同的信息，可以重命名工作表，可以删除工作表，可以添加工作表，可以在同一工作簿或不同工作簿之间移动或复制工作表，也可以修改工作表标签的颜色。

在同一工作簿内复制工作表时，假设当前被选中的工作表的名字为Sheet1，则被复制后生成的工作表副本名字为Sheet1（2）。

30.【答案】B

【解析】（见2013年第25题、2014年第28题解析）

31.【答案】B

【解析】数据清单类似于数据库表，可以像数据库表一样使用，其中行表示记录，列表示字段。数据清单的第一行必须为文本类型，为相应列的名称。在此行的下面是连续的数据区域，不允许出现空行，每一列包含相同类型的数据。（其他可参考2015年第62题解析）

32.【答案】B

【解析】PowerPoint 2010是Office 2010中的一个组件，用来创建和编辑演示文稿。一个演示文稿是由若干张幻灯片组成的，其扩展名为.PPTX。（与2016年第31题相同）

33.【答案】A

【解析】（见2012年第104题、2016年第64题、2016年第83题解析）

【相关知识点】母版

母版实际上是一张预先设定好背景颜色、文本颜色、字体大小等格式的特殊幻灯片，利用母版可以统一控制整个演示文稿的外观及风格，母版中的背景项目、内容和格式设置会反映到它所控制的每一张幻灯片中。

如果要修改多张幻灯片的外观，不必一张张地进行修改，只需在幻灯片母版上做一次修改即可。PowerPoint将根据母版自动更新其所控制的所有幻灯片，并对以后新添加的幻灯片应用这些更改。

PowerPoint 2010提供了幻灯片母版、讲义母版和备注母版。

幻灯片母版可控制幻灯片的字体、字号、字体颜色、背景色和某些特殊效果（如阴影和项目符号样式）等格式。幻灯片母版中含有标题区、自动版式对象区、日期区、页脚区和数字区五个占位符。如果要使个别幻灯片的外观与母版不同，可直接修改幻灯片，但对于用户在幻灯片母版中插入的除了上面五个占位符以外的其他内容，不能进行修改。

讲义母版用来控制所打印的演示文稿讲义的外观，可以设置页眉、页脚和讲义格式。

备注母版控制备注页的版式及备注文字的格式。

34.【答案】D

【解析】实体是指现实世界中具有区别于其他事物的特征或属性并与其他实体有联系的对象，通常是以表（Table）的形式来表现的。表的每一行描述实体的一

个实例，每一列描述实体的一个特征或属性。

35.【答案】D

【解析】查询的数据源也可以是另一个查询。（其他见2012年第42题解析）

36.【答案】C

【解析】这里的通信软件是指网络操作系统、网络管理软件及网络通信协议等。

37.【答案】C

38.【答案】B

【解析】（见2013年第45题解析）

39.【答案】B

【解析】路由器是一种连接多个网络或网段的网络设备，它能将不同网络或网段之间的数据信息进行“翻译”，以使它们能够相互“读”懂对方的数据，从而构成一个更大的网络。路由器主要工作在网络层，它还要为经过路由器的每个数据帧寻找一条最佳传输路径，并将该数据有效地传送到目的站点。其主要功能有三点：（1）网络互连。路由器支持各种局域网和广域网接口，主要用于互联局域网和广域网，实现不同网络互相通信。（2）数据处理。提供包括分组过滤、分组转发、优先级、复用、加密、压缩和防火墙等功能。（3）网络管理。路由器提供包括配置管理、性能管理、容错管理和拥塞控制等功能。路由器产生于交换机之后，所以路由器与交换机也有一定联系，它们并不是完全独立的两种设备。路由器主要克服了交换机不能路由转发数据包的不足。（其他可参考2015年第39题解析）

40.【答案】C

【解析】（见2016年第69题解析）

41.【答案】B

【解析】ADSL（Asymmetric Digital Subscriber Line，非对称数字用户线路）是一种新的数据传输方式。它因为上行和下行带宽不对称，因此称为非对称数字用户线路。这里的非对称指的是用户线路下行速率高，上行速率低。它采用频分复用技术把普通的电话线分成了电话、上行和下行三个相对独立的信道，从而避免了相互之间的干扰。即使边打电话边上网，也不会发生上网速率或通话质量下降的情况。

42.【答案】C

【解析】网站是由网页组成的，所以此题选网页地址最合适。

43.【答案】A

【解析】（见2015年第106题解析）

44.【答案】B

【解析】电子邮件客户端软件可用来完成E-mail的收取、发送、撰写、阅读等多种操作，常用的电子邮件客户端软件有Outlook Express、Foxmail等。

45.【答案】A

【解析】框架是进行网页布局的一种有效手段，它将浏览器窗口分为几个区域，每个区域都可以显示一个独立的网页。浏览器窗口中显示的网页可以看成是这些框架的集合。框架网页不包含网页的实际内容，它仅仅是记录了框架网页包含几个框架，每个框架链接到了哪里。（与2015年第90题类似）

46.【答案】D

【解析】A选项中的软件维护是指在软件产品发布后，因修正错误、提升性能或其他属性而进行的软件修改。（其他可参考2013年第88题解析）

47.【答案】D

【解析】计算机病毒隐藏在计算机系统内部，对系统中的软件资源及文件造成干扰和破坏，使其不能正常运转。计算机感染病毒后将影响其使用，病毒不仅能破坏磁盘上的数据，还能破坏内存中的信息。

48.【答案】A

【解析】反病毒软件也称杀毒软件，是用于消除电脑病毒、特洛伊木马和恶意软件的一类软件。杀毒软件通常集成监控识别、病毒扫描和清除以及自动升级等功能，有的杀毒软件还带有数据恢复功能，是计算机防御系统（包含杀毒软件、防火墙、特洛伊木马和其他恶意软件查杀程序、入侵预防系统等）的重要组成部分；但是杀毒软件并不能清除没有检测到的病毒，也不可能有了杀毒软件之后，计算机就永远不被病毒感染，它本身也有可能被病毒感染。

49.【答案】A

【解析】漏洞是在硬件、软件、协议的具体实现或系统安全策略上存在的缺陷，从而给了攻击者以可乘之机，使其能够在未授权的情况下访问或破坏系统。漏洞是不可避免的。

50.【答案】D

【解析】虚拟专用网是指依靠ISP（Internet服务提供商）和其他NSP（网络服务提供商）在公用网络（如Internet、ATM）上建立专用的数据通信网络的技术。

二、多项选择题（本大题共20小题，每小题1分，共20分）

51.【答案】B、C

【解析】（见2014年第1题解析）

52.【答案】B、D

【解析】（见2012年第2题解析）

53.【答案】A、D

【解析】（见2012年第2题、2016年第52题解析）

54.【答案】A、D

【解析】（见2015年第12题解析）

55.【答案】B、C

【解析】（见2016年第42题解析）

56.【答案】A、C

【解析】操作系统的功能包括：（1）处理机管理，即对CPU的管理和调度，主要完成两项工作——处理中断事件和处理机调度。（2）存储管理，即对存储器使用和存取的管理，主要功能包括存储分配、存储共享、存储保护和存储扩充。（3）设备管理，即对计算机外部设备的分配和调度管理，响应用户提出的I/O请求，加快I/O信息的传送速度，发挥I/O设备的并行性，提高设备利用率，以及提供每种设备的驱动程序和中断处理程序，向用户屏蔽硬件的使用细节。（4）文件管理，即对系统的信息资源进行管理，提供文件的逻辑组织方法、文件的物理组织方法、文件的存取方法、文件的使用方法，实现文件的目录管理、文件的存取控制和文件的存储空间管理。（5）网络与通信管理，对网络操作系统应具备网络资源管理、数据通信管理和网络管理等功能。（6）用户接口，为用户灵活方便地使用计算机提供一组友好的接口，包括程序接口、命令接口和图形接口。

57.【答案】B、C

58.【答案】C、D

【解析】（见2015年第9题、2016年第104题解析）

59.【答案】A、B

【解析】（见2015年第47题解析）

60.【答案】B、C

【解析】（见本套第31题解析）

61.【答案】A、D

62.【答案】A、B

【解析】（见2014年第38题解析）

63.【答案】B、C

【解析】（见2015年第37题解析）

64.【答案】C、D

【解析】（与2015年第38题相同）

65.【答案】B、C

【解析】计算机网络是指将一群具有独立功能的计算机通过通信设备及传输媒体互联起来，在通信软件的支持下，实现计算机间资源共享、信息交换或协同工作的系统。计算机网络是计算机技术和通信技术紧密结合的产物。计算机网络的功能包括数据通信、资源共享、分布式处理和提高系统的可靠性。

66.【答案】A、B

【解析】（见2014年第45题解析）

67.【答案】C、D

【解析】（见2015年第67题解析）

68.【答案】B、C

【解析】子网掩码是一种用来指明一个IP地址中哪些位标识的是主机所在的子网以及哪些位标识的是主机在该子网中的编号，是用来判断任意两台计算机的IP地址是否属于同一子网的根据。子网掩码不能单独存在，它必须结合IP地址一起使用。正常情况下子网掩码的地址为：网络位全为“1”，主机位全为“0”，因此A类地址网络的子网掩码地址为255.0.0.0， B类地址网络的子网掩码地址为255.255.0.0，C类地址网络的子网掩码地址为255.255.255.0。

69.【答案】B、D

70.【答案】B、C

【解析】（见2016年第50题解析）

三、判断题（本大题共20小题，每小题0.5分，共10分）

71.【答案】A

72.【答案】B

【解析】计算机发展的再智能也不可能完全取代人。

73.【答案】B

【解析】（见本套试题的第53题解析）

74.【答案】A

【解析】（见本套试题的第56题、2014年第2题解析）

75.【答案】B

【解析】扩展名用于确定文件的类型，如.doc（Word文档）、.ppt（PowerPoint文档）、.xls（Excel文档）、.txt（文本文件）、.bmp（位图文件）、.exe（可执行文件）、.jpeg（图像文件）、.mpeg（视频文件）、.html（网页文件）等。用户可以根据实际需要建立扩展名和应用程序的关联。（其他可参考2016年第53题解析）

76.【答案】B

【解析】（见2014年第76题解析）

77.【答案】B

【解析】（见2015年第17题解析）

【相关知识点】磁盘管理

对磁盘的管理工作主要有：磁盘格式化、磁盘清理、磁盘碎片整理。

（1）磁盘格式化：分为快速格式化和完全格式化两种。

快速格式化：仅将磁盘数据全部清除，速度较快。

完全格式化：不但清除磁盘所有数据，还进行磁盘扫描检查以发现坏道、坏区并标注。

注意：从未格式化过的白盘，只能进行完全格式化。

（2）磁盘清理：磁盘长期使用后，会有大量无用的文件占据磁盘空间。利用磁盘清理工具，可以清理回收站及系统使用过的临时文件，删除不用的可选的Windows组件以及不用的程序，以释放磁盘空间。

（3）磁盘碎片管理：磁盘长期使用后，盘片中间出现大量小的碎片。这些碎片一般情况下不能被分配使用。同时，由于碎片的增多，文件的存储分配空间也越来越零散，存储速度逐渐变慢。利用碎片整理程序，可将小的碎片空间集中在一起使用，有助于存储速度的提高。

78.【答案】B

【解析】可以同时对多个文件或文件夹执行移动、复制、删除等操作，但重命名操作只能一次对一个文件或文件夹进行。

79.【答案】A

【解析】（见2015年第79题解析）

80.【答案】B

【解析】Word中的表格数据可以排序，可按拼音、笔画、日期等对行或列进行排序。

81.【答案】A

82.【答案】B

【解析】对信息安全的需求主要表现在两个方面：系统安全和网络安全。系统安全包括操作系统管理的安全、数据存储的安全、对数据访问的安全等；网络安全则涉及信息传输的安全、网络访问的安全认证和授权、身份认证、网络设备的安全等。网络安全不仅仅是设置上防火墙和IDS就可以了，如果不能很好地解决信息安全这个基本问题，必将阻碍信息化发展的进程。题目中的“IDS”是英文“Intrusion Detection Systems”的缩写，中文意思是“入侵检测系统”。

83.【答案】B

【解析】B2=C2=E3是一个关系表达式，建议进行上机操作，观察结果。

84.【答案】B

【解析】（见2013年第107题解析）

85.【答案】A

86.【答案】B

【解析】流媒体是指在网络上按先后顺序传输和播放的连续音视频数据流，而不是随机传输和播放的。

87.【答案】B

【解析】超链接在本质上属于网页的一部分，它是一种允许我们同其他网页或站点之间进行连接的元素。各个网页链接在一起后，才能真正构成一个网站。所谓超链接是指从一个网页指向一个目标的连接关系，这个目标可以是另一个网页，也可以是相同网页上的不同位置，还可以是一个图片、一个电子邮件地址、一个文件，甚至是一个应用程序。而在一个网页中用来超链接的对象可以是一段文本或者一个图片。当浏览者单击已经链接的文字或图片后，链接目标将显示在浏览器上，并且根据目标的类型来打开或运行。

88.【答案】A

【解析】（见2016年第97题解析）

89.【答案】B

【解析】站点存放的形式应该是一个文件夹，而不是一个文件。

90.【答案】A

【解析】热点属于一种特殊形式的超链接，是一个能对链接指示做出反应的图形或文本框。单击该图形或文本框的已定义区域，可转到与该区域相链接的目标上。（其他可参考2015年第100题解析）

第Ⅱ卷

四、填空题（本大题共20小题，每小题1分，共20分）

91.【答案】11.75

【解析】关于进制之间的相互转换，请仔细看教材，以巩固复习、熟练掌握。（其他可参考2013年第3题，2015年第91、92题，2016年第3题解析）

92.【答案】0.1011

93.【答案】10100111

94.【答案】10100000

95.【答案】大

【解析】（见本套试题的第3题、2016年第101题解析）

96.【答案】交换码

【解析】（见本套试题的第4题解析）

97.【答案】格式刷

【解析】（见2015年第18题、2016年第18题解析）

98.【答案】.docx

99.【答案】草稿

【解析】草稿视图中只显示文本格式，可快捷地进行文档的输入和编辑。当文档满一页时，出现一条虚线，称为分页符，不显示页边距、页眉、页脚、背景、图形和分栏等。其特点是占用计算机内存少、处理速度快。

100.【答案】Enter/回车

【解析】在Word文档中的一段指的是通过按Enter键键入的两个段落标记之间的部分。要注意，文档中换行不一定就是分段。

101.【答案】.xlsx

102.【答案】主页

【解析】（见2016年第90题解析）

103.【答案】语义

【解析】（与2013年第45题相同）

104.【答案】7

【解析】（见2016年第49题解析）

105.【答案】主机

【解析】（见2015年第43题解析）

106.【答案】index.htm（index.html）

107.【答案】刷新

108.【答案】选择

【解析】（见2015年第103题解析）

109.【答案】连接

【解析】（见2015年第103题解析）

110.【答案】元组

【解析】（见2015年第105题解析）

试卷类型：公共课

山东省2010年普通高等教育专升本统一考试
计算机文化基础试题

本试卷分为第Ⅰ卷和第Ⅱ卷两部分，满分100分，考试用时120分钟。考试结束后，将本试卷和答题卡一并交回。

注意事项：

1. 答卷前，考生务必用0.5毫米黑色签字笔将自己的姓名、准考证号、身份证号填写到试卷规定的位置上。

2. 选择题每小题选出答案后，用2B铅笔把答题卡上对应题目的答案标号涂黑；如需改动，用橡皮擦干净后，再选涂其他答案标号。

3. 非选择题必须用0.5毫米黑色签字笔作答，答案必须写在答题卡各题目指定区域内相应的位置；如需改动，先划掉原来的答案，然后再写上新的答案；不能使用涂改液、胶带纸、修正带。不按以上要求作答的答案无效。

第Ⅰ卷

一、单项选择题（本大题共50小题，每小题1分，共50分）

每小题列出的四个备选项中只有一个是符合题目要求的，请将其代码填涂在答题卡上。错选、多选或未选的均无分。

1. 在Windows 7中，当一个应用程序窗口被最小化后，该应用程序将______。

A. 被终止执行　　B. 继续在前台执行

C. 被暂停执行　　D. 被转入后台执行

2. 为解决某一特定问题而设计的指令序列称为______。

A. 文档　　B. 语言

C. 程序　　D. 系统

3. 与十六进制（B5）等值的二进制数是______。

A. 10101010　　B. 10101011

C. 10110101　　D. 10111001

4. 存储容量1GB等于_____。

A. 1024 B　　B. 1024 KB

C. 1024 MB　　D. 1000 MB

5. 12位二进制数对颜色进行编码，最多可以表示_____种颜色。

A. 1024　　B. 256

C. 65535　　D. 4096

6. 一台完整的微型计算机是由存储器、输入设备、输出设备和_____组成的。

A. 中央处理器　　B. 硬盘

C. 键盘　　D. 光驱

7. 下列设备中，既具有数据输入功能又具有数据输出功能的设备是______。

A. 显示器　　B. 扫描仪

C. 磁盘驱动器　　D. 音响设备

8. Windows 7操作系统是一个_____。

A. 16位单用户单任务操作系统　　B. 支持多任务的操作系统

C. 多用户单任务操作系统　　D. 不支持64位的操作系统

9. 删除Windows 7桌面上某个应用程序的快捷方式图标，意味着_____。

A. 该应用程序连同其图标一起被删除

B. 只删除了该应用程序，对应的图标被隐藏起来

C. 只删除了图标，对应的应用程序被保留

D. 该应用程序连同其图标一起被隐藏起来

10. 下列电子邮件地址正确的是______。

A. cn@163.com　　B. cn#163.com

C. cn.163.com　　D. cn%163.com

11. IP地址192.168.0.1属于_____地址。

A. A类　　B. B类

C. C类　　D. D类

12. 在Windows 7中，若要复制整个屏幕到剪贴板，可以按_____。

A. Ctrl+PrintScreen键　　B. Alt+PrintScreen键

C. PrintScreen键　　D. Shift+PrintScreen键

13. 显示器显示图像的清晰程度，主要取决于显示器的_____。

A. 显示区域　　B. 分辨率

C. 形状　　D. 电磁辐射

14. 在Windows 7中，下列正确的文件命名是______。

A. myfile.xls.doc　　B. myfile/doc

C. myfile/doc.xls　　D. myfile*.doc

15. 下列不属于多媒体范畴的是______。

A. 图像　　B. 音频

C. 文本　　D. 程序代码

16. 在Word 2010处于编辑状态时，执行“复制”命令后_____。

A. 被选择的内容被复制到剪贴板上

B. 被选择的内容被复制到插入点处

C. 插入点所在的段落内容被复制到剪贴板上

D. 光标所在的段落内容被复制到剪贴板上

17. 在Word 2010的_____视图方式下可以显示分页效果。

A. 草稿　　B. 大纲

C. Web版式　　D. 页面

18. 在Word 2010中打开一个文档，对文档进行修改后，“关闭”文档会出现的情况是_____。

A. 文档被关闭，并自动保存修改后的内容

B. 文档不能关闭，并提示出错

C. 弹出对话框，并询问是否保存对文档的修改

D. 文档被关闭，修改后的内容不能保存

19. 在Word 2010中，特殊符号是通过_____输入的。

A. 专门的符号按钮

B. 特定的输入法

C. “开始”选项卡中的“插入符号”命令

D. “插入”选项卡中的“符号”命令

20. 如果要在Word 2010中打开非Word文档，正确的方法步骤是______。

A. 打开Word选中相应文档，双击打开

B. 选中相应文档，直接双击打开

C. 打开Word，在“打开”对话框中选择相应文档的文件类型，找到文件，选中“打开”

D. 无法实现

21. 下列对于文档换名存盘后的描述，正确的是______。

A. 原文档依旧存在，原文档的内容是换名前已存盘的部分

B. 原文档丢失，新文档的内容是换名前已存盘的部分

C. 原文档依旧存在，新文档的内容是换名前已存在的部分

D. 原文档丢失，新文档保存了当前文档的内容

22. 在Word 2010中，对标尺、缩进等格式设置除了以厘米为度量单位外，还增加了其他度量单位，可通过_____显示的对话框选取度量单位。

A. “文件”选项卡“选项”命令的“常规”标签

B. “文件”选项卡“选项”命令的“高级”标签

C. “开始”选项卡“段落”命令

D. “文件”选项卡“选项”命令的“显示”标签

23. 在Word 2010处于编辑状态时，选择了一个段落并设置段落的“首行缩进”为1厘米，则_____。

A. 该段落的首行起始位置距页面左边1厘米

B. 文档中各段落的首行只由“首行缩进”确定位置

C. 该段落的首行起始位置距段落的“左缩进”位置的右边1厘米

D. 该段落的首行起始位置在段落的“左缩进”位置的左边1厘米

24. 关于编辑页眉、页脚，下列叙述不正确的是_____。

A. 文档内容和页眉、页脚可在同一窗口编辑

B. 文档内容和页眉、页脚可一起打印

C. 编辑页眉、页脚时不能编辑文档内容

D. 页眉、页脚中也可以进行格式设置和插入剪贴画

25. 在Word 2010中，以下对表格操作的叙述，错误的是______。

A. 在表格的单元格中，除了可以输入文字、数字之外，还可以插入图片

B. 表格的每一行中，各单元格的宽度可以不同

C. 表格的每一行中，各单元格的高度可以不同

D. 表格的表头单元格可以绘制斜线

26. 在Excel 2010中，一张工作表所包含的由行和列构成的单元格个数为_____。

A. 1048576 × 16384　　B. 65535 × 1024

C. 65536 × 1024　　D. 65535 × 256

27. Excel 2010单元格C7的值等于E5的值加上E6的值，在单元格C7中应输入公式_____。

A. =E5+E6　　B. =E5:E6

C. E5+E6　　D. =E5&E6

28. 在单元格A1、A2、A3、B1、B2、B3中有数据1、2、3、4、5、6，在单元格中输入公式“=AVERAGE(B3:Al)”，则C5单元格中的数据为_____。

A. 21　　B. #NAME?

C. 3　　D. 3.5

29. 某单元格显示为若干个“#”，这表示_____。

A. 公式错误　　B. 数据错误

C. 行高不够　　D. 列宽不够

30. 在Excel 2010中可以创建嵌入式图表，它和创建图表的数据源放置在_____工作表中。

A. 不同的　　B. 相邻的

C. 同一张　　D. 另一工作簿的

31. Excel 2010提供了许多内置函数，使用这些函数可执行标准工作表运算和宏表运算。实现函数运算所使用的数值称为参数，函数的语法形式为“函数名称(参数l, 参数2, ...)”，其中的参数可以是______。

A. 常量，变量，单元格，区域名，逻辑位，错误值或其他函数

B. 常量，变量，单元格，区域，逻辑位，错误值或其他函数

C. 常量，变量，单元格，区域名，逻辑位，引用，错误值或其他函数

D. 常量，变量，单元格，区域，逻辑位，引用，错误值或其他函数

32. 如果在单元格中输入数据“20091225”，Excel将把它识别为_____数据。

A. 文本型　　B. 数值型

C. 日期时间型　　D. 公式

33. 在工作表中，如果双击输入有公式的单元格或先选择单元格再按F2键，则单元格显示_____。

A. 公式　　B. 公式结果

C. 公式和结果　　D. 空白

34. 在Excel 2010中，若删除数据选择的区域是“整列”，则删除后该列_____。

A. 仍留在原位置　　B. 被右侧列填充

C. 被左侧列填充　　D. 被移动

35. 在Excel 2010中，使用_____命令，可以设置允许打开工作簿，但不能修改被保护的部分。

A. 共享工作簿　　B. “另存为...”选项

C. 保护工作表　　D. 保护工作簿

36. 在PowerPoint 2010中，没有的对齐方式是______。

A. 分散对齐　　B. 右对齐

C. 两端对齐　　D. 左对齐

37. PowerPoint 2010状态栏右侧有显示方式切换按钮“普通视图”“幻灯片放映”“阅读视图”和_____。

A. 全屏显示　　B. 主控文档

C. 幻灯片浏览视图　　D. 文本视图

38. 下列关于PowerPoint 2010的表述，正确的是______。

A. 幻灯片一旦制作完毕就不能调整次序

B. 不可以将Word文稿制作为演示文稿

C. 无法在浏览器上浏览PowerPoint文件

D. 将打包的文件在没有PowerPoint软件的计算机上安装后可以播放演示文稿

39. 在PowerPoint 2010中，“开始”选项卡中的_____命令可以用来改变某一幻灯片的布局。

A. 背景样式　　B. 版式

C. 主题　　D. 字体

40. 关于幻灯片母版，以下说法错误的是______。

A. 可以通过鼠标操作在各类母版之间切换

B. 单击幻灯片视图状态切换按钮，可以出现五种不同的模板

C. 在母版中定义了标题文本的格式后，在幻灯片中还可以修改

D. 在幻灯片母版中插入图片对象，每张幻灯片中都可以看到

41. 在PowerPoint 2010中，超级链接在下列_____视图中能被激活。

A. 普通视图　　B. 大纲视图

C. 幻灯片放映视图　　D. 幻灯片浏览视图

42. 在打印幻灯片时，_____说法是不正确的。

A. 设置了演示后隐藏的幻灯片也能打印出来

B. 打印时，每页可打印多张幻灯片

C. 打印时只能打印一份

D. 打印时可按讲义形式打印

43. 在PowerPoint 2010中，需要一副剪贴画和一个椭圆一起拖拽，以下操作不正确的是______。

A. 将这两个对象组合在一起

B. 按住Shift键不放，然后分别单击同时选中这两个对象

C. 通过鼠标拖拽同时选定这两个对象

D. 使这两个对象有相互交叉的地方

44. 在一张幻灯片中，若对一幅图片及文本框设置成一致的动画显示，则_____是正确的。

A. 图片有动画效果，文本框没有动画效果

B. 图片没有动画效果，文本框有动画效果

C. 图片有动画效果，文本框也有动画效果

D. 图片没有动画效果，文本框也没有动画效果

45. 在使用PowerPoint 2010编辑文本框、图形框等对象时，需对它们进行旋转，则_____。

A. 只能进行90度旋转　　B. 只能进行180度旋转

C. 只能进行360度旋转　　D. 可以进行任意角度的旋转

46. 以下叙述，正确的是______。

A. Access只能使用文件菜单创建数据库应用系统

B. Access不具备程序设计能力

C. Access只具备了模块化程序设计能力

D. Access具有面向对象的程序设计能力，并能创建复杂的数据库应用系统

47. 下列不属于Access 2010对象的是______。

A. 文件夹　　B. 表

C. 窗体　　D. 查询

48. 表的组成内容包括_____。

A. 查询和字段　　B. 字段和记录

C. 记录和窗体　　D. 报表和字段

49. Access 2010数据库属于_____数据库。

A. 层次模型　　B. 网状模型

C. 关系模型　　D. 面向对象模型

50. 下列对Access 2010的描述，不正确的是______。

A. Access是Microsoft Office的成员之一

B. Access可以建立数据库，创建表，设计用户界面等

C. Access使用一个可视化工具，非常直观方便

D. Access是一种程序设计语言，可以编写各种应用程序

二、多项选择题（本大题共20小题，每小题1分，共20分）

在每小题列出的四个备选项中有一个或多个是符合题目要求的，请将其代码填涂在答题卡上。错选、多选或未选的均无分。

51. 计算机使用二进制数的优点是______。

A. 方便计算　　B. 易用电器元件实现

C. 算术运算简便　　D. 可用逻辑代数作为分析设计的工具

52. 下列属于系统软件的有_____。

A. Windows 7　　B. Windows NT

C. Dos　　D. 浏览器

53. 计算机发展的趋势是______。

A. 巨型化　　B. 微型化

C. 网络化　　D. 智能化

54. Windows 7的版本包括_____。

A. Windows 7 Home Basic　　B. Windows 7 Professional

C. Windows 7 Enterprise　　D. Windows 7 Ultimate

55. 计算机与不同类型的打印机连接，可能用到的接口包括_____。

A. 并行接口　　B. PS/2

C. 视频接口　　D. USB接口

56. 建立新文档的方法有_____。

A. 启动Word时，自动创建一个名为“文档1”的新文档

B. 使用“新建”命令建立新文档

C. 按Ctrl+N快捷键建立新文档

D. 按Ctrl+file快捷键建立新文档

57. 通过_____可以启动Word。

A. 运行Word安装程序
B. 运行Winword.exe

C. 双击Winword.docx文件
D. 运行Winword.txt

58. 下列选项中属于网络设备的是______。

A. 交换机
B. 路由器

C. 网桥
D. 光缆

59. 在使用PowerPoint 2010的视图放映演示文稿的过程中，要结束放映，可操作的方法有_____。

A. 按ESC键

B. 单击鼠标右键，从弹出的快捷菜单中选“结束放映”

C. 按Ctrl+E键

D. 按回车键

60. 下列属于静态图像文件格式的有_____。

A. BMP
B. GIF

C. JPEG
D. MPEG

61. 计算机病毒的特征包括_____。

A. 传染性
B. 破坏性

C. 隐蔽性
D. 可触发性

62. 对Windows地址栏描述正确的是______。

A. 可以显示当前的地址

B. 可以输入Internet地址访问互联网

C. 可以输入局域网地址访问其他主机的共享资源

D. 可以输入用户本地硬盘上的路径和目录位置

63. Word 2010的功能包括_____。

A. 收发邮件
B. 表格处理

C. 图版式设置
D. 声音处理

64. 属于顶级域名的类型包括_____。

A. 全球性公司域名
B. 国际顶级域名

C. 通用顶级域名
D. 国家顶级域名

65. 万维网的特点是______。

A. 分布式的信息资源　　B. 统一的用户界面

C. 支持多种媒体　　D. 应用广泛

66. 网页的基本元素包括______。

A. 图片　　B. 表格

C. 动态元素　　D. 超链接

67. 关于局域网的叙述正确的是______。

A. 覆盖范围有限，距离短

B. 数据传输速度高，误码率低

C. 局域网只能使用单一的拓扑结构

D. 局域网使用最多的传输介质是双绞线

68. Excel 2010要对数据进行填充，可______。

A. 拖动填充柄填充　　B. 用“填充”对话框进行填充

C. 用“序列”对话框进行填充　　D. 用“替换”对话框进行填充

69. 关于电子邮件的叙述，正确的是______。

A. 电子邮件能传输文本

B. 电子邮件能传输文本和图片

C. 电子邮件可以传输文本、图文、视频等

D. 电子邮件不能传输程序

70. 关于在Excel 2010中创建图表的叙述，正确的是______。

A. 嵌入式图表建在工作表之内，与数据同时显示

B. 如果需要修饰图表，只能使用格式栏上的按钮

C. 创建了图表之后，便不能修改

D. 独立图表建在工作表之外，与数据分开显示

三、判断题（本大题共20小题，每小题0.5分，共10分）

每题列出的两个备选项中有一个是符合题目要求的，请将其代码填涂在答题卡上。

71. Windows 7的文件和文件夹的命名区分大小写。（　　）

A. 正确　　B. 错误

72. CRT显示器的分辨率一般不能随便调整。（　　）

A. 正确　　B. 错误

73. Windows 7的每个逻辑磁盘都有且只有一个目录。（　　）

A. 正确　　B. 错误

74. 木马不是病毒。（　　）

A. 正确　　B. 错误

75. 计算机在进入待机状态时，可以关闭电源保持其状态。（　　）

A. 正确　　B. 错误

76. 文件或文件夹的属性设置为只读，则该文件或文件夹不可以编辑，但可以删除。（　　）

A. 正确　　B. 错误

77. 在一般文件操作中，剪切和粘贴对应的快捷键分别是Ctrl+X、Ctrl+V。（　　）

A. 正确　　B. 错误

78. 对同一应用程序可以建立多个快捷方式。（　　）

A. 正确　　B. 错误

79. 控制面板是用来进行系统设置和设备管理的一个工具集。（　　）

A. 正确　　B. 错误

80. 磁盘和硬盘在使用前都需要格式化。（　　）

A. 正确　　B. 错误

81. Word的功能区命令不包括Word的全部功能。（　　）

A. 正确　　B. 错误

82. 不是所有对话框的窗口大小都可以改变的。（　　）

A. 正确　　B. 错误

83. 通过对磁盘进行磁盘碎片整理，不能提高文件的读取速度。（　　）

A. 正确　　B. 错误

84. Word可以制作Web网页。（　　）

A. 正确　　B. 错误

85. 在Dreamweaver中，可以设置空链接。（　　）

A. 正确　　B. 错误

86. 如果要对多张幻灯片进行同样的外观修改的话，只需在幻灯片母版上做一次修改。（　　）

A. 正确　　B. 错误

87. 在Excel工作表中，选定若干不相邻单元格时，要使用Shift键配合鼠标使用。（　　）

A. 正确　　　　B. 错误

88. 在计算机网络中，LAN网是指广域网。（　　）

A. 正确　　　　B. 错误

89. 图像文件通常以位图形式存储，数据量大；图形文件中存放的是描述图形的指令，以矢量图形文件形式存储，数据量小。（　　）

A. 正确　　　　B. 错误

90. IP地址包括网络地址和主机地址，必须符合IP通信协议，具有唯一性，共含有32个二进制位。（　　）

A. 正确　　　　B. 错误

第Ⅱ卷

四、填空题（本大题共20小题，每小题1分，共20分）

91. Excel 2010对单元格的引用方式有三种，它们是________、绝对引用和混合引用。

92. 在Excel 2010中，连接运算符的是________，其功能是把两个字符连接起来。

93. 在计算机内，多媒体数据最终以____________形式存在。

94. 在PowerPoint 2010中，控制幻灯片外观的方法有________、主题和设置背景等。

95. 计算机网络划分为资源子网和________________两大部分。

96. 在计算机系统中，扩展名为.TXT的文件被称为________文件，可用记事本打开。

97. 软回车是用________+Enter产生，它换行，但并不换段，前后两段文字在Word中属于同一“段”。

98. 在PowerPoint 2010中，模板是一种特殊文件，其扩展名是________。

99. 在Windows 7中，要进入当前对象的帮助窗口，可以按______键。

100. 在因特网域名中，大学等教育机构网站通常用________英文缩写表示。

101. 按网络的覆盖范围和计算机之间的距离划分的是局域网、城域网和____________。

102. 超文本传输协议的英文简称为____________。

103. HTML语言中的<FORM> ... </FORM>标记的作用是定义________________。

104. Excel 2010中，选中一个单元格后，在该单元格右下角有一个黑色小方块，此小方块为________。

105. 二进制数111011转换成八进制数为________________。

106. “64位计算机”是指计算机的________。其越长，计算机运算精度越高。

107. 在Excel 2010中，要对某一字段进行分类汇总，必须首先按“分类字段”进行________。

108. 应该把演示文稿提前进行__________操作，以便在没有安装PPT的机器上演示。

109. URL地址的格式通常由四部分组成，即____________、存放资源的主机域名或者IP地址、资源存放路径和文件名。

110. 在网络连接设备中，____________是用来实现不同类型的网络之间互联的。

山东省2010年普通高等教育专升本统一考试
计算机文化基础试题答案及解析

《第Ⅰ卷》

一、单项选择题（本大题共50小题，每小题1分，共50分）

1.【答案】D

【解析】（见2011年第16题解析）

2.【答案】C

【解析】程序是为实现特定目标或解决特定问题而用计算机语言编写的命令序列的集合。软件由程序、数据和文档组成，简单地说就是“软件=程序+文档+数据”。（其他见2015年第7题解析）

3.【答案】C

【解析】因为16恰好是2的4次方，所以1位十六进制数可以与4位二进制数相对应，它们之间对应的转换关系见下表。十六进制与二进制之间的相互转换直接按照表中的对应关系分别替换即可，因此，十六进制数B5转换为二进制数就是10110101。

十六进制	二进制	十六进制	二进制	十六进制	二进制	十六进制	二进制
0	0000	4	0100	8	1000	C	1100
1	0001	5	0101	9	1001	D	1101
2	0010	6	0110	A	1010	E	1110
3	0011	7	0111	B	1011	F	1111

4.【答案】C

【解析】（见2016年第4题解析）

5.【答案】D

【解析】12位二进制数的最大值为111111111111，最小值为000000000000，因此，由它表示的最大颜色数为111111111111-000000000000+1=1000000000000（1后面12个0），转换成十进制数就是2的12次方，即4096。

6.【答案】A

【解析】（见2015年第52题解析）

7.【答案】C

【解析】B选项是输入设备，A、D选项是输出设备。(参见2014年第74题解析）

8.【答案】B

【解析】Windows 7操作系统是一个多用户多任务操作系统，可支持32位和64位字长。单用户多任务操作系统允许一个用户同时处理多个程序或作业，如Windows XP操作系统；单用户单任务操作系统是同一时间只能允许一个用户处理一个程序或作业，如DOS操作系统；多用户多任务操作系统是同一时间可以允许多个用户同时处理多个程序或作业，如Unix、Linux、Windows 7等。

9.【答案】C

【解析】应用程序的图标实质上就是启动该应用程序的快捷方式，删除图标并不卸载应用程序。

10.【答案】A

【解析】（见2016年第50题解析）

11.【答案】C

【解析】（见2013年第48题解析）

12.【答案】C

【解析】（见2016年第10题解析）

13.【答案】B

【解析】显示器的分辨率表示显示图像使用的像素的数量，很显然，像素的数量越多，显示的图像越清晰，这与我们所使用的手机是一样的道理。

14.【答案】A

【解析】（见2016年第53题解析）

15.【答案】D

【解析】（见2013年第42题解析）

16.【答案】A

【解析】在Word 2010处于编辑状态时，执行“复制”命令或按快捷键Ctrl+C，被选择的内容被复制到剪贴板上，并可供多次粘贴使用。

17.【答案】D

【解析】（见2015年第96题解析）

18.【答案】C

【相关知识点】保存文档

（1）执行“另存为’命令，可打开“另存为”对话框，展开其中的“保存类型”下拉列表，可看到Word文档可以保存为.docx、.xml、.rtf、.txt、.dotx等类型。

（2）以只读方式打开并修改过的文件，无论执行“保存”还是“另存为”命令，Word都将打开“另存为”对话框。

（3）从未被保存过的文件，无论执行“保存”还是“另存为”命令，Word都将打开“另存为”对话框。

（4）Word提供定时自动保存功能，可在很大程度上避免因为停电、机器死机等问题引发的文档丢失现象。在“文件”选项卡中“选项”命令的“保存”选项卡中可以设置自动保存时间间隔，范围为0—120分钟。

19.【答案】D

【解析】插入特殊符号也可以使用软键盘。

20.【答案】C

【解析】在Word中打开非Word文档的常用方法有两种：一是本题中C选项表述的方法；二是使用鼠标右键单击要打开的文档，在出现的快捷菜单中选择“打开方式”，从中选择Word程序即可。

21.【答案】A

【解析】文档换名存盘和文件重命名是两个完全不同的概念，不能混淆，前者会创建一个新文档，同时保留原文档。每个文档包含的内容都是在当前文档名下已存盘的部分。

22.【答案】B

【解析】度量单位可以设置为英寸、厘米、毫米、磅或十二点活字。

23.【答案】C

【解析】段落首行缩进的起始点是段落左缩进所确定的位置。（其他可参考2014年第19题解析）

【相关知识点】段落格式

设置段落格式是Word 2010文档的重要组成部分。段落是指文档中两次回车之间的所有字符。段落格式主要是指段落中行距的大小、段落的缩进、段间距、对齐方式等。

行距：行与行之间的距离，有单倍、1.5倍、2倍、多倍、最小值和固定值几种。

缩进：对选定段落在左、右边距的基础上再缩进一定的量，缩进的度量单位可以是厘米、磅或字符。

间距：包括段前间距和段后间距，通常以“行”或“磅”为单位。

对齐方式：包括左对齐、居中对齐、右对齐、两端对齐、分散对齐等。

24.【答案】A

【解析】页眉、页脚和文档内容必须在不同的编辑窗口进行编辑。

25.【答案】C

【解析】表格的列宽可以根据需要单独调整，但同一行中各单元格的行高必须相同，不能单独调整，不同行的行高可以不同。

26.【答案】A

【解析】（见2016年第60题解析）

27.【答案】A

【相关知识点】单元格的引用

把单元格的数据和公式联系起来，标识上工作表中单元格或单元格区域，指明公式中使用数据的位置，这就是单元格的引用。单元格引用分为相对引用、绝对引用、混合引用和三维地址引用四类。

（1）相对引用：单元格引用随公式位置的改变而改变，公式的值将会依据改变后的单元格地址的值重新计算。例如公式“=C4+D4+E4+F4”就属于单元格的相对引用，将之向右平移两列，则公式变为“=E4+F4+G4+H4”；将之向下平移两行，则公式变为“=C6+D6+E6+F6”；将之向右下移动两行两列，则公式变为“=E6+F6+G6+H6”。

（2）绝对引用：公式中的单元格或单元格区域地址不随着公式位置的改变而发生改变，不论公式所在的单元格位置如何变化，公式中所引用的单元格位置都是其在工作表中的确切位置。绝对单元格引用的形式是：在每一个列标及行号前增加一个“$”符号。例如“=1.06*$C$4”，其中的“$C$4”就属于绝对引用。

（3）混合引用：指单元格或单元格区域地址中一部分是相对引用，一部分是绝对引用，例如$B2或B$2。

（4）三维地址引用：引用单元格时，不仅可以引用同一工作表中的单元格，还可以引用不同工作簿或不同工作表中的单元格。格式为：[工作簿名]工作表名！单元格引用。

28.【答案】D

【解析】公式“=AVERAGE(B3:Al)”的含义是求A1、A2、A3、B1、B2、B3六个单元格中数值的平均值。

29.【答案】D

【解析】（见2016年第25题解析）

【相关知识点】公式的出错信息

公式不能正确计算出来，Excel 2010将显示一个错误值，用户可以根据错误提示信息判断出错原因。常见的错误信息与错误原因说明如下：

########：单元格中的数字、日期或时间型数据宽度比单元格的宽度大，或单元格中的日期、时间、公式产生了一个负值。例如单元格E18中输入“2008-4-1”，在E19中输入公式“=El8-39540”。

#VALUE!：使用了错误的参数或运算符类型，或公式出错。例如单元格E18中输入“abc”，在E19中输入公式“=El8+3”。

#DIV/0!：公式中出现0做除数的情况。

#NAME?：公式中使用了Excel不能识别的文本，例如公式“=SAM(A1:B2)”。

#N/A!：函数或公式中没有可用数值。

#REF!：单元格引用无效。

#NUM!：公式或函数中某个数字有问题。

#NULL!：试图为两个并不相交的区域指定交叉点，例如公式“=AVERAGE(E4:F10 G8:H10)”。

30.【答案】C

【解析】在Excel中可以创建嵌入式图表和独立图表。嵌入式图表和数据源位于同一张工作表上，独立图表是一张独立的图表工作表，和数据源分开。

31.【答案】D

32.【答案】B

【解析】日期和时间型数据的输入有特定的格式要求，如果单纯地输入代表日期或时间的数字，Excel将视其为数值型数据而非日期和时间型数据。

【相关知识点】Excel中各类数据的输入及注意事项

（1）文本型数据及输入

文本可以是字母、汉字、数字、空格和其他字符，也可以是它们的组合。在默认状态下，所有文本型数据在单元格中均左对齐。

输入时注意以下几点：

1）在当前单元格中，一般文字如字母、汉字等直接输入即可。

2）如果把数字作为文本输入（例如身份证号码、电话号码、“=6+7”、“3/5”等），应先输入一个半角的单引号，再输入相应的字符。

（2）数值型数据及输入

数值型数据除了数字0—9外，还包括“+”（正号）、“–”（负号）、“，”（千分位号）、“.”（小数点）、“/”、“$”、“%”、“E”、“e”等特殊字符。数值型数据默认右对齐，数字与非数字的组合均按文本型数据处理。

输入数值型数据时，要注意以下几点：

1）输入分数时，应在分数前输入0及一个空格，如三分之二应输入“0 2/3”，如果直接输入“2/3”或“02/3”，则系统将把它视作日期，认为是2月3日。

如果要输入假分数，例如5/3，其输入方法也是“0 5/3”，回车后单元格中将显示“1 2/3”，也可以直接在单元格中输入“1 2/3”，效果相同。

2）输入负数时，应在负数前输入负号，或将其置于括号中。如–8应输入“–8”或“（8）”。如果在单元格中输入“（–8）”，系统将不再认为它是数值，而是文本了。

3）在数字中可以使用千分位号，三位一分隔，如输入“12，002”。

4）单元格中的数字格式取决于Excel 2010在工作表中显示数字的方式。如果在“常规”格式的单元格中输入数字，Excel 2010会将数字显示为整数、小数，当数字长度超出单元格宽度时则以科学计数法表示。采用“常规”格式的数字长度为11位，其中包括小数点和类似“E”和“+”这样的字符。如果要输入并显示多于11位的数字，可以使用内置的科学计数格式（即指数格式）或自定义的数字格式。

无论显示的数字位数如何，Excel 2010都只保留15位的数字精度。

（3）日期和时间型数据及输入

Excel 2010将日期和时间视为数字处理。系统规定：1900年1月1日对应整数1，1900年1月2日对应整数2，以此类推，2017年1月1日对应整数42370。工作表中的日期或时间的显示方式取决于所在单元格中的数字格式。在默认状态下，日期和时间型数据在单元格中右对齐。

输入时注意以下几点：

1）一般情况下，日期分隔符使用“/”或“-”，例如2008/3/16、2008-3-16、16/Mar/2008或16-Mar-2008都表示2008年3月16日。

2）如果只输入月和日，Excel 2010就取计算机内部时钟的年份作为默认值，例如，在当前单元格中输入3-16或3/16，单元格中显示3月16日，编辑栏中显示2008-3-16（假设当前是2008年）。Excel 2010对日期的判断很灵活，例如，输入2008-5-16时，Excel 2010经过判断将认为是日期型数据。

33.【答案】A

34.【答案】B

【解析】在Excel 2010中，若删除数据选择的区域是“整行”，则删除后该行位置将被下方的行填充。

35.【答案】C

【解析】在Excel 2010中提供了保护工作簿和保护工作表的功能，命令位于“审阅”选项卡中。受保护的工作簿或工作表，允许用户打开，但不能修改被设置为保护的部分。

36.【答案】C

【解析】PowerPoint 2010提供了分散对齐、右对齐、左对齐和居中对齐四种对齐方式。

37.【答案】C

38.【答案】D

【解析】（见2014年第31题解析）

39.【答案】B

40.【答案】B

【解析】幻灯片视图状态切换按钮的作用是切换至不同的视图方式，而不是不同模版。

41.【答案】C

【解析】在阅读视图下也可以激活超链接。

42.【答案】C

【解析】在PowerPoint 2010的打印对话框中可根据需要设置打印份数和选择打印到文件、打印内容的项目。另外，隐藏幻灯片也可以打印。

43.【答案】D

【解析】通过A、B、C选项的操作，都可以达到同时选中多个对象的目的，实现对多个对象的同时操作。对B选项，按住Ctrl键分别单击也可以同时选中多个对象。

44.【答案】C

【解析】在PowerPoint 2010中，可以对文本、图像、文本框等对象设置动画效果，它们之间不存在相互影响问题，同一个对象也可以添加多个动画效果。

45.【答案】D

46.【答案】D

47.【答案】A

【解析】（见2014年第38题解析）

48.【答案】B

【解析】表是由字段和记录两部分组成的，是其他数据库对象建立的基础。

49.【答案】C

【解析】（见2016年第35题解析）

50.【答案】D

【解析】Access是一种数据管理系统，并不是程序设计语言。（其他请参考本套试题的第46题D选项）

二、多项选择题（本大题共20小题，每小题1分，共20分）

51.【答案】A、B、C、D

【解析】计算机使用二进制的原因：（1）二进制数在物理上最容易实现，如可以用高、低两个电平分别表示“1”和“0”，也可以用脉冲的有无或者脉冲的正负表示；（2）二进制数的编码、计数、加减运算规则简单；（3）二进制数的两个符号“1”和“0”正好与逻辑命题的两个值“是”和“否”或称“真”和“假”相对应，为计算机实现逻辑运算和程序中的逻辑判断提供了便利的条件。

52.【答案】A、B、C

【解析】A、B、C选项都属于操作系统。

53.【答案】A、B、C、D

【解析】（见2011年第7题解析）

54.【答案】A、B、C、D

【解析】Windows 7的版本有：入门版（Starter）、家庭普通版（Home Basic）、家庭高级版（Home Premium）、专业版（Professional）、企业版

（Enterprise）、旗舰版（Ultimate）。

55.【答案】A、D

【解析】目前市场上打印机产品的主要接口包括常见的并行接口、专业的SCSI接口以及主流的USB接口。B选项是圆头鼠标使用的接口；C选项是显示信号使用的接口。

56.【答案】A、B、C

【解析】D选项所说的快捷键不存在。

57.【答案】B、C

【解析】B选项中，Winword.exe是Word所对应的执行程序，启动Word实质上就是运行Winword.exe文件。C选项中，双击Winword.docx文件，会在启动Word程序的同时打开Winword.docx文件。A选项的作用是在计算机上安装Word应用程序。D选项的结果是启动记事本程序的同时打开Winword.txt文件。

58.【答案】A、B、C

【解析】光缆是网络传输介质。（其他可参考2015年第39题解析）

59.【答案】A、B

【解析】在放映幻灯片时，按回车键的作用是向下翻页。（其他可参考2012年第31题解析）

60.【答案】A、C

【解析】（见2014年第6题解析）

61.【答案】A、B、C、D

【解析】（见2015年第47题解析）

62.【答案】A、B、C、D

【解析】题目中所说的Windows地址栏指的就是“资源管理器”中的地址栏。

63.【答案】B、C

【解析】Word的主要功能有编辑文档、格式化文档、图形处理、表格处理、版式设计与打印等。

64.【答案】B、D

【解析】顶级域名有两类：一类是国家和地区顶级域名，例如中国是cn，日本是jp等；另一类是国际顶级域名，例如表示工商企业的com、表示网络提供商的net、表示非盈利组织的org等。

65.【答案】A、B、C、D

【解析】WWW是World Wide Web的简称，中文译为万维网。WWW是一个应用在Internet上的规模庞大的分布式系统，作用是实现全球信息共享。它采用超文本或超媒体的信息结构，建立了一种简单但强大的全球信息系统。

66.【答案】A、B、C、D

【解析】网页元素包括文字、图形、图像、声音、视频、表格、超链接等，根据网页需要表达的内容和主题，在网页限定范围内进行各种设置，从而将网页的设计意图表达出来。

67.【答案】A、B、D

【解析】局域网一般通过高速通信线路把多台微机连接起来，覆盖范围从几百米到几千米，一般采用双绞线和同轴电缆作为传输介质，既经济又安装方便。因局域网范围有限、距离短，数据传输速率一般很高，传输的可靠性强。

68.【答案】A、C

【解析】Excel提供了“自动填充”功能，用来自动填充一些有规律的数据，如相同的数据、数列、自定义的序列等。

69.【答案】A、B、C

【解析】文本、图片、视频、程序等都可以作为附件通过电子邮件传输。

70.【答案】A、D

【解析】（见本套试题的第30题解析）

三、判断题（本大题共20小题，每小题0.5分，共10分）

71.【答案】B

【解析】Windows 7的文件与文件夹命名不区分大小写。

72.【答案】B

【解析】CRT显示器的分辨率可根据需要在允许的范围内调整。

73.【答案】B

【解析】Windows 7的每个逻辑磁盘都有一个根目录，并且只能有一个根目录。

74.【答案】B

【解析】木马（Trojan），也称木马病毒，是指通过特定的程序（木马程序）来控制另一台计算机。木马通常有两个可执行程序：一个是控制端；另一个是被控制端。

75.【答案】B

【解析】待机是系统将当前状态保存到内存中，然后退出系统，此时电源消耗降低，仅维持CPU、内存和硬盘最低限度的运行。按开机键可以激活系统，使计算机迅速从内存中调入待机前状态进入系统。处于待机状态的计算机系统并未真正关闭，因此，待机不等同于关机，不能关闭电源。

76.【答案】B

【解析】文件和文件夹的只读属性有所不同，当文件的属性设置为只读时，该文件不可以编辑，但可以删除；而文件夹的属性设置为只读时，不影响对该文件夹的编辑操作。

77.【答案】A

78.【答案】A

【解析】（见2016年第55题解析）

79.【答案】A

【解析】控制面板包含了操作系统提供的许多实用程序，通过这些程序可以更改计算机的软、硬件系统设置。

80.【答案】A

【解析】一个从来没有被使用过的软盘或硬盘，都必须经过一个磁盘初始化过程才能进行数据存储。

81.【答案】A

82.【答案】A

83.【答案】B

【解析】（见2011年第77题、2013年第13题、2015年第17题解析）

84.【答案】A

【解析】Word文档可以保存成网页。

85.【答案】A

86.【答案】A

【解析】（见2011年第33题解析）

87.【答案】B

【解析】在Excel 2010工作表中，若要选定若干相邻的单元格，可以使用Shift键配合鼠标操作；若要选定若干不相邻的单元格，可以使用Ctrl键配合鼠标操作。

88.【答案】B

【解析】（见2015年第65题解析）

89.【答案】A

90.【答案】A

【解析】（见2016年第100题解析）

《第Ⅱ卷》

四、填空题（本大题共20小题，每小题1分，共20分）

91.【答案】相对引用

【解析】（见本套试题的第27题解析）

92.【答案】&

93.【答案】二进制代码

【解析】（见2012年第91题解析）

94.【答案】幻灯片母版

95.【答案】通信子网

【解析】（见2015年第37题解析）

96.【答案】文本文件

【解析】（见2011年第23题解析）

97.【答案】Shift

【解析】（见2016年第26题解析）

98.【答案】.potx

【解析】（见2016年第92题解析）

99.【答案】F1

100.【答案】edu

101.【答案】广域网

【解析】（见2015年第65题解析）

102.【答案】HTTP

【解析】（见2015年第106题解析）

103.【答案】表单

【解析】（见2016年第97题解析）

104.【答案】填充柄

105.【答案】73

【解析】（见2015年第91题解析）

106.【答案】字长

【解析】(见2015年第2题解析)

107.【答案】排序

【解析】(见2016年第110题解析)

108.【答案】打包

【解析】(见2014年第31题解析)

109.【答案】协议名

【解析】(见2013年第107题解析)

110.【答案】网关

【解析】网络连接设备中，网关用来实现不同类型的网络之间的互联，并完成协议转换。(其他可参考2015年第39题解析)

试卷类型：公共课

山东省2009年普通高等教育专升本统一考试
计算机文化基础试题

本试卷分为第Ⅰ卷和第Ⅱ卷两部分，满分100分，考试用时120分钟。考试结束后，将本试卷和答题卡一并交回。

注意事项：

1. 答卷前，考生务必用0.5毫米黑色签字笔将自己的姓名、准考证号、身份证号填写到试卷规定的位置上。

2. 选择题每小题选出答案后，用2B铅笔把答题卡上对应题目的答案标号涂黑；如需改动，用橡皮擦干净后，再选涂其他答案标号。

3. 非选择题必须用0.5毫米黑色签字笔作答，答案必须写在答题卡各题目指定区域内相应的位置；如需改动，先划掉原来的答案，然后再写上新的答案；不能使用涂改液、胶带纸、修正带。不按以上要求作答的答案无效。

《第Ⅰ卷》

一、单项选择题（本大题共50小题，每小题1分，共50分）

每小题列出的四个备选项中只有一个是符合题目要求的，请将其代码填涂在答题卡上。错选、多选或未选的均无分。

1. 世界上公认的第一台计算机是_____年诞生的。

A. 1846　　B. 1864

C. 1946　　D. 1964

2. 计算机中地址的概念是内存储器各存储单元的编号。现有一个32 KB的存储器，用十六进制数对它的地址进行编码，则编号可从0000H到_____H。

A. 32767　　B. 7FFF

C. 8000　　D. 8EEE

3. 某单位自行开发的工资管理系统，按计算机应用的类型划分，它属于_____。

A. 科学计算　　B. 辅助设计

C. 数据处理　　D. 实时控制

4. 与十进制数291等值的十六进制数为_____。

A. 123　　B. 213

C. 231　　D. 132

5. 执行下列二进制逻辑乘法运算（即逻辑与运算）01011001∧10100111，其运算结果是______。

A. 00000000　　B. 11111111

C. 00000001　　D. 11111110

6. 下列各种数制的数中，最大的数是______。

A. $(231)_{10}$　　B. $(F5)_{16}$

C. $(375)_{8}$　　D. $(11011011)_{2}$

7. 语言处理程序的发展经历了______三个发展阶段。

A. 机器语言、BASIC语言和C语言

B. 二进制代码语言、机器语言和Fortran语言

C. 机器语言、汇编语言和高级语言

D. 机器语言、汇编语言和C++语言

8. “32位微型计算机”中的32是指______。

A. 微型机　　B. 内存容量

C. 存储单位　　D. 机器字长

9. 汉字系统中的汉字字库里存放的是汉字的______。

A. 机内码　　B. 输入码

C. 字形码　　D. 国标码

10. 计算机软件由______组成。

A. 数据和程序　　B. 程序和工具

C. 文档和程序　　D. 工具和数据

11. 结构化程序设计的三种基本控制结构是______。

A. 顺序、选择和转向　　B. 层次、网状和循环

C. 模块、选择和循环　　D. 顺序、循环和选择

12. 计算机病毒是一种_____。

A. 特殊的计算机部件 B. 特殊的生物病毒

C. 游戏软件 D. 人为编制的特殊的计算机程序

13. 下列选项中，用户可以使用的合法的IP地址是______。

A. 252.12.47.148 B. 0.112.36.21

C. 157.24.3.257 D. 14.2.1.3

14. 信息高速公路是指_____。

A. 装备有通信设施的高速公路 B. 电子邮政系统

C. 国家信息基础设施 D. 快递专用通道

15. 计算机网络按其覆盖范围可划分为_____。

A. 以太网和移动通信网 B. 电路交换网和分组交换网

C. 局域网、城域网和广域网 D. 星形结构、环形结构和总线结构

16. 在Word 2010中，将光标移至文档尾的快捷键是______。

A. Ctrl+PageUp B. Shift+PageUp

C. Ctrl+Home D. Ctrl+End

17. 在Word 2010中打印文档时，要打印第1、3、9、5、6、7页，在打印对话框“页码范围”栏中应输入_____。

A. 1, 3, 5, 7, 9 B. 1, 3, 5^7, 9

C. 1 ~ 9 D. l, 3, 5-7, 9

18. 以只读方式打开的Word 2010文档，做了某些修改后要保存时，应使用_____命令。

A. 保存 B. 全部保存

C. 另存为 D. 关闭

19. 在Word 2010中，若要计算表格中某行数值的总和，可使用的统计函数是______。

A. Sum( ) B. Total( )

C. Count( ) D. Average( )

20. 要使Word 2010能自动更正经常输错的单词，应使用_____功能。

A. 拼写检查 B. 同义词库

C. 自动拼写 D. 自动更正

21. 一位同学正在撰写毕业论文，并且要求只能用A4规格的纸输出。在打印预览中，发现最后一页只有一行，她想把这一行提到上一页，最好的办法是______。

A. 改变纸张大小 B. 增大页边距

C. 减小页边距　　D. 将页面方向改为横向

22. 要实现在Word 2010已经打开的几个文档间切换，所用的快捷键是______。

A. Ctrl+F6　　B. Ctrl+F5

C. Alt+F7　　D. Alt+F5

23. 在Word 2010中，下列快捷键中_____可以选择整篇文档。

A. Alt+A　　B. Ctrl+A

C. Shift+A　　D. Ctrl+Alt+A

24. 在Word 2010中，删除表格中斜线的命令或操作方法是______。

A. 使用“删除斜线表头”命令　　B. 使用擦除工具

C. 删除单元格　　D. 合并单元格

25. 在Word 2010编辑状态下，有时会在某些英文文字下方出现红色的波浪线，这表示______。

A. 语法错误　　B. Word字典中没有该单词

C. 该文字本身自带下划线　　D. 该处有附注

26. 为了区别“数字”与“数字字符串”的数据，Excel 2010要求在输入项前添加______符号。

A. "　　B. '

C. #　　D. @

27. 在Excel 2010中，如果一个单元格中显示“######”，这表示______。

A. 公式错误　　B. 数据错误

C. 行高不够　　D. 列宽不够

28. Excel 2010中，设E列单元格存放工资总额，F列用以存放实发工资，其中当工资总额>1600时，实发工资=工资-（工资总额-1600）×税率，当工资总额≤1600时，实发工资=工资总额。设税率=0.05，则F列可根据公式实现，其中F2的公式应为______。

A. =IF(“E2>1600”,E2-(E2-1600))*0.05,E2)

B. =IF(E2>1600,E2,E2-(E2-1600)*0.05)

C. =IF(E2>1600,E2-(E2-1600)*0.05,E2)

D. =IF(“E2>1600”,E2,E2-(E2-1600)*0.05)

29. 在Excel 2010中，设A1单元格内容为2000-10-1，A2单元格内容为2，A3单元格的内容为=Al+A2，则A3单元格显示的数据为_____。

A. 2002-10-1 B. 2000-12-1

C. 2000-10-3 D. 2000-10-12

30. 在Excel 2010中，利用工作表数据建立图表时，引用的数据区域是_____单元格地址区域。

A. 相对 B. 绝对

C. 混合 D. 任意

31. 如果将B3单元格中的公式“=C3+$D5”复制到同一工作表的D7单元格中，该单元格公式为_____。

A. =C3+$D5 B. =C7+$D9

C. =E7+$D9 D. =E7+$D5

32. 在Excel 2010工作表中，若向单元格中输入“0 3/4”，编辑框中显示出的数据应该是______。

A. 3/4 B. 3月4日

C. 0 3/4 D. 0.75

33. 在Excel 2010的单元格中输入一个公式时，必须首先输入______。

A. = B. @

C. （ D. 空格、0

34. 在Excel 2010工作表的某单元格内输入数字字符串“456”，正确的输入方法是______。

A. 456 B. '456

C. =456 D. "456"

35. 在Excel 2010工作表中，如果输入分数，应当首先输入______。

A. 字母、0 B. 数字、空格

C. 0、空格 D. 空格、0

36. 演示文稿中的每一张演示的单页称为______，它是演示文稿的核心。

A. 版式 B. 母版

C. 模板 D. 幻灯片

37. PowerPoint 2010提供了多种______，它包含了相应的颜色方案、母版和字体样式等，可供用户快速生成风格统一的演示文稿。

A. 版式 B. 母版

C. 模板 D. 幻灯片

38. 如果要输入大量文字，使用PowerPoint 2010的______最方便。

A. 普通视图中的“大纲”窗格　　B. 普通视图

C. 母版　　D. 备注页视图

39. 要使幻灯片在放映时能够自动播放，需要为其设置______。

A. 超级链接　　B. 动作按钮

C. 排练计时　　D. 录制旁白

40. 在PowerPoint 2010的文件保存类型中，如果将演示文稿保存为______的文件，在资源管理器中用户双击该文件名就可以直接播放演示文稿。

A. PPTX　　B. JPG

C. html　　D. PPSX

41. 在PowerPoint 2010的演示文稿中，插入超级链接中所链接的目标，不能是______。

A. 另一演示文稿　　B. 不同演示文稿的某一张幻灯片

C. 其他应用程序的文件　　D. 幻灯片中的某个对象

42. 在PowerPoint 2010中结束幻灯片放映，不可以使用______操作。

A. 按Esc键

B. 按End键

C. 按Alt+F4键

D. 单击鼠标右键，在菜单中选择“结束放映”

43. PowerPoint 2010中的“视图”这个名词表示______。

A. 一种图形　　B. 显示幻灯片的方式

C. 编辑演示文稿的方式　　D. 一张正在修改的幻灯片

44. 在PowerPoint 2010中，“超级链接”命令可以实现______。

A. 幻灯片之间的跳转　　B. 演示文稿幻灯片的移动

C. 中断幻灯片的放映　　D. 在演示文稿中插入幻灯片

45. 如果将演示文稿置于另一台没有安装PowerPoint 2010系统的计算机上放映，那么应该对演示文稿进行______。

A. 复制　　B. 打包

C. 移动　　D. 打印

46. 数据库是______。

A. 为了实现一定目的按某种规则和方法组织起来的数据的集合

B. 辅助存储器上的一个文件

C. 一些数据的集合

D. 磁盘上的一个数据文件

47. Access 2010数据库依赖于______操作系统。

A. Unix　　B. Windows

C. Dos　　D. Linux

48. 在Access 2010中，______是数据库与用户进行交互操作的最好界面。

A. 查询　　B. 窗体

C. 报表　　D. 宏

49. Access 2010是______公司的产品。

A. Microsoft　　B. IBM

C. Intel　　D. Sony

50. Access 2010数据库在默认情况下使用______作为扩展名。

A. .db　　B. .accdb

C. .mdb　　D. .dbf

二、多项选择题（本大题共20小题，每小题1分，共20分）

在每小题列出的四个备选项中有一个或多个是符合题目要求的，请将其代码填涂在答题卡上。错选、多选或未选的均无分。

51. 在使用PowerPoint 2010的“幻灯片放映视图”放映演示文稿过程中，要结束放映，可操作的方法有_____。

A. 按Esc键

B. 单击鼠标右键，从弹出的快捷菜单中选“结束放映”

C. 按Ctrl+E键

D. 按回车键

52. 在Windows 7系统中，要改变一个窗口的大小，则_____。

A. 拖动它的标题栏　　B. 拖动它的任何边

C. 拖动它的左下角　　D. 拖动它的右下角

53. 存储器是计算机中重要的设备。下列关于存储器的叙述，正确的是______。

A. 存储器分为外部存储器和内部存储器

B. 用户的数据几乎全部保存在硬盘上，所以硬盘是唯一的外部存储器

C. RAM是指随机存储器，通电时存储器的内容可以保存，断电后内容就丢失

D. ROM是只读存储器，只能读出原有的内容，不能由用户再写入新内容

54. 下列对Word 2010文档的分页叙述，正确的有______。

A. Word文档可以自动分页，也可以人工分页

B. 分页符可以打印出来

C. 人工分页符可以删除

D. 在文档中任一位置处插入分页符即可分页

55. 在Excel 2010中，选中活动工作表的一个单元格后执行“清除”命令，可以______。

A. 删除单元格　　B. 清除单元格中的数据

C. 清除单元格中的格式　　D. 清除单元格中的批注

56. 下列外部设备中，属于输入设备的是______。

A. 鼠标　　B. 扫描仪

C. 显示器　　D. 麦克风

57. 在Windows 7中，文件的属性包括______。

A. 只读属性　　B. 系统属性

C. 隐藏属性　　D. 存档属性

58. 使用中文Excel 2010排序时，所谓升序是指______。

A. 逻辑值True放在False前　　B. 字母按从A到Z的顺序排列

C. 数字从最小负数到最大正数　　D. 日期和时间由最早到最近排列

59. Word 2010文档可保存的文件类型为______。

A. RTF　　B. DOCX

C. TXT　　D. HTML

60. 在PowerPoint 2010中插入幻灯片的操作可以从______下进行。

A. 幻灯片浏览视图　　B. 普通视图

C. 阅读视图　　D. 幻灯片放映视图

61. 在Word 2010处于编辑状态时，执行“粘贴”命令，其作用为______。

A. 将文档中被选择的内容复制到剪贴板上

B. 将文档中被选择的内容移动到剪贴板上

C. 将剪贴板的内容移到当前插入点处

D. 将复制的内容拷贝到当前插入点处

62. 以下属于C类IP地址的是______。

A. 100.78.65.3　　B. 192.0.1.1

C. 197.234.111.123　　D. 23.24.45.56

63. 在Word 2010中，______会出现“另存为”对话框。

A. 当对文档的第二次及以后的存盘单击工具栏的“磁盘”图标按钮时

B. 当对文档的第二次及以后的存盘采用快捷键Ctrl+S命令方式时

C. 当文档首次存盘时

D. 当对文档的存盘采用“另存为”命令方式时

64. 计算机的运行速度主要取决于______。

A. 字长　　B. 软盘容量

C. 主频　　D. 输入/输出设备速度

65. 在Excel 2010中，公式SUM(B1:B4)等价于______。

A. SUM(A1:B4 B1:C4)　　B. SUM(B1+B4)

C. SUM(B1+B2,B3+B4)　　D. SUM(B1,B4)

66. 在下列Excel 2010公式输入的格式中，______是正确的。

A. =SUM(1,2, ... ,9,10)　　B. =SUM(El:E6)

C. =SUM(A1;E7)　　D. =SUM("18","25",7)

67. PowerPoint 2010的母版有______。

A. 幻灯片母版　　B. 普通母版

C. 讲义母版　　D. 备注母版

68. PowerPoint 2010系统的视图有______、备注视图、放映视图几种。

A. 普通视图　　B. 幻灯片视图

C. 大纲视图　　D. 幻灯片浏览视图

69. 以下叙述正确的是______。

A. Access不能够与Word、Excel等办公软件进行数据交换与共享

B. Access没有提供程序设计语言

C. Access提供了许多便捷的可视化操作工具

D. Access提供了大量的函数

70. 以下属于Acccss 2010数据库对象的是______。

A. 模块　　B. 宏　　C. 文件夹　　D. 查询

三、判断题（本大题共20小题，每小题0.5分，共10分）

每题列出的两个备选项中有一个是符合题目要求的，请将其代码填涂在答题卡上。

71. 计算机病毒也像人体中的有些病毒一样，在传播中会发生变异。（　　）

A. 正确 B. 错误

72. 计算机能够按照人们的意图自动、高速地进行操作，是因为程序存储在内存中。（ ）

A. 正确 B. 错误

73. 计算机执行一条指令需要的时间称为指令周期。（ ）

A. 正确 B. 错误

74. PowerPoint 2010中的空演示文稿模板是不允许用户修改的。（ ）

A. 正确 B. 错误

75. Access 2010可以同时打开多个数据库。（ ）

A. 正确 B. 错误

76. 信息的符号化就是数据。（ ）

A. 正确 B. 错误

77. 在Windows 7中，如果误删了重要文件则无法恢复，只能重做。（ ）

A. 正确 B. 错误

78. 计算机的显示系统指的就是显示器。（ ）

A. 正确 B. 错误

79. 在PowerPoint 2010中，不能插入WORD表格。（ ）

A. 正确 B. 错误

80. 在Excel 2010中，如果公式中仅出现函数，则该公式一定不会出现错误信息。（ ）

A. 正确 B. 错误

81. 在PowerPoint 2010中，占位符和文本框一样，也是一种可插入的对象。（ ）

A. 正确 B. 错误

82. Word 2010文档中插入的图片可以根据需要将图片四周多余的部分裁剪掉。（ ）

A. 正确 B. 错误

83. 在Excel 2010中，百分比格式的数据单元格，删除格式后，数字不变，仅仅去掉百分号。（ ）

A. 正确 B. 错误

84. 在Word 2010中，只可以建立一个空表格，再往表格里填入内容，不可以将现有的文本转换成表格。（ ）

A. 正确 B. 错误

85. 在Excel 2010中，双击工作表标签，输入新名称，即可修改相应的工作表名。（　　）

A. 正确　　B. 错误

86. 在PowerPoint 2010中，设置幻灯片的切换效果时，不能设置切换的速度。（　　）

A. 正确　　B. 错误

87. Word 2010文档中，能看到的所有一切都可以打印出来。（　　）

A. 正确　　B. 错误

88. 在Excel 2010中，数据清单中的列标可以选择与清单中相同的字体等，不需要与清单中的数据有区别。（　　）

A. 正确　　B. 错误

89. Access 2010不允许一个数据库中包含多个表。（　　）

A. 正确　　B. 错误

90. Word 2010文档中的段落与我们自然语言的段落有所区别。文档中的段落是指文档中两个硬回车之间的所有字符，其中包括段落后面的回车符。（　　）

A. 正确　　B. 错误

第Ⅱ卷

四、填空题（本大题共20小题，每小题1分，共20分）

91. 世界上首次提出存储程序计算机体系结构的科学家是________________。

92. 计算机中系统软件的核心是____________，它主要用来控制和管理计算机的所有软硬件资源。

93. 二进制数1101101.10101转换成十六进制数是__________，转换成十进制数是________。

94. 将汇编语言源程序转换成等价的目标程序的过程称为____________。

95. CPU是由计算机的____________和____________两部分组成的。

96. 计算机网络系统由资源子网和______________子网组成。

97. 在Word 2010中，查找范围的默认项是查找____________。

98. Word 2010将页面正文的顶部空白部分称为________________。

99. 在Word 2010中，为了看清文档打印输出的效果，应使用____________视图。

100. 在Word 2010中，保存文件的快捷键是________________。

101. 在Excel 2010中，区域C3:E5共占据________个单元格。

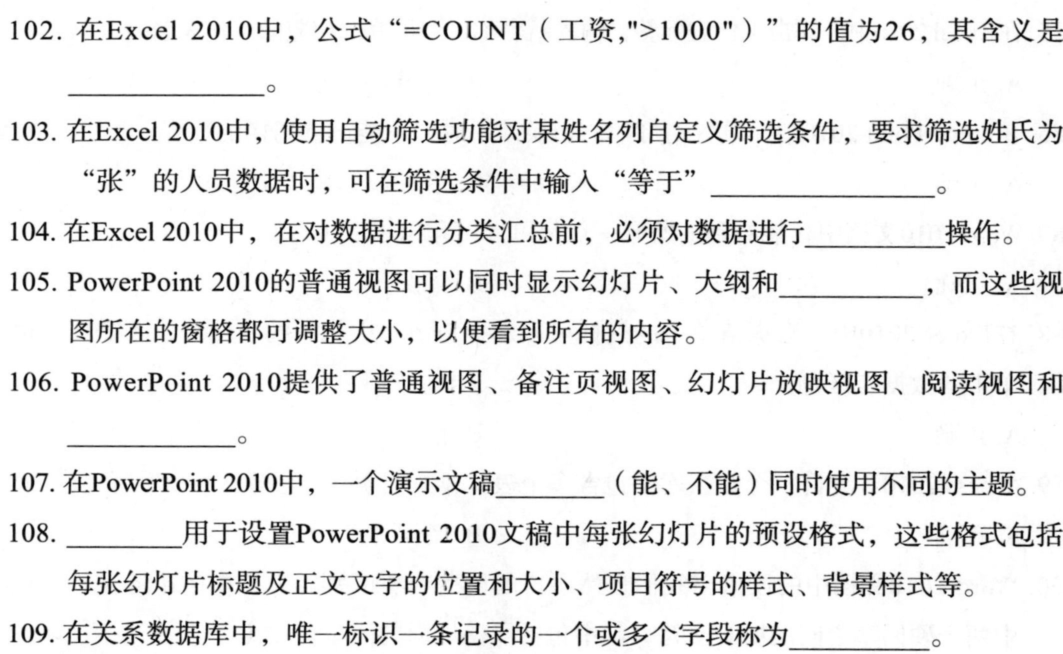

102. 在Excel 2010中，公式“=COUNT（工资,">1000"）”的值为26，其含义是______________。

103. 在Excel 2010中，使用自动筛选功能对某姓名列自定义筛选条件，要求筛选姓氏为“张”的人员数据时，可在筛选条件中输入“等于”________________。

104. 在Excel 2010中，在对数据进行分类汇总前，必须对数据进行__________操作。

105. PowerPoint 2010的普通视图可以同时显示幻灯片、大纲和__________，而这些视图所在的窗格都可调整大小，以便看到所有的内容。

106. PowerPoint 2010提供了普通视图、备注页视图、幻灯片放映视图、阅读视图和____________。

107. 在PowerPoint 2010中，一个演示文稿________（能、不能）同时使用不同的主题。

108. ________用于设置PowerPoint 2010文稿中每张幻灯片的预设格式，这些格式包括每张幻灯片标题及正文文字的位置和大小、项目符号的样式、背景样式等。

109. 在关系数据库中，唯一标识一条记录的一个或多个字段称为__________。

110. Access 2010数据库对象包括：________、查询、窗体、报表、宏和模块。

山东省2009年普通高等教育专升本统一考试
计算机文化基础试题答案及解析

《第Ⅰ卷》

一、单项选择题（本大题共50小题，每小题1分，共50分）

1.【答案】C

【解析】（见2016年第1题解析）

2.【答案】B

【解析】此类题目难度较高，考查内容涉及进制转换、存储器地址的顺序分配等方面。

解答步骤为：

（1）首先将存储器中存储单元个数计算出来，用十进制表示。

因为每个存储单元占1个字节，所以32 KB的存储容量对应32 K个存储单元，而32 K $=32\times 1\text{ K}=2^5\times 2^{10}=2^{15}$。

（2）存储器共有2^{15}个存储单元，如果利用十进制编号，按照题目要求，从0号开始编号，则编号范围是$0\sim 2^{15}-1$；将编号范围转化为用十六进制表示，为0000H～7FFFH，则最后（最大）一个存储单元的地址编号为7FFFH。

说明：如何将$2^{15}-1$转化为十六进制表示？

利用十进制同二进制的转换关系，2^{15}转化为二进制是1000 0000 0000 0000B（1后面15个0），则$2^{15}-1$对应0111 1111 1111 1111B，相当于十六进制的7FFFH。

3.【答案】C

【解析】（见2014年第1题解析）

4.【答案】A

【解析】可以将A选项中的十六进制数转换成十进制数：123 H$=1\times 16^2+2\times 16^1+3$

$\times 16^0$=291。

5.【答案】C

【解析】二进制逻辑与运算是按位进行的，当对应位全为1时得1，否则得0。

【相关知识点】二进制的逻辑运算规则

逻辑与运算：0∧0=0 0∧1=0 1∧0=0 1∧1=1

逻辑与运算：0∨0=0 0∨1=1 1∨0=1 1∨1=1

逻辑非运算：～1=0 ～0=1

逻辑异或运算：0⊕0=0 0⊕1=1 1⊕0=1 1⊕1=0（相同为0，不同为1）。

6.【答案】C

【解析】使用按权展开的方法把它们都转换成十进制数。A为231，B为245，C为253，D为219。

7.【答案】C

【解析】（见2016年第6题解析）

8.【答案】D

【解析】（见2010年第106题、2015年第2题解析）

9.【答案】C

【解析】（见2011年第4题解析）

10.【答案】C

【解析】（见2010年第2题解析）

11.【答案】D

12.【答案】D

【解析】（见2015年第47题解析）

13.【答案】D

【解析】常用的IP地址只有A、B、C三类，A选项不属于此范围，因此错误；B选项第一个数是0，这是一个不合法的IP地址；C选项第四个数是257，超出255，也是一个不合法的IP地址。（其他可参考2013年第48题、2016年第69题解析）

14.【答案】C

【解析】信息高速公路是对Internet网的形象性说明。1993年9月15日美国政府正式推出“国家信息基础设施”工程计划，在世界范围内形成了极为广泛的影响。“国家信息基础设施”的英文全称为National Information Infrastructure，简称NII。

15.【答案】C

【解析】（见2015年第65题解析）

16.【答案】D

【解析】（见2012年第17题解析）

17.【答案】D

18.【答案】C

【解析】（见2010年第18题解析）

19.【答案】A

【解析】（见2013年第19题解析）

20.【答案】D

【解析】Word提供的“自动更正”功能能自动检测并更正键入错误、误拼的单词、语法错误和错误的大小写。

21.【答案】C

【解析】在纸张大小固定的情况下，减小页边距可以扩大打印区域的打印容量。D选项虽然也可能实现需要，但不能改变打印区域的打印容量。

22.【答案】A

【解析】在Word中，Ctrl+F6与Alt+F6快捷键都可以实现文档间切换功能。

23.【答案】B

【解析】Alt+A弹出表格下拉菜单；Ctrl+A选择整篇文档；Shift+A和Ctrl+Alt+A不是快捷键。

24.【答案】B

25.【答案】B

【解析】Word会自动检验用户输入的内容，当输入的文本与Word字典中的词库不匹配时，就会自动在其下方标注红色的波浪线，对用户予以警示。实际上，Word认为这是出现了拼写错误。

26.【答案】B

【解析】（见2010年第32题解析）

27.【答案】D

【解析】（见2010年第29题解析）

28.【答案】C

【解析】IF是Excel的条件函数，其格式为IF（条件，条件真取值，条件假取值）。根据题意条件为E2>1600，条件真取值为F2-（F2-1600）×0.05，否则取值为E2。A、D选项中条件格式有误。

29.【答案】C

【解析】日期类型是数值类型的一种特例，可以进行数值运算。2000-10-1加2也就是两天后的日期。

30.【答案】B

【解析】在建立图表时，当选择数据区域后，可以看到选择的区域中列标和行号前都带有$，所以是绝对引用。

31.【答案】C

【解析】（见2010年第27题解析）

32.【答案】D

【解析】编辑栏与单元格中显示的形式不同，编辑栏中显示的是具体的数值大小。

33.【答案】A

【解析】Excel 2010中所有公式都必须以“=”开头。

34.【答案】B

【解析】（见本套试题的第26题解析）

35.【答案】C

【解析】（见2010年第32题解析）

36.【答案】D

37.【答案】C

【解析】（见2010年第94题解析）

38.【答案】A

【解析】在普通视图的大纲窗格中，只显示演示文稿的标题和正文等文本部分，不显示图形对象和色彩，用户可以快速录入和编辑幻灯片中的文字。

39.【答案】C

【解析】（见2015年第33题解析）

40.【答案】D

【解析】PPSX是PowerPoint 2010的放映文件类型，可直接播放。

41.【答案】D

【解析】超级链接的对象可以是同一个演示文稿中的其他幻灯片、另一个演示文稿或其他文件，也可以是一个网址，但不能是幻灯片中的某个对象。超级链接可以被修改和删除。

42.【答案】B

【解析】按End键会播放下一张幻灯片。

43.【答案】B

【解析】视图方式即显示方式、展现形式。

44.【答案】A

【解析】超级链接是实现幻灯片之间快速跳转的一种方式，便于内容组织，使演示文稿更具条理性。

45.【答案】B

【解析】（见2014年第31题解析）

46.【答案】A

【解析】（见2016年第37题解析）

47.【答案】B

【解析】Access数据库管理系统是微软（Microsoft）公司的产品，运行在Windows系统上。

48.【答案】B

【解析】（见2014年第38题解析）

49.【答案】A

【解析】（见本套试卷的第47题解析）

50.【答案】B

二、多项选择题（本大题共20小题，每小题1分，共20分）

51.【答案】A、B

【解析】（见本套试卷的第42题解析）

52.【答案】B、C、D

53.【答案】A、C、D

【解析】（见2016年第51题解析）

54.【答案】A、C、D

【解析】Word文档可以自动分页也可以人工分页。人工分页时需要在文档中插入“分页符”，在文档任何位置按Ctrl+Enter键即可插入分页符。插入的分页符可以被删除，不会被打印。

55.【答案】B、C、D

【解析】（见2015年第83题解析）

56.【答案】A、B、D

【解析】显示器属于输出设备。

57.【答案】A、C、D

【解析】在文件属性对话框中看到的只有只读和隐藏属性，点击“高级”按钮可以看到存档属性。

58.【答案】B、C、D

【解析】排序有升序和降序两种方式，不同的数据类型有不同的排序规则。升序是指小值排在大值之前，降序则相反。逻辑型数据：False<True；字母：按ASCII值大小；数值型数据：按数值大小；日期型数据：按时间先后（前小后大）。

59.【答案】A、B、C、D

【解析】（见2010年第18题解析）

60.【答案】A、B

61.【答案】D

【解析】在Word 2010中，被复制或剪切的内容可被多次粘贴。

62.【答案】B、C

【解析】C类地址范围为：192.0.0.1-223.255.255.254。（其他可参考2013年第48题解析）

63.【答案】C、D

【解析】（见本套试卷的第18题解析）

64.【答案】A、C

【解析】（见2013年第52题解析）

【相关知识点】微机的性能指标

主频：即时钟频率，是指计算机CPU在单位时间内发出的脉冲数。它在很大程度上决定了计算机的运算速度，主频的单位是赫兹（Hz）。

字长：指计算机的运算部件能同时处理的二进制数据的位数。计算机的字长越长，计算机处理信息的效率就越高，计算机内部所存储的数据精度就越高，计算机所能识别的指令个数就越多，功能也就越强。

内存容量：内存容量是指内存储器中能存储信息的总字节数。一般来说，内存容量越大，计算机的处理速度就越快。

运算速度：这是一项综合性的性能指标。一般来说，主频越高，运算速度越

快；字长越长，运算速度越快；内存越大，运算速度越快；存取周期越小，运算速度越快。

65.【答案】A、C

【解析】（对A选项可参考2012年第24题解析）

66.【答案】B、D

67.【答案】A、C、D

【解析】（见2012年第104题解析）

68.【答案】A、D

【解析】（见2016年第28题解析）

69.【答案】C、D

70.【答案】A、B、D

【解析】（见2014年第38题解析）

三、判断题（本大题共20小题，每小题0.5分，共10分）

71.【答案】A

72.【答案】B

【解析】计算机能够按照人们的意图自动、高速地进行操作，主要是因为采取了存储程序工作原理。

73.【答案】A

74.【答案】B

75.【答案】B

【解析】（见2015年第35题解析）

76.【答案】A

【解析】（见2014年第91题题目）

77.【答案】B

【解析】如果误删了硬盘文件，可以从回收站中还原。

78.【答案】B

【解析】计算机的显示系统包括显卡和显示器。

79.【答案】B

80.【答案】B

【解析】有些函数需要提供参数，如果函数参数设置不正确，也会引起公式错误。

81.【答案】B

82.【答案】A

【解析】图片工具选项卡中提供了裁剪工具，可将图片周围多余的部分裁剪掉。

83.【答案】B

【解析】在Excel中，同一个数值型数据有不同的显示方式，如0.5与50%相当。对50%来讲，删除其格式后，将恢复显示为0.5，而不仅仅是只去掉百分号变为50。

84.【答案】B

【解析】在Word 2010中创建表格的方法有：使用虚拟表格，使用对话框插入表格，由现有文本转换成表格，手工绘制表格，快速表格等。

85.【答案】A

86.【答案】B

【解析】设置幻灯片的换页方式时，可以选择切换效果、切换速度和换页方式。

87.【答案】B

【解析】Word文档中可以看到的回车符、无边框表格的边框、拼写检查中的红绿色波浪线等不会被打印输出。

88.【答案】A

【解析】数据清单只关心数据，而不关心数据格式。

89.【答案】B

【解析】（见2012年第87题解析）

90.【答案】A

第Ⅱ卷

四、填空题（本大题共20小题，每小题1分，共20分）

91.【答案】冯·诺依曼

【解析】（见2015年第5题解析）

92.【答案】操作系统

【解析】（见2012年第2题解析）

93.【答案】6D. A8H，109.65625

【解析】（见2010年第3题解析）

94.【答案】汇编

【解析】汇编语言源程序不能直接执行，必须先把汇编语言源程序翻译成机器语言程序（称为目标程序）才能被执行。将汇编语言源程序转换成等价的目标程序的过程称为汇编，反之称为反汇编。

95.【答案】运算器、控制器

【解析】（见2015年第52题解析）

96.【答案】通信

【解析】（见2015年第37题解析）

97.【答案】全部

【解析】Word 2010提供了三种搜索范围，分别是向上、向下和全部，默认的是全部。

98.【答案】页眉

【解析】顶部为页眉，底部为页脚。

99.【答案】页面

100.【答案】Ctrl+S/Shift+F12

101.【答案】9

【解析】三行三列，共9个单元格。

102.【答案】工资大于1000的记录有26条

【解析】COUNT是一个计数函数，即统计符合条件的记录条数。

103.【答案】张*

【解析】*是通配符，代表任意多个任意字符。

104.【答案】排序

【解析】（见2016年第110题解析）

105.【答案】备注页

【解析】（见2016年第28题解析）

106.【答案】幻灯片浏览视图

107.【答案】能

108.【答案】母版

【解析】（见2011年第33题解析）

109.【答案】主关键字/主键

【解析】（见2012年第102题解析）

110.【答案】表

前言

Preface

根据教育部规定，专升本统考是应届专科学生升入全日制本科的统一考试。专升本为广大专科学生提供了一个升入本科院校进行全日制深造并提升第一学历的途径。专升本考试因其科目的特殊性和题型的多样性，综合难度较大，选择一套高质量的指导用书可以使考生多一分成功的把握。为了让学生在备考专升本时有一套权威性强、科学性强、实用性强的专业书籍，中科教育旗下品牌山科院专升本教育特推出《山东省专升本考试指导用书》，包括英语、计算机、高等数学三个学科共九册。

计算机学科指导用书由鲁燃教授主编。鲁燃教授是山东专升本计算机界权威，山科院专升本考试研究院院长，知名授课专家。鲁燃教授有多年教学实践经验，是官方指定教材《计算机文化基础实验教程》主编。本书是由鲁燃教授根据多年的教学实践经验及对历年专升本考试的研究，在深刻把握山东省教育厅最新考试要求的基础上编写而成的。

建议同学们采用“四步法”来科学使用本书，即“实战考核—试卷分析—全面复习—试题重现”。

第一步：实战考核。按照正式考试时间不间断独立完成所有试题。一是为了调整并提升自己的考试状态，锻炼做题速度，提高做题效率；二是借此理清自己的审题出发点与解题思路，以在下一步中有明确的参照和准确的诊断。

第二步：试卷分析。试卷分析对照答案进行，包括三个方面：一是分析各题型的得分情况并据此判断自己的得分点分布和知识点薄弱区域；二是分析答案与自己审题思路的重合点与分歧点，重点是找出其中的分歧点，调整自己思路与答案趋向一致，进而举一反三，融会贯通。

第三步：全面复习。对试卷不要就题论题，而应把其作为一次知识点的集中考核，作为一次全面复习的机会，对试卷出现的所有知识点都要重视并进行梳理。注意学会区分干扰项也是知识点。

第四步：试题重现。带着全新的思路、巩固强化的知识体系，再次以实战的状态重新审题，重新做题。此时分歧点将大大弱化，仍然存在的个别分歧点将是学习的难点，需要加以重视。

希望考生们能科学地分析和总结试题训练的得与失，真正掌握计算机的各项答题技能。超越自我，先行一步，以行动兑现承诺！衷心祝愿同学们学习顺利，早日实现青春梦想！

编者

2019年2月

Contents 目录

计算机文化基础全真模拟试题（1）

本试题分为第Ⅰ卷和第Ⅱ卷两部分，满分100分，考试用时120分钟。考试结束后，将本试题和答题卡一并交回。

注意事项：

1. 答题前，考生务必用0.5毫米黑色签字笔将自己的姓名、考生号、身份证号填写到试题规定的位置上。

2. 第Ⅰ卷每小题选出答案后，用2B铅笔把答题卡上对应题目的答案标号涂黑；如需改动，用橡皮擦干净后，再选涂其他答案标号，答案不能答在试题上。

3. 第Ⅱ卷答题必须使用0.5毫米黑色签字笔作答，答案必须填写在答题卡各题目指定区域内相应的位置；如需改动，先划掉原来的答案，然后再写上新的答案；不能使用涂改液、胶带纸、修正带。不按以上要求作答的答案无效。

第Ⅰ卷

一、单项选择题（本大题共50小题，每小题1分，共50分）

每小题列出的四个备选项中只有一个是符合题目要求的，请将其代码填涂在答题卡上。错选、多选或未选均无分。

1. 世界上第一台电子计算机是1946年在美国研制成功的，其英文缩写是（　　）。

A. ENIAC　　B. EDVAC　　C. EDSAC　　D. MARK

2. 计算机硬件的组成部分主要包括存储器、输入设备、输出设备和（　　）。

A. 显示器　　B. 中央处理器　　C. 运算器　　D. 控制器

3. 在计算机系统中，英文单词Byte的意思是（　　）。

A. 二进制位　　B. 字长　　C. 字节　　D.字

4.（　　）是计算机最早的应用，也是目前巨型机的主要应用领域。

A. 信息管理　　B. 科学计算　　C. 实时控制　　D. 人工智能

5. 在计算机系统中，使用（　　）编写的程序执行效率最高。

A. 高级程序语言　　B. 汇编语言　　C. 机器语言　　D. C语言

6. 在对高级语言编写的源程序进行翻译时，不产生目标程序的语言处理程序是（　　）。

A. 汇编程序　　B. 编辑程序　　C. 解释程序　　D. 编译程序

7. “信息高速公路”是指国家信息基础设施（National Information Infrastructure，简称NII），主要体现了计算机在（　　）方面的发展趋势。

A. 巨型化　　B. 网络化　　C. 微型化　　D. 智能化

8. 指令是指计算机内部完成一个基本操作的一串二进制代码，由两部分组成，其中用来表征一条指令的操作特性和功能的是（　　）。

A. 操作数　　B. 操作码　　C. 地址码　　D. 数据码

9. 操作系统是最基本最重要的系统软件，下列关于操作系统的主要特性的说法错误的是（　　）。

A. 并发性是指两个或两个以上的运行程序在同一时刻被同时执行

B. 共享是指操作系统的资源可被多个并发执行的进程所使用

C. 异步性（Asynchronism），也称随机性

D. 采用了并发技术的系统称为多任务系统

10. 用户交互式地向系统提出命令请求，系统接受每个用户的命令，采用时间片轮转方式处理服务请求，并通过交互方式在终端上向用户显示结果，以这种方式工作的操作系统是（　　）。

A. 分时操作系统　　B. 实时操作系统

C. 批处理操作系统　　D. 分布式操作系统

11. 大量的计算机通过网络联结在一起，可以获得极高的运算能力及广泛的数据共享，这种系统被称为（　　）。

A. 分时操作系统　　B. 实时操作系统

C. 网络操作系统　　D. 分布式操作系统

12. 下列有关操作系统的说法错误的是（　　）。

A. 根据操作系统的功能特征，可将操作系统分为实时操作系统、分时操作系统和批处理操作系统

B. 分时操作系统中，一台主机可连接若干个终端

C. 实时操作系统是及时响应外部事件的请求，并在规定的严格时间内完成对该事件的处理的操作系统

D. 批处理操作系统指利用CPU的空余时间处理成批的作业

13. Word 2010与早期的Word 2003相比，下列说法正确的是（　　）。

A. 都具有屏幕截图功能　　B. 都是通过功能区的形式组织操作命令

C. 都可通过主题更改文档的总体设计　　D. 都支持表格和文本之间的相互转换

14. 在Word 2010中，为了输入中文字符，用户可以使用快捷键（　　）在英文和中文输入法之间进行切换。

A. Ctrl+Alt　　B. Shift+Space　　C. Ctrl+V　　D. Ctrl+Space

15. 在Word 2010中，文件级的操作命令都通过Backstage视图组织，进入Backstage视图的方法是（　　）。

A. 单击“视图”选项卡　　B. 单击“审阅”选项卡

C. 单击“文件”选项卡　　D. 按Ctrl+F1

16. 在Word 2010中，标尺、网格线和导航窗格在Word 2010应用程序窗口中的显示与隐藏，可通过（　　）选项卡来实现。

A. 视图　　B. 页面布局　　C. 插入　　D. 开始

17. 在Word 2010环境下，分栏将文档中的文本分成两栏或多栏，是文档编辑中的一个基本方法。下列关于分栏操作的描述，正确的是（　　）。

A. 当文档中有多节时，一次只能对一节进行分栏

B. 可只对所选的文本进行分栏

C. 不同节的分栏效果必须一致

D. 同一节的分栏效果可以不同

18. 在Word 2010中，用于显示文档当前页面位置、当前文档总字数及插入或改写状态的是（　　）。

A. 标尺　　B. 滚动条　　C. 导航　　D. 状态栏

19. 在Word 2010中，格式刷和（　　）都是实现对当前文档快速格式化的重要工具。

A. 样式　　B. 修订　　C. 模板　　D. 域

20. 在Word 2010中，域是文档中的一种特殊命令，域的操作不包括（　　）。

A. 域结果和域代码的切换　　B. 更新域

C. 提取域　　D. 锁定域

21. 在Word 2010中，某段落进行首字下沉操作后，不能再对该段落单独进行分栏操作的原因是（　　）。

A. 首字下沉、分栏操作不能同时进行，即如果设置了首字下沉，就不能进行分栏操作

B. 分栏只能对文字进行操作，不能用于图形，而首字下沉后的字具有图形效果，只要不选中下沉的字符就可以进行分栏

C. 在Word 2010中打开的是早期文档格式，早期版本不支持该操作

D. 没有对该段落进行分节，把段落单独作为一节后就可以分栏

22. 在Excel 2010中，对工作簿中工作表的操作，下列说法正确的是（　　）。

A. 可以插入工作表，但一个新建工作簿中的工作表数量不能超过255

B. 在不同的工作簿之间移动工作表，只能通过“移动或复制工作表”对话框来实现

C. 可以同时隐藏工作簿中的所有工作表

D. 删除的工作表可以通过撤消来恢复

23. 在Excel 2010中，用于存储并处理工作表数据的文件称为（　　）。

A. 数据清单　　B. 工作区　　C. 工作簿　　D. 工作表

24. 在Excel 2010公式中，对文本数据进行连接使用的运算符是（　　）。

A. +　　B. $　　C. #　　D. &

25. 在Excel 2010中，下列叙述不正确的是（　　）。

A. 工作簿以文件的形式存在磁盘中

B. 一个工作簿可以包含多个工作表，保存时，同一个工作簿中的所有工作表存储至一个工作簿文件中

C. 工作表是以文件的形式存在磁盘中的

D. 一个工作簿中至少要有一张可视工作表

26. 在Excel 2010中，一张工作表所包含的单元格数量最多为（　　）。

A. 1048576*16384　　B. 65535*1024

C. 65536*1024　　D. 65535*256

27. 在Excel 2010中，如果要在Sheet 1的A1单元格内输入公式，引用Sheet 2表中的B1:C5单元格区域，其正确的引用为（　　）。

A. ［Sheet2］!B1:C5　　B. Sheet2!(B1:C5)

C. Sheet2 B1:C5　　D. Sheet2!B1:C5

28. 在Excel 2010中，排序、筛选、分类汇总等都是基于（　　）的操作。

A. 任意工作表　　B. 数据清单

C. 工作表中的任意单元格区域　　D. 含合并单元格的区域

29. 在Excel 2010中，下列叙述错误的是（　　）。

A. 单元格的名字是用行号和列标表示的，列标在前，行号在后

B. 单元格名称AA5表示第5 行和第27列的单元格

C. 单元格区域的表示方法是该区域的左上角单元格地址和右下角单元格地址中间加冒号

D. 单元格区域D3:E6中包含6个单元格

30. 在Excel 2010中，分类汇总是先按照某一标准进行分类，然后在分完类的基础上对各类别相关数据分别进行求和、求平均数等统计操作，所以在执行分类汇总命令前，必须先对数据清单（　　）。

A. 按分类字段进行合并计算　　B. 按分类字段进行排序

C. 按分类字段进行筛选　　D. 按分类字段进行建立方案

31. 在PowerPoint 2010中，演示文稿模板类型文件的扩展名为（　　）。

A. .pptx　　B. .pptm　　C. .ppt　　D. .potx

32. PowerPoint 2010中，文字方向设置包括：横排、竖排、所有文字旋转90、（　　）和堆积等。

A. 顺时针旋转　　B. 逆时针旋转

C. 自定义角度　　D. 所有文字旋转270°

33. 在PowerPoint 2010中，“替换”命令除了可以替换文本内容外，还可以替换（　　）。

A. 图片　　B. 项目符号　　C. 字体　　D. 格式

34. 下列视图方式中，（　　）不是PowerPoint 2010的视图方式。

A. 普通视图　　B. 分页预览视图

C. 备注页视图　　D. 幻灯片浏览视图

35. 关于PowerPoint 2010幻灯片母版的使用，下列说法错误的是（　　）。

A. 通过对母版的设置，可以控制幻灯片中不同占位符中的数据显示形式

B. 通过对母版的设置，可以预定义幻灯片的前景颜色、背景颜色和字体大小

C. 修改幻灯片母版不会给演示文稿中任何一张幻灯片带来影响

D. 标题母版为使用标题版式的幻灯片设置了默认格式

36. 在PowerPoint 2010中，对于已创建的多媒体演示文稿，可以用（　　）命令转移到其他未安装PowerPoint的计算机上放映。

A. 将演示文稿打包成CD　　B. 发送到

C. 复制　　D. 设置幻灯片放映

37. 在PowerPoint 2010中，不可以添加动画效果的对象是（　　）。

A. 在幻灯片上输入的文字　　B. 在幻灯片上插入的图片

C. 在幻灯片上插入的文本框　　D. 幻灯片

38. 在数据库系统中，DB、DBS和DBMS三者间的关系是（　　）。

A. DBMS包括DB和DBS　　B. DBS包括DB和DBMS

C. DB包括DBS和DBMS　　D. DBS就是DB，也就是DBMS

39. 关于数据库和数据仓库的数据来源，下列说法正确的是（　　）。

A. 数据库的数据一般来源于同种数据源，而数据仓库的数据可以来源于多个异种数据源

B. 数据库的数据可以来源于多个异种数据源，而数据仓库的数据一般来源于同种数据源

C. 两者一般来源于同种数据源

D. 两者都可以来源于多个异种数据源

40. 在数据库系统中，（　　）是一种独立于计算机系统的模型，与具体的数据管理系统无关。

A. 数据模型　　B. 关系模型　　C. 概念模型　　D. 层次模型

41. 数据是描述事物的符号记录，模型是现实世界的抽象，数据模型是数据特征的抽象。下列选项不属于数据模型描述内容的是（　　）。

A. 数据结构　　B. 数据采集

C. 数据完整性约束　　D. 数据操作

42. 工作在物理层，能够放大信号、补偿信号衰减、支持远距离通信的网络设备是（　　）。

A. 网络适配器　　B. 集线器　　C. 路由器　　D. 中继器

43. 在TCP/IP参考模型中，网络接口层对应于OSI中的（　　）。

A.物理层　　B. 物理层和数据链路层

C. 数据链路层和网络层　　D. 会话层、表示层和应用层

44. 下面网络互联设备和网络层关系最密切的是（　　）。

A. 中继器　　B. 交换机　　C. 路由器　　D. 网关

45. 下列对计算机网络的叙述错误的是（　　）。

A. 网卡（NIC）又称网络适配器，是进行网络互联的基本网络设备

B. TCP/IP模型的分为四层，TCP协议工作在传输层

C. 国际标准化组织提出的开放系统互连参考模型（OSI）有七层

D. Internet采用的是TCP/IP体系结构

46. 使用HTML编写网页时，定义表格中每一行的HTML标记是（　　）。

A. <table></table>　　B. <tr></tr>

C. <td></td>　　D. <th></th>

47. 超文本是一个（　　）结构。

A. 顺序的树形　　B. 非线性的网状　　C. 线性的层次　　D. 随机的链式

48. 在数字视频信息获取与处理过程中，下述顺序（　　）是正确的。

A. A/D变换、采样、压缩、存储、解压缩、D/A变换

B. 采样、压缩、A/D变换、存储、解压缩、D/A变换

C. 采样、A/D变换、压缩、存储、解压缩、D/A变换

D. 采样、D/A变换、压缩、存储、解压缩、A/D变换

49. 在信息安全领域，防火墙指的是（　　）。

A. 一个特定软件　　B. 一个特定硬件

C. 执行访问控制策略的一组系统　　D. 一批硬件的总称

50. 在下列选项中，关于计算机病毒的说法错误的是（　　）。

A. 计算机病毒具潜伏性特征

B. 计算机网络是传播计算机病毒的唯一途径

C. 计算机病毒就是一种能够对计算机产生破坏作用的计算机程序

D. 计算机病毒可从管理上和技术上两方面进行预防

二、多项选择题（本大题共20小题，每小题1分，共20分）

每小题列出的四个备选项中只有两个是符合题目要求的，请将其代码填涂在答题卡上。错选、多选或未选均无分，少选一个扣0.5分。

51. 下列有关计算机特点的描述，正确的是（　　）。

A. 运算速度快、计算精度高，但通用性差

B. 具有存储功能且计算精度高

C. 能自动运行且运算速度快

D. 具有逻辑判断能力，但不适合科学计算

52. 关于冯·诺依曼体系结构计算机，下列说法正确的是（　　）。

A. 采用二进制和存储程序，是冯·诺依曼思想的重要内容

B. 世界上第一台计算机采用了二进制，但没采用存储程序

C. 冯·诺依曼计算机由运算器、输入设备、输出设备三部分组成

D. 冯·诺依曼提出的计算机体系结构奠定了现代计算机的结构理论

53. 在计算机系统中，下列属于计算机性能指标的有（　　）。

A. 字长和运算速度　　B. 字长和字节

C. 字节和CPU内核数　　D. 内存容量和主频

54. 在计算机系统中，操作系统的主要特性包括（　　）。

A. 并发性和虚拟性　　B. 安全性和共享性

C. 共享性和异步性　　D. 并行性和异步性

55. 在Word 2010中，通常情况下，Word文档中的域是不会自动更新的，要保持数据的正确性，必须进行域的更新。更新域的方法有（　　）。

A. 右击域，从快捷菜单中选“更新域”命令

B. 使用Ctrl+Shift+F1组合键

C. 选定域，使用功能键F9

D. 使用Ctrl+Shift+F9组合键

56. 在Word 2010的长文档中，若要直接跳转到指定的某页位置，可使用的方法是（　　）。

A. 使用“开始”选项卡→“编辑”组→“查找”→“转到”命令

B. 单击“插入”→“页码”命令

C. 单击状态栏左侧的“页面”，在弹出的“查找和替换”对话框中进行设置

D. 单击“插入”→　“分隔符”命令

57. 在Word 2010中，下列有关页边距的说法正确的有（　　）。

A. 可通过标尺设置上、下、左、右页边距

B. 设置页边距后，原有段落的缩进方式不受影响

C. 装订线的位置可以设置为上、下、左、右

D. 页边距的设置只影响当前页或选定文字所在的页

58. 在Excel 2010工作表的单元格输入内容后，下列方法中可以确认输入的是（　　）。

A. 双击该单元格　　B. 按回车键　　C. 按Tab键　　D. 按Esc键

59. 在Excel 2010 中，下列有关图表的说法正确的是（　　）。

A. 移动图表操作就是改变图表的放置位置，即在嵌入式图表和图表工作表之间切换

B. 建立图表后，其大小可以调整

C. 图表一旦建立，不可以改变类型，但生成图表的数据源可以改变

D. 可打印，但必须和相关工作表一起打印

60. 在Excel 2010 中，下列公式不合法的有（　　）。

A. =10^2−50%

B. =MAX(SUM(A1:A5),SUM(B1:D10),45,87)

C. =(al>a2) AND(bl<b4)

D. =COUNTIF(A1:B20,>60)

61. 在Excel 2010中，快速填充有规律的数据，可以使用的方法是（　　）。

A. 拖动选定单元格或单元格区域的填充柄进行填充

B. 使用“填充”对话框进行填充

C. 使用“序列”对话框进行填充

D. 使用“替换”对话框进行填充

62. 在PowerPoint 2010中，为了使所有幻灯片具有一致的外观，可以使用母版，用户可进入的母版视图有幻灯片母版、（　　）。

A. 备注页母版　　B. 讲义母版　　C. 普通母版　　D. 阅读母版

63. SmartArt图形是信息和观点的视觉表示形式，可以快速、轻松、有效地传达信息。在PowerPoint 2010中，下列有关SmartArt图形创建方法的说法，正确的有（　　）。

A. 不可以将幻灯片中的图片转换为SmartArt图形

B. 使用“插入”选项卡“插图”组中的“SmartArt”命令

C. 幻灯片中的文本不能直接转换为SmartArt图形

D. 使用幻灯片占位符中的“插入SmartArt图形”按钮

64. 在PowerPoint 2010中，下列说法中正确的是（　　）。

A. 可以在幻灯片浏览视图中更改某张幻灯片上动画对象的出现顺序

B. 可以在普通视图中为文本和对象设置动画效果

C. 可以在幻灯片浏览视图中设置幻灯片切换效果

D. 可以在备注页视图中设置幻灯片切换效果

65. 为了便于编辑和调试演示文稿，PowerPoint 2010提供了多种不同的视图显示方式。下列属于PowerPoint 2010视图模式的是（　　）。

A. 普通视图　　B. 大纲视图

C. 页面视图　　D. 阅读视图

66. 关于数据库基本概念DBMS、DBS和DBA的说法中，正确的是（　　）。

A. DBS 指的是数据库系统　　B. DBMS指的是数据库管理系统

C. DBMS 指的是数据库应用系统　　D. DBA指的是数据库应用程序

67. 在Access 2010数据库中，下列关于表的说法错误的是（　　）。

A. 表中同一字段具有相同的数据类型，一个表中只能创建一个主键

B. 在表中可以存储图形数据，所有类型的字段都可以创建索引

C. 表是Access数据库对象之一，是数据库的数据来源

D. 一个Access数据表就是一个扩展名为.accdb的文件

68. 从逻辑上讲，计算机网络分为资源子网和通信子网，其中通信子网由（　　）组成。

A. 计算机系统　　B. 通信链路

C. 通信协议　　D. 网络节点

69. 下列有关计算机网络的说法中，正确的有（　　）。

A. 能提高系统的可靠性，但稳定性差

B. 因为是集中控制、管理及分配网络资源，运行效率不高

C. 可实现数据通信、资源共享

D. 可均衡负载和分布式处理

70. 根据传输介质，计算机网络可分为（　　）。

A. 星型网　　B. 无线网

C. 有线网　　D. 城域网

三、判断题（本大题共20小题，每小题0.5分，共10分）

71. 在Windows中打开某个文件就是将该文件从磁盘上调入内存。

A. 正确　　B. 错误

72. 在微机中，控制总线可以传输地址信号和数据信息。

A. 正确　　B. 错误

73. 在计算机的存储器中，数据存储的基本单位是文件。

A. 正确　　B. 错误

74. 裸机是指仅安装了操作系统，而没有安装其他软件的计算机。

A. 正确　　B. 错误

75. 在Windows 7环境下，系统工具中的碎片整理程序主要用于清理磁盘，把不需要的垃圾文件从磁盘中删掉。

A. 正确　　B. 错误

76. 在Word 2010中，拆分窗口是指把同一窗口拆分成两个部分，而不是对文档拆分。

A. 正确　　B. 错误

77. 在Word 2010中，通过页面设置，可以将纸张的打印方向设置为纵向或横向。

A. 正确　　B. 错误

78. 在Excel 2010中，单元格区域的表示只能使用：左上角单元格地址:右下角单元格地址。

A. 正确　　B. 错误

79. 在Excel 2010中，可对日期型数据进行加减运算。

A. 正确　　B. 错误

80. 在Excel 2010中，区域合并计算符号是逗号。

A. 正确　　B. 错误

81. 在Excel 2010中，可以用“Ctrl+→”组合键直接移到最后一列，用“Ctrl+←”组合键返回第一列。

A. 正确　　B. 错误

82. 在PowerPoint 2010中，用户只能使用系统提供的模板。

A. 正确　　B. 错误

83. 在PowerPoint 2010的幻灯片浏览视图下，不可以设置幻灯片的切换效果，但可以改变幻灯片版式。

A. 正确　　B. 错误

84. 即插即用的含义是指硬件安装在计算机上后，系统会自动识别并完成驱动程序的安装和配置。

A. 正确　　B. 错误

85. 在多媒体系统中，对波形声音采样频率越高，则产生的数据量越大。

A. 正确　　B. 错误

86. 在数据库系统中，DBMS表示的是数据库管理系统。

A. 正确　　B. 错误

87. 用树形结构来表示实体之间联系的模型是关系模型。

A. 正确　　B. 错误

88. 域名系统DNS的作用是将域名转换成IP地址。

A. 正确　　B. 错误

89. 衡量网络传输速率的单位是bps，表示每秒传输的字节数。

A. 正确　　B. 错误

90. 全光网络是指光信息流在网络中的传输及交换始终以光的形式实现，不再需要经过光/电、电/光转换。

A. 正确　　B. 错误

第Ⅱ卷

四、填空题（本大题共20小题，每小题1分，共20分）

91. 人类生存和社会发展的三大基本资源是物质、能源和（　　　　）。

92. $(0.125)_{10}$=（　　　　）$_2$

93. 为了确定存取内存的数据的位置，每个内存单元必须有一个唯一的编号，称为（　　　　）。

94. 在计算机系统中，能够在裸机上安装的系统软件是（　　　　）。

95. 在计算机内部，数的正和负也是通过0和1 来表示的。表示正数时，二进制数的最高位为（　　　　）。

96. 在Word 2010中，可用快速访问工具栏中的（　　　　）按钮将误删除的文本恢复到屏幕上。

97. 在Word 2010中编辑文本时，通过（　　　　）可将某个位置的字符格式或段落格式复制到其他需要的位置上。

98. 在使用DreamWeaver制作网页时，为了达到跳转到网页固定位置的目的，可以使用（　　　　）。

99. 在Excel 2010中输入数据时，如果输入的数据具有某种内在规律，则可以利用它的（　　　　）功能。

100. 在Excel 2010中，在对单元格地址进行绝对引用时，列标和行号前都要加上（　　　　）符号。

101. Excel 2010提供了自动筛选和高级筛选两种筛选命令，需要建立条件区的是（　　　　）。

102. 在PowerPoint 2010中，双击扩展名为（　　　　）文件，直接进入幻灯片放映模式，而不是在普通视图中打开。

103. 在PowerPoint 2010中，插入新幻灯片后，幻灯片上自动出现的虚线框称为（　　　　）。

104. 在PowerPoint 2010中，从当前幻灯片开始放映的快捷键是（　　　　）。

105. 在PowerPoint 2010中，用于统一幻灯片的风格，存储有关演示文稿的主题和幻灯片版式的信息，包括背景、颜色、字体、效果、占位符大小和位置等内容的特殊幻灯片，称为（　　　　）。

106. 多媒体技术的特性主要包括多样性、（　　　　）、实时性和集成性。

107.（　　　　）对象是Access 2010数据库中最基本的操作对象，是数据库系统的数据来源。

108. 计算机网络根据覆盖范围，可划分为局域网、（　　　　）和广域网。

109.（　　　　）可以实现对网络行为的实时检测，可以用来记录和阻止某些非法网络行为，是一种主动保护自己免受攻击的网络安全系统，被认为是防火墙之后的第二道安全闸门。

110. 流媒体的传输技术分为两种：一种是顺序流式传输，另一种是（　　　　）流式传输。

计算机文化基础全真模拟试题（2）

本试题分为第Ⅰ卷和第Ⅱ卷两部分，满分100分，考试用时120分钟。考试结束后，将本试题和答题卡一并交回。

注意事项：

1. 答题前，考生务必用0.5毫米黑色签字笔将自己的姓名、考生号、身份证号填写到试题规定的位置上。

2. 第Ⅰ卷每小题选出答案后，用2B铅笔把答题卡上对应题目的答案标号涂黑；如需改动，用橡皮擦干净后，再选涂其他答案标号，答案不能答在试题上。

3. 第Ⅱ卷答题必须使用0.5毫米黑色签字笔作答，答案必须填写在答题卡各题目指定区域内相应的位置；如需改动，先划掉原来的答案，然后再写上新的答案；不能使用涂改液、胶带纸、修正带。不按以上要求作答的答案无效。

第Ⅰ卷

一、单项选择题（本大题共50小题，每小题1分，共50分）

每小题列出的四个备选项中只有一个是符合题目要求的，请将其代码填涂在答题卡上。错选、多选或未选均无分。

1. 在Access 2010中，下列关于SQL语句的说法错误的是（　　）。

A. INSERT语句可以向数据表中追加新的数据记录

B. UPDATE语句用来修改数据表中已经存在的数据记录

C. DELETE语句用来删除数据表中的记录

D. CREATE语句用来建立表结构并追加新的记录

2. 在Access 2010中，下列关于OLE对象的叙述正确的是（　　）。

A. 用于输入文本数据　　B. 用于处理超级链接数据

C. 用于生成自动编号数据　　D. 用于链接或内嵌Windows支持的对象

3. 假设某台式计算机的内存储器容量为4GB，硬盘容量为1TB。硬盘的容量是内存容量的（　　）。

A. 250倍　　B. 256倍　　C. 0.25倍　　D. 100倍

4. 在Access 2010，下列关于报表和窗体的叙述正确的是（　　）。

A. 通过窗体，只能向数据表输入数据

B. 通过报表，只能将数据表中的数据输出

C. 报表既可以输入数据，又可以输出数据

D. 窗体不能输入数据，但可输出数据

5. 根据所传递的内容不同，可将系统总线分为3类：数据总线、控制总线和（　　）。

A. 系统总线　　B. 地址总线　　C. 内部总线　　D. I/0总线

6. 磁盘驱动器是一种利用（　　）技术存储信息的设备

A. 磁效应　　B. 半导体　　C. 激光　　D. 电子

7. 内存储器的每一存储单元都被赋予唯一的序号，用作内存读、写数据时的（　　）。

A. 标号　　B. 地址　　C. 内容　　D. 容量

8. 将十进制数26.8125转换为二进制数的结果为（　　）。

A. 11010.1101B　　B. 1011.1011B

C. 11010.1011B　　D. 1011.1101B

9. 剪贴板是内存中的一块区域，是Windows内置的一个非常有用的工具，其主要功能是（　　）。

A. 接收被删除的文档　　B. 存放用户的文档

C. 接收输出的信息　　D. 应用程序之间的数据交换

10. 存放1000个32×32点阵的汉字字形码，需要（　　）的存储空间。

A. 2000Byte　　B. 1024Byte　　C. 1000KB　　D. 125KB

11. （　　）是位于CPU与RAM之间的规模较小但速度很高的存储器，用于提高CPU的处理速度。

A. ROM　　B. BIOS　　C. Cache　　D. CMOS

12. 下列的英文缩写和中文名字的对照中，错误的是（　　）。

A. WAN：广域网　　B. ISP：因特网服务提供商

C. UPS：不间断电源　　D. ROM：随机存取存储器

13. 下列关于计算机病毒的描述错误的是（　　）。

A. 病毒是一种人为编制的程序

B. 感染病毒后，通过杀毒软件可进行清除，但计算机病毒不能预防

C. 病毒相对于杀毒软件永远是超前的

D. 格式化操作可彻底清除磁盘中的病毒，同时，正常文件也被删除

14. 为解决某一具体应用问题而为计算机编制的指令序列称为（　　）。

A. 程序　　B. 指令集合　　C. 软件　　D. 文件

15. 在多媒体技术中，动态图像压缩标准是（　　）。

A. MPEG　　B. JPEG　　C. AVI　　D. WAV

16. 计算机的发展阶段主要是以（　　）来划分的。

A. 集成电路　　B. 物理元件　　C. 功能　　D. 操作系统

17. 若某台微机参数标识为：Intel酷睿i7/2.4GHz/4GB（4GB（1）DDR3L/1TB（5400转），其中参数2.4GHz指的是（　　）。

A. CPU的运算速度为2.4GIPS

B. 计算机的内存容量为2.4G

C. CPU的时钟主频为2.4GHz

D. CPU与内存间的数据交换速率是2.4Gbps

18. 设任意一个十进制整数为D，转换成二进制数为B。根据数制的概念，下列叙述正确的是（　　）。

A. 数字B的位数<数字D的位数　　B. 数字B的位数≤数字D的位数

C. 数字B的位数≥数字D的位数　　D. 数字B的位数>数字D的位数

19. 在计算机系统中，CPU不能直接访问的是（　　）。

A. ROM　　B. RAM　　C. Cache　　D. CD-ROM

20. 木马病毒是指计算机中隐藏在正常程序中的一段具有特殊功能的恶意代码，是具备破坏和删除文件、发送密码、记录键盘等特殊功能的后门程序，使用杀毒软件查出木马病毒时，其前缀一般显示的是（　　）。

A. Worm　　B. Trojan　　C. Macro　　D. Script

21. 在Word 2010中，将一个文档中的所有数字设置为红色的快速操作是（　　）。

A. 格式刷　　B. 替换　　C. 定位　　D. 样式

22. 在Word 2010中，格式刷是一种格式复制工具，选定设置好格式的段落后，为将某个段落的格式多次复制到其他段落上，需要（　　）格式刷按钮。

A. 拖动　　B. 双击　　C. 右击　　D. 指向

23. Windows 7是一个多任务操作系统，其中多任务指的是（　　）。

A. Windows 7可同时运行多个应用程序

B. Windows 7可运行多种类型的应用程序

C. Windows 7可同时管理多种资源

D. Windows 7可提供多个用户同时使用

24. 在Windows 7中，通常用文件的扩展名来表示（　　）。

A. 文件的内容　　B. 文件的版本　　C. 建文件的时间　　D. 文件的类型

25. 在Windows 7中，下列文件名合法的是（　　）。

A. file2>file1.docx　　B. file.accdb　　C. file1/file2.xlsx　　D. file：docx

26. 在Windows 7中，在用下列带有通配符的文件名查找文件时，能和文件ABC. PRG匹配的是（　　）。

A. ?bC. *　　B. ?bC. ?　　C. a?.*　　D. *bC. ?

27. 在Windows 7中，打开窗口的控制菜单的操作可以单击控制菜单图标或者（　　）。

A. 按Ctrl+Space　　B. 按Shift+Space　　C. 双击标题栏　　D. 按Alt+Space

28. 在Excel 2010中，关于图表的下列描述，错误的是（　　）。

A. 用户可以把图表放在一张新的工作表中

B. 删除图表中的数据系列将删除工作表中对应数据

C. 删除工作表中的数据将删除图表中对应的数据系列

D. 工作表中无数据时，可插入空图表

29. 在Excel 2010中，下列描述正确的是（　　）。

A. 数据清单中的每一列可以包含不同类型的数据

B. 数据清单中的汉字只能按笔画排序

C. 自动筛选可以将不符合条件的记录删除

D. 通过数据透视表，不仅可以进行数据筛选，还可以进行数据汇总

30. 在Word 2010中，如果当前光标在表格中某行的最后一个单元格的外框线上，按Enter键后，表格的变化情况是（　　）。

A. 光标所在列加宽　　B. 对表格不起作用

C. 在光标所在行下增加一行　　D. 光标所在行加高

31. 在Word 2010中，执行“粘贴”命令后（　　）。

A. 被选定的内容移到插入点处　　B. 剪贴板中的某一项内容移动到插入点

C. 被选定的内容移到剪贴板　　D. 剪贴板中的某一项内容复制到插入点

32. 在Word 2010的编辑状态下，被编辑文档中的文字有“四号”“五号”“16磅”“18磅”四种，下列关于所设定字号大小的比较中，正确的是（　　）。

A. “四号”大于“五号”　　B. “四号”小于“五号”

C. “16磅”大于“18磅”　　D. 字的大小一样，字体不同

33. 下列关于计算机网络体系结构的描述，错误的是（　　）。

A. 计算机网络采用分层结构，相似的功能出现在同一层

B. 每一层仅与其相邻的上、下两层通过接口进行通信

C. 上、下层之间的关系是上层对下层服务，下层是上层的用户

D. 每层间有相应的网络协议

34. IP地址是一个32位的二进制数，被分割为4组，通常用“点分十进制”表示，下列（　　）是非法的IP地址。

A. 218.108.89.202　　B. 210.32.0.9　　C. 61.102.0.1　　D. 202.168.256.10

35. 域名通常由一串用点分隔的名字组成，表示政府部门的顶级域名是（　　）。

A. edu（ ）　　B. net　　C. gov　　D. org

36. 统一资源定位器（URL）是对可以从互联网上得到的资源的位置和访问方法的一种简洁的表示，是互联网上标准资源的地址。互联网上的每个文件都有一个唯一的URL，下列（　　）是合法的URL。

A. http:\\www.zust.edu.cn\index.htm　　B. http:/www.zust.edu.cn/index.htm

C. http://www.zust.edu.cn/index.htm　　D. http:\www.zust.edu.cn\index.htm

37. 设A1单元中有公式：=D2*$E3，若在D列和E列之间插入一个空列，在第2行和第3行之间插入一个空行，则A1单元的公式变成（　　）。

A. =D2*$E2　　B. =D2*$F3　　C. =D2*$E4　　D. =D2*$F4

38. 在Internet上传输的信息至少遵循三个协议：（　　）、传输控制协议和应用程序协议。

A. 网际协议　　B. 网络协议　　C. 通信协议　　D. 控制协议

39. 以下是Internet的基本功能，其中，中英文意义不匹配的是（　　）。

A. 文件传输协议：TCP　　B. 电子公告板系统：BBS

C. 远程登录：TELNET　　D. 电子邮件：E-mail

40. Excel工作表的单元格里输入的公式，运算符有优先顺序，下列说法错误的是（　　）。

A. 乘和除优先于加和减　　B. 百分比优先于乘方

C. 字符串连接优先于关系运算　　D. 乘方优先于负号

41. 在PowerPoint 2010，为所有幻灯片设置统一的、特有的外观风格，应使用（　　）。

A. 母版　　B. 放映方式

C. 自定义放映　　D. 幻灯片切换

42. 在PowerPoint 2010幻灯片放映状态，要切换到下一张幻灯片，可以按（　　）。

A. 左箭头键　　B. Enter键　　C. 上箭头键　　D. BackSpace键

43. 下列叙述中（　　）不是计算机网络未来的发展趋势。

A. Ipv4协议　　B. 三网合一

C. 光通信技术　　D. 宽带接入技术和移动通信技术

44. 在展示会上使用PowerPoint演示文稿进行广告片的放映时，最合适的放映方式是（　　）。

A. 演讲者放映　　B. 观众自行放映

C. 在展台浏览　　D. 自定义放映

45. 如果PowerPoint的放映类型设置为“在展示台浏览”，则切换幻灯片采用的方法是（　　）。

A. 定时切换　　B. 单击鼠标左键

C. 右击鼠标　　D. 按回车键

46. 在多媒体系统中，下列说法正确的是（　　）。

A. 无损压缩法不会减少信息量，可以原样恢复原始数据。

B. 无损压缩法可以减少冗余，但不能原样恢复原始数据。

C. 无损压缩法也有一定的信息量损失，但是人的感官觉察不到。

D. 无损压缩的压缩比一般都比较大。

47. 加密算法和解密算法是在一组仅有合法用户知道的秘密信息的控制下进行的，该秘密信息称为（　　）。

A. 密钥　　B. 密码　　C. 公钥　　D. 私钥

48. 在Dreamweaver中，关于图片与链接的关系描述正确的是（　　）。

A. 图片不能建立链接

B. 一张图片只能建立一个链接

C. 图片要建立链接需经处理

D. 通过设置热点，一张图片可建立多个链接

49. 制作演示文稿时，如果要设置每张幻灯片的播放时间，那么需要通过执行（　　）操作来实现。

A. 幻灯片切换　　B. 幻灯片版式　　C. 幻灯片放映　　D. 设置动画

50. 用24位来标识网络号，8位标识主机号的IP地址类别为（　　）。

A. A类　　B. B类　　C. C类　　D. D类

二、多项选择题（本大题共20小题，每小题1分，共20分）

每小题列出的四个备选项中只有两个是符合题目要求的，请将其代码填涂在答题卡上。错选、多选或未选均无分，少选一个扣0.5分。

51. 在Windows 7中，下面操作能够显示桌面的是（　　）。

A. Win键+D

B. 单击任务栏最右侧的“显示桌面”示按钮

C. 在开始菜单按钮上右击，在快捷菜单中选择“显示桌面”

D. 使用“附件”中的“显示桌面”

52. 在Window 7中，锁定计算机的操作可通过（　　）来实现。

A. Win+L　　B. 打开开始菜单，选择关机中的注销

C. 打开开始菜单，选择关机中的睡眠　　D. 打开开始菜单，选择关机中的锁定

53. 下面有关Excel 2010工作簿和工作表的叙述正确的是（　　）。

A. 工作簿以文件的形式存在磁盘上，工作表是不单独存盘的

B. 工作表只能在同一个工作簿内进行移动或复制

C. 工作表可以隐藏和删除，删除工作表是永久删除，不能撤消删除

D. 工作簿中工作表的默认数量是可以设置的，设置后，当前工作簿中工作表的数量就和设置的数是一致的

54. 计算机网络是（　　）技术和（　　）技术密切结合的产物。

A. 多媒体　　B. 通信　　C. 光纤　　D. 计算机

55. 在Word 2010中，有关页眉页脚设置，下列说法正确的是（　　）。

A. 同一个文档中，每页的页眉和页脚一定相同

B. 同一个文档中，每页的页眉和页脚肯定不同

C. 可以为奇数页、偶数页分别设置页眉和页脚

D. 不同的节可以设置相同的页眉页脚

56. 在Windows 7中，使用控制面板中的“区域和语言”，可以对下列的（　　）进行设置。

A. 数字和货币　　B. 桌面背景　　C. 输入法　　D. 屏幕保护程序

57. 在Excel 2010中，选中工作表标签后，可通过（　　）移动工作表。

A. 拖动工作表标签　　B. 按Ctrl键拖动工作表标签

C. 通过剪贴板，使用剪切和粘贴命令　　D. “移动或复制工作表”对话框

58. 从网络逻辑功能角度看，可以将计算机网络分成（　　）两部分。

A. 局域网　B. 广域网　C. 通信子网　D. 资源子网

59. 为了便于寻址以及层次化构造网络，每个IP地址包括两个标识码，即（　　）。

A. 网络标识　B. 子网地址　C. 主机标识　D. 子网掩码

60. Excel 2010中如果要在G2单元得到B2到F2单元的数值和，应在G2单元输入（　　）。

A. =SUM(B2:F2)　B. =SUM(B2,F2)

C. =B2:F2　D. =SUM(B2:C2,D2:F2)

61. 在Windows 7中，可实现窗口最大化的操作是（　　）。

A. 单击任务栏上的程序图标按钮　B. 双击标题栏

C. 双击窗口的控制菜单图标　D. 拖动窗口标题栏到屏幕顶部

62. 利用Word 2010标尺可以完成多种编辑功能，水平标尺可以完成的功能是（　　）。

A. 段落行距　B. 悬挂缩进

C. 调整页面上下页边距　D. 调整页面左右页边距

63. 在Windows 7中，打开“开始”菜单的快捷键是（　　）。

A. ALT+ESC　B. CTRL+F1　C. CTRL+ESC　D. 按Win键

64. 一个HTML文件结构通常由<html>...</html>标记全文的开始结束，中间由头部和正文主体两部分组成，表示头部和正文主体的标记对是（　　）。

A. <head>...</head>　B. <body>...</body>

C. <title>... </title>　D. <form> ...</form>

65. 在Word 2010中，选中一个段落的方法（　　）。

A. 使用鼠标在该段落内双击

B. 定位光标在该段，按4次F8键

C. 在该段落对应的左侧选定栏上，双击鼠标左键

D. 在该段落对应的左侧选定栏上，三击鼠标左键

66. 在Word 2010文档中，下列操作使用了域功能的是（　　）。

A. 文本框　B. 封面　C. 索引和目录　D. 邮件合并

67. 在Word 2010中，只关闭文档窗口而不关闭Word应用程序窗口的操作是（　　）。

A. Ctrl+W　B. 使用文件选项卡中的关闭命令

C. Alt+F4　D. 使用文件选项卡中的退出命令

68. 以下HTML标记中，没有对应结束标记的是（　　）。

A. <a>　B.
　C. <hr>　D. <table>

69. 网页脚本语言中最为通用的是（　　）。

A. JavaScript　　B. CSS　　C. HTML　　D. VBScript

70. 在计算机系统中，下列可以设置共享属性的有（　　）。

A. 文件夹　　B. 回收站　　C. 打印机　　D. 单个文件

三、判断题（本大题共20小题，每小题0.5分，共10分）

71. 能够把汇编语言源程序翻译成为机器语言的语言处理程序是编译程序。

A. 正确　　B. 错误

72. 关于Windows 7的菜单命令，若某个命令后跟有“...”，单击该命令将弹出一个对话框。

A. 正确　　B. 错误

73. 在Word 2010中建立的文档文件，不能用Windows记事本打开，这是因为文件中含有特殊控制符。

A. 正确　　B. 错误

74. 在Excel 2010中，按Delete键可删除当前工作表中选定的行。

A. 正确　　B. 错误

75. 在Excel 2010中，对一包含标题行的数据清单进行排序时，在“排序”对话框中选中“数据包含标题”选项按钮时，该标题行将不参加排序。

A. 正确　　B. 错误

76. 内存中连续两个字节的内容为CEC4H，则这两个字节中可能存放着两个ASCII码。

A. 正确　　B. 错误

77. 在计算机其他性能指标固定的情况下，字长越长，计算机的运算速度越快。

A. 正确　　B. 错误

78. CMOS是主板上一块可读写的存储芯片，可通过BIOS芯片中的设置程序来设置CMOS芯片中的各项参数。

A. 正确　　B. 错误

79. 虚拟内存和回收站都是在硬盘中开辟的专门空间，其中回收站用来存放从硬盘上删除的文件和文件夹。

A. 正确　　B. 错误

80. 星型网络拓扑结构的中心站至关重要，一旦出现超负载或发生故障时，将导致整个网络瘫痪。

A. 正确　　B. 错误

81. 在Word 2010中，既可以建立一空表格，再往表格里填入内容，也可以将现有的文

本转换成表格。

A. 正确　　B. 错误

82. 在Excel 2010中，双击工作表标签，输入新名称并回车，即可修改相应的工作簿名。

A. 正确　　B. 错误

83. 计算机的存取周期越长，计算机的运行速度越快。

A. 正确　　B. 错误

84. 在PowerPoint 2010中，大纲窗格只显示演示文稿的文本部分，不显示图形对象和色彩。

A. 正确　　B. 错误

85. 在PowerPoint 2010中，要使每张幻灯片都出现某个对象，可以向主母版中插入该对象。

A. 正确　　B. 错误

86. 在PowerPoint 2010中，自定义放映可为演示文稿预估一个放映时间，以用于自动放映。

A. 正确　　B. 错误

87. 关系数据库管理系统中所谓的关系指的是符合满足一定条件的二维表格。

A. 正确　　B. 错误

88. 在Dreamweaver中，在网页中插入锚记以后，还需要建立相关的链接，才能发挥锚记的作用。

A. 正确　　B. 错误

89. 在Dreamweaver中，网页标题应写在开始标记符<title>和结束标记符</title>之间。

A. 正确　　B. 错误

90. 在Windows中，文档窗口和应用程序窗口一样，都有自己各自的菜单栏。

A. 正确　　B. 错误

第Ⅱ卷

四、填空题（本大题共20小题，每小题1分，共20分）

91. OSI/RM的中文含义是（　　　　）。

92. 在Excel 2010中，假设B1是文本“100”，B2是数字“3”，则公式=COUNT(B1:B2)结果是（　　　　）。

93. 根据域名规则约定，域名为gztng.com.cn表示的网站类别应该是（　　　　）。

94. 在Excel 2010中，合并计算分为两类：按位置进行合并和按（　　　　）合并。

95. 在Windows 7中，虚拟内存是通过使用硬盘空间当作（　　　　）使用。

96. 在Word 2010的表格进行公式计算时，可按（　　　　）功能键对运算结果进行刷新。

97. 有一个16KB的存储器，用十六进制对它的地址进行编码，起始编号为0001H，末地址应是（　　　　）。

98. 在Office 2010中，为创建各种类型的文档预先编排成的文档框架，称为（　　　　）。

99. 在Word 2010中，将文本转换为表格时，使用逗号、制表符和空格等分隔符来标记（　　　　）的开始位置。

100. 在Windows 7中，可将文件的属性设置为（　　　　），从而使该文件只可以读取或执行，但不能修改。

101. 用鼠标拖动的方法调整Word 2010表格的行高和列宽时，若想精细微调可按住（　　　　）键后再拖动鼠标。

102. 在PowerPoint 2010中，选中了已经设置了动画的对象，通过（　　　　），可将动画效果复制到其他对象上。

103. CERnet网络指的是（　　　　）。

104. 在网络协议中，定义用户数据与控制信息的结构或格式的要素称之为（　　　　）。

105. 在Excel 2010中，要同时冻结1—3行和左侧2列，应先选定（　　　　）单元格，然后选择“视图”选项卡中的“冻结窗格”命令。

106.（　　　　）是指网页文件中含有程序代码，网页内容需要服务器执行程序才能生成。

107. PowerPoint 2010中要为选定文字设置成单击鼠标时跳转到第一张幻灯片，可通过为选定文字设置超链接或（　　　　）。

108. 在PowerPoint 2010中，演示文稿就是（　　　　）的有序集合。

109. 在Word 2010中，域有两种显示方式：域结果和（　　　　）。

110. 在Word 2010中建立邮件合并需要两部分内容，其中相同部分内容称为（　　　　）。

计算机文化基础全真模拟试题（3）

本试题分为第Ⅰ卷和第Ⅱ卷两部分，满分100分，考试用时120分钟。考试结束后，将本试题和答题卡一并交回。

注意事项：

1. 答题前，考生务必用0.5毫米黑色签字笔将自己的姓名、考生号、身份证号填写到试题规定的位置上。

2. 第Ⅰ卷每小题选出答案后，用2B铅笔把答题卡上对应题目的答案标号涂黑；如需改动，用橡皮擦干净后，再选涂其他答案标号，答案不能答在试题上。

3. 第Ⅱ卷答题必须使用0.5毫米黑色签字笔作答，答案必须填写在答题卡各题目指定区域内相应的位置；如需改动，先划掉原来的答案，然后再写上新的答案；不能使用涂改液、胶带纸、修正带。不按以上要求作答的答案无效。

第Ⅰ卷

一、单项选择题（本大题共50小题，每小题1分，共50分）

每小题列出的四个备选项中只有一个是符合题目要求的，请将其代码填涂在答题卡上。错选、多选或未选均无分。

1. 在计算机的存储系统中，下列有关内存说法中错误的是（　　）。

A. 内存容量是指内存储器中能存储数据的总字节数

B. 内存容量越大，计算机的处理速度就越快

C. 内存不能与硬盘直接交换数据

D. CPU可直接和Cache与RAM进行数据交换

2. 有关Cache说法中正确的是（　　）。

A. Cache是在硬盘上的一块区域

B. Cache不能与中央处理器直接交换信息

C. Cache不能与内存直接交换信息

D. Cache是速度介于主存和CPU之间的高速小容量存储器

3. 在计算机存储系统中，一个字节由（　　）个二进制位组成。

A. 7　　B. 8　　C 9　　D. 10

4. 将二进制数10110001.101转化为十六进制为（　　）。

A. B1.AH　　B. 261. 5H　　C. CB1.5H　　D. B1.5H

5. 在汉字处理系统中，汉字库中存放的汉字的（　　）。

A. 输入码　　B. 字形码　　C. 国标码　　D. 机内码

6. 微型计算机系统中的中央处理器通常是指（　　）。

A. 内存储器、控制器和运算器　　B. 内存储器和控制器

C. 内存储器和运算器　　D. 控制器和运算器

7. 下列软件中属于应用软件的是（　　）。

A. 汇编程序　　B. PowerPoint

C. 解释程序　　D. Windows 7

8. 计算机系统可分为硬件系统和软件系统，其中计算机的软件系统又可分为（　　）。

A. 程序和数据　　B. 操作系统和语言处理系统

C. 程序、数据和文档　　D. 系统软件和应用软件

9. 在Windows 7中，下列有关“添加打印机”的说法中，错误的是（　　）。

A. 如果打印机图标上有了复选标记，则表示已将该打印机设置为默认打印机

B. 可将局域网中的共享打印机作为网络打印机进行安装

C. 在安装打印机驱动之前，必须先将要安装的打印机和计算机连接

D. 同一台计算机上可以安装多台打印机，但默认打印机只有一台

10. 在Windows 7中，下列有关对鼠标的配置操作中，不能实现的是（　　）。

A. 调整双击速度　　B. 设置重复延迟

C. 切换左右键功能　　D. 更改系统指针方案

11. 下列不属于Windows 7版本的是（　　）。

A. 家庭版　　B. 专业版　　C. 媒体中心版　　D. 企业版

12. 下列不属于Windows 7窗口组成部件的是（　　）。

A. 帮助栏　　B. 标题栏　　C. 滚动条　　D. 状态栏

13. 在Word 2010中，当插入点位于表格的最后一行的最后一个单元格时，按Tab键，将（　　）。

A. 在同一单元格里建立一个新行　　B. 在表格最右侧产生一个新列

C. 在表格最下面产生一个新行　　D. 插入点移到第一行的第一个单元格

14. 在Powerpoint 2010中，有关占位符的说法错误的是（　　）。

A. 带有提示信息的提示框　　B. 可以移动占位符的位置

C. 可以修改占位符的填充色　　D. 占位符的功能与文本框一样

15. 下列关于Word 2010功能的说法错误的是（　　）。

A. 可以进行拼写和语法检查

B. 可以不同的比例显示文档

C. 在查找和替换字符串时，可以区分大小，但不能区分全角/半角

D. 可以自动保存文件，间隔时间可由用户设定

16. 在Word 2010中，在某行单独输入www.sohu.com并按回车后，下列说法错误的是（　　）。

A. 自动加下划线　　B. 自动变成超级链接

C. 自动改变颜色　　D. 无特殊变化

17. 在Word 2010中，新建段落样式时，可以设置字体、段落、编号等多种样式属性，以下不属于样式属性的是（　　）。

A. 制表位　　B. 语言　　C. 脚注和尾注　　D. 快捷键

18. Word 2010是多文档应用程序，在Word 2010中可以同时打开的文档数量是（　　）。

A. 5个　　B. 3个

C. 9个　　D. 任意多，但受内存容量限制

19. 在Word 2010中，若要对两段相邻的文本进行不同的分栏，则须在它们之间插入（　　）。

A. 分页符　　B. 分节符　　C. 分段符　　D. 分栏符

20. 在Word 2010的编辑状态，执行两次剪切操作后，则剪贴板中可以存放的是（　　）。

A. 仅有第一次被剪切的内容　　B. 仅有第二次被剪切的内容

C. 与执行“粘贴”命令的次数有关　　D. 有两次被剪切的内容

21. 在Word 2010中，下列方法能够选定一句的是（　　）。

A. 按住Ctrl键，单击选定栏　　B. 按住Ctrl键，单击句子所在位置

C. 用鼠标在此句对应的选定栏处双击　　D. 用鼠标在此句位置双击

22. 在Excel 2010的默认状态下，对于数字文本的输入，下列说法正确的是（　　）。

A. 直接输入数字即可　　B. 先输入单引号（'），再输入数字

C. 先输入#，再输入数字　　D. 将输入的数字用小括号括起来

23. 在Excel 2010中，若要修改某单元格公式中的某个参数，下列说法错误的是（　　）。

A. 双击想要修改的单元格，然后当光标进入到单元格之内即可修改

B. 选中想要修改的单元格，按下F2键，然后进行修改

C. 选中想要修改的单元格，然后在编辑栏中进行修改

D. 选中单元格之后，直接进行修改即可

24. 下列关于Excel 2010的操作叙述错误的是（　　）。

A. 在一张空白表格中，按“一张空白表→”，可将活动单元格移动到表格的最后一列

B. 通过“开始”选项卡的“单元格”组，可以删除工作表、行、列和单元格

C. 通过“审阅”选项卡，可实现批注的新建和删除

D. 通过“插入”选项卡的“单元格”组，可以插入工作表、行、列和单元格

25. 在Excel 2010中，在工作表中选中3行，执行“插入工作表行”命令后，下面说法正确的是（　　）。

A. 在选定行的下方插入3行

B. 在选定行位置插入3行，原来行位置下移

C. 在选定行的下方插入1行

D. 在选定行位置插入1行，原来行位置下移

26. 在Excel 2010中，选定任意10行，然后使用鼠标拖动的方法改变了第6行的行高，下列说法正确的是（　　）。

A. 选中的10行的行高均改变，并与第6行的行高相等

B. 选中的10行的行高均改变，但与第6行的行高不相等

C. 只有第6行的行高改变

D. 只有第6行的行高不变

27. 在Excel 2010中，不支持的运算符是（　　）。

A. 加法运算符　　B. 乘法运算符　　C. 与运算运算符　　D. 乘方运算符

28. 在Excel 2010中，下面关于工作表与工作簿的论述正确的是（　　）。

A. 一个工作簿的多张工作表类型相同，或同是数据表，或同是图表

B. 一个工作簿中一定有3张工作表

C. 工作簿单独保存为一个文件

D. 工作表可单独保存为一个文件

29. 在Excel 2010中，要想设置行高、列宽等操作，应选用（　　）选项卡中的“格式”命令。

A. 开始　　B. 插入　　C. 页面布局　　D. 视图

30. 在Excel 2010中，快速定位到指定单元格位置的操作命令是（　　）。

A. 查找　　B. 替换　　C. 转到　　D. 搜索

31. 在PowerPoint 2010中，母版视图不包括（　　）。

A. 备注母版　　B. 幻灯片母版　　C. 讲义母版　　D. 大纲母版

32. 在PowerPoint 2010中，在普通视图的幻灯片窗格中，要删除选中的幻灯片，不能实现的操作是（　　）。

A. 按下键盘上的Delete的键　　B. 按下键盘上的Backspace键

C. 快捷菜单中的“隐藏幻灯片”命令　　D. 快捷菜单中的“删除幻灯片”命令

33. 在Office 2010应用程序中，对模板进行修改后，将会对（　　）文档产生影响。

A. 所有文档　　B. 基于该模板的创建的所有文档

C. 基于该模板修改前创建的旧文档　　D. 基于该模板修改后的创建的文档

34. 在PowerPoint 2010中，下列关于幻灯片版式的说法正确的是（　　）。

A. 在“标题和内容”版式中，没有“剪贴画”占位符

B. 剪贴画只能插入到空白版式中

C. 任何版式中都可以插入剪贴画

D. 剪贴画只能插入到有“剪贴画”占位符的版式中

35. 在PowerPoint 2010中，无法打印输出的幻灯片元素是（　　）。

A. 幻灯片上的图片　　B. 幻灯片的切换效果

C. 幻灯片大纲　　D. 备注页

36. 下列对PowerPoint 2010的叙述中，错误的是（　　）。

A. 具有保存到Web功能　　B. 具有创建视频功能

C. 具有发布为博客文章功能　　D. 具有演示文稿保护功能

37. 在PowerPoint 2010中，若播放演示文稿时需要跳过第5—7幻灯片，最合适的操作是（　　）。

A. 隐藏第5—7张幻灯片　　B. 设置幻灯片版式

C. 幻灯片切换方式　　D. 删除第5—7张幻灯片

38. 在Access 2010的数据表设计视图中，不能实现的操作是（　　）。

A. 修改字段的类型　　B. 修改字段的名称

C. 删除一个字段　　D. 删除一条记录

39.有一“职工”表，该表中有“职工编号”“姓名”“性别”“职称”和“工资”五个字

段的信息，现要求显示所有职称不是教授的女职工的信息，能完成该功能的SQL语句是（　　）。

A. SELECT * FROM职工WHERE职称 <> "教授"，性别="女"

B. SELECT * FROM职工WHERE职称 <> "教授" OR性别="男"

C. SELECT * FROM职工WHERE职称 <> "教授" OR性别="女"

D. SELECT * FROM职工WHERE职称 <> "教授" AND性别="女"

40. 在Access 2010中，数据库报表对象的主要作用是（　　）。

A. 将数据以某种格式打印输出　　B. 方便数据的输入

C. 方便在计算机屏幕上查看数据　　D. 操作数据

41. 在Access 2010中，窗体的数据源是（　　）。

A. Word文档　　B. 表或查询　　C. 报表　　D. Web文档

42. 在HTML文件头部中，用于定义网页文件标题的标记为（　　）。

A. <head>...</head>　　B. <title>...</title>

C. <html>...</html>　　D. <body>...</body>

43. 有关计算机网络中常用术语的下列叙述中，错误的是（　　）。

A. 子网掩码255.255.255.0代表C类网络的缺省子网掩码

B. 全光网络是指信息从源节点到目的节点的传输过程中始终在光域内

C. OSI是Open System Interconnection的缩写，它是Internet采用的协议

D. 资源子网的功能主要提供资源服务和共享，通信子网的功能是信号与数据的传输

44. 一般来说，用户上网要通过因特网服务提供商，其英文缩写为（　　）。

A. IDC　　B. ICP　　C. ASP　　D. ISP

45. 在以下传输介质中，带宽最宽，抗干扰能力最强的是（　　）。

A. 双绞线　　B. 无线信道　　C. 同轴电缆　　D. 光纤

46. 在HTML中，超链接的标记为（　　）。

A. <body>...</body>　　B. <head>...</head>

C. <a>...</a>　　D. <html>...</html>

47. 在Internet上浏览网页时，浏览器和WWW服务器之间传输网页使用的协议是（　　）。

A. IP　　B. HTTP　　C. FTP　　D. Telnet

48.（　　）是指非法篡改计算机输入、处理和输出过程中的数据，从而实现犯罪目的的手段。

A. 特洛伊木马　　B. 电子嗅探　　C. 病毒　　D. 数据欺骗

49. 电子商务和电子政务系统的运行和实现，都是基于（　　）。

A. Office办公软件　　B. Linux操作系统

C. 计算机网络　　D. Windows操作系统

50. 电子政务的安全要从三个方面解决，即“一个基础，两根支柱”，其中的一个基础指的是（　　）。

A. 法律制度　　B. 管理　　C. 人员　　D. 技术

二、多项选择题（本大题共20小题，每小题1分，共20分）

每小题列出的四个备选项中只有两个是符合题目要求的，请将其代码填涂在答题卡上。错选、多选或未选均无分，少选一个扣0.5分。

51. 在计算机的存储设备中，有的磁盘或U盘提供了写保护功能，当磁盘或U盘被写保护之后，下列说法正确的是（　　）。

A. 可以将磁盘或U盘中的数据读入内存　　B. 可以向磁盘或U盘中写入数据

C. 可以修改磁盘或U盘中的数据　　D. 可以避免病毒对文件数据的攻击

52. 对计算机软件的下列说法，正确的是（　　）。

A. 计算机软件不需要维护

B. 受法律保护的计算机软件不能随便复制

C. 计算机软件只要能通过复制得到就不必购买

D. 计算机软件应有必要的备份

53. 在计算机系统中，有关存储器的下列叙述中，错误的是（　　）。

A. 内存主要存储当前正在运行的程序和数据

B. 外存的存取速度一般比内存的存取速度快

C. 外存主要用来存储需要长期保存的程序和数据

D. 外存中的数据会因断电全部丢失

54. 在Windows 7中，对计算机进行日常维护时，经常对磁盘进行定期的碎片整理和磁盘清理操作，其目的分别是（　　）。

A. 提高计算机的读写速度　　B. 防止数据丢失

C. 增加磁盘可用空间　　D. 检查磁盘错误

55. 在Windows 7中，计算机器可分为：标准型、科学型、程序员和统计信息四种类型，其中“科学型”计算器可以进行的计算是（　　）。

A. 三角函数

B. 二、八、十和十六进制数据之间的相互转换

C. 统计分析

D. 简单的四则运算

56. 在Word 2010中，关于制表符和制表位，下列说法正确的是（　　）。

A. 按Tab键，插入点可从当前位置移动到下一制表位位置

B. 在水平标尺上，可对制表符进行设置、删除、移动

C. 竖线对齐方式可让文本垂直方向对齐

D. 制表位一次只能删除一个，不可一次清除所有制表位

57. 在Word 2010中，有关艺术字的说法正确的是（　　）。

A. 插入的艺术字默认情况下是嵌入对象，不可直接编辑艺术字中的文字

B. 选定艺术字后，功能区后自动出现“绘图工具”选项卡

C. 艺术字内容只能插入，不能将文档中已有文字设置为艺术字

D. 可以改变艺术字的文字的横、竖排列方式，及艺术字的样式

58. 在Word 2010中，可以实现的操作是（　　）。

A. 带圈字符　　B. 模拟分析　　C. 首字下沉　　D. 页面切换效果

59. 在Excel 2010中进行查找和替换操作时，下列说法正确的是（　　）。

A. 搜索范围可以是整个工作簿、选定的工作表或者当前选定的单元格区域

B. 可以对批注内的内容进行查找和替换

C. 不能对设置了格式的单元格进行查找和替换

D. 只能在当前工作表内进行查找和替换

60. 在Excel 2010中，保存工作簿时可使用的快捷键是（　　）。

A. Ctrl+S　　B. Ctrl+N　　C. Shift+F12　　D. Shift+F11

61. 在Excel 2010中，有关工作表中单元格的合并，下列说法正确的是（　　）。

A. “合并后居中”和“跨越合并”都是把一个选定的单元格区域合并成一个单元格

B. 单元格区域合并成一个单元后，保留的数据为区域最左上角的数据

C. 对单元格区域A5:A10合并后，合并后的单元格名称是A10

D. 对合并后的单元格执行“取消单元格合并”后，单元格区域恢复到合并之前的状态，且丢失的数据不恢复

62. 在Excel 2010中，有关插入、删除工作表的阐述正确的是（　　）。

A. 在“开始”/“单元格”组中，选择“插入”中的“插入工作表”命令，可插入一张新的工作表

B. 在“开始”/“编辑”组中，选择“清除”中的“全部清除”命令，可删除一张

工作表

C. 按Shift+Delete键，可删除一张工作表

D. 按Shift+F11键，可插入一张工作表

63. 在PowerPoint 2010中，可编辑幻灯片上的文本的视图或窗格是（　　）。

A. 普通视图　B. 幻灯片浏览视图　C. 大纲窗格　D. 阅读视图

64. 在PowerPoint 2010中，状态栏上显示“页面：5/99栏”，若要从当前幻灯片开始放映，正确的操作是（　　）。

A. 单击演示文稿窗口右下角的“幻灯片放映”视图按钮

B. 按Shift+F5键

C. 选择“幻灯片放映”选项卡中的“从头开始”命令

D. 按F5键

65. 在PowerPoint 2010中，下列说法正确的是（　　）。

A. 允许插入在其他图形程序中创建的图片

B. 只能插入声音文件，不能通过PowerPoint录制

C. 可以在幻灯片上插入来自文件、网站或剪贴画中的视频

D. 设置超链接和动作的对象可以是幻灯片本身

66. 在数据库系统中，下列类型是逻辑数据模型的是（　　）。

A. 层次模型　B. 概念模型　C. 关系模型　D. 连接模型

67. 在数据管理的发展阶段中，人工管理阶段具有下列（　　）特性。

A. 数据不共享　B. 数据不独立

C. 数据结构化　D. 独立的数据操作界面

68. 从管理角度来说，以下是预防和抑制计算机病毒传染的正确做法的是（　　）。

A. 对所有系统盘和文件等关键数据要进行写保护

B. 网络资源比较丰富，可直接使用从网络上下载的程序或数据

C. 对系统中的数据和文件要定期进行备份

D. 计算机病毒具有潜伏性，定期检测对预防计算机病毒没有意义

69. 在多媒体技术中，属于视频编码的国际标准是（　　）。

A. JPEG　B. MPEG　C. ADPC　D. H.261

70. 下列关于防火墙的说法正确的是（　　）。

A. 防火墙从本质上讲使用的是一种过滤技术

B. 防火墙的体系结构很多，主要有屏蔽主机防火墙、双宿网关防火墙、屏蔽子网防

火墙

C. 防火墙是为防止计算机过热起火

D. 防火墙可以阻断攻击，也能消灭攻击源

三、判断题（本大题共20小题，每小题0.5分，共10分）

71. 打印机按照打印字符的工作原理，可以分为击打式打印机和非击打式打印机。

A. 正确　　　　B. 错误

72. 在Windows 7中，“回收站”中的文件或文件夹被删除后，将不能恢复。

A. 正确　　　　B. 错误

73. 声卡是多媒体技术中最基本的组成部分，是进行音频信息A/D、D/A转换的硬件设备。

A. 正确　　　　B. 错误

74. 在Windows 7中，“回收站”中的文件可以直接打开。

A. 正确　　　　B. 错误

75. 在Windows 7中，若有一文件夹里已有文本文档ABC，若在该文件夹中新建ABC文件夹则自动命名ABC（2）。

A. 正确　　　　B. 错误

76. 在Word 2010中进行功能区自定义设置后，自定义的功能区也会应用于其他Office 2010 程序，如Excel 2010。

A. 正确　　　　B. 错误

77. 在Word 2010的页面视图中跟踪超链接需要按住Ctrl键，再用鼠标单击链接文本。

A. 正确　　　　B. 错误

78. 中文语音识别系统可以使用语音及语音命令来录入文本。

A. 正确　　　　B. 错误

79. 要将最近使用的工作簿文件固定到“最近所用文件”列表中，可打开“最近所用文件”，单击相应工作簿右边对应的按钮即可。

A. 正确　　　　B. 错误

80. 自定义的功能区时，“导入/导出”命令可将当前程序的设置导出备份，在其他机器上可以导入备份或以后重装Office 2010后，直接导入备份而不必重新设置。

A. 正确　　　　B. 错误

81. 在Excel 2010中，使用筛选功能只显示符合设定条件的数据而隐藏其他数据。

A. 正确　　　　B. 错误

82. 若单元格B3中数值为“76”，则公式“=IF（B3>60,"B","A"）”的结果是“A”。

A. 正确　　B. 错误

83. 在Office 2010的应用程序中，快速访问工具栏和功能区都可根据需要对进行个性化设置。

A. 正确　　B. 错误

84. 在PowerPoint 2010中自定义快速访问工具栏时，若选择“重置”命令中的“重置所有自定义项”，将只会删除快速访问工具栏中的自定义项目，而自定义的功能区中的项目仍然保留。

A. 正确　　B. 错误

85. PowerPoint提供了自定义放映、循环放映和排练计时三种播放演示文稿的类型。

A. 正确　　B. 错误

86. Access 2010是一个关系型数据库管理系统，它通过各种数据库对象管理数据。

A. 正确　　B. 错误

87. 在Access 2010表中，文本型字段最多可存储256个字符。

A. 正确　　B. 错误

88. 被动攻击因不对传输的信息作任何修改，因而是难以检测的，所以抗击这种攻击的重点在于预防而非检测。

A. 正确　　B. 错误

89. 防火墙可以阻止感染了病毒的软件或文件的传输。

A. 正确　　B. 错误

90. 计算机犯罪一般具有犯罪智能化、犯罪手段隐蔽、跨国性、犯罪后果危害严重和犯罪分子低龄化等特点。

A. 正确　　B. 错误

第Ⅱ卷

四、填空题（本大题共20小题，每小题1分，共20分）

91. 机内码是计算机内部存储，处理加工和传输汉字时所用的由0和1符号组成的代码，一个汉字的机内码占用（　　　　）个字节。

92. 在计算机的发展过程中，第二代计算机使用的电子元件是（　　　　）。

93. Internet是目前世界上影响最大的国际性计算机网络，其前身就是1969年美国国防部的高级计划局建立的第一个分组交换网（　　　　）。

94. 在Windows 7中，通过（　　　　）命令，系统在不重新启动计算机的情况下，会释放当前账户使用的全部系统资源，以便让其他用户登录。

95. 要想把Windows 7“回收站”中的某些文件或文件夹恢复到删除前的位置，可使用（　　　　）命令。

96. 在Word 2010中，如果按着Ctrl键单击选定栏，选择的对象是（　　　　）。

97. 在Word 2010中，Ctrl+F11快捷键的作用是实现对域对象的（　　　　）。

98. 在Word 2010文档编辑过程中，如果先选定了文档内容，再按住Ctrl键并拖曳鼠标至另一位置，即可完成选定文档内容的（　　　　）操作。

99. 在Excel 2010中，（　　　　）是工作表单元格中的一个微型图表，可以直观地显示数据系列中的变化趋势。

100. 在Excel 2010中，无论按升序还是降序排序，空白单元格总是放在排序结果的（　　　　）面。

101. 在PowerPoint 2010中，演示文稿存储时默认的扩展名为（　　　　）。

102. 在PowerPoint 2010中，将幻灯片设置为（　　　　）后，幻灯片仍可编辑和打印，但放映时不显示。

103. 在PowerPoint 2010中，演示文稿内容的打印版式类型包括：整页幻灯片、备注、大纲和（　　　　）。

104. 在PowerPoint 2010中，要给某张幻灯片录制音频，可使用（　　　　）选项卡来实现。

105. 要在PowerPoint 2010中，若要设置演示文稿放映过程中由一张幻灯片进入另一张幻灯片的视觉效果，应在（　　　　）选项卡中进行操作。

106. 在Access 2010中，报表的数据来源可以是表对象，也可以（　　　　）对象。

107. 在Access 2010中，用于显示和编辑表对象的字段名称、数据类型和其他字段属性的窗口称为（　　　　）。

108. 在TCP/IP结构中，在传输层，用于保证数据可靠传输的协议是（　　　　）。

109. IP地址按主机号和网络号所占位数的不同，可分为A、B、C、D、E五类。IP 地址210.44.18.101 属于（　　　　）类。

110. 按照网络（　　　　）可以把计算机网络分成总线网、环形网、星形网等。

计算机文化基础全真模拟试题（4）

本试题分为第Ⅰ卷和第Ⅱ卷两部分，满分100分，考试用时120分钟。考试结束后，将本试题和答题卡一并交回。

注意事项：

1. 答题前，考生务必用0.5毫米黑色签字笔将自己的姓名、考生号、身份证号填写到试题规定的位置上。

2. 第Ⅰ卷每小题选出答案后，用2B铅笔把答题卡上对应题目的答案标号涂黑；如需改动，用橡皮擦干净后，再选涂其他答案标号，答案不能答在试题上。

3. 第Ⅱ卷答题必须使用0.5毫米黑色签字笔作答，答案必须填写在答题卡各题目指定区域内相应的位置；如需改动，先划掉原来的答案，然后再写上新的答案；不能使用涂改液、胶带纸、修正带。不按以上要求作答的答案无效。

第Ⅰ卷

一、单项选择题（本大题共50小题，每小题1分，共50分）

每小题列出的四个备选项中只有一个是符合题目要求的，请将其代码填涂在答题卡上。错选、多选或未选均无分。

1. 世界上公认的第一台计算机是在（　　）年诞生的。

A. 1846　　B. 1946　　C. 1864　　D. 1964

2. 电子数字计算机作为计算工具与其他计算工具相比，最本质的区别是（　　）。

A. 能进行算术运算和逻辑运算　　B. 具有通用性

C. 计算精度高　　D. 具有存储性，并能自动执行程序

3. 在计算机系统中，1KB 的存储容量可以存放的汉字机内码数是（　　）。

A. 1024　　B. 512　　C. 1024×2　　D. 500

4. 在计算机中，用四位二进制代码表示一位十进制数的数值编码方法是（　　），使二进制和十进制之间的转换得以快捷的进行。

A. ASCII 码　　B. BCD 码

C. GB2312　　D. 机内码

5. 某汉字的区位码是2083，则下列说法中错误的是（　　）。

A. 该汉字的区码是20，位码是83

B. 该汉字的国标码为3473H

C. 该汉字的机内码为B4F3H

D. 该汉字在字库中对应的就是2083对应的二进制数

6. 十进制数 125.125 转换为十六进制和八进制数分别是（　　）。

A. 175.1H，7D. 2O　B. 7D. 2H，175.1O　C. 714.2H，175.1O　D. 175.1H，714.2O

7. 将计算机用于天气预报、航空航天等数值计算领域，是计算机在（　　）方面的主要应用。

A. 信息处理　B. 科学计算　C. 自动控制　D. 人工智能

8. 在 Windows 7 中，当对话框打开时，主程序窗口未被禁止，不关闭该对话框后也能处理主窗口，这种对话框称为（　　）。

A. 非模式对话框　B. 一般对话框　C. 模式对话框　D. 公用对话框

9. 在 Windows 7 中，关闭计算机后，对“剪贴板”中存放的信息，下列说法正确的是（　　）。

A. 信息不会丢失　B. 再开机可以恢复

C. 信息会丢失　D. 开机可继续使用

10. 在Windows 7的应用程序窗口中，前面有“√”标记的菜单表示（　　）。

A. 复选选中　B. 单选选中　C. 有级联菜单　D. 有对话框

11. CBE是目前发展迅速的应用领域之一，其含义是（　　）。

A. 计算机辅助设计　B. 计算机辅助教育

C. 计算机辅助工程　D. 计算机辅助制造

12. 在Windows 7中，以下对快捷方式理解错误的是（　　）。

A. 快捷方式只能存放在桌面上、开始菜单里和任务栏上的“快速启动栏”这三个地方

B. 开始菜单实际上就是计算机上安装的各种应用软件的快捷方式的集合

C. 快捷方式实际上是扩展名为.lnk的文件

D. 快捷方式实际上是Windows提供的一种快速启动程序、打开文件或文件夹的方法

13. 在Word 2010中，将光标移至文档开始位置的快捷键是（　　）。

A. Ctrl+PgUp　B. Shift+PgDn　C. Ctrl+Home　D. Ctrl+End

14. 在Word 2010中打印文档时，要只打印第 1、3—9及15、17页，则应在打印自定义范围的页数对应的文本框中输入（　　）。

A. 1,3,9,15,17　　B. 1,3—9,15,17

C. 1—17　　D. 1,3—9,15,17

15. 在 Word 2010 中，以只读方式打开文档，当对文档进行了某些编辑操作后，下列说法正确的是（　　）。

A. 可按Ctrl+S键，随时将编辑后的结果保存到原文档中

B. 可通过“文件”选项卡中的“保存”命令，随时保存数据到原文档

C. 可通过“文件”选项卡中的“另存为”命令，随时保存数据到原文档

D. 可通过“文件”选项卡中的“另存为”命令，对文档进行改名保存

16. 在 Word 2010 中，使用公式对表格中的数据进行计算时，方向指示词用来指明当前单元格的值是向哪个方向计算的，它在公式中可以作为函数 的参数，下列属于Word 2010方向指示词的是（　　）。

A. Left、Right、Up、Below　　B. Left、Right、Above、Below

C. Left、Right、Above、Down　　D. Left、Right、Up、Down

17. 在Word 2010中，输入“，teh”并按空格后，“teh”自动更改为“the”，这是使用了Word提供的（　　）功能，通过该功能可自动纠正经常输错的单词。

A. 拼写检查　　B. 同义词库　　C. 自动拼写　　D. 自动更正

18. 一位同学正在撰写毕业论文，并且要求只用A4规格的纸输出，在打印预览中，发现最后一页只有一行，若要把这一行提到上一页，最好的办法是（　　）。

A. 改变纸张大小　　B. 增大页边距

C. 减小页边距　　D. 将页面方向改为横向

19. 下面有关Word 2010表格功能的说法错误的是（　　）。

A. 可以通过表格工具将表格转换成文本　　B. 表格的单元格中可以插入表格

C. 表格中可以插入图片　　D. 表格的边框线不能设置

20. 在 Word 2010编辑状态下，有时会在某些英文文字下方出现绿色的波浪线，这表示（　　）。

A. 语法错误　　B. Word字典中没有该单词

C. 该文字本身自带下划线　　D. 该处有附注

21. 在Excel 2010中，如果A4单元格的值为100，那么公式“=A4&100”的结果是（　　）。

A. 200　　B. 100100　　C. A4100　　D. false

22. 在Excel 2010中，单元格D6中有公式“=$B2+C$6”，删除A列后，则C6单元的公式为（　　）。

A. =B2+C6　　B. =$B2+B$6　　C. =$B2+C$6　　D. =$A2+B$6

23. 在 Excel 2010 中，要使某单元格的数据通过列表选择输入，若输入了列表中不包含的内容，系统会提示出错信息，可通过（　　）来实现。

A. “开始”选项卡中的“条件格式”命令

B. “设置单元格格式”对话框

C. “数据”选项卡中的“数据有效性”命令

D. “审阅”选项卡中的“保护工作表”命令

24. 在Excel 2010中，高级筛选的条件区域可设置多个条件，同一行上的多个条件是（　　）。

A. 或的关系　　B. 与的关系　　C. 非的关系　　D. 异或的关系

25. 在 Excel 2010 中，分类汇总后，工作表左端自动产生分级显示控制符编号“1、2、3”，下列说法错误的是（　　）。

A. 单击控制符编号“1”，既可以浏览汇总数据，也可以浏览明细数据

B. 若只将汇总结果复制到一个新的数据表中，切换到2级状态，选中所有汇总项，使用Alt+；（分号）组合键，然后再进行复制粘贴操作

C. 显示或隐藏某一级别的明细数据，通过左侧的“+”“−”号可以实现

D. 在“分类汇总”对话框中单击“全部删除”按钮，数据表即恢复到汇总前状态

26. 在Excel 2010中，在 Sheet 1的A1单元格内输入公式时，引用工作薄“学生.xlsx”的“成绩”工作表中的 B1:B50单元格区域，其正确的引用为（　　）。

A. ［学生］成绩!(B1:B50)　　B. {学生}成绩!B1:B50

C. ［学生］成绩!B1:B50　　D. {学生}成绩@B1:B50

27. PowerPoint 2010中，在幻灯片浏览视图下，直接拖动某张幻灯片，可以实现（　　）操作。

A. 移动幻灯片　　B. 复制幻灯片　　C. 删除幻灯片　　D. 选定幻灯片

28. 在PowerPoint 2010主窗口状态栏的右侧，有四个视图切换按钮：“普通视图”“幻灯片浏览”“幻灯片放映”和（　　）。

A. 全屏显示　　B. 母版视图　　C. 阅读视图　　D. 备注页视图

29. 在PowerPoint 2010中，在打印幻灯片时，下列说法错误的是（　　）。

A. 隐藏的幻灯片不能打印　　B. 可选择特定的幻灯片进行打印

C. 可将幻灯片以纯黑白形式进行打印　　D. 打印时可按讲义形式打印

30. 在PowerPoint 2010中，需要把一幅剪贴画和一个文本框能够一起拖拽，以下操作不

能实现的是（　　）。

A. 将这两个对象组合在一起后再拖拽

B. 按住Ctrl 键不放，然后分别单击两个对象，同时选中后再拖拽

C. 使这两个对象相互交叉重叠后再拖拽

D. 按住Ctrl键拖动鼠标，同时选定这两个对象后再拖拽

31. 在PowerPoint的普通视图左侧的大纲窗格中，可以修改的是（　　）。

A. 占位符中的文字　　B. 图表

C. 自选图形　　D. 文本框中的文字

32. 单击PowerPoint 2010“文件”选项卡中的“最近所用文件”命令，所显示的文件名是（　　）。

A. 正在使用的文件名　　B. 正在打印的文件名

C. 扩展名为PPTX的文件名　　D. 最近被PowerPoint软件处理过的文件名

33. 下列有关Access 2010的下列说法，错误的是（　　）。

A. Access 2010是一种关系数据库管理系统（RDBMS）

B. Access 2010数据库文件的默认的扩展名为.Mdb

C. 在任何时刻，Access 2010只能打开并运行一个数据库

D. Access 2010数据库对象包括表、查询、窗体、报表、宏和模块。

34. 就一个关系数据模型具有的特性而言，下列描述正确的是（　　）。

A. 一个二维表中同一字段的数据类型可以有多种

B. 一个二维表的行称为字段，表示了事物的各种属性

C. 一个二维表的列称为记录，整体地表示了一个事物的各个属性或各事物之间的联系

D. 一个二维表中的行列顺序可以任意调换

35. 在Access 2010中，索引分为三种类型：主索引、唯一索引和常规索引。当把字段设置为主键后，该字段就是（　　）。

A. 主索引，索引属性值为“有（有重复）”

B. 主索引，索引属性值为“有（无重复）”

C. 唯一索引，索引属性值为“有（有重复）”

D. 唯一索引，索引属性值为“有（无重复）”

36. 在Access 2010中，通过设置（　　），可设置输入数据的格式，保证数据统一，方便数据管理。

A. 有效性规则　　B. 有效性文本　　C. 输入掩码　　D. 默认值

37. 在 Access 2010 中，（　　）是数据库与用户进行交互操作的最好界面。

A. 查询　　B. 窗体　　C. 报表　　D. 宏

38. 在数据库系统中，有关下列术语的描述，错误的是（　　）。

A. SQL 的含义是结构化查询语言　　B. DDL的含义是数据定义语言

C. DML的含义是数据库查询语言　　D. DBMS含义是数据库管理系统

39. 在数据库系统中，有关索引的下列叙述，错误的是（　　）。

A. 建立索引可以提高数据检索速度　　B. 主索引可以保证字段值的唯一性

C. 索引可以加速关系连接　　D. 索引不需要维护，创建的索引越多越好

40. 在Access 2010中，条件子句“WHERE 性别 = "女" OR 工资额>2000”的作用是（　　）。

A. 筛选出性别为“女”并且工资额大于2000的记录

B. 筛选出性别为“女”或者工资额大于2000的记录

C. 筛选出性别为“女”并非工资额大于2000的记录

D. 筛选出性别为“女”或者工资额大于2000，且二者择一的记录

41. 从物理连接来讲，计算机网络由计算机系统、通信链路和（　　）组成。

A. 传输协议　　B. 资源子网　　C. 网络节点　　D. 工作站

42. 计算机网络资源共享主要是指（　　）共享。

A. 工作站和服务器　　B. 软件资源、硬件资源和数据资源

C. 通信介质和节点设备　　D. 客户机和服务器

43. 信道上可传输信号的最高频率与最低频率之差为（　　）。

A. 波特率　　B. 比特率　　C. 吞吐量　　D. 信道带宽

44. 媒体信息接收者在没有接收到完整的信息前就能处理那些已接收到的信息，这种一边接收、一边处理的方式为（　　）。

A. 搜索引擎技术　　B. 流媒体技术　　C. 所见即所得　　D. 虚拟现实技术

45. 在计算机网络系统中，路由器工作在（　　）。

A. 物理层　　B. 数据链路层　　C. 网络层　　D. 应用层

46. ADSL 设备的非对称数字用户环路，非对称性指的是（　　）。

A. 上行速率快，下行速率慢　　B. 下行速率快，上行速率慢

C. 上行、下行速率一样快　　D. 下行、上行速率一样慢

47. OSI的数据链路层数据传输的基本单位是（　　）。

A. 帧　　B. 数据包　　C. 位　　D. 字节

48. 下列 IP 地址中，属于C类IP地址的是（　　）。

A. 172.205.32.78　　B. 202.112.33.27　　C. 63.28.195.34　　D. 127.0.0.1

49. 在 HTML中，标记一个段落，应该使用的HTML标记是（　　）。

A. <p>与</p>　　B. <body>与</body>

C. <a>与</a>　　D. <table>与</table>

50. 在计算机网络中，URL的作用是（　　）。

A. 定位主机的地址　　B. 定位资源的地址

C. 域名与IP地址的转换　　D. 表示电子邮件的地址

二、多项选择题（本大题共 20 小题，每小题 1 分，共 20 分）

在每小题列出的备选项中有两个是符合题目要求的，请将其代码填涂在答题卡上。错选、多选或未选均无分。

51. 计算机的发展分为四代，有关第一代计算机的说法正确的是（　　）。

A. 第一代计算机的主要逻辑元件是电子管

B. 第一代计算机时代出现了操作系统和会话式语言

C. 第一代计算机的程序设计语言采用机器语言和汇编语言

D. 第一代计算机的主要应用领域是数据处理

52. 在计算机系统中，下列说法正确的是（　　）。

A. 计算机的主机是由运算器、控制器和外存储器组成

B. 计算机的运算部件能同时处理的二进制数据的位数称为字长

C. 字长越长，计算速度越快，精度越高

D. 不同微处理器的字长是相同的

53. 汉字系统中的汉字字库里存放的是汉字的（　　）。

A. 机内码　　B. 输入码　　C. 点阵码　　D. 矢量码

54. 在Windows 7中，打开“开始”菜单，可使用的方法是（　　）。

A. 按Ctrl+ESC键　　B. 按Alt+ESC键　　C. 按Win键　　D. 按Win+Tab键

55. 在Word 2010中，若仅在Word已经打开的几个文档间切换，以下方法可实现的是（　　）。

A. Ctrl+F6

B. 通过“视图”选项卡“窗口”组中的“切换窗口”

C. Alt+ESC

D. 通过“视图”选项卡“窗口”组中的“拆分”

56. 面向机器的低级语言指的是（　　）。

A. 汇编语言　　B. FORTRAN 语言　　C. 高级语言　　D. 机器语言

57. 在Windows 7中，有关窗口中的滚动条，错误的说法是（　　）。

A. 滚动块位置反映窗口信息所在的相对位置，长短表示窗口信息占全部信息的比例

B. 和窗口显示内容无关，当显示某些特定内容时，才会出现滚动条

C. 任一打开的窗口都会有垂直和水平滚动条

D. 当窗口显示的内容高度大于显示窗口时，会出现垂直滚动条

58. 在Word 2010中，选定整篇文档的方法是（　　）。

A. 先使用组合键Ctrl+Home，再使用组合键Ctrl+Shift+End

B. 使用“文件”选项卡中的“全选”命令

C. 将鼠标指针移到文档内任意位置，三击鼠标左键

D. 按住Ctrl键同时，在文档左侧选定栏上单击左键

59. 在Word 2010中，关于查找与替换描述正确的是（　　）。

A. 查找与替换的范围可以是全部、向上或向下

B. 查找与替换时可以使用通配符

C. 若查找同一个英文单词的多种形式，必须进行多次查找

D. 可以查找带格式的字符，但不能替换格式

60. 在Excel 2010中，下列属于迷你图的图表类型的是（　　）。

A. 散点图　　B. 折线图　　C. 面积图　　D. 盈亏图

61. 在Excel 2010中，下列说法正确的有（　　）。

A. 新建工作簿中工作表最多有256个，列标最大为XFD，行标最大为1048576

B. 在Excel 2010中的自动分页符可以改变位置，但无法删除

C. 在Excel 2010中，如需在单元格中实现手动换行，可以按“Alt+Enter”

D. 在Excel 2010中，查找与替换操作只能在同一个工作表中进行

62. 在使用PowerPoint的幻灯片放映视图放映演示文稿过程中，要结束放映，可使用的方法有（　　）。

A. 按 Esc 键

B. 单击鼠标右键，从弹出的快捷菜单中选“结束放映”

C. 按 Ctrl+E 键

D. 按 Shift+F5 键

63. 在PowerPoint 2010中，若要为每张幻灯片设置一个放映时间，以实现幻灯片的自动

播放，可通过（　　）进行设置。

A. 设置放映方式　　B. 打包操作　　C. 排练计时　　D. “切换”选项卡

64. 在 Access 2010中，有关数据库对象的下列说法正确的是（　　）。

A. 数据表是Access数据库中的重要对象之一，用于存放数据

B. 表的数据表视图的主要工作是设计表的结构

C. 窗体和表实际是同一个对象，它给用户提供了一种良好界面

D. 报表不但可输出数据，还可进行数据的统计与汇总

65. 计算机网络按传输介质进行分类，可分为（　　）。

A. 有线网　　B. 星形网　　C. 无线网　　D. 因特网

66. TCP/IP 参考模型将网络的功能划分为四个层次：网络接口层、（　　）和应用层。

A. 表示层　　B. 传输层　　C. 网际层　　D. 会话层

67. 预防计算机病毒，应该从（　　）两方面进行，二者缺一不可。

A. 发现　　B. 管理　　C. 清除　　D. 技术

68. 下列关于局域网拓扑结构的叙述中，正确的有（　　）。

A. 星形结构的中心计算机发生故障时，会导致整个网络停止工作

B. 树型结构的数据采用单级传输，故系统响应速度较快

C. 总线型结构网络中，若某台工作站故障，一般会影响整个网络的正常工作

D. 环形结构网络信息双向流动，若某台工作站故障，不会导致整个网络停止工作

69. 在HTML文件中，属于字形标记的是（　　）。

A. <font>...</font>　　B. _{...}

C. <i>...</i>　　D. <a>...</a>

70. 在Dreamweaver中，可以实现网页布局的是（　　）。

A. 段落　　B. 表格　　C. 标题　　D. 框架

三、判断题（本大题共 20 小题，每小题 0.5 分，共 10 分）

71. 计算机的“运算速度”的含义是指每秒钟能处理多少字节的数据。

A. 正确　　B. 错误

72. Windows 7的文件夹组织结构是一种树状结构。

A. 正确　　B. 错误

73. 在Windows 7中，对于文件A.TXT和a.txt，操作系统认为是不同的文件。

A. 正确　　B. 错误

74. 在Windows 7中，删除快捷方式不会对原程序或文档产生影响。

A. 正确　　B. 错误

75. 在Windows 7中，系统提供的截图工具有4种截图模式。

A. 正确　　B. 错误

76. 在 Excel 2010 中，若单元格中显示“#N/A”，表示函数或公式的引用区域中没有可用数值。

A. 正确　　B. 错误

77. 在Excel 2010中，通过“计算选项”可设置自动和手工计算模式。

A. 正确　　B. 错误

78. 在PowerPoint 2010中，一个演示文稿只能使用一种主题。

A. 正确　　B. 错误

79. 在PowerPoint 2010演示文稿中，可以利用动作按钮实现幻灯片的交互式放映。

A. 正确　　B. 错误

80. 数据仓库是指长期存放在计算机内的、有组织的、可以表现为多种形式的可共享的数据集合。

A. 正确　　B. 错误

81. 一个关系就是一张二维表，二维表中垂直方向的列称为属性，有时也叫做一个字段。

A. 正确　　B. 错误

82.在 Access 2010的表中要存放图像、图表、声音等信息时，需要的数据类型可以选择备注类型。

A. 正确　　B. 错误

83. 关系运算中的选择运算，就是在表中选择不同的字段形成新的表。

A. 正确　　B. 错误

84. 当用户输入一个不存在的邮箱地址时，系统会将信件退回给发件人。

A. 正确　　B. 错误

85. 在因特网上，一台计算机可以作为另一台主机的远程终端，使用该主机的资源，该项服务称为BBS。

A. 正确　　B. 错误

86. 在HTML语言中，表示“表单”的标记对是<form>...</form>。

A. 正确　　B. 错误

87. 计算机的显示系统包括显示器和显示适配器。

A. 正确　　B. 错误

88. 图像的最大优点是容易进行移动、缩放、旋转和扭曲等变换。

A. 正确　　B. 错误

89. 流媒体无须先将整个影音文件下载并存储在本地计算机上就可以观看。

A. 正确　　B. 错误

90. 图像文件通常以位图形式存储，数据量大；图形文件中存在的是描述图形的指令，以矢量文件形式存储，数据量小。

A. 正确　　B. 错误

第Ⅱ卷

四、填空题（本大题共 20 小题，每小题 1 分，共 20 分）

91. 十进制数96对应的BCD码是（　　　　）。

92. 在计算机系统中，要用二进制数对50种颜色进行编码，至少需要（　　　　）位二进制数。

93. 二进制数1010111与1001011进行与运算后的结果是（　　　　）。

94. 在Windows 7中，直接调出Windows任务管理器窗口的快捷键是（　　　　）。

95. 在Windows 7中，使用系统提供的（　　　　）功能，用户可以不用关心文件或者文件夹的具体存储位置，可方便管理不同磁盘上的文件或文件夹。

96. 在使用Word 2010编辑文档，若文档编辑状态进入（　　　　）状态时，此时对文档的所有更改都会被跟踪，并使用特殊的标记来记录，以便其他用户或者原作者知道文档所做的修改，这样作者可以根据实际情况决定是否接受或拒绝这些更改。

97. Excel 2010文档文件的文件扩展名为（　　　　）。

98. Excel 2010中正在处理的单元格称为活动单元格，其外部有一个黑色的方框，右下角的黑色小方块称之为（　　　　）。

99. 在Word 2010中，选定文本后，会显示出（　　　　），可以对字体进行快速设置。

100. 在PowerPoint 2010中，标题、正文、图形等对象在幻灯片上所预先定义的位置被称为（　　　　）。

101. 在Access 2010中，窗体和报表的数据源可以来自表对象，也可以来自（　　　　）对象。

102. 在数据库系统中，关系模型把世界看作是由实体和（　　　　）组成的。

103. 从两个关系的笛卡儿积中，选取属性间满足一定条件的元组形成一个新的关系的关系运算是指（　　　　）运算。

104. 在 Internet 中，接收电子邮件采用的通信协议是（　　　　）。

105. 按照信息传输的方向和时间关系，通信方式可分为（　　　　）、半双工通信和全双工通信三种传输方式。

106. FTP中文名称是（　　　　），它允许用户将文件从一台计算机传输到另一台计算机。

107. TCP/IP是层次结构的网络协议集，它分为（　　　　）层。

108. IP地址中的A类地址的第一字节的十进制数值范围是（　　　　）。

109. 在多媒体技术中，构成位图图像的最基本单位是（　　　　）。

110. 在分辨率相同，不考虑数据压缩的情况下，存储一幅24位的位图图像占用的存储空间是存储一幅256色位图图像占用的存储空间的（　　　　）倍。

计算机文化基础全真模拟试题（5）

本试题分为第Ⅰ卷和第Ⅱ卷两部分，满分100分，考试用时120分钟。考试结束后，将本试题和答题卡一并交回。

注意事项：

1. 答题前，考生务必用0.5毫米黑色签字笔将自己的姓名、考生号、身份证号填写到试题规定的位置上。

2. 第Ⅰ卷每小题选出答案后，用2B铅笔把答题卡上对应题目的答案标号涂黑；如需改动，用橡皮擦干净后，再选涂其他答案标号，答案不能答在试题上。

3. 第Ⅱ卷答题必须使用0.5毫米黑色签字笔作答，答案必须填写在答题卡各题目指定区域内相应的位置；如需改动，先划掉原来的答案，然后再写上新的答案；不能使用涂改液、胶带纸、修正带。不按以上要求作答的答案无效。

第Ⅰ卷

一、单项选择题（本大题共50小题，每小题1分，共50分）

在每小题列出的四个备选项中只有一个是符合题目要求的，请将其选出并将答题卡的相应代码涂黑。错涂、多涂或未涂均无分。

1. 在计算机应用领域，AI的含义是（　　）。

A. 辅助智能　　B. 智能制造　　C. 人工智能　　D. 机器学习

2. 在计算机系统中，PC通常用于表示（　　）。

A. 巨型机　　B. 大型机　　C. 小型机　　D. 微型机

3. 作为外存储器用的CD-ROM，指的是（　　）。

A. 追记型光盘　　B. 可改写型光盘

C. 只读硬盘　　D. 只读光盘

4. 在计算机系统中，8位有符号二进制数可以表示的最大十进制整数是（　　）。

A. 127　　B. 128　　C. 255　　D. 256

5. 计算机中，通常用“BIPS”来表示计算机的（　　）。

A. 存取周期　　B. 运算速度　　C. 传输速度　　D. 内存容量

6. 计算机处理数据时，CPU通过（　　）一次存取、加工和传送的数据称为字，也称计算机字。

A. 地址总线　　B. 控制总线　　C. 数据总线　　D. 光纤总线

7. 在计算机系统中，下列说法正确的是（　　）。

A. 微型计算机内存容量的基本计量单位是字符

B. 对于二进制数，若小数点左移1位，则数值增大1倍

C. 二进制数中，由小数点位置右起第10位上的1相当于2的10次方

D. 1TB=1024GB

8. 在Windows 7中，下列说法错误的是（　　）。

A. 使用快捷键，不需要通过菜单命令就可以快速实现相关操作

B. 右击桌面上的快捷方式图标，通过快捷菜单中的相应命令可将快捷方式锁定到任务栏

C. 右击不同的对象，都会弹出快捷菜单，且快捷菜单中包含的命令是相同的

D. 通过快捷键Alt+Space，可以打开窗口的控制菜单

9. 在计算机的软件系统中，下列不属于系统软件的是（　　）。

A. Linux　　B. 解释程序　　C. Access 2010　　D. Excel 2010

10. 下列关于Windows 7的描述中，错误的是（　　）。

A. Windows 7是一个多任务操作系统，允许多个程序同时运行

B. 打开文档，就是将文档内容从外存调入内存

C. 退出程序，就是将程序转入后台运行

D. 使用应用程序中的保存命令，就是将内容从内存保存到外存上

11. 在Windows 7系统中，如果菜单项的文字后出现（　　）标记，则表明单击此菜单包含有子菜单。

A. ▶　　B. ...　　C. √　　D. ●

12. 在Windows 7系统中，下列关于对话框的叙述中，错误的是（　　）。

A. 拖动标题栏可以移动对话框

B. 对话框有模式对话框和非模式对话框之分

C. 按ESC键，可取消对话框中的参数设置

D. 拖动标题栏到屏幕顶部，可使用对话框最大化

13. 在Windows 7中，有关文件名中的扩展名，下列说法错误的是（　　）。

A. 操作系统根据文件的扩展名来建立应用程序与文件的关联关系的

B. 可以设置文件名是否显示扩展名

C. 扩展名是操作系统区分不同文件的唯一标志

D. 一个文件可以没有扩展名，扩展名也可以由多个字符构成

14. 在Windows 7中，可以给文件夹设置而不能给文件设置的属性是（　　）。

A. 隐藏　　B. 只读　　C. 共享　　D. 存档

15. 在Word 2010中，插入图片时，默认的对象类型是嵌入型，此时可对此图片进行的操作是（　　）。

A. 可将此图片拖动到文档的任意位置

B. 可按着Ctrl或shift键，同时选中此图片和文档中的其他图片，进行组合操作

C. 可对该图片进行裁剪操作

D. 可设置此图片与文档中其他图片的叠放次序

16. 在Word 2010中，执行下列（　　）操作后，可以再使用撤消命令返回到原来的状态。

A. 由页面视图设置为草稿视图　　B. 对窗口进行拆分

C. 设置窗口中显示标尺　　D. 进行分节

17. 在Word 2010中，插入分页符的快捷键是（　　）。

A. Enter　　B. Shift+Enter　　C. Ctrl+Enter　　D. Ctrl+Shift+Enter

18. 在Word 2010中，视图就是指文档在Word应用程序中的显示方式，显示效果最接近打印结果的视图是（　　）。

A. 页面视图　　B. 大纲视图　　C. Web版式视图　　D. 草稿视图

19. Excel 2010中，将一个工作簿保存为扩展名为.xlsx文件后，一个工作表中最多可包含的单元格数为（　　）。

A. 32767*63　　B. 65536*256　　C. 1048576*16384　　D. 1048576*256

20. 在 Excel 2010中，已经选定单元格区域B2:C6，若此时想对B2:D8单元格区域进行操作，下列操作不能实现选定B2:D8单元格区域的是（　　）。

A. 按住鼠标左键从B2拖动到D8　　B. 按住Shift键，单击D8单元格

C. 按住Ctrl键，单击D8单元格　　D. 按住鼠标左键从D2拖动到B8

21. 在Excel 2010中，若单元格中输入18位数字时，数字以科学计数法形式显示，且最后（　　）位的数字转换为0。

A. 3　　B. 4　　C. 6　　D. 7

22. 在Excel 2010中，输入系统当前日期可按组合键（　　）。

A. Ctrl+；　　B. Shift+；　　C. Ctrl+Shift+；　　D. Ctrl+Shift+.

23. 在Excel 2010中，使用升序、降序按钮作排序操作时，活动单元格应选定（　　）。

A. 工作表的任何地方

B. 数据清单中的任何地方

C. 数据清单中排序依据数据列的任一单元格

D. 数据清单标题行的任一单元格

24. 在Excel 2010的默认状态下，若在单元格中输入：=1/2，则单元格中显示的是（　　）。

A. 0.5　　B. 分数1/2　　C. 1月2日　　D. 50%

25. 在计算机的各项性能指标中，影响计算机计算精度的重要指标是（　　）。

A. 主频　　B. 字长　　C. 运算速度　　D. 内存容量

26. 在Excel 2010中，若对公式“=Rank（A1，B2:B30）”中的B2:B30单元格区域设置为绝对引用，可先选中公式中的B2:B30，直接按（　　）键。

A. F1　　B. F2　　C. F3　　D. F4

27. Excel 2010中包含三种模拟分析工具，其中不属于模拟分析工具的是（　　）。

A. 方案管理器　　B. 模拟运算表　　C. 合并计算　　D. 单变量求解

28. 在Excel 2010中，单元格C1到C20分别存放了20位同学的考试成绩，若规定大于等于90分以上的为优秀；90分以下，且大于等于60分以上的为合格，60分以下的为不合格。在D1到D20单元格中分别计算每个学生的成绩等级，可在D1单元格中输入公式（　　），然后填充即可。

A. =IF(C1>=90,"优秀",IF(C1>=60,"合格","不合格"))

B. =IF(C1>=90,"优秀",C1>=60,"合格","不合格")

C. =COUNTIF(C1:C20,">=90","优秀",">=60","合格","不合格")

D. = IF("C1>=90","优秀",IF("C1>=60","合格","不合格"))

29. bps是数字信号传输率的单位，也是网络带宽数据流量的单位，bps 表示的是（　　）。

A. 每秒传输的字节数　　B. 每秒传输的指令数

C. 每秒传输的字数　　D. 每秒传输的位数

30. 在PowerPoint 2010中，添加动画时不可以设置文本（　　）。

A. 整批发送　　B. 按字/词发送　　C. 按字母发送　　D. 按句发送

31. 关于声音数字化后的声音文件所占用的存储空间，以下说法正确的是（　　）。

A. 声音文件的大小与采样频率无关，与量化位数有关

B. 声音文件的大小与采样频率无关，与量化位数有关

C. 声音文件的大小与采样频率和量化位数均相关，但与声道数无关

D. 声音文件的大小与采样频率、量化位数和声道数均相关

32. 在PowerPoint 2010中，若要对演示新文稿进行“自定义幻灯片放映”的设置，可选择（　　）选项卡。

A. 设计　　B. 切换　　C. 动画　　D. 幻灯片放映

33. 在进行Word 2010文档选择时，按（　　）键的同时拖动鼠标可选择一个矩形文本。

A. Ctrl+Shift　　B. Shift　　C. Ctrl　　D. Alt

34. 在PowerPoint 2010的幻灯片浏览视图下，不能进行的操作是（　　）。

A. 新建幻灯片　　B. 隐藏幻灯片

C. 给幻灯片上的内容设置动画效果　　D. 新增节

35. 在关系模型中，数据之间的联系是通过（　　）的方法来实现。

A. 指针　　B. 在一个关系中包含另一个关系的属性

C. 文件名　　D. 索引

36. 在E-R概念模型中，一个学生是实体，学生实体可由学号、姓名、性别等属性组成，那么性别的取值范围是实体的（　　）。

A. 主码　　B. 属性　　C. 联系　　D. 域

37. Access 2010的数据表的一列称为一个（　　）。

A. 字段　　B. 字节　　C. 记录　　D. 主键

38. 在数据库关系模型中，公司有多个部门和多名职员，每个职员只能属于一个部门，一个部门可以有多名职员，从部门到职员的联系类型是（　　）。

A. 多对多　　B. 一对一　　C. 多对一　　D. 一对多

39. Access 2010中，有关主键的下列说法错误的是（　　）。

A. 设置为主键的字段不允许出现空值和重复值

B. 当把某一个字段设置为主键后，该字段默认的索引就是主索引

C. 设置主键操作可在表对象的设计视图中实现

D. 对于某个表对象来说，可根据表中数据的实际情况，设置多个主键

40. 在Access 2010的查询语句中，可以对查询结果进行排序的短语是（　　）。

A. having　　B. where　　C. order by　　D. group by

41. 如果一个网址的末尾是“.com.cn”，则表示该网站属于（　　）。

A. 商业组织　　B. 教育机构

C. 非营利组织　　D. 政府部门

42. 在Internet提供的各种服务中，WWW指的是（　　）。

A. Web World Wide　　B. Wide World Web

C. World Wide Web　　D. World Web Wide

43. 在Internet上访问网页时，以下路径中属于绝对路径的是（　　）。

A. http://www.sohu.com/index.htm　　B. address.htm

C. /xuesheng/chengji/mingci.htm　　D. staff/telephone.htm

44. 在TCP/IP协议集中，RIP协议指的是（　　）。

A. 传输控制协议　　B. 地址解析协议　　C. 远程登录协议　　D. 路由信息协议

45. 在计算机网络的传输介质中，传输容量大，传输质量好，损耗小，抗干扰性最强的传输介质是（　　）。

A. 同轴电缆　　B. 双绞线　　C. 光纤　　D. 电话线

46. 使用Dreamweaver设计网页时，单击（　　）可以跳转到当前页面中的某个位置，而不会打开新的网页文件。

A. 空链接　　B. 文本链接　　C. 锚记链接　　D. E-MAIL链接

47. C类IP地址的最高三个比特位，从高到低依次是（　　）。

A .010　　B. 110　　C. 100　　D. 101

48. 以下文件扩展名中，（　　）不是视频文件格式。

A. MPEG　　B. AVI　　C. VOC　　D. RM

49. 在企业内部网与外部网之间，用来检查网络请求分组是否合法，保护网络资源不被非法使用的技术是（　　）。

A. 防病毒技术　　B. 防火墙技术　　C. 差错控制技术　　D. 流量控制技术

50. 在Word 2010中，进行单元格插入时，下列不是插入单元格方式的是（　　）。

A. 活动单元格右移　B. 活动单元格左移　　C. 整行插入　　D. 整列插入

二、多项选择题（本大题共20小题，每小题1分，共20分）

每小题列出的四个备选项中只有两个是符合题目要求的，请将其代码填涂在答题卡相应代码涂黑。错涂、多涂、未涂均无分，少涂一个扣0.5分。

51. 根据计算机的用途划分，计算机可分为（　　）。

A. 数字计算机　　B. 专用计算机　　C. 模拟计算机　　D. 通用计算机

52. 在计算机中，可以通过不同的数制进行数据表示，为避免混淆，必须指明它属于哪一种数制，下列指明数据为十六进制的是（　　）。

A. 1101H　　B. 1101D　　C. $(1101)^{16}$　　D. $(1101)_{16}$

53. 在Windows 7的资源管理器中，可以实现文件或文件夹移动的操作有（　　）。

A. 在同一驱动器中，可以按住Ctrl键，使用鼠标直接拖动文件或文件夹

B. 对选定的文件或文件夹，使用“剪切”命令；选定目标位置后，再使用“粘贴”命令

C. 用鼠标右键拖动文件或文件夹到目标位置后释放鼠标，然后通过快捷菜单命令实现

D. 在不同驱动器之间，使用鼠标直接拖动文件或文件夹

54. 安装Windows 7时，系统创建的内置账户有（　　）。

A. Administrator　　B. Users　　C. Guest　　D. Administrators

55. 在Windows 7中，下列描述中错误的是（　　）。

A. Windows资源管理器的左窗口是一个树形控件视图窗口

B. 开始菜单只能用鼠标单击开始按钮才能打开

C. 任务栏可以放在桌面四个边界的任意边界位置上

D. 在窗口之间切换时，必须先关闭活动窗口才能使另外一个窗口成为活动窗口

56. 在Word 2010中，下列操作可在表中插入一行的是（　　）。

A. 若光标位于表格外右侧的行尾处，按Enter（回车）键

B. 若光标位于表格外右侧的行尾处，按Tab键

C. 若光标位于表格的最后一个单元格中，按Enter（回车）键

D. 若光标位于表格的最后一个单元格中，按Tab键

57. 在Word 2010中，段落对齐方式包括（　　）。

A. 两端对齐　　B. 分散对齐　　C. 竖线对齐　　D. 小数点对齐

58. 在Excel 2010中，要复制工作表，正确的操作是（　　）。

A. 单击选定要复制工作表标签，直接拖动工作表标签

B. 单击选定要复制工作表标签，按住Ctrl拖动工作表标签

C. 单击选定要复制工作表标签，在“移动或复制工作表”对话框中，选中对话框左下侧的“建立副本”，再单击“确定”

D. 单击选定要复制工作表标签，使用“复制”命令，选定目标位置，然后使用“粘贴”命令

59. 在Excel 2010中，下列属于单元格引用运算符的是（　　）。

A. ;　　B. &　　C. :　　D. ,

60. 在Excel 2010中通过设置条件被筛选掉的记录，默认情况下将（　　）。

A. 被删除　　B. 不显示　　C. 不打印　　D. 不可被恢复

61. 在Excel 2010中，下列关于图表的描述中，错误的是（　　）。

A. 嵌入式图表和工作表一起保存，独立图表单独保存为一个名为Chart1的文件

B. 没有数据也可以建立一个只有图表区的空图表

C. 数据标签是在数据系列的数据点上显示的与数据系列对应的实际值

D. 图表建立后，可更改图表的数据源，但不能更改图表的类型

62. PowerPoint 2010中，若要编辑占位符中的文字，可通过（　　）来实现。

A. 大纲窗格　　B. 阅读视图　　C. 幻灯片窗口　　D. 备注视图

63. 在数据库系统中，E-R图是描述现实世界关系概念模型的有效方法，用来表示实体和关系的分别是（　　）。

A. 矩形框　　B. 椭圆图框　　C. 菱形框　　D. 实心线段

64. 下列关于防火墙的叙述，正确的是（　　）。

A. 防火墙是用来增强内部网络安全性的一个或一组系统

B. 防火墙可以阻断攻击，也能消灭攻击源

C. 安装了防火墙后，来自或去往因特网的信息都必须经过防火墙的检查

D. 防火墙大多数病毒有预防的能力

65. 下列说法中，不正确的是（　　）。

A. 电子出版物存储量大，一张光盘可以存储几百本长篇小说

B. 电子出版物媒体种类多，可以集成文本、图形、图像、音视频等多媒体信息

C. 电子出版物不能长期保存

D. 电子出版物检索信息速度慢

66. 下面关于USB的叙述中，错误的是（　　）。

A. USB3.0的数据传输速度要比USB2.0传输速度快

B. USB是通用并行总线标准

C. USB不具有向外围设备供电的功能

D. USB支持热插拔和即插即用功能

67. 在Excel 2010中，下列叙述错误的是（　　）。

A. 在Excel 2010中，快速访问工具栏和功能区都可以自定义

B. 按Ctrl+F1键，可使功能区在最小化和展开状态之间切换

C. 可以通过自定义功能区向“开始”选项卡的“字体”组中添加命令

D. 单击“开始”选项卡可进入Excel 2010的BackStage视图模式

68. 在Excel 2010中，关于“筛选”的叙述，正确的是（　　）。

A. 自动筛选和高级筛选都可以将结果筛选至另外的区域中

B. 执行高级筛选前必须在另外的区域中给出筛选条件

C. 在自定义自动筛选方式时，筛选条件中可以使用通配符

D. 自动筛选时，如果在多列中设置筛选条件，多条件间是或的关系

69. 在多媒体系统中，关于点阵图（位图），以下说法正确的是（　　）。

A. 由许多像素组成的画面

B. 图像质量主要由图像的分辨率和色彩位数决定

C. 点阵图放大不会失真

D. 是由一组指令集合来描述位图内容

70. 下面有关计算机病毒的说法中，正确的是（　　）。

A. 计算机病毒是一些人为编制的计算机程序

B. 计算机病毒就是木马

C. 计算机病毒具有隐蔽性、传染性、潜伏性、破坏性、可触发性等特征

D. 只要计算机上安装了杀毒软件，就可以防治计算机病毒

三、判断题（本大题共20小题，每小题0.5分，共10分）

71. 嵌入式系统是以应用为中心，以计算机技术为基础，软硬件可裁剪，对功能、可靠性、成本、体积、功耗等有严格要求的专用计算机系统。

A. 正确　　　　B. 错误

72. 不同微处理器的字长是不同的，所支持的指令系统也是不相同的。

A. 正确　　　　B. 错误

73. 在Word 2010中，当按键盘上的回车键开始下一个段落时，上一个段落的缩进方式会自动应用于新的段落。

A. 正确　　　　B. 错误

74. PowerPoint 2010中，查找和替换默认范围是当前幻灯片。

A. 正确　　　　B. 错误

75. 默认情况下，Word 2010应用程序的功能区中包含了Word应用程序的所有功能。

A. 正确　　　　B. 错误

76. PowerPoint 2010中，当需要把一个对象上的动画效果复制到多个其他对象时，需要连续使用格式刷，双击“格式刷”按钮即可。

A. 正确　　　　B. 错误

77. 在Word 2010中，默认是插入状态，可以通过单击状态栏上的“改写”转化为改写

状态。

A. 正确　　B. 错误

78. Excel 2010中，如果单元格的数字格式数值为两位小数，此时输入三位小数，则末位四舍五入，但计算时是以输入的原数值进行计算。

A. 正确　　B. 错误

79. 在Excel 2010中，对工作表进行重命名后，可通过撤消命令恢复到原名状态。

A. 正确　　B. 错误

80. 在Excel 2010中，数据删除和清除的对象不同，所以数据删除和清除是两个不同的概念。

A. 正确　　B. 错误

81. 在Excel 2010中，可以设置单元格中文本的倾斜方向。

A. 正确　　B. 错误

82. 在Excel 2010中输入公式时，引用单元格数据有两种方法，第一种是直接输入单元格地址，第二种是利用鼠标选择单元格，最后按回车键确认。

A. 正确　　B. 错误

83. Excel 2010中，数据清单的第一行为文本类型，为相应列的标题名称，该行不会参与排序。

A. 正确　　B. 错误

84. PowerPoint 2010中，主题是改变幻灯片外观的方法之一，一个演示文稿中，可以使用多个主题。

A. 正确　　B. 错误

85. PowerPoint 2010中，放映时不想显示的幻灯片只能在放映前删除。

A. 正确　　B. 错误

86. PowerPoint 2010中，通过幻灯片母版插入的图片显示在每一个幻灯片上，若某张幻灯片不要求显示图片，可在“设置背景格式”对话框中选择“隐藏背景图形”。

A. 正确　　B. 错误

87. 在Access 2010中，所有的字段类型都可以建立索引。

A. 正确　　B. 错误

88. 在Access 2010中，当数据库中的表、查询、窗体、报表、宏和模块对象都保存在一个扩展名为.accdb的数据库文件中。

A. 正确　　B. 错误

89. IP地址192.1.1.2默认的子网掩码为255.255.0.0。

A. 正确　　B. 错误

90. 在Internet域名体系中，域的下面可以划分子域，各级域名用圆点分开。

A. 正确　　B. 错误

第Ⅱ卷

四、填空题（本大题共20小题，每小题1分，共20分）

91. 世界上第一台计算机ENIAC（　　）（填写“采用了”或“没采用”）冯·诺依曼的存储程序思想。

92. 英文名称是“The Internet of Things”指的是（　　）。

93. 计算机软件系统包括（　　）。

94. 二进制数“1111101”对应的十六进制数是（　　）H。

95. 在Windows 7中，关闭窗口的组合键是（　　）。

96. Microsoft Word 2010模板文档的扩展名是（　　）。

97. 在Excel 2010中，一个单元格含有多种特性，如内容、格式、批注和超链接等，使用Delete键删除的是单元格中的（　　）。

98. 在Excel 2010中，“拆分”命令可将Excel工作窗口最多拆分成（　　）部分，可同时查看同一工作表中的不同部分。

99. Excel 2010中，单元格F1中的公式为“=COUNT(C2:E2)”，则F1的结果为单元格C2到E2区域的（　　）。

100. 在Excel 2010中，通过（　　），可以使工作表中的数据以数据条、色阶、图标集突出显示相关单元格，强调异常值，以及实现数据的可视化效果。

101. 在PowerPoint 2010中，更改选定幻灯片布局是通过更改幻灯片的（　　）来实现的。

102. 在PowerPoint 2010中，当演示文稿的规模较大时，若想按定义的逻辑类别对幻灯片进行组织和分类，可使用（　　）功能，就像使用文件夹组织文件一样。

103. PowerPoint 2010中，若想设置演示文稿中幻灯片的换片方式，则应该选择（　　）选项卡。

104. 在数据通信过程中，将模拟信号还原成数字信号的过程称为（　　）。

105. 在进行网页设计时，CSS的含义是（　　）。

106. 在Word 2010中，选择不连续的文本块时，首先按住（　　）键不放，然后拖动鼠标进行选定。

107. 在Word 2010中，段落的首行文本不加改变，而除首行以外的文本缩进一定的距离的缩进方式称为（　　　　）。

108. 在Internet上浏览网页时，浏览器和Web服务器之间的传输网页使用的协议是（　　　　）。

109. 在Word 2010中，选定文本后，同时按下Ctrl和B按键的作用是将选定的文本设置为（　　　　）。

110. 分时操作系统的可以接受多个用户的命令，采用（　　　　）轮转方式处理服务请求。

计算机文化基础全真模拟试题（6）

本试题分为第Ⅰ卷和第Ⅱ卷两部分，满分100分，考试用时120分钟。考试结束后，将本试题和答题卡一并交回。

注意事项：

1. 答题前，考生务必用0.5毫米黑色签字笔将自己的姓名、考生号、身份证号填写到试题规定的位置上。

2. 第Ⅰ卷每小题选出答案后，用2B铅笔把答题卡上对应题目的答案标号涂黑；如需改动，用橡皮擦干净后，再选涂其他答案标号，答案不能答在试题上。

3. 第Ⅱ卷答题必须使用0.5毫米黑色签字笔作答，答案必须填写在答题卡各题目指定区域内相应的位置；如需改动，先划掉原来的答案，然后再写上新的答案；不能使用涂改液、胶带纸、修正带。不按以上要求作答的答案无效。

第Ⅰ卷

一、单项选择题（本大题共50小题，每小题1分，共50分）

在每小题列出的四个备选项中只有一个是符合题目要求的，请将其选出并将答题卡的相应代码涂黑。错涂、多涂或未涂均无分。

1. 下列关于世界上第一台电子计算机ENIAC的叙述，错误的是（　　）。

A. 世界上第一台计算机是1946年在美国诞生的

B. 它主要采用电子管作为主要电子器件

C. 确定使用高级语言进行程序设计

D. 它主要用于科学计算

2. 依据计算机的（　　）可将计算机分为电子数字计算机、电子模拟计算机和数模混合计算机。

A. 性能和规律　　B. 功能和价格

C. 机器使用范围　　D. 处理数据对象的类型

3. 在计算机的性能指标中，主要决定计算机进行数值计算时精度的是（　　）。

A. 字长　　B. 计算速度　　C. 主频　　D. 内存容量

4. 冯·诺依曼计算机结构由五大部分组成，下列各项中（ ）不属于这五大部分。

A. 运算器 B. 软件 C. I/O设备 D. 控制器

5. 下面哪一项不是计算机采用二进制的主要原因（ ）。

A. 二进制只有0和1两个状态，技术上容易实现

B. 二进制运算规则简单

C. 二进制数的0和1与逻辑代数的“真”和“假”相吻合，适合于计算机进行逻辑运算

D. 二进制可与十进制直接进行算术运算

6. 16进制数的1个位能够表示（ ）不同状态。

A. 16种 B. 15种 C. 10种 D. 9种

7. 已知三个字符为：A、Q和5，按它们的ASCII码值升序排序，结果是（ ）。

A. 5，A，Q B. A，5，Q C. Q，A，5 D. 5，Q，A

8. 不同配置的计算机，其内存容量可能不同，（ ）是存储容量的基本单位。

A. 字节 B. 页 C. 字 D. 位

9. 在Windows 7中，回收站的作用是（ ）。

A. 保存文件的碎片 B. 存放被删除的文件或文件夹

C. 恢复已破坏的文件或文件夹 D. 保存剪切的文本

10. Windows 7中的“任务栏”上存放的是（ ）。

A. 系统后台运行的程序 B. 系统正在运行的所有程序

C. 系统中保存的所有程序 D. 系统前台运行的程序

11. 计算机的存储系统由（ ）组成。

A. ROM和RAM B. 内存和外存 C. 硬盘和软盘 D. 磁带机和光盘

12. 在Windows 7中，下列选项中不是任务栏按钮显示方式的是（ ）。

A. 当任务栏被占满时合并 B. 并排

C. 从不合并 D. 始终合并、隐藏标签

13. 在 Windows 7中，下列不能用于应用程序之间切换的快捷键是（ ）。

A. Alt+Tab B. Alt+Esc C. Win+Tab D. Ctrl+Esc

14. 在 Windows 7中，当前窗口处于最大化状态，双击该窗口标题栏，则相当于单击了（ ）。

A. 最小化 B. 关闭按钮 C. 还原按钮 D. 系统控制按钮

15. 在Windows 7中，用于在应用程序内部或不同程序之间共享信息的工具是（ ）。

A. 计算机 B. 剪贴板 C. 公文包 D. 我的文档

16. 在Windows 7中，以下不是磁盘扫描程序的作用是（　　）。

A. 恢复丢失的文件　　B. 检查物理错误

C. 检查磁盘中的逻辑错误　　D. 删除临时文件

17. 在Windows 7操作系统中，打开外接显示设置窗口的快捷键是（　　）。

A. Win+D　　B. Win+P　　C. Win+Tab　　D. Win+L

18. 在Windows 7中，当一个应用程序窗口被关闭后，该应用程序将（　　）。

A. 保留在内存中　　B. 同时保留在内存和外存中

C. 从外存中清除　　D. 仅保留在外存中

19. 在Word 2010中，模板是一种（　　）。

A. 格式　　B. 文件　　C. 格式的集合　　D. 编辑文档的方式

20. 在Word 2010中使段落中的各行字符等距排列在左右文本边界之间，应采用的对齐方式（　　）。

A. 分散对齐　　B. 左对齐　　C. 居中　　D. 右对齐

21. 在Word 2010中，在现有文本区之外用于实现“即点即输”功能的鼠标操作是（　　）。

A. 单击　　B. 双击　　C. 右击　　D. 拖动

22. 在Word 2010中，不能利用标尺设置的是（　　）。

A. 段落的缩进方式　　B. 页边距

C. 表格的行高列宽　　D. 分栏文本的栏间距

23. 选定Word表格的某一列后，再按Backspace键，结果是（　　）。

A. 该列的左邻一列合并成一列　　B. 该列的内容被删除

C. 该列被删除，表格减少一列　　D. 该列被删除，原表拆分成左右两个表格

24. 在Word中，下列关于“节”的叙述，正确的是（　　）。

A. 一节可以包含一页或多页　　B. 一节之间不可分节

C. 节是章的下一级标题　　D. 一节就是新的一个段落

25. 在Windows 7中，多个程序之间共享数据时，若在某程序中插入的文档不再和源文档产生联系，这种数据共享方式称为（　　）。

A. 插入式共享　　B. 链接式共享　　C. 嵌入式共享　　D. 创建式共享

26. 在Word编辑文档时，选择某一段文字后，把鼠标置于选中文本的任一位置，按Ctrl键并按鼠标左键不放，拖到另一位置上才放开鼠标，实现的操作是（　　）。

A. 替换文件　　B. 删除文件　　C. 移动文本　　D. 复制文本

27. 在Word 2010中，双击“格式刷”可将一种格式从一个区域一次复制到（　　）个区域。

A. 三个　　B. 多个　　C. 一个　　D. 二个

28. 在Excel 2010中，将相对引用变为绝对引用的快捷键是（　　）。

A. F9　　B. F8　　C. F4　　D. F9

29. 在Excel 2010中，将单元格指针移到AB220单元格的最简单的方法是（　　）。

A. 拖动滚动条

B. 按Ctrl+AB220键

C. 在名称框输入AB220后按回车键

D. 先用Ctrl+→键移到AB列，然后用Ctrl+↓键移到220行

30. Excel公式中不可使用的运算符是（　　）。

A. 数字运算符　　B. 比较运算符　　C. 文字运算符　　D. 逻辑运算符

31. 在Excel 2010中，已知A5单元为公式“=A3+B4”，当B列被删除时，A5单元中的公式调整为（　　）。

A. =A3+C4　　B. =A3+B4　　C. =A3+A4　　D. =A3+#REF!

32. Excel 2010图表是动态的，当在图表中删除了相关的数据系列，与图表相关的工作表中的数据（　　）。

A. 出现错误值　　B. 保持不变　　C. 自动修改　　D. 用特殊颜色显示

33. 为了实现多字段的分类汇总，Excel 2010提供的工具是（　　）。

A. 数据地图　　B. 数据列表　　C. 数据分析　　D. 数据透视表

34. 在Excel 2010中，有关表格排序的说法正确是（　　）。

A. 只有数字类型可以作为排序的依据　　B. 只有日期类型可以作为排序的依据

C. 笔画和拼音不能作为排序的依据　　D. 排序规则有升序和降序之分

35. 在Excel 2010工作表中，在某单元格内输入文本123，不正确的输入形式是（　　）。

A. '123　　B. =12&3　　C. ="12"&"3"　　D. ="12"+"3"

36. 在PowerPoint 2010中，在演示文稿中只播放几张不连续的幻灯片，应在（　　）中设置。

A. 在“幻灯片放映”中的“设置幻灯片放映方式”

B. 在“幻灯片放映”中的“自定义幻灯片放映”

C. 在“幻灯片放映”中的“广播幻灯片”

D. 在“幻灯片放映”中的“录制演示文稿”

37. 在PowerPoint 2010中，关于幻灯片主题的说法错误的是（　　）。

A. 可以应用于所有幻灯片　　B. 可以应用于指定幻灯片

C. 可以对已使用的主题进行更改　　D. 主题文件的扩展名是.potx

38. 下列不是PowerPoint 2010视图的是（　　）。

A. 阅读视图　　B. Web版式视图　　C. 普通视图　　D. 幻灯片浏览视图

39. 在PowerPoint 2010中，要从第四张幻灯片转跳到第十张，可以使用的操作是（　　）。

A. 添加动画　　B. 添加超链接

C. 添加幻灯片切换效果　　D. 排练计时

40. 在PowerPoint 2010中，下列不能在放映时进行控制的放映模式是（　　）。

A. 演讲者放映　　B. 观众自行浏览　　C. 在展台浏览　　D. 演讲者自行浏览

41. 在PowerPoint 2010中，如果对一张幻灯片使用了系统提供的某种版式，对其中各个对象的占用位符，（　　）。

A. 只能用具体内容去替换，不可删除

B. 不能移动位置，也不能改变格式

C. 可以删除不用，也可在幻灯片中再插入新的对象

D. 可以删除不用，但不能在幻灯片中再插入新的对象

42. 在PowerPoint 2010中，动画刷的作用是（　　）。

A. 复制母版格式　　B. 复制切换效果

C. 复制字符格式　　D. 复制幻灯片中对象的动画效果

43. Http://www.Zust.Edu.Cn/Jwc/Index.Asp是一个完整的URL地址，它由协议类型，主机域名，路径和资源文件名等部分组成。URL的完整名字为（　　）。

A. 统一资源定位器　B. 超文本传输协议　C. 超文本标记语言　D. 域名系统

44. 在Dreamweaver中，为了在浏览器的不同区域同时显示几个网页，可使用的方法是（　　）。

A. 表格　　B. 框架　　C. 表单　　D. 热点

45. 在“物理仿真实验室”学习软件中，用户能够使用软件提供的各种实验设备和材料，随心所欲地操作，进行各种物理实验，这主要体现了多媒体技术特点的（　　）。

A. 交互性　　B. 实时性　　C. 集成性　　D. 多样性

46. 编辑一张图片时，分别以不同的格式保存为三个文件：PiC.Bmp、PiC.Jpg、PiC.Gif，这三个文件的大小是（　　）。

A. PiC.Bmp最大　　B. PiC.Jpg最大　　C. PiC.Gif最大　　D. 一样大

47. IE的收藏夹用来（　　）。

A. 收藏网址　　B. 收藏图片

C. 收藏邮件联系人　　D. 保存网页

48. 数据独立性是数据库技术的重要特点之一。所谓数据独立性是指（　　）。

A. 数据与程序独立存放

B. 不同的数据被存放在不同的文件中

C. 不同的数据只能被对应的应用程序所实用

D. 数据包含在程序中

49. 现有学生表S（学号、姓名、性别、年龄、身份证号），课程C（课号、课名），选课SC（学号、课号、成绩），表S和C与表SC的联系都是一对多的关系，则表SC的关键字（键或码）为（　　）。

A. 课号、成绩　　B. 学号、成绩

C. 学号、课号　　D. 学号、课号、成绩

50. 在Access 2010中，下列说法中正确的是（　　）。

A. 数据库中的数据存储在表和查询中

B. 数据库中的数据存储在表和报表中

C. 数据库中的数据存储在表、查询和报表中

D. 数据库中的数据都存储在表中

二、多项选择题（本大题共20小题，每小题1分，共20分）

每小题列出的四个备选项中只有两个是符合题目要求的，请将其代码填涂在答题卡相应代码涂黑。错涂、多涂、未涂均无分，少涂一个扣0.5分。

51. 在PowerPoint 2010放映幻灯片时，要切换到下一张幻灯片，可以通过下列（　　）操作来实现。

A. 左箭头键　　B. PageDown键　　C. 右箭头键　　D. BackSpace键

52. 在PowerPoint 2010中，（　　）是合法的打印版式选项。

A. 讲义　　B. 大纲　　C. 动画效果　　D. 幻灯片浏览

53. 在Excel 2010的单元中输入数据，以下说法正确的是（　　）。

A. 在一个单元格最多可输入255个非数字项的字符

B. 如果输入数值型数据长度超过单元格宽度，Excel会自动以科学计数法表示

C. 对于数字项，超过15位数字将自动转换为0

D. 如输入文本型数据超过单元格宽度，Excel出现错误提示

54. 在Word 2010中，有关表格拆分的下列说法，正确的是（　　）。

A. 将原来的表格从正中间分为两部分，其方向由用户决定

B. 将原来的表格从某两行之间分为上下两个表格

C. 将原来的表格从某两行之间分为左右两个表格

D. 确定拆分位置，按Ctrl+Shift+Enter可实现表格拆分

55. 在Windows 7中，通过控制面板中的“区域和语言”可以设置语言栏的存在状态，下列可以对语言栏进行设置的选项是（　　）。

A. 悬浮于桌面上　　B. 停靠于桌面

C. 停靠于任务栏　　D. 自动显示

56. 在Word 2010中，关于段落标记的说法中，（　　）是正确的。

A. 段落标记是表示独立段落的标记，该标记可通过按Ctrl+Enter键产生

B. 段落标记位于段落的结尾处，当把上下两个段落之间段落标记删除后，两个段落合并成一段，且段落格式与上一段相同

C. 将段落标记在屏幕上显示后，打印时也会将该标记打印出来

D. 段落标记在屏幕上显示或隐藏，不影响排版格式

57. 下列关于网络分类的描述，正确的有（　　）。

A. 按网络覆盖范围划分，可将网络分为：LAN、MAN、WAN

B. 按网络传输介质，网络可分为有线网和无线网

C. 公用网和专用网是按网络的作用范围来划分的

D. 网络也可按拓扑结构进行划分，但一个网络只能使用一种拓扑结构

58. 在计算机系统中，下列描述错误的是（　　）。

A. 用机器语言编写的程序可以由计算机直接执行

B. Windows 7中的库和文件夹的功能相同，都是用来组织和管理文件或文件夹的

C. 计算机运算速度可用每秒所执行指令的条数来表示

D. 操作系统是能够在裸机上直接安装的、最基础最重要的一种应用软件

59. 十进制数28转换成的二进制数和对应BCD码分别是（　　）。

A. 00011100　　B. 00111000　　C. 00101000　　D. 10000010

60. 在PowerPoint 2010中的“切换”选择卡中，换片方式有自动换片和手动换片，以下叙述中正确的是（　　）。

A. 同时选择“单击鼠标时”和“设置自动换片时间”两种换片方式，但“单击鼠标时”换片方式不起作用

B. 可以同时选择“单击鼠标时”和“设置自动换片时间”两种换片方式，但“单击鼠标时”换片的优先级高

C. 只允许在“单击鼠标时”和“设置自动换片时间”两种换片方式中选择一种

D. “设置自动换片时间”可通过手动方式进行设置，也可通过排练计时进行设置

61. 在PowerPoint 2010的（　　）中，可以用拖动方法改变幻灯片的顺序。

A. 普通视图　　B. 备注页视图

C. 幻灯片浏览视图　　D. 幻灯片放映

62. 在Excel 2010中，有关移动和复制工作表的操作，下面说法正确的有（　　）。

A. 工作表能移动到其他工作簿中　　B. 工作表不能复制到其他工作簿中

C. 工作表不能移动到其他工作簿中　　D. 工作表能复制到其他工作簿中

63. 关于Word 2010的文档保护功能，下列说法正确的有（　　）。

A. 可以为文档加密保护　　B. 给文档页面加水印效果

C. 可以将文档标记为最终状态　　D. 给文档新建批注

64. 打印一个文件的第1、3、5、7、8、9、10页，页码范围设定正确的是（　　）。

A. 1.3.5.7–10　　B. 1、3、5、7/10

C. 1,3,5,7–10　　D. 1,3,5,7,8,9,10

65. 在Excel 2010中，“Delete”键和“全部清除”命令的区别在于（　　）。

A. Delete 可以清除单元格中的内容、格式、批注和超链接等

B. Delete 仅能清除单元格中的内容

C. 全部清除命令可清除单元格的内容、格式、批注和超链接等

D. 全部清除命令可以删除单元格

66. 在Excel 2010的默认状态下，要正确输入身份证号码，下列方法可完成的是（　　）。

A. 直接输入

B. 先输入单引号，再输入身份证号码

C. 先输入冒号，再输入身份证号码

D. 先将单元格格式转换成文本，再直接输入身份证号码

67. 在 Access 2010数据库中，下列关于表的说法，正确的是（　　）。

A. 表中每一列元素必须是相同类型的数据

B. 在表中不可以保存图形数据

C. 表是Access数据库对象之一，在数据表视图中，不能设置主键

D. 删除一个字段或给字段改名，只能在设计视图中进行

68. 在Windows 7中，下列有关快捷方式的叙述，正确的是（　　）。

A. 快捷方式改变程序或文档在磁盘上的存放位置

B. 快捷方式提供了对常用程序和文档的访问捷径

C. 将快捷方式复制到其他位置，快捷方式链接的对象将发生变化

D. 删除快捷方式时不会对原程序或文档产生影响

69. 在HTML语言结构中，（　　）是用来指定文件的主体，文字、图形、图像、链接、动画和视频等元素都应包含在该标签内。而将来要显示在浏览器标题栏上的内容，则应包含在（　　）标签内。

A. <html>...</html>　　B. <body>...</body>

C. <head>...</head>　　D. <title>...</title>

70. 以下关于防火墙的说法，正确的是（　　）。

A. 防火墙是一种隔离技术，其主要功能是查杀病毒

B. 防火墙的主要工作原理是对数据包及来源进行检查，阻断被拒绝的数据

C. 防火墙虽然能够提高网络的安全性，但不能保证网络绝对安全

D. 防火墙可以防止内网非法用户访问内网

三、判断题（本大题共20小题，每小题0.5分，共10分）

71. 机器语言和汇编语言统称低级语言，它们都是能够被计算机直接识别和执行的语言。

A. 正确　　B. 错误

72. 当用户通过域名访问一个网站时，需要由专门的服务器将域名转换成IP地址后才能找到对应的计算机。

A. 正确　　B. 错误

73. 内存中连续两个字节的内容为CEC4H，则这两个字节中可能存放着两个ASCII码。

A. 正确　　B. 错误

74. Internet上资源分为信息资源和服务资源，Internet采用“客户机/服务器”模式访问资源。

A. 正确　　B. 错误

75. 域名是采用分层的方法为Internet中的计算机所取的直观的名字。

A. 正确　　B. 错误

76. 在Word 2010中，将页面正文的顶部空白部分称为页脚。

A. 正确　　B. 错误

77. 在Windows 7中切换用户时，用户可以不关闭正在运行的程序，而当该用户再次返

回时，系统可以继续，使用没有关闭的程序。

A. 正确　　B. 错误

78. 在Access 2010数据库中，查询的数据源只能是表。

A. 正确　　B. 错误

79. 电话拨号上网需要Modem，用来对传输的数字信号进行放大。

A. 正确　　B. 错误

80. 数据通信中的信道传输速率单位bps表示“字节/秒”。

A. 正确　　B. 错误

81. 不随意下载软件和不轻易使用来历不明的软件，都可有效预防计算机感染病毒。

A. 正确　　B. 错误

82. Internet实现了分布在世界各地的各类网络的互联，其最基础和核心的协议是OSI。

A. 正确　　B. 错误

83. 在Word 2010中，在中文输入法状态下，通过“Shift+空格”可实现全角和半角的切换。

A. 正确　　B. 错误

84. 在Excel 2010中，发现工作簿中的工作表被误删除后，可通过“撤消”命令恢复误删除的工作表。

A. 正确　　B. 错误

85. 在Access 2010中，不可以利用查询来删除表中的记录。

A. 正确　　B. 错误

86. 用树状结构来表示实体之间联系的模型是关系模型。

A. 正确　　B. 错误

87. 在Windows 7中默认库被删除后可以通过恢复默认库进行恢复。

A. 正确　　B. 错误

88. 使用Ipconfig/All命令可显示网卡的物理地址、主机的IP地址、子网掩码以及默认网关等信息。

A. 正确　　B. 错误

89. 用户在Internet上发邮件是通过SMTP协议来实现的，收邮件是通过POP3协议实现的。

A. 正确　　B. 错误

90. 一旦中心节点出现故障，则整个网络将会瘫痪的网络拓扑结构是总线型。

A. 正确　　B. 错误

第Ⅱ卷

四、填空题（本大题共20小题，每小题1分，共20分）

91. 小明使用一台数码相机使用1024×768模式最多可拍100张相片，为了拍摄多于100张相片，在其他参数不变的情况下，他想通过调整分辨率来实现，调整后的分辨率应该比1024×768（　　　　）。

92. 在Access 2010中，（　　　　）是若干个操作的集合，用来简化一些经常性的操作。

93. 在Windows应用程序中，有些文档内容很多，即使窗口最大化也无法使其全部显示出来，此时可以利用窗口的（　　　　）来阅读整个文档的内容。

94. 在Access数据库中，为了保持表之间的关系，要求在子表（从表）中添加记录时，如果主表中没有与之相关的记录，则不能在子表（从表）中添加该记录。为此需要定义的关系是（　　　　）。

95. 在Word 2010的编辑状态下，如果用户输入的字符覆盖了当前光标位置后面的字符，表明当前系统处于（　　　　）状态。

96. 在Dreamweaver 中，单击（　　　　）可以跳转到当前页面中的某个位置，而不会打开新的网页文件。

97. （　　　　）是文件和文件夹的集合，它提供了一种组织所有与Web站点关联的文档的方法。

98. 算法的每一个步骤都必须明确地定义，不应该在理解时产生二义性，这指的算法的（　　　　）特征。

99. 非法接收者试图从密文分析出明文的过程称为（　　　　）。

100. IP地址由32位二进制位组成，通常分成网络地址和主机地址两部分，其中A类IP地址的主机地址占（　　　　）个字节。

101. 计算机网络是由多个互连的结点组成的，结点之间要做到有条不紊地交换数据，每个结点都必须遵守一些事先约定好的原则。这些规则、约定与标准被称为（　　　　）。

102. 执行逻辑或运算10101010∨01001011，其结果是（　　　　）。

103. 如果你使用Word 2010编辑的论文或图书中有许多插图、图表或者表格，而且还要为这些插图、图表或者表格进行编号，最方便的方式是使用Word提供的（　　　　）功能。

104. 如果一组数据的各数据位在多条线上同时被传输，这种传输方式称为（　　　　）。

105. 在Excel 2010中，在某单元格式中输入了公式：=2>–2^4，确认后，该单元格显示的值是（　　　　）。

106. 根据（　　　　）的生成方式，大致可以分为静态网页和动态网页两种。

107. 域是隐藏在文档中的由一组特殊代码组成的指令。在Word 2010中，按（　　　　），可解除域和信息源的链接，域结果永久取代域代码，转变为静态的普通文本，不再具有域的属性。

108.（　　　　）是Access 2010中用户通过显示器对数据库进行操作的工作界面，既可以显示信息，也可以输入数据，其内可包含各种控件。

109. 在Excel 2010中，选中单元格区域A1:E3，然后执行了“跨越合并”命令，则合并后的区域包含（　　　　）个单元格。

110. 在Access 2010中，若有表：学生表（学号，姓名，班级，专业），若要使用查询专业为计算机的所有学生信息，则可使用的Sql语句是（　　　　）。

计算机文化基础全真模拟试题（7）

本试题分为第Ⅰ卷和第Ⅱ卷两部分，满分100分，考试用时120分钟。考试结束后，将本试题和答题卡一并交回。

注意事项：

1. 答题前，考生务必用0.5毫米黑色签字笔将自己的姓名、考生号、身份证号填写到试题规定的位置上。

2. 第Ⅰ卷每小题选出答案后，用2B铅笔把答题卡上对应题目的答案标号涂黑；如需改动，用橡皮擦干净后，再选涂其他答案标号，答案不能答在试题上。

3. 第Ⅱ卷答题必须使用0.5毫米黑色签字笔作答，答案必须填写在答题卡各题目指定区域内相应的位置；如需改动，先划掉原来的答案，然后再写上新的答案；不能使用涂改液、胶带纸、修正带。不按以上要求作答的答案无效。

第Ⅰ卷

一、单项选择题（本大题共50小题，每小题1分，共50分）

每小题列出的四个备选项中只有一个是符合题目要求的，请将其代码填涂在答题卡上。错 选、多选或未选均无分。

1. 下列四个不同数制表示的数中，数值最大的是（　　）。

A. $(11011100)_2$　　B. $(335)_8$　　C. $(221)_{10}$　　D. $(DE)_{16}$

2. 十六进制数7A.8的二进制数表示是（　　）。

A. 1111010.1　　B. 111101.1

C. 11101010.1　　D. 1110101.1

3. 在以下存储设备中，存取速度最快是（　　）。

A. 内存　　B. 硬盘　　C. Cache　　D. 虚拟内存

4. 为解决某一特定的问题而设计的指令序列称为（　　）。

A. 语言　　B. 指令集　　C. 程序　　D. 文档

5. 在汉字库中，存储一个64×64点阵的汉字字形码，需占（　　）存储空间。

A. 2B　　B. 512B　　C. 256B　　D. 128B

6. 在下列总线中，属于并行总线的是（　　）。

A. PCI　　B. USB　　C. IEEE1394　　D. SATA

7. 微型计算机的主频很大程度上决定了计算机的运行速度，它是指（　　）。

A. 基本指令操作次数　　B. 单位时间的指令条数

C. 计算机的运行速度快慢　　D. 微处理器时钟工作频率

8. 已知字符K的ASCII码的十六进制数是4BH，则ASCII码的二进制数1000111对应的字符应为（　　）。

A. G　　B. H　　C. I　　D. J

9. 在Windows 7中，通过任务栏不能完成的操作是（　　）。

A. 显示桌面　　B. 更改系统的日期和时间

C. 设置已打开窗口的显示方式　　D. 将已打开窗口附到[开始]菜单

10. 在Windows 7中，下列说法错误的是（　　）。

A. 通过Win+R键，可打开“运行”对话框

B. Win+P键可使显示内容在电脑屏幕和投影仪屏幕之间切换

C. 快捷方式是一种无须进入安装位置即可启动常用程序或打开文件、文件夹的方法

D. 主文件名和扩展名之间用英文句号分隔，但一个文件名只能有一个英文句号

11. 在Windows 7中，下列有关回收站的说法，不正确的是（　　）。

A. 可以给回收站中的文件或文件夹进行重命名

B. 可以为多个硬盘驱动器分别设置回收站所占用的磁盘空间大小

C. 可以修改回收站的图标、为回收站重命名

D. 用户可以为回收站创建快捷方式

12. 在Windows 7中，即插即用的含义是指（　　）。

A. 在 Windows 系统中所能使用的所有硬件

B. 硬件安装在计算机上后，系统会自动识别并完成驱动程序的安装和配置

C. Windows 保证自动正确地配置即插即用设备，永远不需要用户干预

D. 即插即用设备只能由操作系统自动配置，用户不能手工配置

13. 在Word 2010中，未选定文本时，可对当前段落进行的操作是（　　）。

A. 给选定的文本加下划线　　B. 设置字符间距

C. 设置首行缩进　　D. 设置字体颜色

14. 在Word 2010中，有关人工分页符的下列说法正确的是（　　）。

A. 人工分页符在草稿视图显示为一条中间带分页符字样的虚线

B. 按Shift+Enter键可实现人工分页

C. 人工分页符和自动分页符都可使用Del键进行删除

D. 使用“插入”选项卡中的“分隔符”可以插入人工分页符

15. 在Word 2010中，设置页眉和页脚时的默认作用范围是（　　）。

A. 当前选定的文本范围　　B. 当前节

C. 当前页　　D. 当前段

16. 在Word 2010中，默认情况下，插入剪贴画和图片与文字之间的位置关系是（　　）。

A. 上下型　　B. 穿越型　　C. 四周型　　D. 嵌入型

17. 在Word 2010文档中，可以使被选中的文字内容看上去像使用荧光笔作了标记一样。此效果是使用Word 2010的（　　）文本功能。

A. 字体颜色　　B. 突出显示　　C. 字符底纹　　D. 文字效果

18. 在Word 2010中，创建表格的最大列数是（　　）。

A. 256　　B. 63　　C. 16384　　D. 32767

19. 在Word 2010的编辑状态打开一个文档，并对文档进行修改，然后“关闭”文档操作后（　　）。

A. 文档将被关闭，但修改后的内容不能保存

B. 文档不能被关闭，并提示出错

C. 文档将被关闭，并自动保存修改后的内容

D. 将弹出对话框，并询问是否保存对文档的修改

20. 在Word 2010中，下述关于分栏操作的说法，正确的是（　　）。

A. 可以将指定的段落分成指定宽度的两栏

B. 任何视图下均可看到分栏效果

C. 设置的各栏宽度和间距与页面宽度无关

D. 栏与栏之间不可以设置分隔线

21. 在Word 2010中，在关文本框的下列说法，错误的是（　　）。

A. 可以设置文本框与文字的多种环绕方式

B. 提供了横排和竖排两种文本框类型，通过改变文本框的文字方向可以实现横排和竖排的转换

C. 在文本框中可以插入图片，在文本框中也可以使用项目符号和编号

D. 随着框内文本内容的增多，文本框会自动增大

22. 在Excel 2010中，有公式=Sum（A1:D3 B2:E3），则该公式对（　　）个单元格的

数据求和。

A. 6　　B. 8　　C. 12　　D. 20

23. 在Excel 2010中，下列属于比较运算符的是（　　）。

A. :　　B. =　　C. %　　D. &

24. 在Excel 2010中，若将数据清单中重复数据以某种特殊格式显示，可以使用（　　）命令。

A. 条件格式　　B. 筛选　　C. 数据有效性　　D. 排序

25. 在Excel 2010的数据清单中，对某列数据进行“排序”时，不能选择的排序依据是（　　）。

A. 字体颜色　　B. 数值　　C. 单元格图标　　D. 单元格边框类型

26. 在Excel 2010中，若按快捷键Ctrl+Shift+;，则在当前单元格中插入（　　）。

A. 系统当前日期　　B. 系统当前时间

C. :　　D. 函数

27. 在Excel 2010中，有关清除和删除的下列说法，错误的是（　　）。

A. 清除是指清除选定的单元格区域内的内容、格式等，单元格依然存在

B. 删除则是将选定的单元格和单元格内的内容一并删除

C. 按Delete键，可删除单元格中的批注

D. 删除命令的对象可以是工作表、行、列和单元格

28. 在Excel 2010中，当向单元格输入内容：'=1/2，默认情况下在单元格中的对齐方式是（　　）。

A. 左对齐　　B. 右对齐　　C. 分散对齐　　D. 居中对齐

29. 在单元格A1、A2、A3、B1、B2、B3中分别有数据1、2、3、4、5、6，则在单元格C5中输入：=AVERAGE（B3:A1），C5单元格中的数据为（　　）。

A. #N/A　　B. #NAME?　　C. #REF!　　D. 3.5

30. 在Excel 2010中，如果某单元格输入数字后显示为若干个“#”号（如#########），下列说法正确的是（　　）。

A. 将单元格格式设置为自动换行可显示原始数据

B. 增加行高可显示原始数据

C. 加宽列宽可显示原始数据

D. 改变单元格对齐方式可显示原始数据

31. 在PowerPoint 2010中保存文件类型时，可将演示文稿保存为扩展名为（　　）的主

题文档，以便可以将该主题应用到其他演示文稿中。

A. .pptx　　B. .potx　　C. .thmx　　D. .ppsx

32. 在PowerPoint 2010中，“视图”表示的是（　　）。

A. 一种图形　　B. 演示文稿中幻灯片的显示方式

C. 编辑演示文稿的方式　　D. 一张正在修改的幻灯片的版式

33. 在PowerPoint 2010中，下列说法不正确的是（　　）。

A. 可以在演示文稿保存为.wmv格式的视频文件

B. 幻灯片有横向和纵向两种显示方式

C. 可以创建包含演示文稿幻灯片和备注的Word文档

D. 演示文稿只能打包到CD光盘，不能打包到文件夹

34. 在PowerPoint 2010中，下列有关插入幻灯片的说法正确的是（　　）。

A. 选择“插入”选项卡中的“新建幻灯片”

B. 按快捷键Ctrl+N可以在当前演示文稿中插入一张幻灯片

C. 插入的幻灯片都是基于某种版式生成的

D. 不能插入和已有幻灯片内容一样的幻灯片

35. 幻灯片放映过程中，若要黑屏显示，可按的键是（　　）。

A. E键　　B. R键　　C. B键　　D. W键

36. 在PowerPoint 2010中，幻灯片放映时某个对象按照自定义的运动轨迹进行显示，应选择（　　）动画效果设置。

A. 进入　　B. 强调　　C. 退出　　D. 动作路径

37. 在PowerPoint 2010中，若要删除幻灯片中的某个对象的动画效果，下列操作不能实现的是（　　）。

A. 在“动画窗格”中选中要删除的动画效果，按Delete键删除

B. 选中设置了动画效果的对象，在“动画” 选项卡中“动画”组中，选择“无”

C. 选中未设置动画的对象，单击动画刷，使用动画刷去刷设置了动画效果的对象

D. 在幻灯片上，单击表示动画顺序的编号，然后按Delete键

38. 下列软件不属于数据库管理系统的是（　　）。

A. UNIX　　B. Oracle　　C. Access 2010　　D. Sql Server

39. 在数据库系统中，下列说法不正确的是（　　）。

A. 数据库减少了数据冗余　　B. 数据库中的数据可以共享

C. 数据库避免了一切数据的重复　　D. 数据库具有较高的数据独立性

40. 一个关系就是一张二维表，其水平方向上的行，又称为（　　）。

A. 域　　B. 元组　　C. 属性　　D. 分量

41. 在Access 2010中，下列关于表对象的叙述中错误的是（　　）。

A. 一个数据库中可以存放多个表

B. 多个表对象之间是可以通过相同记录建立表间联系的

C. 表是其他数据库对象的数据来源

D. 表对象是存放在数据库文件中的，不能单独存放

42. 下列关于防火墙的说法正确的是（　　）。

A. 防火墙能够很好地解决网络内部网络攻击的问题

B. 防火墙可以防止把网外未经授权的信息发送到内网

C. 任何防火墙都能准确地检测出攻击来自哪一台计算机

D. 防火墙的主要支撑技术是加密技术

43. 在OSI参考模型中，物理层负责以（　　）为单位进行数据传输。

A. 帧　　B. 分组　　C. 比特流　　D. 信息报文

44. 一台微型计算机要与局域网连接，计算机必须安装的硬件是（　　）。

A. 集线器　　B. 网关　　C. 网卡　　D. 路由器

45. 调制解调器（Modem）的功能是实现（　　）。

A. 模拟信号与数字信号的转换　　B. 数字信号的编码

C. 模拟信号的放大　　D. 数字信号的整形

46. Internet实现了分布在世界各地的各类网络的互联，其最基础和核心的协议是（　　）。

A. HTTP　　B. TCP/IP　　C. HTML　　D. FTP

47. 在Dreamweaver 中，我们可以为链接设立目标，其中（　　）表示在弹出的新窗口中打开所链接的网页。

A. _blank　　B. _Parent　　C. _Self　　D. _Top

48.（　　）是网页传递信息的主要载体，传输速度快，而且可以设置其大小、颜色、段落、层次等属性。

A. 图像　　B. 动画　　C. 文本　　D. 音视频

49. 在Dreamweaver中，创建图像热点链接时，不包括（　　）形状的图像热点。

A. 不规则曲线　　B. 多边形

C. 矩形　　D. 椭圆形

50. 超文本是一个（　　）结构。

A. 顺序的树形　　B. 非线性的网状

C. 线性的层次　　D. 随机的链式

二、多项选择题（本大题共20小题，每小题1分，共20分）

每小题列出的四个备选项中只有两个是符合题目要求的，请将其代码填涂在答题卡上。错选、多选或未选均无分，少选一个扣0.5分。

51. 以下关于语言处理程序解释程序、编译程序和汇编程序的说法，正确的是（　　）。

A. 编译程序和解释程序都是对高级语言源程序进行翻译，均能产生目标程序

B. 汇编程序对汇编语言源程序进行翻译时，能产生目标程序

C. 编译程序和解释程序对高级语言源程序进行翻译时，能产生目标程序是编译程序

D. 编译程序和汇编程序对高级语言源程序进行翻译时，均能产生目标程序

52. 关于微型计算机，下列说法正确的是（　　）。

A. 微处理器是微型计算机的核心，它由控制器和寄存器组成

B. 系统总线是CPU与各部件之间传送各种信息的公共通道

C. 微型计算机属于第三代计算机

D. 外存储器中的信息不能直接进入CPU进行处理

53. 下列外部设备中，属于输出设备的是（　　）。

A. 键盘　　B. D/A转换器　　C. 绘图仪　　D. A/D转换器

54. 在Windows 7中，回收站中存放的是从硬盘上删除的文件或文件夹，对回收站中的文件或文件夹，可以进行的操作是（　　）。

A. 还原和删除　　B. 复制和删除

C. 剪切　　D. 复制和创建快捷方式

55. 在Windows 7中，关于磁盘的维护，下列描述正确的是（　　）。

A. 磁盘清理的目的是清理磁盘中的垃圾文件，释放磁盘空间

B. 磁盘格式化后，磁盘上的原有文件将不再存在

C. 磁盘查检只能检查磁盘错误而不能恢复

D. 磁盘碎片只是文件在磁盘上存储时占用的空间不连续，不影响磁盘的读写速度

56. 在Word 2010中，有关文本框的链接，下列说法正确的是（　　）。

A. 文本框创建链接时，目标文本框可以不空

B. 当文本框创建链接后，上一级文本框文字未输满时，不能在下一级文本框中输入数据

C. 断开链接后，被链接文本框中的内容将自动合并到其上一级文本框中

D. 文本框建立链接后，当删除一个文本框时，该文本框的内容也被删除

57. 在Word 2010的编辑状态，关于拆分表格，正确的说法是（　　）。

A. 拆分表格的快捷键是Ctrl+Shift+Enter

B. 只能将表格拆分为左右两部分

C. 只能将表格拆分为上下两部分

D. 可以自行设置拆分的行数和列数

58. 在Word 2010的编辑状态下，如果选中一个单元格，再按Backspace键，下列说法正确的是（　　）。

A. 可选择删除整行　　B. 可选择左侧单元格右移

C. 只删除单元格内容　　D. 可选择下方单元格上移

59. 在Excel 2010中，A1单元格为数值60，B1单元格为数值80，则下列公式返回结果为True的是（　　）。

A. =AND(A1>50,B1>80)　　B. =IF(A1>B1,FALSE,TRUE)

C. =OR(A1>50,B1>80)　　D. =COUNTIF(A1:B1,">=60")

60. 在Excel 2010中，下列函数的返回值一定是数值的是（　　）。

A. =COUNT(A1:D6)　　B. =RANK(A1,$A$1:$A$100)

C. =LEFT(A1,3)　　D. =A1&A2

61. 在Excel 2010中，要取消对单元格中数据的编辑，下列方法正确的是（　　）。

A. 单击当前单元格之外的任意单元格

B. 按Esc键

C. 单击编辑栏上的取消按钮

D. 按Tab键

62. 在Excel 2010中，下列叙述正确的有（　　）。

A. Excel 2010工作表中最多支持255列

B. 按快捷键Ctrl+S可以保存工作簿文件

C. 按快捷键Shift+F11可以保存工作簿文件

D. 按Alt+Enter可实现单元格内换行

63. 在PowerPoint 2010中，下列说法正确的是（　　）。

A. 设置了“循环放映”选项时，Powerpoint会对当前幻灯片循环播放

B. 设置了“放映时不加动画”选项时，Powerpoint会删除当前演示文稿中的动画效果

C. 放映时使用激光笔控制播放过程时，若要显示激光笔，应按Ctrl+鼠标左键

D. 一个演示文稿中的所有幻灯片可设置同一种切换效果

64. 在PowerPoint 2010中，使用“动作”命令可以实现（　　）。

A. 幻灯片之间的跳转　　B. 演示文稿幻灯片的移动

C. 中断幻灯片的放映　　D. 在演示文稿中插入幻灯片

65. 在PowerPoint 2010中，有关幻灯片的打印设置，正确的是（　　）。

A. 隐藏的幻灯片在放映时不显示，也不能打印

B. 按讲义版式打印时，每页可打印的幻灯片数量可以是1、2、3、4、6、9

C. 在幻灯片放映时，演讲者在幻灯片上留下的墨迹也可以打印

D. 幻灯片中可以插入批注，但批注内容不能打印

66. 在关系模型中，下列关于关系的描述，正确的是（　　）。

A. 一个关系是一张二维表　　B. 关系中的行列顺序无关

C. 关系中属性的取值范围称为分量　　D. 不同属性不可能具有相同的域

67. 在Access 2010中，在数据表视图和设计视图中，都可行的操作是（　　）。

A. 设置主键　　B. 删除表中的数据记录

C. 修改字段名　　D. 删除字段

68. 在计算机网络中，通信子网主要由（　　）组成。

A. 计算机系统　　B. 通信链路　　C. 网络节点　　D. 主机

69. 关于TCP/IP参考模型，下列说法正确的是（　　）。

A. TCP/IP参考模型共分七层　　B. TCP工作在传输层

C. IP工作在网际层　　D. SMTP工作在传输层

70. 下面关于多媒体数据压缩技术的描述，说法正确的是（　　）。

A. 数据压缩的目的是为了减少数据存储量，便于传输和回放

B. 对于静态图像，采用的是MPEG压缩标准

C. 数据压缩算法分为有损压缩和无损压缩

D. 只有图像数据需要压缩，文本信息不需要压缩

三、判断题（本大题共20小题，每小题0.5分，共10分）

71. 在Windows 7中，所谓复选框是指可以重复使用的对话框。

A. 正确　　B. 错误

72. 信息技术是一把“双刃剑”，它对社会的影响既有积极的一面，又有消极的一面。

A. 正确　　B. 错误

73. 计算机高级语言是与计算机具体的指令系统无关的计算机语言。

A. 正确　　B. 错误

74. 在Windows 7中，默认库被删除后可以通过恢复默认库进行恢复。

A. 正确　　B. 错误

75. 正版Windows 7操作系统不需要激活即可使用。

A. 正确　　B. 错误

76. Word 2010的屏幕截图功能可以将任何最小化后位于任务栏的程序窗口插入到文档中。

A. 正确　　B. 错误

77. 在Word 2010中，单击“形状”中的“矩形”按钮，按下Shift键的同时拖动鼠标，可以画出正方形。

A. 正确　　B. 错误

78. 根据个人习惯的不同，鼠标左右键功能可以互换，控制面板中的鼠标属性选项可以实现该功能。

A. 正确　　B. 错误

79. 在Word 2010中，段落中的任何一行都可以加上一个项目符号。

A. 正确　　B. 错误

80. Excel 2010中，若要对单元格的内容进行编辑，可以单击要编辑的单元格，该单元格的内容将显示在编辑栏中，用鼠标单击编辑栏，即可在编辑栏中编辑该单元格中的内容。

A. 正确　　B. 错误

81. Excel 2010中，编辑栏用于编辑当前单元格的内容，如果单元格中含有公式，则公式的运算结果会显示在单元格中，在编辑栏中显示公式本身。

A. 正确　　B. 错误

82. Excel 2010中，单击选定单元格后输入新内容，则原内容将被覆盖。

A. 正确　　B. 错误

83. PowerPoint 2010可以直接打开PowerPoint 2003制作的演示文稿。

A. 正确　　B. 错误

84.在Powerpoint 2010中，要在幻灯片非占位符的空白处增加文本，可以先单击目标位置，然后输入文本。

A. 正确　　B. 错误

85. 在PowerPoint 2010中，在幻灯片浏览视图模式下，以最小化形式显示演示文稿，是将幻灯片以最小化的形式放在任务栏上。

A. 正确　　B. 错误

86. 在SQL中，Delete语句是用来删除表中记录的。

A. 正确　　B. 错误

87. 从关系运算中，投影运算是从列的角度进行的运算，相当于对关系进行垂直分解。

A. 正确　　B. 错误

88. 在Word 2010中，对新创建的文档，执行“另存为”命令和“保存”命令的效果是相同的。

A. 正确　　B. 错误

89. 电子邮件也是计算机病毒传播的一种途径。

A. 正确　　B. 错误

90. 在因特网间传送数据不一定要使用TCP/IP协议。

A. 正确　　B. 错误

第Ⅱ卷

四、填空题（本大题共20小题，每小题1分，共20分）

91. 计算机中执行各种算术运算和逻辑运算的部件是（　　　　）。

92. 在Windows 7中，均出一部硬盘空间为作为内存使用，以缓解内存的紧张问题，这种技术称为（　　　　）技术。

93. 在Word 2010中，对选定的段落进行分栏操作后，该段落前后都插入一个（　　　　）类型的分节符。

94. 在Windows 7的“回收站”中，若不想把文件或文件夹恢复到原来删除时所在的位置，可以先使用（　　　　）命令，然后在要恢复的位置使用“粘贴”命令。

95. 在Word 2010中，设置整个段落左端距离页面左边界的起始位置的缩进方式称为（　　　　）。

96. 在Word 2010操作界面中，标题栏下方的区域称为（　　　　）。

97. 在Office 2010应用程序中，单击（　　　　）选项卡就会进入Backstage视图。

98. 在Excel 2010中，当功能区最小化后，可双击除（　　　　）选项卡之外的其他选项卡进行还原。

99. 在Excel 2010中，迷你图是存放在工作表（　　　　）中的一个微型图表，可以直观地显示数据系列中的变化趋势。

100. 在Excel 2010 中包含三种模拟分析工具：（　　　　）、模拟运算表和单变量求解。

101. 在Excel 2010中，若要同时显示出同一工作表中不同区域的数据，可使用（　　　　）

窗口功能。

102. 在Excel 2010中，只有在（　　　　）视图下才能调整分页符位置。

103. 在PowerPoint 2010中，通过（　　　　），可以自动记录幻灯片的切换时间，以用于自动放映。

104. 在PowerPoint 2010中，插入幻灯片的快捷键是（　　　　）。

105. 在PowerPoint 2010中，按（　　　　）快捷键，可从当前幻灯片进行放映。

106. 在数据库系统中，DBMS中文意思是（　　　　）。

107. 在Dreamweaver中，（　　　　）可将整个浏览器窗口分为几个独立的小窗口，每个窗口中可分别载入不同的网页文件。

108. TCP/IP协议的TCP协议指的是（　　　　）。

109. 网络协议的关键要素分别是语法、语义和（　　　　）。

110. 为保证信息传输的安全，在公用网络上进行加密通讯，通常采用VPN技术，VPN指的是（　　　　）。

计算机文化基础全真模拟试题（8）

本试题分为第Ⅰ卷和第Ⅱ卷两部分，满分100分，考试用时120分钟。考试结束后，将本试题和答题卡一并交回。

注意事项：

1. 答题前，考生务必用0.5毫米黑色签字笔将自己的姓名、考生号、身份证号填写到试题规定的位置上。

2. 第Ⅰ卷每小题选出答案后，用2B铅笔把答题卡上对应题目的答案标号涂黑；如需改动，用橡皮擦干净后，再选涂其他答案标号，答案不能答在试题上。

3. 第Ⅱ卷答题必须使用0.5毫米黑色签字笔作答，答案必须填写在答题卡各题目指定区域内相应的位置；如需改动，先划掉原来的答案，然后再写上新的答案；不能使用涂改液、胶带纸、修正带。不按以上要求作答的答案无效。

第Ⅰ卷

一、单项选择题（本大题共50小题，每小题1分，共50分）

每小题列出的四个备选项中只有一个是符合题目要求的，请将其代码填涂在答题卡上。错 选、多选或未选均无分。

1. 在计算机应用领域，CMI指的是（　　）。

A. 计算机辅助教学　　B. 计算机辅助管理

C. 计算机辅助分析　　D. 计算机管理教学

2. 机器语言是用二进制代码表示的，它能被计算机（　　）。

A. 编译后执行　　B. 解释后执行

C. 直接执行　　D. 汇编后执行

3. 运算速度是衡量计算机的主要性能指标之一，下列表示运算速度单位的是（　　）。

A. MTBF　　B. MTTR　　C. MIPS　　D. Mb/S

4. 只读存储器（ROM）与随机存储器（RAM）的主要区别是（　　）。

A. RAM是内存储器，ROM是外存储器

B. ROM是内存储器，RAM是外存储器旧

C. 掉电后ROM信息会丢失，RAM则不会

D. ROM可以永久保存信息，RAM在掉电后信息全丢失

5. 微型机可分为8位机、16位机、32位机、64位机等，这是按照计算机的（　　）来划分的。

A. 字长　　B. 主频　　C. 内核数　　D. 运算速度

6. 目前微机采用的字符编码是ASCII码，标准的ASCII码是（　　）位码。

A. 7　　B. 16　　C. 8　　D. 32

7. SRAM存储器是（　　）。

A. 静态随机存储器　　B. 静态只读存储器

C. 动态随机存储器　　D. 动态只读存储器

8. 计算机的字长取决于（　　）的宽度。

A. 控制总线　　B. 数据总线　　C. 地址总线　　D. 通信总线

9. 在Windows 7中，在第一个（或最后一个）要选定的文件或文件夹上单击，然后按下Ctrl键不放，再单击最后 一个（或第一个）要选定的文件或文件夹，则选定的是（　　）。

A. 第一个单击的文件或文件夹

B. 第一个和最后一个文件或文件夹

C. 第一个到最后一个之间的所有文件和文件夹

D. 最后单击的文件或文件夹

10. 颜色质量是指在某一分辨率下，每一个像素点可以有多少种色彩来描述，它的单位是位（bit）。表示一个“64K色”的像素需要的二进制位数是（　　）。

A. 6　　B. 8　　C. 16　　D. 64

11. 在Windows 7中，如果用户想直接删除选定的文件或文件夹而不是移到“回收站”，可以先按下（　　）键不放，然后再选择“删除”命令。

A. Ctrl　　B. Shift　　C. Alt　　D. Esc

12. 为了避免重命名文件时重复输入扩展名，一般在重命名时要保证文件的扩展名显示。要使文件的扩展名显示，可在“资源管理器”窗口中选择（　　）菜单中的“文件夹选项”对话框中进行设置。

A. 查看　　B. 工具　　C. 编辑　　D. 文件

13. 在Word 2010中，分节后创建页眉/页脚时，每节默认的页眉/页脚是相同的，要设置各节不同的页眉/页脚，必须在第二节开始的每一节处单击按钮后编辑（　　）。

A. 上一项　　B. 链接到前一条页眉
C. 下一项　　D. 页面设置

14. 当Word 2010中，下列说法错误的是（　　）。
A. 检查到文档中的拼写错误时，就会用红色波浪线将其标出
B. 在Backstage视图中，包含了所有用于在文档中进行操作的命令集
C. 不能重命名默认命令，不能更改与这些默认命令关联的图标或更改这些命令的顺序
D. 自定义功能区时，只能向自定义组中添加命令，而不能向系统提供的组添加命令

15. 下列关于Word 2010文档窗口的说法错误的是（　　）。
A. “视图”选项卡“窗口”组中的“新建窗口”的作用是新建一个空白文档
B. 按Ctrl+W可以关闭活动的文档窗口
C. 可以同时打开多个文档窗口，但其中只有一个是活动窗口
D. 打开的多个文档窗口，可以重排，也可以使用Ctrl+F6实现文档窗口切换

16. 在Word 2010中，快速改变当前整个文档的总体设计，包括颜色、字体和效果的是（　　）。
A. 模板　　B. 样式　　C. 页面布局　　D. 主题

17. 在Word 2010中，下列关于模板的说法错误的是（　　）。
A. 模板文档默认的扩展名是.dotx
B. 模板文档可以修改，用户也可以创建模板
C. 模板是一种特殊的文档，它决定着文档的基本结构和样式，作为其他同类文档的模型
D. 在Word 2010中，并不是所有文档都是基于模板创建的

18. 在Word中，关于设置保护密码的说法错误的是（　　）。
A. 设置了保护密码的文档，每次打开该文档时都要输入密码
B. 设置保护密码时，可设置打开权限和修改权限两级密码
C. 设置保护密码后，需要保存文件，密码在下次打开时就能使用
D. 若只知道打开权限密码，用户无法打开文档

19. 在Word 2010中，若想实现图片位置的微调，可以使用（　　）的方法。
A. Del键和方向键　　B. Ctrl键和方向键
C. Alt键和方向键　　D. Shift键和方向键

20. 在Word 2010中的“表格属性”对话框中，表格的对齐方式中不存在的是（　　）。
A. 居中　　B. 左对齐　　C. 右对齐　　D. 两端对齐

21. 在Word 2010中，以下有关项目符号的说法正确的是（　　）。

A. 项目符号一旦设置不可以改变　　B. 项目符号不可以自定义

C. 项目符号可增强文档的可读性　　D. 可以为每一行定义一个项目符号

22. 关于Excel 2010工作表拆分的下列描述中，正确的是（　　）。

A. 只能进行水平拆分

B. 只能进行垂直拆分

C. 可以进行水平拆分和垂直拆分，但不能进行水平、垂直同时拆分

D. 可以分别进行水平拆分和垂直拆分，还可进行水平、垂直同时拆分

23. 在Excel 2010中，有关图表的下列说法，错误的是（　　）。

A. 当没选定任何数据时，可生成空图表

B. 插入图表后，可以改变图表的大小

C. 可以单独打印图表而不打印生成图表的数据表

D. 迷你图就是图表的简化，都可显示在一个单元格中

24. 在Excel 2010中，当输入=sum并回车后，将在单元格中显示（　　）。

A. #N/A!　　B. #DIV/ 0!　　C. #NAME?　　D. #NULL!

25. 在Excel 2010中，选择性粘贴命令功能强大，以下不能通过选择性粘贴命令完成的是（　　）。

A. 粘贴公式　　B. 粘贴批注　　C. 加减乘除运算　　D. 粘贴行高

26. 在Excel 2010中，对数据清单的操作，下列说法正确的是（　　）。

A. 高级筛选只能在原数据区显示筛选结果

B. 进行分类汇总时，不能只复制汇总信息

C. 排序时，若选中“数据包含标题”，则标题行参加排序

D. 排序时，主要关键字和次要关键字可以分别选择升序或降序

27. 在Excel 2010中，若要在一个单元格内同时输入日期和时间，需要在日期和时间之间添加一个（　　）。

A. 分隔符“：”　　B. 分隔符“–”　　C. 空格　　D. +

28. 在Excel 2010中，当前工作表的名称是“课程表（1）”，在当前工作簿中完成对该工作表的复制后，复制后的工作表名为（　　）。

A. 课程表　　B. 课程表（1）　　C. 课程表（1）（1）　　D. 课程表（2）

29. 当在Excel 2010中进行操作时，若某单元格中出现“#VALUE!”的信息时，其含义是（　　）。

A. 在公式单元格引用不再有效　　B. 单元格中的数字太大

C. 计算结果太长了超过了单元格宽度 D. 在公式中使用了错误的数据类型

30. 如果Excel 2010工作簿中既包含一般工作表又包含独立的图表，则执行“文件”中的“保存”命令时，系统会（　　）。

A. 只保存工作表

B. 只保存图表

C. 将工作表和图表作为一个文件保存

D. 分成两个文件夹保存

31. 在PowerPoint 2010 中，关于幻灯片母版，下列说法正确的是（　　）。

A. 母版不能修改　　B. 在幻灯片编辑状态下就可以修改

C. 进入母版编辑状态才可以修改　　D. 幻灯片母版不能重命名

32. 在PowerPoint 2010 中，在幻灯片编辑状态下时，对占位符不可以进行的操作是（　　）。

A. 移动占位符　　B. 删除占位符　　C. 插入占位符　　D. 旋转占位符

33. 在PowerPoint演示文稿放映状态下，有关播放的控制方法，下列描述正确的是（　　）。

A. 按Home键，可切换到第一张幻灯片，按End键，可结束幻灯片的放映

B. 按BackSpace键，可删除当前张幻灯片

C. 输入数字后回车，若输入的数字超过演示文稿中的幻灯片数量，则结束幻灯片的放映

D. 可以按“↓”键切换到下一张，按“↑ ”键切换到上一张

34. 在PowerPoint 2010 中，插入的音频时，不可选择的操作是（　　）。

A. 文件中的音频　　B. 来自网站的音频

C. 录制音频　　D. 剪贴画音频

35. 在PowerPoint 2010 中，对于表格，用户可通过执行“布局”选项卡“对齐方式”组中相应的命令来设置文本的对齐方式，下列描述中，不属于“对齐方式”组的命令为（　　）。

A. 文本左对齐　　B. 文本分散对齐　　C. 居中　　D. 文本右对齐

36. 在PowerPoint 2010中，有关幻灯片上插入的音频播放，下列说法错误的是（　　）。

A. 播放方式有三种：自动 、单击时和跨幻灯片播放

B. 音频播放时，可选择循环放映

C. 播放方式设置为“单击时”，当单击幻灯片时，进行声音播放

D. “跨幻灯片播放”时，若音频进行了剪裁，剪裁效果无效，按剪裁前的音频进行播放

37. 在PowerPoint 2010中，插入的视频时，不可选择的操作是（　　）。

A. 文件中的视频　　B. 来自网站的视频

C. 剪贴画视频　　D. 录制视频

38. 在E-R图中，（　　）用来表示实体之间的联系。

A. 椭圆形　　B. 矩形　　C. 三角形　　D. 菱形

39. Access 2010数据库是以一个独立的（　　）保存在计算机中。

A. 图表　　B. 图像　　C. 文件　　D. 表格

40. 关于报表数据源的设置，以下说法正确的是（　　）。

A. 可以是任意对象　　B. 只能是表对象

C. 只能是查询对象　　D. 只能是表对象或查询对象

41. 下列密码最安全的是（　　）。

A. &_123456　　B. ASDF1234　　C. 2ABcd1　　D. *Y&Xa-11

42. 互联网络上的服务都是基于一种协议，WWW服务基于的协议是（　　）。

A. SNMP　　B. HTTP　　C. SMTP　　D. TELNET

43. 以下网络类型中，（　　）是按照传输介质划分的网络分类。

A. 混合型网络　　B. 公用网　　C. 城域网　　D. 无线网

44. 为网络提供共享资源并对这些资源进行管理的计算机称为（　　）。

A. 网桥　　B. 网卡　　C. 服务器　　D. 工作站

45. 有关网络域名系统的描述中，不正确的是（　　）。

A. 域名系统的缩写为DNS

B. 每个域名可以由几个域组成，域和域之间用“.”分开

C. 域名中的最左端的域称为顶级域

D. CN是常用的顶级域名代码

46. A类网络的默认子网掩码是（　　）。

A. 255.255.255.255　　B. 255.255.255.0

C. 255.255.0.0　　D. 255.0.0.0

47. 有关HTML5的下列说法错误的是（　　）。

A. HTML5由超文本标记语言HTML经过的第五次重大修改

B. HTML5是开放的Web网络平台的奠基石

C. HTML5的设计目的是为了在移动设备上支持多媒体

D. HTML5中新标签的引入能很好地被现有浏览器所支持

48. 若两台主机在同一子网中，则两台主机的 IP 地址分别与它们的子网掩码相“与”的结果一定（　　）。

A. 为全0　　B. 为全1　　C. 相同　　D. 不同

49. CSTNet是指（　　）。

A. 中国科技网　　B. 中国金桥网

C. 中国教育和科研计算机网　　D. 中国互联网

50. 可扩展标记语言指的是（　　），其主要用途是在Internet上传递或处理数据。

A. HTML　　B. CSS

C. Script　　D. XML

二、多项选择题（本大题共20小题，每小题1分，共20分）

每小题列出的四个备选项中只有两个是符合题目要求的，请将其代码填涂在答题卡上。错选、多选或未选均无分，少选一个扣0.5分。

51. 对于固态硬盘和机械硬盘的下列说法，正确的是（　　）。

A. 固态硬盘可被CPU直接访问，而机械硬盘不可

B. 固态硬盘抗震性能不如机械硬盘抗震性能好

C. 二者都是微机上重要的外存储器

D. 固态硬盘读写速度比机械硬盘速度快

52. 关于Windows 7中的库，以下描述正确的是（　　）。

A. 不可以创建新库

B. 从库中删除文件夹时，该文件夹原始位置中的文件夹及其内容不会被删除

C. 库中的文件夹不允许删除

D. 在Windows 7中，使用库来组织和访问文件，这些文件与存储的位置无关

53. 使用Windows 7的控制面板时，可使用的查看方式有（　　）。

A. 类别　　B. 大图标或小图标

C. 列表　　D. 详细列表

54. Word 2010的即点即输功能在（　　）视图下可以使用。

A. 草稿视图　　B. 大纲视图

C. 页面视图　　D. Web版式视图

55. 在Word 2010中，有关节和分节符的说法，正确的是（　　）。

A. 分节符可以显示和隐藏，也可以删除

B. 分节符即可将文档分成多节，但同一页不可以分成多节

C. 分节符类型可分为：上一页、连续、奇数页和偶数页四种

D. 文档分成多节后，每节的格式可以不同

56. 关于Word 2010的文本框，下列叙述正确的有（　　）。

A. 文本框内只能是文字、表格等，不能有图形图像

B. 文本框的边框是不能隐藏的

C. 文本框之间可以建立链接关系

D. 可以将所选内容插入到文本框

57. 在Word 2010中，若要在“插入”和“改写”两种状态间切换，可使用的方法是（　　）。

A. 按Insert键　　B. 单击状态栏上的“插入”或“改写”

C. 按ESC键　　D. 使用“审阅”选项卡中的“修订”命令

58. 在Excel 2010中，下列叙述正确的有（　　）。

A. 在不同的工作簿之间移动或复制工作表时，目标工作簿必须打开

B. 通过编辑栏中的名称框，可以给选定的单元格区域命名

C. 编辑栏是Excel 2010应用程序特有的界面元素，不能取消显示

D. 工作表可以隐藏，但工作簿不能隐藏

59. 在Excel 2010数据清单中，在Excel 2010中，有关数据有效性的下列说法错误的是（　　）。

A. 数据有效性是一组规则，可用来设置单元格中可以输入的数据类型和范围等

B. 数据有效性不可以设置单元格中输入的数据必须取自于某一序列

C. 如果要设置身份证号码列必须为18位数字，可以通过数据有效性设置

D. 对已经存在数据的单元格设置有效性规则后，违反规则数据将自动标记

60. 在Excel 2010中，有关合并计算的下列说法，正确的是（　　）。

A. 合并计算的数据源区域只能来自同一个工作表

B. 合并计算只能对数据进行求和

C. 在使用按类别合并的功能时，数据源列表必须包含行或列标题

D. 按列标题进行分类合并计算时，需要在“合并计算”对话框的“标签位置”中选中“首行”

61. 在Excel 2010中，A1单元格中的数据为文本数据1001，下列说法正确的是（　　）。

A. 选中A1单元格，向下拖动填充柄，填充的数据都是1001

B. 选中A1单元格，接住Ctrl键向下拖动填充柄，填充的数据都是1001

C. 选中A1单元格，向下拖动填充柄，填充的是自动增加1的数据

D. 选中A1单元格，接住Ctrl键向下拖动填充柄，填充的是自动增加1的数据

62. 在Powerpoint 2010中，幻灯片外观的修饰可通过设置（　　）来实现。

A. 自定义放映　　B. 母版　　C. 幻灯片切换　　D. 背景和主题

63. 在Powerpoint 2010中，有关幻灯片的打印设置，正确的是（　　）。

A. 隐藏的幻灯片在放映时不显示，但可打印

B. 按讲义版式打印时，每页只能打印的一张幻灯片

C. 在幻灯片放映时，演讲者在幻灯片上留下的墨迹可以擦除，但不能打印

D. 幻灯片中可以插入批注，批注内容可以打印

64. 在PowerPoint 2010中，对幻灯片上的对象进行（　　）设置后，演讲者可以根据自己的需要选择幻灯片的演示顺序和展示演示内容，可以在众多的幻灯片中实现快速跳转。

A. 超链接　　B. 幻灯片切换　　C. 动作　　D. 动画

65. 在Access 2010中，报表是按节来设计的，我们可在设计视图中打开报表以查看各个节，有关报表中各节的下列说法，正确的是（　　）。

A. 报表页眉：此节只在报表开头显示一次

B. 页面页眉：此节显示在报表页眉的前面

C. 组页眉：此节显示在每个新记录组的开头，每个报表只有一个组页眉

D. 主体：对于数据源中的每一行，都会显示一次此节内容

66. Access 2010数据库文件中的对象包括（　　）。

A. 表、窗体、查询　　B. 模块、宏、网页

C. 宏、模块、报表　　D. 表、索引、查询

67. 下列属于Internet接入方式的有（　　）。

A. ADSL　　B. ISP　　C. WLAN　　D. WWW

68. 随着智能手机普及率的大幅度提高，其安全保密问题也日益凸显，对于保障手机安全的下列说法，正确的有（　　）。

A. 安装手机安全防护软件

B. 收到不明信息，尤其是含有链接的信息，不要轻易打开

C. 下载手机应用和添加陌生的微信或QQ 好友对手机安全并没有影响

D. Wi-Fi只是一种允许电子设备连接到一个无线局域网的技术，手机通过Wi-Fi上网没有风险

69. HTML5与早期HTML相比，突出的优点是（　　）。

A. 它是非公开技术，是一种互联网络标准，更符合当代的网络需求

B. 支持自适应网页设计和多设备跨平台使用

C. 支持桌面和移动平台的无缝衔接

D. 支持浏览器之间统一的数据描述格式

70. 下列属于网页制作“三剑客”的是（　　）。

A. Frontpage　　B. Flash　　C. HTML　　D. Dreamweaver

三、判断题（本大题共20小题，每小题0.5分，共10分）

71. 在计算机系统中，计算机的主机由内存储器和CPU 组成。

A. 正确　　B. 错误

72. 从信息的输入输出角度来说，磁盘驱动器和磁带机既可以看作输入设备，又可以看作输出设备。

A. 正确　　B. 错误

73. 数据结构和算法是程序最主要的两个方面，通常可以认为“程序=算法+数据结构”。

A. 正确　　B. 错误

74. Windows 7中，文件的扩展名有显示和隐藏两种状态。

A. 正确　　B. 错误

75. Windows 7中，使用左键拖动在不同的驱动器之间移动文件或文件夹时，必须按着Ctrl键。

A. 正确　　B. 错误

76. 在Word 2010中，通过功能区可以实现Word的全部功能。

A. 正确　　B. 错误

77. 在Word 2010中，编辑新建文档时，无论使用“保存”命令还是“另存为”命令，都会显示“另存为”对话框。

A. 正确　　B. 错误

78. 在Word环境下，用户可通过“段落”对话框和水平标尺调整段落的缩进方式。

A. 正确　　B. 错误

79. Excel 2010中，排序能根据数据清单中的一列或多列值的大小重新排列记录的顺序。

A. 正确　　　　　　　　　　B. 错误

80. 在Excel 2010中，如果公式中仅出现函数，则该公式一定不会出现错误信息。

A. 正确　　　　　　　　　　B. 错误

81. 在Excel 2010中，百分比格式的数据，删除格式后，数字不变，仅仅去掉百分号。

A. 正确　　　　　　　　　　B. 错误

82. 在Excel 2010中，可按实际大小打印工作表，也可以对工作表实现缩放打印。

A. 正确　　　　　　　　　　B. 错误

83. 在PowerPoint 2010中，“广播幻灯片”功能，使得用户能够与任何人在任何位置轻松共享演示文稿。

A. 正确　　　　　　　　　　B. 错误

84. 在PowerPoint 2010中，设置幻灯片的切换时，换片方式有两种：单击鼠标换片和设置自动换片时间，两种方式只可选择其一。

A. 正确　　　　　　　　　　B. 错误

85. 在 PowerPoint 2010 中，空白版式的幻灯片上不能插入任何对象。

A. 正确　　　　　　　　　　B. 错误

86. 在Access 2010设置字段属性时，所谓“有效性规则”，就是指该字段数据的一些限制规则。

A. 正确　　　　　　　　　　B. 错误

87. 在Access 2010中，定义字段属性的默认值是指不得使字段为空。

A. 正确　　　　　　　　　　B. 错误

88. IP 电话是通过TCP/IP协议实现的一种电话应用。

A. 正确　　　　　　　　　　B. 错误

89. Telnet是一种可以按用户需要点播节目的交互式视频系统。

A. 正确　　　　　　　　　　B. 错误

90. 匿名FTP就是管理员为普通用户建立了一个通用的账号名，即“anonymous”，Internet上的任何人在任何地方都可使用该账号名，连接到匿名FTP 服务器。

A. 正确　　　　　　　　　　B. 错误

第Ⅱ卷

四、填空题（本大题共20小题，每小题1分，共20分）

91. 在微型计算机中，地址总线总线的宽度若为32位，则寻址空间为（　　　　）B。

92. 计算机能直接执行的指令包括两个部分，它们是（　　　　）和地址码。

93. 在汉字输出时使用的是汉字的（　　　　）码。

94. 在Windows 7中，要打开或关闭操作系统的功能、安装或删除Office 2010组件等操作，可以使用系统的（　　　　）中的“程序和功能”来实现。

95. 在Dreamweaver中，热点是图片上的超链接区域，包含热点的图片称为（　　　　），用户单击热点区域可以转到相应的链接目标。

96. 当Word 2010文档中的文字处于选中状态时，如果用户将鼠标指针移到被选中文字的右侧位置，将会出现一个半透明状态的（　　　　）。

97. 在Word 2010中，方便利用最大的空间来阅读或批注文档的视图方式是（　　　　）。

98. Word 2010文档中，用户可以使用“即点即输”功能，即在Word 2010文档页面可编辑区域内空白位置（　　　　），即将插入点光标移动到当前位置。

99. 在Excel 2010中，（　　　　）能够将筛选、排序和分类汇总等操作依次完成，并生成汇总表格，方便用户从不同的角度查看和分析数据，可大大提高工作效率。

100. 在Excel 2010中，在“合并计算”对话框的“标签位置”中，若“首行”和“最左列”都未选中，则Excel对数据按（　　　　）进行合并计算。

101. 在Access 2010中进行报表设计时，通常用来显示一条或多条记录的节是（　　　　）。

102. 允许一个以上的结点无父结点且一个结点可以有多于一个的父结点，具备这种特征数据模型是（　　　　）。

103. 在关系数据库系统中，关系指的就是（　　　　）。

104. 流媒体数据流具有三个特点：（　　　　）、实时性、时序性。

105. 在HTML标记中，<caption>…</caption> 的作用是定义（　　　　）。

106. （　　　　）是由线条和形状组成的图形，进行放大后，图像仍能保持原来的清晰度，且色彩不失真。

107. （　　　　）是一种网络安全技术，利用这种技术，接收者可以确定发送者的身份是否真实，同时发送者不能否认发送的消息，接收者也不能篡改接收的消息。

108. BBS的含义是（　　　　）。

109. IPv6的地址长度为（　　　　）位，很好地解决了IP地址短缺的问题。

110. 在使用浏览器浏览网页时，通过浏览器提供的（　　　　）可以把自己喜欢的经常浏览的Web页地址保存下来，这样以后就能快速打开这些网站。

计算机文化基础全真模拟试题（9）

本试题分为第Ⅰ卷和第Ⅱ卷两部分，满分100分，考试用时120分钟。考试结束后，将本试题和答题卡一并交回。

注意事项：

1. 答题前，考生务必用0.5毫米黑色签字笔将自己的姓名、考生号、身份证号填写到试题规定的位置上。

2. 第Ⅰ卷每小题选出答案后，用2B铅笔把答题卡上对应题目的答案标号涂黑；如需改动，用橡皮擦干净后，再选涂其他答案标号，答案不能答在试题上。

3. 第Ⅱ卷答题必须使用0.5毫米黑色签字笔作答，答案必须填写在答题卡各题目指定区域内相应的位置；如需改动，先划掉原来的答案，然后再写上新的答案；不能使用涂改液、胶带纸、修正带。不按以上要求作答的答案无效。

第Ⅰ卷

一、单项选择题（本大题共50小题，每小题1分，共50分）

每小题列出的四个备选项中只有一个是符合题目要求的，请将其代码填涂在答题卡上。错选、多选或未选均无分。

1. 电子计算机从诞生到现在，发展过程经历了四个阶段，这四个阶段的划分依据是（　　）。

   A. 计算机体积　　　　B. 计算机速度

   C. 组成计算机的电子元件　　　　D. 内存容量

2. 计算机采用二进制数的最主要理由是（　　）。

   A. 数据输入输出方便

   B. 物理上容易实现且简单可靠，运算规则简单，适合逻辑运算

   C. 存储信息量大

   D. 容易和八进制、十六进制转换

3. 计算机系统中，“字节（Byte）”的描述性定义是（　　）。

   A. 通常用8位二进制位组成，可代表一个数字、一个字母或一个特殊符号，也常用来

量度计算机存储容量的大小

B. 度量信息的最小单位，是一位二进制位所包含的信息量

C. 计算机系统中，在存储、传送或操作时，作为一个单元的一组字符或一组二进制位

D. 把计算机中的每一个汉字或英文单词分成几个部分，其中的每一部分就叫一个字节

4.“信息高速公路”主要体现了计算机在（　　）方向的发展趋势。

A. 巨型化　　B. 超微型化　　C. 网络化　　D. 智能化

5. 对于二进制数11111.1，最左边位上的1表示（　　）的（　　）次方。

A. 2，5　　B. 2，4　　C. 5，2　　D. 4，2

6. 计算机的硬件系统由五大部分组成，其中输入设备的功能是（　　）。

A. 完成算术运算和逻辑运算

B. 完成指令的翻译，并产生各种控制信号，执行相应的指令

C. 将要计算的数据和处理这些数据的程序转换为计算机能够识别的二进制代码

D. 将计算机处理的数据、计算结果等内部二进制信息转换成人们习惯接受的信息形式

7. 在Windows 7操作系统中，当把一个应用程序窗口最小化后，（　　）。

A. 该程序的运行终止　　B. 该程序的运行暂停

C. 该程序转入后台运行　　D. 运行速度更快

8. 在Windows 7操作系统中，以下有关控制面板的叙述中，错误的是（　　）。

A. 使用控制面板可以设置系统的日期、时间、语言和所在区域

B. 使用控制面板可以卸载程序

C. 使用控制面板可以进行防火墙设置

D. 使用控制面板可以查找和显示文件、文件夹和应用程序

9.“录音机”是Windows 7提供给用户的一种具有语音录制功能的工具，使用它可以收录用户自己的声音，录制的声音文件的扩展名为（　　）。

A. .wav　　B. .mp3　　C. .midi　　D. .wma

10. 在Windows 7操作系统中，操作系统是根据文件的（　　）来区分文件类型的。

A. 主文件名　　B. 扩展名　　C. 打开方式　　D. 创建方式

11. 在Windows 7中，当我们搜索文件或文件夹时，如果搜索框中输入X*.*，表示（　　）。

A. 搜索所有文件或文件夹

B. 搜索扩展名为X的所有文件或文件夹

C. 搜索主名为X的所有文件或文件夹

D. 搜索文件名第一个字符为X的所有文件或文件夹

12. 在Windows 7中，将鼠标指向窗口的（　　）并拖动它，可以移动窗口的位置。

A. 菜单栏　　B. 边框　　C. 标题栏　　D. 滚动条

13. 在Windows 7操作系统中，鼠标是最经常使用的输入设备，当鼠标右击某个对象时，会（　　）。

A. 弹出一个快捷菜单　　B. 弹出一个对话框

C. 弹出一个窗口　　D. 弹出帮助信息

14. 在Windows 7中，若系统长时间不响应用户的任务请求，可使用的组合键（　　）调出任务管理器，然后通过任务管理器来结束该任务。

A. Ctrl+Shift+Esc　　B. Ctrl+Alt+Delete

C. Ctrl+Shift+Delete　　D. Shift+Alt+Delete

15. 在Windows 7操作系统中，（　　）不属于窗口的组成部分。

A. 标题栏　　B. 滚动条　　C. 菜单栏　　D. 对话框

16. 在Windows 7中，“库”是文件管理的一种方式，关于“库”的描述错误的是（　　）。

A. 系统默认有四个“库”：视频、文档、音乐和图片

B. 系统默认库删除后，必须通过回收站才能恢复

C. “库”中存储的是用户的实际文件

D. 用户可以新建“库”并建立到实际文件的链接

17. 下列四个选项中，IP地址表示方式合法且属于C类IP地址的是（　　）。

A. 192:220:5:122　　B. 206.53.3.78

C. 206.53.312.78　　D. 123.43.82.220

18. 对计算机网络分类时，计算机网络可分为总线型网、星型网和环形网，其分类的依据是（　　）。

A. 网络作用范围　　B. 传输协议　　C. 联网设备　　D. 网络拓扑结构

19. 用户要想在Internet上查询WWW信息，必须安装并运行一个被称为（　　）的软件。

A. HTTP　　B. YAHOO　　C. 浏览器　　D. 万维网

20. 个人计算机通过电话线拨号方式接入因特网时，应使用的设备是（　　）。

A. 交换机　　B. 调制解调器　　C. 电话机　　D. 浏览器软件

21. 在Internet提供的服务中，能够实现文件上传和下载的是（　　）。

A. HTTP　　B. Html　　C. FTP　　D. Telnet

22. 目前在企业内部网与外部网之间，检查网络传送的数据是否会对网络安全构成威胁的主要设备是（　　）。

A. 路由器　　B. 防火墙　　C. 交换机　　D. 网关

23. 以下关于计算机病毒的叙述，错误的是（　　）。

A. 计算机病毒实质上是一段能够对计算机系统产生破坏作用的计算机程序

B. 计算机病毒可通过移动存储介质和网络进行传播

C. 计算机病毒是由计算机系统运行混乱造成的

D. 计算机病毒是可以预防和消除的

24. 加密算法和解密算法是在一组仅有合法用户知道的秘密信息的控制下进行的，该密码信息称为（　　）。

A. 密钥　　B. 密码　　C. 公钥　　D. 私钥

25. 在Word 2010中，同一“节”中的（　　）一定是相同的。

A. 文字格式　　B. 行间距　　C. 纸张方向　　D. 字符间距

26. 在Word 2010中，打开一个已有的文档进行编辑修改后，若要保留编辑修改前的文档，又要保留修改后的文档内容，可按（　　）键来实现。

A. Ctrl+S　　B. Ctrl+W　　C. Shift+F12　　D. F12

27. 在Word 2010的编辑状态下，通过标尺不可实现的是（　　）。

A. 段落缩进　　B. 设置制表位　　C. 拆分窗口　　D. 调整页边距

28. 在Word 2010编辑状态下，如果要设定文档的页面背景，应该选（　　）。

A. “开始”选项卡　　B. “文件”按钮

C. “页面布局”选项卡　　D. “视图”选项卡

29. 在Excel 2010中，下列叙述错误的是（　　）。

A. 工作簿以文件的形式存在磁盘上

B. 一个工作簿可以同时包含多个工作表

C. 工作簿中的工作表不能作为文件单独保存，图表可以

D. Excel 2010工作簿文件的默认扩展名为.xlsx

30. 在Excel 2010中，关于数据表排序，下列叙述中（　　）是不正确的。

A. 对于汉字数据可以按笔画降序排序

B. 对于数据表不可以按行排序

C. 对于日期数据可以按日期降序排序

D. 对于汉字数据可以按拼音升序排序

31. 在Excel 2010中，在A1单元格输入数值3，在A2单元格输入数值1，然后选中A1:A2区域，拖动填充柄到单元格A3，则A3单元格中的值是（　　）。

A. 5　　B. 1　　C. –1　　D. 3

32. 在Excel 2010中，若在实现自动筛选时，同时在多列设定了筛选条件，则各列的筛选条件之间的关系是（　　）关系。

A. 与　　B. 或

C. 非　　D. 各列的条件相互独立

33. 在Excel工作表中，单元格A1、A2、B1、B2的数据分别是“5”、“10”、“abc”、True，函数=SUM(A1:B2)的值是（　　）。

A. 10　　B. 15　　C. #VALUE!　　D. 16

34. 在Excel 2010中， 假设在A3单元格存有一个公式为=SUM（B$2:C$4），将其复制到B10后，公式变为（　　）。

A. =SUM(C$2:D$4)　　B. =SUM(B$2:C$4)

C. =SUM(B$9:C$11)　　D. =SUM(C$9:D$11)

35. 在PowerPoint 2010中，如果将演示文稿保存为（　　）格式，则双击这类文件时，它们会自动进入放映状态。

A. pptm　　B. pptx　　C. potx　　D. ppsx

36. 在PowerPoint 2010中，有关“视图”的下列说法正确的是（　　）。

A. “视图”指的是一种特殊的图形

B. “视图”指的是幻灯片的显示和编辑方式

C. “视图”指的是在幻灯片上插入的图形

D. “视图”指的是版式，即幻灯片上内容的排列方式

37. 在PowerPoint 2010中，新建幻灯片的快捷操作是（　　）。

A. Shift+Enter　　B. Ctrl+M

C. Shift+F5　　D. Ctrl+N

38. 在PowerPoint 2010的“幻灯片浏览”视图模式下，下列说法错误的是（　　）。

A. 可对幻灯片进行分节操作　　B. 可设置幻灯片的切换效果

C. 可设置幻灯片的版式　　D. 可对幻灯片上的内容进行动画设置

39. 在PowerPoint 2010中，演示文稿与幻灯片的关系是（　　）。

A. 同一概念　　B. 相互包含

C. 演示文稿中包含幻灯片　　D. 幻灯片中包含演示文稿

40. 在PowerPoint 2010中，下列有关幻灯片放映设置叙述错误的是（　　）。

A. 可自动放映，也可人工放映

B. 放映时可只放映部分幻灯片

C. 可以选择放映时放弃原来的动画设置

D. 循环放映选项的功能是指循环放映演示文稿中的某张幻灯片

41. 在PowerPoint 2010中，打印演示文稿时，在一页纸上能包括几张幻灯片缩略图的打印版式称为（　　）。

A. 大纲　　B. 幻灯片　　C. 讲义　　D. 备注页

42. 在PowerPoint 2010中，对幻灯片进行“排练计时”操作，其主要作用是（　　）。

A. 设置动画　　B. 设置每张幻灯片播放的时间

C. 设置幻灯片切换速度　　D. 设置自定义放映

43. Access数据库中，SQL查询中的Group By子句的作用是（　　）。

A. 分组依据　　B. 对查询进行排序

C. 列表　　D. 选择行条件

44. 使用SELECT语句进行分组检索时，为了去掉不满足条件的分组，应当（　　）。

A. 使用WHERE子句

B. 在GBOUP BY后面使用HAVING子句

C. 先使用WHERE子句，再使用HAVING子句

D. 先使用HAVING子句，再使用WHERE子句

45. 数据库系统与文件系统的主要区别是（　　）。

A. 数据库系统复杂，而文件系统简单

B. 文件系统只能管理程序文件，而数据库系统能够管理各种类型的文件

C. 文件系统管理的数据量较少，而数据库系统可以管理庞大的数据库

D. 文件系统不能解决数据冗杂和数据独立性问题，而数据库系统可以解决

46. Access 2010数据库是（　　）。

A. 面向对象数据库　　B. 文件数据库

C. 关系型数据库　　D. 图形数据库

47. 通过Internet，以服务的方式提供动态可伸缩的虚拟化资源的计算模式称为（　　）。

A. 云计算　　B. 并行计算

C. 分布式计算　　D. 效用计算

48. 采样和量化是数字音频系统中的两个最基本技术，以下正确的是（　　）。

A. 48kHz是指的量化　　B. 16bit指的是量化

C. 8bit比16bit质量高　　D. 16kHz比48kHz质量高

49. 在媒体技术中，下列软件不属于动画制作软件的是（　　）。

A. 3DS MAX　　B. Maya　　C. Flash　　D. Premiere

50. 密码学中，发送方要发送的消息称作（　　）。

A. 原文　　B. 密文　　C. 明文　　D. 数据

二、多项选择题（本大题共20小题，每小题1分，共20分）

每小题列出的四个备选项中只有两个是符合题目要求的，请将其代码填涂在答题卡上。错选、多选或未选均无分，少选一个扣0.5分。

51. 对于二进制数：01010101和10010010，执行算术加运算和逻辑或运算后，其运算结果分别是（　　）。

A. 11100111　　B. 00010000　　C. 11010111　　D. 11101110

52. 在Excel 2010中，默认情况下，在单元格中输入（　　），输入内容在单元格内左对齐。

A. =3&4　　B. '3/4　　C. 3/4　　D. 3−4

53. 在Excel 2010中，要在某单元格中输入分数：1/4，下列输入方法正确的是（　　）。

A. 先在单元格中输入一个0（零）及一个空格，然后输入1/4

B. 在单元格中先输入一个单引号“'”，然后输入=1/4

C. 将单元格格式设置成“分数”后，直接输入1/4

D. 用鼠标单击编辑栏中的“=”，然后在单元格中输入1/4

54. 在Windows 7中，下列选项中不是任务栏按钮的显示方式的是（　　）。

A. 当任务栏被占满时合并　　B. 并排显示

C. 堆叠显示　　D. 始终合并、隐藏标签

55. 在Windows 7中，关于打开任务管理器的下列说法，正确的是（　　）。

A. 同时按下Ctrl+Shift+ESC键，可直接打开任务管理器

B .同时按下Ctrl+Alt+Del，可直接打开任务管理器

C. 右击任务栏空白处，在快捷菜单中选择“启动任务管理器”

D. 右击开始菜单按钮，在快捷菜单中选择“启动任务管理器”

56. 在Word 2010中，可以选取从插入点位置到文档末尾的全部文本的操作是（　　）。

A. Shift+Ctrl+End

B. Ctrl+Alt+End

C. 拖动滚动条到文档末尾处，按住Shift键，在文档末尾处单击

D. 按住Alt键，拖动鼠标到文档末尾处

57. 在Word 2010中，下面关于表格处理的说法错误的是（　　）。

A. 在Word表格的单元中可以绘制斜线

B. 可以通过标尺调整表格的行高和列宽

C. 可对表格进行拆分，但不能单元格进行拆分

D. 不能用鼠标调整表格的行高和列宽

58. 在Word 2010中，通过以下哪种操作可以实现：单独改变表格中某列宽度而不影响其他列的宽度（　　）。

A. 直接拖动某列的右边线

B. 拖动某列对应在水平尺上的“移动表格列”标记

C. 拖动某列右边线的同时，按住Shift 键

D. 拖动某列右边线的同时，按住Ctrl 键

59. 关于在Word 2010中设置文字的项目符号与编号，以下描述正确的是（　　）。

A. 项目符号与编号以行为单位添加

B. 项目符号与编号以段落单位添加

C. 项目符号与编号的设置，只能先录入文字后再添加

D. 项目符号与编号的设置，既可先录入文字，也可后录入文字

60. 关于Word 2010中表格的“重复标题行”功能，说法正确的是（　　）。

A. “重复标题行”只对跨页表格起作用

B. 设置“重复标题行” 功能可通过页面布局选项卡来实现

C. 可将表格的第一行即标题行在各页顶端重复显示

D. 可将表格的任意行在各页顶端重复显示

61. Word 2010中在 利用“邮件合并”创建批量文档时，应创建（　　）。

A. 主文档　　B. 标题

C. 数据源　　D. 正文

62. 在Word 2010中，以下关于 SmartArt 图形的说法，正确的是（　　）。

A. SmartArt图形是一种图示库，用于创建具有专业水准的文字插图

B. SmartArt图形是信息和观点的视觉表示形式

C. SmartArt图形是创建艺术字的另一种方法

D. SmartArt图形可以以动画形式显示数据

63. 在PowerPoint 2010中，以全屏幕方式进行放映的放映类型有（　　）。

A. 演讲者放映　　B. 观众自行浏览　　C. 在展台放映　　D. 阅读视图

64. 在Excel 2010中，有关合并计算的下列说法，正确的是（　　）。

A. 合并计算的数据源区域可来自同一工作簿中的不同表或其他工作簿中的工作表

B. 合并计算时，合并方式可有求和、求平均、计数等多种合并方式

C. 在按位置进行合并计算时，相同标题的数据一定只合并成一条记录

D. 按列标题进行分类合并计算时，需要在“合并计算”对话框的“标签位置”中选中“最左列”

65. PowerPoint的一大特色就是可以使演示文稿中的幻灯片具有一致的外观，一般采用下面方法来实现（　　）。

A. 母版　　B. 主题

C. 幻灯片切换效果　　D. 动画效果

66. 在PowerPoint 2010中，利用母版可以实现的是（　　）。

A. 统一改变字体设置和修改项目符号

B. 统一添加相同的对象

C. 统一改变标题文字内容

D. 统一在演示文稿中插入幻灯片

67. 在PowerPoint 2010中，下列说法正确的是（　　）。

A. 可以利用放映功能，直接在计算机上展示

B. 幻灯片的版式是指视图的显示模式

C. 可以使用母版创建演示文稿

D. 插入的新幻灯片都是基于某种版式的

68. 信息安全包括四大要素是：技术、制度（　　）。

A. 人　　B. 流程　　C. 网络　　D. 服务

69. 关于子网掩码的说法，以下正确的是（　　）。

A. 定义了子网中网络号的位数

B. 子网掩码可以把一个网络进一步划分成规模较小的子网

C. 子网掩码用于设定网络管理员的密码

D. 子网掩码用于隐藏IP地址

70. 在多媒体系统中，下列文件属于视频文件格式的有（　　）。

A. .png　　B. .wmv　　C. .avi　　D. .wma

三、判断题（本大题共20小题，每小题0.5分，共10分）

71. 在Windows 7中，可通过“磁盘清理”程序增加可用磁盘空间。

A. 正确　　B. 错误

72. 在 Excel 2010中，如果给某单元格设置的小数位数为2，则输入100时显示1.00。

A. 正确　　B. 错误

73. 在计算机系统中，外存数据可直接调入内存。

A. 正确　　B. 错误

74. 在PowerPoint 2010中，设置幻灯片的自动换片时间只能通过排练计时来实现。

A. 正确　　B. 错误

75. 在Excel 2010中，发现工作簿中的工作表隐藏后，可通过“撤消”命令取消隐藏的工作表。

A. 正确　　B. 错误

76. 在用Word 2010中，表格和文本可以相互转换。

A. 正确　　B. 错误

77. 软件漏洞是指程序设计者为了对软件进行测试或维护而故意设置的计算机软件系统入口点。

A. 正确　　B. 错误

78. 在Excel 2010中，已知工作表中C2单元格的值为1，C3单元格的值为1，C4单元格中为公式：=C2=C3，则C4单元格显示的内容为1。

A. 正确　　B. 错误

79. 一个汉字的内码长度为2字节，其每个字节的最高二进制位的值分别为1。

A. 正确　　B. 错误

80. 在Windows 7中，选中“使用Aero Peek 预览桌面”功能时，当鼠标移动到任务栏末端的“显示桌面”按钮时（无须单击），可暂时预览桌面。

A. 正确　　B. 错误

81. 机器语言和汇编语言都是低级语言，是因为它们都能被计算机直接识别并执行。

A. 正确　　B. 错误

82. 在PowerPoint 2010中使用“大纲”窗格，可方便对图片、图表、图形等进行修改、删除、复制和移动的操作。

A. 正确　　B. 错误

83. USB接口支持即插即用和热插拔，即在计算机运行时不需要关机就可以插拔设备。

A. 正确　　　　B. 错误

84. 存储器采用多层次结构是为了使存储器的性能/价格比得到优化，解决存储器在容量、价格和速度之间的矛盾。

A. 正确　　　　B. 错误

85. 一台主机只能有一个IP地址，和IP地址对应的域名也只能有一个。

A. 正确　　　　B. 错误

86. 若一台微机感染了病毒，只要删除所有带毒文件，就能消除所有病毒。

A. 正确　　　　B. 错误

87. 把体系结构标准化的计算机网络称为第三代计算机网络。

A. 正确　　　　B. 错误

88. 大数据具有5V 特点，其中Velocity指的在大数据的真实性。

A. 正确　　　　B. 错误

89. 在Word 2010中，在中文输入法状态下，通过“Ctrl+Shift”可实现全角和半角的切换。

A. 正确　　　　B. 错误

90. 字长是衡量计算机性能的重要指标之一，字长越长，计算机运算速度越快，运算精确度越高。

A. 正确　　　　B. 错误

第Ⅱ卷

四、填空题（本大题共20小题，每小题1分，共20分）

91. 计算机的系统总线是计算机各部件间传递信息的公共通道，它分数据总线、（　　　　）和地址总线。

92. 域名解析是将域名转换成IP地址的过程，域名解析是通过（　　　　）实现的。

93. 微型计算机系统中最大的一块电路板，被称为（　　　　）。

94. 二进制数1110011.11转换成八进制数是（　　　　）。

95. 在Excel 2010中，存在一个数据清单，内含：工号、姓名、部门、奖金等项目，现要求对相同部门的职工按奖金从高到低进行排序，则要进行多个关键字段的排序，并且主关键字段是（　　　　）。

96. 在PowerPoint中，将已经创建的演示文稿转移到其他没有安装PowerPoint软件的计算机上放映，可以使用PowerPoint提供的（　　　　）功能。

97. （　　　　）是指无法在一定时间范围内用常规软件工具进行捕捉、管理和处理的、海量的、复杂的数据集合。

98. 在计算机网络中，通信双方必须共同遵守的规则或约定，称为（　　　　）。

99. 计算机软件分为系统软件和应用软件，在系统软件中，最基本最重要的系统软件是（　　　　）。

100. IP地址由32位二进制位组成，通常分成（　　　　）地址和主机地址两部分。

101. 在Excel 2010中，[学生]成绩!B1:D50是合法的单元格引用，其中“学生”指的是（　　　　）。

102. 英文名称是“The Internet of Things（IOT）”指的是（　　　　）。

103. 对于数据通信方式，信号可以沿两个方向传送，但同一时刻一个信道只允许单方向传送的通信方式称为（　　　　）通信。

104. 在计算机系统中，微处理器的发展速度是最快的，其集成电路芯片上所集成的电路的数目每隔18个月就翻一番，这就是著名的（　　　　）。

105. 在Dreamweaver中，同一个图像可使用多边形、矩形、椭圆形等划分成不同部分，每个部分称为（　　　　），每个部分都可以链接到不同的目标。

106. BIOS是一组固化到计算机内主板上一个ROM芯片上的程序，它可从（　　　　）中读写系统设置的具体信息。

107. SQL的含义是（　　　　）。

108. 关系数据库中，实体之间的联系是通过表与表之间的公共（　　　　）来实现的。

109. 硬盘是微机上最重要的外存储器，常用的硬盘可分为（　　　　）、机械硬盘、混合硬盘三种。

110. 在Word 2010中，隐藏在Word文档中的由一组特殊代码组成的指令称为（　　　　）。

计算机文化基础全真模拟试题（10）

本试题分为第Ⅰ卷和第Ⅱ卷两部分，满分100分，考试用时120分钟。考试结束后，将本试题和答题卡一并交回。

注意事项：

1. 答题前，考生务必用0.5毫米黑色签字笔将自己的姓名、考生号、身份证号填写到试题规定的位置上。

2. 第Ⅰ卷每小题选出答案后，用2B铅笔把答题卡上对应题目的答案标号涂黑；如需改动，用橡皮擦干净后，再选涂其他答案标号，答案不能答在试题上。

3. 第Ⅱ卷答题必须使用0.5毫米黑色签字笔作答，答案必须填写在答题卡各题目指定区域内相应的位置；如需改动，先划掉原来的答案，然后再写上新的答案；不能使用涂改液、胶带纸、修正带。不按以上要求作答的答案无效。

第Ⅰ卷

一、单项选择题（本大题共50小题，每小题1分，共50分）

每小题列出的四个备选项中只有一个是符合题目要求的，请将其代码填涂在答题卡上。错选、多选或未选均无分。

1. 下列关于世界上第一台电子计算机ENIAC的叙述中，错误的是（　　）。

A. 世界上第一台计算机是1946年在美国诞生的

B. 它主要采用电子管作为主要电子器件

C. 它主要用于科学计算

D. 主要使用高级语言进行程序设计

2. 微型计算机的外存储器，可以直接将数据传送到（　　）。

A. 运算器　　B. 内存储器

C. 微处理器　　D. 控制器

3. 计算机之所以能按人们的意图自动地进行操作，主要是采用了（　　）。

A. 二进制编码　　B. 高速的电子元器件

C. 高级语言　　D. 存储程序控制

4. “计算机能够进行逻辑判断并根据判断的结果来选择相应的处理”，该描述说明计算机具有（　　）。

A. 自动控制能力　　B. 逻辑判断能力

C. 记忆能力　　D. 高速运算的能力

5. BIOS计算机最重要的基本输入输出的程序、开机后自检程序和系统自启动程序，BIOS程序存储在微机的（　　）中。

A. RAM　　B. ROM　　C. CMOS　　D. 系统盘。

6. 在评价计算机的性能时，通常用MTTR来描述计算机（　　）。

A. 平均无故障时间　　B. 平均故障修复时间

C. 主存的存取周期　　D. 运算速度

7. 十进制数31转换为二进制数和十六进制数分别是（　　）。

A. 11111和115　　B. 11111和1F

C. 10001111和151　　D. 10001111和F1

8. 一台计算机会执行有多种多样的指令，我们把所有指令的集合称为（　　）。

A. 指令系统　　B. 程序　　C. 指令群　　D. 机器语言

9. 计算机有多种技术指标，其中决定计算机的计算精度的是（　　）。

A. 内核数　　B. 主频　　C. 内存容量　　D. 字长

10. 在Windows 7中，只要将某软件系统的所有文件复制到本机的硬盘，然后双击主程序就可以运行的软件称为（　　）。

A. 系统软件　　B. 免费软件　　C. 绿色软件　　D. 非绿色软件

11. 在Windows 7中，下列关于打印机的设置的说法不正确的是（　　）。

A. 要使打印机正常工作，必须安装打印机驱动程序

B. 安装打印机驱动程序时，打印机必须连在计算机上

C. 在一台计算机上可以安装多台打印机驱动程序

D. 如果安装了多台打印机，默认打印机只有一台

12. 在Windows 7中，选定了多个文件或文件夹后，若要取消个别选定的文件或文件夹，可（　　），依次单击相应的文件或文件夹。

A. 按住Alt键　　B. 按住Ctrl键

C. 按住Shift键　　D. 按住Del键

13. 在Windows 7操作系统中，下列（　　）操作不能在任务栏中完成。

A. 设置系统日期和时间　　B. 排列桌面图标

C. 排列和切换窗口　　D. 启动“开始”菜单

14. 在Windows 7 中，被放入回收站中的文件仍然占用（　　）。

A. 剪贴板空间　　B. 内存空间　　C. 硬盘空间　　D. 光盘空间

15. 在Windows 7 中，使用“发送”命令将文件发送到U盘，实质上是（　　）。

A. 将文件移到U盘　　B. 在U盘内建立文件的快捷方式

C. 将文件复制到U盘　　D. 将文件压缩到U盘

16. 关于磁盘碎片，下列说法错误的是（　　）。

A. 过多的磁盘碎片有可能导致存储文件的丢失

B. 文件碎片是因为文件被分散保存到整个磁盘的不同地方，而不是连续地保存在磁盘连续的簇中形成的

C. 文件碎片过多会使系统在读文件的时候来回寻找，从而显著降低硬盘的运行速度

D. 磁盘碎片对计算机的性能没有影响，不需要进行磁盘碎片整理

17. 在Windows 7的树型文件夹结构中，不允许两个文件名相同，指的是在（　　）。

A. 不同磁盘的同名文件夹下　　B. 同一磁盘的同一文件夹下

C. 同一磁盘的不同文件夹下　　D. 不同磁盘的不同名文件夹下

18. 在 Word 2010，切换中英文输入法的快捷键是（　　）。

A. Ctrl+SPACE　　B. Alt+SPACE　　C. Shift+SPACE　　D. 空格+SPACE

19. 在WWW服务中，用户的信息检索可以从一台Web服务器自动搜索到另一台Web服务器，它所使用的技术是（　　）。

A. Hyperlink　　B. Hypertext　　C. Hypermedia　　D. HTML

20. 如果IP地址为202.130.191.33，子网掩码为255.255.255.0，那么网络地址是（　　）。

A. 202.130.0.0　　B. 202.0.0.0

C. 202.130.191.33　　D. 202.130.191.0

21. 以下关于VPN说法正确的是（　　）。

A. VPN指的是用户自己租用线路，和公共网络物理上完全隔离的、安全的线路

B. VPN指的是用户通过公用网络建立的临时的、逻辑隔离的、安全的连接

C. VPN不能做到信息认证和身份认证

D. VPN只能提供身份认证、不能提供加密数据的功能

22. 在OSI参考模型的层次中，数据链路层的数据传送单位是（　　）。

A. 位　　B. 帧　　C. 分组　　D. 报文

23. 在Dreamweaver CS5 中，用户可以在不同的视图中进行相应的操作，在一个窗口中

可同时查看文档的代码，又可进行可视化页面编辑的视图模式是（　　）。

A. “设计”视图　　B. “拆分”视图

C. “代码”视图　　D. “实时”视图

24. 在OSI模型的网络层上实现互联的设备是（　　）。

A. 网桥　　B. 中继器　　C. 路由器　　D. 网关

25. 在Word 2010中，段落的标记是在输入（　　）之后产生的。

A. 句号　　B. Enter键　　C. Shift+Enter　　D. Ctrl+Enter

26. 在Access 2010中，下面有关主键的叙述正确的是（　　）。

A. 不同的记录可以具有重复的主键值或空值

B. 一个表中的主键可以是一个或多个字段

C. 在一个表中主键只可以是一个字段

D. 表中的主键的数据类型必须定义为自动编号或文本

27. 在Access 2010中，关于OLE对象叙述中，正确的是（　　）。

A. 用于输入文本数据　　B. 用于处理超级链接数据

C. 用于生成自动编号数据　　D. 用于连接或内嵌Window支持的对象

28. 在Word 2010中，在打印对话框中“页面范围”选项卡的“当前页”是指（　　）。

A. 当前光标所在的页　　B. 当前窗口显示的页

C. 当前文档的第一页　　D. 当前文档的最后一页

29. 在Word 2010中，通过将当前文件另存为以下扩展名，即可保存为模板文件（　　）。

A. .docx　　B. .dat　　C . .ppt　　D. .dotx

30. 在Word 2010中，艺术字属于以下哪种类型的对象（　　）。

A. 文字对象　　B. 图形对象　　C. 链接对象　　D. 特殊符号

31. 在Word 2010中，通过以下哪个选项卡可以实现对文档中标尺的隐藏（　　）。

A. “页面布局”选项卡　　B. “审阅”选项卡

C. “视图”选项卡　　D. “开始”选项卡

32. 在Word 2010中，需要为文档中的图片和表格自动生成一个索引目录时，应提前为这些图片和表格添加（　　）。

A. 标签　　B. 索引　　C. 题注　　D. 书签

33. Word 2010中某个文档的基本页是纵向的，如需设置其中一页为横向页面，可以（　　）。

A. 不可能实现此功能

B. 将此文档分为三个文档来处理

C. 将此文档分为两个文档来处理

D. 可在该页开始处和下一页的开始处插入分节符，再调整“本节的”页面设置

34. Word 2010中可以在文档的每页上打印一个图形作为页面背景，这种文本效果被称为（　　）。

A. 图形　　B. 艺术字　　C. 水印　　D. 页面边框

35. 在Excel 2010中，如需进行分类汇总，则必须在此之前对数据清单中的某个字段进行（　　）。

A. 排序　　B. 高级筛选　　C. 条件格式　　D. 自动筛选

36. Excel 2010中，如果需要表达不同类别占总类别的百分比，最适应用以下哪种图表类型（　　）。

A. 柱形图　　B. 散点图　　C. 拆线图　　D. 饼图

37. 在Excel 2010中，提示的错误值均以（　　）字符开始。

A. $　　B. @　　C. #　　D. ^

38. Excel 2010的工作表被保护后，对工作表中的单元格的内容、格式等编辑操作（　　）。

A. 仍然可以修改　　B. 可以被复制、填充

C. 都不可以修改、删除　　D. 只能被移动

39. 在Excel 2010单元格中输入以下（　　）内容，可以得到负数“–114”。

A. <114>　　B. ［114］　　C. （114）　　D. {114}

40. 在Excel 2010中，在单元格中输入=LEFT(RIGHT("BCDEFl23",6),3)后回车，该单元格的显示结果为（　　）。

A. BCD　　B. BCDE　　C. CDE　　D. DEF

41. 在PowerPoint 2010中，为文本设置了动画效果时，不可以设置文本的（　　）。

A. 整批发送　　B. 按字/词发送　　C. 按字母发送　　D. 按句发送

42. 在PowerPoint 2010中，从第一张幻灯片开始放映幻灯片的快捷键是（　　）。

A. Shift+F5　　B. F5　　C. Ctrl+F5　　D. Alt+F5

43. 在PowerPoint 2010中，若一个演示文稿中有三张幻灯片，播放时要跳过第二张放映，可以的操作是（　　）。

A. 取消第二张幻灯片中的切换效果　　B. 第二张幻灯片设置为隐藏

C. 取消第一种幻灯片的动画效果　　D. 只能删除第二张幻灯片

44. 在PowerPoint 2010中，显示或隐藏功能区的快捷键是（　　）。

A. Ctrl +H键　B. Alt键　C. Shift+F10键　D. Ctrl+F1键

45. 在PowerPoint 2010中，要对幻灯片母版进行设计和修改时，通过（　　）选项卡中进行操作。

A. 设计　B. 审阅　C. 插入　D. 视图

46. 在PowerPoint 2010中，幻灯片的版式是由（　　）组成的。

A. 文本框　B. 表格　C. 图标　D. 占位符

47. 在PowerPoint 2010中，在应用了版式之后，幻灯片中的占位符（　　）。

A. 不能插入，也不能删除　B. 不能插入，但可以删除

C. 可以插入，也可以删除　D. 可以插入，但不能删除

48. 存储100张512 × 384的真彩（32位）位图图片，至少需要（　　）的存储空间。

A. 7.5MB　B. 60MB　C. 75MB　D. 600MB

49. 媒体信息接收者在没有接收到完整的信息前就能处理那些已接收到的信息，这种一边接收、一边处理的方式为（　　）。

A. 搜索引擎技术　B. 流媒体技术　C. 所见即所得　D. 虚拟现实技术

50. 我国第一个计算机安全法规，也是我国计算机安全工作总纲指的是（　　）。

A.《电子计算机系统安全规范（试行草案）》

B.《中华人民共和国计算机信息系统安全保护条例》

C.《计算机信息系统国际联网保密管理规定》

D.《计算机病毒防治管理办法》

二、多项选择题（本大题共20小题，每小题1分，共20分）

每小题列出的四个备选项中只有两个是符合题目要求的，请将其代码填涂在答题卡上。错选、多选或未选均无分，少选一个扣0.5分。

51. 下列有关信息的说法正确的是（　　）。

A. 信息有着明确、严格的定义

B. 数据是信息的逻辑意义，信息是数据的表示形式

C. 信息只有通过数据形式表示出来才能被人们理解和接受

D. 信息能够消除事物的不确定性

52. 下列关于计算机语言的描述正确的是（　　）。

A. 所有语言的源程序都必须经过翻译才能被计算机执行

B. 高级语言与具体的指令系统无关，不是面向机器的语言

C. 汇编语言是符号化了的机器语言，用助记符和符号地址来表示指令

D. 高级语言用来编写应用软件，低级语言用来编写系统软件

53. 在评价计算机的性能时，通常用（　　）来描述计算机运算速度。

A. MIPS　　B. BIPS　　C. bps　　D. MHz

54. 在Word 2010中，有关文本框的链接，下列说法正确的是（　　）。

A. 文本框创建链接时，目标文本框的文字排列方式可以与前一文本框不同

B. 当文本框创建链接后，上一级文本框文字输满时自动链接到下一级文本框

C. 断开链接后，文本框中的内容会在各自的文本框中显示

D. 当删除一个建立了链接文本框时，该文本框被删除，文本框的内容会合并到与其链接文本框中

55. 在Windows 7中，对话框可分为（　　）。

A. 非模式对话框　　B. 复选框

C. 模式对话框　　D. 文本框

56. 以下关于Word 2010的文档保护功能，下列说法正确的有（　　）。

A. 限制编辑　　B. 可以将文档设置为修订状态

C. 添加数字签名　　D. 给文档页面添加水印

57. 在Excel 2010中，以下哪些操作可以实现工作表重命名（　　）。

A. 双击工作表标签

B. 右键单击工作表标签，选择“重命名”

C. 按下功能键F2

D. 先单击选定要改名的工作表，再单击它的名字

58. 在PowerPoint 2010中，可基于（　　）创建新的演示文稿。

A. 模板　　B. 母版　　C. 主题　　D. 版式

59. Excel 2010中，以下函数正常运算后，返回结果一定是逻辑值（True或False）的有（　　）。

A. AND　　B. IF　　C. VLOOKUP　　D. OR

60. 关于Word 2010中的表格，以下说法正确的是（　　）。

A. 插入的表格行列数没有限制

B. 插入的表格可以使用内置的样式

C. 插入的表格列宽可以灵活的调整

D. 不能设置表格与文字的环绕方式

61. 以下关于Word 2010中文本选择的描述，正确的有（　　）。

A. 按住“Shift”键配合鼠标左键，可选择连续的文本

B. 按住“Alt”键配合鼠标左键，可选择不连续的文本

C. 按住“Ctrl”键配合鼠标左键，可选择矩形区域的文本

D. 在段落文本内，连续三击鼠标左键，可选中整个段落

62. 关于Word 2010中的样式使用，以下说法正确的有（　　）。

A. 样式是文字格式和段落格式的集合，主要用于快速制作具有一定规范格式的文本或段落

B. Word 2010提供了一系列标准样式供用户使用，但不能够进行修改

C. 所有的样式包括Word 2010自带的样式都可以进行修改

D. Word 2010中，只有自定义的样式，才能够进行修改

63. 在下列关于数据库技术的描述中，正确的是（　　）。

A. 关系模型是目前在DBMS 中使用最广泛的数据模型

B. 从组成上来看，数据库系统由数据库和应用程序组成，它不包括DBMS及用户

C. SQL是英文Structured Query Language的缩写，仅限于数据查询

D. Office 2010软件包中的Access 2010软件是关系型数据库管理系统

64. 下列属于计算机病毒特征的是（　　）。

A. 破坏性和潜伏性　　B. 寄生性和交互性

C. 传染性和隐蔽性　　D. 多样性和实时性

65. 按照计算机病毒传染的方法进行分类，计算机病毒可分为（　　）。

A. 伴随型病毒　　B. 寄生型病毒

C. 非驻留型病毒　　D. 驻留型病毒

66. 对于A类IP地址下列叙述，正确的是（　　）。

A. 它适用于中型网络

B. 它适用的网络最多只能连接65534台主机

C. 默认情况下，A类地址网络的子网掩码地址为：255.0.0.0

D. 它的二进制表示中最高位一定是“0”

67. 在Internet上传输的信息至少遵循三个协议，它们是应用程序协议和（　　）。

A. TCP　　B. FTP　　C. IP　　D. HTTP

68. 在数据通信系统中，按照数据在数据线上同时传输的数据位数，可把传输方式分为（　　）。

A. 单工通信　　B. 双工通信　　C. 串行通信　　D. 并行通信

69. 在数据通信系统中，根据信号中代表消息的参数取值方式不同，信号可以分为（　　）。

A. 数字信号　　B. 模拟信号　　C. 文本信号　　D. 非文本信号

70. 下列属于数据库管理系统的是（　　）。

A. Oracle　　B. MySQL　　C. Excel 2010　　D. Unix

三、判断题（本大题共20小题，每小题0.5分，共10分）

71. 不同CPU 的计算机，针对同一问题所编写的汇编语言程序是互不通用的。

A. 正确　　B. 错误

72. 在计算机的日常维护中，对磁盘应定期进行碎片整理，其目的是提高磁盘的读写速度。

A. 正确　　B .错误

73. 在Access 2010中，报表与窗体的主要区别在于，窗体不可以输入数据，而报表中能输入数据。

A. 正确　　B. 错误

74. 数据链路层是OSI参考模型中的第二层，介于物理层和网络层之间，数据链路层的数据传输单位是帧。

A. 正确　　B. 错误

75. 在Access 2010中，报表页眉仅仅在报表的首页打印输出，主要用于打印报表的封面等信息。

A. 正确　　B. 错误

76. 在Word 2010中，段落的左对齐和两端对齐的效果是相同的。

A. 正确　　B. 错误

77. HTML文件是一种纯文本文件，我们可以使用任何文本处理软件来创建或处理HTML文件。

A. 正确　　B. 错误

78. 在Excel 2010中，查找与替换操作只能在同一个工作表中进行。

A. 正确　　B. 错误

79. 信号带宽即信号频谱的宽度，它是指信号中包含的频率范围，取值为信号的最高频率与最低频率之差。

A. 正确　　B. 错误

80. 在Word 2010中，在审阅文档时，对于文档中的所有修订标记只能全部接受或全部拒绝。

A. 正确　　B. 错误

81. 一个完整的计算机系统通常是由硬件系统和软件系统两大部分组成的。

A. 正确 B. 错误

82. 对于单工通信，其中一端只能作为发送端发送数据不能接收数据，另一端只能接收数据不能发送数据。

A. 正确 B. 错误

83. 数字数据在模拟信道上传输前需进行调制处理，模拟信号在数字信道上传输前要进行解调处理。

A. 正确 B. 错误

84. FTP是Internet 中的一种文件传输服务，它可以将文件下载到本地计算机中。

A. 正确 B. 错误

85. 在PowerPoint 2010的幻灯片上可以插入多种对象，除了可以插入图形、图表外，还可以插入公式、声音和视频。

A. 正确 B. 错误

86. 在PowerPoint 2010中，将文本添加到幻灯片最简易方式是直接将文本键入幻灯片的任何占位符中。要在占位符外的其他地方添加文字，可以在幻灯片中插入文本框。

A. 正确 B. 错误

87. 全双工通信的双方可以同时进行信息的发送与接收，只需要一条传输线路即可。

A. 正确 B. 错误

88. Word 2010中的字数统计功能中，不仅可以统计文档字符数，还可统计段落数、行数与页数。

A. 正确 B. 错误

89. 用PowerPoint 2010应用程序所创建的用于演示的文件称为幻灯片。

A. 正确 B. 错误

90. Excel 2010中使用功能键F2，可以实现相对引用和绝对引用的切换。

A. 正确 B. 错误

第Ⅱ卷

四、填空题（本大题共20小题，每小题1分，共20分）

91. 在计算机系统中，没有安装任何软件的计算机称为（　　　　）。

92. 计算机的CPU每执行一个（　　　　），就完成一步基本运算或判断。

93. 对二进制数1010111和1001011进行算术运算的加法运算，其和是（　　　　）。

94. 若在一个非零无符号二进制整数右边加两个零形成一个新的数，则新数的值是原数值的（　　　　）倍。

95. 在PowerPoint 2010中，切换到幻灯片母版视图后，系统默认有1张主母版和（　　　　）张版式母版。

96. URL，即统一资源定位器，一般由（　　　　）、域名、路径和文件名组成。

97. 去掉全0和全1两个特殊地址，C类网络有（　　　　）个有效IP地址。

98. 在Excel 2010的三种模拟分析工具中，已知预测结果并确定生成该结果的可能输入值可使用（　　　　）。

99. 在Windows 7中，对任务栏进行了（　　　　）操作后，任务栏不能移动位置，也不能改变大小。

100. 一个完整的数据通信系统可划分为三大组成部分：信源、信道和（　　　　）。

101. 在PowerPoint 2010中，插入视频后，视频文件在没有正式播放的时候所展示的画面被称为（　　　　）。

102. 微机的运算器、控制器、主存储器构成计算机的（　　　　）。

103. 在Dreamweaver中进行网页布局设计时，使用（　　　　）可将整个浏览器窗口分为几个独立的小窗口，每个窗口中可分别载入不同的网页文件。

104. 在Windows 7 中，把某应用程序的快捷方式放置到开始菜单的（　　　　）中，当启动Windows时，会自动运行该应用程序。

105. IPv4中，IP地址是由32位二进制数组成，当前两位是（　　　　）时为B类地址。

106. 网站是一组相关网页和有关文件的集合，一般有一个特殊的网页作为浏览的起始点，称为（　　　　），用来引导用户访问其他网页。

107. 网页文件里包含有程序代码，需要服务器执行程序才能生成网页内容的网页称为（　　　　）。

108. 国务院办公厅明确把信息网络分为内网（涉密网）、外网（非涉密网）和（　　　　）三类，而且明确规定内网和外网要物理隔离。

109. 对明文进行加密时采用的一组规则称为（　　　　）。

110. 子网掩码的一个作用是可以利用（　　　　）的一位或几位将子网进一步划分，缩小主机的地址空间而获得一个范围较小的、实际的子网地址，这样更便于网络管理。

计算机文化基础全真模拟试题（11）

本试题分为第Ⅰ卷和第Ⅱ卷两部分，满分100分，考试用时120分钟。考试结束后，将本试题和答题卡一并交回。

注意事项：

1. 答题前，考生务必用0.5毫米黑色签字笔将自己的姓名、考生号、身份证号填写到试题规定的位置上。

2. 第Ⅰ卷每小题选出答案后，用2B铅笔把答题卡上对应题目的答案标号涂黑；如需改动，用橡皮擦干净后，再选涂其他答案标号，答案不能答在试题上。

3. 第Ⅱ卷答题必须使用0.5毫米黑色签字笔作答，答案必须填写在答题卡各题目指定区域内相应的位置；如需改动，先划掉原来的答案，然后再写上新的答案；不能使用涂改液、胶带纸、修正带。不按以上要求作答的答案无效。

第Ⅰ卷

一、单项选择题（本大题共50小题，每小题1分，共50分）

每小题列出的四个备选项中只有一个是符合题目要求的，请将其代码填涂在答题卡上。错选、多选或未选均无分。

1. 关于信息技术的描述，以下说法错误的是（　　）。

A. 信息技术产生于20世纪60年代

B. 计算机在信息技术中起到关键作用

C. 在信息社会中，信息和物质、能源一样，被视为资源

D. 使用计算机处理信息时，必须将信息转换成计算机可以识别的符号

2. 在计算机存储结构中，WORM属于（　　）。

A. 内部存储器　　B. 外部存储器

C. 只读存储器　　D. 输出设备

3. 显示器的（　　）越大，显示的图像越清晰。

A. 对比度　　B. 亮度

C. 尺寸　　D. 分辨率

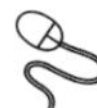

4. 下列英文缩写和中文名字对照中，正确的是（　　）。

A. URL——用户报表清单　　B. CAD——计算机辅助设计

C. USB——不间断电源　　D. RAM——只读存储器

5. 下列有关进制的叙述正确的是（　　）。

A. 十进制数可用10个数码，分别是1–10

B. 一般在数字后面加一大写字母B表示十进制数

C. 二进制数只有两个数码：1和2

D. 在计算机内部信息都是用二进制编码形式表示的

6. 下列有关汉字编码系统的说法，正确的是（　　）。

A. 同一个汉字的输入码的长度随输入方法的不同而不同

B. 一个汉字的机内码与它的国标码是相同的，均为1字节

C. 不同汉字的机内码的长度是不相同的

D. 同一汉字用不同的输入法输入时，其机内码是不相同的

7. 在计算机系统中，下列叙述中正确的是（　　）。

A. 内存中存放的是当前正在执行的应用程序和所需的数据

B. 内存中存放的是当前暂时不用的程序和数据

C. 外存中存放的是当前正在执行的程序和所需的数据

D. 进程一旦驻留内存，就称为作业

8. 把硬盘上的数据传送到计算机内存中的操作称为（　　）。

A. 读盘　　B. 写盘　　C. 输出　　D. 存盘

9. SRAM指的是（　　）。

A. 静态随机存储器　　B. 静态只读存储器

C. 动态随机存储器　　D. 动态只读存储器

10. 通过Windows 7的个性化设置界面，不可以实现的是（　　）。

A. 自定义主题　　B. 设置桌面背景

C. 设置屏幕分辨率　　D. 设置屏幕保护程序

11. 在计算机中，一段内存大小为4KB的空间，其地址范围可以表示为0000H至（　　）。

A. 0FFFH　　B. 1000H　　C. 1FFFH　　D. 2000H

12. 计算机某硬件设备的数据单位是GB，该设备最有可能是（　　）。

A. CPU　　B. 内存

C. Cache　　D. 软盘

13. 下列叙述中，正确的是（　　）。

A. 计算机的体积越大，其功能越强

B. CD-ROM的容量比硬盘的容量大

C. 存储器具有记忆功能，但其中的信息可能会丢失

D. GPU是中央处理器的简称

14. 下列字符中，其ASCII码值最小的一个是（　　）。

A. &　　B. 9　　C. A　　D. a

15. 计算机指令就是指挥机器工作的指示和命令，一条指令通常包括（　　）。

A. 操作码和地址码　　B. 信息和数据

C. 时间和信息　　D. 地址码和操作数

16. 已知8位定点二进制整数采用补码表示，它能表示的最大十进制正数是（　　）。

A. +128　　B. +127　　C. +1　　D. +255

17. 下列关于计算机算法的叙述，错误的是（　　）。

A. 算法与程序不同，它是问题求解规则的一种过程描述，总在执行有穷步骤后终止运算

B. 算法的设计一般采用由细到粗、由具体到抽象的逐步求解的方法

C. 算法的每一个运算必须有确切的定义，即每一个运算应该执行何种操作必须是清楚明确的，无二义性

D. 分析一个算法好坏，要考虑其占用的计算机资源（如时间和空间）、算法是否易理解、易调试和易测试

18. 程序=数据结构+算法，数据结构指的是数据与数据之间的逻辑关系，算法指的是解决特定问题的步骤和方法，典型的数据结构不包括（　　）。

A. 线性表　　B. 堆栈　　C. 二叉树　　D. 网状

19. 下列关于一些计算机外围设备的说法中，错误的是（　　）。

A. 绘图仪是输出设备

B. 扫描仪是一种图像输入设备

C. 显示器的作用是将光信号转换为数字信号，最终将文字和图形显示出来

D. 显示器包括CRT显示器和LCD显示器

20. 关于Windows 7的库，以下说法正确的是（　　）。

A. 库是文件的物理组织单位

B. Windows 7的默认库包含视频、动画、图片、文档、音乐

C. 可以将文件直接添加到库中

D. 不可以将U盘的文件夹添加到库中

21. 操作系统对磁盘进行读/写操作的单位是（　　）。

A. 磁道　　B. 字节　　C. 扇区　　D. KB

22. 在Windows 7中，一个文件可设置的属性包括（　　）。

A. 只读、共享　　B. 只读、隐藏、存档

C. 只读、隐藏、系统　　D. 只读、隐藏、系统、存档

23. Windows 7中计算器的工作模式不包括（　　）。

A. 标准型　　B. 程序员　　C. 科学型　　D. 基本

24. 在Word 2010中，下列有关组合图形的描述，正确的是（　　）。

A. 组合后的图形不能被裁剪　　B. 组合后的图形不能被复制

C. 组合后的图形不能被再组合　　D. 组合后的图形不能取消组合

25. 在Word 2010表格中，如要使用SUM（ABOVE）公式进行计算，当（　　）时不能得到正确结果。

A. 某个单元格为空　　B. 某个单元格中的数字为半角

C. 小数点为半角　　D. 公式在表格第一行

26. Word 2010不能保存的文件格式是（　　）。

A. dotm　　B. pdf　　C. rtf　　D. jpg

27. 可对Word 2010中的表格进行简单运算，但不可以进行（　　）。

A. 横向求和　　B. 纵向求平均值　　C. 数据排序　　D. 数据索引

28. 在Word 2010中，“插入超链接”操作的快捷键是（　　）。

A. Ctrl+A　　B. Ctrl+F4　　C. Ctrl+F2　　D. Ctrl+K

29. Word 2010中，可插入剪贴画，还可以（　　）。

A. 将整个Photoshop图形文件插入到Word中

B. 将Flash中的动画图像插入到Word中

C. 插入PNG格式的图像文件

D. 插入相册

30. 在当前工作表的B3单元格中输入“=MAX(0.5,0,-2,FALSE,TRUE)”（不包括双引号），则该单元格的结果显示为（　　）。

A. 1　　B. TRUE　　C. 0.5　　D. FALSE

31. Excel 2010中设置单元格换行的快捷键是（　　）。

A. Alt+Enter B. Enter C. Shift+Enter D. Ctrl+Enter

32. Excel 2010填充序列时，可填充的类型不包括（ ）。

A. 等差数列 B. 等比数列 C. 日期 D. 时间

33. Excel 2010中调整列宽的方法中，错误的是（ ）。

A. 拖动列标右边界设置所需列宽

B. 双击列标右边界可以使列宽适应单元格的内容

C. 在“页面布局”选项卡，“单元格”组中执行“格式”命令

D. 复制列宽

34. 在Excel中，设置单元格格式为日期，输入–2后显示（ ）。

A. 1899/12/29 B. NUM! C. #VALUE! D. #######

35. 在PowerPoint 2010中，创建演示文稿最快捷的方法是使用（ ）。

A. 母版 B. 模板 C. 主题 D. 样式

36. 在PowerPoint 2010中，下列说法错误的是（ ）。

A. 可以为剪贴画添加艺术效果 B. 剪贴画可以转换为SmartArt

C. 剪贴画中插图的扩展名是.wmf D. 可以为剪贴画创建三维旋转效果

37. Powerpoint 2010播放到最后一张幻灯片，单击鼠标结束放映后，在普通视图的幻灯片窗格中显示的幻灯片是（ ）。

A. 第一张幻灯片 B. 最后一张幻灯片

C. 放映的第一张幻灯片 D. 黑色背景的幻灯片

38. PowerPoint 2010的超链接功能不可以链接到（ ）。

A. 自定义放映 B. 对象动作 C. 暴风影音应用程序 D. 新建word文档

39. 在PowerPoint中，“视图”这个名词表示（ ）。

A. 一种图形 B. 显示幻灯片的方式

C. 编辑演示文稿的方式 D. 一张正在修改的幻灯片

40. 在PowerPoint 2010中，页面设置在（ ）选项卡。

A. 开始 B. 插入 C. 设计 D. 视图

41. 假定有不相等的关系R与S，运算后结果为W，若关系W中的元组既属于R又属于S，则W为R和S（ ）运算的结果。

A. 交 B. 差 C. 并 D. 投影

42. 以下设备属于OSI七层参考模型的物理层是（ ）。

A. 交换机 B. 网关 C. 集线器 D. 网桥

43. 在命令提示符状态，查看本地计算机TCP/IP协议配置的命令是（　　）。

A. ping　　B. msconfig　　C. ipconfig　　D. tracert

44. 在Dreamweaver中导出的站点扩展名是（　　）。

A. .html　　B. .ste　　C. .css　　D. .swf

45. 关于数据通信的有关单位，以下说法错误的是（　　）。

A. 频率的单位是Hz　　B. 模拟信道的带宽单位是Hz

C. 数字信道的带宽单位是b/s　　D. 数据传输的基本单位是B

46. 以下哪个不是网页设计的语言（　　）。

A. HTML　　B. XML　　C. JavaScript　　D. SQL

47. 信息安全和保密的关键是（　　）。

A. 防火墙技术　　B. 防病毒技术　　C. 入侵检测系统　　D. 密码技术

48. 防火墙自身有一些限制，它不能阻止（　　）。

Ⅰ外部攻击　　Ⅱ 内部威胁　　Ⅲ 病毒感染

A. Ⅰ　　B. Ⅰ和Ⅱ　　C. Ⅱ和Ⅲ　　D. 全部

49. 不属于第三代计算机网络体系结构的是（　　）。

A. SNA　　B. DNA　　C. OSI　　D. ARPA

50. 以下算法中属于非对称加密算法的是（　　）。

A. Flash算法　　B. RSA算法　　C. IDEA　　D. 三重DES

二、多项选择题（本大题共20小题，每小题1分，共20分）

每小题列出的四个备选项中只有两个以上是符合题目要求的，请将其代码填涂在答题卡上。多选或未选均无分，少选一个扣0.5分。

51. 关于外存储器，下列说法正确的是（　　）

A. 硬盘是微型计算机必不可少的存储器

B. 硬盘不是外设

C. 硬盘的性能指标包括转速和容量

D. MO是可改写型光盘

52. 下列说法正确的是（　　）。

A. 国标码不能直接在计算机中使用

B. 机内码是计算机内处理汉字信息时所使用的汉字代码

C. 汉字输入码编码原则是易于接受学习、重码少，码长尽可能长

D. 一个汉字字形码需要用2个字节表示

53. 下列叙述正确的是（　　）。

A. 任何八进制数都可以完整地用十进制来表示

B. 任何十进制数都可以完整地用八进制来表示

C. 任何二进制数都可以完整地用十六进制表示

D. 任何十进制数都可以完整地用十六进制表示

54. 对于一个有写保护装置的U盘，当它处于写保护状态时，以下操作可以实现的有（　　）。

A. 显示U盘中文件A.TXT的属性　　B. 格式化U盘

C. 将U盘文件A.TXT改名为B.YXT　　D. 将U盘文件A.TXT打开

55. 计算机硬件系统主要性能指标有（　　）。

A. 字长　　B. CPU数量　　C. 主频　　D. 硬盘容量

56. 处理机管理主要工作包括（　　）。

A. 处理中断事件　　B. 处理器调度

C. 提供文件的逻辑组织方法　　D. 管理各类外围设备

57. Windows 7的任务栏可以（　　）。

A. 锁定　　B. 任意调整大小　　C. 使用缩略图　　D. 显示桌面

58. Word 2010中字体间距可以设置为（　　）。

A. 加宽　　B. 提升　　C. 紧缩　　D. 降低

59. 关于Word 2010的分栏，以下说法正确的是（　　）。

A. 可以预设为4栏　　B. 可以插入分隔线

C. 可以应用于所选文字　　D. 不可以设置每栏的宽度

60. Excel 2010的名称框可以实现的操作有（　　）。

A. 为单元格区域命名　　B. 选择函数

C. 编辑单元格内容　　D. 输入公式

61. Excel 2010中工作簿的视图包括（　　）。

A. 普通视图　　B. 页面布局　　C. 阅读视图　　D. Web版式视图

62. Excel 2010中，下列关于分类汇总的说法正确的是（　　）。

A. 不能删除分类汇总

B. 分类汇总可以嵌套

C. 分类汇总最多有8级

D. 分类汇总用1、2、3表示，数字越大，级别越高

63. Excel 2010中迷你图的类型包括（　　）。

A. 折线图　　B. 条形图　　C. 散点图　　D. 盈亏图

64. Excel 2010中，关于打印的说法正确的是（　　）。

A. 快捷键为Ctrl+F1

B. 可以设置整个工作表为打印区域

C. 可以选定工作表中指定区域为打印区域

D. 可以打印不连续的页

65. PowerPoint 2010中，可以通过（　　）更改背景设置。

A. 在普通视图中，右击幻灯片编辑窗格中的幻灯片，选择“设置背景格式”

B. 在普通视图中，右击幻灯片/大纲窗格中的幻灯片缩略图，选择“设置背景格式”

C. 通过视图选项卡打开“设置背景格式”对话框

D. 在阅读视图中，右击幻灯片，选择“设置背景格式”

66. PowerPoint 2010中插入音频对象的方法包括文件中的音频、（　　）。

A. 剪贴画音频　　B. 来自网站的音频

C. 录制的音频　　D. 导入的音频

67. PowerPoint 2010中关于幻灯片页面设置，以下说法正确的是（　　）。

A. 可以设置幻灯片大小　　B. 可以设置装订线位置

C. 可以设置页面间距　　D. 可以设置备注、讲义和大纲的方向

68. Access 2010设计视图中，字段索引可以取值为（　　）。

A. 主键　　B. 有（无重复）　　C. 有（有重复）　　D. 主索引

69. Access2010中，以下SQL语句正确的是（　　）。

A. 查询所有的女学生信息：SELECT FROM Student WHERE Sex="女"

B. 查询所有的女学生信息：SELECT * FROM Student WHERE Sex=女

C. 删除所有学生信息：DELETE FROM Student

D. 删除所有学生信息：DELETE * FROM Student?

70. Dreamweaver字形标记包括（　　）。

A. <b>　　B. <strong>　　C. <hr>　　D. <a>

三、判断题（本大题共20小题，每小题0.5分，共10分）

71. IT行业有一条法则恰如其分地表达了“计算机功能、性能提高”的发展趋势，这就是美国Intel公司的创始人摩尔提出的“摩尔定律”。

A. 正确　　B. 错误

72. 算法的有穷性是指算法必须能在执行有限个步骤之后终止。

A. 正确　　B. 错误

73. Windows 7显示桌面可通过按Win+P快捷键的方式实现。

A. 正确　　B. 错误

74. 在Windows 7中，任意一个文件夹下都允许出现多个主文件名相同但扩展名不同的文件。

A. 正确　　B. 错误

75. 在Windows 7中，快速格式化只删除硬盘上的文件，但不检查磁盘的坏扇区；完全格式化会删除硬盘上的全部文件并在检查磁盘后将坏扇区标注出来。

A. 正确　　B. 错误

76. Linux操作系统是一种多用户多任务操作系统。

A. 正确　　B. 错误

77. 从进入Windows 7到退出Windows 7前，剪贴板一直处于工作状态。

A. 正确　　B. 错误

78. 在Word 2010中使用快速表格工具插入表格最多可以插入10行8列的表格。

A. 正确　　B. 错误

79. 在Excel 2010中，当数字格式代码定义为“####.##”，则1234.529显示为1234.53。

A. 正确　　B. 错误

80. 在Excel 2010中，可以选择一定的数据区域建立图表。当该数据区域的数据发生变化时，图表保持不变。

A. 正确　　B. 错误

81. 工作簿是Excel 2010中存储电子表格的一种基本文件，其默认扩展名为.xlsx。

A. 正确　　B. 错误

82. 在PowerPoint演示文稿中，在插入了一张来自文件的图片后，可以对该图片进行复制、移动、删除、改变大小等操作。

A. 正确　　B. 错误

83. 使用PowerPoint 2010可以直接将幻灯片保存为网页。

A. 正确　　B. 错误

84. 在E–R概念模型中，实体集之间只能存在一对一联系或一对多联系。

A. 正确　　B. 错误

85. 网桥、交换机和网关都工作在数据链路层。

A. 正确　　　　B. 错误

86. 以太网的构建只能使用双绞线或粗缆来布线。

A. 正确　　　　B. 错误

87. 浏览器默认提交表单的方法是POST。

A. 正确　　　　B. 错误

88. 一个图像文件由BMP格式转换为JPEG格式，文件大小基本不变。

A. 正确　　　　B. 错误

89. 模拟声音信号数字化的过程包括采样、量化、编码三个阶段。

A. 正确　　　　B. 错误

90. 多媒体技术中的媒体是指文字、图形、图像、声音、动画或视频等信息。

A. 正确　　　　B. 错误

第Ⅱ卷

四、填空题（本大题共20小题，每小题1分，共20分）

91. 计算机从诞生到现在其基本硬件结构始终保持不变，一直沿袭（　　　　）设计的框架。

92. 十六进制数5B. AH换算成十进制数为（　　　　）。

93. Window 7录音机录制音频的默认扩展名是（　　　　）。

94. 在Word 2010中，默认文档模板的文件名是（　　　　）。

95. 在Word 2010文档编辑过程中，单击文件选项卡将展开（　　　　）视图。

96. 在Word 2010中，插入来自文件的图片时，若选择“链接文件”，则图片以链接方式插入到文档中，可（选择：减少/增大）（　　　　）文件占用的存储空间。

97. 在Word 2010中，单击开始选项卡的（　　　　）按钮，可以隐藏分页符。

98. 向单元格内输入数据时，若想将光标定位到下一行应按Enter键，若想将光标定位到右边一列按（　　　　）键。

99. 在Excel中，A1单元格的内容是“高等数学”，A2单元格的内容是“自学考试”，为了在A3单元格中显示“高等数学自学考试”，应在A3单元格中输入（　　　　）（公式中不可以出现汉字）。

100. PowerPoint 2010中，对于已经制作好的演示文稿，可以根据需要设置演示方案，或重新组合放映顺序，或只演示部分幻灯片，这称为（　　　　）。

101. 用二维表结构表示实体以及实体间联系的数据模型称为（　　　　）模型。

102.目前中国最大的公益性互联网络是（　　　　）。

103. 在HTML文档中插入图像其实只是写入一个图像的（　　　　），而不是真的把图像插入到文档中。

104. CSS的全称是（　　　　）。

105. ISP指的是（　　　　）。

106. IP地址202.13.112.14是（　　　　）类IP地址。

107. 超文本传输协议的英文缩写是（　　　　）。

108. 按信号在传输过程中的表现形式可以把信号分为（　　　　）信号和数字信号二种。

109. 电磁干扰属于信息安全所面临威胁中的（　　　　）。

110. 将电子乐器演奏时的指令信息通过声卡上的控制器输入计算机，或利用一些计算机处理软件编辑后产生的音乐指令集合文件，称为（　　　　）文件。

计算机文化基础全真模拟试题（12）

本试题分为第Ⅰ卷和第Ⅱ卷两部分，满分100分，考试用时120分钟。考试结束后，将本试题和答题卡一并交回。

注意事项：

1. 答题前，考生务必用0.5毫米黑色签字笔将自己的姓名、考生号、身份证号填写到试题规定的位置上。

2. 第Ⅰ卷每小题选出答案后，用2B铅笔把答题卡上对应题目的答案标号涂黑；如需改动，用橡皮擦干净后，再选涂其他答案标号，答案不能答在试题上。

3. 第Ⅱ卷答题必须使用0.5毫米黑色签字笔作答，答案必须填写在答题卡各题目指定区域内相应的位置；如需改动，先划掉原来的答案，然后再写上新的答案；不能使用涂改液、胶带纸、修正带。不按以上要求作答的答案无效。

第Ⅰ卷

一、单项选择题（本大题共50小题，每小题1分，共50分）

每小题列出的四个备选项中只有一个是符合题目要求的，请将其代码填涂在答题卡上。错选、多选或未选均无分。

1. 电子计算机主要是以（　　）划分发展阶段的。

A. 集成电路　　B. 电子元件　　C. 电子管　　D. 晶体管

2. 下列几种存储器中，存取周期最短的是（　　）。

A. 内存储器　　B. 光盘存储器　　C. 硬盘存储器　　D. 软盘存储器

3. 用户使用计算机高级语言编写的程序，通常称为（　　）。

A. 汇编程序　　B. 目标程序

C. 源程序　　D. 二进制代码程序

4. 目前各部门广泛使用的人事档案管理、财务管理等软件，按计算机应用进行分类，应属于（　　）。

A. 实时控制　　B. 科学计算

C. 计算机辅助系统　　D. 数据处理

5. CPU不能直接访问的存储器是（　　）。

A. ROM　　B. RAM　　C. Cache　　D. 外存储器

6. 在微型计算机中，操作系统的作用是（　　）。

A. 解释执行源程序　　B. 编译源程序

C. 进行编码转换　　D. 控制和管理系统资源

7. 在微型计算机使用的键盘上，Backspace键称为（　　）。

A. 控制键　　B. 上档键　　C. 退格键　　D. 制表定位键

8. Windows 7的“开始”菜单包括了Windows 7系统的（　　）。

A. 主要功能　　B. 全部功能　　C. 部分功能　　D. 初始化功能

9. 下列不可能出现在Windows 7中的“资源管理器”窗口左侧窗格中的选项是（　　）。

A. 计算机　　B. 桌面　　C. 收藏夹　　D. 控制面板

10. 在Windows 7中，能更改文件名的操作是（　　）。

A. 右键单击文件名，选择“重命名”命令，键入新文件名后按Enter键

B. 左键单击文件名，选择“重命名”命令，键入新文件名后按Enter键

C. 右键双击文件名，选择“重命名”命令，键入新文件名后按Enter键

D. 左键双击文件名，选择“重命名”命令，键入新文件名后按Enter键

11. 在Windows 7中，全角方式下输入的数字应占用的字节数是（　　）。

A. 1　　B. 2　　C. 3　　D. 4

12. Windows 7中将信息传送到剪贴板不正确的方法是（　　）。

A. 用“复制”命令把选定的对象送到剪贴板

B. 用“剪切”命令把选定的对象送到剪贴板

C. 用Ctrl+V组合键把选定的对象送到剪贴板

D. 用Alt+Print Screen组合键把当前窗口送到剪贴板

13. 在Windows 7中打开开始菜单，可使用的组合键是（　　）。

A. Ctrl+Tab　　B. Alt+Tab　　C. Ctrl+Esc　　D. Alt+Esc

14. 在Word 2010的编辑状态下，当前输入的文字显示在（　　）。

A. 鼠标光标处　　B. 插入点处　　C. 文件尾部　　D. 当前行尾部

15. 在Word 2010的编辑状态下，能够设定文档行间距命令的选项卡是（　　）。

A. 文件　　B. 开始　　C. 设计　　D. 插入

16. Word 2010程序允许打开多个文档，使用（　　）选项卡可以实现文档窗口之间的切换。

A. 页面布局　　B. 窗口　　C. 视图　　D. 工具

17. 在Word 2010的编辑状态下，执行“粘贴”命令后，（　　）。

A. 将文档中被选择的内容复制到当前插入点处

B. 将文档中被选择的内容移到剪贴板

C. 将剪贴板中的内容移到当前插入点处

D. 将剪贴板中的内容拷贝到当前插入点处

18. Word 2010具有分栏功能，下列关于分栏的说法中正确的是（　　）。

A. 最多可以设4栏　　B.各栏的宽度必须相同

C. 各栏的宽度可以不同　　D. 各栏之间的间距是固定的

19. 在Word 2010的编辑状态下，当前编辑的文档是C盘中的d1.docx文档，要将该文档拷贝到U盘，应当使用（　　）。

A.“文件”选项卡中的“另存为”命令

B.“文件”选项卡中的“保存”命令

C.“开始”选项卡中的“另存为”命令

D.“开始”选项卡中的“保存”命令

20. 在Word 2010中，使用（　　）选项卡中的相应命令，可以方便地输入特殊符号、当前日期和时间等内容。

A. 文件　　B. 插入　　C. 格式　　D. 工具

21. 下列有关Excel 2010中工作簿的概念，叙述正确的是（　　）。

A. 一个Excel 2010文件就是一个工作表

B. 一个Excel 2010文件可包含多个工作簿

C. 一个Excel 2010工作簿只能包含一张工作表

D. 一个Excel 2010工作簿可包含多张工作表

22. 在Excel 2010工作表中，不正确的单元格地址是（　　）。

A. C\$66　　B. \$C66　　C. C6\$6　　D. \$C\$66

23. 在Excel 2010工作表中，若要在单元格中显示出字符串210006（邮政编码），应当输入（　　）。

A. 210006′　　B. ′210006　　C. 210006　　D. ″210006

24. 在Excel 2010工作表中进行智能填充时，鼠标的形状为（　　）。

A. 空心粗十字　　B. 向左上方箭头

C. 实心细十字　　D. 向右上方箭头

25. 在Excel 2010中，若要对几个数值求平均值，可选用的函数是（　　）。

A. COUNT　　B. MAX　　C. SUM　　D. AVERAGE

26. 在Excel 2010中，工作表是由行和列组成的单元格。插入一行后，当前工作表总行数为（　　）。

A. 16384　　B. 16385　　C. 1048576　　D. 1048577

27. 在Excel 2010工作表中，“自动套用格式”的功能是（　　）。

A. 输入固定格式的数据　　B. 选择固定区域的数据

C. 对工作表按固定格式进行修饰　　D. 对工作表按固定格式进行计算

28. 在PowerPoint 2010的幻灯片浏览视图下，按住Ctrl并拖动某幻灯片，可以完成（　　）操作。

A. 移动幻灯片　　B. 复制幻灯片　　C. 删除幻灯片　　D. 选定幻灯片

29. 下面四个选项中，在（　　）无法删除当前的幻灯片。

A. 普通视图中单击右键，然后执行“删除幻灯片”命令

B. 阅读视图中单击右键，然后执行“删除幻灯片”命令

C. 大纲视图中单击右键，然后执行“删除幻灯片”命令

D. 幻灯片浏览视图中单击右键，然后执行“删除幻灯片”命令

30. 在PowerPoint 2010的“开始”选项卡中有一个“幻灯片副本”命令，其功能是（　　）。

A. 复制一个与当前幻灯片完全相同的幻灯片

B. 将当前幻灯片另存为一个副本

C. 将演示文稿中所有幻灯片保存起来，打开一个该文稿的副本以供修改

D. 将演示文稿中所有的幻灯片另存一个副本

31. 在PowerPoint 2010环境下，放映幻灯片的快捷键为（　　）。

A. F1　　B. F5　　C. F7　　D. F8

32. 在PowerPoint 2010中，演示文稿设计模板文件的扩展名是（　　）。

A. .ppsx　　B. .potx　　C. .pptx　　D. .potm

33. 在PowerPoint 2010中有多种视图，可以显示文稿的文本部分的是（　　）。

A. 普通视图　　B. 大纲视图　　C. 幻灯片放映视图　　D. 幻灯片浏览视图

34. 下列几个IP地址中，属于A类地址的是（　　）。

A. 191.196.29.43　　B. 102.96.259.115

C. 158.96.207.136　　D. 121.233.12.57

35. OSI（开放系统互联）参考模型的第四层是（　　）。

A. 传输层　　B. 网络层　　C. 物理层　　D. 应用层

36. 因特网100BASE-T代表的含义是（　　）。

A. 100Mb/s基带传输的粗缆因特网　　B. 100Kb/s宽带传输的双绞线因特网

C. 100Mb/s基带传输的细缆因特网　　D. 100Mb/s基带传输的双绞线因特网

37. 互联网上的服务都是基于某种协议，WWW服务基于（　　）。

A. HTML协议　　B. TELNET协议　　C. HTTP协议　　D. SMTP协议

38. 计算机网络的主要目标是实现（　　）。

A. 数据处理　　B. 文献检索

C. 资源共享和信息传输　　D. 信息传输

39. 电子邮件是Internet应用最广泛的服务，通常采用的传输协议是（　　）。

A. SMTP　　B. TCP/IP　　C. CSMA/CD　　D. IPX/SPX

40.（　　）是网络的心脏，它提供了网络最基本的核心功能，如网络文件系统、存储器的管理和调度等。

A. 服务器　　B. 工作站　　C. 网络操作系统　　D. 通信协议

41. 以下属于静态网页文件格式的是（　　）。

A. .asp　　B. .html　　C. .bmp　　D. .jsp

42. 在Dreamweaver CS5中，文本换行的快捷键是（　　）。

A. Ctrl+Enter　　B. Enter　　C. Shift+Enter　　D. Alt+Enter

43. 在Dreamweaver CS5中，网页标题可以在（　　）对话框中修改。

A. “首选参数”　　B. “标签编辑器”

C. “编辑站点”　　D. “页面属性”

44. 在Dreamweaver CS5中，以下标记中（　　）可用来产生滚动文字。

A. <scroll>　　B. <marquee>　　C. <textarea>　　D. <iframe>

45. 在Dreamweaver CS5中，（　　）不能在图像的属性面板中设置。

A. 颜色　　B. 超链接　　C. 边框　　D. 热点

46. 多媒体技术的特点不包括（　　）。

A. 多样性　　B. 集成性　　C. 交互性　　D. 时序性

47.（　　）文件并不是真正包含声音信息，只包含声音索引信息。

A. CDA　　B. WAV　　C. MP3　　D. dat

48. WORM光盘是指（　　）光盘。

A. 只读　　B. 一次写，多次读
C. 可重写千次　　D. 可重写万次

49. 国际标准化组织已明确将信息安全定义为“信息的完整性、可用性、(　　)和可靠性”。

A. 确定性　　B. 有效性　　C. 保密性　　D. 实时性

50. (　　)是指在不干扰网络信息系统正常工作的情况下，进行侦听、截取、截获、破译和业务流量分析和电磁泄漏等。

A. 主动攻击　　B. 被动攻击　　C. 安全缺陷　　D. 软件漏洞

二、多项选择题（本大题共20小题，每小题1分，共20分）

每小题列出的四个备选项中只有两个以上是符合题目要求的，请将其代码填涂在答题卡上。多选或未选均无分，少选一个扣0.5分。

51. 计算机硬件的组成部分主要包括CPU、(　　)。

A. 外设　　B. 主机　　C. 存储器　　D. 输入/输出设备

52. 将高级语言编写的程序翻译成机器语言程序，采用的翻译方式有(　　)。

A. 编译　　B. 解释　　C. 链接　　D. 汇编

53. 在Windows 7默认环境中，若已找到了文件名为try.txt的文件，执行下面(　　)方法可以编辑该文件。

A. 用鼠标左键单击该文件

B. 用鼠标右键单击该文件，在弹出的系统快捷菜单中选“编辑”命令

C. 首先启动“记事本”程序，然后用“编辑”/“打开”菜单打开该文件

D. 首先启动“写字板”程序，然后用“文件”/“打开”菜单打开该文件

54. 在Windows 7默认环境中，执行下列(　　)操作可以使用“搜索”功能。

A. 用“开始”菜单中的“搜索”命令

B. 在“资源管理器”窗口中使用“搜索”框

C. 右击“开始”按钮，在弹出的菜单中选“搜索”命令

D. 右击“计算机”图标，在弹出的菜单中选“搜索”命令

55. 下面关于Word 2010文档中的页眉、页脚的描述，正确的是(　　)。

A. 页眉、页脚的字体、字号、颜色是可以改变的

B. 文档的奇偶页可以设置不同的页眉、页脚

C. 页眉内容默认居左显示，页脚内容默认居中显示

D. 在页面视图正文编辑状态，用鼠标单击页眉、页脚可以对其进行修改

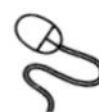

56. 下面关于Word 2010样式的说法正确的是（　　）。

A. 单击Ctrl+Shift+S快捷键，可以打开样式窗格

B. 用户可以删除自己定义的样式

C. 用户可以删除系统定义的样式

D. 用户可以修改系统定义的样式

57. 在Word中，更新域的方法有（　　）。

A. 右键单击此域，从弹出的快捷菜单中选“更新域”命令

B. 使用 F9功能键

C. 使用 Ctrl+Shift+F11组合键

D. 使用 Ctrl+Shift+F9组合键

58. 在word中，下列有关页边距的说法错误的有（　　）。

A. 用户可以同时设置上、下、左、右页边距

B. 设置页边距影响原有的段落缩进

C. 可以同时设置装订线的距离

D. 页边距的设置只影响当前页或选定文字所在的页

59. 在Excel 2010中，单元格合并方式包括合并后居中、（　　）。

A. 跨越合并　　B. 合并单元格　　C. 合并后居左　　D. 合并后居右

60. 在Excel 2010中，图表可以分为（　　）。

A. 组合图表　　B. 独立图表　　C. 嵌入式图表　　D. 数据透视表

61. 在Excel 2010中，要对数据进行填充，可以（　　）。

A. 拖动填充柄进行填充　　B. 用“填充”对话框进行填充

C. 用“序列”对话框进行填充　　D. 用“系列”对话框进行填充

62. 若A1=2，B1=3，C1=A1+B1，若想让C2单元格显示5，则可以用下列（　　）方法。

A. 在C2中输入“=C1”

B. 选中C1复制，在C2上选择“粘贴”

C. 选中C1复制，在C2选择“选择性粘贴/数值”

D. 用填充柄从C1拖拽到C2

63. 在PowerPoint 2010中，屏幕截图包括的模式包括（　　）。

A. 全屏　　B. 可用视窗　　C. 屏幕剪辑　　D. 任意区域

64. 在PowerPoint 2010中，为了使所有幻灯片具有一致的外观，可以使用母版，用户可

进入的母版视图有幻灯片母版、(　　)。

A. 备注母版　B. 讲义母版　C. 普通母版　D. 大纲母版

65. 在PowerPoint 2010中，占位符可以包括（　　）。

A. 文本框　B. 标题　C. 图表　D. 剪贴画

66. 在Access数据库系统中，以下能建立索引的数据类型是（　　）。

A. 文本　B. OLE对象　C. 数值　D. 附件

67. 专门的关系运算包括（　　）。

A. 选择运算　B. 投影运算　C. 笛卡尔积　D. 交叉运算

68. 在Dreamweaver CS5中，图片热点工具包括矩形、(　　)。

A. 椭圆　B. 多边形　C. 三角形　D. 菱形

69. 多媒体计算机中常用的图像输入设备是（　　）。

A. 数码照相机　B. 彩色扫描仪　C. 绘图仪　D. 话筒

70. 下列关于计算机病毒的叙述中，不正确的选项是（　　）。

A. 计算机病毒只感染.exe或.com文件

B. 计算机病毒可以通过读写软盘、光盘或Internet网络进行传播

C. 病毒可以通过自我复制传播

D. 计算机病毒由安装部分、传染部分、执行部分组成

三、判断题（本大题共20小题，每小题0.5分，共10分）

71. 以国标码为基础的汉字机内码是两个字节的编码，每个字节的最高位为1。

A. 正确　B. 错误

72. 国际上通用的ASCII码字符集总共的编码有256个字符。

A. 正确　B.错误

73. Windows 7的整个显示屏幕称为工作台。

A. 正确　B. 错误

74. Windows 7操作系统具有提供了图形界面、能同时运行多个程序和具有硬件即插即用功能的特点。

A. 正确　B. 错误

75. 单色位图可以用“画图”程序获得。

A. 正确　B. 错误

76. 在Word 2010的编辑状态下，设置了一个由多个行和列组成的空表格，将插入点定在某个单元格内，用鼠标单击“表格工具/布局”选项卡中的“选择”/“行”命

令，再用鼠标单击“选择”/“列”命令，则整个表格被选中。

A. 正确　　B. 错误

77. Word 2010的页面视图可以不显示隐藏的文字。

A. 正确　　B. 错误

78. 在Excel 2010的普通视图可以隐藏行标和列标。

A. 正确　　B. 错误

79. 在Excel 2010中可以用Shift+Ctrl+；组合键输入当前的时间。

A. 正确　　B. 错误

80. 在Access执行删除查询后，删除过的记录可以用“撤消”命令恢复。

A. 正确　　B. 错误

81. 在Access的报表中，用户可以根据需要按指定的字段对记录进行排序。

A. 正确　　B. 错误

82. 记录是表的基本存储单元。

A. 正确　　B. 错误

83. 局域网中计算机只可以使用该局域网中计算机的资源。

A. 正确　　B. 错误

84. 单模光纤的光源可以使用较为便宜的发光二极管。

A. 正确　　B. 错误

85. 同一个IP地址可以有若干个不同的域名，但每个域名只能有一个IP地址与之对应。

A. 正确　　B. 错误

86. Telnet命令用于测试网络是否连通。

A. 正确　　B. 错误

87. IE浏览器中，按Esc键可以停止加载网页。

A. 正确　　B. 错误

88. 记事本也可以制作网页文件。

A. 正确　　B. 错误

89. 通过CSS可以精确控制页面中每个元素的字体样式、背景、排列方式、区域尺寸和边框等。

A. 正确　　B. 错误

90. 根据病毒存在的媒体，病毒可以划分为伴随型病毒、蠕虫型病毒、寄生型病毒。

A. 正确　　B. 错误

第Ⅱ卷

四、填空题（本大题共20小题，每小题1分，共20分）

91. 计算机中用来表示存储空间大小的最基本容量单位是（　　　　）。
92. 在Windows 7中文标点方式下，键入符号“^”对应的中文标点是（　　　　）。
93. 在Windows 7中，写字板保存文件的默认扩展名是（　　　　）。
94. 在Word 2010中，若要退出“阅读版式视图”方式，应当按（　　　　）键。
95. 在使用Word 2010编辑表格时，当同一张表格需要在多个页面中显示时，需要为每一页的表格设置（　　　　）。
96. 在Excel 2010中，给活动单元格输入日期型数据时，系统默认的对齐方式是（　　　　）。
97. 在Excel 2010单元格中，输入公式=TRUE+FALSE的结果是（　　　　）。
98. 在PowerPoint 2010中，幻灯片切换可以设置的类型包括细微型、华丽型和（　　　　）。
99. 在PowerPoint 2010中，（　　　　）是指视频文件在没有正式播放的时候所展示的画面。
100. 在Access 2010中，（　　　　）是数据库与用户进行交互操作的最好界面。
101. （　　　　）是为特定应用开发的数据库应用软件。
102. 在计算机网络中，通常把提供并管理共享资源的计算机称为（　　　　）。
103. 计算机网络按（　　　　）可以分成总线型网络、星形网络、环形网络、树状网络和混合型网络。
104. TCP/IP协议是一组协议的统称，其中TCP协议指的是（　　　　）协议。
105. Windows 7录音机默认扩展名是（　　　　）。
106. 中国教育和科研计算机网的英文简称是（　　　　）。
107. GIF图像最多显示（　　　　）种颜色。
108. 要建立一个空链接，只需在链接框中输入（　　　　）即可。
109. （　　　　）是把时间上连续的信号变成在时间上不连续的信号序列，通常由A/D来实现。
110. 按照防火墙保护网络使用方法的不同，可以将其分为三种类型：网络层防火墙、应用层防火墙和（　　　　）防火墙。

计算机文化基础全真模拟试题（13）

本试题分为第Ⅰ卷和第Ⅱ卷两部分，满分100分，考试用时120分钟。考试结束后，将本试题和答题卡一并交回。

注意事项：

1. 答题前，考生务必用0.5毫米黑色签字笔将自己的姓名、考生号、身份证号填写到试题规定的位置上。

2. 第Ⅰ卷每小题选出答案后，用2B铅笔把答题卡上对应题目的答案标号涂黑；如需改动，用橡皮擦干净后，再选涂其他答案标号，答案不能答在试题上。

3. 第Ⅱ卷答题必须使用0.5毫米黑色签字笔作答，答案必须填写在答题卡各题目指定区域内相应的位置；如需改动，先划掉原来的答案，然后再写上新的答案；不能使用涂改液、胶带纸、修正带。不按以上要求作答的答案无效。

第Ⅰ卷

一、单项选择题（本大题共50小题，每小题1分，共50分）

每小题列出的四个备选项中只有一个是符合题目要求的，请将其代码填涂在答题卡上。错选、多选或未选均无分。

1. 微型计算机存储器系统中的Cache指的是（　　）。

A. 只读存储器　　B. 高速缓冲存储器

C. 可编程只读存储器　　D. 可擦除可再编程只读存储器

2. 在下列操作中最易损坏硬盘的是（　　）。

A. 在硬盘建立目录　　B. 向硬盘拷贝文件

C. 高级格式化　　D. 低级格式化

3. 计算机最主要的工作特点是（　　）。

A. 存储程序与自动控制　　B. 高速度与高精度

C. 可靠性与可用性　　D. 有记忆能力

4. 一条计算机指令中规定其执行功能的部分称为（　　）。

A. 源地址码　　B. 操作码　　C. 目标地址码　　D. 数据码

5. 下面是与地址有关的四条论述，其中错误的是（　　）。

A. 地址寄存器是用来存储地址的寄存器

B. 地址码是指令中给出源操作数地址或运算结果的目的地址的有关信息部分

C. 地址总线上既可传送地址信息，也可传送控制信息和其他信息

D. 地址总线是CPU和内存之间相互寻址的通道

6. 下列四项中不属于微型计算机主要性能指标的是（　　）。

A. 字长　　B. 内存容量　　C. 传输速率　　D. 主频

7. 下列叙述中，正确的是（　　）。

A. 假若CPU向外输出20位地址，则它能直接访问的存储空间可达1MB

B. PC机在使用过程中突然断电，RAM中存储的信息不会丢失

C. PC机在使用过程中突然断电，Cache中存储的信息不会丢失

D. 外存储器中的信息可以直接被CPU处理

8. 下列文件名，（　　）是非法的Windows 7文件名。

A. Thisismyfile　　B. @～#

C. *帮助信息*　　D. student，dbf

9. 在Windows 7的回收站中，可以恢复（　　）。

A. 从桌面上删除的图标　　B. 从U盘中删除的文件或文件夹

C. 剪切掉的文档　　D. 卸载的程序

10. 以下操作系统中，不是网络操作系统的是（　　）。

A. Windows 7　　B. UNIXC Windows

C. Server　　D. Linux

11. 删除Windows 7桌面上某个应用程序的图标，意味着（　　）。

A. 该应用程序连同其图标一起被删除

B. 只删除了该应用程序，对应的图标被隐藏

C. 只删除了图标，对应的应用程序被保留

D. 该应用程序连同其图标一起被隐藏

12. 在“任务栏和‘开始’菜单属性”对话框中，不可以设置的任务栏外观是（　　）。

A. 锁定任务栏　　B. 自动隐藏任务栏

C. 使用小图标　　D. 还原语言栏

13. 以（　　）为扩展名的文件是不能直接运行的。

A. com　　B. sys　　C. bat　　D. exe

14. 在Word 2010的编辑状态中，打开“字体”对话框的组合键是（　　）。

A. Ctrl+A　　B. Ctrl+B　　C. Ctrl+D　　D. Ctrl+E

15. 在Word 2010编辑状态下绘制图形时，文档应处于（　　）。

A. 普通视图　　B. 草稿视图　　C. 页面视图　　D. 大纲视图

16. 在Word 2010中，关于文档操作的说法，错误的是（　　）。

A. 设置只读属性的文档不可输入文字

B. 保存文档的快捷键是F12

C. 打开文档时，可以设置为“以副本方式打开”

D. 可以设置保存自动恢复时间间隔为110分钟

17. 下列关于文档窗口的说法中正确的是（　　）。

A. 只能打开一个文档窗口

B. 可以同时打开多个文档窗口，被打开的窗口都是活动窗口

C. 可以同时打开多个文档窗口，但其中只有一个是活动窗口

D. 可以同时打开多个文档窗口，但在屏幕上只能见到一个文档窗口

18. 在Word 2010的编辑状态下，当前编辑文档中的字体全是宋体，选择了一段文字后，先设定了楷体，又设定了仿宋体，则（　　）。

A. 文档全文都是楷体　　B. 被选择的内容仍为宋体

C. 被选择的内容变为仿宋体　　D. 文档的全部文字的字体不变

19. 在Word 2010的编辑状态下，打开了“w1.doc”文档，把当前文档以“w2.doc”为名进行“另存为”操作，则（　　）。

A. 当前文档是w1.doc　　B. 当前文档是w2.doc

C. 当前文档是w1.doc与w2.doc　　D. w1.doc与w2.doc全被关闭

20. 在Word 2010中，如果要使文档内容横向打印，在“页面设置”对话框中应选择（　　）选项卡。

A. 纸张大小　　B. 纸张来源　　C. 版面　　D. 页边距

21. 在Excel 2010工作表中，已知单元格A7公式是“=SUM（A2:A6）”，将该公式复制到单元格E7中，E7的公式为（　　）。

A. =SUM(A2:A6)　　B. =SUM(E2:E6)

C. =SUM(A2:A7)　　D. =SUM(E2:E7)

22. 在Excel 2010中创建数据透视表，要用该表统计基础数据中行的数量，应使用（　　）函数。

A. ROUND　　B. SUM　　C. COUNT　　D. COUNA

23. 在Excel 2010中，用于连接两个或多个单元格区域的运算符是（　　）。

A. :　　B. &　　C. /　　D. ,

24. 在Excel 2010中，给当前单元格输入文本型数据时，默认为（　　）。

A. 居中　　B. 左对齐　　C. 右对齐　　D. 随机

25. 下列有关Excel 2010功能的叙述中，正确的是（　　）。

A. 在Excel 2010中插入图像默认为嵌入式

B. 在Excel 2010中可以插入和播放音频文件

C. Excel 2010的数据库管理可支持数据记录的增、删、改等操作

D. 在一个工作表中可以包含多个工作簿

26. 在Excel 2010中创建图表可以使用（　　）选项卡。

A. 插入　　B. 页面布局　　C. 开始　　D. 数据

27. 在Excel 2010工作表中，选择活动单元格输入一个数字，按住（　　）键拖动填充柄，所拖过的单元格被填入的是按1递增或递减的数列。

A. Alt　　B. Ctrl　　C. Shift　　D. Tab

28. 在Excel 2010中，关于日期型数据的叙述错误的是（　　）。

A. 日期格式是数值型数据的一种显示格式

B. 不论一个数值以何种日期格式显示，值不变

C. 日期序数5432表示从1900年1月1日至该日期的天数

D. 输入错误的日期后，单元格中会显示若干“#”号

29. 在PowerPoint 2010的（　　）下，可以用拖动的方法改变幻灯片的顺序。

A. 阅读视图　　B. 备注页视图

C. 幻灯片浏览视图　　D. 页面视图

30. 在PowerPoint 2010中，如果要从第5张幻灯片跳转到第19张幻灯片，可使用“幻灯片放映”选项卡中的（　　）命令。

A. 排练计时　　B. 设置幻灯片放映

C. 广播幻灯片　　D. 自定义放映

31. 在PowerPoint 2010中，为字体添加下划线的快捷键是（　　）。

A. Ctrl+I　　B. Ctrl+U　　C. Ctrl+W　　D. Ctrl+J

32. PowerPoint 2010中，不能利用模板创建演示文稿的方法是（　　）。

A. 根据已安装的模板创建　　B. 通过我的模板创建

C. 通过空模板创建　　　　D. 通过Office.com模板创建

33. 执行（　　）操作不能结束幻灯片放映而返回到PowerPoint 2010编辑界面。

A. 按Esc键　　　　B. 单击屏幕左下角，选择“结束放映”命令

C. 按End键　　　　D. 按Alt+F4

34. 在PowerPoint 2010中，有关幻灯片母版中的页眉、页脚的说法中，错误的是（　　）。

A. 页眉中可以插入自动更新的日期和时间

B. 可以通过“页眉和页脚”对话框为备注和讲义插入幻灯片编号

C. 在打印演示文稿时，页眉、页脚可打印出来

D. 可以设置页眉和页脚的文本格式

35. 数据库仓库和数据库的区别不包括（　　）。

A. 数据库用于日常分析和处理，数据仓库提供决策支持

B. 数据库存储的是当前数据，数据仓库存储历史数据

C. 数据库源于同种数据源，数据仓库源于异种数据源

D. 数据库系统提供OLAP，数据仓库系统提供OLTP

36. 在Access 2010中，设置文本型数据的显示外观，应该使用的属性是（　　）。

A. 字段大小　　B. 有效性规则　　C. 输入掩码　　D. 格式

37. 通过Internet发送或接收电子邮件（E-mail）的首要条件是有一个电子邮件地址，它的正确形式是（　　）。

A. 用户名@域名　　B. 用户名#域名　　C. 用户名/域名　　D. 用户名.域名

38. OSI参考模型中的第三层是（　　）。

A. 网络层　　B. 数据链路层　　C. 传输层　　D. 物理层

39. 当个人计算机以拨号方式接入Internet网时，必须使用的设备是（　　）。

A. 网卡　　B. 调制解调器　　C. 电话机　　D. 浏览器软件

40. 要发送一封电子邮件，下面（　　）是必须填写的。

A. 发信人地址　　B. 收信人地址　　C. 邮件主题　　D. 信件内容

41. 在表单中，可以添加的表单对象不包括（　　）。

A. 图像　　B. 文本域　　C. 列表框　　D. 标签

42. 属于静态网页文件格式的是（　　）。

A. .asp　　B. .html　　C. .bmp　　D. .jsp

43. 在Dreamweaver CS5的中，选择性粘贴的快捷键是（　　）。

A. Ctrl+Shift+V　　B. Ctrl+Alt+V　　C. Shift+V　　D. Ctrl+V

44. 在HTML文档中，使文本内容强制换行的标签是（　　）。

A. <hr>　　B.
　　C. <pre>　　D. <hn>

45. 流媒体技术的特点不包括（　　）。

A. 实时性　　B. 时序性　　C. 交互性　　D. 连续性

46. 在计算机领域中，媒体是指（　　）。

A. 计算机屏幕显示的信息　　B. 计算机的输入/输出信息

C. 表示和传播信息的载体　　D. 各种信息的编码

47. 以下音频格式中，未压缩的文件格式是（　　）。

A. .bmp　　B. .jpg　　C. .png　　D. .gif

48. MO光盘是指（　　）光盘。

A. 只读　　B. 一次写，多次读

C. 追记型　　D. 可改写型

49. 计算机病毒的特点不包括（　　）。

A. 可执行性　　B. 破坏性　　C. 传染性　　D. 并发性

50. 以下（　　）不属于电子商务应用模式。

A. B2B　　B. B2C　　C. G2C　　D. O2O

二、多项选择题（本大题共20小题，每小题1分，共20分）

每小题列出的四个备选项中只有两个以上是符合题目要求的，请将其代码填涂在答题卡上。多选或未选均无分，少选一个扣0.5分。

51. 计算机在工作过程中突然断电，不会丢失所保存信息的存储介质是（　　）。

A. 光盘　　B. 高速缓存　　C. 只读存储器　　D. 内存

52. 下面关于打印机的叙述中，错误的是（　　）。

A. 针式打印机的耗材成本比激光打印机和喷墨打印机都高

B. 针式打印机的工作噪音比激光打印机和喷墨打印机都大

C. 针式打印机、激光打印机和喷墨打印机都是击打式打印机

D. HP DeskJet plus是喷墨打印机

53. 下列关于系统软件的叙述中，不正确的是（　　）。

A. 系统软件与具体应用领域无关

B. Access 2010属于系统软件

C. 系统软件是在应用软件基础上开发的

D. 系统软件并不提供人机界面

54. 在Windows 7系统中打开“回收站”窗口，选定某个要恢复的文件，可以（　　），将文件恢复到原来位置。

A. 在“文件”菜单下选择“还原”命令

B. 在工具栏中单击“还原此项目”选项

C. 按Ctrl+Z快捷键

D. 在“工具”菜单下选择“属性”命令

55. 下列关于Windows 7菜单的说法中，正确的是（　　）。

A. 命令前有“●”记号的菜单选项，表示该项已经选用

B. 用灰色字符显示的菜单选项表示相应的程序被破坏

C. 单击带省略号的菜单选项后，会弹出一个子菜单

D. 当鼠标指向带有黑色箭头符号的菜单选项时，弹出一个子菜单

56. 下面关于在Word 2010中复制一段文本的叙述中，正确的是（　　）。

A. 可以使用剪贴板　　B. 可以使用鼠标拖动

C. 粘贴后文字从剪贴板删除　　D. 用鼠标右键无法操作

57. 下面关于新建Word 2010文档的叙述中，正确的是（　　）。

A. 选择“文件”/“新建”命令　　B. 在“开始”选项卡中单击“新建”按钮

C. 按Ctrl+O组合键　　D. 利用模板创建新的Word文档

58. 在Word 2010中，可以视为域的对象有（　　）。

A. 公式　　B. 目录　　C. 首字下沉　　D. SmartArt

59. 在Excel 2010中，编辑栏包括（　　）。

A. 名称框　　B. 编辑框　　C. 全选按钮　　D. 工作表控制按钮

60. Excel 2010数据有效性可以设置（　　）。

A. 输入信息　　B. 输出信息　　C. 出错警告　　D. 有效性文本

61. 在Excel 2010中的数据清单（　　）。

A. 可以有空行或空列　　B. 每一行称为一个记录

C. 每一列包含相同类型的数据　　D. 数据区域必须设置为相同的格式

62. 以下关于Excel 2010的升序排序功能，说法正确的有（　　）。

A. 数字按从最小的负数到最大的正数进行排序

B. 日期按照从最晚的日期到最早的日期进行排序

C. False排在True之后

D. 无论升序还是降序，空白单元格总是放在最后

63. 在PowerPoint 2010中，插入的插图可以（　　）。

A. 删除背景　　B. 设置亮度和对比度

C. 更改颜色　　D. 添加艺术效果

64. 有关PowerPoint 2010 的视图及操作的描述，下列正确的是（　　）。

A. 普通视图是默认的视图方式，分为三个工作区域

B. 幻灯片浏览视图中可在一个屏幕上看到演示文稿的多幅幻灯片缩略图，可直接编辑幻灯片内容

C. 幻灯片放映视图用于查看演示文稿的各种放映效果

D. 按下F5，可从当前幻灯片放映演示文稿

65. 有关Access 2010的说法，下列正确的是（　　）。

A. Access 2010在任何时刻只能打开并运行一个数据库文件

B. 表和报表都是Access的数据库对象，它们的功能是类似的

C. 窗体对象和报表对象都可实现数据的显示和编辑

D. Access 2010中定义了12种数据类型

66. 概念设计可以采用的方法包括（　　）。

A. 面向过程　　B. 面向对象　　C. 自顶向下　　D. 自底向上

67. 操作查询的类型包括（　　）。

A. 更新查询　　B. 选择查询　　C. 追加查询　　D. 交叉表查询

68. 下列不属于中国互联网络的域名体系中的类别域名的是（　　）。

A. edu　　B. ac　　C. mil　　D. int

69. Dreamweaver CS5中，“管理站点”对话框可以执行的操作包括（　　）。

A. 导入站点　　B. 复制站点

C. 备份站点　　D. 下载站点

70. 赫兹（HZ）是以下哪些参数的单位（　　）。

A. CPU的运算速度　　B. 显示器的刷新速度

C. 传输介质的带宽　　D. 声音的采样频率

三、判断题（本大题共20小题，每小题0.5分，共10分）

71. 在16×16点阵字库中，存储一个汉字的点阵信息所需的字节数是32。

A. 正确　　B. 错误

72. 键盘上的Ctrl键是控制键，只有与另一个字母键或功能键同时按下时才有作用。

A. 正确　　B. 错误

73. 在同一时刻，Windows 7中的活动窗口可以有任意多个，只要内存足够。

A. 正确　　B. 错误

74. 在Windows 7中，剪贴板是程序和文件间用来传递信息的临时存储区，此存储区是内存的一部分。

A. 正确　　B. 错误

75. 在Word 2010的编辑状态下，执行两次“剪切”操作，则进行“粘贴”操作时，粘贴的对象是最后一次“剪切”或“复制”的内容。

A. 正确　　B. 错误

76. 在Word 2010的中，通过在多个文本框之间创建链接，可以在当前文本框中充满文字后自动转入所链接的下一个文本框中继续输入文字。

A. 正确　　B. 错误

77. 在Excel 2010中，单击A1单元格，然后按住Shift键单击当前屏幕的右下角单元格可以选定整个工作表。

A. 正确　　B. 错误

78. 在Excel 2010工作表中，已知C3单元格与D4单元格的值均为0，在C4单元格中输入“C3=D4”，则C4单元格显示的内容为0。

A. 正确　　B. 错误

79. Excel中数据有效长度为17位。

A. 正确　　B. 错误

80. 在Excel 2010单元格中输入“=2/3”，回车后单元格中显示“2月3日”。

A. 正确　　B. 错误

81. PowerPoint 2010是一款展示演示文稿幻灯片的软件。

A. 正确　　B. 错误

82. PowerPoint 2010中幻灯片的数量最多为9999张。

A. 正确　　B. 错误

83. 数据库系统包括硬件系统、数据库、数据库管理系统及各类人员。

A. 正确　　B. 错误

84. Word表格、Excel数据清单、Access数据库中的表对象中的数据都是可以排序的。

A. 正确　　B. 错误

85. 通常，信道的带宽越大，信道的容量越大，传输距离越远。

A. 正确　　B. 错误

86. 在Internet的Web服务中，浏览器软件和服务器之间通过HTTP协议进行通信。

A. 正确　　B. 错误

87. 流媒体指在网络上随机传输和播放的连续音/视频数据流。

A. 正确　　B. 错误

88. 防火墙是用于企业内部网和Internet之间实施安全策略的系统，能防止一切非法攻击。

A. 正确　　B. 错误

89. 计算机病毒是一种程序。

A. 正确　　B. 错误

90. 国务院办公厅把信息网络分为内网和外网、因特网三类，明确规定内网和外网要物理隔离。

A. 正确　　B. 错误

第Ⅱ卷

四、填空题（本大题共20小题，每小题1分，共20分）

91. 一个二进制整数从右向左数第10位上的1相当于2的（　　　　）次方。
92. 在Windows 7中，进行系统软件、硬件设置的文件夹称为（　　　　）。
93. 用Windows 7的“记事本”所创建文件的扩展名是（　　　　）。
94. 在Word 2010编辑状态下，设置主题在（　　　　）选项卡内。
95. 在Word 2010中，打开字体对话框的快捷键是（　　　　）。
96. 在Excel 2010的某单元格中有公式“$F$8”，该公式采用了单元格的（　　　　）引用方式。
97. 在Excel 2010中，运算符“&”是（　　　　）。
98. 在PowerPoint 2010中，（　　　　）用于设置每张幻灯片的预设格式。
99. PowerPoint播放器的全名是（　　　　）。
100. 计算机网络按（　　　　）来划分，可分为局域网和广域网。
101. 报表的组成中，必不可少的部分是（　　　　）。
102. 在Access 2010中，窗体中的窗体称为（　　　　）。
103. 计算机网络中，（　　　　）提供访问网络和数据处理的能力。
104. NOS的全称是（　　　　）。
105. 网络协议的三要素包括语法、（　　　　）、语义。
106. 用户可以使用的A类地址的个数是（　　　　）。

107. 公用电话交换网，通过（　　　　　）拨号实现用户接入。

108. 在Dreamweaver CS5中，站点的扩展名是（　　　　　）。

109. Dreamweaver CS5是一款集网页制作和（　　　　　）于一身的“所见即所得”的网页编辑器。

110. 电磁干扰是网络信息安全面临的（　　　　　）威胁。

计算机文化基础全真模拟试题（14）

本试题分为第Ⅰ卷和第Ⅱ卷两部分，满分100分，考试用时120分钟。考试结束后，将本试题和答题卡一并交回。

注意事项：

1. 答题前，考生务必用0.5毫米黑色签字笔将自己的姓名、考生号、身份证号填写到试题规定的位置上。

2. 第Ⅰ卷每小题选出答案后，用2B铅笔把答题卡上对应题目的答案标号涂黑；如需改动，用橡皮擦干净后，再选涂其他答案标号，答案不能答在试题上。

3. 第Ⅱ卷答题必须使用0.5毫米黑色签字笔作答，答案必须填写在答题卡各题目指定区域内相应的位置；如需改动，先划掉原来的答案，然后再写上新的答案；不能使用涂改液、胶带纸、修正带。不按以上要求作答的答案无效。

第Ⅰ卷

一、单项选择题（本大题共50小题，每小题1分，共50分）

每小题列出的四个备选项中只有一个是符合题目要求的，请将其代码填涂在答题卡上。错选、多选或未选均无分。

1. 计算机中对数据进行加工与处理的部件，通常称为（　　）。

A. 运算器　　B. 控制器　　C. 显示器　　D. 存储器

2. 微型计算机的发展是以（　　）技术为特征标志。

A. 操作系统　　B. 微处理器　　C. 磁盘　　D. 软件

3. 6位无符号二进制数能表示的最大十进制整数是（　　）。

A. 64　　B. 63　　C. 32　　D. 31

4. 下列各组设备中，全部属于输入设备的一组是（　　）。

A. 键盘、磁盘和打印机　　B. 键盘、扫描仪和鼠标

C. 键盘、鼠标和显示器　　D. 硬盘、打印机和键盘

5. 微型计算机中，内存储器比外存储器（　　）。

A. 读写速度快　　B. 存储容量大　　C. 运算速度慢　　D. 读取周期长

6. 下列存储器中存取速度最快的是（　　）。

A. 高速缓存　　B. 硬盘　　C. 寄存器　　D. ROM

7. 完整的计算机硬件系统一般包括外部设备和（　　）。

A. 运算器和控制器　　B. 存储器

C. 主机　　D. 中央处理器

8. 在Windows 7中，拖动鼠标执行复制操作时，鼠标光标的箭头尾部（　　）。

A. 带有“!”号　　B. 带有“+”号　　C. 带有“*”号　　D. 不带任何符号

9. 在Windows 7中，“磁盘碎片整理程序”的主要作用是（　　）。

A. 修复损坏的磁盘　　B. 缩小磁盘空间

C. 提高文件访问速度　　D. 扩大磁盘空间

10. 在Windows 7默认环境中，（　　）组合键能将选定的文档放入剪贴板中。

A. Ctrl+V　　B. Ctrl+Z　　C. Ctrl+X　　D. Ctrl+A

11. 下面选项中，均是系统软件的是（　　）。

A. DOS和MIS　　B. WPS和UNIX

C. DOS和UNIX　　D. UNIX和Word

12. 在Windows 7中，若要将当前窗口存入剪贴板中，可以按（　　）。

A. Alt+Print Screen　　B. Ctrl+Print Screen

C. Print Screen　　D. Shift+Print Screen

13. 在Windows 7中，如果选中名字前带有“√”记号的菜单选项，单击后则（　　）。

A. 弹出子菜单项　　B. 弹出对话框

C. “√”变为“×”　　D. 名字前记号消失

14. 在Word 2010的快速访问工具栏，默认的按钮不包括（　　）。

A. 保存　　B. 撤消　　C. 新建　　D. 恢复

15. 在Word 2010中，为图像与文本混排提供了多种环绕方式，下列（　　）不是它提供的环绕形式。

A. 四周型　　B. 紧密型　　C. 上下型　　D. 左右型

16. 当一个Word窗口被关闭后，编辑的文件将（　　）。

A. 从磁盘中清除　　B. 从内存中清除

C. 从内存或磁盘中清除　　D. 不会从内存和磁盘中被清除

17. 在Word 2010的编辑状态下，下列字号中最大的是（　　）。

A. 一号　　B. 二号　　C. 初号　　D. 大号

18. 在Word 2010编辑状态下，操作的对象经常是被选择的内容，若鼠标在某行行首的左边，执行（　　）操作可以仅选择光标所在的行。

A. 单击鼠标左键　　B. 连续单击左键三下

C. 双击鼠标左键　　D. 单击鼠标右键

19. 在Word 2010的编辑状态下，为了把文档中的一段文字转换为表格，要求这些文字每行里的几部分（　　）。

A. 不可以有空格符　　B. 格式必须相同

C. 不可以有拼写和语法错误　　D. 可以用任意字符分隔

20. 在Word 2010中，定位的快捷键是（　　）。

A. Ctrl+G　　B. Ctrl+H　　C. Ctrl+J　　D. Ctrl+F

21. 在Excel 2010的单元格中，在常规格式下，输入2/3后，以下说法正确的是（　　）。

A. 会显示2/3　　B. 会显示0.67

C. 会显示2月3日　　D. 会显示3月2日

22. 在Excel 2010的工作表中，公式“=SUM（A:B）”表示（　　）。

A. 求第AB列所有单元格数值之和　　B. 求第A、B两列所有单元格数值之和

C. 求单元格AB数值之和　　D. 求A、B字符的数值之和

23. 在Excel 2010工作表中，若想输入数字型文本，应该在最左侧输入（　　）。

A. 英文单引号　　B. 英文双引号

C. 括号　　D. 等号

24. 在Excel 2010中，使用格式刷将格式从一个单元格传送到另一个单元格，其步骤为（　　）。

① 选择新的单元格并单击它　② 选择想要复制格式的单元格　③ 选择“格式刷”

A. ①②③　　B. ②①③　　C. ①③②　　D. ②③①

25. 在Excel 2010工作表中，错误的Excel 2010表达式是（　　）。

A. =（15–A1）/3　　B. =A2/C1

C. =SUM（2:A4）　　D. =A2^A3+D4

26. 在Excel 2010工作簿中，有关移动和复制工作表的说法正确的是（　　）。

A. 工作表只能在所在工作簿内移动不能复制

B. 工作表只能在所在工作簿内复制不能移动

C. 工作表可以移动到其他工作簿内，不能复制到其他工作簿内

D. 工作表可以移动到其他工作簿内，也可复制到其他工作簿内

27. 在Excel 2010中，进行自动分类汇总之前，必须（　　）。

A. 选中整个工作表　　B. 对数据清单进行筛选

C. 对数据清单进行检索　　D. 对数据清单中需进行分类汇总的列排序

28. PowerPoint 2010的各种视图中，显示单个幻灯片以进行文本编辑的视图是（　　）。

A. 普通视图　　B. 幻灯片浏览视图

C. 页面视图　　D. 阅读视图

29. 在PowerPoint 2010中，以下哪种方式不能插入表格（　　）。

A. 快速表格　　B. 虚拟表格　　C. 绘制表格　　D. Excel电子表格

30. 关于幻灯片放映方式的说法不正确的是（　　）。

A. 可以设置循环放映

B. 可以设置幻灯片放映时不加动画

C. 按住Shift键并按下鼠标左键可以显示激光笔

D. 可以自定义幻灯片放映

31. 在PowerPoint 2010中，对于演示文稿中不准备放映的幻灯片可以用（　　）选项卡中的“隐藏幻灯片”命令隐藏。

A. 开始　　B. 幻灯片放映　　C. 视图　　D. 设计

32. 在PowerPoint 2010中，在幻灯片浏览视图中不能进行的操作是（　　）。

A. 播放幻灯片　　B. 插入新幻灯片

C. 隐藏幻灯片　　D. 插入超链接

33. 在PowerPoint 2010中，动画刷的快捷键是（　　）。

A. Alt+Shift+C　　B. Clt+Alt+C　　C. Ctrl+Shift+C　　D. Clt+Alt+V

34. 以下叙述中，不正确的是（　　）。

A. DBS包括DBA　　B. DB可以设置为共享

C. Linux是典型的DBS　　D. DBMS是系统软件

35. 在Access 2010中，日期/时间型数据的长度为（　　）。

A. 0—8　　B. 0—10　　C. 8　　D. 10

36. 有一“职工”表，该表中有“职工编号”“姓名”“性别”“职位”和“工资”五个字段的信息，现要求显示所有职位不是工程师的男职工的信息，能完成该功能的SQL语句是（　　）。

A. SELECT * FROM职工WHERE职位<>"工程师" OR 性别="男"

B. SELECT * FROM职工WHERE职位<>"工程师"AND性别="男"

C. SELECT * FROM职工WHERE职位<> "工程师"OR性别="女"

D. SELECT * FROM职工WHERE职位<>"工程师"AND性别="女"

37. 下面是某单位主页的Web地址，其中符合URL格式的是（　　）。

A. http\\jnu.edu.cn　　B. http：www.jnu.edu.cn

C. http：\\www.jnu.edu.cn　　D. http：//www.jnu.edu.cn

38. 在计算机网络系统中，WAN指的是（　　）。

A. 城域网　　B. 局域网　　C. 广域网　　D. 万维网

39. 下列各项中，不能作为IP地址的是（　　）。

A. 202.96.0.1　　B. 202.110.7.12　　C. 112.256.23.8　　D. 159.226.1.18

40. 三金工程不包括（　　）。

A. 金关　　B. 金桥　　C. 金税　　D. 金卡

41. 下列网络传输介质中，可靠性最高的是（　　）。

A. 双绞线　　B. 光缆　　C. 同轴电缆　　D. WLAN

42. 用MIPS为单位来衡量计算机的性能。MIPS指的是计算机的（　　）。

A. 传输速率　　B. 存储器容量　　C. 字长　　D. 运算速度

43. 在总线拓扑的网络中，每次可发送信号的设备数目为（　　）。

A. 1个　　B. 2个　　C. 3个　　D. 任意数量

44. 关于网页说明不正确的是（　　）。

A. 网页文件可以运行在Android系统上

B. 截图工具可以制作网页

C. Photoshop不可以制作网页

D. 网页能将文本、图形、声音等多媒体信息集成起来

45. 网页文件实际上是一种（　　）。

A. 声音文件　　B. 图形文件　　C. 图像文件　　D. 文本文件

46. 创建锚记链接使用的特殊符号是（　　）。

A. *　　B. #　　C. $　　D. @

47. 在网页中不可以嵌套的元素包括（　　）。

A. 段落　　B. 表格　　C. Div　　D. 框架

48. 计算机网络的最基本功能是（　　）。

A. 数据通信　　B. 资源共享　　C. 提高系统可靠性　　D. 分布式处理

49. 网络信息安全的技术特征中，（　　）是系统安全的最基本要求之一，是所有网络

信息系统建设和运行的基本目标。

A. 运行速度　B. 运行质量　C. 稳定性　D. 可靠性

50. 通常只感染扩展名为.com、.exe、.doc类型的文件的计算机病毒是（　　）。

A. 宏病毒　B. 文件型病毒　C. 混合型病毒　D. 引导区型病毒

二、多项选择题（本大题共20小题，每小题1分，共20分）

每小题列出的四个备选项中只有两个以上是符合题目要求的，请将其代码填涂在答题卡上。多选或未选均无分，少选一个扣0.5分。

51. 计算机的特点包括（　　）。

A. 性价比高　B. 计算精度高　C. 处理速度快　D. 专用性强

52. 在下列接口中，可以用于连接鼠标的接口是（　　）。

A. PS/2　B. USB　C. PCI　D. AGP

53. 关于Windows 7的窗口，下列描述正确的是（　　）。

A. 所有窗口都能最小化　B. 所有窗口都能最大化

C. 所有窗口都能改变大小　D. 所有窗口都能关闭

54. 在Windows 7中，正确的文件名是（　　）。

A. 12.docx.xlsx　B. http://www　C. *^*.txt　D. ==.&

55. 在Word 2010的编辑状态下，默认只显示水平标尺的视图方式是（　　）。

A. 草稿视图　B. Web版式视图　C. 页面视图　D. 大纲视图

56. 在Word 2010中，下列有关文档分页的叙述正确的是（　　）。

A. 分页符也能打印

B. 不可以自动分页，可以人工分页

C. 选中自动分页符，按Delete键可以删除该分页符

D. 一个Word文档有3个分页符，则该文档至少有4页

57. 在Excel 2010工作表中，在某单元格内输入数值123，正确的输入形式是（　　）。

A. 123　B. 1 2 3　C. 0123　D.（123）

58. 在Excel 2010中，下列关于“选择性粘贴”的叙述，正确的是（　　）。

A. 可以只粘贴格式

B. 不可以进行算术算

C. 可以将源数据的排序旋转90度，即“转置”粘贴

D. 可以粘贴行高

59. 在PowerPoint 2010中，有关修改图片，下列说法正确的是（　　）。

A. 裁剪图片是指保存图片的大小不变，而将不希望显示的部分隐藏起来

B. 当需要重新显示被隐藏的部分时，还可以通过“裁剪”工具进行恢复

C. 如果要裁剪图片，单击选定图片，再单击“设计”选项卡中的“裁剪”按钮

D. 按住鼠标右键向图片内部拖动时，可以隐藏图片的部分区域

60. 在互联网上可以用（　　）浏览网页。

A. IE　　B. Outlook Express

C. Chrome　　D. WPS

61. 在Excel 2010中，若想在单元格显示45%，应输入（　　）。

A. 45%　　B. %45　　C. 45/100　　D. 0.45

62. 在Excel 2010中，通过“开始”选项卡“单元格”组的格式命令，可以（　　）。

A. 隐藏工作表　　B. 锁定单元格　　C. 重命名单元格　　D. 设置条件格式

63. 以下说法正确的是（　　）。

A. 在Word中，视图默认的视图为普通视图

B. 在Excel中，视图默认的视图为普通视图

C. 在PowerPoint中，视图默认的视图为普通视图

D. 在Dreamweaver中，默认视图为普通视图

64. 在Excel 2010中，以下公式中正确的是（　　）。

A. SUM(1:2)

B. COUNTIF(A1:B3)

C. IF(TRUE>FALSE,FALSE:TRUE)

D. ABS(YEAR(NOW()))

65. PowerPoint2010可以保存的文件类型包括（　　）。

A. .html　　B. .wmv　　C. .pdf　　D. .dwt

66. PowerPoint 2010的主题可以设置（　　）。

A 颜色　　B. 背景　　C. 效果　　D. 样式

67. 关系模型支持的完整性约束包括实体完整性、（　　）。

A. 关系完整性　　B. 参照完整性　　C. 索引完整性　　D. 域完整性

68. 查询的数据源可以包括（　　）。

A. 表　　B. 查询　　C. 窗体　　D. 宏

69. Dreamweaver CS5中，段落标记的对齐方式包括（　　）。

A. 居中对齐　　B. 两端对齐　　C. 分散对齐　　D. 顶端对齐

70. 以下各类媒体中，属于显示媒体的是（　　）。

A. 喇叭　　B. 硬盘　　C. 无线电磁波　　D. 打印机

三、判断题（本大题共20小题，每小题0.5分，共10分）

71. 计算机能直接识别和执行的语言是机器语言。

A. 正确　　B. 错误

72. I/O接口位于主机和总线之间。

A. 正确　　B. 错误

73. 目前的个人计算机硬盘普遍使用只有4条线的串行ATA（SATA）接口，与拥有40条线的并行ATA接口相比，SATA接口的传输速度反而更快。

A. 正确　　B. 错误

74. 假设Windows 7桌面上已经有某应用程序的图标，要运行该程序，可以用鼠标左键双击该图标。

A. 正确　　B. 错误

75. 在Windows 7操作系统中，将光标放到任务栏最右侧，可以预览桌面。

A. 正确　　B. 错误

76. 在Word 2010编辑状态下，将鼠标指向一个中文句子并双击左键，该句子被选中，字体栏显示“楷体”，选择“黑体”字体后，再单击“撤消”按钮，此时该句子的字体是楷体。

A. 正确　　B. 错误

77. 在Excel 2010中按Ctrl+Enter组合键能在所选的多个单元格中输入相同的数据。

A. 正确　　B. 错误

78. 在Excel 2010中，函数AVERAGE(A1,A7)的功能是求A1与A7两个单元格的方差。

A. 正确　　B. 错误

79. 在Excel 2010电子表格中，要在单元格中强制换行，应按Alt+Enter组合键。

A. 正确　　B. 错误

80. PowerPoint 2010中普通视图的缩放比例为50倍。

A. 正确　　B. 错误

81. www.edu.cn可以作为域名。

A. 正确　　B. 错误

82. 在网络中，WWW表示局域网。

A. 正确　　B. 错误

83. 图像文件通常以位图形式存储，数据量大；图形文件中存放的是描述图形的指令，以矢量图形文件形式存储，数据量小。

A. 正确　　B. 错误

84. 在Internet的Web服务中，浏览器软件和服务器之间通过HTTP协议进行通信。

A. 正确　　B. 错误

85. 标题标记<hn>把标题分为 6级，即h1—h6，其中h6文字最大，h1文字最小。

A. 正确　　B. 错误

86. 表单的执行需要服务器支持。

A. 正确　　B. 错误

87. 视频采集卡通常分为广播级、专业级和业余级三类。

A. 正确　　B. 错误

88. 多媒体计算机的软件系统由多媒体系统软件、多媒体工具和多媒体应用软件组成。

A. 正确　　B. 错误

89. 计算机犯罪包括利用计算机实施的犯罪行为和把计算机资产作为攻击对象的犯罪行为。

A. 正确　　B. 错误

90. 防火墙不能防范不通过它的连接。

A. 正确　　B. 错误

第Ⅱ卷

四、填空题（本大题共20小题，每小题1分，共20分）

91. 在计算机内部，对汉字进行传输、处理和存储时使用的是汉字的（　　　　）。

92. 在Windows 7中，要添加Windows组件，必须打开（　　　　）窗口。

93. 当选定文件或文件夹后，欲改变其属性设置，可以单击鼠标（　　　　）键，然后在弹出的菜单中选择“属性”命令。

94. 在Windows 7的“资源管理器”窗口是一种（　　　　）型结构。

95. 在Word 2010中，要在页面上插入页眉、页脚，应使用（　　　　）选项卡下的“页眉和页脚”命令。

96. 在Word 2010编辑状态下，用鼠标在文档选定区中快速连续单击3次的作用是（　　　　）。

97. 一个Excel 2010文件就是一个（　　　　）。

98. 在Excel 2010中，数据清单中的列被认为是数据库的（　　　　）。

99. 在PowerPoint 2010中，在“设置放映方式”对话框中选择（　　　　）复选框，可以实现循环放映演示文稿。
100. 在PowerPoint 2010正常放映过程中，按B键的作用是（　　　　）。
101. PowerPoint 2010启动后，自动新建一张（　　　　）版式幻灯片。
102. PowerPoint 2010幻灯片模板的扩展名是（　　　　）。
103. Access 2010中的文本类型可以设置最大长度为（　　　　）。
104. WAN的英文全写是（　　　　）。
105.（　　　　）通过连接相互独立的网段从而扩大网络的最大传输距离。
106.（　　　　）指输入一个WWW地址后在浏览器中出现的第一页。
107. 设置表单提交的对象，应配置表单属性面板的（　　　　）属性。
108. 把模拟声音信号转变为数字声音信号的过程称为声音的数字化，它是通过对声音信号进行采样、量化和（　　　　）来实现的。
109. 高清晰度数字电视的缩写是（　　　　）。
110. NTFS格式下，可以设置（　　　　）的大小为4KB。

计算机文化基础全真模拟试题（15）

本试题分为第Ⅰ卷和第Ⅱ卷两部分，满分100分，考试用时120分钟。考试结束后，将本试题和答题卡一并交回。

注意事项：

1. 答题前，考生务必用0.5毫米黑色签字笔将自己的姓名、考生号、身份证号填写到试题规定的位置上。

2. 第Ⅰ卷每小题选出答案后，用2B铅笔把答题卡上对应题目的答案标号涂黑；如需改动，用橡皮擦干净后，再选涂其他答案标号，答案不能答在试题上。

3. 第Ⅱ卷答题必须使用0.5毫米黑色签字笔作答，答案必须填写在答题卡各题目指定区域内相应的位置；如需改动，先划掉原来的答案，然后再写上新的答案；不能使用涂改液、胶带纸、修正带。不按以上要求作答的答案无效。

第Ⅰ卷

一、单项选择题（本大题共50小题，每小题1分，共50分）

每小题列出的四个备选项中只有一个是符合题目要求的，请将其代码填涂在答题卡上。错选、多选或未选均无分。

1. 现代信息技术的主导技术不包括（　　）。

A. 传感技术　　B. 通信技术

C. 多媒体技术　　D. 计算机技术

2. 用高级程序设计语言编写的程序称为源程序，它（　　）。

A. 只能在专门的机器上运行

B. 无须编译或解释，可直接在机器上运行

C. 可以经过连接形成目标程序

D. 具有良好的可读性和可移植性

3. 在计算机的硬件技术中，构成存储器的最小单位是（　　）。

A. 字节（Byte）　　B. 二进制位（bit）

C. 字（Word）　　D. 双字（Double Word）

4. 完整的计算机软件指的是（　　）。

A. 程序、数据与有关的文档　　B. 系统软件与应用软件

C. 操作系统与应用软件　　D. 操作系统与办公软件

5. 以下不属于CPU生产厂家的是（　　）。

A. Intel　　B. AMD　　C. Huawei　　D. Microsoft

6. 下面有关算法的叙述正确的是（　　）。

A. 一个程序的算法步骤是可逆的　　B. 一个算法可以无止境的进行下去

C. 完成一件事情的算法有且只有一种　D. 设计算法要本着简单方便的原则

7. 汉字“宋体”属于（　　）。

A. 国标码　　B. 交换码　　C. 字形码　　D. 输入码

8. 计算机的硬件主要包括：中央处理器（CPU）、存储器和（　　）。

A. 运算器　　B. 控制器　　C. I/O设备　　D. 输出设备

9. 操作系统是现代计算机必不可少的系统软件之一。下列关于操作系统的叙述，错误的是（　　）。

A. Linux操作系统是由美国Linux公司开发的

B. UNIX操作系统是一种多用户分时操作系统，可用于PC机

C. 目前Windows 7操作系统有多个不同版本

D. Windows Server 2010操作系统属于网络操作系统

10. 下列关于计算机机器语言的叙述，错误的是（　　）。

A. 机器语言是用二进制编码表示的指令集合

B. 用机器语言编制的某个程序，可以在不同类型的计算机上直接执行

C. 用机器语言编制的程序难以维护和修改

D. 用机器语言编制的程序难以理解和记忆

11. 操作系统的主要功能是（　　）。

A. 对用户的数据文件进行管理，为用户管理文件提供方便

B. 对计算机的所有资源进行统一控制和管理，为用户使用计算机提供方便

C. 对源程序进行编译和运行

D. 对汇编语言程序进行翻译

12. 在计算机中，条码阅读器属于（　　）。

A. 输入设备　　B. 存储设备

C. 输出设备　　D. 计算设备

13. 一个汉字的国标码需用（　　）。

A. 1个字节　B. 2个字节　C. 4个字节　D. 8个字节

14. 下列各存储器中，存取速度最快的是（　　）。

A. CD-ROM　B. 内存储器　C. 软盘　D. 硬盘

15. 汉字“大”的国标码为3473H，其区位码为（　　）。

A. 1453　B. 2083　C. B4F3H　D. 5493H

16. 计算机的技术性能指标主要是指（　　）。

A. 计算机所配备的语言、操作系统、外部设备

B. 硬盘的容量和内存的容量

C. 显示器的分辨率、打印机的性能等配置

D. 字长、运算速度、内外容量和CPU的时钟频率、内核数

17. 下列设备组中，完全属于输入设备的一组是（　　）。

A. CD-ROM驱动器、键盘、显示器　B. 绘图仪、键盘、鼠标器

C. 键盘、鼠标器、扫描仪　D. 打印机、硬盘、条码阅读器

18. 以下对于操作功能的描述，不正确的是（　　）。

A. 管理计算机资源　B. 程序编译与执行

C. 改善人机界面　D. 组织计算机工作流程

19. 分布式操作系统的特点包括（　　）。

A. 多样性、集成性、交互性、共享性　B. 统一性、共享性、透明性、自治性

C. 并发性、共享性、虚拟性、异步性　D. 实时性、时序性、连续性

20. Windows 7中的“任务栏”中间任务按钮栏显示的是（　　）。

A. 系统正在运行的所有程序　B. 任务管理器的所有程序

C. 活动窗口　D. 系统后台运行的程序

21. 关于Windows 7的压缩与解压缩，以下说法正确的是（　　）。

A. 采用无损压缩的文件通常无法复原

B. 图像通常采用无损压缩技术压缩

C. 无法向已经压缩好的文件夹中添加新的文件

D. 使用Winrar可以将压缩档案储存为自动解压缩档案

22. 文件的使用权限包括完全控制、允许写入、允许读取、允许运行、允许删除等，其中完全控制、允许写入、允许读取、允许运行都允许用户进行的操作是（　　）。

A. 写入　B. 读取　C. 运行　D. 修改

23. 一台计算机连接多台打印机，在用户不进行相关打印设置而直接打印的情况下，系统将（　　）。

A. 自动启用空闲的打印机

B. 自动启用默认打印机

C. 必须等待用户选择打印机之后打印任务才能执行

D. 若默认打印机被占用，将提示用户选择打印机

24. 在Word中可以制作表格，一个表格由多个单元格组成，在表格中按（　　）可以移到前一个单元格。

A. Tab　　B. Shift+Tab　　C. Ctrl+Tab　　D. Alt+Tab

25. 在Word 2010中，不能将剪贴板上的内容粘贴到插入点处的操作是（　　）。

A. 单击剪贴板对话框启动器按钮　　B. 插入点处右击，选择“粘贴”命令

C. 按Ctrl+Alt+V组合键　　D. 按Ctrl+V组合键

26. 在Word中，查找功能可以实现准确的文本定位，用户可以用查找功能查找文档中的（　　）。

（1）汉字字符　（2）英文字符　（3）特殊符号　（4）图片

A.（1）（2）（3）　　B.（1）（4）

C. 仅有（1）（2）　　D.（1）（2）（3）（4）

27. 在Word 2010的“打印设置”对话框中，下列叙述不正确的是（　　）。

A. 默认页面范围为当前页　　B. 默认打印份数为一份

C. 默认为逐份打印　　D. 可设置打印文档中连续的若干页

28. 在Excel 2010中，图表的组成部分不包括（　　）。

A. 图表区　　B. 绘图区　　C. 图表标题　　D. 数据区

29. 在Excel 2010中，关于迷你图，以下说法错误的是（　　）。

A. 迷你图是单元格背景中的微型图表

B. 主要包括折线图、柱形图与盈亏三种类型的图表

C. 可以组合迷你图

D. 迷你图引用的数据区是绝对引用

30. 在Excel 2010的公式中经常出现要用到计算范围的表示，若在某单元格有公式“=SUM(E2:E4 D3:F3)”，则表示相加的单元格是（　　）。

A. E2、E3、E4、D3、E3、F3单元格之和

B. E3单元格的值

C. E2、E3、E4单元格之和

D. E2、E4、D3、F3单元格之和

31. 在PowerPoint 2010中，通过“绘图工具 / 格式”选项卡的“形状样式”组不可以设置占位符的（　　）。

A. 颜色　　B. 填充　　C. 轮廓　　D. 效果

32. 以下（　　）不是常见的数据模型。

A. 树状模型　　B. 层次模型　　C. 关系模型　　D. 网状模型

33. 在大学里，教师和课程间是（　　）的关系。

A. 1：1　　B. 1：n　　C. m：1　　D. m：n

34. 在E-R图中，用来表示实体关系的图形是（　　）。

A. 椭圆形　　B. 矩形　　C. 菱形　　D. 圆角矩形

35. 下列关于数据库设计的叙述中，正确的是（　　）。

A. 在需求分析阶段建立数据字典　　B. 在概念设计阶段建立数据字典

C. 在逻辑设计阶段建立数据字典　　D. 在物理设计阶段建立数据字典

36. 在学生表中要查找所有年龄大于30岁姓王的男同学，应该采用的关系运算是（　　）。

A. 选择　　B. 投影　　C. 等值连接　　D. 自然连接

37. 为了加快数据库的访问速度，可以对数据库建立并使用（　　），它在数据库的整个生命周期都存在。

A. 数据表　　B. 主键　　C. 记录　　D. 索引

38. A类地址的有效范围是（　　）。

A. 1.0.0.1—126.255.255.254　　B. 1.0.0.1—127.255.255.254

C. 1.0.0.0—126.255.255.255　　D. 1.0.0.0—127.255.255.255

39. 关于信道，以下说法正确的是（　　）。

A. 信道包括通信线路和传输设备

B. 模拟信道的带宽是bps

C. 数字信道的带宽是Hz

D. 信道带宽取值为信号最高频率与最低频率之差

40. IPV6的地址数是IPV4地址数的（　　）倍。

A. 4　　B. 16　　C. 2147483648　　D. 以上都不对

41. 当浏览网页时不想播放其中的声音，可以（　　）。

A. 置成静音

B. 在浏览器的Internet选项中禁止播放视频

C. 在浏览器的Internet选项中禁止播放声音

D. 在控制面板中禁止播放声音

42. 关于计算机网络的讨论中，下列（　　）观点是正确的。

A. 组建计算机网络的目的是实现局域网的互联

B. 联入网络的所有计算机都必须使用同样的操作系统

C. 网络必须采用一个具有全局资源调度能力的分布操作系统

D. 互联的计算机是分布在不同地理位置的多台独立的自治计算机系统

43. 如果通过局域网连接Internet，需要设置TCP/IP协议的属性，当指定IP地址时，需要指定3个IP地址，即本机地址、默认网关和（　　）。

A. 交换机　　B. Web服务器　　C. 邮件服务器　　D. DNS服务器

44.（　　）是指采用一种或多种传播手段、使大量主机感染Boot程序，从而在控制者和被感染主机之间形成一个可进行一对多控制的网络。

A. 特洛伊木马　　B. 后门陷阱　　C. 逻辑炸弹　　D. 僵尸网络

45. 存储相同分辨率和颜色质量的一幅图片，占用文件体积最大的是（　　）格式。

A. bmp　　B. png　　C. gif　　D. jpeg

46. Adobe Photoshop是一个功能强大的图像处理软件，它的源文件的扩展名是（　　）。

A. MOV　　B. AVI　　C. PSD　　D. GIF

47. 以下列文件格式存储的图像，在图像缩放过程中不易失真的是（　　）。

A. BMP　　B. PSD　　C. JPG　　D. SWF

48. 访问控制技术控制的对象是（　　）。

A. 用户　　B. 计算机文件　　C. 用户和资源　　D. 用户口令

49. 下列不属于声卡功能的是（　　）。

A. 将声波转换为电信号　　B. 波形声音的重建

C. MIDI声音的输入　　D. MIDI声音的合成

50. 入侵检测系统是一种保护自己免受攻击的网络安全系统，是（　　）后的第二道闸门。

A. 杀毒软件　　B. 数字签名　　C. 防火墙　　D. 身份验证

二、多项选择题（本大题共20小题，每小题1分，共20分）

每小题列出的四个备选项中只有两个以上是符合题目要求的，请将其代码填涂在答题卡上。多选或未选均无分，少选一个扣0.5分。

51. 下列属于面向对象程序设计语言的是（　　）。

A. Basic　　B. True Type　　C. C++　　D. Java

52. 已知在某种进制下，4*6=30，以下运算式正确的是（　　）。

A. 3+5=8　　B. 12/2=5　　C. 2^3=10　　D. 8+7=17

53. 以下有关Windows操作系统的叙述，错误的是（　　）。

A. 被放入回收站内的文件可以被还原

B. 利用“网络”可以浏览网上其他计算机的所有资源

C. 用户可以利用“控制面板”中的“字体”来设置汉字输入法特性

D. 为了保护系统资源不被非法访问，Windows采用了“用户组”访问策略

54. 下列叙述中正确的是（　　）。

A. 硬盘中的文件也需要有备份　　B. 开机时应先开外设，然后开主机

C. 关机时应先关外设，然后关主机　　D. 操作系统是计算机和用户之间的接口

55. 在Word 2010中，若已保存了刚刚新建的文档，单击Backstage视图中的“打开”按钮时却看不到刚保存的文档，可能的原因有（　　）。

A. 文件的目录不对　　B. 文件是隐藏的

C. 文件的类型不对　　D. 文件名错误

56. Excel 2010工作表中行列交汇处的区域称为单元格。以下关于单元格的说法，正确的有（　　）。

A. 单元格是工作表中基本的操作单位

B. 单元格中逻辑型数据默认的对齐方式为居中

C. 单元格中数值型数据默认的对齐方式为左对齐

D. 单元格中字符型数据默认的对齐方式为右对齐

57. 在PowerPoint 2010中，对幻灯片文本设置动画，可以进行的操作是（　　）。

A. 以逐句为单位设置动画

B. 以字/词为单位设置动画

C. 按快捷键Alt+Shift+V打开动画窗格

D. 可以将多个文本框组合在一起设置动画

58. 关于Excel工作簿的概念合理的是（　　）。

A. 一个Excel文件只包含一张工作表

B. 一个Excel文件可包含多张工作表

C. 一个Excel文件只包含一个Excel工作簿

D. 一个Excel文件可包含多个Excel工作簿

59. Excel 2010的D5单元格中放置A1、A2、B1、B2四个单元格的平均值，正确的写法是（　　）。

A. =AVERAGE(A2:B1)　　B. "AVERAGE(A1,A2,B1,B2)"

C. =SUM(A1+A2+B1+B2)/4　　D. =AVERAGE(A2:B4 B2:A1)

60. 在Excel 2010中，“#VALUE！”错误表示（　　）。

A. 使用了错误的参数或运算对象类型错误

B. 单元格引用无效

C. 公式或函数中某个数字有问题

D. 公式自动更正功能不能更正公式

61. 在使用PowerPoint 2010的幻灯片放映视图放映演示文稿过程中，要结束放映，可操作的方法有（　　）。

A. 按ESC键

B. 单击鼠标右键，从中弹出的快捷菜单中选“结束放映”

C. 按Ctrl+F4

D. 按BackSpace键

62. PowerPoint 2010可以保存的文件类型包括（　　）。

A. html　　B. wma　　C. rtf　　D. potm

63. 下列（　　）是Access 2010数据库的对象。

A. 表　　B. 模板　　C. 窗体　　D. SmartArt

64. Access 2010中数字类型包括（　　）。

A. 字节　　B. 单精度　　C. 自动编号　　D. 货币

65. SQL语言中的数据操纵语言包括（　　）。

A. INSERT　　B. UPDATE　　C. CREATE　　D. GRANT

66. 目前流行的局域网组网标准主要有（　　）等。

A. 以太网　　B. 令牌环网　　C. WLAN　　D. 卫星网

67. 在网络上共享文件夹可以设置的权限包括（　　）。

A. 读取　　B. 写入　　C. 读/写　　D. 存档

68. 按计算机病毒算法分类，可将计算机病毒分为（　　）。

A. 伴随型病毒　　B. 引导型病毒　　C. 蠕虫型病毒　　D. 驻留型病毒

69. 在MPC中，声音量化精度标准为（　　）位。

A. 8　　B. 16　　C. 32　　D. 64

70. 网页中可以添加的超链接的对象包括（　　）。

A. 文本　　B. 动画

C. 按钮　　D. 图像

三、判断题（本大题共20小题，每小题0.5分，共10分）

71. 中央处理器和主存储器构成计算机的主体，称为主机。

A. 正确　　B. 错误

72. 当前盘就是C盘，当前目录就是根目录。

A. 正确　　B. 错误

73. CPU是由控制器和运算器组成的。

A. 正确　　B. 错误

74. 计算机能直接识别汇编语言程序。

A. 正确　　B. 错误

75. RAM中的信息在计算机断电后会全部丢失。

A. 正确　　B. 错误

76. 字节是计算机中常用的数据单位之一，它的英文名字是byte。

A. 正确　　B. 错误

77. 操作系统的功能之一是提高计算机的运行速度。

A. 正确　　B. 错误

78. 文件或文件夹的属性设置为只读，则该文件或文件夹不可以编辑，但可以删除。

A. 正确　　B. 错误

79. 在Word 2010中，自动分页符不能手工删除。

A. 正确　　B. 错误

80. Word 2010的表格中A3单元格的值是由公式“=Al*B2”计算得到的，A1单元格的值发生变化，A3的值自动进行更新。

A. 正确　　B. 错误

81. 在Excel 2010中，如果要在当前工作簿中复制工作表，则需要在拖动工作表标签到目标位置的同时按住Shift键。

A. 正确　　B. 错误

82. 在Excel 2010中，数据清单的第一行必须为文本类型，为相应列的名称。

A. 正确　　B. 错误

83. 在PowerPoint中为幻灯片设置动画时，对象出场或离场的声音只能从提供的各种声

音效果中选择。

A. 正确　　B. 错误

84. PowerPoint 2010的背景可以设置为纯色填充、渐变填充、图片或纹理填充、图案填充等4种样式。

A. 正确　　B. 错误

85. 数据库应用系统是指拥有数据库技术支持的计算机系统，它可以实现有组织地、动态地存储大量相关数据，提供数据处理和信息资源共享服务。

A.正确　　B. 错误

86. 在Access 2010中，OLE对象没有“格式”属性。

A. 正确　　B. 错误

87. JPEG标准的升级版是JPEG 2000，它们的压缩编码所使用的算法相同，但JPEG 2000比JPEG的压缩倍数更大。

A. 正确　　B. 错误

88. 调制解调器的主要功能是实现数字信号的放大与整形。

A. 正确　　B. 错误

89. 互联网是通过网络适配器将各个网络互联起来的。

A. 正确　　B. 错误

90. 在Internet中域名与域名之间加“；”分隔。

A. 正确　　B. 错误

第Ⅱ卷

四、填空题（本大题共20小题，每小题1分，共20分）

91. 计算机文化的内涵是计算机具有（　　　　）的能力。

92. 物质、能源和（　　　　）是人类社会赖以生存、发展的三大重要资源。

93. 1MB=（　　　　）B。

94. 常用的打印机有点阵式、（　　　　）式和激光打印机3种。

95. Word 2010中，备份文件的扩展名是（　　　　）。

96. 在Word中进行表格处理时，（　　　　）（可以或不可以）为表格绘制斜线表头。

97. 在Excel 2010单元格中，输入6/20，则单元格显示为（　　　　）。

98. Excel 2010中，拖动（　　　　）可以实现快速复制。

99. 在PowerPoint中，动画效果将会通过演示文稿的（　　　　）视图显示。

100.（　　　　）是输入数据时必须遵守的标点、空格或其他格式要求，用以限制数据输入的样式，屏蔽非法输入。

101.（　　　　）是创建、编辑和修改查询的基本工具。

102.（　　　　）将两个相似的网络连接起来，并对网络数据的流通进行管理。

103. 在计算机网络中常见的3种有线传输介质是（　　　　）、同轴电缆和光纤。

104. 设有某Internet用户，其POP主机域名是mail.hz.zj.cn，帐户名为zhangsan，则相应的E-mail地址是（　　　　）。

105. 局域网一般由网络系统软件、工作站、网络服务器、（　　　　）、网间连接器和传输媒体组成。

106. 计算机网络系统由资源子网和（　　　　）子网组成。

107. 创建命名锚点可以使用　组合键。

108.（　　　　）实际上就是为图片绘制一个或几个特殊区域，并为这些区域添加超链接。

109. 政府办公自动化系统建设是实现（　　　　）的基础。

110.（　　　　）是建立在公用网络上的专用网络。

计算机文化基础全真模拟试题（16）

本试题分为第Ⅰ卷和第Ⅱ卷两部分，满分100分，考试用时120分钟。考试结束后，将本试题和答题卡一并交回。

注意事项：

1. 答题前，考生务必用0.5毫米黑色签字笔将自己的姓名、考生号、身份证号填写到试题规定的位置上。

2. 第Ⅰ卷每小题选出答案后，用2B铅笔把答题卡上对应题目的答案标号涂黑；如需改动，用橡皮擦干净后，再选涂其他答案标号，答案不能答在试题上。

3. 第Ⅱ卷答题必须使用0.5毫米黑色签字笔作答，答案必须填写在答题卡各题目指定区域内相应的位置；如需改动，先划掉原来的答案，然后再写上新的答案；不能使用涂改液、胶带纸、修正带。不按以上要求作答的答案无效。

第Ⅰ卷

一、单项选择题（本大题共50小题，每小题1分，共50分）

每小题列出的四个备选项中只有一个是符合题目要求的，请将其代码填涂在答题卡上。错选、多选或未选均无分。

1. 关于信息的说法，以下说法错误的是（　　）。

   A. 控制论的创始人布尔认为，信息是适应外部世界、感知外部世界过程中与外部世界交换的内容

   B. 信息论的创始人香农认为，信息是能有用来消除不确定性的东西

   C. 信息是物质和事物的属性

   D. 同一信息可以用不同形式的数据表示

2. 关于计算机发展时代和程序设计语言，以下说法错误的是（　　）。

   A. 第一代计算机就开始采用汇编语言

   B. FORTRAN是第二代计算机的典型高级程序设计语言

   C. ENIAC使用机器语言

   D. 第三代计算机开始，出现了会话式高级程序设计语言

3. 字符比较大小实际是比较它们的ASCII码值，下列正确的比较是（　　）。

A. “A”比“B”大　　B. “H”比“h”小

C. “F”比“D”小　　D. “9”比“D”大

4. 若内存中相邻2个字节的内容为十六进制“7451”，则它们不可能的是（　　）。

A. 1条指令的组成部分　　B. 1个汉字的机内码

C. 1个16位整数　　D. 2个英文字母的ASCII码

5. 下列各组软件中，全部属于系统软件的一组是（　　）。

A. 程序语言处理程序、操作系统、数据库管理系统

B. 文字处理程序、编辑程序、操作系统

C. 财务处理软件、金融软件、网络系统

D. WPS Office 2010、Excel 2000、Windows 98

6. 下列叙述中，错误的是（　　）。

A. 内存储器RAM中主要存储当前正在运行的程序和数据

B. 高速缓冲存储器（Cache）一般采用DRAM构成

C. 外部存储器（如硬盘）用来存储必须永久保存的程序和数据

D. 存储在RAM中的信息会因断电而全部丢失

7. 计算机内部采用的数制是（　　）。

A. 十进制　　B. 二进制　　C. 八进制　　D. 十六进制

8. 网络适配器的内存范围是00000000D3204000–00000000D3204FFF，则CPU的字长是（　　）位。

A. 8　　B. 16　　C. 32　　D. 64

9. 著名的计算机科学家尼·沃思提出了（　　）的思想。

A. 数据结构+算法=程序　　B. 存储控制结构

C. 信息熵　　D. 控制论

10. 对应于常用工具栏里“剪切”按钮的快捷键是（　　）。

A. Ctrl+B　　B. Ctrl+X　　C. Ctrl+C　　D. Ctrl+V

11. 在Windows 7操作系统中，不能将信息传送到剪贴板的是（　　）。

A. 用Ctrl+V把选定的对象送到剪贴板

B. 用“剪切”命令把选定的对象送到剪贴板

C. Alt+PrintScreen把当前窗口送到剪贴板

D. 用“复制”命令把选定的对象送到剪贴板

12. 在Windows中，下列关于文件名的叙述，错误的是（　　）。

A. 文件名中允许使用空格　　B. 文件名中允许使用货币符号（$）

C. 文件名长度任意　　D. 文件名中允许使用汉字

13. 在Word 2010中，（　　）用于控制文档在屏幕上的显示大小。

A. 全屏显示　　B. 显示比例　　C. 缩放显示　　D. 显示控制

14. 在Word编辑状态下，建立了一个由多个行和列组成的表格。如果选中一个单元格，再按Delete键，则（　　）。

A. 删除该单元格所在的行　　B. 删除该单元格，下方单元格上移

C. 删除该单元格，右方单元格左移　　D. 删除该单元格中的内容

15. 在Word 2010中，若要在编辑文档时能够清楚地看到该文档的目录，则可使用（　　）。

A. 文档结构图　　B. 大纲视图

C. 页面视图　　D. 全屏视图

16. 在Word 2010中，对于一段分散对齐的文字，若只选其中的几个字符，然后单击右对齐按钮，则（　　）。

A. 整个文档变成右对齐格式　　B. 整个段落变成右对齐格式

C. 整个行变成右对齐格式　　D. 仅选中的文字变成右对齐格式

17. 在Word“打印预览”中，对于A4纸张，每版最多可打印（　　）页。

A. 8　　B. 10　　C. 16　　D. 20

18. 在Excel 2010中，选定相应的单元格区域，在状态栏上可以查看到该单元格区域中的（　　）。

A. 注释　　B. 引用　　C. 数值之和　　D. 行列标志

19. 在Excel 2010中，进行升序排序时，排序列中有空白单元的行（　　）。

A. 不被排序　　B. 保持原始次序

C. 被放置在排序后的数据清单尾部　　D. 被放置在排序后的数据清单首部

20. 在Excel 2010中，在打印学生成绩单时，对不及格的成绩用醒目的方式表示（如用红色表示等），当要处理的数据量较大时，利用（　　）命令最为方便。

A. 查找　　B. 条件格式

C. 数据筛选　　D. 定位

21. 在任何时候，工作表中（　　）单元格是激活的。

A. 有两个　　B. 有且仅有一个

C. 可以有一个以上　　D. 至少有一个

22. 在Excel 2010中，要将当前工作簿中的工作表移动到另一个工作簿中，正确的操作是（　　）。

A. 剪切该工作表，然后粘贴到另一个工作表中

B. 打开另一个工作簿，直接将工作表拖动到那个工作簿中

C. 复制该工作表，然后粘贴到另一个工作簿中

D. 通过“开始”选项卡中的“移动或复制工作表”命令实现

23. 在PowerPoint 2010中下列说法错误的是（　　）。

A. 可以设置动画重复播放　B. 可以设置动画播放后快退

C. 可以设置动画效果为彩色打印机　D. 可以设置单击某对象启动效果

24. 在使用PowerPoint 2010编辑文本框、图形框等对象时，需对他们进行旋转，则不可以直接进行（　　）。

A. 90度旋转　B. 180度旋转　C. 对称翻转　D. 垂直翻转

25. PowerPoint 2010可另存为多种文件格式，下列（　　）文件格式不是属于此类。

A. .pptx　B. .potm　C. .jpg　D. .wma

26. 将幻灯片改为“灰度”是在（　　）中设置。

A. 设计　B. 视图　C. 审阅　D. 动画

27. 在PowerPoint 2010中最多可取消操作数为（　　）次。

A. 50　B. 100　C. 150　D. 200

28. 下列关于数据库技术的叙述，错误的是（　　）。

A. 数据库技术是信息系统的一个核心技术

B. 数据库研究和管理的对象是数据

C. 数据库技术产生于20世纪80年代初

D. 数据库技术主要研究如何存储、使用和管理数据

29. 在Access 2010中，若要求在文本框中输入文本时达到密码“*”的显示效果，则应该设置的属性是（　　）。

A. 默认值　B. 有效性文本　C. 输入掩码　D. 密码

30. 在Access 2010中，以下不可以创建窗体的方法是（　　）。

A. 自动创建窗体　B. 使用窗体向导创建窗体

C. 使用设计视图创建窗体　D. 使用模板创建窗体

31. 在Access 2010中，用于创建新的查询对象，或者修改已有查询对象的视图是（　　）。

A. 数据表视图　B. 查询视图　C. 设计视图　D. 数据透视表视图

32. 在设计数据库管理系统时，数据库的兼容性不包括（　　）。

A. 操作系统　　B. 数据　　C. 硬件　　D. 软件

33. （　　）数据模型属于树形结构。

A. 网状　　B. 层次　　C. 关系　　D. 星型

34. 在Access 2010中，为防止用户输入错误，应在数据表设计视图中设置[视图中设置]的属性是（　　）。

A. 有效性规则　　B. 格式　　C. 数据有效性　　D. 有效性文本

35. 下列哪项不是UDP协议的特性？（　　）

A. 提供可靠服务　　B. 提供无连接服务

C. 提供端到端服务　　D. 提供全双工服务

36. 下列关于广域网的叙述，正确的是（　　）。

A. 广域网是一种公用计算机网，所有计算机可以无条件地接入广域网

B. 广域网像很多局域网一样按广播方式进行通信

C. 广域网使用专用的通信线路，数据传输速率很高

D. 广域网能连接的计算机数目几乎不受限制，也能将相距任意距离的计算机互相连接起来

37. 对于一台Web服务器，以下（　　）是唯一的。

A. IP地址　　B. MAC地址

C. 主机名　　D. 域名

38. TCP/IP协议是一种开放的协议标准，下面（　　）不是它的特点。

A. 独立于特定计算机硬件和操作系统

B. 统一编址方案

C. 政府标准

D. 标准化的高层协议

39. 利用电信局的本地电话线路提供数字服务的技术中，有一种称为“非对称数字用户数字环路”的技术，它在传输数据时，下载的速度大于上传的速度，这种技术的英文缩写是（　　）。

A. ADSL　　B. ATM　　C. ISDN　　D. X.25

40. A类网络的子网掩码为（　　）。

A. 192.168.0.0　　B. 255.0.0.0

C. 192.168.0.1　　D. 255.255.255.0

41. IEEE 802.11定义了（　　）。

A. 无线局域网技术规范　　B. 电缆调制解调器技术规范

C. 光纤局域网技术规范　　D. 宽带网络技术规范

42. 无线局域网的构成不包括（　　）。

A. 无线网卡　　B. 无线接入点　　C. 基本服务组　　D. 计算机

43. 网络的命脉是（　　）。

A. 文字　　B. 组件　　C. HTML　　D. 超链接

44. 关于超文本标记语言，以下说法错误的是（　　）。

A. 用约定的标记标注

B. 定义网页数据格式，描述网页信息，控制文本显示

C. 标签成对出现

D. 标签可以没有属性

45. 下列文件按不同类型分类正确的是（　　）。

① 图形、图像：校门.jpg、牡丹.wav　② 声音：风铃.bmp、吻别.mp3

③ 文字：备注.txt、使用手册.doc　④ 视频：童年.avi、运动层.mpg

A. ①②　　B. ③④　　C. ①③　　D. ②④

46. 医科学生通过教学软件，借助于跟踪和感觉手套了解人体内部器官结构，节省了很多费用并且效果很好，这是将（　　）技术运用到了医学教学中。

A. 人工智能　　B. 超媒体　　C. 语音　　D. 虚拟现实

47. 下列关于计算机病毒的叙述，错误的是（　　）。

A. 电子邮件是计算机病毒传播的主要途径之一

B. 电子邮件是个人间的通信手段，即使传播计算机病毒也是个别的，影响不大

C. 一般情况下只要不打开电子邮件的附件，系统就不会感染它所携带的病毒

D. 杀毒软件对计算机病毒的检测与消除能力通常滞后于病毒的出现

48. 公钥加密系统中，发送方用接收方的公钥加密报文，接收方使用（　　）解密报文。

A. 发送方的公钥　　B. 接收方的公钥

C. 发送方的私钥　　D. 接收方的私钥

49. 要实现无线上网，除了需要无线网卡和无线路由，还必须有（　　）。

A. 无线AP　　B. 电话线　　C. 交换机　　D. 账号的密码

50. 电子商务采用的主要安全技术不包括（　　）。

A. 加密技术　　B. 数字签名　　C. SSL　　D. DHCP

二、多项选择题（本大题共20小题，每小题1分，共20分）

每小题列出的四个备选项中只有两个以上是符合题目要求的，请将其代码填涂在答题卡上。多选或未选均无分，少选一个扣0.5分。

51. 常用的鼠标器类型有（　　）。

A. 光电式　　B. 击打式　　C. 机械式　　D. 喷墨式

52. 以下计算机的应用中，属于人工智能的是（　　）。

A. AlphaGo　　B. 星座运程　　C. CAI　　D. SIRI

53. 关于计算机系统组成的知识，正确的说法是（　　）。

A. 硬盘的容量比软盘大得多，因此读写速度会较慢

B. 计算机没有内存条可以正常启动

C. 键盘和鼠标均为输入设备

D. 硬盘的性能指标包括存储容量和转速

54. Windows 7中的文件名不能包括以下字符（　　）。

A. ?　　B. –　　C. |　　D. ,

55. Windows 7桌面图标的排序方式包括（　　）。

A. 名称　　B. 字母　　C. 项目类型　　D. 修改时间

56. 在Windows 7附件中，下面叙述正确的是（　　）。

A. 记事本中可以含有图形

B. 画图是绘图软件，不能输入汉字

C. 写字板中可以插入图形

D. 计算器可以将十进制整数转化为二进制或十六进制数

57. Windows 7安装时，需要（　　）。

A. 安装后不必重新启动计算机就可直接运行

B. 搜索计算机的有关信息

C. 检测安装硬件并完成最后的设置

D. 将Windows 7系统解压复制到计算机

58. Word 2010中，文字位置可设置为（　　）。

A. 降低　　B. 加宽　　C. 紧缩　　D. 提升

59. Excel的主要功能是（　　）。

A. 电子表格　　B. 文字处理

C. 图像处理　　D. 数据库交互

60. Excel 2010中，有关插入、删除工作表的阐述，正确的是（　　）。

A. “开始”/“单元格”组中的“单元格”“插入”中的“插入工作表”命令，可插入一张新的工作表

B. 单击“开始”功能中的“清除”/“全部清除”命令，可删除一张工作表

C. 单击“开始”功能中的“删除”中“删除工作表”命令，可删除一张工作表

D. 插入工作表的快捷键是Shift+F1

61. 在进行分类汇总时，可设置的内容有（　　）。

A. 分类字段　　B. 汇总方式（如：求和）

C. 排序方式　　D. 汇总结果显示在数据上方

62. Excel 2010所拥有的视图方式有（　　）。

A. 普通视图　　B. 分页预览视图

C. 大纲视图　　D. 阅读视图

63. PowerPoint 2010的功能包括（　　）。

A. 图像编辑　　B. 视频处理

C. 动画设计　　D. 网页制作

64. PowerPoint 2010普通视图窗口包含的窗格是（　　）。

A. “幻灯片/大纲”窗格　　B. “幻灯片”窗格

C. 内容窗格　　D. 设计窗格

65. PowerPoint 2010默认分栏选项包括（　　）。

A. 一栏　　B. 三栏　　C. 偏左　　D. 偏右

66. 数据库技术发展阶段中，说法正确的是（　　）。

A. 人工管理阶段，没有专门的数据库管理软件

B. 文件系统阶段，数据可以长期保存在磁盘上

C. 数据库系统阶段，数据存储粒度大

D. 未来数据库朝着超巨型化和微型化两个方向发展

67. 以下查询属于操作查询的是（　　）。

A. 更新查询　　B. 参数查询　　C. 交叉表查询　　D. 追加查询

68. 计算机网络的功能包括（　　）。

A. 信息管理　　B. 资源共享　　C. 分布式处理　　D. 过程控制

69. 中国互联网体系中的二级类别域名包括（　　）。

A. ac　　B. net　　C. mil　　D. int

70. HTML的字形标记包括（　　）。

A. <a>...</a>　　B. <strong>...</strong>

C. <i>...</i>　　D. <pre>...</pre>

三、判断题（本大题共20小题，每小题0.5分，共10分）

71. 主存储器用于存储当前运行时所需要的程序和数据。其特点是存取速度快，但与辅助存储器相比，其容量小、价格低。

A. 正确　　B. 错误

72. 输入设备是向计算机输入信息的部件，键盘和鼠标是最常用的输入设备。

A. 正确　　B. 错误

73. 十进制数118转换为二进制数是1110110。

A. 正确　　B. 错误

74. 在计算机内，汉字也采用ASCII编码表示。

A. 正确　　B. 错误

75. 目前，智能手机都采用Android操作系统。

A. 正确　　B. 错误

76. 在计算机的应用中，数值计算是最经常使用的。

A. 正确　　B. 错误

77. 在计算机内部用于存储、交换、处理汉字的编码称为机内码。

A. 正确　　B. 错误

78. “资源管理器”只可以管理计算机的软件资源，不能管理计算机的硬件资源。

A. 正确　　B. 错误

79. 在Windows 7中，如果修改了某文件的扩展名，可能会导致该文件不可用。

A. 正确　　B. 错误

80. 在Windows 7中，文件夹中只能包含文件。

A. 正确　　B. 错误

81. 在Word中，不能利用公式计算表格中的数据。

A. 正确　　B. 错误

82. 在Word文档中，可以设置不同的页眉。

A. 正确　　B. 错误

83. 在Excel 2010中，用选项卡中的复制粘贴按钮不可以将C3和E8两个单元格的内容一次复制到F8:F9中。

A. 正确　　B. 错误

84. 在Excel 2010中，单元格的字符串超过该单元格的显示宽度时，该字符串可能占用其右侧的单元格的显示空间而全部显示出来。

A. 正确　　B. 错误

85. 在Excel中，使用分类汇总之前，应该对数据排序，使同一字段值记录集中在一起。

A. 正确　　B. 错误

86. 在PowerPoint 2010中，“切换”指的是图片和文字的切换。

A. 正确　　B. 错误

87. 在写字板中复制的内容不能粘贴到PowerPoint中。

A. 正确　　B. 错误

88. 信道带宽是指信道上允许传输电磁波的有效频率范围。

A. 正确　　B. 错误

89. zhang.fei@163.com是正确的Internet电子邮箱地址。

A. 正确　　B. 错误

90. 操作系统是计算机信息系统的核心部件。

A. 正确　　B. 错误

第Ⅱ卷

四、填空题（本大题共20小题，每小题1分，共20分）

91. 世界上第一台电子计算机称为（　　　　）。

92. 要在计算机上外接U盘，应使用（　　　　）接口。

93. 某单位人事档案管理程序属于（　　　　）软件。

94. 48H+47O=（　　　　）D。

95. 字符“A”与字符“2”的ASCII码之和为（　　　　）H。

96. 在Windows 7中，如需要彻底删除某文件，可以按（　　　　）和Delete组合键。

97. 在Windows 7中，每打开一个应用程序时，在（　　　　）中就会添加这个应用程序的图标按钮。

98. 在Word中，默认的对齐方式是（　　　　）。

99. 在Excel中，（　　　　）函数可以用来查找一组数中的最小数。

100. 若想将工作表中第2行到第5行，第2列到第6列之间的所有单元格数据求平均值，公式可写为（　　　　）。

101. 在Excel中，工作簿文件的扩展名是（　　　　）。
102. Excel升序排序时，次序最靠后的是（　　　　）。
103. 在PowerPoint 2010的母版视图中，选中（　　　　）做格式化设置时，格式化命令会改变所有幻灯片的格式。
104. 在PowerPoint 2010中，（　　　　）可以跟踪每张幻灯片的显示时间，用于自动放映。
105. 在关系数据库中，属性的取值范围称为（　　　　）。
106. （　　　　）是判断任意两台计算机的IP地址是否属于同一子网的依据。
107. HTTP协议的全称是（　　　　）。
108. 关闭Dreamweaver CS5窗口的快捷键是（　　　　）。
109. 浏览网页的工作模式是（　　　　）模式。
110. SSL协议位于OSI-RM的（　　　　）层。

计算机文化基础全真模拟试题（17）

本试题分为第Ⅰ卷和第Ⅱ卷两部分，满分100分，考试用时120分钟。考试结束后，将本试题和答题卡一并交回。

注意事项：

1. 答题前，考生务必用0.5毫米黑色签字笔将自己的姓名、考生号、身份证号填写到试题规定的位置上。

2. 第Ⅰ卷每小题选出答案后，用2B铅笔把答题卡上对应题目的答案标号涂黑；如需改动，用橡皮擦干净后，再选涂其他答案标号，答案不能答在试题上。

3. 第Ⅱ卷答题必须使用0.5毫米黑色签字笔作答，答案必须填写在答题卡各题目指定区域内相应的位置；如需改动，先划掉原来的答案，然后再写上新的答案；不能使用涂改液、胶带纸、修正带。不按以上要求作答的答案无效。

第Ⅰ卷

一、单项选择题（本大题共50小题，每小题1分，共50分）

每小题列出的四个备选项中只有一个是符合题目要求的，请将其代码填涂在答题卡上。错选、多选或未选均无分。

1. 有关第一台电子计算机的描述中，下面不正确的是（　　）。

A. 第一台电子计算机叫ENIAC

B. 第一台电子计算机内部采用了二进制

C. 第一台电子计算机未采用存储程序工作原理

D. 第一台电子计算机的基本逻辑部件采用电子管制作

2. 当前计算机的应用领域极为广泛，但其应用最早的领域是（　　）。

A. 数据处理　　B. 科学计算　　C. 人工智能　　D. 过程控制

3. 下列关于软件的叙述中，正确的是（　　）。

A. 计算机是通过执行程序所规定的各种指令来处理各种程序的

B. 软件是指使计算机运行所需的指令和数据的集合

C. 程序由软件构成

D. 计算机可以不安装软件就可以使用

4. 以下数据中最大的是（　　）。

A. 11010101B　　B. D6H　　C. 324O　　D. 210D

5. 计算机操作系统有的五大功能是（　　）。

A. 处理机管理、存储管理、文件管理、进程管理和设备管理

B. 硬盘管理、软盘驱动器管理、CPU的管理、显示器管理和键盘管理

C. 处理机管理、存储管理、文件管理、设备管理和作业管理

D. 处理机管理、存储管理、磁盘管理、进程管理和设备管理

6.（　　）又称算法语言，是一种比较接近人类自然语言的计算机语言。

A. 低级语言　　B. 机器语言　　C. 汇编语言　　D. 高级语言

7. 计算机一次能直接处理的二进制的位数称为（　　）。

A. 主频　　B. 字长　　C. 容量　　D. 字节

8. 如果说计算机是人类大脑的扩展，那么（　　）就是人类感官的延伸。

A. 计算机技术　　B. 通信技术　　C. 微电子技术　　D. 传感技术

9. 根据ASCII码值的大小，下列表达式中，正确的是（　　）。

A. “a” ＜ “A” ＜ “9”　　B. “A” ＜ “a” ＜ “9”

C. “9” ＜ “a” ＜ “A”　　D. “9” ＜ “A” ＜ “a”

10. 已知“江苏”两字的区位码是“2913”和“4353”，则其机内码是（　　）。

A. 3D2D和4B55　　B. 4535和535D

C. 6145和7585　　D. BDAD和CBD5

11. 关于写字板说法错误的是（　　）。

A. 可以存储为.docx文件格式　　B. 没有格式刷

C. 不可以设置分散对齐　　D. 可以插入表格

12. 按照操作系统的功能特性，操作系统分类不包括（　　）。

A. 批处理操作系统　　B. 分时操作系统

C. 实时操作系统　　D. 嵌入式操作系统

13. 关于Windows 7的录音机，以下说法错误的是（　　）。

A. 仅有一个按钮　　B. 可以最小化

C. 只能保存为.wma格式　　D. 停止录音后可以继续录音

14. Windows 7启动计算机时，按（　　）键可进入安全模式。

A. F8　　B. F1　　C. F10　　D. Delete

15. 关于模式对话框，以下说法不正确的是（　　）。

A. 是一种特定的子窗口

B. 只有关闭该对话框，才能处理主窗口

C. 模式对话框没有“关闭”按钮

D. 写字板的“另存为”对话框属于模式对话框

16. 使用画图软件绘制200*200px的图像，以24位bmp格式保存时，文件大小是（　　）。

A. 11.7KB　　B. 117KB　　C. 93.6KB　　D. 936KB

17. Word 2010备份文件的扩展名是（　　）。

A. .wmf　　B. .wbk　　C. .dotx　　D. .docm

18. 在Word中，若要对文档中的图片或表格进行处理，应选择（　　）。

A. 普通视图　　B. 全屏显示视图

C. 页面视图　　D. 打印预览视图

19. 在Word中，对于拆分表格操作，下列说法正确的是（　　）。

A. 只能将表格拆分为左右两部分　　B. 只能将表格拆分为上下两部分

C. 可以自己设定拆分的行列数　　D. 只能将表格拆分成列

20. 在Word 2010中，将插入点定位于句子“飞流直下三千尺”中的“直”与“下”之间，按一下Delete，则该句子（　　）。

A. 变为“飞流下三千尺”　　B. 变为“飞流直三千尺”

C. 整句被删除　　D. 不变

21. 在Word 2010中，下面（　　）说法是正确的。

A. 可将文字转换为表格，但表格不能转换为文字

B. 可将表格转换为文字，但文字不能转换为表格

C. 文字和表格不能相互转换

D. 文字和表格可以相互转换

22. 在Word的编辑状态下，当前文档中的字体全是宋体，选择了一段文字使之成反显状，先设置为楷体，又设置为仿宋体，则（　　）。

A. 文档全文都是楷体　　B. 被选择的内容仍为宋体

C. 被选择的内容变为仿宋体　　D. 文档的全部文字的字体不变

23. 在Word 2010中，“打印预览”快捷键为（　　）。

A. Ctrl + F1　　B. Ctrl + F2　　C. Ctrl + F3　　D. Ctrl + F4

24. 在Word 2010中，可以利用“组合”功能将多个对象组合成一个整体，以便作为一

个对象来进行操作。下列关于组合功能的叙述，错误的是（　　）。

A. 可以同时更改组合中所有对象的属性

B. 可以对组合对象进行翻转、旋转、调整大小及缩放等操作

C. 可以随时取消对象的组合

D. 组合后，不可以单独选取组合中的任一对象

25. 在Word 2010中，“格式刷”是一个很有用的排版功能按钮，为了连续地多次复制同一格式，应（　　）。

A. 左键单击“格式刷”按钮　　B. 左键双击“格式刷”按钮

C. 右键单击“格式刷”按钮　　D. 右键双击“格式刷”按钮

26. 在Word 2010中，插入在文档中的日期域的内容（　　）。

A. 随实际系统日期改变　　B. 固定不变

C. 变或不变可由用户根据需要设置　　D. 不可实现域代码

27. 在Excel 2010工作表中，表示一个以单元格C5、N5、C8、N8为4个顶点的单元格区域，正确的是（　　）。

A. C5:C8:N5:N8　B. C5:N8　C. C5:C8　D. N8:N5

28. 在Excel 2010中，如果没有预先设定整个工作表的对齐方式，则字符型数据和数值型数据自动以（　　）方式显示。

A. 左对齐和右对齐　　B. 右对齐和左对齐

C. 中间对齐　　D. 视具体情况而定

29. 王老师想比较一下前3次单元测试中全班平均成绩是进步了还是退步了，他使用哪种图表进行成绩分析会比较直观？（　　）

A. 雷达图　B. 散点图　C. 柱形图　D. 饼图

30. 在Excel 2010中，设置单元格格式为短日期，输入以下何值，显示“######”错误（　　）。

A. −1　B. #　C. 2/3　D. 13/18

31. 在PowerPoint 2010中的“清除所有格式”按钮在（　　）功能区。

A. 文本　B. 背景　C. 字体　D. 段落

32. PowerPoint 2010提供了文件的（　　）功能，可以将演示文稿、所链接的各种声音图片等外部文件，以及有关的播放程序都存放在一起。

A. 定位　B. 另存为　C. 存储　D. 打包

33. 幻灯片放映类型不包括（　　）。

A. 演讲者放映　B. 观众自行浏览　C. 全屏幕放映　D. 在展台浏览

34. Access 2010中，查询对象的视图不包括（　　）。

A. 设计视图　　B. 数据表视图

C. 布局视图　　D. 数据透视表视图

35. 数据定义语言的缩写为（　　）。

A. DML　　B. DDL　　C. SQL　　D. UML

36. E–R图是数据库设计（　　）阶段使用的工具。

A. 需求分析　　B. 概念设计　　C. 逻辑设计　　D. 物理设计

37. 采用二维表结构表达实体及实体间联系的数据模型是（　　）。

A. 层次模型　　B. 网状模型　　C. 关系模型　　D. 面向对象模型

38. 使用双绞线的网络通信属于（　　）。

A. 并行通信　　B. 串行通信　　C. 单工通信　　D. 半双工通信

39. Internet域名服务器的作用是（　　）。

A. 将主机域名翻译成IP地址　　B. 按域名查找主机

C. 注册用户的域名地址　　D. 为用户查找主机的域名

40. 在网络层实现互联的设备是（　　）。

A. 集线器　　B. 网桥　　C. 路由器　　D. 网关

41. 以下IP地址中，属于C类IP地址的是（　　）。

A. 221.256.2.1　　B. 255.255.255.0　　C. 192.168.1.1　　D. 192.168.0.0

42. 用于接收邮件的协议是（　　）。

A. Telnet　　B. FTP　　C. POP3　　D. SMTP

43. 在Dreamweaver CS5中插入表格标题类型不包括（　　）。

A. 无　　B. 左　　C. 顶部　　D. 右

44. Dreamweaver CS5中，用来通过URL地址传递表单参数，应将提交方式设置为（　　）。

A. POST　　B. GET　　C. 默认　　D. 无

45. 以下文件格式中，不属于音频文件格式的是（　　）。

A. WAV　　B. AAC　　C. MP3　　D. ASF

46. 下列选项中，不能查杀计算机病毒的是（　　）。

A. 卡巴斯基　　B. 金山毒霸　　C. MSE　　D. 天网防火墙

47.（　　）不属于系统安全的技术。

A. 防火墙　　B. 加密狗　　C. CA认证　　D. 防病毒

48. 被动攻击的类型不包括（　　）。

A. 侦听　　B. 修改　　C. 截取　　D. 破译

49. 下列行为符合《计算机信息系统安全保护条例》的是（　　）。

A. 任意修改外单位网站的信息　　B. 将自己的网址发布在论坛上

C. 利用软件获取网站管理员密码　　D. 将单位内部保密资料发布到外网上

50. 下列不属于数字签名所要解决的问题是（　　）。

A. 接收方能验证发送方的身份　　B. 防止交易中抵赖的发生

C. 帮助发送方控制交易过程　　D. 接收方不能伪造签名

二、多项选择题（本大题共20小题，每小题1分，共20分）

每小题列出的四个备选项中只有两个以上是符合题目要求的，请将其代码填涂在答题卡上。多选或未选均无分，少选一个扣0.5分。

51. 计算机辅助系统及简称正确的是（　　）。

A. 计算机辅助设计CAD　　B. 计算机辅助教学CAI

C. 计算机辅助教育CAE　　D. 人工智能AI

52. 关于计算机系统，下列说法正确的是（　　）。

A. 计算机硬件系统由主机、键盘、显示器组成

B. 计算机软件系统由系统软件和应用软件组成

C. 没有安装操作系统的计算机是裸机

D. 软件系统除了保证硬件功能的发挥之外，还为用户提供友好的操作界面

53. 以下二进制表示的数字中，可能是BCD码的是（　　）。

A. 1011 1111　　B. 0000 0000　　C. 1100 0011　　D. 1001 1100

54. 算法的特点包括（　　）。

A. 有穷性　　B. 可行性　　C. 可靠性　　D. 有序性

55. 可以将Windows任务栏设置为（　　）。

A. 自动隐藏　　B. 总在底部　　C. 总在最前　　D. 最小化

56. 关于Windows 7的计算器，以下说法正确的是（　　）。

A. 可以实现进制转换　　B. 可以最大化

C. 可以进行统计分析　　D. 可以编辑公式

57. 以下说法正确的是（　　）。

A. 在Word 2010中，视图默认的视图为普通视图

B. 在Excel 2010中，视图默认的视图为普通视图

C. 在PowerPoint 2010中，视图默认的视图为普通视图

D. 在Dreamweaver CS5中，默认的视图为普通视图

58. 在Word 2010中，选定整篇文档的方法是（　　）。

A. 三击鼠标

B. 使用“开始”选项卡中的“全选”命令

C. 将鼠标指针移到文档左侧空白区域，双击鼠标左键

D. 将鼠标指针移到文本选定区，按住Ctrl键同时单击左键

59. 在Excel 2010中，要给工作表重命名，正确的操作是（　　）。

A. 功能键F2

B. 右键单击工作表标签，选择“重命名”

C. 双击工作表标签

D. 先单击选定要改名的工作表，再单击它的名字

60. 关于在Excel 2010中创建图表，以下说法正确的是（　　）。

A. 在Excel中可以手工绘制图表

B. 嵌入式图表是将图表与数据同时置于一个工作表内

C. 工作簿中只包含图表的工作表称为图表工作表

D. 图表生成之后，其大小一定可以调整

61. Excel 2010中，工作表“销售额”中的B2:H308中包含所有的销售数据，在工作表“汇总”中需要计算销售总额，可采用（　　）方法。

A. 在工作表“汇总”中，输入“=销售额!(B2:H308)”

B. 在工作表“汇总”中，输入“=SUM (销售额!B2:H308)”

C. 在工作表“销售额”中，选中B2:H308区域，并在名称框输入“sales”，在工作表“汇总”中，输入“=sales ”

D. 在工作表“销售额”中，选中B2:H308区域，并在名称框输入“sales”，在工作表“汇总”中，输入“=SUM(sales)”

62. 在PowerPoint 2010中，下列说法正确的是（　　）。

A. 选中“视图”选项卡“显示”组中的“网格线”可以在编辑幻灯片时显示网格线

B. 幻灯片中不能插入自动更新的日期

C. 每张幻灯片都可以添加编号

D. 阅读视图中可以编辑文档

63. 在PowerPoint 2010中，要回到上一张幻灯片，可以执行操作（　　）。

A. 按N键　　B. 按PgUp键　　C. 按Backspace键　　D. 按Space键

64. 在PowerPoint中以“讲义”方式打印幻灯片时，每页可以设置（　　）张幻灯片。

A. 2　　B. 3　　C. 8　　D. 16

65. 下列选项中，（　　）是数据库技术的主要特点。

A. 数据的结构化　　B. 数据的冗余度大

C. 较高的数据独立性　　D. 存储粒度大

66. 大数据技术的特点包括（　　）。

A. 多样性　　B. 高价值密度　　C. 虚拟化　　D. 真实性

67. 关于域名的说法，正确的是（　　）。

A. 中国互联网络的域名体系最高级为cn

B. int属于中国二级类别域名

C. 中国的edu二级域名的管理由CNNIC负责

D. 中国有34个行政区域名

68. 网页设计常用的脚本语言包括（　　）。

A. VBScript　　B. JavaScript

C. PostScript　　D. COBOL

69. 以下图像文件格式中，属于矢量图的是（　　）。

A. PCX　　B. DXF　　C. TIFF　　D. AI

70. 计算机病毒的特点有（　　）。

A. 隐蔽性、实时性　　B. 分时性、破坏性

C. 潜伏性、隐蔽性　　D. 传染性、破坏性

三、判断题（本大题共20小题，每小题0.5分，共10分）

71. 计算机断电后，ROM中的信息会丢失。

A. 正确　　B. 错误

72. 计算机处理数据时，CPU通过总线一次存取、加工和传送的数据称为字长。

A. 正确　　B. 错误

73. 键盘和显示器都是计算机的I/O设备，键盘是输入设备，显示器是输出设备。

A. 正确　　B. 错误

74. 计算机能直接执行高级语言源程序。

A. 正确　　B. 错误

75. 汉字和西文字符在计算机存储器中都占1个字节的存储空间。

A. 正确　　B. 错误

76. 计算机软件要运行必须要有硬件基础。

A. 正确　　B. 错误

77. 程序设计语言中的注释会被编译，但不会被执行。

A. 正确　　B. 错误

78. 在计算机内部用于存储、交换、处理汉字的编码叫做机内码。

A. 正确　　B. 错误

79. 若一台计算机的字长为4个字节，这意味着它能处理的字符串最多为4个英文字母组成。

A. 正确　　B. 错误

80. 一个U盘的容量为2GB，则从理论上来说，它可以存储2 × 1024 × 1024 × 1024个汉字。

A. 正确　　B. 错误

81. 在Word 2010文档中插入页码时第一页的页码可以不为1。

A. 正确　　B. 错误

82. Word 2010中的“左边距”和“左缩进”是同一个概念。

A. 正确　　B. 错误

83. 在Excel的单元格中，不可以直接通过Enter键进行换行。

A. 正确　　B. 错误

84. 在Excel 2010的单元格中查看公式的快捷键是F12。

A. 正确　　B. 错误

85. Excel 2010提供浅色、中等深浅与深色3种类型60种表格格式。

A. 正确　　B. 错误

86. PowerPoint 2010的超链接只有在幻灯片放映视图才能被激活。

A. 正确　　B. 错误

87. 一台主机的IP地址，可以对应多个域名，但一个域名只能对应一个IP地址。当主机从一个物理网络迁移到另一个物理网络时，其IP地址必须更换，但可以保留原来的域名。

A. 正确　　B. 错误

88. Dreamweaver CS5自带FTP上传工具。

A. 正确　　B. 错误

89. 在计算机通信中传输的是信号，把直接由计算机产生的数字信号进行传输的方式称为宽带传输。

A. 正确　　B. 错误

90. 防火墙可以将来自网络的计算机病毒在进入个人主机之前清除。

A. 正确　　　　　　　　　　B. 错误

第Ⅱ卷

四、填空题（本大题共20小题，每小题1分，共20分）

91. 计算机的主机是由（　　　　）和内存储器组成。

92. 软件是指计算机运行所需程序、数据和有关（　　　　）的总和。

93. 已知字符“A”的ASCII码值65D，将字符“D”存储在内存中的结果为（　　　　）B。

94. 衡量微型计算机性能的5项主要技术指标是字长、存储容量、存取周期、主频、（　　　　）。

95. Windows 7的画图程序保存文件的默认扩展名是（　　　　）。

96. Word 2010的Web版式视图以网页形式显示Word 2010文档，适合（　　　　）和创建网页。

97. Word 2010中设置两端对齐的快捷键是（　　　　）。

98. 在Excel 2010中，保存工作区的扩展名是（　　　　）。

99. Excel 2010包含算术运算符、比较运算符、文本运算符和（　　　　）。

100. Excel升序排序时，逻辑值False在True（　　　　）。

101. 在PowerPoint 2010中，对（　　　　）的设计将应用于所有幻灯片，起到了统一幻灯片格式的作用。

102. 在PowerPoint 2010中，要设置播放幻灯片的分辨率，应使用“幻灯片放映”选项卡中的（　　　　）命令。

103. 查询设计视图由对象窗格和（　　　　）两部分组成。

104. 目前局域网中最广泛使用的网络拓扑结构是（　　　　）。

105.（　　　　）通信是一种无线通信，可以传输大容量信号，但只能直线传输，受环境影响较大。

106. FTP的工作模式是（　　　　）模式。

107. HTTP的全称是（　　　　）。

108. Dreamweaver CS5中使用（　　　　）可以有效管理网站资源。

109.（　　　　）一般指网络拓扑结构的隐患和网络硬件的安全缺陷。

110.（　　　　）指显像管荧光屏上一个像素点的宽和长之比。

计算机文化基础全真模拟试题（18）

本试题分为第Ⅰ卷和第Ⅱ卷两部分，满分100分，考试用时120分钟。考试结束后，将本试题和答题卡一并交回。

注意事项：

1. 答题前，考生务必用0.5毫米黑色签字笔将自己的姓名、考生号、身份证号填写到试题规定的位置上。

2. 第Ⅰ卷每小题选出答案后，用2B铅笔把答题卡上对应题目的答案标号涂黑；如需改动，用橡皮擦干净后，再选涂其他答案标号，答案不能答在试题上。

3. 第Ⅱ卷答题必须使用0.5毫米黑色签字笔作答，答案必须填写在答题卡各题目指定区域内相应的位置；如需改动，先划掉原来的答案，然后再写上新的答案；不能使用涂改液、胶带纸、修正带。不按以上要求作答的答案无效。

第Ⅰ卷

一、单项选择题（本大题共50小题，每小题1分，共50分）

每小题列出的四个备选项中只有一个是符合题目要求的，请将其代码填涂在答题卡上。错选、多选或未选均无分。

1. 现代信息技术领域中，3C技术不包括（　　）。

A. 计算机技术　　B. 通信技术　　C. 控制技术　　D. 传感技术

2. 为了方便人们记忆、阅读和编程，把机器语言进行符号化后的语言称为（　　）。

A. 数据库系统　　B. 高级语言　　C. 源程序　　D. 汇编语言

3. ALU的主要功能是进行（　　）。

A. 算术运算　　B. 逻辑运算

C. 加法运算　　D. 算术和逻辑运算

4. 文化的特点不包括（　　）。

A. 广泛性　　B. 时效性　　C. 深刻性　　D. 传递性

5. 第一代计算机的主要应用领域是（　　）。

A. 科学计算　　B. 信息处理　　C. 人工智能　　D. 实时控制

6. 关于汉字编码说法错误的是（　　）。

A. GB2312–80是国标码，共收录6763个汉字

B. 机内码是计算机存储汉字信息的编码

C. TrueType字库是矢量码

D. 汉字区位码通常大于A0A0H

7.（　　）是指示计算机执行某种操作的命令，它由一串二进制数码组成。

A. 程序　　B. 文档　　C. 指令　　D. 文件

8. Post Script字库中存放的是汉字的（　　）。

A. 区位码　　B. 机内码　　C. 矢量码　　D. 字形码

9. 用户需要计算机完成某项任务时要求计算机所做工作的集合称为（　　）。

A. 进程　　B. 程序　　C. 指令　　D. 作业

10. 按操作系统的分类，UNIX操作系统属于（　　）。

A. 批处理操作系统　　B. 实时操作系统

C. 分时操作系统　　D. 单用户操作系统

11. 在Windows 7中，文件夹内容的显示方式有平铺、图标、列表、详细信息和（　　）。

A. 内容　　B. 缩略图　　C. 多列　　D. 重叠

12. 可以保存为.tiff格式文件的软件是（　　）。

A. 记事本　　B. 写字板　　C. 画图　　D. 屏幕截图

13. 在Word 2010编辑过程中，可以通过按（　　）键，将输入光标径直移到文档的末尾。

A. Alt+End　　B. End　　C. Ctrl+End　　D. Shift+End

14. Word 2010文档默认可以存储的格式为不包括（　　）。

A. docx　　B. html　　C. rtf　　D. bmp

15. 在Word 2010中，如果要打开多个连续的Word文档，可以在“打开”对话框中单击第一个文档，按下并保持（　　）键，然后单击最后一个文档的名字。

A. Shift　　B. Ctrl　　C. Alt　　D. Esc

16. Word 2010具有分栏功能，下列关于分栏的叙述，正确的是（　　）。

A. 最多可以分4栏　　B. 各栏之间不能加分隔线

C. 各栏的宽度可以不同　　D. 各栏之间的间距是固定的

17. 在Word 2010文档中创建项目符号时，正确的方法是（　　）。

A. 以段落为单位创建项目符号　　B. 以选中的文本为单位创建项目符号

C. 以行为单位创建项目符号　　D. 可以任意创建项目符号

18. 在Word 2010中，关于文本框的操作，以下说法错误的是（　　）。

A. 可以使用内置文本框效果

B. 可以设置文本框的形状、填充效果和轮廓样式等格式

C. 可以排序

D. 默认为浮于文字上方

19. Word 2010中，字符间距类型不包括（　　）。

A. 提升　　B. 标准　　C. 加宽　　D. 紧缩

20. 在Excel中，设置A1单元格的数字格式为整数，当输入33.51时，单元格显示为（　　）。

A. 33.51　　B. 33　　C. 34　　D. ERROR

21. 在Excel中，A1单元格的值为4，B1单元格的值为Hello，在C2中输入A1&B1，C2中显示结果为（　　）。

A. A1&B1　　B. 4Hello　　C. #VALUE!　　D. 4

22. Excel 2010中，公式中使用了Excel 2010中不能识别的文本，提示错误为（　　）。

A. #VALUE!　　B. #N/A　　C. #REF!　　D. #NAME?

23. 在PowerPoint中，要使作者名字出现在所有的幻灯片中，应将其加入（　　）中。

A. 幻灯片母版　　B. 标题母版　　C. 备注母版　　D. 讲义母版

24. 在PowerPoint 2010中，为在切换幻灯片时添加声音，可以使用的音频文件格式为（　　）。

A. wma　　B. mp3　　C. wav　　D. midi

25. 在PowerPoint 2010中，（　　）是使用最多的视图方式，它由个窗格构成。

A. 普通视图　　B. 大纲视图　　C. 浏览视图　　D. 播放视图

26. 期末考试结束了，要统计全校学生的总分、平均分，并进行排序，那么比较快捷方便地统计成绩的方法是（　　）。

A. 选用Microsoft Word设计表格统计成绩

B. 选用Microsoft Excel设计表格统计成绩

C. 选用Microsoft PowerPoint设计表格统计成绩

D. 选用Access设计表格统计成绩

27. SQL语言集数据查询、数据操作、数据定义和数据控制功能于一体，语句INSERT、DELETE、UPDATE实现（　　）功能。

A. 数据查询　　B. 数据操纵　　C. 数据定义　　D. 数据控制

28. 下列选项中，（　　）不是数据库提供的数据操作语言。

A. 数据定义语言　　B. 数据操纵语言

C. 数据控制语言　　D. 数据处理语言

29. 从一个数据库文件中取出满足某个条件的所有记录的操作是（　　）。

A. 选择　　B. 连接　　C. 投影　　D. 复制

30. SQL语句中修改表结构的命令是（　　）。

A. MODIFY TABLE　　B. MODIFY STRUCTURE

C. ALTERT TABLE　　D. ALTER STRUCTURE

31. 数据库设计中，用E–R图来描述信息结构但不涉及信息在计算机中的表示，它属于数据库设计的（　　）。

A. 需求分析阶段　　B. 逻辑设计阶段

C. 概念设计阶段　　D. 物理设计阶段

32. “学生—选课—课程”数据库中的三个关系：S(S#,SNAME,SEX,AGE)，SC(S#,C#,GRADE)，C(C#,CNAME,TEACHER)。若要求查找选修“数据库技术”这门课程的学生姓名和成绩，应用关系（　　）。

A. S和SC　　B. SC和C　　C. S和C　　D. S、SC、和C

33. 在Access 2010中，可以创建索引的数据类型为（　　）。

A. 文本　　B. OLE对象　　C. 附件　　D. 计算

34. 在进行SQL查询时，为了使得返回的结果集中的记录不重复，需要使用关键字（　　）。

A. IN　　B. DISTINCT　　C. TOP　　D. AND

35. 下列有关计算机网络叙述错误的是（　　）。

A. 利用Internet网可以使用远程的超级计算中心的计算机资源

B. 计算机网络是在通信协议控制下实现的计算机互联

C. 计算机网络的最突出的特点是实现资源共享

D. 按照入的计算机多少可以将网络划分为广域网、城域网和局域网

36. 下列关于总线型拓扑结构缺点的说法正确的是（　　）。

A. 一旦中心结点出现故障，则全网瘫痪

B. 线路冲突现象严重

C. 单向传输

D. 对根结点的依赖性太大

37. 为网络提供共享资源并对共享资源进行管理的计算机称为（　　）。

A. 网卡　　B. 服务器　　C. 工作站　　D. 网桥

38. 下列不属于TCP/IP协议族中应用层的协议是（　　）。

A. HTTP　　B. ICMP　　C. SMTP　　D. FTP

39. 广域网中的分组交换采用的协议是（　　）。

A. ATM　　B. TCP/IP　　C. X.25　　D. CSMA/CD

40.（　　）多用于同类局域网之间的互联。

A. 中继器　　B. 网桥　　C. 交换机　　D. 网关

41. 因特网提供的服务中，使用最频繁的是（　　）。

A. BBS讨论　　B. 远程登录　　C. E-mail　　D. WWW

42. MAC位于OSI-RM的（　　）。

A. 物理层　　B. 数据链路层　　C. 网络层　　D. 传输层

43. Internet使用TCP/IP协议实现了全球范围的计算机网络的互联，连接在Internet上的每一台主机都有一个IP地址，下面（　　）不能作为IP地址。

A. 201.109.39.68　　B. 120.34.0.18　　C. 21.18.33.48　　D. 127.0.0.1

44. 以下不可能是子网掩码的是（　　）。

A. 255.0.0.0　　B. 255.255.0.0

C. 255.255.255.128　　D. 255.255.255.255

45. 在网页中可以使用组合键（　　）插入一个“不换行空格”。

A. Shift+Space　　B. Ctrl+Space

C. Ctrl+Shift+Space　　D. Shift+Alt+Space

46. 在Dreamweaver中使用表格时，定义数据项的标记对是（　　）。

A. <dl></dl>　　B. <th></th>　　C. <td></td>　　D. <table></table>

47. 甲给乙发信息，说其同意签订合同。随后甲反悔，不承认发过此信息。为了预防这种情况发生，应采用（　　）技术。

A. 访问控制　　B. 数据加密　　C. 防火墙　　D. 数字签名

48. 关于矢量图，以下说法错误的是（　　）。

A. 文件小　　B. 画面色彩丰富

C. 基本数据单位是图元　　D. 用“画图”程序绘制的圆是矢量图

49. CD所存储的立体声音乐的带宽为20—20000Hz，采样频率为44.1kHz，量化精度为16bit，双声道，则一小时的数据量是（　　）。

A. 635KB　B. 635MB　C. 565MB　D. 565KB

50. 以下软件中，不属于视频处理软件的是（　　）。

A. Premiere　B. After Effects　C. Shake　D. Gold Wave

二、多项选择题（本大题共20小题，每小题1分，共20分）

每小题列出的四个备选项中只有两个以上是符合题目要求的，请将其代码填涂在答题卡上。多选或未选均无分，少选一个扣0.5分。

51. CPU的性能指标包括（　　）。

A. 字节　B. 运算速度　C. CPU数量　D. 主频

52. 以下应用属于数值计算的是（　　）。

A. WeChat　B. Alpha GO　C. CIMS　D. FAST

53. 可以作为计算机存储容量单位的是（　　）。

A. 字符　B. 字节　C. 位　D. 兆

54. 右击开始菜单图标，菜单中选项包括（　　）。

A. 属性　B. 打开Windows资源管理器

C. 启动任务管理器　D. 显示桌面

55. Windows 7的版本包括（　　）。

A. CS5　B. Professional　C. Ultimate　D. Vista

56. 在Windows中，下面有关打印机的叙述中，（　　）是不正确的。

A. 局域网上连接的打印机称为本地打印机

B. 本机上连接的打印机称为本地打印机

C. 使用控制面板可以安装打印机

D. 一台计算机只能安装一种打印驱动程序

57. 在Windows环境下，可用A??.*来表示的文件有（　　）。

A. A12.DOC　B. AAA.TXT　C. A1.BAK　D. A123.PRG

58. Office 2010应用程序退出的方法包括（　　）。

A. 单击应用程序标题栏右侧的“退出”按钮

B. 通过任务管理器

C. Alt+F4

D. 文件选项卡中的“关闭”按钮

59. Word 2010中，打印文档的快捷键包括（　　）。

A. Ctrl+P　B. Ctrl+F2　C. Ctrl+F12　D. Win+P

60. Word 2010中，通过插入图片对话框插入图片的方法包括插入、（　　）。

A. 插入剪贴画　B. 链接到文件　C. 插入和链接　D. 截取窗口

61. Excel 2010中，设置数据有效性时出错警告类型包括停止、（　　）。

A. 暂停　B. 警告　C. 信息　D. 错误

62. Excel 2010中，插入选项卡中的“符号”组中的命令包括（　　）。

A. 公式　B. 符号　C. 编号　D. 对象

63. 关于PowerPoint 2010说法正确的是（　　）。

A. 一个PowerPoint文档可以包括多种幻灯片母版

B. 一个PowerPoint文档可以设置多种主题

C. 一个PowerPoint文档可以设置多个模板

D. 一个PowerPoint可以设置多种样式

64. 数据库是具有管理和控制数据库功能的技术及应用系统，同操作系统中的文件系统相比，数据库系统具有（　　）特点。

A. 数据共享性低，冗余度高　B. 数据结构化

C. 系统灵活，易于扩充　D. 数据依赖于程序

65. 在Access 2010中，可以用于显示“是/否”型数据类型值的控件是（　　）。

A. 文本框　B. 复选框　C. 列表框　D. 单选按钮

66. 关于Dreamweaver CS5中快捷键说法正确的是（　　）。

A. 选择性粘贴的快捷键是Ctrl+Shift+V

B. 插入表格的快捷键是Ctrl+Shift+T

C. 打开属性的对话框的快捷键是Ctrl+F3

D. 打开页面属性对话框的快捷键是Ctrl+P

67. Dreamweaver CS5中，地图热区工具可以创建的热区类型包括矩形、（　　）。

A. 菱形　B. 圆形　C. 任意形状　D. 多边形

68. 下列关于网络协议的叙述中正确的是（　　）。

A. 网络协议是计算机网络中通信双方必须共同遵守的约定与规则

B. 网络协议属于计算机网络软件系统

C. 网络协议主要由语义、语法、时态三要素构成

D. 网络协议是网络上计算机与服务器之间通信规则的集合

69. 云计算的特点包括（　　）。

A. 存储容量大　B. 可靠性高　C. 通用性强　D. 运算速度快

70. 以下属于密码学算法的是（　　）。

A. SET　　B. AES　　C. MD5　　D. WAPI

三、判断题（本大题共20小题，每小题0.5分，共10分）

71. ENIAC没有存储器。

A. 正确　　B. 错误

72. CBE包括CAI和CMI。

A. 正确　　B. 错误

73. 外存是内存的补充，可以和CPU直接交换数据。

A. 正确　　B. 错误

74. 存放在计算机中的所有程序和数据都是以文件形式存储在磁盘上的。

A. 正确　　B. 错误

75. 计算机内部数据的运算可以采用二进制、八进制或十六进制。

A. 正确　　B. 错误

76. 通常情况下，高速缓存（Cache）容量越大、级数越多，CPU的执行效率越高。

A. 正确　　B. 错误

77. 文件可以直接被网络共享。

A. 正确　　B. 错误

78. Windows 7的“画图”工具时可以显示水平和垂直标尺。

A. 正确　　B. 错误

79. 文件是计算机系统中数据组织的基本单位。

A. 正确　　B. 错误

80. 删除快捷方式不会对源程序或文档产生影响。

A. 正确　　B. 错误

81. 通过Word 2010的阅读版式视图可以设置页面背景颜色。

A. 正确　　B. 错误

82. Word 2010、Excel 2010、PowerPoint 2010中都可以使用格式刷快速设置段落文字格式。

A. 正确　　B. 错误

83. 在Excel 2010中，SUM和参数不能超过20个。

A. 正确　　B. 错误

84. 在Excel 2010中，如果一张工作表的列数比较多，经常需要使用“冻结”功能，只需选定需要冻结的列，然后选择“窗口”选项卡的“冻结窗格”命令即可实现。

A. 正确　　B. 错误

85. 在PowerPoint 2010中，超链接可以设置声音效果。

A. 正确　　B. 错误

86. 追加查询的SQL语句关键字是INSERT。

A. 正确　　B. 错误

87. 在Dreamweaver CS5中，按住Shift+Ctrl单击所在区域可以选中框架。

A. 正确　　B. 错误

88. 通过USB接口插入染毒的U盘设备，即使不打开U盘浏览文件也会导致计算机中毒。

A. 正确　　B. 错误

89. 防火墙可以限制暴露用户点。

A. 正确　　B. 错误

90. AVI、ASF、WMV、MOV等视频文件格式都是Microsoft公司的技术标准。

A. 正确　　B. 错误

第Ⅱ卷

四、填空题（本大题共20小题，每小题1分，共20分）

91. 汉字国标码GB2312-80，从实质上来说，它是一种（　　　　）码。

92. 根据工作方式的不同，可将存储器分为主存储器和（　　　　）两种。

93. 显示器是计算机系统的（　　　　）设备。

94. 光盘的类型有（　　　　）光盘、一次性写光盘和可擦写光盘3种。

95. 16位的增强色能表示（　　　　）种颜色。

96. Windows 7录音机默认的录音格式为（　　　　）。

97. Word 2010中，打开字体对话框的快捷键是（　　　　）。

98. 在Word 2010中，可以设置最近打开的文件最多为（　　　　）个。

99. 在Excel 2010中，单元格右上方有个小红三角标志，表示该单元格设置了（　　　　）。

100. 在Word 2010中，邮件合并就是将（　　　　）和数据源文档的信息合并在一起。

101. 在Excel 2010中，选择图表后，在功能区中会添加（　　　　）个选项卡。

102. 在Excel 2010中，无论是按升序还是降序排序时，在最后的是（　　　　）。

103. PowerPoint 2010演示文稿模板的默认扩展名是（　　　　）。

104. 从当前幻灯片播放PowerPoint 2010演示文稿的快捷键是（　　　　）。

105. DBMS的全称为（　　　　）。

106. 在关系A（S，SN，D）和B（D，CN，NM）中，A的主键是S，B的主键是D，则D在S中称为（　　　　）。

107. 在Dreamweaver CS5中，用六位十六进制表示黄色为（　　　　）。

108. （　　　　）音频是将电子乐器演奏时的指令信息通过声卡上的控制器输入计算机或利用一些计算机处理软件编辑产生音乐指令集合。

109. 在计算机音频处理过程中，将采样得到的模拟数据转换成一定的数值，把进行转换和存储的过程称为（　　　　）。

110. ASF声音格式使用的是（　　　　）压缩技术。

计算机文化基础全真模拟试题（19）

本试题分为第Ⅰ卷和第Ⅱ卷两部分，满分100分，考试用时120分钟。考试结束后，将本试题和答题卡一并交回。

注意事项：

1. 答题前，考生务必用0.5毫米黑色签字笔将自己的姓名、考生号、身份证号填写到试题规定的位置上。

2. 第Ⅰ卷每小题选出答案后，用2B铅笔把答题卡上对应题目的答案标号涂黑；如需改动，用橡皮擦干净后，再选涂其他答案标号，答案不能答在试题上。

3. 第Ⅱ卷答题必须使用0.5毫米黑色签字笔作答，答案必须填写在答题卡各题目指定区域内相应的位置；如需改动，先划掉原来的答案，然后再写上新的答案；不能使用涂改液、胶带纸、修正带。不按以上要求作答的答案无效。

第Ⅰ卷

一、单项选择题（本大题共50小题，每小题1分，共50分）

每小题列出的四个备选项中只有一个是符合题目要求的，请将其代码填涂在答题卡上。错选、多选或未选均无分。

1. 为了提高软件开发效率，开发软件时应尽量采用（　　）。

A. 汇编语言　　B. 机器语言　　C. 指令系统　　D. 高级语言

2. 显示或打印汉字时，系统使用的是汉字的（　　）。

A. 机内码　　B. 字形码　　C. 输入码　　D. 国标码

3. 计算机系统工作的物质基础是（　　）。

A. 硬件　　B. CPU　　C. 内存　　D. 软件

4. DVD-ROM属于（　　）。

A. 大容量可读可写外存储器　　B. 大容量只读外部存储器

C. CPU可直接存取的存储器　　D. 只读内存储器

5. 既可以作为输入设备又可以作为输出设备的是（　　）。

A. 扫描仪　　B. 绘图仪　　C. 鼠标器　　D. 触摸屏

6. 关于计算机中数值的表示，以下说法错误的是（　　）。

A. 数据以二进制形式表示

B. 在符号数中，最高位是符号位，“0”表示正

C. BCD码是二进制数

D. 机器数01111111的真值是+127

7. 比较算法和程序，下列说法正确的是（　　）。

A. COBOL是一种高级程序设计语言　　B. 程序必须是CPU可直接执行的机器语言

C. 算法和程序都必须满足有穷性　　D. 算法其实就是程序

8. 计算机启动时，引导程序在对计算机系统进行初始化后，把（　　）程序装入主存储器。

A. 操作系统核心部分　　B. 系统功能调用

C. 编译系统　　D. 服务性程序

9. 在Windows 7中，（　　）是专门用于计算机硬件性能测试、系统故障诊断和维护的系统程序。

A. 工具软件　　B. 诊断程序　　C. 调试程序　　D. 防病毒软件

10. 在Windows 7中，单击（　　）按钮，可以将窗口缩小成图标并位于任务栏内。

A. 最大化　　B. 最小化　　C. 还原　　D. 关闭

11. Windows 7的小工具不包括（　　）。

A. 时钟　　B. 天气　　C. 日历　　D. 录音机

12. 在Windows 7中，电源按钮的默认操作是（　　）。

A. 关机　　B. 锁定　　C. 休眠　　D. 睡眠

13. Windows 7操作系统中，下列软件中不可能同时显示水平和垂直滚动条的是（　　）。

A. 画图　　B. 写字板

C. Word 2010　　D. PowerPoint 2010

14. 在Windows 7中，若要卸载已安装并在注册表中注册了的应用程序，正确的操作是（　　）。

A. 在资源管理器中找到相应的程序文件直接删除

B. 打开注册表，在注册表里删除

C. 通过控制面板中的“程序”功能删除

D. 找到相应程序所在的文件夹，将该文件夹删除

15. 下列关于Windows 7文件或文件夹搜索操作的叙述，正确的是（　　）。

A. 只能按名称、修改日期或文件类型搜索

B. 不能对搜索到的文件或文件夹进行复制或删除操作

C. 只能在“开始”菜单中找到搜索功能

D. 可搜索到在两个指定日期之间创建或修改的文件或文件夹

16. 下列关于Windows快捷方式的叙述，正确的是（　　）。

A. 可为一个对象建立多个快捷方式

B. 一个快捷方式可指向多个目标对象

C. 快捷方式占用存储空间大小一般为2KB

D. 快捷方式不可以放在回收站中

17. 在Word 2010编辑环境中，不是以对象的形式插入到文档中的是（　　）。

A. 特殊字符　　B. 公式　　C. 图片　　D. 表格

18. 对于编辑中的Word 2010文档的保存，下列描述不正确的是（　　）。

A. 允许自动保存　　B. 允许后台保存

C. 可按Ctrl+S快捷键保存　　D. 可按Ctrl+F12快捷键另存

19. 在Word 2010中，若要打开两个窗口，并使这两个窗口同时显示同一文档的内容，可执行的操作是（　　）。

A. 双击要打开的文档，然后在打开的窗口中选择“视图”|“新建窗口”命令

B. 双击要打开的文档，然后在打开的窗口中选择“视图”|“重叠排列”命令

C. 先后两次双击要打开的文档

D. 双击要打开的文档，然后通过选择“文件”|“打开”命令再打开一次该文档

20. 在Word 2010中，下列关于表格操作的描述，不正确的是（　　）。

A. 可以进行单元格的合并　　B. 可以设置表格阴影效果

C. 可以合并表格　　D. 可以利用公式对表格中的数据进行求和

21. Word 2010中，在（　　）视图下编辑文档不会出现标尺。

A. 草稿　　B. Web版式　　C. 页面　　D. 大纲

22. Word 2010中，先输入4个英文单词，然后分别将这4个英文单词的字号设置为五号、四号、16磅、18磅，则显示最大的是字号为（　　）的英文单词。

A. 五号　　B. 四号　　C. 16磅　　D. 18磅

23. Excel 2010的工作簿中可以有多个工作表，下列对工作表操作描述不正确的是（　　）。

A. 一次可以将一个工作表移动到指定位置

B. 工作表可以重命名，但要求工作簿中的所有工作表不能重名

C. 一次不能选中所有的工作表

D. 可以在工作簿中插入新的工作表，也可以删除已有的工作表

24. 关于Excel 2010文档打印，下列描述不正确的是（　　）。

A. 可以打印工作表所选定工作区域中的内容

B. 不可以一次打印多个工作表

C. 可以打印整个工作簿

D. 打印时可以进行页面设置

25. 在PowerPoint2010中，要对幻灯片母版进行设计和修改，应在（　　）选项卡中操作。

A. 设计　　B. 审阅　　C. 插入　　D. 视图

26. 在PowerPoint 2010中，以下哪一种母版中插入徽标可以使其在每张幻灯片上的位置自动保持相同（　　）。

A. 讲义母版　　B. 幻灯片母版　　C. 标题母版　　D. 备注母版

27. 在PowerPoint 2010中，以下说法正确的是（　　）。

A. 没有标题文字，只有图片或其他对象的幻灯片，在大纲中是反映不出来的

B. 大纲窗格可以用来编辑修改幻灯片中对象的位置

C. 备注页视图中的幻灯片是一张图片，不可以被拖动

D. 对应于四种视图，PowerPoint有四种母版

28. 在PowerPoint 2010中，如果要从第三张幻灯片跳转到第八张幻灯片，需要在第三张幻灯片上设置（　　）。

A. 动作按钮　　B. 预设动画　　C. 幻灯片切换　　D. 自定义动画

29. 在PowerPoint 2010中，如果要从一个幻灯片淡入到下一个幻灯片，可以使用（　　）命令进行设置。

A. 动作　　B. 动画　　C. 超链接　　D. 切换

30. 关于PowerPoint的动画功能，以下说法错误的是（　　）。

A. 表格对象可设置动画　　B. 动画设置后，先后顺序不可改变

C. 可通过动画刷复制动画效果　　D. 可将对象设置成播放后隐藏

31. 在PowerPoint 2010中，幻灯片中占位符的作用是（　　）。

A. 表示文本的长度　　B. 限制插入对象的数量

C. 表示图形的大小　　D. 为文本、图形等预留位置

32. 数据库技术中，下列不属于E–R图的三要素的是（　　）。

A. 矩形　　B. 椭圆形　　C. 菱形　　D. 三角形

33. 在SQL的查询语句中，GROUP BY子句实现（　　）功能。

A. 求和　　B. 求平均数　　C. 汇总　　D. 分组统计

34. 查询xsda表中女同学的信息，并将查询结果输出到“女生”表，应该使用的SQL查询语句是（　　）。

A. SELECT * FROM 女生 INTO xsda WHERE 性别=女

B. SELECT * INTO 女生 FROM xsda WHERE 性别=女

C. SELECT * FROM 女生 INTO xsda WHERE 性别="女"

D. SELECT * INTO 女生 FROM xsda WHERE 性别="女"

35. 通过Access 2010的属性表格，不可以设置的控件属性是（　　）。

A. 格式　　B. 属性　　C. 事件　　D. 动作

36. 在Access 2010中，可以在（　　）中显示所创建的报表，调整报表格式。

A. 报表视图　　B. 打印预览　　C. 布局视图　　D. 设计视图

37. 当前计算机局域网络上一般采用（　　）网络操作系统。

A. UNIX　　B. OS/2　　C. SQL　　D. WINDOWS

38. 目前局域网组网最广泛使用的网络拓扑结构是（　　）。

A. 星型　　B. 总线型　　C. 环型　　D. 混合型

39. 计算机网络是以（　　）为目的，在统一的网络协议控制下将地理位置分散的许多独立的计算机连接在一起所形成的一个系统。

A. 分布式处理　　B. 共享资源

C. 信息传送　　D. 资源共享和数据通信

40. 下列选项中，（　　）是电子邮件传输协议。

A. SMTP　　B. TCP　　C. IP　　D. RSTP

41.下列关于子网掩码的说法中，不正确的是（　　）。

A. 子网掩码不是网络上某台主机的地址

B. 子网掩码可以用来进行信息加密处理

C. 子网掩码可以用来判断两台主机是否在同一子网中

D. 子网掩码可以用来对网络信息进行流量控制

42. 超文本传输协议HTTP属于TCP/IP参考模型中的（　　）。

A. 会话层　　B. 应用层　　C. 网络层　　D. 数据链路层

43. 路由器位于OSI七层参考模型的（　　）。

A. 会话层　　B. 应用层　　C. 网络层　　D. 数据链路层

44. 以下不属于无线网络的是（　　）。

A. GSM　　B. CDMA　　C. 3G　　D. LAN

45. 下列设备中，组建局域网所必需的网络设备是（　　）。

A. 网桥　　B. 集线器　　C. 网卡　　D. 调制解调器

46. 下列关于计算机病毒特点的描述中，错误的是（　　）。

A. 计算机病毒的传染性指计算机病毒在一定条件下可以自我复制

B. 计算机病毒的破坏性指病毒在触发条件满足时，立即对计算机系统的文件、资源等进行干扰破坏

C. 计算机病毒的隐蔽性指病毒的存在、传染和对数据的破坏过程不易被发现

D. 计算机病毒的触发性指只要感染触发

47. 如果想在IE的地址栏中输入网址时，不出现已访问的网址，在IE属性中需要执行的操作是（　　）。

A. 删除文件　　B. 清空历史记录

C. 清空Cookie　　D. 删除Internet临时文件

48. 以下设备中，不属于多媒体硬件组成的是（　　）。

A. 音频信息处理硬件　　B. 视频处理硬件

C. 光盘驱动器　　D. 扫描仪

49. 下列关于电子商务的叙述中，正确的是（　　）。

A. 电子商务是指整个贸易过程实现电子化

B. 在Internet网上进行交易不属于电子商务

C. 商品交易的全过程包括商谈、订货、付款和商品派送，且都在网上进行

D. 无形商品和服务不可归为电子商务范畴

50. 小李的电脑中有一张历年高考试题的图片，但是因为图片中的文字特别小而无法看清，所以他想把这个图片放大查看，经过放大后他发现几乎无任何损失地看清了这些文字，那么这个图片应该是一张（　　）。

A. bmp　　B. jpg　　C. 矢量图　　D. 位图

二、多项选择题（本大题共20小题，每小题1分，共20分）

每小题列出的四个备选项中只有两个以上是符合题目要求的，请将其代码填涂在答题卡上。多选或未选均无分，少选一个扣0.5分。

51. 现代计算机都是冯·诺伊曼模型的，该模型规定了计算机系统由存储器、控制器、运算器、输入设备和输出设备五大部分组成。其中，（　　）构成了主机。

A. 内存储器　B. 控制器　C. CPU　D. 输入输出设备

52. 硬盘与主机的接口为硬盘与主机之间提供一个通道，实现高速数据传输。PC机中常用的硬盘接口有（　　）。

A. COM1　B. IDE　C. RS–232　D. SATA

53. 在完成相同功能的前提下，用机器语言编写的程序与用高级语言编写的程序相比，下列叙述正确的是（　　）。

A. 前者比后者可读性强　B. 前者比后者可移植性差

C. 前者比后者容易掌握　D. 前者比后者运行效率高

54. 分时操作系统的特点包括（　　）。

A. 多路性　B. 实时性　C. 独占性　D. 虚拟性

55. 关于Windows 7快捷键，以下说法正确的是（　　）。

A. 快速显示桌面的快捷键是Win+M

B. 3D切换窗口的快捷键是Win+Esc

C. 打开Windows运行对话框的快捷键是Win+R

D. 锁定计算机的快捷键是Win+K

56. Word 2010中，选择表格的全部单元格，能够实现的方法是（　　）。

A. 单击表格左上角的含十字箭头的矩形标记

B. 单击表格中的第一个单元格，按住Ctrl键并保持，然后单击最后一个单元格

C. 在左侧选择区的表格第一行按下鼠标左键，拖动鼠标到表格的最后一行，然后释放鼠标左键

D. 双击左侧选定栏

57. 在Word 2010中，关于功能区最小化的方法正确的是（　　）。

A. 单击“功能区最小化”按钮

B. 按Ctrl+F2组合键

C. 使用鼠标右键单击功能区的任意位置，在弹出快捷菜单中选择“功能区最小化”命令

D. 双击任意选项卡标签

58. 在Excel中，以下包含单元格数量最多的前两个区域是（　　）。

A. A1:D5　B. E4:G19　C. 1:1　D. A:A

59. 在Excel 2010中，关于修改数据的说法正确的是（　　）。

A. 在编辑栏中修改　B. 在名称框中修改

C. 双击单元格修改　D. 单击单元格修改

60. 下面关于Excel工作表的命名叙述中，正确的是（　　）。
    A. 复制的工作表将自动在后面加上数字
    B. 一个工作簿中不允许具有名字相同的多个工作表
    C. 可以使用名称框为工作表命名
    D. 工作表的名字只允许以字母开头

61. 在PowerPoint 2010中，在以下（　　）可以激活动作。
    A. 普通视图　　B. 幻灯片浏览视图
    C. 阅读视图　　D. 放映视图

62. PowerPoint 2010的“超级链接”命令可以（　　）。
    A. 结束幻灯片的放映　　B. 链接到其他演示文稿
    C. 添加音效　　D. 链接到Internet上的某个网站

63. Access 2010中，可以创建的索引的种类包括（　　）。
    A. 主索引　　B. 唯一索引　　C. 外键索引　　D. 候选索引

64. 操作查询和SQL语句对应关系正确的是（　　）。
    A. 更新查询UPDATE　　B. 生成表查询CREATE
    C. 删除查询DELETE　　D. 追加查询ADD

65. 在数据库技术中，数据库完整性包括实体完整性、（　　）。
    A. 字段完整性　　B. 数据完整性　　C. 参照完整性　　D. 域完整性

66. 计算机网络中，工作在数据链路层的设备有（　　）。
    A. 中继器　　B. 交换机　　C. 网桥　　D. 路由器

67. 网络接口层的协议包括（　　）。
    A. ATM　　B. ICMP　　C. Ethernet　　D. SNMP

68. 下列关于无线局域网和有线局域网的叙述，不正确的是（　　）。
    A. 两者使用的传输介质不同
    B. 无线局域网不使用网卡
    C. 两者使用的通信协议相同
    D. 在组网及配置网络和维护网络方面，前者比后者更灵活

69. CSS样式表中选择器类型包括（　　）。
    A. 类别选择器　　B. ID选择器　　C. 样式选择器　　D. 属性选择器

70. 以下软件中，属于矢量图处理软件的是（　　）。
    A. Photoshop　　B. AutoCAD　　C. CorelDraw　　D. 3DS Max

三、判断题（本大题共20小题，每小题0.5分，共10分）

71. 数值型数据和非数值型数据在内存中都是以二进制形式表示和存储的。

A. 正确　　B. 错误

72. 文件是存储在外存储器上的一组相关信息的集合。

A. 正确　　B. 错误

73. 从未格式化的白盘不可以进行快速格式化。

A. 正确　　B. 错误

74. 计算机的工作过程就是一条一条地执行机器指令的过程。

A. 正确　　B. 错误

75. 一般情况下，存储在任何存储器中的信息，断电后都会丢失。

A. 正确　　B. 错误

76. GB2312共收录了9000多个汉字。

A. 正确　　B. 错误

77. Windows 7中使用库可以管理存储在多个位置的文件。

A. 正确　　B. 错误

78. 在Windows 7的“资源管理器”窗口的右侧窗格中，选中一个文件，并按住鼠标左键将该文件拖到该窗格的另一个文件夹中，和执行“剪切”和“粘贴”命令后的效果相同。

A. 正确　　B. 错误

79. Windows 7内置画图程序默认保存的文件扩展名是.bmp格式的。

A. 正确　　B. 错误

80. 在Windows中，如果已经启动了无密码保护的屏幕保护程序，则动一下鼠标或按任意有效键即可退出屏幕保护程序。

A. 正确　　B. 错误

81. Word 2010文档可以用Windows附件中的“记事本”正确打开。

A. 正确　　B. 错误

82. Excel 2010可实现图文混排。

A. 正确　　B. 错误

83. PowerPoint 2010中使用分节符可以设置不同的页眉和页脚。

A. 正确　　B. 错误

84. PowerPoint 2010中的功能区中的选项卡可以使用鼠标进行拖动。

A. 正确　　　　　　　　　　B. 错误

85. Excel导入外部文本数据，可以选用Tab键、分号、逗号、空格、回车等作为分列数据的分隔符号。

A. 正确　　　　　　　　　　B. 错误

86. DBMS为用户查询选择一个合适的执行策略的过程称为查询优化。

A. 正确　　　　　　　　　　B. 错误

87. Oracle是一款数据库软件，属于系统软件。

A. 正确　　　　　　　　　　B. 错误

88. 计算机网络的IP地址中，A类网址通常用于局域网。

A. 正确　　　　　　　　　　B. 错误

89. MP3与WMA均是常用的数字化记录或者表示音乐的计算机文件格式，一般情况下，用它们表示或记录同一首电子琴乐曲时，前者的数据量比后者大。

A. 正确　　　　　　　　　　B. 错误

90. 计算机安装防火墙软件后，就可以防止病毒入侵。

A. 正确　　　　　　　　　　B. 错误

第Ⅱ卷

四、填空题（本大题共20小题，每小题1分，共20分）

91. 鼠标是一种比传统键盘的光标移动更加方便、更加准确的（　　　　）设备。

92. 在计算机中，WORM属于（　　　　）型的光盘存储器。

93. 目前来看，Cache最多有（　　　　）级。

94. 在Windows 7中打开命令提示符时，应在运行对话框输入（　　　　）。

95. 启动Windows 7任务管理器应同时按下的组合键是（　　　　）。

96. 在Windows 7中，利用内存将数据在各个应用程序之间传递可通过（　　　　）进行。

97. 在Windows 7的资源管理器中对磁盘信息进行管理和使用是以（　　　　）为单位的。

98. 在Windows 7中，很多可用来设置计算机各项系统参数的功能模块集中在（　　　　）。

99. 在Word 2010的选项卡中，单击组右下角的（　　　　）按钮，可以打开对话框。

100. 在Word 2010中，按（　　　　）键可将光标移到下一个制表位上。

101. 在Excel 2010中，（　　　　）功能可以将筛选、排序、分类汇总等操作依次完成，并生成汇总表格。

102. 在Excel 2010中，如果想查看单元格中的公式，可以使用快捷键（　　　　）。

103. Office 2010中，剪贴画中音频文件的扩展名是（　　　　）。

104. 如果要从上一张幻灯片“溶解”到下一张幻灯片，应使用（　　　　）选项卡。

105. 在PowerPoint 2010中，模板文件的扩展名是（　　　　）。

106. SQL语言中，设置分组条件的关键字是（　　　　）。

107. Dreamweaver CS5中打开页面属性对话框的快捷键是（　　　　）。

108. HTML中，文本域的标签名是（　　　　）。

109. MPEG编码标准包括（　　　　）、MPEG音频、MPEG系统三大部分。

110. GoldWave是（　　　　）处理软件。

计算机文化基础全真模拟试题（20）

本试题分为第Ⅰ卷和第Ⅱ卷两部分，满分100分，考试用时120分钟。考试结束后，将本试题和答题卡一并交回。

注意事项：

1. 答题前，考生务必用0.5毫米黑色签字笔将自己的姓名、考生号、身份证号填写到试题规定的位置上。

2. 第Ⅰ卷每小题选出答案后，用2B铅笔把答题卡上对应题目的答案标号涂黑；如需改动，用橡皮擦干净后，再选涂其他答案标号，答案不能答在试题上。

3. 第Ⅱ卷答题必须使用0.5毫米黑色签字笔作答，答案必须填写在答题卡各题目指定区域内相应的位置；如需改动，先划掉原来的答案，然后再写上新的答案；不能使用涂改液、胶带纸、修正带。不按以上要求作答的答案无效。

第Ⅰ卷

一、单项选择题（本大题共50小题，每小题1分，共50分）

每小题列出的四个备选项中只有一个是符合题目要求的，请将其代码填涂在答题卡上。错选、多选或未选均无分。

1. 关于计算机文化，以下说法错误的是（　　）。

A. 20世纪50年代提出“计算机文化”的概念

B. 计算机文化是人类文化发展的四个里程碑之一

C. 计算机文化包括网络文化

D. 人类掌握计算机文化，就是具备计算机信息处理的能力

2. 微型计算机的运算器、控制器及内存储器的总称是（　　）。

A. CPU　　B. ALU　　C. MPU　　D. 主机

3. 已知一个磁盘由 3个盘片、7个柱面（每个盘片7个磁道），每条磁道有12个扇区，每个扇区512B，此磁盘的容量为（　　）。

A. 252KB　　B. 126KB

C. 504KB　　D. 1024KB

4. 下列四个不同数字表示的数中，数值最大的是（　　）。

A. 二进制数11011101　　B. 八进制数334

C. 十进制数219　　D. 十六进制数DA

5. 计算机之所以能按人们的意图自动进行工作，最直接的原因是采用了（　　）。

A. 二进制　　B. 高速电子元件

C. 程序设计语言　　D. 存储程序控制

6. 1GB的准确值是（　　）。

A. 1024×1024Bytes　　B. 1024KB

C. 1024MB　　D. 1000×1000KB

7. 一张磁盘上存储的内容，在该盘处于（　　）情况时，其中的数据可能丢失。

A. 放置在声音嘈杂的环境中若干天后　　B. 携带通过海关的X射线监视仪后

C. 被携带到强磁场附近后　　D. 与大量磁盘堆放在一起后

8. 下列关于汉字编码字符集标准的说法中，错误的是（　　）。

A. GB 2312–80、GBK和GB 18030–2000都是国家标准汉字编码字符集

B. GB 2312–80于1980年颁布

C. 在国家交换码中，将GB 2312字符集中每个字符的区位码的两个字节的十六进制数分别加上20H，得到该汉字的两字节国标码

D. 国标交换码中，每一个汉字或符号在码表中的位置用它所在的区号及位号来表示

9. BASIC语言解释程序属于（　　）。

A. 应用软件　　B. 系统软件

C. 编译程序的一种　　D. 汇编程序的一种

10. 操作系统是（　　）。

A. 软件与硬件的接口　　B. 主机与外设的接口

C. 计算机与用户的接口　　D. 高级语言与机器语言的接口

11. 在Windows 7桌面左上角有一个“回收站”图标，“回收站”的作用是（　　）。

A. 回收并删除应用程序　　B. 回收编制好的应用程序

C. 回收将要删除的用户程序　　D. 回收用户删除的文件或文件夹

12. 在Windows 7中，撤消最近一次操作，可以使用组合键（　　）。

A. Alt+Q　　B. Alt+Z　　C. Ctrl+Q　　D. Ctrl+Z

13. 下列关于文本格式的说法中，不正确的是（　　）。

A. 简单文本文件的扩展名为.txt

B. 富文本文件格式的扩展名为.rtf

C. Windows录音机文件的扩展名为.wma

D. 超文本文件的组织结构是线性结构

14. 在Word 2010中，快速连续单击选定栏4次，则表示（　　）。

A. 选定行　　B. 选定段落　　C. 选定文档　　D. 选定某句

15. Word 2010中的段落缩进后，文本相对打印纸边界的距离等于（　　）。

A. 缩进距离　　B. 页边距+缩进距离

C. 页边距　　D. 左缩进

16. 用Word 2010文字处理软件编辑文本时，要选择一个矩形区域，正确的操作方法是（　　）。

A. Fn+鼠标拖动　　B. Ctrl+鼠标拖动

C. Alt+鼠标拖动　　D. Shift+鼠标拖动

17. 在Word 2010的编辑状态下，使用“格式刷”可实现的功能是（　　）。

A. 只能复制字体格式

B. 只能复制段落格式

C. 能复制字体格式和段落格式，但不能复制文字内容

D. 能够复制字体格式、段落格式和文字内容

18. 在Word默认状态下，先打开一个f1.doc文档，又打开了f2.doc文档，则（　　）。

A. 打开了f2.doc的窗口，f1.doc文档窗口被关闭

B. 打开的f2.doc的窗口遮蔽了f1.doc文档的窗口

C. 文档f1.doc的窗口遮蔽了文档f2.doc的窗口

D. 两个窗口并列显示

19. 在Excel 2010中，下列3种运算符的优先级由低到高的顺序为（　　）。

A. 逻辑运算符、算术运算符、关系运算符

B. 算术运算符、逻辑运算符、关系运算符

C. 算术运算符、关系运算符、逻辑运算符

D. 逻辑运算符、关系运算符、算术运算符

20. 在Excel 2010中，当使用了错误的参数或运算对象类型时，系统会产生（　　）错误值。

A. #REF　　B. #NAME?　　C. #VALUE!　　D. #####

21. 要计算工作表C1:D5和E10:G15区域中的数值总和，可使用（　　）。

A. =COUNT(C1:D5 E10:G15)　　B. =SUM(C1:D5,E10:G15)

C. =SUM(C1:D5 E10:G15)　　D. =COUNT(C1:D5,E10:G15)

22. 在Excel工作表中，若在Sheet1的E1单元格中输入公式：=Sheet3！B3+SUM（A1:B3），则表示的是将工作表Sheet3中的B3单元的数据与（　　）。

A. Sheet3中A1:B3区域中的数据相加，结果放在Sheet1的E1单元格中

B. Sheet1中A1:B3区域中的数据相加，结果放在Sheet3的B3单元格中

C. Sheetl中A1:B3区域中的数据相加，结果放在Sheet1的E1单元格中

D. Sheet3中A1:B3区域中的数据相加，结果放在Sheet3的B3单元格中

23. 在Excel 2010工作簿中，有Sheet1、Sheet2、Sheet3三个工作表，连续选定Sheet1、Sheet2两个工作表，在Sheet1工作表的A1单元格内输入数值“521”，则Sheet2工作表和Sheet3工作表中的A1单元格内（　　）。

A. 内容分别为数值“521”和“无数据”

B. 内容均为数值“521”

C. 内容均为数值“0”

D. 无数据

24. 在PowerPoint 2010中，不可以将默认目标输出设置为（　　）ppi。

A. 256　　B. 150　　C. 96　　D. 220

25. 在PowerPoint的（　　）视图方式下，能实现一屏显示多张幻灯片的功能。

A. 普通　　B. 阅读　　C. 幻灯片浏览　　D. 备注页

26. 在演示文稿中，要添加一张幻灯片的方法是（　　）。

A. 选择“文件”选项卡中的“新建”命令或按快捷键Ctrl+N

B. 选择“开始”选项卡的“新建幻灯片”命令或按快捷键Ctrl+M

C. 选择“文件”选项卡中的“新建”命令或按快捷键Ctrl+M

D. 选择“开始”选项卡中的“新建幻灯片”命令或按快捷键Ctrl+N

27. 若想在放映幻灯片时，从第5张切换到第20张，应执行（　　）操作。

A. 右击幻灯片，从快捷菜单中选择第20张幻灯片

B. 放映时双击第20张就可切换

C. 在制作时建立第5张转至第20张的超级链接

D. 停止放映，双击第20张后再放映

28. 在PowerPoint 2010中，系统为演示文稿提供了3种母版，分别是（　　）母版、讲义母版和备注母版。

A. 批注　　B. 图标　　C. 幻灯片　　D. 样式

29. 数据库系统阶段的主要特点不包括（　　）。

A. 数据结构化　　B. 数据共享性好

C. 数据独立性好　　D. 数据存储粒度大

30. 下列不属于数据库应用系统的是（　　）。

A. Windows Server 2010版操作系统　　B. 学生学籍管理系统

C. 高考网上报名管理系统　　D. 卡拉OK点播系统

31. 关于关系数据库的有关概念，以下说法错误的是（　　）。

A. 关系就是一张二维表

B. 码又称为主键

C. 元组中的一个属性值叫做元组的一个分量

D. 关系模式由关系名和属性构成

32. 数据库设计的第二个阶段是（　　）。

A. 需求分析　　B. 概念设计　　C. 逻辑设计　　D. 物理设计

33. 对系统数据详尽描述，进行详细的数据收集和数据分析所获得的主要结果是（　　）。

A. 数据库　　B. 数据字典　　C. 数据流图　　D. E–R模型

34. Access 2010中定义表结构的视图是（　　）。

A. 设计视图　　B. 数据表视图

C. 数据透视表视图　　D. 数据透视图视图

35. 某学生登录QQ后，发现个人信息中的“血型”为空白，他打开个人资料编辑界面，输入自己的血型后，单击“提交”，此时后台数据库相应执行的SQL语句是（　　）。

A. select　　B. insert　　C. delete　　D. update

36. 第三代计算机网络的特点是（　　）。

A. 数据通信　　B. 资源共享

C. Internet为核心　　D. 体系结构标准化

37. Internet最早来源于美国国防部高级研究计划局建立的一个名为（　　）的计算机网络。

A. NSFNET　　B. ARPANET

C. NCFC　　D. ETHERNET

38. 在计算机网络中使用MODEM时，它的功能是（　　）。

A. 实现数字信号的编码

B. 把模拟信号转换为数字信号

C. 把数字信号转换为模拟信号

D. 实现模拟信号与数字信号之间的相互转换

39. 网络互联设备中Hub称为（　　）。

A. 网卡　　B. 网桥　　C. 服务器　　D. 集线器

40. 对于网间连接器，下列叙述中正确的是（　　）。

A. 中继器能够延长网络线路长度和改变网络的拓扑结构

B. 网桥用于连接两个不同类型的局域网

C. 网卡用于连接两个相同类型的局域网

D. 网间连接器可以将局域网和广域网连接起来

41. 计算机以太网采用的无屏蔽双绞线（UTP）的连接器为（　　）。

A. BNC　　B. RJ–45　　C. RH–11　　D. AUI

42. WWW网是（　　）。

A. 局域网的简称　　B. 城域网的简称

C. 广域网的简称　　D. 万维网的简称

43. 在使用Dreamweaver设计网页时，可以使用组合键（　　）插入一个“不换行空格”。

A. Shift+Space　　B. Ctrl+Space

C. Ctrl+Shift+Space　　D. Shift+Alt+Space

44. 要用CSS设置文本的大小，需要设置（　　）属性。

A. font-family　　B. font-size　　C. font-style　　D. font-weight

45. 能直接作用于人的感觉器官，使人产生直接感觉的一类媒体是（　　）。

A. 感觉媒体　　B. 表示媒体　　C. 显示媒体　　D. 存储媒体

46. 下列不属于声音文件的是（　　）。

A. abc. wav　　B. abc. pdf　　C. abc. mp3　　D. abc. midi

47. ISO将信息安全定义为信息的完整性、（　　）、保密性、可靠性。

A. 可用性　　B. 有效性　　C. 共享性　　D. 实时性

48. 下列属于计算机病毒特征的是（　　）。

A. 异步性　　B. 实时性　　C. 传染性　　D. 危急性

49. 信息安全所面临的以下（　　）威胁是主动攻击。

A. 截取　　B. 伪造　　C. 电磁干扰　　D. 破译

50. 可以通过运行（　　）打开组策略编辑器。

A. gpedit.msc　　B. regedit.exe　　C. msconfig　　D. ipconfig

二、多项选择题（本大题共20小题，每小题1分，共20分）

每小题列出的四个备选项中只有两个以上是符合题目要求的，请将其代码填涂在答题卡上。多选或未选均无分，少选一个扣0.5分。

51. 现代计算机都是冯·诺伊曼模型的，该模型规定了计算机系统由存储器、控制器、运算器、输入设备和输出设备五大部分组成。其中，运算器的主要部件包括（　　）。

A. MAC　　B. ALU　　C. 寄存器　　D. Cache

52. 十进制数215可转换成（　　）。

A. 11001111B　　B. 327O　　C. 7DH　　D. 11010111B

53. 在计算机中，一个字节可表示（　　）。

A. 2位十六进制数　　B. 4位十进制数

C. 1个ASCII码　　D. 不超过255个地址

54. 下列部件中属于外存储器的有（　　）。

A. 寄存器　　B. U盘　　C. WORM　　D. 光驱

55. 下列有关U盘格式化的叙述中，正确的是（　　）。

A. U盘格式化后，文件被删除至回收站

B. 对旧U盘格式化会抹去盘中原有的信息

C. 新U盘不做格式化照样可以使用，但格式化可以使盘的容量增大

D. U盘格式化可以设定该盘所用的文件系统

56. 下列说法中，正确的是（　　）。

A. 计算机的工作就是执行存放在存储器中的一系列指令

B. 指令是一组二进制代码，它规定了计算机执行的最基本的一组操作

C. 指令系统有一个统一的标准，所有计算机的指令系统都相同

D. 指令通常由地址码和操作数构成

57. Word 2010快速访问工具栏默认的图标包括（　　）。

A. 保存　　B. 打开　　C. 撤消　　D. 新建

58. 在Word 2010中，下列关于标尺的叙述中正确的是（　　）。

A. 水平标尺可实现缩进全文或插入点所在的段落、调整页面的左右边距、改变表的宽度

B. 利用标尺可以对光标进行精准定位

C. 标尺分为水平标尺和垂直标尺

D. 大纲视图可以只显示垂直标尺

59. Word 2010的（　　）视图下不能显示文档中插入的图片。

A. 大纲视图　　B. Web版式视图

C. 草稿视图　　D. 阅读版式视图

60. 在Excel 2010中，关于“删除”和“清除”的正确叙述是（　　）。

A. 删除指定区域是将该区域中的数据连同单元格一起从工作表中删除；清除选定区域仅清除该区域中的数据而单元格本身仍保留

B. 删除的内容不可以恢复，清除的内容可以恢复

C. 删除和清除均不移动单元格本身，但删除操作将原单元格清空；而清除操作将原单元格中内容变为0

D. Backspace键的功能相当于清除命令

61. 在Excel 2010中，有关打印的说法正确的是（　　）。

A. 可打印活动工作表

B. 可打印整个工作簿

C. 只能打印当前工作表中的所有数据

D. 不能对选定的区域进行打印

62. 在PowerPoint 2010中，关于隐藏幻灯片的说法正确的是（　　）。

A. 可以在普通视图设置隐藏幻灯片

B. 可以在阅读视图设置隐藏幻灯片

C. 可以在幻灯片浏览视图设置隐藏幻灯片

D. 可以在幻灯片母版视图中设置隐藏幻灯片

63. PowerPoint 2010 中，下列说法中正确的是（　　）。

A. 可以插入首字下沉　　B. 可以更改动画对象的出现顺序

C. 图表不可以设置动画效果　　D. 可以在幻灯片母版视图设置切换效果

64. 下列关于Access 2010的描述，正确的是（　　）。

A. 二维表既可以是实体也可以是联系

B. 实体之间通过记录建立联系

C. 参数查询是操作查询

D. 窗体视图不可以设置控件属性

65. 下列关于协议名对应关系的说法，正确的是（　　）。

A. 文件传输协议TCP　　B. 地址解析协议ARP

C. 简单邮件传输协议SMTP　　D. 超文本传输协议HTML

66. Dreamweaver CS5中的视图包括（　　）。

A. 普通视图　B. 设计视图　C. 拆分视图　D. 布局视图

67. 以下（　　）标签语言不符合HTML的语法规范。

A. <img src=pic1.jpg width=150 height=200></img>

B. <b><hr>文字加粗的段落</hr></b>

C. <p align=center />

D. <hr width="400" color=" #000000" />

68. 无线网络安全措施包括（　　）。

A. 设置AP　B. 禁用或修改SNMP设置

C. 隐藏MAC地址　D. 启用DHCP

69. 下列关于数字声音的说法，正确的是（　　）。

A. 声音信号的频率是指信号每秒钟变化的次数，即为周期的倒数，以赫兹（Hz）为单位

B. 声音数字化是通过对声音信号进行采样、量化和编码来实现

C. 采样和量化过程称为调制解调

D. 声音的三个指标是振幅、周期和饱和度

70. 下列关于防火墙特点的说法，正确的是（　　）。

A. 可以防范恶意的知情者　B. 不能防范不通过它的连接

C. 能有效地记录Internet上的活动　D. 防火墙可以防范病毒

三、判断题（本大题共20小题，每小题0.5分，共10分）

71. 32位计算机是指该计算机能同时处理的二进制信息的位数是32位。

A. 正确　B. 错误

72. 每个汉字的机内码都用两个字节存储。

A. 正确　B. 错误

73. 存储器是一种输入设备。

A. 正确　B. 错误

74. 计算机的基本工作原理是存储程序和程序控制。

A. 正确　B. 错误

75. VB是一种基于关系模型的数据库管理系统。

A. 正确　B. 错误

76. 汇编语言是一种计算机高级语言。

A. 正确　　B. 错误

77. 非绿色软件在安装时需要向注册表写入信息。

A. 正确　　B. 错误

78. 16×16点阵存储一个汉字字形要用32个字节。

A. 正确　　B. 错误

79. 在Windows系统中，任务栏只能位于桌面底部。

A. 正确　　B. 错误

80. 所谓悬挂缩进是指段落中的首行不缩进，其余行进行缩进。

A. 正确　　B. 错误

81. Word 2010的格式刷按钮位于“剪贴板”组。

A. 正确　　B. 错误

82. 在Word 2010中，分散对齐的快捷键是Ctrl+Shift+J。

A. 正确　　B. 错误

83. 在Excel 2010中，可以设置文字的段落格式。

A. 正确　　B. 错误

84. Excel不仅数据计算功能强大，还可以从Access、文本文件、网站、SQL Server或通过数据连接向导等从其他数据源获取数据。

A. 正确　　B. 错误

85. PowerPoint 2010中，表格可以设置“映像”效果。

A. 正确　　B. 错误

86. 在Access 2010中，报表可以显示和汇总数据，也可以打印和转换为PDF格式。

A. 正确　　B. 错误

87. 基本数据模型包括关系模型、层次模型、网状模型。

A. 正确　　B. 错误

88. 计算机网络中，ATM是网络接口层协议类型。

A. 正确　　B. 错误

89. 在Dreamweaver CS5中插入表格，默认是3行3列的。

A. 正确　　B. 错误

90. JBIG采用无损压缩技术。

A. 正确　　B. 错误

第Ⅱ卷

四、填空题（本大题共20小题，每小题1分，共20分）

91. 计算机软件系统包括系统软件和应用软件。操作系统是一种（　　　　）。

92. 已知6+7=15，则该进制为（　　　　）进制。

93. 操作系统包括处理机管理、存储器管理、（　　　　）、文件管理和作业管理五大类管理功能。

94. 已知英文字母符号A的ASCII码为65，英文字母符号F的ASCII码为（　　　　）。

95. Windows中的文件有三种基本属性：存档、隐藏和（　　　　）。

96. 若用户操作时，不小心误删了本机硬盘中的某个文件或文件夹，可通过（　　　　）把它恢复。

97. 默认的Word 2010文档扩展名为.docx，默认的Word模板文件扩展名为（　　　　）。

98. 在Word 2010的剪贴板中，最多可以保存（　　　　）次用户拷贝或剪切的内容。

99. 在Word文档中，可以嵌入一些由其他应用程序建立的信息，包括图形、图表、声音等，这些信息统称为（　　　　）。

100. Word 2010文档中可以设置自动保存时间最长为（　　　　）分钟。

101. 在Excel 2010中函数Round是按指定的位数将数字四舍五入处理，则公式Round（2.7984，2）的结果为（　　　　）。

102. 在Excel 2010中，若A1单元格的值为4，则公式=IF（A1>7，A1/2，A1*2）的结果为（　　　　）。

103. 在Excel 2010工作表的单元格中输入内容时，以（　　　　）符号开始，Excel则认为输入的是公式。

104. 在PowerPoint 2010中，（　　　　）用于设置演示文稿中每张幻灯片的预设格式，这些格式包括每张幻灯片的标题及正文文字的位置和大小、项目符号的样式、背景图案等。

105. 在Access 2010中，自动编号的新值类型包括递增和（　　　　）。

106. Internet的主机上的域名和IP地址之间的映射关系是通过（　　　　）服务器来实现。

107. Internet上使用的网络协议是基于（　　　　）协议组。

108. 在Dreamweaver CS5，使用Ctrl+Alt+A的作用是创建（　　　　）。

109. Windows 7的管理员账号默认用户名为（　　　　）。

110. VPN的全称是（　　　　）。

参考答案

计算机文化基础全真模拟试题（1）

一、单项选择题

1	2	3	4	5	6	7	8	9	10
A	B	C	B	C	C	B	B	A	A
11	12	13	14	15	16	17	18	19	20
D	D	D	D	C	A	B	D	A	C
21	22	23	24	25	26	27	28	29	30
B	A	C	D	C	A	D	B	D	B
31	32	33	34	35	36	37	38	39	40
D	D	C	B	C	A	D	B	A	C
41	42	43	44	45	46	47	48	49	50
B	D	B	C	A	B	B	C	C	B

二、多项选择题

51	52	53	54	55	56	57	58	59	60
BC	AD	AD	AC	AC	AC	AB	BC	AB	CD
61	62	63	64	65	66	67	68	69	70
AC	AB	BD	BC	AD	AB	BD	BD	CD	BC

三、判断题

71	72	73	74	75	76	77	78	79	80
A	B	B	B	B	A	A	B	A	A
81	82	83	84	85	86	87	88	89	90
A	B	B	A	A	A	B	A	B	A

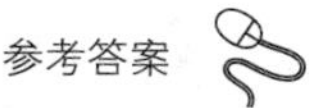

四、填空题

91. 信息　92. 0.001　93. 地址　94. 操作系统
95. 0　96. 撤消　97. 格式刷　98. 锚记超链接
99. 自动填充　100. $　101. 高级筛选　102. .ppsx
103. 占位符　104. Shift+F5　105. 母版　106. 交互性
107. 表　108. 城域网/MAN　109. 入侵检测系统　110. 实时

计算机文化基础全真模拟试题（2）

一、单项选择题

1	2	3	4	5	6	7	8	9	10
D	D	B	B	B	A	B	A	D	D
11	12	13	14	15	16	17	18	19	20
C	D	B	A	A	B	C	C	D	B
21	22	23	24	25	26	27	28	29	30
B	B	A	D	B	A	D	B	D	C
31	32	33	34	35	36	37	38	39	40
D	A	C	D	C	C	D	A	A	D
41	42	43	44	45	46	47	48	49	50
A	B	A	C	A	A	A	D	A	C

二、多项选择题

51	52	53	54	55	56	57	58	59	60
AB	AD	AC	BD	CD	AC	AD	CD	AC	AD
61	62	63	64	65	66	67	68	69	70
BD	BD	CD	AB	BC	CD	AB	BC	AD	AC

三、判断题

71	72	73	74	75	76	77	78	79	80
B	A	A	B	A	B	A	A	A	A

81	82	83	84	85	86	87	88	89	90
A	B	B	A	A	B	A	A	A	B

四、填空题

91. 开放系统互连参考模型　92. 1　93. 商业组织　94. 类别

95. RAM/内存　96. F9　97. 4000H　98. 模板

99. 列　100. 只读　101. Alt　102. 动画刷

103. 中国教育科研网　104. 语法　105. C4　106. 动态网页

107. 动作　108. 幻灯片　109. 域代码　110. 主文档

计算机文化基础全真模拟试题（3）

一、单项选择题

1	2	3	4	5	6	7	8	9	10
C	D	B	A	B	D	B	D	C	B
11	12	13	14	15	16	17	18	19	20
C	A	C	D	C	D	C	D	B	D
21	22	23	24	25	26	27	28	29	30
B	B	D	D	B	A	C	C	A	C
31	32	33	34	35	36	37	38	39	40
D	C	D	C	B	C	A	D	D	A
41	42	43	44	45	46	47	48	49	50
B	B	C	D	D	C	B	D	C	A

二、多项选择题

51	52	53	54	55	56	57	58	59	60
AD	BD	BD	AC	AD	AB	BD	AC	AB	AC
61	62	63	64	65	66	67	68	69	70
BD	AD	AC	AB	AC	AC	AB	AC	BD	AB

三、判断题

71	72	73	74	75	76	77	78	79	80
A	A	A	B	B	B	A	A	A	A
81	82	83	84	85	86	87	88	89	90
A	B	A	B	B	A	B	A	B	A

四、填空题

91. 2
92. 晶体管
93. ARPAnet
94. 注销
95. 还原
96. 整个文档/全部内容
97. 锁定
98. 复制
99. 迷你图
100. 最后
101. .pptx
102. 隐藏
103. 讲义
104. 插入
105. 切换
106. 查询
107. 设计视图
108. TCP
109. C
110. 拓扑结构

计算机文化基础全真模拟试题（4）

一、单项选择题

1	2	3	4	5	6	7	8	9	10
B	D	B	B	D	B	B	A	C	A
11	12	13	14	15	16	17	18	19	20
B	A	C	D	D	B	D	C	D	A
21	22	23	24	25	26	27	28	29	30
B	D	C	B	A	C	A	C	A	C
31	32	33	34	35	36	37	38	39	40
A	D	B	D	B	C	B	C	D	B
41	42	43	44	45	46	47	48	49	50
C	B	D	B	C	B	A	B	A	B

二、多项选择题

51	52	53	54	55	56	57	58	59	60
AC	BC	CD	AC	AB	AD	BC	AD	AB	BD

61	62	63	64	65	66	67	68	69	70
BC	AB	CD	AD	AC	BC	BD	AC	BC	BD

三、判断题

71	72	73	74	75	76	77	78	79	80
B	A	B	A	A	A	A	B	A	B
81	82	83	84	85	86	87	88	89	90
A	B	B	A	B	A	A	B	A	A

四、填空题

91. 10010110　92. 6　93. 1000011　94. Ctrl+Shift+Esc

95. 库　96. 修订　97. .xlsx　98. 填充柄

99. 浮动工具栏　100. 占位符　101. 查询　102. 联系

103. 连接　104. POP3　105. 单工通信　106. 文件传输协议

107. 4　108. 1–126　109. 像素　110. 3

计算机文化基础全真模拟试题（5）

一、单项选择题

1	2	3	4	5	6	7	8	9	10
C	D	D	A	B	C	D	C	D	C
11	12	13	14	15	16	17	18	19	20
A	D	C	C	C	D	C	A	C	C
21	22	23	24	25	26	27	28	29	30
A	A	C	A	B	D	C	A	D	D
31	32	33	34	35	36	37	38	39	40
D	D	D	C	B	D	A	D	D	C
41	42	43	44	45	46	47	48	49	50
A	C	A	D	C	C	B	C	B	B

二、多项选择题

51	52	53	54	55	56	57	58	59	60
BD	AD	BC	AC	BD	AD	AB	BC	CD	BC
61	62	63	64	65	66	67	68	69	70
AD	AC	AC	AC	CD	BC	CD	BC	AB	AC

三、判断题

71	72	73	74	75	76	77	78	79	80
A	A	A	B	B	B	B	A	B	A
81	82	83	84	85	86	87	88	89	90
A	A	B	A	B	A	B	A	B	A

四、填空题

91. 没采用　92. 物联网　93. 系统软件和应用软件　94. 7D

95. Alt+F4　96. .dotx　97. 内容　98. 四或4

99. 数值单元格的个数　100. 条件格式　101. 版式　102. 节

103. 切换　104. 解调　105. 层叠样式表　106. Ctrl

107. 悬挂缩进　108. HTTP　109. 粗体　110. 时间片

计算机文化基础全真模拟试题（6）

一、单项选择题

1	2	3	4	5	6	7	8	9	10
B	D	A	B	D	A	A	A	B	B
11	12	13	14	15	16	17	18	19	20
B	B	D	C	B	D	B	D	B	A
21	22	23	24	25	26	27	28	29	30
B	D	C	A	C	D	B	C	C	D
31	32	33	34	35	36	37	38	39	40
D	B	D	D	D	B	D	B	B	C
41	42	43	44	45	46	47	48	49	50
C	D	A	B	A	A	A	A	C	D

二、多项选择题

51	52	53	54	55	56	57	58	59	60
BD	AB	BC	BD	AC	BD	AB	BD	AC	BD
61	62	63	64	65	66	67	68	69	70
AC	AD	AC	CD	BC	BD	AC	BD	BD	BC

三、判断题

71	72	73	74	75	76	77	78	79	80
B	A	B	A	A	B	A	B	B	B
81	82	83	84	85	86	87	88	89	90
A	B	A	B	B	B	A	A	A	B

四、填空题

91. 低
92. 宏
93. 滚动条
94. 参照完整性
95. 改写
96. 锚记链接
97. 站点或网站
98. 确定性
99. 破译
100. 3
101. 网络协议
102. 11101011
103. 题注
104. 并行通信
105. False
106. 网页内容
107. Ctrl+Shift+F9
108. 窗体
109. 3
110. Select * From 学生表 Where 专业="计算机"

计算机文化基础全真模拟试题（7）

一、单项选择题

1	2	3	4	5	6	7	8	9	10
B	A	C	C	B	A	D	A	D	D
11	12	13	14	15	16	17	18	19	20
A	B	C	A	B	D	B	B	D	A
21	22	23	24	25	26	27	28	29	30
D	A	B	A	D	B	C	A	D	C
31	32	33	34	35	36	37	38	39	40
C	B	D	C	C	D	C	A	C	B

41	42	43	44	45	46	47	48	49	50
B	B	C	C	A	B	A	C	A	B

二、多项选择题

51	52	53	54	55	56	57	58	59	60
BC	BD	BC	AC	AB	BC	AC	AD	BC	AB
61	62	63	64	65	66	67	68	69	70
BC	BD	CD	AC	BC	AB	CD	BC	BC	AC

三、判断题

71	72	73	74	75	76	77	78	79	80
B	A	A	A	B	B	A	A	B	A
81	82	83	84	85	86	87	88	89	90
A	A	A	B	B	A	A	A	A	B

四、填空题

91. 运算器/ALU　92. 虚拟内存　93. 连续　94. 剪切

95. 左缩进　96. 功能区　97. 文件　98. 文件

99. 单元格　100. 方案管理器　101. 拆分　102. 分页预览

103. 排练计时　104. Ctrl+M　105. Shift+F5　106. 数据库管理系统

107. 框架　108. 传输控制协议　109. 时序

110. 虚拟专用网络（Virtual Private Network）

计算机文化基础全真模拟试题（8）

一、单项选择题

1	2	3	4	5	6	7	8	9	10
D	C	C	D	A	A	A	B	B	C
11	12	13	14	15	16	17	18	19	20
B	B	B	B	A	D	D	D	B	D

21	22	23	24	25	26	27	28	29	30
C	D	D	C	D	D	C	D	D	C
31	32	33	34	35	36	37	38	39	40
C	C	D	B	B	D	D	D	C	D
41	42	43	44	45	46	47	48	49	50
D	B	D	C	C	D	D	C	A	D

二、多项选择题

51	52	53	54	55	56	57	58	59	60
CD	BD	AB	CD	AD	CD	AB	AB	BD	CD
61	62	63	64	65	66	67	68	69	70
BC	BD	AD	AC	AD	AC	AC	AB	BC	BD

三、判断题

71	72	73	74	75	76	77	78	79	80
A	A	A	A	B	B	A	A	A	B
81	82	83	84	85	86	87	88	89	90
B	A	A	B	B	A	B	A	B	A

四、填空题

91. 4G　92. 操作码　93. 字形　94. 控制面板

95. 图像映射　96. 浮动工具栏　97. 阅读版式视图　98. 双击

99. 数据透视表　100. 位置　101. 主体　102. 网状模型

103. 二维表　104. 连续性　105. 表格标题　106. 矢量图/图形

107. 数字签名　108. 电子公告牌/电子公告牌系统　109. 128　110. 收藏夹

计算机文化基础全真模拟试题（9）

一、单项选择题

1	2	3	4	5	6	7	8	9	10
C	B	A	C	B	C	C	D	D	B

11	12	13	14	15	16	17	18	19	20
D	C	A	A	D	C	B	D	C	B
21	22	23	24	25	26	27	28	29	30
C	B	C	A	C	D	C	C	C	B
31	32	33	34	35	36	37	38	39	40
C	A	A	A	D	B	B	D	C	D
41	42	43	44	45	46	47	48	49	50
C	B	A	B	D	C	A	B	D	C

二、多项选择题

51	52	53	54	55	56	57	58	59	60
AC	AB	AC	AD	AC	AC	CD	BC	BD	AC
61	62	63	64	65	66	67	68	69	70
AC	AB	AC	AB	AB	AB	AD	AB	AB	BC

三、判断题

71	72	73	74	75	76	77	78	79	80
A	B	A	B	B	A	B	B	A	A
81	82	83	84	85	86	87	88	89	90
B	B	A	A	B	B	A	B	B	A

四、填空题

91. 控制总线　92. DNS　93. 主板/母板/系统板　94. 163.6

95. 部门　96. 打包　97. 大数据/Big Data　98. 网络协议

99. 操作系统　100. 网络　101. 工作簿　102. 物联网

103. 半双工　104. 摩尔定律　105. 热点　106. CMOS

107. 结构化查询语言　108. 属性/字段　109. 固态硬盘　110. 域

计算机文化基础全真模拟试题（10）

一、单项选择题

1	2	3	4	5	6	7	8	9	10
D	B	D	B	B	B	B	A	D	C
11	12	13	14	15	16	17	18	19	20
B	B	B	C	C	D	B	A	A	D
21	22	23	24	25	26	27	28	29	30
B	B	B	C	B	B	D	A	D	B
31	32	33	34	35	36	37	38	39	40
C	C	D	C	A	D	C	C	C	D
41	42	43	44	45	46	47	48	49	50
D	B	B	D	D	D	B	C	B	B

二、多项选择题

51	52	53	54	55	56	57	58	59	60
CD	BC	AB	BD	AC	AC	AB	AC	AD	BC
61	62	63	64	65	66	67	68	69	70
AD	AC	AD	AC	CD	CD	AC	CD	AB	AB

三、判断题

71	72	73	74	75	76	77	78	79	80
A	A	B	A	A	B	A	B	A	B
81	82	83	84	85	86	87	88	89	90
A	A	A	A	A	A	B	A	B	B

四、填空题

91. 裸机
92. 指令
93. 10100010
94. 2/两
95. 11
96. 协议
97. 254
98. 单变量求解
99. 锁定
100. 信宿
101. 标牌框架
102. 主机

103. 框架　104. 启动　105. 10　106. 主页/Home page
107. 动态网页　108. 因特网　109. 加密算法　110. 主机位

计算机文化基础全真模拟试题（11）

一、单项选择题

1	2	3	4	5	6	7	8	9	10
A	B	D	B	D	A	A	A	A	C
11	12	13	14	15	16	17	18	19	20
A	B	C	A	A	B	B	D	C	D
21	22	23	24	25	26	27	28	29	30
C	B	D	A	D	D	D	D	C	A
31	32	33	34	35	36	37	38	39	40
A	D	C	D	B	A	C	B	B	C
41	42	43	44	45	46	47	48	49	50
A	C	C	B	D	D	D	C	D	B

二、多项选择题

51	52	53	54	55	56	57	58	59	60
CD	AB	AC	AD	AC	AB	AD	AC	BC	AB
61	62	63	64	65	66	67	68	69	70
AB	BC	AD	BC	AB	AC	AD	BC	CD	AB

三、判断题

71	72	73	74	75	76	77	78	79	80
A	A	B	A	A	A	A	B	A	B
81	82	83	84	85	86	87	88	89	90
A	A	B	B	B	B	B	B	A	A

四、填空题

91. 冯·诺依曼　92. 91.625D或$(91.625)_{10}$　93. .wma　94. Normal.dotx
95. Backstage　96. 减少　97. 显示/隐藏编辑标记　98. Tab

99. =A1&A2　　100. 自定义放映　　101. 关系　　102. CERNET

103. 地址　　104. 层叠样式表　　105. 因特网服务提供商　　106. C

107. HTTP　　108. 模拟　　109. 自然威胁　　110. MIDI

计算机文化基础全真模拟试题（12）

一、单项选择题

1	2	3	4	5	6	7	8	9	10
B	A	C	D	D	D	C	B	D	A
11	12	13	14	15	16	17	18	19	20
B	C	C	B	B	C	D	C	A	B
21	22	23	24	25	26	27	28	29	30
D	C	B	C	D	C	C	B	B	A
31	32	33	34	35	36	37	38	39	40
B	B	A	D	A	D	C	C	A	C
41	42	43	44	45	46	47	48	49	50
B	C	D	B	A	D	A	B	C	B

二、多项选择题

51	52	53	54	55	56	57	58	59	60
CD	AB	BD	AB	AB	BD	AB	BD	AB	BC
61	62	63	64	65	66	67	68	69	70
AD	AC	BC	AB	CD	AC	AB	AB	AB	AD

三、判断题

71	72	73	74	75	76	77	78	79	80
A	B	B	A	A	A	A	A	A	B
81	82	83	84	85	86	87	88	89	90
A	A	B	B	A	B	A	A	A	B

四、填空题

91. 字节　　92. 省略号　　93. .rtf　　94. Esc

95. 重复标题行　96. 左对齐　97. 1　98. 动态内容
99. 标牌框架　100. 窗体　101. 数据库应用系统　102. 服务器
103. 拓扑结构　104. 传输控制　105. .wma　106. CERNET
107. 255　108. #　109. 采样　110. 链路层

计算机文化基础全真模拟试题（13）

一、单项选择题

1	2	3	4	5	6	7	8	9	10
B	D	A	B	C	C	A	C	A	A
11	12	13	14	15	16	17	18	19	20
C	D	B	C	C	A	C	C	B	D
21	22	23	24	25	26	27	28	29	30
D	C	D	B	C	A	B	D	C	D
31	32	33	34	35	36	37	38	39	40
B	C	C	B	D	D	A	A	B	B
41	42	43	44	45	46	47	48	49	50
A	B	A	B	C	C	A	D	D	C

二、多项选择题

51	52	53	54	55	56	57	58	59	60
AC	AC	CD	AB	AD	AB	AD	AB	AB	AC
61	62	63	64	65	66	67	68	69	70
BC	AD	BC	AC	AD	CD	AC	CD	AB	BD

三、判断题

71	72	73	74	75	76	77	78	79	80
A	A	B	A	A	A	B	B	B	B
81	82	83	84	85	86	87	88	89	90
A	B	A	A	B	A	B	B	A	A

四、填空题

91. 9　　92. 控制面板　　93. .txt　　94. 页面布局

95. Ctrl+D　　96. 绝对　　97. 文本运算符　　98. 母版

99. PowerPointViewer.exe　　100. 覆盖范围　　101. 主体　　102. 子窗体

103. 资源子网　　104. 网络操作系统　　105. 时序　　106. 126

107. 调制解调器　　108. .dwtIndex.html　　109. 网站管理　　110. 自然

计算机文化基础全真模拟试题（14）

一、单项选择题

1	2	3	4	5	6	7	8	9	10
A	B	B	B	A	C	C	B	C	C
11	12	13	14	15	16	17	18	19	20
C	A	D	C	D	B	C	A	D	A
21	22	23	24	25	26	27	28	29	30
A	B	A	D	C	D	D	A	A	C
31	32	33	34	35	36	37	38	39	40
B	D	A	C	C	B	D	C	C	C
41	42	43	44	45	46	47	48	49	50
B	D	A	C	D	B	A	A	D	B

二、多项选择题

51	52	53	54	55	56	57	58	59	60
BC	AB	AD	AD	AB	AD	AC	AC	AB	AC
61	62	63	64	65	66	67	68	69	70
AB	AB	BC	AD	BC	AC	BD	AB	AB	AD

三、判断题

71	72	73	74	75	76	77	78	79	80
A	B	A	A	A	A	A	B	A	B

81	82	83	84	85	86	87	88	89	90
A	B	A	A	B	A	B	A	A	A

四、填空题

91. 机内码　92. Windows功能　93. 右　94. 树
95. 插入　96. 全选　97. 工作簿　98. 字段
99. 循环放映　100. 黑屏　101. 标题　102. .potx
103. 255　104. Wide Area Network　105. 网桥　106. 主页
107. 动作　108. 编码　109. HDTV　110. 簇/单元

计算机文化基础全真模拟试题（15）

一、单项选择题

1	2	3	4	5	6	7	8	9	10
C	D	B	A	D	D	C	C	A	B
11	12	13	14	15	16	17	18	19	20
B	A	B	B	B	D	C	B	B	A
21	22	23	24	25	26	27	28	29	30
D	B	B	B	A	A	A	D	D	B
31	32	33	34	35	36	37	38	39	40
A	A	D	C	A	A	D	A	A	D
41	42	43	44	45	46	47	48	49	50
C	D	D	D	A	C	D	C	A	C

二、多项选择题

51	52	53	54	55	56	57	58	59	60
CD	BC	BC	AD	AC	AB	BD	BC	AC	AD
61	62	63	64	65	66	67	68	69	70
AB	CD	AC	AB	AB	AB	AC	AC	AB	AD

三、判断题

71	72	73	74	75	76	77	78	79	80
A	B	A	B	A	A	B	B	A	B
81	82	83	84	85	86	87	88	89	90
B	A	B	A	B	A	B	B	B	B

四、填空题

91. 信息处理　92. 信息　93. 1024*1024或1048576　94. 喷墨

95. .wbk　96. 可以　97. 6月20日　98. 填充柄

99. 幻灯片放映、阅读　100. 输入掩码　101. 查询设计视图　102. 网桥

103. 双绞线　104. zhangsan@mail.hz.zj.cn　105. 网卡

106. 资源　107. Ctrl+Alt+A　108. 图片热点（图片地图、图片热区）

109. 电子政务　110. VPN或虚拟专用网

计算机文化基础全真模拟试题（16）

一、单项选择题

1	2	3	4	5	6	7	8	9	10
B	B	B	B	A	B	B	D	A	B
11	12	13	14	15	16	17	18	19	20
A	C	B	D	A	B	C	C	C	B
21	22	23	24	25	26	27	28	29	30
B	D	B	C	D	B	C	C	C	D
31	32	33	34	35	36	37	38	39	40
C	D	B	A	A	D	C	C	A	B
41	42	43	44	45	46	47	48	49	50
A	C	D	C	B	D	B	D	A	D

二、多项选择题

51	52	53	54	55	56	57	58	59	60
AC	AD	CD	AC	AC	CD	BC	AD	AD	AC

61	62	63	64	65	66	67	68	69	70
AB	AB	AB	AB	AB	AB	AD	BC	AB	BC

三、判断题

71	72	73	74	75	76	77	78	79	80
B	A	A	B	B	B	A	B	A	B
81	82	83	84	85	86	87	88	89	90
B	A	A	A	A	B	B	A	A	B

四、填空题

91. ENIAC　92. USB　93. 应用　94. 111

95. 73　96. Shift　97. 任务栏　98. 两端对齐

99. MIN（ ）　100. =AVERAGE（B2：F5）　101. .xlsx　102. 空白单元格

103. 主版式　104. 排练计时　105. 域　106. 子网掩码

107. 超文本传输协议　108. Alt+F4　109. 浏览器/服务器或B/S　110. 传输层

计算机文化基础全真模拟试题（17）

一、单项选择题

1	2	3	4	5	6	7	8	9	10
B	B	A	B	C	D	B	D	D	D
11	12	13	14	15	16	17	18	19	20
D	D	B	A	C	B	B	C	B	B
21	22	23	24	25	26	27	28	29	30
D	C	B	D	B	C	B	A	C	A
31	32	33	34	35	36	37	38	39	40
C	D	C	C	B	B	C	D	A	C
41	42	43	44	45	46	47	48	49	50
C	C	D	B	D	D	B	B	B	C

二、多项选择题

51	52	53	54	55	56	57	58	59	60
AB	BD	BD	AB	AC	AC	AB	BD	BC	BC
61	62	63	64	65	66	67	68	69	70
BD	AC	BC	AB	AC	AD	AD	AB	BD	CD

三、判断题

71	72	73	74	75	76	77	78	79	80
B	B	A	B	B	A	B	A	B	B
81	82	83	84	85	86	87	88	89	90
A	B	A	B	A	B	A	A	B	B

四、填空题

91. CPU/中央处理器
92. 文档
93. 01000100
94. 运算速度
95. .png
96. 发送电子邮件
97. Ctrl+J
98. .xlw
99. 引用运算符
100. 前
101. 母版
102. 分辨率
103. 查询设计网格
104. 星型拓扑
105. 微波
106. 客户机/服务器
107. 超文本传输协议
108. 站点
109. 结构隐患
110. 像素分辨率

计算机文化基础全真模拟试题（18）

一、单项选择题

1	2	3	4	5	6	7	8	9	10
D	D	D	B	A	D	C	C	D	C
11	12	13	14	15	16	17	18	19	20
A	C	C	D	A	C	A	C	A	C
21	22	23	24	25	26	27	28	29	30
A	D	A	C	A	B	B	D	A	C
31	32	33	34	35	36	37	38	39	40
C	D	A	B	D	B	B	B	C	D

41	42	43	44	45	46	47	48	49	50
D	B	D	D	C	C	D	D	B	D

二、多项选择题

51	52	53	54	55	56	57	58	59	60
BD	BD	BC	AB	BC	AD	AB	BC	AB	BC
61	62	63	64	65	66	67	68	69	70
BC	AB	AB	BC	BD	AB	BD	AB	BC	BC

三、判断题

71	72	73	74	75	76	77	78	79	80
A	A	B	A	B	A	B	A	A	A
81	82	83	84	85	86	87	88	89	90
B	B	B	A	B	A	B	A	A	B

四、填空题

91. 交换码
92. 辅助存储器或外存
93. 输出
94. 只读
95. 65536
96. .wma
97. Ctrl+D
98. 50
99. 批注
100. 主文档
101. 3
102. 空白单元格
103. .potx
104. Shift+F5
105. 数据库管理系统
106. 外键
107. #FFFF00
108. MIDI
109. 量化
110. MPEG-4

计算机文化基础全真模拟试题（19）

一、单项选择题

1	2	3	4	5	6	7	8	9	10
D	B	A	B	D	A	A	A	B	B
11	12	13	14	15	16	17	18	19	20
D	A	B	C	D	A	D	D	A	B
21	22	23	24	25	26	27	28	29	30
D	D	C	B	D	B	A	A	D	B

31	32	33	34	35	36	37	38	39	40
D	D	D	D	D	C	D	A	D	A
41	42	43	44	45	46	47	48	49	50
B	B	C	D	C	D	B	D	C	C

二、多项选择题

51	52	53	54	55	56	57	58	59	60
AC	BD	BD	AC	AC	AC	AC	CD	AC	AB
61	62	63	64	65	66	67	68	69	70
CD	BD	AB	AC	CD	BC	AC	BC	AB	BC

三、判断题

71	72	73	74	75	76	77	78	79	80
A	A	A	A	B	B	A	A	B	A
81	82	83	84	85	86	87	88	89	90
B	A	B	B	B	A	A	B	A	B

四、填空题

91. 输入
92. 追记
93. 4
94. cmd
95. Ctrl+Shift+Esc
96. 剪贴板
97. 文件
98. 控制面板
99. 对话框启动器
100. Tab
101. 数据透视表
102. F2
103. .wav
104. 切换
105. .potx
106. HAVING
107. Ctrl+J
108. textarea
109. MPEG视频
110. 音频

计算机文化基础全真模拟试题（20）

一、单项选择题

1	2	3	4	5	6	7	8	9	10
A	D	A	A	D	C	C	D	B	C
11	12	13	14	15	16	17	18	19	20
D	D	D	B	B	C	C	B	D	C

21	22	23	24	25	26	27	28	29	30
B	C	A	A	C	B	C	C	D	A
31	32	33	34	35	36	37	38	39	40
B	B	B	A	D	D	B	D	D	D
41	42	43	44	45	46	47	48	49	50
B	D	C	B	A	B	A	C	B	A

二、多项选择题

51	52	53	54	55	56	57	58	59	60
BC	BD	AC	BC	BD	AB	AC	AC	AC	AD
61	62	63	64	65	66	67	68	69	70
AB	AC	BD	AD	BC	BC	AC	AB	AB	BC

三、判断题

71	72	73	74	75	76	77	78	79	80
A	A	B	A	B	B	A	A	B	A
81	82	83	84	85	86	87	88	89	90
A	A	B	A	A	A	A	B	A	A

四、填空题

91. 系统软件　92. 8　93. 设备管理　94. 70

95. 只读　96. 回收站　97. .dotx　98. 24

99. 对象　100. 120　101. 2.80　102. 8

103. =　104. 母版　105. 随机　106. DNS

107. TCP/IP　108. 命名锚记　109. Administrator　110. 虚拟专用网